Historia de la Cerámica China

中国陶瓷史

Volumen II

FANG LILI

Traducción de Fernando M. Romero Pecourt

中国出版集团

中译出版社

图书在版编目（CIP）数据

中国陶瓷史：西班牙文 / 方李莉著；（西）费尔南多·米格尔·罗麦罗·拜客译. —北京：中译出版社，2019.7

ISBN 978-7-5001-6014-4

Ⅰ.①中⋯　Ⅱ.①方⋯　②费⋯　Ⅲ.①古代陶瓷－工业史－中国－西班牙文　Ⅳ.①TQ174-092

中国版本图书馆CIP数据核字（2019）第161095号

出版发行 / 中译出版社
地　　址 / 北京市西城区车公庄大街甲4号物华大厦六层
电　　话 / (010) 68359376，68359827（发行部）各图书事业部自己的电话（编辑部）
传　　真 / (010) 68357870
邮　　编 / 100044
电子邮箱 / book@ctph.com.cn
网　　址 / http://www.ctph.com.cn

总 策 划 / 张高里　刘永淳
责任编辑 / 张若琳　范　伟
封面设计 / 潘　峰

排　　版 / 北京竹页文化传媒有限公司
印　　刷 / 北京顶佳世纪印刷有限公司
经　　销 / 新华书店

规　　格 / 889毫米×1194毫米　1/16
印　　张 / 81.875
字　　数 / 656千字
版　　次 / 2019年8月第一版
印　　次 / 2019年8月第一次

ISBN 978-7-5001-6014-4　定价：1680.00元

ÍNDICE

Volumen II Índice

Décima parte   Cerámica de la dinastía Ming

Novena parte
Cerámica de la dinastía Yuan

Capítulo 1 Sinopsis

1.1. La creación del imperio mongol

El pueblo mongol es una rama de los antiguos donghu ("bárbaros del este") asentados originariamente en el noreste de China, al que pertenecían también los xianbei y los kitán y cuya lengua compartían. La referencia más temprana a ellos en los documentos históricos chinos se remonta al siglo VI d.C., mencionados con el nombre de "shiwei". Durante las dinastías del Sur y del Norte y la dinastía Tang apenas se registran noticias sobre este pueblo. El mundo los conoció por primera vez en el año 1206, cuando Temuyín unificó las diferentes tribus y fue entronizado como Genghis Kan o "príncipe universal", estableciendo el Estado mongol. Tras ello sometieron a sus vecinos más débiles, los Xia del Oeste, y en 1234 conquistaron a los Jin y a los Koryo. Su hijo y sucesor Ogodei marchó en numerosas ocasiones hacia el oeste, conquistando entre 1210 y 1240 gran parte de Asia Central, Rusia, Persia y Oriente Próximo, alcanzando las costas del Egeo y aterrorizando toda Eurasia. Möngke, nieto de Genghis y cuarto Gran Kan, envió sus ejércitos contra el reino de Nanzhao en el suroeste de China y la dinastía Song del Sur. Su hermano Kublai Kan heredó el título en 1260, convirtiéndose en "kan celestial". En 1271 Kublai estableció oficialmente la nueva dinastía con el nombre de Yuan, y en 1279 acabó finalmente con los Song del Sur, dando fin a un largo período histórico –iniciado con las Cinco Dinastías y los Diez Reinos– de varios siglos de convivencia de diversas realidades políticas en territorio chino (mapa 9-1). La dinastía de los Yuan controló un vasto imperio en el que fueron frecuentes los intercambios culturales y comerciales entre los numerosos pueblos que lo conformaban y los países de su entorno.

La expansión de los mongoles reforzó durante los siglos XIII y XIV el relevante papel que las praderas eurasiáticas habían tenido desde el Neolítico como vías de comunicación a través de Zungaria (norte de la actual provincia de Xinjiang) y Kazajistán, conectando

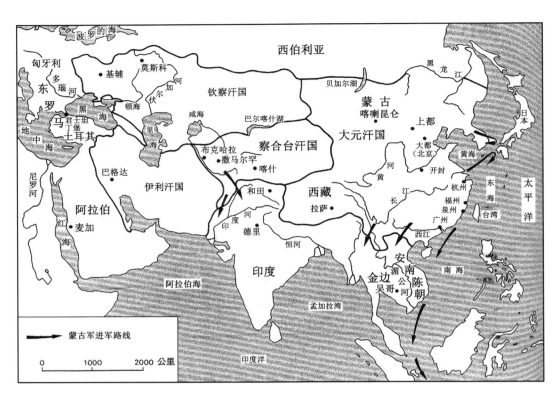

9-1 Dominio territorial del imperio mongol en 1294

Mongolia con el curso inferior del Volga. Estas rutas, que llevaban directamente a las planicies de Europa oriental, expandieron hasta allí el sistema de postas chino, cuya planificación y funcionamiento fueron organizados por los mongoles de forma sistemática. Los graneros, pastos, granjas de caballos, guarniciones o casas de postas situados a lo largo de las rutas que a través de las praderas comunicaban ambos extremos crearon una excelente red conectiva que no sólo posibilitó los contactos entre Mongolia y la región de Beijing con la capital Dadu, sino que también facilitó el flujo de entrada y salida de otros pueblos: musulmanes originarios del kanato de Chagatai o el Ilkanato en Asia Central y el Oriente Próximo, rusos llegados de la Horda Dorada, vasallos Liao o Jin de los territorios subyugados e incluso genoveses y venecianos que debido a sus conexiones comerciales con rusos y mediorientales llegaron hasta Mongolia y Dadu. Como el sistema político de los mongoles combinaba de manera muy estrecha el gobierno propiamente dicho con los asuntos comerciales, un cierto número de extranjeros asentados en el imperio de los Yuan llegaron a ejercer funciones administrativas, incluidos algunos europeos.

Debido a ese reforzamiento de los lazos con Asia occidental y Europa, y a la facilidad de las comunicaciones por tierra y mar, los mongoles dieron una importancia capital a los intercambios comerciales dentro de sus propios dominios y con el exterior. Las élites gobernantes mantuvieron un tráfico comercial directo con las clases elevadas de los diversos pueblos sometidos. Tras la reunificación del territorio chino, la dinastía Yuan impulsó la recuperación económica, alentando la vida suntuosa de los estratos sociales superiores a la vez que tomaba nuevas medidas para estimular el comercio, que incluían la responsabilidad por parte de los oficiales civiles y militares a todos los niveles de garantizar la seguridad de los mercaderes, la prohibición de retener los vehículos de carácter comercial, la concesión a los comerciantes de permisos y autorizaciones para su desplazamiento por el país y el uso de las postas, la exención a los mercaderes llegados de Asia Central de ciertas corveas, etc. También se dictaron una serie de normas durante los primeros años de la dinastía para proteger los productos chinos de exportación, como la aplicación en 1277 de una doble tarifa impositiva a los artículos extranjeros. La industria naviera ya se encontraba muy desarrollada con los Song del Sur, y se exportaba gran cantidad de objetos cerámicos y telas de seda, lo que creó unas beneficiosas condiciones para el desarrollo posterior del comercio de ultramar durante la dinastía Yuan.

Los Yuan heredaron la normativa establecida por los Tang y los Song, y no dejaron de introducir mejoras en el sistema de supervisión aduanera. Desde el vigésimo segundo año de la era Zhiyuan (1285) del reinado de Kublai Kan, y como resultado de esas reformas económicas nacionales, el Gobierno de los Yuan estableció una organización de largo alcance y considerables dimensiones para el control de los intercambios marítimos que reforzó su monopolio sobre el comercio de ultramar.

Quanzhou era el más importante de los puertos chinos durante la dinastía Yuan. En el décimo cuarto año de la era Zhiyuan (1277) se estableció en la ciudad una oficina aduanera de supervisión comercial, bajo la directa responsabilidad del ministro imperial de Estado. Durante su reinado, Kublai Kan decidió reforzar la conexión entre este importante puerto aduanero de Fujian y la capital imperial Dadu, ya comunicados a través del Gran Canal y las vías marítimas, para lo cual emprendió además la realización de una nueva "ruta de peaje" gracias a la cual se podía llegar a destino en unas dos semanas; aparte de ello, también era posible alcanzar Quanzhou en diez días partiendo en nave desde Zhigu (Tianjin). Esta red de itinerarios terrestres y marítimos, de una extensión y condición sin precedentes, hizo que los productos importados a través de Quanzhou pudieran alcanzar la capital con mucha mayor rapidez y comodidad, y por ello este puerto vivió durante la época Yuan una auténtica edad de oro.

Además del establecimiento de las aduanas comerciales, Quanzhou se benefició de su larga relación con los países del Mar Meridional de China, y también de la labor de Pu Shougeng como superintendente del tráfico marítimo tanto durante la dinastía Song del Sur como con los Yuan, por lo que estos últimos dieron a dicho puerto un trato especial. Quanzhou se convirtió así en un polo de atracción de mercaderes extranjeros y de articulación del comercio de ultramar, y muchos de los legados comerciales enviados en misión oficial por la corte imperial provenían de esa ciudad. Esta preeminencia de los nativos de Quanzhou en las embajadas comerciales demuestra la posición relevante que ocupaba el puerto en aquella época; los representantes extranjeros, por otro lado, también entraban principalmente a China por esa ciudad. En el vigésimo noveno año de la era Zhiyuan (1292), Marco Polo –según su propio testimonio– habría salido de allí en nave para escoltar a la princesa mongola Kököchin hasta el Ilkanato persa, donde debía desposarse con el kan Arghun; durante la era Taiding (1324-1328) del reinado de Yesün Temür (Jinzong), el misionero franciscano Odorico de Pordenone llegó a Quanzhou, y desde allí se dirigió a Dadu; el franciscano Juan de Marignolli fue enviado por el papa Benedicto XII en misión al Gran Kan de Cathay, y en el segundo año de la era Zhizheng (1342) del reinado de Toghon Temür (Huizong) llegó a la capital Khanbaliq (Dadu), donde permaneció cuatro años tras los cuales partió de nuevo desde Quanzhou rumbo a la India; el viajero y peregrino musulmán Ibn Battuta llegó por mar como enviado del sultán de la India y viajó durante el sexto año de la era Zhizheng (1346) por Guangzhou, Quanzhou, Hangzhou, Dadu y otros lugares del país, registrando en su libro las costumbres locales. Todos estos famosos viajeros medievales llegados de Occidente describen la pujanza comercial del puerto de Quanzhou, que por su parte impulsó el desarrollo de la producción cerámica de las áreas costeras de la provincia de Fujian.

1.2. El desplazamiento de la producción cerámica del norte al sur

Es importante resaltar aquí que debido a esa relevancia concedida por los Yuan al intercambio comercial, la producción cerámica y la proporción destinada a la exportación no dejaron de crecer, ya que los grandes hornos alfareros del norte y el sur del país siguieron realizando sus piezas, si bien resulta evidente por otro lado que la industria cerámica comenzó a desplazarse hacia el sur, concentrándose especialmente en las áreas costeras del sudeste. La opinión tradicional creía ver en este período un rápido declive de los alfares de Yaozhou, Ding y Ru y una reducción en los de Cizhou y Jun –a pesar de su abundante producción– respecto a la época Song; gracias a los nuevos y numerosos descubrimientos arqueológicos se sabe, en cambio, que esta descripción no responde completamente a la realidad del momento, aunque es cierto que con los Yuan los hornos cerámicos del sur de China experimentaron un mayor desarrollo que los del norte (mapa 9-2).

Algunos expertos creen que esta situación fue provocada por los conflictos bélicos. Cuando la corte imperial se mudó al sur, los más destacados artesanos alfareros del norte del país siguieron ese mismo camino, llevando consigo sus refinadas técnicas. Es el caso, por ejemplo, de los alfares de Jingdezhen, que hasta la dinastía Yuan no elaboraban piezas de colores pintados, un método decorativo introducido allí por los artesanos de Cizhou. Otros alfares del sur de China como los de Jizhou (Jiangxi), Xicun y Haikang (Guangdong), Hepu (Guangxi), Guangyuan (Sichuan) o Cizao en Quanzhou (Fujian) también produjeron ejemplares de estilo Cizhou en un momento dado, lo que muy probablemente demuestra la influencia ejercida por los artesanos procedentes de esos hornos septentrionales (imágenes 9-3 y 9-4).

Además de los motivos de índole bélica, algunos estudiosos apuntan también al agotamiento de las materias primas como otra de las posibles causas de este desarrollo desigual, que autores como Xiong Haitang relacionan asimismo con la reducción de la cubierta vegetal de los bosques de la zona y la consiguiente escasez de combustible. Según el profesor Xiong, al hablar de la decadencia de los hornos de Xing, Ding, Yaozhou o Yuezhou, entre otros, los expertos han destacado sobre todo la insuficiencia de arcilla como principal motivo, descuidando en cambio el papel fundamental que jugaron también los materiales combustibles en el desarrollo de la alfarería. Recientemente el estudioso de Zhejiang Li Gang ha observado en su análisis sobre las causas del declive de los hornos de Yuezhou que durante la dinastía Song del Norte la población del área de Ningshao en el noreste de la provincia se incrementó notablemente, y que el desarrollo extensivo de la agricultura y del cultivo de té afectó a la masa forestal y por ello también al desarrollo de la industria cerámica. Sin duda esa progresiva desaparición de los recursos naturales habría provocado un encarecimiento del material combustible que repercutiría a su vez en los costes de producción cerámica, mermando la competitividad de los alfares de la zona. Debido a todos estos motivos, los hornos de Yuezhou comenzaron a decaer durante la etapa intermedia de los Song del Norte, para entrar finalmente en la última fase en un declive sin retorno. En esa etapa intermedia hubo numerosos artesanos alfareros que abandonaron sus lugares de origen para buscar fortuna lejos de allí, y fue en ese contexto en el que los

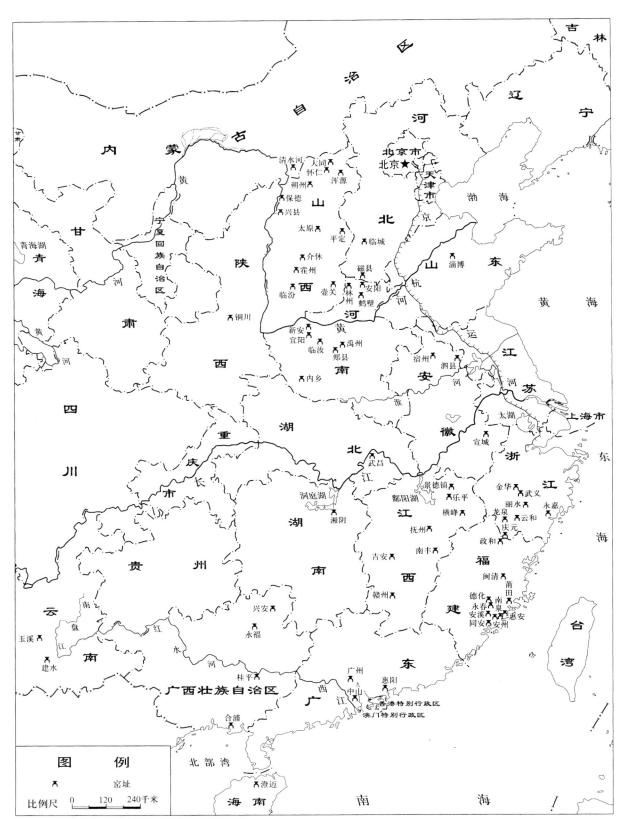

9-2 Distribución geográfica de los yacimientos de los hornos cerámicos de la dinastía Yuan (de la *Historia de la cerámica china* de Ye Zhemin, mapa 10-1)

638

9-3 Olla de decoración negra sobre fondo blanco con figura humana Dinastía Yuan   Altura: 30'5 cm.; diámetro boca: 18'4 cm.   Museo de Yangzhou (Jiangsu)

9-4 Bandeja de decoración negra sobre fondo blanco con pez y algas Dinastía Yuan   Altura: 9 cm.; diámetro boca: 38 cm.   Museo de la Capital (Beijing)

hornos de Yaozhou hicieron uso de los cuencos-contenedor en forma de M característicos de Yuezhou para producir con éxito su mismo estilo de celadón. Al mismo tiempo, la proporción de porcelana verde de exportación de los hornos de Yue aparecida en los mercados exteriores revierte la tendencia positiva de la fase inicial de los Song del Norte y experimenta un verdadero descalabro. Esta coyuntura hizo que los alfareros abandonaran su oficio para dedicarse a la agricultura o bien se alejaran de sus áreas originarias para abrir nuevos hornos en otros lugares, una tendencia que desplazó progresivamente a partir de la etapa final de los Song del Norte el centro de producción de porcelana verde de la provincia de Zhejiang desde la bahía de Hangzhou hacia las zonas montañosas de Longquan y Wenzhou, un terreno en el que no había arcilla de gran calidad pero que disponía en cambio de ricos recursos naturales. Los alfares de Longquan aprovecharon para desarrollarse gracias a estas abundantes fuentes energéticas y a la ampliación de la demanda por parte de la sociedad de la época. El caso de los hornos de Yuezhou es un buen recordatorio de la importancia de los combustibles para el desarrollo de la industria cerámica, combustibles que en la antigüedad provenían principalmente de los bosques; cuanto más abundante en masa arbórea fuera una determinada zona, más fácilmente se desarrollaría su cerámica.

Si damos un amplio repaso a la historia de la cerámica china podemos ver cómo la tendencia general de desarrollo de la industria alfarera del país va de norte a sur, y cómo en el sur se verifica a su vez otra tendencia que va de este a oeste. Según diversos estudios paleoclimatológicos, la franja de temperatura cálida se fue desplazando hacia el sur del país. Desde la cultura de Yangshao hasta la dinastía Shang (5000-1000 a.C., aproximadamente), en el área en torno al Río Amarillo había ratas del bambú, corzos, ciervos sica, búfalos de agua, tapires y otros animales propios de climas húmedos y cálidos, lo que indica que la temperatura allí era parecida a la de la actual zona del Yangtsé y que la masa boscosa cubría una amplia extensión de terreno, favoreciendo el desarrollo de la industria cerámica. Hasta los Han del Oeste, y excluyendo un breve período de frío durante los Zhou del Oeste, las regiones septentrionales de China disfrutaron de unas temperaturas suaves que crearon las condiciones climáticas y ecológicas para el florecimiento de la civilización a lo largo del Río Amarillo. Durante esa etapa el núcleo de la industria alfarera se asentó en el área del río Wei hasta Zhengzhou, en torno al curso medio del Amarillo. Durante la dinastía Han del Este, el período de Wei-Jin y las dinastías del Sur y del Norte el frente frío se fue desplazando hacia el sur. En la última fase de los Han del Este se sucedieron unos años de hambruna por malas cosechas –debidas al deterioro del medio ambiente– que provocaron el caos político y el derrumbe de la economía, mientras en el sur del país se mantenía una relativa calma y unas condiciones climatológicas más favorables, por lo que numerosos habitantes del norte comenzaron a desplazarse hacia la región del Yangtsé. Fue en esta época cuando los hornos de Kuaiji (Yue) realizaron con éxito sus ejemplares de porcelana verde, convirtiéndose con los Wei, los Jin y las dinastías del Sur y del Norte en el lugar de producción de celadón más grande de toda China, cuyas piezas se distribuyeron por toda la zona de Jiangnan e incluso más allá del Yangtsé hasta la región del Río Amarillo. Durante las dinastías Sui y Tang y las Cinco Dinastías las temperaturas del norte de China volvieron a subir, un factor decisivo para que la zona del Amarillo se convirtiera de nuevo en el centro político de aquel momento. Durante los Song del Sur y los Yuan el norte registraría un nuevo enfriamiento y una consiguiente reducción de la capa vegetal, lo que afectó a la disponibilidad de material combustible haciendo que los hornos tuvieran que recurrir al carbón en sustitución de aquel. A finales de la dinastía Song del Norte los gobernantes no pudieron evitar el ataque e invasión de las minorías étnicas de las praderas septentrionales, y la población se desplazó en masa hacia el sur del país. Con los Song del Sur la corte imperial estableció sus alfares oficiales en Lin'an (actual Hangzhou), consolidando la posición de esta región meridional como núcleo de la industria alfarera. Durante la dinastía Yuan los hornos del norte de China siguieron funcionando, pero redujeron sus dimensiones y su escala productiva. Sólo los alfares de Jun y Cizhou y otros especializados en porcelana blanca como los de Huozhou o Gangwa mantuvieron su pasado vigor. Los hornos del sur, en cambio, no sólo continuaron produciendo sino que en algunos casos se desarrollaron de manera exponencial.

En mi opinión, además de las razones arriba citadas hay otras relacionadas con el mercado que explican esa decadencia de los alfares del norte de China durante la dinastía Yuan… ¿Por qué si no la producción de Cizhou no sufrió un descenso como prácticamente todo el resto de los hornos del norte? En el yacimiento arqueológico de Jining de Mongolia Interior se han descubierto recientemente abundantes piezas de porcelana Yuan, entre ellas unos 4.800 fragmentos restaurables y más de 200 ejemplares completos, lo que nos da una idea del panorama de la industria de porcelana de la época. Pueden encontrarse allí piezas de casi todos los más famosos alfares, principalmente de los hornos de Cizhou y también de Longquan, Jingdezhen, Jun, Huo, Ding, Yaozhou, etc. El descubrimiento de piezas de diversos hornos refleja en cierta medida la escala de la producción de porcelana durante la dinastía Yuan, y también la calidad de sus productos.

He tenido la ocasión de inspeccionar los hornos de Chenlu, a unos veinte kilómetros al sureste de Tongchuan y cercanos al yacimiento de Yaozhou, en la provincia de Shaanxi. La localidad de Chenlu o "montaña de Lu" recibió su nombre por la cantidad de hornos (*lu*) dispersos en ella, y debido a la prosperidad de su industria cerámica también fue conocida como "la primera villa de Chang'an". Los hornos fueron creados durante la dinastía Jin (Yurchen) o a comienzos de la dinastía Yuan, alcanzaron su apogeo con los Ming y Qing y han seguido funcionando con la República de China y hasta hoy día. Chenlu es una antigua localidad con más de 800 años de historia de producción cerámica, y sus hornos fueron también los de mayores dimensiones de la provincia e incluso de toda la región del noroeste del país durante las dinastías Ming y Qing. Muchos de los ejemplares de estos hornos, como las porcelanas *qinghua* de la República de China, llevan la inscripción toponímica "montaña de Lu", "montaña de Lu del distrito de Tongguan [antiguo nombre de Tongchuan]", "montaña de Lu del mismo distrito", etc. Desde finales de la dinastía Yuan, los hornos de Chenlu sustituyeron a los de Huangbao como centro de producción de Yaozhou, convirtiéndose en el núcleo alfarero de este sistema de hornos en su etapa final. No obstante, durante toda la dinastía Yuan los artesanos de Chenlu no sólo se limitaron a producir celadón tradicional al estilo Yaozhou de época Song sino que además imitaron otras variedades tipológicas propias de Cizhou, como la cerámica de fondo negro y decoración blanca, mientras con los Qing también elaboraron piezas de imitación de la porcelana verde de Jingdezhen. Todo ello viene a demostrar que la demanda del mercado ha sido siempre un factor decisivo en el desarrollo y prosperidad de los hornos alfareros. El hecho de que alfares como los de Cizhou y Jun pudieran florecer con los Yuan mientras el resto de hornos del norte de China experimentaba una fuerte contracción, ¿acaso no guarda relación con la buena acogida que sus productos tuvieron en el mercado? Y del mismo modo, ¿no está relacionado el desarrollo de los alfares de Longquan y Jingdezhen durante esa misma dinastía con la demanda del mercado?

En resumidas cuentas, podemos observar cómo desde la dinastía Yuan la prosperidad de la industria cerámica china se concentró en el sur del país, y ya no volvió a traspasar los límites del río Yangtsé. Los dos sistemas de alfares más importantes de toda China en esta época fueron los de Longquan y Jingdezhen, dos áreas montañosas y con grandes recursos hídricos en los que no sólo abundaba el material combustible sino que también existían unas condiciones favorables para el transporte. La porcelana verde de Longquan de la dinastía Yuan no era tan refinada como sus piezas de época Song, ya que el cuerpo de los ejemplares era más pesado y la capa de esmalte más leve, aunque a pesar de ello era muy apreciada tanto dentro como fuera de las fronteras y tuvo un gran éxito comercial por su solidez y durabilidad y por la belleza de sus colores. Los hornos de Jingdezhen gozaban de relativa celebridad con los Song, pero aun así no fueron incluidos entre los cinco sistemas alfareros más importantes del país. A pesar de no ser tan renombrados como los de Longquan, a partir de la dinastía Yuan resurgieron con renovada fuerza, un fenómeno que seguramente estuvo relacionado con la demanda por parte del mercado de productos nuevos salidos de sus talleres tales como la porcelana *qinghua*, la porcelana azul y blanca con matices rojos o la porcelana *shufu*. Todas estas cuestiones requieren de una ulterior profundización (imagen 9-5).

Por otro lado, la facilidad de las comunicaciones contribuyó al desarrollo de los alfares del sur, especialmente los de Longquan y Jingdezhen. Los objetos de porcelana

9-5 Jarrón florero de porcelana qinghua con decoración de ramajes y peonías Dinastía Yuan Altura: 42'1 cm.; diámetro boca: 5'5 cm. Museo de Shanghai

del sur del país comerciados y utilizados en el norte experimentaron un notable aumento con los Yuan respecto a la dinastía precedente, debido en primer lugar a la reunificación política de todo el territorio que dio impulso al intercambio económico entre las dos regiones, y también a la mejora de las condiciones materiales que reforzó la capacidad de transporte de mercancías a lo largos de las rutas comerciales. Los Yuan crearon una red de itinerarios navales que conectaron la capital Dadu con la región de Jiangnan en el curso final del Yangtsé a través del Gran Canal y las rutas marítimas.

El Gran Canal fue la principal arteria de comunicación entre el norte y el sur de China en época Yuan. El canal que conecta Beijing y Hangzhou comenzó a construirse en tiempos del emperador Yang de la dinastía Sui, y fue conocido con distintos nombres durante las dinastías Tang y Song. Enlazaba entre sí los canales o conductos acuáticos de Tongji, Shayang, Meng y Yongji excavados a lo largo de las sucesivas dinastías, y con los Yuan ya estaba prácticamente completado.

En la aldea de Nankaihe del distrito de Ci se descubrió una embarcación de mercancías para el transporte específico de porcelanas de los hornos de Cizhou en la que había también piezas de escasa calidad provenientes de los alfares de Jingdezhen y Longquan. A finales de 1998 aparecieron en la antigua vía fluvial de época Yuan excavada en la aldea de Tangyu del distrito de Qingpu de Shanghai numerosas muestras de porcelana; más del 90 por ciento de ellas era celadón de Longquan, y el resto porcelana de esmalte blanco albumen de Jingdezhen. Ello demuestra que aquella área se encontraba en una importante encrucijada comercial para el transporte de cerámica; como ambas rutas acuáticas tenían la capital como punto de destino, los productos de porcelana del sur del país se comercializaban en el norte a través de esta zona.

El número de piezas de porcelana de Longquan descubierto en el norte de China es mucho mayor que el de las procedentes de los hornos de Jingdezhen. Aparte de la propia escala de producción, otro motivo importante para ello radica en su situación más favorable para el transporte, ya que se encontraban muy cercanos a los puntos de partida tanto del Gran Canal como de los itinerarios marítimos. Esas condiciones propicias para la comercialización hicieron que los costes de transporte en masa de porcelanas del sur al norte del país se redujeran considerablemente, así como también el tiempo previsto de llegada. Las mercancías apenas tardaban unos meses en alcanzar Dadu y llegar seguidamente a Jining en Mongolia Interior, en cuyo yacimiento arqueológico hemos visto que fueron descubiertos miles de fragmentos y piezas.

1.3. Nuevos descubrimientos en el estudio de la cerámica Yuan

La era Yuan constituye una etapa extraordinariamente importante en el desarrollo histórico de la cerámica china, si bien debido a su relativa brevedad los registros escritos de la época no son muy numerosos. Aunque se han seguido descubriendo restos materiales durante las pasadas décadas, no son abundantes ni presentan una gran variedad tipológica, y resultan escasos los ejemplares de verdadero valor. Por este motivo la importancia de las cerámicas de época Yuan y sus avances en las técnicas de cocción han recibido escasa atención por parte de los especialistas, que durante mucho tiempo han enfatizado el valor de las porcelanas Song y Ming en detrimento de aquellas, incluso llegando a clasificar como piezas de época anterior o posterior algunos ejemplares de excelente factura elaborados durante la dinastía Yuan y caracterizando de manera generalizada la producción cerámica de esta última en términos poco favorables ("pesada", "tosca"...). En el capítulo dedicado a la cerámica de la dinastía Yuan de la *Historia de la cerámica china* publicada en 1982 solamente se dice que "algunos importantes alfares de la época como los de Jun, Cizhou, Huo, Longquan o Dehua continuaron elaborando variedades tradicionales basadas en la producción previa", pero no se añade nada más respecto a otras tipologías de porcelana. En los últimos años, y como consecuencia de una serie de obras de infraestructura industriales y agrícolas, han aparecido numerosos yacimientos arqueológicos y abundantes restos materiales. En las localidades de Gao'an, Le'an, Yichun, Yongxin o Pingxiang de la actual provincia de Jiangxi se han descubierto muestras de porcelana *qinghua* y de esmalte de tonos rojizos de época Yuan; en los depósitos ocultos dispersos por el antiguo yacimiento Yuan de Jining en Mongolia Interior se han desenterrado excelentes ejemplares de porcelana procedentes de hornos célebres del norte y del sur (Jingdezhen, Ding, Jun, Longquan, Yaozhou, Cizhou...), y especialmente piezas de porcelana *qinghua*, de color rojo bajo esmalte y de porcelana de esmalte blanco albumen tipo *shufu*. Todo ello ha contribuido a ampliar el conocimiento y las miras del mundo académico, atrayendo la atención de especialistas tanto dentro como fuera del país. De los recientes descubrimientos de materiales (muchos de ellos provenientes de depósitos de porcelana de la dinastía Yuan) se deduce que durante esta época seguía habiendo numerosos hornos que prosiguieron con su producción de porcelana, como los de Jian, Yaozhou o Ding. Algunos autores opinan por ello que con los sucesivos descubrimientos arqueológicos se necesitarán llevar a cabo otros estudios que arrojen nueva luz sobre la porcelana de época Yuan, y especialmente la porcelana procedente de los depósitos ocultos.

Por lo que se refiere a los depósitos de porcelana de la dinastía Yuan, el mayor descubrimiento hasta la fecha es el realizado en el antiguo yacimiento de Jining en Mongolia Interior. La abrumadora cantidad de piezas características de numerosos sistemas de alfares resulta completamente inesperada; se trata de un trascendental hallazgo arqueológico en aquella zona limítrofe del imperio y también por lo que respecta a la cerámica china en general. No era la primera vez que se desenterraba porcelana Yuan en el yacimiento de Jining, pues ya se había realizado un primer descubrimiento a mediados del siglo XX, pero a partir de mayo de 2002 comenzaron las excavaciones a gran escala, que han restituido numerosas piezas procedentes de los hornos de las llanuras centrales. Este hallazgo ha contribuido en gran manera a ampliar y renovar nuestros conocimientos sobre la producción de cerámica en época Yuan.

El dominio mongol y la creación del imperio de los Yuan llevaron a una unificación sin precedentes de los territorios del norte de China, que por una parte impulsó el desarrollo de la economía regional y por otra facilitó el tránsito a lo largo de la Ruta de la Seda terrestre, lo que favoreció la difusión de productos artesanales como las porcelanas. Las áreas fronterizas de Mongolia entraron a formar parte con los Yuan de la "región central", junto a las actuales provincias de Hebei, Henan, Shanxi y Shandong. Al sur del desierto del Gobi surgieron localidades nuevas como Yingchang, Jining, Quanning, Dening, Shajing, Chahannaoer, etc. La tendencia a desarrollar en profundidad estas regiones fronterizas septentrionales, iniciada con los Liao, alcanzó con los Yuan un nuevo hito. Haciendo una revisión general de los descubrimientos arqueológicos en Mongolia Interior, vemos cómo abundan los yacimientos de época Jin (Yurchen) y Yuan, que en la mayoría de los casos han restituido muestras de diversas tipologías. Si tomamos los materiales descubiertos en los yacimientos de Shangdu y Jining como representativos de la época en la zona de Mongolia Interior, podemos afirmar que representan el epítome de la situación de bonanza de la producción de porcelana en el norte de China durante la era mongol, y también constituyen un reflejo vivo de la movilidad y difusión por los cuatro puntos cardinales de los objetos cerámicos durante esa época.

La vieja ciudad de Jining, en la encrucijada de caminos del sur de Mongolia Interior, constituye un importante punto de partida en el extremo oriental de la "Ruta de la Seda de las praderas". Su localización en la franja meridional de la actual región autónoma la situaba en un lugar de encuentro y amalgama entre la cultura agrícola y la nómada. Las piezas de porcelana de alta calidad provenientes de los grandes alfares de las planicies centrales y descubiertas en las praderas del norte de China constituyen un particular fenómeno cultural que refleja un nuevo contexto histórico de profundo significado y largo alcance.

Estudiando las numerosas piezas de porcelana aparecidas en Jining resulta evidente que la cultura cerámica de las llanuras centrales había permeado ya con los Yuan aquellas zonas de contacto y simbiosis entre los mongoles y el pueblo Han. Aunque según la demarcación territorial la localidad de Jining era principalmente un lugar de asentamiento mongol, cuyos restos arquitectónicos reflejan la profunda impronta de las formas de vida y el estilo cultural de las minorías de las praderas del norte, los restos materiales cerámicos y de otros tipos nos muestran un pueblo fuertemente aculturado. Las piezas de cerámica descubiertas allí, en particular, no son muy diferentes en sus formas de las utilizadas por los Han en las planicies centrales. Ello quiere decir que durante la dinastía Yuan numerosos soldados, burócratas, artesanos, mercaderes o agricultores procedentes de las planicies centrales acudieron a las regiones al norte del Gobi para llevar a cabo sus asuntos militares o comerciales, trabajar en la industria artesana, desempeñar cargos en la administración o participar en actividades educativas, llevando hasta las praderas la cultura material de los Han. Los objetos cerámicos constituyen una parte extremadamente importante de la vida diaria como utensilios necesarios y obras artísticas de carácter práctico, y su introducción en los asentamientos mongoles y el uso por parte de estos debió de ser un proceso relativamente sencillo y gradual.

La mayor parte de los ejemplares de porcelana desenterrados en los últimos años en los depósitos ocultos, los enterramientos y los restos habitacionales en Mongolia Interior proceden de los hornos de Cizhou, y también han aparecido menores cantidades de piezas originarias de Longquan, Jingdezhen, Gangwa, Jun, Huo, Ding y Yaozhou. En cuanto a las variedades tipológicas de Cizhou, hay jarras, ollas con tapadera, hornillos, tazones, bandejas, cuencos, reposacabezas, juguetes, etc. Los objetos de Longquan más frecuentes son los tazones, bandejas, tazones de apoyo alto (vasos), aguamaniles con "nudo de caña", ollas con tapadera en forma de pétalo de loto, jarrones con orejas circulares, jarras de boca rectilínea con paredes curvadas que retroceden hacia la base, vasijas para vino (*zun*) de tres pies...

Las piezas de porcelana de Jun encontradas en la aldea de Baita en los suburbios de Hohhot, los depósitos de la aldea de Hajingou en Dayingzi (Chifeng) y los depósitos del yacimiento de Jining presentan variadas formas: incensarios, jarrones, tazones (de paredes curvadas que retroceden hacia la base, boca perpendicular o boca con reborde), bandejas, platos, cuencos, ollas, etc. El cuerpo es en su mayoría de color amarillo claro o gris, pero también hay muestras en blanco, gris negruzco o rojo claro. En cuanto a los esmaltes, pueden ser de color blanco pálido, azul pálido o azul celeste, aunque predomina la combinación de blanco y azul pálido. La capa de esmalte es gruesa y opalescente, y abundan los apliques y la ornamentación rojo cobrizo sobre su superficie, si bien los apliques sólo aparecen en tazones y hornillos (pétalos de loto en las paredes interiores de los tazones y rostros de animales con anillas en la boca, flores o pezones en el caso de los incensarios). Una parte de las cerámicas presentan decoración a base de manchas de color rojo cobrizo. Los incensarios y jarrones de base alta perforada con doble oreja en forma de lagarto descubiertos en los depósitos de Baita en Hohhot presentan todos una gruesa capa de esmalte azul pálido, con derrames horizontales y verticales sobre la superficie que le otorgan una gran vivacidad. Los incensarios, en particular, poseen una gran belleza plástica en su sobriedad, y son ejemplos raros y valiosos de porcelana Jun de época Yuan.

Hasta la fecha sólo se han hallado ejemplares de porcelana de los hornos de Huo en los depósitos del yacimiento de la antigua Jining, en su mayoría objetos domésticos de uso cotidiano y factura tosca, como tazones o bandejas. Predominan los tazones de apoyo alto.

Las piezas de porcelana de Ding recuperadas en las excavaciones son de pasta fina color blanco crema, con esmalte blanco de matices verdosos. Los tazones, bandejas y otras tipologías similares presentan los bordes de la boca exentos de esmalte. La decoración es principalmente a base de motivos impresos y raspados, con flores de loto, peces, aves, etc. en las paredes interiores y el exterior con panza curvada o en forma de pétalos de loto.

Las muestras de porcelana de Yaozhou encontradas en los depósitos de Mongolia Interior de época Yuan son muy escasas. Entre ellas destaca la bandeja de esmalte verde y decoración impresa hallada en el depósito de Qiandi de la aldea de Fanrong del distrito de Linxi, de pasta fina de tonalidad gris, completamente recubierta de esmalte color verde oscuro por dentro y por fuera, con decoración impresa de ramas y peonías en el fondo interno. Es probable que durante la dinastía Yuan se hubiera interrumpido ya la producción de porcelana de los hornos de Yaozhou propiamente dichos.

Las porcelanas del sistema de alfares de Jian han aparecido principalmente en los depósitos del yacimiento de Jining, y abundan las piezas de imitación de Jian de los hornos comunes del norte de China, en su mayoría tazones, bandejas, vasos, copas pequeñas... Las pastas son de color gris, blanco grisáceo, amarillo claro, etc., y una parte de los ejemplares presenta zonas sin esmaltar de color ocre o negro grisáceo. Hay decoración a base de "pelo de conejo", "gotas de aceite", "manchas de perdiz", hojas de árbol, etc.

De los numerosos hallazgos de porcelana de época Yuan en los depósitos ocultos de Mongolia Interior se desprende que la producción cerámica de este período ocupó un importante lugar que no puede ser subestimado. Según Li Jianmao, "estos descubrimientos han puesto en entredicho las teorías tradicionales. Aunque los hornos de Jingdezhen eran los más vigorosos y los de mayor potencial de desarrollo de la dinastía Yuan, no eran en cambio los de mayor escala de producción, ya que las piezas más abundantes descubiertas en Jining no provienen de Jingdezhen sino de Cizhou. El hallazgo de estos ejemplares de Cizhou en Mongolia Interior podría tratarse de un fenómeno coyuntural, y sin embargo ocurre igualmente por lo que respecta al sur del país, donde la producción de los hornos de Longquan superaba a la de Jingdezhen. La industria cerámica del norte de China se vio perjudicada en diferentes ocasiones por el clima bélico de la región, pero aunque su desarrollo no fue tan rápido como el de su contraparte del sur tampoco puede afirmarse como se ha venido haciendo tradicionalmente que su declive fuera acelerado". Su criterio me parece acertado: el hecho de que el material cerámico de Longquan descubierto en la actual región de Mongolia Interior sea más abundante que el procedente de Jingdezhen quizás podría deberse simplemente a la mayor facilidad para el transporte de las piezas desde aquellos alfares, mientras que en la provincia de Jiangxi debería hallarse en cambio una mayor cantidad de porcelana de Jingdezhen. Sin embargo, no es ese el caso.

Además de los abundantes descubrimientos de porcelana Yuan en depósitos y enterramientos de Mongolia Interior, tras la creación de la República Popular China en 1949 y durante los trabajos de construcción se han sucedido en Jiangxi los hallazgos de otros depósitos y mausoleos que han permitido recolectar piezas de porcelana *qinghua* datadas en época Yuan. Estos nuevos descubrimientos tienen un gran valor como material histórico para el estudio de esta tipología cerámica, y en especial las piezas provenientes de los depósitos ocultos, de considerables dimensiones, gran abundancia y variado origen. Es la primera vez que se hacen hallazgos de este tipo en todo el país, y poseen un incalculable valor; los detallamos a continuación según su orden cronológico de aparición:

1. Abril de 1980. En una fosa de alrededor de un metro de diámetro a 50 centímetros bajo tierra en la muralla exterior de la antigua ciudad del distrito de Yongxin se encontró un depósito de porcelana.

2. Noviembre de 1980. Durante las labores de excavación para la ampliación de una fábrica de motores en el distrito de Gao'an se halló un depósito oculto de época Yuan.

3. Enero de 1984. Durante los trabajos de construcción de una oficina estatal de equipamiento en el distrito de Zhaishang (Le'an) se descubrió un depósito de porcelana Yuan.

4. Abril de 1985. En la aldea de Xiashi de Futian en Pingxian se encontró un depósito.

5. Octubre de 1990. Durante los trabajos de construcción del palacio de justicia de la ciudad de Yichun se descubrió un depósito de época antigua.

De estos cinco hallazgos de depósitos de porcelana de época Yuan apenas mencionados, el más célebre es el del distrito de Gao'an, ya que tuvo una mayor repercusión tanto dentro como fuera del país y restituyó el mayor número de piezas. Destacan especialmente las porcelanas *qinghua* y las de color rojo bajo esmalte, de gran variedad y notables dimensiones, poco frecuentes entre los ejemplares hallados en este tipo de depósitos cerámicos. Según los cálculos, los ejemplares más numerosos no son los salidos de los alfares de Jingdezhen sino los procedentes de Longquan. En total se desenterraron 239 piezas: 23 de porcelana de *qinghua* y de color rojo bajo esmalte, 10 de porcelana verdiblanca, 34 de porcelana *shufu* de color blanco albumen, 168 piezas de celadón de Longquan, 3 de los hornos de Jun y 1 de otros alfares.

Li Jianmao también cita el ejemplo del pecio hundido frente a las costas del distrito de Sinan en Corea del Sur, del que se recató un total de 12.539 piezas o fragmentos de porcelana, de entre ellas 6.435 procedentes de los hornos de Longquan, y también la granja hortícola de la aldea de Xi en Jianyang (Sichuan), en la que se descubrió un enterramiento con 612 objetos funerarios de los que 525 eran piezas de porcelana: 231 celadones de Longquan, 198 ejemplares de porcelana verdiblanca de Jingdezhen, 82 de porcelana blanca de Ding (con taraceas de plata y cobre), 9 tazones de esmalte marrón y 5 de esmalte negro. Por ello, y considerando los distintos descubrimientos de depósitos cerámicos, Li opina que la porcelana comercial de Longquan era la más abundante. No obstante, el apartado de la dinastía Yuan de la *Historia de la cerámica china* editada por la Sociedad Cerámica de China en 1982 sólo le dedica una breve página a los hornos de Longquan, un espacio mucho menor que el concedido a los alfares de Jingdezhen.

Aparte de esto, y por lo que se refiere a la producción cerámica de época Yuan, también conviene reseñar las piezas de porcelana *qinghua* de Yunnan; las porcelanas de los hornos de Jian, que gracias al auge de la "Ruta del té y los caballos" obtuvieron un excelente recibimiento entre los pueblos de las praderas septentrionales, siendo imitadas en numerosos hornos del norte del país; y el desarrollo de la producción cerámica en las áreas costeras de Fujian, impulsado por el apogeo de la porcelana de exportación. Todos estos fenómenos son cuestiones poco debatidas hasta la fecha en el contexto de los estudios cerámicos, y por ello en este capítulo voy a tratar de detenerme un poco más en ellos para atraer la atención de los lectores.

Los abundantes ejemplares cerámicos aparecidos en los mencionados depósitos ocultos de la antigua ciudad de Jining en Mongolia Interior u otros semejantes resultan de extremada importancia y significación para el estudio del intercambio comercial de porcelana tanto dentro como más allá de las fronteras de China. Se ha hecho siempre hincapié en el comercio internacional de la cerámica china a través de la Ruta de la Seda terrestre y marítima, pero todavía no disponemos de suficientes datos acerca de la "Ruta cerámica de las praderas" o "Ruta de la Seda de las praderas", principalmente por nuestro desconocimiento de la red de itinerarios de transporte de mercancías hacia el norte del país, debido a la relativa escasez de hallazgos materiales y también a la falta de documentos escritos relativos a este asunto.

El descubrimiento de abundante porcelana en la antigua ciudad de Jining en Mongolia Interior demuestra que aquél no era sólo un asentamiento floreciente y un lugar de encuentro y simbiosis entre la cultura agrícola y la cultura nómada, sino probablemente también una importante encrucijada de comunicaciones con las regiones al norte del Gobi y los países más allá de las fronteras. A juzgar por su posición durante la dinastía Yuan, era una de las áreas de contacto entre los mongoles y el pueblo Han. Un gran número de productos procedentes de las planicies centrales llegaron a la región de Karakórum tras su paso por Jininglu, Jingzhoulu o Deninglu, y desde la capital y a través de localidades como Chenghai o Qianqianzhou se exportaron directamente a Occidente. Desde esta perspectiva, Jininglu debió su existencia y prosperidad a su destacado papel como centro de intercambio comercial.

Los estudiosos extranjeros sólo centran su interés en las rutas comerciales que desde Xi'an partían hacia el oeste a través de Gansu hasta Asia Central, para después proseguir hacia Oriente Próximo. "La ruta cerámica de las praderas" a la que hacen referencia se dirige hacia Occidente, no en sentido sur-norte.

De las sucesivas investigaciones históricas se desprende que, para reforzar el control de las regiones al norte del Gobi y estrechar las relaciones con la corte imperial, las clases dirigentes de los Yuan establecieron una serie de rutas que desde las llanuras centrales y a través de las áreas al sur del desierto alcanzaban las zonas más septentrionales, el conocido sistema de postas de época mongola y los itinerarios a él ligados. El yacimiento de Jininglu se encuentra en la región de Ulanqab, que entonces no disponía de postas. Además de conectar estrechamente el poder central con las áreas más remotas del imperio, este sistema también cumplía una función esencial en el transporte de mercancías. Es muy probable que una parte importante de las porcelanas de época Yuan llegaran a Jininlu a lo largo de estas rutas de postas, y desde allí se distribuyeran por el norte del Gobi e incluso las regiones de Asia Central.

Capítulo 2   Hornos de Jingdezhen

2.1. Importantes factores en el desarrollo de los hornos de Jingdezhen

Aunque durante la dinastía Song, y gracias a sus piezas de porcelana verdiblanca de cualidades semejantes al jade, la producción de Jingdezhen fue muy apreciada por la casa real, a la que en ocasiones le enviaba porcelana como tributo, sólo era uno más entre los numerosos sistemas de alfares de la época, y su importancia era menor respecto a la de los cinco grandes hornos u otros como los de Longquan o Yaozhou. Con los Yuan, Jingdezhen comenzó a recibir una mayor atención, convirtiéndose en uno de los sistemas más importantes del momento. En el *Libro de las Maravillas*, Marco Polo dedica un pasaje a la descripción de unas muestras de porcelana, afirmando que "en esa provincia hay una ciudad [Jingdezhen] en la que se elaboran los vasos más hermosos del mundo, todos hechos en cerámica. Son unos vasos que no pueden realizarse en ningún otro lugar del mundo más que allí". Gracia a esta cita podemos comprender la influencia que ejercían entonces los hornos de Jingdezhen en todo el país... ¿A qué se debió? La respuesta radica en los siguientes aspectos:

2.1.1. Reforma en la elaboración de la pasta cerámica

Antes de los Yuan, los hornos de Jingdezhen empleaban principalmente como materia prima para sus piezas la piedra granítica local, cuyo agotamiento durante los Song del Sur provocó el declive de la industria en dicha área. Con los Yuan, los artesanos de Jingdezhen encontraron una nueva materia prima, que más tarde se convertiría en la preciada arcilla de caolín, empleando en la pasta una fórmula compuesta a base de esos dos elementos en lugar de usar sólo el granito. Con ello se pasó de la cocción a baja temperatura de piezas de pasta blanda a una nueva era de cocción de pasta dura a altas temperaturas. El caolín es un tipo de arcilla muy pura y de alto rendimiento, con un elevado contenido de alúmina y una fuerte resistencia a las altas temperaturas. El punto de sinterización de la piedra granítica por sí misma es muy bajo, y se deforma o desmorona con facilidad bajo una temperatura superior; combinada en una determinada proporción con el caolín, puede permitir en cambio una mayor temperatura de cocción de las porcelanas reforzando así el grado de densidad y de blancura de la pasta. Añadiendo después una capa de esmalte vítreo transparente, podía conseguirse una pieza "tan pura como el jade y tan cristalina como el hielo". Puede afirmarse entonces que el caolín es el símbolo del elevado nivel de desarrollo experimentado por la industria alfarera de Jingdezhen durante la dinastía Yuan.

2.1.2. Aprecio de las clases dirigentes

Ya desde las dinastías Sui y Tang la porcelana blanca china había alcanzado un grado de madurez. Las porcelanas blancas "semejantes a la nieve y la plata" de los hornos de Xing se correspondían con las porcelanas verdes "semejantes al hielo y el jade" de los hornos de Yue, convirtiéndose ambos en alfares célebres de la época. Con los Song, y gracias a sus piezas de esmalte blanco, los hornos de Ding entraron a formar parte del grupo de cinco grandes sistemas de alfares. Sin embargo, la evolución de la porcelana blanca se limitó durante la dinastía Song a la aplicación sobre la superficie de motivos impresos o decoración pintada, mientras que no se avanzó mucho por lo que respecta a las propias cualidades de la pasta o la forma del cuerpo de las piezas. Para la porcelana verde o negra de alta temperatura y esmalte de color, la morfología externa del cuerpo era de carácter secundario, mientras que para la porcelana blanca de esmalte vítreo transparente era en cambio de vital importancia. Los hornos de Jingdezhen introdujeron la ya mencionada fórmula compuesta de piedra granítica y caolín, aumentando la proporción de alúmina de la pasta, al mismo tiempo que mejoraban las técnicas de cocción, con lo cual consiguieron finalmente aumentar la calidad del cuerpo de sus vasijas. La porcelana blanca de Jingdezhen no es del todo pura, ya que presenta un color blanco con matices verdes; se trata de una tonalidad que la asemeja a la del huevo de pato, de ahí que se la conozca con el nombre de "porcelana de color blanco albumen". Presenta además un alto grado de viscosidad y opalescencia, que le asemeja al sebo animal y le da una sensación de calidez diferente al resplandor vítreo de las piezas de antaño. Este tipo de porcelana recibió el favor de las clases gobernantes, e incluso fue enviada como tributo a la corte imperial. Este aprecio de los estratos más elevados de la sociedad mongola tiene que ver en mi opinión con su tradicional concepción del blanco como color de carácter auspicioso. Ya hemos visto al repasar la cerámica de época Jin (Yurchen) que los pueblos nómadas del norte de China tenían un gran aprecio por el blanco, o por la combinación de blanco y negro, y que por ello en esa época los hornos de Ding y de Cizhou se desarrollaron con gran fuerza. Resulta por lo tanto natural que durante la dinastía Yuan y con los mongoles en el poder la porcelana blanca también atrajera su interés. Además, los mongoles apreciaban particularmente la porcelana con decoración impresa, y de este modo los ejemplares de blanco albumen con motivos impresos fueron la tipología predilecta de las clases dirigentes de la época. Si bien tanto por lo que respecta a las técnicas de elaboración como a la capacidad productiva o a su influencia externa los hornos de Jingdezhen no estaban a la altura de los de Longquan, la casa real estableció la única oficina de porcelana de todo el país en Jingdezhen, célebre por su porcelana blanca. La creación de la oficina de Fuliang elevó el estatus de Jingdezhen en el contexto de la industria nacional de producción cerámica, mientras por otra parte los altos criterios de exigencia establecidos por las clases dirigentes estimularon el continuo progreso de las técnicas alfareras en estos hornos.

2.1.3. Demanda del mercado interior y exterior

En los *Registros de cerámica de Jingdezhen* de época Qing se afirma que con los Yuan, y especialmente desde la era Taiding a comienzos del siglo XIV, se estableció en Jingdezhen un sistema de supervisión que no ponía demasiadas trabas a la producción de los hornos comunes y que estaba destinado simplemente a recaudar impuestos, lo que redundó en beneficio de aquellos. Prácticamente se dejó el funcionamiento de los hornos en manos de los propios maestros alfareros. En cuanto a los tributos, se escogía una proporción de alrededor del uno por ciento de las piezas, ya que la mayoría de los productos ordinarios no cumplían los exigentes requisitos impuestos por la corte. Además, debido a la demanda de los mercados exteriores, surgió en los hornos de Jingdezhen de época Yuan un producto de exportación destinado a los países islámicos: la porcelana *qinghua*. Por otro lado, y después de la creación de la porcelana verdiblanca en época Song, también se produjeron allí nuevas tipologías como la porcelana blanca con alto contenido en alúmina, la de color rojo bajo esmalte y la azul marino, y con ello dichos hornos abrieron una nueva época en la historia de las artes cerámicas chinas poniendo las bases para su consolidación como centro nacional de producción alfarera durante la dinastía Ming.

2.2. La porcelana *qinhua*

2.2.1. Aparición de la porcelana *qinghua* en Jingdezhen durante la dinastía Yuan

Según la opinión tradicional, la porcelana *qinghua* habría surgido en los hornos de Jingdezhen en época Yuan. Sin embargo, el mundo académico piensa ahora que su origen se remontaría a las dinastías Tang y Song (aunque todavía hay controversia por lo que se refiere a la porcelana *qinghua* de época Tang).

Durante las dinastías Song del Norte y del Sur, la producción de esta tipología cerámica fue muy escasa. En cuanto a los descubrimientos arqueológicos efectuados hasta la fecha, durante las labores de excavación en 1957 de la base de la pagoda de Jinsha en Longchuan (Zhejiang), datada en el segundo año de la era de Taipingxingguo (977 d.C.) del reinado de Taizong de los Song del Norte, se desenterró un tazón entero con decoración floral, y en el estrato de tierra comprimida aparecieron tres bocas de tazones y 13 fragmentos de panza; y en 1970, durante la demolición de la pagoda de Huancui de Shaoxing (también en la provincia de Zhejiang) construida en el primer año de la era Xianchun (1265) del emperador Duzong de los Song del Sur, se halló un fragmento de panza de tazón de boca rectilínea y paredes curvadas. Estos dos ejemplos citados no pueden considerarse como auténticos ejemplares de porcelana *qinghua* de estilo maduro, ya que presentan una tonalidad gris oscura; además, tanto la pasta como el esmalte son claramente de peor calidad que los empleados en la porcelana verdiblanca de Jingdezhen, por lo que probablemente habrían sido realizados en los hornos de Jiangshan de Zhejjiang. Estos hornos, en cuyos alrededores había yacimientos de mineral de asbolana (cobalto terroso), fueron creados durante la dinastía Song, y desaparecieron con los Qing. Según el análisis realizado por la Sociedad cerámica de China de Shanghai de los fragmentos descubiertos en la pagoda de Jingsha y en el yacimiento de los hornos de Jiangshan, la tonalidad de las piezas de porcelana *qinghua* de la provincia de Zhejiang de época Song no era tan luminosa como las de Jingdezhen del período Yuan, principalmente debido a que las primeras estaban realizadas con la asbolana local, con una proporción muy baja de cobalto (0,1-0,2%) y una cantidad diez veces más alta de manganeso, que daban a los ejemplares su característico tono azul oscuro. La cantidad de cobalto de la porcelana azul y blanca de Jingdezhen, en cambio, era generalmente el doble de la de Zhejiang de época Song y Yuan, y a veces incluso varias veces superior, mientras la proporción de manganeso era un de un décimo respecto a ésta, lo que indica que toda la porcelana *qinghua* de Zhejiang de aquel período fue elaborada localmente. Por eso hay autores que opinan que este tipo de *qinghua* aparecería por primera vez en los hornos comunes de menor tamaño, y correspondería a una etapa inicial, con una producción limitada, unas técnicas de cocción poco estables y un color en su mayoría azul grisáceo. Desde distintos puntos de vista se distingue por su carácter contingente, con una producción dispersa según la distribución de los recursos locales, por lo que se vio constreñida por las condiciones naturales y el nivel productivo del momento.

De todo lo visto se desprende que, si bien la primera aparición de porcelana *qinghua* en China se remonta a la dinastía Tang en los hornos del norte del país –cuya producción sería luego retomada por los Song del Sur en cierto número de alfares–, esos tempranos ejemplares correspondían sin embargo a una etapa inicial y fragmentaria en la que todavía no había surgido una producción a escala comercial. Puede afirmarse por consiguiente que la auténtica elaboración de esta tipología cerámica en su estado maduro comienza sin ningún género de dudas en los alfares de Jingdezhen durante la dinastía Yuan, y se trata de un gran acontecimiento en la historia de la cerámica china y también de un

trascendental punto de inflexión entre el período de predominio de las superficies lisas y la posterior etapa de porcelanas decoradas a colores (imagen 9-6). Éste puede ser también uno de los motivos por los que a partir de los Yuan los hornos de Jingdezhen se convirtieron en poco tiempo en el centro de producción cerámica más importante de toda China. En mi opinión, fueron tres los factores que contribuyeron a la aparición de la porcelana *qinghua* en Jingdezhen en este momento:

(I) Debido al empleo de la fórmula compuesta para la pasta de las piezas arriba mencionada y al aumento de la temperatura de cocción, la calidad de la cerámica de Jingdezhen se vio considerablemente mejorada. Buscar nuevos patrones ornamentales para decorar las resplandecientes superficies blancas de las vasijas se convirtió en una exigencia para el progresivo desarrollo de la industria cerámica. Durante las dinastías Tang y Song no estaba en

9-6 Jarrón florero con tapadera de porcelana qinghua con decoración de ramajes y peonías Dinastía Yuan Altura: 48'7 cm.; diámetro boca: 3'5 cm. Hallado en un depósito de época Yuan de Gao'an (Jiangxi) Museo de Gao'an (Jiangxi)

boga la decoración a colores, y la porcelana verdiblanca de época Song sólo era elaborada sobre la base del color original, mientras que el desarrollo de la porcelana blanca de Jingdezhen con los Yuan puso las condiciones para el surgimiento de la porcelana *qinghua*.

(2) Numerosos estudiosos opinan que el desarrollo de la porcelana *qinghua* en Jingdezhen con la dinastía Yuan guarda una estrecha relación con el declive de los hornos de Jizhou y con el desplazamiento al sur del país de los artesanos provenientes de los alfares de Cizhou a finales de los Song. Tras el derrocamiento de la dinastía por parte de los Yuan la población de China sufrió una fuerte disminución, y sin embargo el número de habitantes del distrito de Fuliang en Jingdezhen aumentó considerablemente. Según los registros, "en el quinto año de la era Xianchun [1269], Fuliang tenía 30.832 familias y un total de 137.513 habitantes". En el vigésimo séptimo año de la era Zhiyuan (1290) del reinado de Kublai Kan, sin embargo, "las familias eran 50.786, y los habitantes 192.148". Parece evidente que este anormal incremento explosivo de la población en más del 40 por ciento de sus habitantes en tan solo 21 años tiene que ver con los movimientos migratorios norte-sur de este período. Algunos expertos creen que entre esa masa de población desplazada se contaría un cierto número de artesanos alfareros procedentes de los hornos de Cizhou en el norte del país que habría llevado consigo las técnicas de elaboración de cerámica de color bajo esmalte a Jingdezhen. Además de este importante incremento de la población durante ese breve período de tiempo, tanto las técnicas de cocción y elaboración de las piezas como los métodos decorativos, el estilo de las pinceladas o las formas de los apoyos de las porcelanas *qinghua* de época Yuan tienen mucho en común con la cerámica de color negro bajo esmalte de Cizhou, y son pues testimonio de esa conexión. Por otro lado, en los yacimientos de Jingdezhen de esta época se han hallado abundantes fragmentos de cerámica de color negro bajo esmalte y rojo y verde sobre esmalte. No obstante, otra parte de los estudiosos opina en cambio que el surgimiento de la porcelana *qinghua* en Jingdezhen con los Yuan estaría más bien relacionado con los alfares de Jizhou en Jiangxi, ya que el prefecto de Ji'an Wu Bing afirma en su diario de viaje que "durante la dinastía Song se producía porcelana en la localidad de Yonghe de Ji'an en Jiangxi [...] Cuenta la tradición que los artesanos elaboraban piezas semejantes al jade, y que por temor a ser descubiertos abandonaron sus talleres. Muchos de los alfareros que trabajan ahora en Jingdezhen provienen de Yonghe" (imagen 9-7).

En su *Estudio preliminar sobre la historia de la porcelana en los hornos de Jizhou*, Chen Baiquan afirma que la repentina interrupción de la producción en los hornos de Jizhou

tiene que ver con el famoso general Wen Tianxiang de finales de la dinastía Song. Wen era nativo de la localidad de Yonghe en Ji'an, y después se mudó a la vecina Futianwei. El hecho más destacado de su biografía fue su lealtad a la dinastía Song. Tras ser derrotado en varias ocasiones, reunió un ejército de voluntarios en su hogar natal de Jizhou para enfrentarse de nuevo a los Yuan. Los miles de artesanos que estaban trabajando entonces en los alfares de Jizhou constituían una colectividad ideal para el reclutamiento. Tras la derrota, muchos de esos alfareros fueron perseguidos y masacrados; los más afortunados de entre ellos ya no se atrevían a regresar a Jizhou, y buscaron en cambio su sustento en los alfares de Jingdezhen, que se encontraban en la misma provincia y estaban tomando impulso. La llegada de estos competentes artesanos, con su aportación de modernas técnicas, inyectó nueva savia a la industria cerámica de Jingdezhen.

9-7 Brasero de porcelana qinghua con decoración de pinos, bambúes y ciruelos Dinastía Yuan Altura: 31'4 cm.; diámetro boca: 20'1 cm. Museo de la Ciudad Prohibida (Beijing)

Durante la dinastía Song del Sur, los hornos de Jizhou realizaron gran cantidad de piezas de porcelana de pintura bajo esmalte que ejercieron una grande y profunda influencia. Esta tipología cerámica comenzó a producirse en época Tang en los hornos de Changsha, y con los Song del Sur alcanzó en Jizhou su madurez técnica y su grado óptimo. La llegada a Jingdezhen de los artesanos procedentes de aquellos alfares introdujo nuevas técnicas de elaboración de esta porcelana, poniendo las bases ideales para la creación de la exquisita porcelana *qinghua* a partir de la dinastía Yuan. La prueba de ello es que tanto las técnicas maduras de elaboración de porcelana pintada bajo esmalte como los métodos decorativos –con el empleo del pincel para realizar coloridos y elaborados diseños– derivados de los hornos de Jizhou, además de sus frecuentes motivos ornamentales (enredaderas, grecas, brocados, hojas de banano, flores de loto, ondas, ramajes y flores, intrincadas composiciones simétricas o contrastantes...), aparecen recurrentemente en los ejemplares conocidos de porcelana *qinghua* de época Yuan. Por otro lado, las mejores piezas de porcelana de Jingdezhen de la dinastía Song del Sur no eran las de decoración pintada bajo esmalte, y los métodos ornamentales utilizados entonces seguían siendo los

9-8 Olla de porcelana qinghua con decoración de peonías y ramajes Dinastía Yuan Altura: 27'5 cm.; diámetro boca; 20'4 cm. Museo de Shanghai

tradicionales de la impresión con molde y la incisión a cuchillo, lo que significa que para encontrar los orígenes de la decoración de la porcelana *qinghua* de Jingdezhen no hay que buscar en sus propios precedentes sino antes bien en los modelos provenientes de los alfares de Jizhou (imagen 9-8).

Según el profesor Feng Xianming, "los hornos de Jizhou recibieron la influencia de los de Cizhou, ya que la porcelana pintada bajo esmalte pertenece a este último sistema de alfares. Es muy probable que tras los desórdenes de la era Jingkang [el derrocamiento de la dinastía Song del Norte y el saqueo de su capital] una parte de los artesanos de los hornos de Cizhou emigrara a Jiangxi en el sur, llevando hasta la localidad de Yonghe sus técnicas de elaboración de cerámica pintada bajo esmalte. Yonghe se encontraba muy cerca de Jingdezhen, a la que se podía acceder siguiendo el río Gan. Los alfares de Jizhou influyeron fuertemente en la producción de Jingdezhen, cuya variedad de porcelana *qinghua* guarda una estrecha relación con la cerámica pintada bajo esmalte de Jizhou". Por otro lado, Chen Baiquan opina que "la producción de cerámica pintada bajo esmalte del conjunto de alfares del sur de China dio inicio con los hornos de Jizhou. La invención de esta variedad tipológica hizo posible la aparición de la porcelana *qinghua*, y desde este punto de vista la cerámica pintada de Jizhou jugó un decisivo papel en la historia de la cerámica china. La porcelana pintada *qinghua* está estrechamente relacionada con los hornos de Jizhou". Para numerosos autores, el hecho de que tras el declive de Jizhou a comienzos de la dinastía Yuan la porcelana *qinghua* de Jingdezhen iniciara su proceso ascendente no fue un fenómeno casual, sino que poseía una lógica interna. Tal vez los hornos de Jingdezhen recibieran la influencia directa de los alfares de Cizhou, o bien las técnicas decorativas de estos se transmitieran a través de Jizhou; es posible, por otro lado, que la cerámica pintada bajo esmalte de estos últimos alfares también influyera por su parte en la producción de Jingdezhen. Lo cierto es que, si la porcelana blanca de Jingdezhen de época Yuan puso las bases para la aparición de la porcelana *qinghua* desde el punto de vista del cuerpo de las vasijas, los métodos tradicionales de pintura empleados en la cerámica decorada bajo esmalte de Cizhou y Jizhou y heredados de los hornos de Changsha de época Tang contribuyeron también a su desarrollo por lo que respecta a las técnicas ornamentales.

(3) El surgimiento y desarrollo de la porcelana *qinghua* en Jingdezhen fue extraordinariamente rápido. No mucho tiempo atrás, con la dinastía Song, esos hornos todavía estaban produciendo porcelana verdiblanca con decoración incisa a cuchillo, mientras que ya en la etapa intermedia de la dinastía Yuan y casi sin solución de continuidad la porcelana *qinghua* pintada a pincel ofrece ya ejemplares de gran exquisitez y belleza... ¿Cuál fue la fuerza que impulsó esta súbita evolución? Los principales motivos derivan del estímulo económico, de la demanda de los mercados externos y de las necesidades de comercialización de los productos, factores todos ellos que llevaron rápidamente a la porcelana *qinghua* de Jingdezhen a su etapa de madurez. El intercambio comercial entre China y Asia Central y Oriente Próximo estaba en manos principalmente de los mercaderes provenientes de Persia y los países árabes, y en sus comienzos se llevaba a cabo a través del puerto de Guangzhou (Cantón), mientras que a partir del siglo XIII el centro de exportación se comenzó a desplazar hacia el este del país. Desde entonces hasta mediados del siglo XV el puerto chino más importante fue el de Quanzhou. El intenso intercambio comercial hizo que los comerciantes musulmanes instalados en China y los artesanos locales entraran en estrecho contacto. Los mercaderes procedentes de países islámicos como Persia o Siria interesados en la antigua porcelana china dieron a conocer a los artesanos de Jingdezhen el pigmento azul cobalto, e hicieron abundantes encargos de porcelana *qinghua*. De esta manera, no sólo proporcionaron a los alfareros de estos hornos el material con el que decorar sus porcelanas en época Yuan, sino que también contribuyeron a extender los límites del mercado para estos productos.

Estos tres factores mencionados más arriba prepararon el terreno para el surgimiento de la porcelana *qinghua* de Jingdezhen desde el punto de vista del cuerpo de las vasijas, las técnicas de pintura, el material decorativo y los mercados receptores, provocando así una profunda transformación en el ámbito de la cerámica china e impulsando el ulterior desarrollo y apogeo de la industria alfarera de Jingdezhen durante la dinastía Yuan.

2.2.2. El debate sobre la periodización de la porcelana *qinghua* de Jingdezhen en época Yuan

2.2.2.1. La controversia sobre la era Yanyou

El mundo académico ha dividido tradicionalmente el desarrollo de la porcelana *qinghua* de Jingdezhen en época Yuan en tres grandes períodos. El primero abarcaría los setenta años comprendidos entre comienzos de la dinastía (1271) y la era Zhiyuan (1335-1340) del reinado de Huizong, en su etapa final, y fue la fase de preparación hacia la madurez. Los ejemplares datados en este período aparecidos hasta la fecha son muy escasos. Los ejemplos clásicos son la olla con tapadera en forma de pagoda desenterrada en 1975 en una tumba del distrito de Huangmei (Hubei), correspondiente al sexto año de la era Yanyou (1319) del reinado de Renzong, y el grupo de cuatro vasijas de porcelana *qinghua* de color rojo bajo esmalte hallado en 1977 en la provincia de Jiangxi: dos figurillas, una olla con tapadera en forma de pagoda y "cuatro espíritus animales" (unicornio, fénix, tortuga y dragón) y una vasija-granero en forma de edificio con portón. Según el epitafio funerario, el difunto de la familia Ling nació treinta años antes de la era Zhiyuan y falleció en el cuarto año de la era, y por tanto estos cuatro ejemplares se datan en el año 1338 (imágenes 9-9 y 9-10). Este tipo de ejemplares no sólo son raros entre los conservados hasta la fecha, sino que tampoco han aparecido en los yacimientos de los propios hornos. Entre los restos recuperados del pecio hundido en las costas de la provincia de Sinan en Corea del Sur tampoco se han encontrado piezas de porcelana *qinghua* de época Yuan, lo que quiere decir que hasta esa fecha los ejemplares salidos de los hornos de Jingdezhen no habían alcanzado un pleno desarrollo, ni habían comenzado a comercializarse en ultramar. Ello significa por un lado que la producción de este tipo de cerámica era todavía bastante escasa, y que quizás tampoco era lo suficientemente madura.

En los últimos años ha habido cierta controversia en el mundo académico por lo que se refiere a este primer período de producción de porcelana *qinghua* de Jingdezhen. El foco principal de este debate se centra en torno a si la mencionada olla con tapadera en forma de pagoda datada en el sexto año de la era Yanyou es o no una porcelana *qinghua*. En el número 9 del año 2009 de la revista *Colecciones* apareció un artículo titulado "La olla en forma de pagoda del sexto año de la era Yanyou es en realidad una pieza decorada con pigmento ferruginoso" en el que se habla de las jornadas de estudio de la porcelana *qinghua* de época Yuan celebradas del 19 al 22 de mayo de 2009 en Beijing por la Sociedad china de cerámica antigua. En ellas participaron más de 50 personas, entre especialistas del

9-9 Olla con tapadera de porcelana verdiblanca con "cuatro espíritus animales" tallados Altura: 22'5 cm.; diámetro boca: 7'7 cm. Dinastía Yuan Hallado en Fengcheng (Jiangxi) Museo provincial de Jiangxi

9-10 Vasija-granero en forma de edificio Altura: 29'5 cm.; anchura: 24'5 cm. Dinastía Yuan Hallado en Fengcheng (Jiangxi) Museo provincial de Jiangxi

Museo de la Ciudad Prohibida, del Museo de Shanghai, del Museo de la Capital y de otras instituciones provinciales de museología y arqueología, además de algunos representantes de casas de subastas. Todos ellos visitaron las exposiciones en torno al tema organizadas en el Museo de la Capital y de la Ciudad Prohibida. Veinticuatro especialistas debatieron acerca de la autentificación y cronología de la porcelana *qinghua*, y también sobre la clasificación de las piezas desenterradas y las características de sus pigmentos y motivos decorativos. El mundo académico ha distinguido tradicionalmente entre la variedad de Yanyou (con empleo de cobalto local) y la variedad de Zhizheng (con uso de cobalto importado). La llamada "variedad de Yanyou" de la porcelana *qinghua* toma como modelo los dos jarrones con forma de pagoda aparecidos en una tumba de los hornos de Xichi del distrito de Huangmei (Hubei) y datados en el sexto año de la era Yanyou (1319). Se trata prácticamente de las únicas muestras de esta tipología. Una de estas jarras estuvo mucho tiempo en el museo de Huangmei, y ahora se encuentra en el Museo Provincial de Hubei; la otra se custodia en el museo de Jiujiang en Jiangxi. Durante la reunión se expusieron los resultados de los análisis químicos realizados con la olla en forma de pagoda de la era Yanyou guardada en el Museo Provincial de Hubei, en los que quedaba patente que el pigmento empleado era de hierro y no de cobalto, lo que venía a trastocar el concepto que hasta entonces se tenía de la variedad de Yanyou de la porcelana *qinghua*. Los participantes concordaron en que el período de elaboración de la porcelana *qinghua* se circunscribió a la etapa final de los Yuan y no debió superar en total las cinco décadas. En la reunión se afirmó que en los últimos años, y gracias al estudio comparativo y a los análisis químicos, se habían introducido abundantes y novedosas ideas por lo que se refiere a esta tipología cerámica. La figura de mujer sentada de la era Zhiyuan desenterrada en Hangzhou, por ejemplo, se creía perteneciente a esa variedad de Yanyou. En realidad, durante la dinastía Yuan hubo dos eras Zhiyuan distintas, una en el período inicial y otra en la última etapa, y finalmente la figurilla ha sido considerada como un producto de esa última fase. En el simposio sobre porcelana *qinghua* de época Yuan celebrado en Jingdezhen, por su parte, también hubo científicos que desvelaron que según los análisis químicos los jarrones en forma de pagoda de Jiujiang contenían asimismo pigmento ferruginoso; además, los análisis llevados a cabo por el Museo de la Ciudad Prohibida, demostraron que la cabeza de Buda con decoración de puntos a color de los hornos de Bijiashan en Chaozhou (Guangdong), que por su apariencia externa y características era considerada como una pieza de *qinghua* de época inicial, había sido pintada con este mismo tipo de pigmento.

Es evidente, pues, que tanto la porcelana *qinghua* como la cerámica de decoración negra sobre fondo blanco tienen profundas raíces comunes. Esta última también se conocía con el nombre de "brocado de hierro", ya que sus motivos ornamentales estaban realizados a base de pigmentos con cierto contenido de hierro. Si exceptuamos esto, la cerámica de decoración negra sobre fondo blanco era muy similar a la porcelana *qinghua* tanto en los modos de expresión como en los métodos decorativos. Lo que debemos preguntarnos ahora es si, aparte de transmitir a Jingdezhen dichas técnicas, los artesanos procedentes de los hornos de Cizhou y Jizhou no llevaron también hasta allí esa materia prima con alto contenido en hierro.

El arqueólogo Ouyang Xijun ha sugerido incluso que tal vez en Jingdezhen hubo una etapa anterior a la de la porcelana *qinghua* en la que se produjo cerámica de decoración marrón y negra bajo esmalte. En uno de sus artículos afirma que "entre los productos cerámicos rescatados del pecio hundido frente a las costas de la provincia de Sinan en Corea del Sur había también más de una decena de pequeñas bandejas con decoración negra bajo esmalte de época Yuan procedentes de los hornos de Jingdezhen, con motivos antropomorfos, fitomorfos y zoomorfos. Según el célebre arqueólogo Feng Xianming, "de este descubrimiento se desprende que antes de elaborar porcelana *qinghua* y cerámica de color rojo bajo esmalte, en los alfares de Jingdezhen también se produjeron durante un cierto tiempo piezas de decoración negra bajo esmalte. A la hora de abordar la cuestión de la relación entre estos hornos y los de Jizhou y Cizhou no puede obviarse esa importante conexión entre esas tres tipologías cerámicas". Si es cierto que antes de elaborar porcelana *qinghua* a finales de la dinastía Yuan los hornos de Jingdezhen produjeron piezas con decoración marrón y negra bajo esmalte, entonces las dos ollas en forma de pagoda de la era Yanyou serían ejemplos de esta última variedad tipológica anterior a la porcelana *qinghua* y no guardan ninguna relación con el cobalto local o el importado. El pigmento de cobalto produce una tonalidad azulada, con matices violetas si es importado o grisáceos si está mezclado con el cobalto local, mientras el cobalto de Zhehiang o la azurita dan un azul con matices grises negruzcos o turquesa, pero nunca negros ni marrones".

A pesar de esos análisis químicos arriba mencionados, hay algunos estudiosos que siguen dudando de que la decoración de las ollas de Yanyou haya sido realizada con pigmento de hierro. En un artículo dedicado a este asunto, Zhou Fangqing dice que "la porcelana *qinghua* temprana de época Yuan presenta esmalte verdiblanco transparente y está decorada con un pigmento de cobalto local de alto contenido en hierro, con una tonalidad azulada de matices grises. Bajo los rayos de sol, el cobalto produce un efecto titilante que tiene que ver con el alto componente de hierro. Este azul grisáceo con reflejos metálicos resulta extremadamente brillante y colorido a cierta distancia. Creo que no es correcto afirmar que se empleó pigmento de hierro para elaborar estas ollas de porcelana *qinghua*, porque en su composición encontramos también otros elementos, por lo que resulta más apropiado calificarlo como pigmento de cobalto. El alto componente de hierro es una de las características importantes del pigmento de cobalto de la fase inicial de la dinastía Yuan. Hay quien duda que la olla de porcelana *qinghua* con forma de pagoda y cabeza zoomorfa del museo de Jiujiang en Jiangxi corresponda a la variedad de colores ferruginosos; en mi opinión, su tonalidad está relacionada con la pátina de la arcilla del lugar donde fue desenterrada, ya que la alta proporción de hierro del pigmento de cobalto y el proceso de oxidación debido al tiempo que permaneció bajo tierra han contribuido a otorgar a la pieza tras su descubrimiento ese aspecto ferruginoso". Según Zhou, a pesar de los análisis del pigmento y del esmalte llevados a cabo con los jarrones en forma de pagoda, es necesario llevar a término un estudio más minucioso. La tonalidad de las ollas quizás se deba al proceso de oxidación sufrido bajo tierra y a la consiguiente alteración de los colores bajo esmalte, y no al uso de pigmentos de hierro. Los cuencos y ollas de porcelana *qinghua* de época inicial estaban cubiertos de esmalte verdiblanco transparente, que fácilmente pudo adquirir un cromatismo ferruginoso tras la oxidación. Por ello Zhou opina que la olla custodiada en el museo de Jiujiang fue realizada con pigmento de cobalto local, y no con pigmento de hierro.

En resumidas cuentas, si la olla en forma de pagoda conservada en el museo de Jiujiang en Jiangxi está realmente realizada con pigmento de hierro y no es una auténtica porcelana *qinghua*, entonces por una parte habría que cuestionar la opinión tradicional según la cual los hornos de Jingdezhen habrían producido porcelana *qinghua* durante la era Yanyou, y por otra determinar si antes de elaborar esta tipología cerámica de manera oficial esos alfares produjeron también cerámica de decoración marrón y negra bajo esmalte durante un cierto período. La pregunta es: ¿Ese tipo de análisis químico es realmente preciso? ¿Puede probar sin ninguna duda que esa olla del museo de Jiujiang fue realizada con pigmento de hierro? Si no es así, entonces resulta muy difícil rebatir el hecho de que los hornos de Jingdezhen produjeran porcelana *qinghua* durante la era Yanyou. Desde mi punto de vista, el mayor escollo a la hora de aceptar el veredicto de los análisis químicos es que el origen más temprano de esta tipología cerámica se remonta a la dinastía Tang –a pesar de que entonces todavía no era muy madura–, y que también se elaboró una limitada cantidad con los Song, por lo que si negamos esa producción temprana de los alfares de Jngdezhen entonces habría que negar también la producción de época Tang, y tendríamos que situar entonces el inicio de la porcelana *qinghua* durante la era Zhizheng de la dinastía Yuan, a mediados del siglo XIV bajo el reinado del último emperador.

En este estado de cosas, hace falta todavía profundizar más en la investigación, y esperar el descubrimiento de nuevos materiales que sirvan para demostrar la validez de una u otra teoría.

2.2.2.2. El debate en torno a la porcelana qinghua de la era Zhizheng

Según los datos manejados tradicionalmente por el mundo académico de la cerámica, a la porcelana *qinghua* de la era Yanyou siguió poco después la de la era Zhizheng, que representaría su período de madurez. Su abundante producción respondería a la demanda del comercio exterior. Debido a la escasez de documentos escritos históricos relativos a esta tipología cerámica en época Yuan, durante mucho tiempo se supo muy poco acerca de ella, e incluso ni siquiera se conocía su existencia. Los estudios especializados, incluidos aquellos sobre el descubrimiento y periodización de las piezas de la era Zhizheng, comienzan básicamente gracias al erudito inglés Hobson, que durante una visita a la Fundación Percival David de arte chino en 1929 descubrió un par de jarrones de doble asa con decoración de dragones y nubes datados en el décimo primer año de la era Zhizheng (1351) (imagen 9-11), con una inscripción en el cuello que reza: "En un día auspicioso del cuarto mes del décimo primer año de la era Zhizheng, un hombre del distrito de Yushan de Xinzhoulu llamado Zhang Wenjin presentó este par de jarrones y este incensario como ofrenda al templo taoísta de Xingyuan para rogar por la paz y armonía de su familia". Se trata de dos piezas de esmalte cristalino y colores brillantes, con una rica ornamentación por todo su cuerpo que comprende ramajes y crisantemos, hojas de banano, fénix voladores, lotos entrelazados, nubes y dragones sobre las aguas marinas, ondas, ramos de peonías, pétalos de loto y una miscelánea de motivos decorativos distribuidos en un diseño dividido en ocho niveles. La era Zhizheng corresponde al reinado de Toghon Temür, último emperador de la dinastía Yuan, y los dos floreros eran una ofrenda de los hermanos Zhang al Pabellón del patriarca taoísta de Shangrao en Jiangxi. Este par de porcelanas no sólo poseen un alto valor artístico, sino que además son un importante material para la datación de las piezas de porcelana *qinghua* de la dinastía Yuan. En la década de los 50 del pasado siglo, el profesor Pope de Estados Unidos comparó estos dos jarrones con otros ejemplares *qinghua* custodiados en una mezquita de Ardabil (Irán) y en un museo de Estambul, y estableció luego una analogía sistemática con las piezas de esta tipología producidas en Jingdezhen tomando como modelo esos dos jarrones datados en 1351. De este modo, clasificó 74 muestras de porcelana *qinghua* como pertenecientes a la "variedad Zhizheng", y

9-11 Jarrones de porcelana *qinghua* con orejas en forma de cabeza de elefante y decoración de dragones y nubes Dinastía Yuan Diámetro: 63'4 cm.; diámetro boca: 14'8 cm. Museo Británico de Londres

después publicó un artículo con sus conclusiones acerca de las especificidades de esta porcelana y su criterio de clasificación, que desde entonces ha servido como estándar para la autentificación y valoración de esta tipología. En las últimas décadas se han seguido descubriendo ejemplares de porcelana *qinghua* en China, Japón, Corea del Norte, Filipinas, Malasia, Singapur, Indonesia, Tailandia, India, Egipto, Yemen, Líbano, Italia, etc. En cuanto a los hornos alfareros de época Yuan, ya se ha descubierto y recogido material relativo en siete yacimientos. Resulta evidente que la segunda mitad del siglo XIV fue el período de esplendor de la producción de porcelana *qinghua* de la dinastía Yuan, y también una etapa de auge por lo que respecta a su exportación y venta en los mercados extranjeros.

Hay dos tipos de porcelana *qinghua* de la era Zhizheng. El primero de ellos, de grandes dimensiones, tiene como modelo más representativo los dos jarrones con asas y decoración de nubes y dragones arriba descritos. Al emplear una clase de "fórmula compuesta" que combina la piedra granítica con el caolín, y tener una proporción más alta de alúmina en su pasta, presenta algunas diferencias respecto a la porcelana verdiblanca de época Song. El esmalte, por otro lado, es suave y brillante, y comparado con ésta posee una menor proporción de óxido de calcio y una mayor cantidad de potasio y sodio. La proporción de manganeso es muy baja, y resulta elevada en cambio la cantidad de hierro (también hay un componente de arsénico), una composición química completamente diferente a la de la materia prima local de alto contenido en manganeso y bajo en hierro, por lo que se trataría seguramente de un material importado. La tonalidad de los pigmentos importados es fuerte y brillante, con manchas negras sobre la superficie del esmalte.

Las principales tipologías de esta variedad son los jarrones, ollas, bandejas y cuencos de gran formato. En general, las piezas presentan un buen número de estratos decorativos, en los que se combinan de manera estrecha los motivos principales y los secundarios. Hay tres tipos de motivos principales: el primero incluye escenas completas, como peces nadando entre algas (frecuentes en las olas y bandejas de grandes dimensiones, caso de la imagen 9-12) o historias con personajes (más recurrentes en las grandes ollas, en los jarrones en forma de pera con boca acampanada o en las jarras de hombros anchos, como en la imagen 9-13); el segundo son motivos de carácter zoomorfo, sobre todo dragones solos, entre nubes o en medio de las aguas (frecuentes en ollas y bandejas grandes, jarrones en forma de pera con boca acampanada, frascos, jarras de doble asa...), y también fénix, pavos reales (principalmente en bandejas grandes, jarras de hombros anchos, jarrones en forma de pera con boca acampanada, ollas grandes y cántaros con asa), leones (en jarrones

9-12 Bandeja de porcelana *qinghua* con decoración de dos peces entre algas Dinastía Yuan Altura: 8 cm.; diámetro boca: 45'3 cm. Hallado en Changde (Hunan) Museo provincial de Hunan

9-13 Olla con tapadera de porcelana *qinghua* con decoración de figuras humanas y peonías de los hornos de Yuxi Dinastía Yuan Altura: 28'4 cm.; diámetro boca: 18'5 cm. Museo provincial de Yunnan

9-14 Jarrón de porcelana qinghua con boca acampanada, doble asa y decoración de crisantemos y ramajes Dinastía Yuan Altura: 26'8 cm.; diámetro boca: 8'1 cm.; diámetro apoyo: 10 cm. Hallado en el distrito de Santai (Sichuan) Centro de protección de reliquias culturales de Santai (Sichuan)

romboidales con boca acampanada), caballos celestes (en bandejas y ollas de grandes dimensiones), *qilin* o unicornio chino (en bandejas grandes, jarras de hombros anchos y cántaros aplanados) o insectos (en jarras de hombros anchos); el tercer tipo son los motivos fitomorfos, en especial las peonías y lotos entrelazados (recurrentes en grandes ollas y bandejas, jarras de hombros anchos y vasijas con pedestal alto tipo *dou*), además de flores engarzadas (en jarrones de cuello alto o con forma de pera con boca acampanada o en cántaros con asas, como en el caso de la imagen 9-14), símbolos kármicos (en cuencos), etc.

En cuanto a los motivos de carácter secundario, la mayoría aparecen en la boca y la parte inferior del apoyo de las vasijas. En el cuerpo ocupan a menudo los intervalos entre motivos principales, como en los cuellos o en la parte superior, media o inferior de la panza, o bien incluso en los apoyos a modo de compartimentaciones. Los más frecuentes son las flores y ramas entrelazadas (peonías, lotos, crisantemos), los pétalos de loto superpuestos, las ondas más o menos erizadas, etc. Aparte de ello, había motivos misceláneos –los "ocho elementos auspiciosos" no tomaron una forma definida durante la dinastía Yuan, y a menudo aparecen bolas de fuego, corales, conchas, elementos en forma de T, cuernos de rinoceronte, hongos, peces dobles, bananas, *dharma chakras* o ruedas de la ley, jarras para abluciones, nudos infinitos–, grecas, hojas de banano, sucesiones de cuadrados en diagonal, nubes, círculos entrelazados de patrón fijo o irregular, lotos, granadas o begonias entrelazadas, flores engarzadas, motivos en forma de abanico lobulado... También abundan las siluetas trilobuladas o romboidales. Si bien este tipo de motivos y de contenido corresponde en líneas generales a la tradición china, desde el punto de vista de la morfología y de los modos decorativos presenta un aire foráneo que responde a los usos y costumbres de los pueblos musulmanes y que resulta poco frecuente en territorio chino, por lo que el destino final de esta producción debía de ser principalmente el mercado exterior.

La olla con ocho aristas de la imagen 9-15, por ejemplo, era en origen la parte inferior de una jarra en forma de calabaza, que quizás en un momento muy posterior se separó en dos mitades. Durante la dinastía kayar de Persia (finales del XVIII a principios del XX) se añadió a su cuello y boca un cincho de latón con unos diseños muy detallados, quizás procedentes de las imágenes que ilustraban las cosmologías medievales con descripciones de animales fantásticos, como las *Maravillas de la creación y curiosidades de las cosas existentes* del gran astrónomo persa del siglo XIII Al-Qazwini. Recientemente se ha confirmado que la parte superior se custodia en el Museo Nacional de Arte Oriental de Moscú. Otra mitad inferior de este tipo de jarrón en forma de calabaza se encuentra en una mezquita de Ardabil en Irán construida en tiempos del monarca Abbás I de la dinastía safávida. En el museo del palacio Topkapi de Estambul, por otro lado, se puede contemplar una pieza completa de este tipo.

Las bandejas que aparecen en las imágenes 9-16 y 9-17, con una densa ornamentación, se asemejan por sus características a las piezas de gran tamaño realizadas a mediados del siglo XIV. Se trata de bandejas moldeadas que fueron exportadas sobre todo a la India, Oriente Próximo y el norte de África, donde eran empleadas por los musulmanes en sus banquetes colectivos. En el palacio de la dinastía tughlúqida en Delhi construido a mediados del siglo XIV se han descubierto fragmentos de dos bandejas de porcelana del

9-15 Olla con ocho aristas de porcelana qinghua de los hornos de Jingdezhen con añadidos persas   Dinastía Yuan
Museo Victoria y Alberto de Londres

mismo estilo, con las inscripciones "cocina imperial" en chino y "*Ṣād*", que hacen referencia a su uso exclusivo en palacio. El Museo Topkapi también custodia dos ejemplares de este tipo de vasijas profusamente decoradas, de la que se conservan también muestras en el Museo de Shanghai (imágenes 9-18 y 9-19).

9-16 **Bandeja de porcelana** *qinghua* **con decoración de fénix y peonías de los hornos de Jingdezhen** Dinastía Yuan Museo Victoria y Alberto de Londres

9-17 **Gran bandeja de porcelana** *qinghua* **con decoración de pez y algas de los hornos de Jingdezhen** Dinastía Yuan Museo Británico de Londres

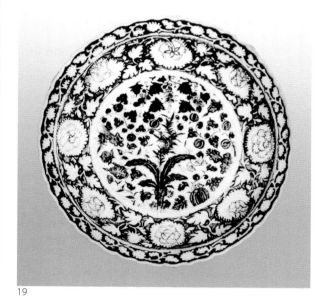

19

20

9-18 Jarrón florero de porcelana *qinghua* Dinastía Yuan Museo del Palacio Topkapi de Estambul

9-19 Bandeja con borde sinuoso de porcelana *qinghua* con decoración de calabazas, bambúes y uva Dinastía Yuan Altura: 7 cm.; diámetro boca: 45 cm. Museo de Shanghai

9-20 Olla para alcohol de porcelana *qinghua* con decoración de peces entre lotos y algas Dinastía Yuan Museo de Arte de Berkeley

La olla de porcelana *qinghua* con decoración de peces entre flores de loto exhibida en el Museo de Arte de Berkeley es una obra maestra de la dinastía Yuan, una pieza de belleza sin par. Los motivos realizados con óxido de cobalto bajo esmalte son de un profundo azul oscuro, la silueta posee una gran fuerza, y la decoración ocupa toda la vasija de una forma limpia y ordenada. Los cuatro peces incisos son de gran viveza, y nadan entre tradicionales flores de loto y otras plantas marinas. Entre el diseño se esconde una frase –"equidad y honestidad"– que da sentido a la ornamentación. Es posible que el diseño que cubre la pieza fuera un recordatorio de cómo debía comportarse su dueño, especialmente al hacer frente a la tentación del alcohol que llenaba su interior. Los métodos pictóricos, las tonalidades empleadas y la forma y tamaño de este ejemplar lo caracterizan claramente como un producto elaborado en los hornos de Jingdezhen durante la era Zhizheng, y además presenta una decoración muy sencilla y una distribución poco densa –excepto el cuello, en el resto de la pieza no hay motivos secundarios– que corresponde a los últimos años de la dinastía, por lo que la datación que aparece en la etiqueta explicativa (1279-1368) se antoja demasiado amplia.

El segundo tipo de porcelana *qinghua* de la era Zhizheng es el de tamaño mediano o pequeño, que emplea pigmentos locales para su decoración. Las tonalidades, por tanto, son diferentes a las de los productos pintados con pigmentos importados; no hay manchas negras y los motivos resultan bastante sencillos y apresurados. Las vasijas de esta segunda tipología estaban destinadas principalmente al mercado interno, aunque hay una parte que sí se exportó a Japón, Filipinas, Indonesia y otros países y regiones asiáticos, en los que además de los ejemplares más grandes se han descubierto también otras piezas de modestas dimensiones y uso doméstico (jarras vertederas, vasijas en forma de gota, pequeños tazones y ollas...), algunas de los cuales apenas han aparecido en otros lugares, incluida la propia China. Ello significa que para satisfacer los variados requisitos y adaptarse a los diferentes usos y costumbres locales, los hornos comunes de Jingdezhen produjeron diversos tipos de porcelanas para la exportación según los mercados a los que estaban destinadas.

2.2.2.3. Porcelana *qinghua* de finales de la dinastía Yuan

Según algunos estudiosos, el límite final de la producción de la porcelana *qinghua* de Zhizheng debería situarse en los años 50 del siglo XIV, es decir, en torno al duodécimo año de la era o un poco después. En aquellos años Jingdezhen se encontraba en situación de guerra, con los Ming que ya ejercían el control real sobre la zona. Esta prolongada coyuntura bélica no sólo repercutió en la exportación de sus productos a los mercados exteriores, sino que también provocó la interrupción del suministro de pigmento de cobalto importado. A partir de este momento, Jingdezhen entró en una nueva fase de producción de porcelana *qinghua*, correspondiente a los años finales de la dinastía Yuan, un período que habría comenzado a mediados del siglo XIV y se prolongaría hasta la extinción de la dinastía, por una duración inferior a las dos décadas. Durante esta breve etapa la porcelana *qinghua* de Jingdezhen experimentó dos cambios; uno fue la suspensión del comercio con Oriente Próximo, y el otro el mencionado cese de las importaciones de pigmento de cobalto foráneo, cuyo remanente se había seguido utilizando hasta entonces.

Ello provocó una mayor diversificación de la producción en dichos alfares.

Durante esta última fase se utilizaba pigmento de cobalto local y lo que quedaba del pigmento importado. En cuanto a los esmaltes, había de color blanco transparente, blanco albumen, y verdiblanco. En términos generales, el pigmento de cobalto importado se empleaba sobre el esmalte blanco transparente, en su mayoría en piezas de gran tamaño o en otras menores de exquisita factura. Esta variedad seguía los patrones decorativos heredados de la porcelana *qinghua* de la era Zhizheng, aunque la distribución de los motivos pintados es menos densa que en ésta. Eran un tipo de vasijas para uso exclusivo de los altos dignatarios de la época, aunque también podían exportarse. El pigmento de cobalto local se usaba sobre todo en las piezas de esmalte color blanco albumen o verdiblanco. En las primeras abundan los diseños sencillos de flores de trazo claro, mientras en las verdiblancas se empleaban diversos métodos, especialmente el de línea clara y otro más parecido al de comienzos de la época Ming que añadía pequeños detalles con el pincel. Se ha descubierto gran número de estas pequeñas vasijas con sencilla decoración floral de trazos limpios en el sureste asiático, mientras que casi no han aparecido en China a excepción de los yacimientos de hornos alfareros, por lo que parece que se trataba principalmente de ejemplares destinados a la exportación a esos países. Las piezas de porcelana *qinghua* con decoración más profusa semejante a la de comienzos de la dinastía Ming, sin embargo, eran de uso común y fueron distribuidas localmente.

La mayoría de las porcelanas *qinghua* de finales de la dinastía Yuan no tienen datación inscrita, y no dejaron de elaborarse con el cambio dinástico a mediados del siglo XIV. Además, muchas de ellas emplearon el pigmento de cobalto local, y en ese período de transición tampoco se produjeron grandes cambios por lo que se refiere a los métodos y motivos decorativos, especialmente en las piezas de uso común. Por todo ello, resulta bastante difícil diferenciar esa producción de los últimos años de la dinastía Yuan –sobre todo la de porcelana común– de la de comienzos de la época Ming. El citado método decorativo que añadía pequeños detalles con el pincel, y que tradicionalmente se creía que había comenzado a practicarse bajo el reinado del emperador Hongwu –el fundador de la nueva dinastía–, dio sin embargo sus primeros pasos a finales de la época Yuan, para luego seguir empleándose hasta la dinastía Qing e incluso durante la República de China. Fue un importante sistema decorativo utilizado durante todo este tiempo por los hornos de Jingdezhen para elaborar piezas comunes de porcelana *qinghua* económicas y de factura más tosca.

2.2.3. Características de la producción de porcelana *qinghua*

Existe desde hace tiempo un cierto debate por lo que se refiere a las características de la producción de la porcelana *qinghua* de Jingdezhen de época Yuan. Algunos estudiosos opinan que la porcelana *qinghua* clásica de los Yuan producida en estos hornos estaba en su mayoría enfocada al mercado interno y exterior, y por lo tanto se trataba de piezas de carácter comercial elaboradas en alfares comunes y no en hornos imperiales. El motivo es que en los *Apuntes sobre la era Zhizheng* publicados a finales de la dinastía se habla de los ejemplares de porcelana preferidos por las clases elevadas y se citan sólo las vasijas *shufu* de los alfares de Ding, los hornos imperiales y los hornos oficiales de Jingdezhen, pero no las porcelanas *qinghua*. Por otro lado, las piezas *shufu* producidas en los alfares imperiales apenas recurrían a la ornamentación propia de la porcelana *qinghua*. Respecto a esta última, se hace mucho hincapié en el número de garras de los dragones. En el capítulo dedicado al emperador Huizong (Toghon Temür) de la *Historia de Yuan* compilada durante la dinastía Ming se dice que en el cuarto mes del segundo año de la era Zhiyuan (1336) se proclamó un edicto que prohibía representar *qilin* (unicornio chino), fénix, conejos blancos, hongos, dragones de doble cuerno y cinco garras, grupos de ocho o nueve dragones, símbolos de longevidad o felicidad, elementos color ocre, etc. A partir de este registro histórico, el profesor Feng Xianming afirmaba que "el pueblo llano no podía emplear diseños con dragones de cinco garras, y en las muestras más representativas de porcelana *qinghua* de época Yuan conservadas hasta la fecha no aparecen este tipo de representaciones". Wang Qingzheng opina también que, por lo que respecta a la porcelana de Jingdezhen y en términos generales, aparte de los ejemplares de porcelana *shufu* con dragones de cinco garras elaborados para palacio, entre los ejemplos clásicos de porcelana *qinghua* sólo encontramos decoraciones con dragones de tres o cuatro garras, pero hasta la fecha nunca se ha descubierto uno de cinco garras. Los jarrones con dragones de cinco garras e inscripción con los caracteres 春寿 (una referencia a la longevidad que proporcionaba el alcohol de primavera) habían provocado en el pasado una cierta confusión al ser considerados de época Yuan, pero en realidad se trataría de porcelanas de tiempos del primer emperador Ming. Por ello, de esta ausencia de dragones de cinco garras en los ejemplos más representativos de porcelana *qinghua* de época Yuan se desprende que no se trataba de piezas salidas de hornos oficiales. (imagen 9-21).

En su *Estudio de las inscripciones de la porcelana qinghua a lo largo de la historia*, el especialista Lu Minghua observa que "la oficina de porcelana de Fuliang funcionó en Jingdezhen

9-21 Tazón de porcelana qinghua con decoración de dragón Dinastía Yuan Altura: 9 cm.; diámetro boca: 18 cm.
Hallado en un depósito de época Yuan de Beijing Museo de la Capital (Beijing)

durante 74 años, y sin embargo no hemos hallado ninguna muestra de porcelana *qinghua* con inscripciones o simbología de carácter oficial, mientras que en las piezas de porcelana de color blanco albumen abundan por el contrario las inscripciones oficiales tipo *"shufu"* o *"taixi"*, referidas respectivamente al consejo secreto y al departamento encargado de sacrificios religiosos. Parece que la porcelana *qinghua* no fue empleada de manera extensa por la casa imperial, sino que fue destinada mayoritariamente al mercado exterior, por lo que son muy escasos los ejemplos con inscripciones".

En 1987 se hallaron en el yacimiento de los hornos oficiales del monte Zhu en Jingdezhen cinco piezas (entre tazones, bandejas y vasos de apoyo alto) de porcelana *qinghua* con decoración de dragones de cinco garras entre nubes y una inscripción en alfabeto phags-pa –un sistema de escritura de tipo fonético empleado durante la dinastía Yuan– en la parte inferior con la leyenda "producido durante la era Zhizheng". En cuanto a los jarrones con inscripción 春寿 antes mencionados, hay autores que opinan que su estilo decorativo corresponde más bien a la ornamentación clásica de época Yuan, y que su apoyo inferior es

675

muy distinto al apoyo plano y circular bajo esmalte de los hornos oficiales del emperador Hongwu de Ming, por lo que se trataría más bien de piezas provenientes de alfares imperiales de época Yuan. Un grupo de estudiosos encabezados por el profesor Liu Xinyuan opina por lo tanto –a diferencia del criterio arriba expuesto– que las porcelanas *qinghua* de estilo Zhizheng sí eran piezas realizadas en los alfares imperiales, y en concreto en las oficinas de porcelana de Fuliang en Jingdezhen. Con el fin de demostrar ese carácter oficial de esta tipología cerámica, Liu comenzó por analizar sus elementos decorativos, y en un artículo sobre la porcelana *qinghua* y la oficina de porcelana y pintura de Fuliang publicado en 1982 explicaba que después de muchos años de estudios, la opinión tradicional atribuía el origen de la decoración de ese tipo de porcelana a cuatro factores: "1. La asimilación de las técnicas de pintura negra de los hornos de Cizhou o Jizhou; 2. La herencia recibida de la decoración incisa e impresa de los hornos de Jingdezhen de los Song del Sur y de comienzos de los Yuan; 3. La implantación del grabado sobre madera de época Yuan; 4. el aprendizaje de los métodos pictóricos de los Yuan". Según el profesor Liu, a pesar de que algunos expertos han encontrado ciertos puntos de contacto entre estos cuatro aspectos y la decoración de la porcelana *qinghua* de época Yuan, existe una parte de ella muy grande e importante (como por ejemplo las perlas, las nubes lobuladas o los caballos, o bien otros motivos más peculiares como los gansos salvajes o los estanques de lotos con aves, etc.) que no guarda una evidente relación con las decoraciones impresas de las vasijas de Jingdezhen de los Song del Sur, con los motivos pintados en negro de los hornos de Cizhou o Jizhou o con los grabados en madera o pinturas coetáneos. Entonces, ¿de dónde proceden esos ornamentos tan particulares de las porcelanas *qinghua* de época Yuan?

Para Liu Xinyuan, estas decoraciones tienen su origen en los ropajes de las clases altas de la dinastía Yuan y en otros artículos de seda de la época. La decoración a base de perlas, por ejemplo, derivaría de los vestidos tipo *zhisun* llevados en las ceremonias y banquetes de palacio; los caballos con bolas de fuego imitarían los estandartes con caballos de jade de las procesiones imperiales; las nubes lobuladas procederían de los ornamentos de los uniformes de los escoltas del ejército; los gansos salvajes, aunque ya eran populares con los Song, aparecen durante la dinastía Yuan con juncos en el pico, en una representación muy diferente tanto a sus precedentes como a las posteriores y que derivaría a su vez de la ornamentación de los uniformes de los oficiales de grado quinto (medio) del ejército. Las abundantes representaciones de patos mandarines nadando en estanques de lotos, por otro lado, eran frecuentes en la parte posterior de los ropajes de las mujeres de clase alta, y también en los brocados. Liu hace alusión en su artículo al ya mencionado edicto promulgado por el emperador Huizong en 1336 y registrado en la *Historia de Yuan*, en el que se mencionan una serie de motivos (*qilin*, fénix, conejos blancos, hongos, dragones de doble cuerno y cinco garras, grupos de ocho o nueve dragones, símbolos de longevidad o felicidad, elementos color ocre, etc.) que estaba prohibido representar. De ellos, afirma Liu, "todos menos los conejos blancos aparecen en la porcelana *qinghua* de época Yuan".

En la China antigua la vestimenta reflejaba el estatus social de quien la llevaba. Los diseños y colores relativos poseían un determinado significado y sólo podían aparecer en las ropas de los funcionarios de una cierta posición, nunca en las de la gente común. En los capítulos dedicados a la vestimenta de la colección de *Leyes y decretos de la dinastía Yuan* y de la *Historia de Yuan* se describen el estilo y los colores de los ropajes de cada estrato de la sociedad de la época, de manera muy minuciosa por lo que se refiere al emperador y los distintos funcionarios. De las normas establecidas en el duodécimo mes de la era Yanyou (1314) del reinado del emperador Renzong se desprende que los colores, las texturas y los motivos ornamentales –incluidos aspectos como el número de flores o sus precisas dimensiones– variaban según la posición social. Un funcionario del rango noveno (inferior) podía llevar un vestido ceremonial con cuatro flores, pero los de rango quinto o superior además de su vestimenta tenían también que adornar con brocados de un determinado tipo sus moradas y sus carrozas. La gente común de la época, en cambio, sólo podía llevar un cierto tipo de ropa de seda y no podía exhibir ornamentos de oro o jade en el tocado ni tampoco adornos en sus botas. La corte imperial establecía que los infractores fueran degradados, recompensando en cambio a los que denunciaran los hechos. Si no se encargaban de ello los órganos competentes, lo harían las instancias superiores del imperio.

La vestimenta y los diseños decorativos reflejaban la estratificación social de la época, y no podían ser utilizados por el pueblo llano. Incluso entre los funcionarios, esos ornamentos variaban según su posición y estatus. Entonces, ¿cómo se explica entonces que los alfares de Jingdezhen no sufrieran tales limitaciones y en cambio sí recurrieran en sus porcelanas *qinghua* a dichos diseños y motivos de uso restringido? Liu Xinyuan observa en su artículo que tales ornamentos reservados a las vestimentas ceremoniales del emperador y sus funcionarios no aparecen en las piezas cerámicas elaboradas por otros hornos de la misma época, lo que significa que Jingdezhen debió de recibir un permiso especial de las autoridades. Ello se debe a que la situación de estos alfares no era igual a la de otros centros de producción cerámica del momento, ya que durante la dinastía Yuan se estableció allí la ya mencionada oficina de porcelana de Fuliang, la única en todo el país destinada a servir exclusivamente a la casa imperial. En la *Historia de Yuan* se dice que la oficina de porcelana de Fuliang fue establecida en el décimo quinto año de la era Zhiyuan (1278) del reinado de Kublai Kan, que tenía dos responsables a su cargo y que producía porcelana decorada con colas de caballo, mimbres, sombreros de bambú, etc., por eso Liu opina que todos los ejemplares de porcelana *qinghua* con motivos decorativos extraídos de las vestimentas de los funcionarios de la época o relacionados de alguna manera con la casa imperial tuvieron que ser producidos en la oficina de Fuliang.

Según esta teoría, este tipo de porcelana *qinghua* provendría de los hornos imperiales, y sus patrones decorativos habrían sido diseñados asimismo por un organismo oficial creado expresamente para ello. En uno de los capítulos de la *Historia de Yuan* se detallan todas las funciones y competencias de dicho organismo, con una detallada división del trabajo. En la lista aparecen todo tipo de departamentos y oficinas especializadas, pero no hay todavía una dedicada a la pintura, que será creada también en 1278 y tendrá un único supervisor. Por ello, el profesor Liu opina que, al igual que los hornos imperiales de Jingdezhen de época Ming y Qing, la oficina de porcelana de Fuliang de la dinastía Yuan también elaboraba sus decoraciones pintadas según los patrones impuestos por los correspondientes organismos de la capital, y que no sólo otros alfares de porcelana no podían imitarlos sino que ni siquiera los propios hornos comunes de Jingdezhen tenían permiso para ello.

Dicha teoría viene a resolver dos problemas: en primer lugar, este tipo de porcelana *qinghua* de época Yuan con ornamentación característica tuvo que ser producida en los alfares imperiales; y en segundo lugar, esa porcelana *qinghua* de estilo Zhizheng, de grandes dimensiones, rigurosa composición, cuidadosas pinceladas y peculiares rasgos ornamentales no es en su totalidad obra de los artesanos alfareros de Jingdezhen, ya que la oficina de porcelana sólo se limitó a copiar los patrones decorativos elaborados por la oficina de pintura dependiente de palacio. Esto sería el motivo por el que el estilo de dicha tipología cerámica resulta tan diferente del de las piezas producidas en ese mismo lugar durante la dinastía Song del Sur.

Durante mucho tiempo, los especialistas han creído que la porcelana *qinghua* de Jingdezhen recibió la influencia de los hornos de Cizhou o de los de Jizhou. Si la suposición del profesor Liu es correcta, entonces habría que examinarla con más detenimiento desde distintos puntos de vista. Liu opina que los ejemplares de porcelana *qinghua* de época

Yuan desenterrados o conservados hasta nosotros tanto en China como en el extranjero se pueden clasificar en dos grandes tipologías. Una de ellas presenta características decorativas muy peculiares (de las que hablaremos en detalle más adelante), con una composición compacta de minuciosas pinceladas, y es generalmente de dimensiones bastante grandes; la otra es de composición más difusa, y las pinceladas son más sueltas y menos cuidadosas. La primera es representativa de los objetos cerámicos procedentes de Irán y Turquía, mientras la segunda es característica de las vasijas pequeñas de uso doméstico desenterradas en Filipinas e Indonesia. Según Liu, el primer tipo fue producido en la oficina de porcelana (alfares oficiales) de Fuliang aproximadamente entre los años 1325 y 1352, año en que los Turbantes Rojos –un ejército rebelde que se alzó contra los Yuan y acabó con la dinastía– capturaron la oficina, que nunca más se recuperaría. El segundo tipo se realizó entre 1334, año en que la oficina de Fuliang dejó de producir piezas para la corte imperial y los artesanos comenzaron a realizar productos para el comercio, y 1368, cuando Zhu Yuanzhang fundó la nueva dinastía Ming. El primero de ellos estaba destinado a la corte o a la casa imperial, con piezas de exquisita factura, y por lo tanto su número es limitado; el segundo eran productos de carácter comercial realizados por los artesanos alfareros sin ningún tipo de restricciones, y por ello eran de factura más tosca y resultan más abundantes.

Entonces, ¿la porcelana *qinghua* de época Yuan era un producto destinado al comercio interno o a la exportación? Y en el segundo caso, ¿quién se encargaba de venderla? ¿Los dueños de los hornos comunes o los alfares oficiales? Según el profesor Liu, la porcelana *qinghua* de exquisita calidad, grandes dimensiones y ornamentación característica elaborada en los alfares oficiales habría sido enviada en naves por la corte imperial para su comercialización y provecho directo en ultramar. La prueba está en el capítulo de la *Historia de Yuan* dedicado a Temuder, en el que se afirma que en el primer año de la era Yanyou (1314) del reinado de Renzong, el ministro Temuder presentó un memorial ratificado por el emperador en el que se describía la coyuntura del momento, claramente perjudicial para la economía nacional. Ya en 1293 los objetos de porcelana eran una importante mercancía de exportación para la dinastía Yuan. Sin embargo, entre 1293 y 1314, el Gobierno central no se preocupó por competir con los hornos comunes, que obtenían así todos los beneficios del comercio con ultramar. Ello provocó una desestabilización de la balanza comercial entre los productos nacionales y los importados, y con el fin de revertir esa tendencia la corte despachó altos funcionarios para que transportaran sus mercancías y compitieran con los comerciantes particulares por el control de los mercados de ultramar.

Según este punto de vista, esa tipología de porcelana *qinghua* de gran tamaño, composición compacta, pincelada minuciosa y decoración peculiar habría sido producida por la oficina de Fuliang para su exportación a instancias de la corte imperial de los Yuan. Pero entonces habría que explicar cómo era posible que, tratándose de ejemplares destinados a su venta en ultramar, presentaran motivos decorativos sacados de las vestimentas de los altos funcionarios de la época, que estaban sometidos a tabú.

El profesor Jiang Jianxin comparte la misma opinión de Liu. En su artículo sobre la oficina de porcelana de Fuliang afirma que la creación de este organismo imperial respondió probablemente a la necesidad de la corte de producir objetos sacrificiales "puros", y es muy probable que las vasijas con la inscripción del carácter 玉 (una referencia al emperador) de los hornos de Hutian en Liujiawu fueran los primeros salidos de esta oficina. Por los textos escritos y los testimonios arqueológicos sabemos que los alfares del área de Hutian y Zhushan pertenecían a la oficina de porcelana, y a ellos corresponden piezas como las desenterradas en Hutian con el carácter 玉 y otras del mismo yacimiento, las grandes bandejas descubiertas en el litoral meridional, los ejemplares de porcelana *qinghua* conservados en Irán o Turquía y las vasijas de *qinghua* con decoración característica encontradas en Zhushan, entre otros. También pertenece a este grupo el jarrón con orejas en forma de cabeza de elefante y decoración de nubes y dragones datado en el undécimo año de la era Zhizheng (1351) del reinado de Huizong, un producto realizado bajo encargo para su comercio interno en un momento en el que el control del Gobierno de los Yuan se había relajado.

Gao Ashen, por su parte, opina que la porcelana *qinghua* de época Yuan fue elaborada en su totalidad por la oficina de porcelana de Fuliang, aunque cree que dicha oficina no era durante la dinastía Yuan el tipo de alfar oficial característico de los Song del Norte y del Sur o de los Ming. En uno de sus artículos, Gao afirma que la oficina de Fuliang difería de los alfares imperiales de época Song puesto que no sólo producía piezas para el emperador, el palacio real y las actividades ceremoniales de carácter nacional, sino que también elaboró una cierta cantidad de porcelana de color blanco albumen con matices verdes y decoración impresa para el consejo privado. También hay que considerar en profundidad la parte de producción de la industria de porcelana destinada a la comercialización interna y exterior y el suministro de mercancía al ejército. Según Gao, el interés de la corte imperial de los Yuan por esta porcelana *qinghua* no era muy grande, y solamente le concedía importancia en función de los beneficios que ese producto pudiera generar, por lo que fueron el mercado, el comercio y la demanda de la sociedad los que realmente contribuyeron a que esta tipología cerámica alcanzara su grado de madurez. Debido a sus espléndidas tonalidades, la porcelana *qinghua* no sólo sería bien acogida por un importante sector social del país, sino que también reportaría un fuerte superávit comercial en su intercambio con el exterior.

Visto que la porcelana *qinghua* tenía también su porción del mercado interior, ¿por qué apenas se encuentran muestras conservadas hasta la fecha en territorio nacional (la mayoría ha sido desenterrada en yacimientos arqueológicos)? Incluso aquella institución donde más piezas se conservan, el Museo de la Ciudad Prohibida, custodia ejemplares enviados como tributo por los cinco grandes alfares en época Song y otros para uso imperial pertenecientes a las dinastías Ming y Qing, pero ninguna muestra datada en época Yuan. Gao sugiere que quizás al derrocar a los Yuan y en los primeros años de su reinado el fundador de la dinastía Ming, Zhu Yuanzhang (Hongwu), quiso mostrar mano dura llevando a término una serie de medidas de control y supresión cultural de la dinastía precedente –incluida su producción cerámica– que provocaron la desaparición en territorio chino de cualquier muestra de porcelana *qinghua* de estilo Zhizheng de aquella época.

Hay otra corriente de opinión según la cual entre la porcelana *qinghua* de estilo Zhizheng hay ejemplos tanto de piezas salidas de hornos comunes como de otras elaboradas en alfares oficiales. En su artículo sobre la oficina de porcelana de Fuliang aparecido en el tercer número del año 1994 de la revista *Reliquias culturales del sur de China*, Li Minju analizó a partir de los datos históricos y el material arqueológico tanto la fecha de creación de la oficina de porcelana de Fuliang como su sistema organizativo y las características de sus productos, determinando que fue establecida en el décimo quinto año de la era Zhiyuan (1278) del reinado de Huizong y que dependió de otro organismo antes de pasar a su jurisdicción definitiva en el trigésimo año. Sus productos eran elaborados en alfares imperiales y destinados al uso exclusivo de la casa real, aunque también se empleaban como presente para los altos dignatarios. Se pueden clasificar en dos grandes grupos, los de uso diario y los reservados a ceremonias sacrificiales, y su lugar de producción se localizaba en el área de Liujiawu en la ribera meridional del río Nan de Jingdezhen. Según el profesor Li, no todas las piezas de porcelana *qinghua* de época Yuan procedían de la oficina de Fuliang, y ejemplares como el clásico jarrón con orejas en forma de cabeza de elefante y decoración de nubes y dragones de estilo Zhizheng o los que se pueden contemplar actualmente son en su mayoría vasijas salidas de los hornos comunes. Por ese motivo, hay que analizar bien cada muestra de porcelana *qinghua* de época Yuan y diferenciar claramente entre aquellas provenientes de la oficina de Fuliang y las realizadas en los alfares comunes.

Hay asimismo quien opina que estas hermosas piezas de porcelana *qinghua* de gran tamaño no eran mercancías de carácter comercial, sino más bien objetos empleados como presente o recompensa para los altos dignatarios de los confines del imperio Yuan. La razón radicaría en primer lugar en su elevado valor. La proporción de ejemplares de esta tipología elaborados con éxito en los alfares de Jingdezhen era muy baja –a veces un horno no producía ninguna pieza en condiciones, o sólo unas pocas–, y cuando se lograba completar una de ellas poseía un valor equiparable al oro. Ese alto coste dificultaba su comercialización, con lo cual únicamente podían destinarse a uso imperial. En segundo lugar, las porcelanas *qinghua* de grandes dimensiones de época Yuan estaban decoradas con motivos derivados del arte budista y taoísta o con historias tradicionales chinas. Durante el siglo XIII los habitantes de Asia Central eran monoteístas, y por lo tanto no podían aceptar este tipo de ornamentación de carácter politeísta ni mucho menos viajar expresamente hasta China para encargar esa clase de productos, cuya iconografía entraba en conflicto con sus creencias religiosas. Por ello, si han aparecido muestras en aquellas zonas de culto musulmán no es porque fueran exportadas hasta allí, sino porque se enviaron como presente a los altos dignatarios y representantes del Gobierno de la dinastía Yuan en las regiones más occidentales del imperio.

La exportación de porcelana *qinghua* de China comenzó muy probablemente durante la primera etapa de la dinastía Ming e incluso algo después, y la mayor parte era de uso común, algo que parece claro al analizar los objetos descubiertos en yacimientos arqueológicos o pecios hundidos junto a las costas. Hasta la fecha, sólo se han encontrado ejemplares de este tipo bajo tierra o en el agua, y ninguna muestra de valiosa porcelana *qinghua* de grandes dimensiones.

Hasta aquí me he referido a las diversas opiniones al respecto de los estudiosos de la porcelana china. Por mi parte, concuerdo con la teoría de Liu Xinyuan. Resulta evidente que la porcelana *qinghua* de Jingdezhen de época Yuan no sólo es completamente diferente a la porcelana verdiblanca Song de esos mismos alfares por lo que se refiere a sus métodos decorativos, sino que también presenta grandes divergencias respecto a los hornos de Cizhou y Jizhou en sus motivos y procedimientos pictóricos. La cerámica de fondo blanco y decoración negra de los hornos de Cizhou alcanzó un gran desarrollo durante la dinastía Jin (Yurchen), con unas técnicas pictóricas muy refinadas y una pincelada suelta de trazos sencillos muy cercana a los métodos de la porcelana *qinghua* común. La porcelana *qinghua* de estilo Zhizheng de época Yuan –aquella que según el profesor Liu presentaba una "ornamentación particular"–, sin embargo, se caracteriza por una pincelada más minuciosa y realista y una composición más compleja en estratos superiores e inferiores que llegaba a alcanzar los doce niveles. Ese estilo de pintura detallista y complejo no tenía precedentes en la historia de la decoración cerámica, y la composición por estratos había sido hasta entonces muy poco frecuente. Para Liu Xinyuan, todo ello fue el resultado de los diseños y patrones impuestos desde la oficina de pintura; si los motivos y las formas de la ornamentación cerámica y de las vestimentas empleadas

9-22 Sala de las frutas del harén del Palacio Topkapi en Estambul

por las clases más altas de la sociedad eran tan parecidos, se debía a que ambos salían de la mano de los mismos artesanos que allí trabajaban.

¿Es tal vez posible que una parte de esa porcelana *qinghua* de época Yuan fuera encargada directamente por mercaderes de origen persa a los artesanos alfareros de Jingdezhen según sus propios patrones decorativos? Los diseños y motivos representados en los muros, las alfombras y los ropajes procedentes de los países de Asia Central y Oriente Próximo, con su estilo compacto e intrincado, no responde a la tradición china sino más bien a la del mundo islámico (imagen 9-22); las cenefas geométricas que bordean las escenas, por su parte, también pertenecen a esa misma tradición. Quizás la ornamentación de los ejemplares de porcelana *qinghua* de época Yuan exportados a los países musulmanes sea *grosso modo* china, pero el estilo es inconfundiblemente islámico. Por ello, no comparto del todo la opinión expresada más arriba según la cual esta tipología cerámica estaba solamente destinada a la corte imperial o a los altos dignatarios de las regiones occidentales del imperio, ya que además de los abundantes motivos derivados del budismo tibetano, la porcelana *qinghua* también presenta otros muchos diseños provenientes de diversas fuentes. Las piezas que aparecen en las imágenes 9-23, 9-24 y 9-25, por ejemplo, poseen una decoración que no tiene nada que ver con el budismo y que ocupa prácticamente toda la superficie de las

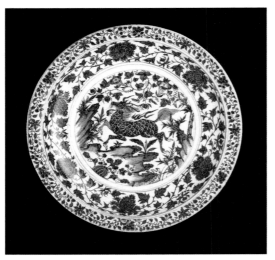

9-23 Bandeja de porcelana *qinghua*   Dinastía Yuan
Museo del Palacio Topkapi de Estambul

9-24 Bandeja con borde sinuoso de porcelana *qinghua*   Dinastía Yuan   Museo del Palacio Topkapi de Estambul

9-25 Tazón de porcelana *qinghua*   Dinastía Yuan   Museo del Palacio Topkapi de Estambul

vasijas, un estilo muy diferente al tradicional chino, ya que tanto en la producción de los hornos de Changsha de época Tang como en la de los alfares de Cizhou y Jizhou de las dinastías Song y Jin la ornamentación destaca más bien por sus pinceladas libres y sueltas. El estilo decorativo propio de los países islámicos se caracteriza más bien por ese *horror vacui*, como en el caso de las vestimentas de los dos personajes de la imagen 9-26. Se trata de dos oficiales de la corte otomana, cuyos vestidos están completamente cubiertos de motivos ornamentales de carácter fitomorfo similares a los intrincados diseños de lotos y ramas de algunas piezas de porcelana *qinghua* de época Yuan. La decoración de las paredes internas de las cerámicas procedentes del mundo islámico también presenta puntos en común con el estilo decorativo de la porcelana china. En la imagen 9-27, por su parte, se puede ver una ornamentación mural en la que, enmarcada por una banda geométrica de

9-26 Oficiales de la corte otomana

9-27 Ladrillos ornamentales en porcelana de las paredes exteriores de los salones del Palacio Topkapi

9-28 Ladrillos de porcelana azul y blanca   Mezquita de Muradiye en Edirne

diseño riguroso, aparece una composición floral de carácter simétrico y trazo más fluido, parecida a los patrones decorativos compartimentados de la porcelana *qinghua*. También podemos encontrar en una parte de la cerámica azul y blanca (imagen 9-28) métodos decorativos similares a los empleados en la porcelana *qinghua*. En el Museo de Arte de Berkeley, por otro lado, hay un tazón de base color verde azulado y decoración negra de plantas acuáticas realizado en Irán en el siglo XIII, también completamente recubierto en todo su cuerpo (imagen 9-29). Otro ejemplar de tazón de cerámica de lustre metálico

9-29 Tazón con decoración negra de algas sobre fondo verde azulado Persia Inicios del siglo XIII Museo de Arte de Berkeley

9-30 Tazón con decoración negra sobre fondo azul verdoso Kashan (Persia) Inicios del siglo XIII Museo de Arte de Berkeley

de color verde azulado y decoración negra, elaborado en la misma época y procedente de Kashan en Irán, presenta en sus paredes interiores una ornamentación muy compacta en la que se despliegan varias serpientes creando una especie de banda enroscada entre cuyos huecos e intervalos aparecen motivos florales de estilo árabe y palabras a guisa de inscripción. A lo largo del borde de la pieza y entre cada dos cabezas de serpiente hay un animal sentado de piel moteada. En el fondo del tazón aparece un ciervo comiendo hierba, entre el cielo por arriba y un estanque de peces a sus pies (imagen 9-30). Este método decorativo a base de círculos concéntricos presenta muchos puntos en común con la porcelana *qinghua* china de época Yuan.

Por todo ello, no es posible afirmar que la porcelana *qinghua* estaba sólo destinada a la corte imperial o a los funcionarios de las provincias remotas, sino que más bien cumplía múltiples funciones, y además de ser empleada por la casa real y como presente a los altos dignatarios también pudo haber sido utilizada para el intercambio con otros países. Liu Xinyuan cree que la mayor parte de las piezas de esta tipología conservadas en Irán y Turquía fueron enviadas como ofrenda al kan de Irán por el emperador Wenzong entre 1328 y 1332, y que fueron elaboradas en esas mismas fechas; el profesor Ma Wenkuan rechaza en cambio esta teoría aludiendo a la *Breve relación de los bárbaros de las islas* escrita por Wang Dayuan en 1349 en la que se dice que entre 99 localidades costeras del Océano Pacífico y el Índico había 46 que comerciaban con porcelana, especificando que 17 de ellas –la mayoría en el Océano Índico– lo hacían con tazones y otras variedades tipológicas de porcelana *qinghua*. Por ello sabemos que esta tipología ya se producía a gran escala antes del reinado de Wenzong, y que al menos se habría ya transportado para su exportación en torno al séptimo año de la era Taiding (1327) del emperador Jinzong, fecha de la primera expedición naval de Wang Dayuan. En la mezquita de Ardabil en Irán todavía se conserva una bandeja de porcelana *qinghua* de época Yuan con el mayor diámetro (57,5 centímetros), una decoración exquisita y una inscripción en farsi bajo esmalte junto al borde, que probablemente fue encargada en Jingdezhen por mercaderes o expatriados persas y llevada de regreso a Persia, donde habría sido adquirida y puesta a buen recaudo por alguna autoridad local. Otra bandeja de porcelana *qinghua* Yuan de grandes dimensiones fue adquirida en la India en el siglo XIX y se encuentra ahora en el Museo de Arte William Hayes Fogg de la Universidad de Harvard. Dentro de los pétalos de loto representados en la parte interior de la panza se pueden apreciar inscripciones en farsi, parecidas a las descritas más arriba, lo que significa que este tipo de vasijas solían exportarse a aquel país. Podemos concluir así que los ejemplares de porcelana *qinghua* de época Yuan conservados en Irán y Turquía constituían en parte presentes llevados hasta aquellas regiones por las misiones diplomáticas, pero que también había un cierto número de ellos que fueron elaborados en Jingdezhen expresamente para su comercialización en los mercados islámicos.

Esta opinión es compartida por numerosos estudiosos, que subrayan el hecho de que los sucesivos gobernantes de la dinastía Yuan concedieron gran importancia al comercio internacional, ya que era una fuente importante de riqueza y de ingresos para sufragar los gastos militares. La «Historia de la cerámica china» editada por la Sociedad cerámica de China también hace alusión al hecho de que antes de establecer su imperio los Yuan ya habían empezado a ampliar sus relaciones comerciales con las regiones occidentales y los países árabes, y que una vez fundada la dinastía crearon aduanas en Quanzhou y otros puertos del litoral chino. En uno de los volúmenes del *Estudio exhaustivo de los documentos* compilado en el siglo XIV por Ma Duanlin se mencionan las transacciones con los comerciantes extranjeros en la región de Jiangnan, se especifican las tasas de importación y se menciona la creación de la importante aduana de Quanzhou en Fujian y sus mecanismos de funcionamiento. A partir del vigésimo primer año de la era Zhizhuan (1284) del reinado de Kublai Kan, el Gobierno se hace cargo del comercio internacional invirtiendo capital, construyendo naves y reclutando personal. El Estado percibía un 70 por ciento de los ingresos, y los funcionarios encargados se quedaban con el restante 30 por ciento. Se prohibió el comercio en manos privadas, aunque resultó imposible impedirlo completamente, y por ello durante toda la dinastía Yuan tanto aquél como éste se desarrollaron ampliamente. El incremento de la demanda de objetos de exportación impulsó necesariamente el aumento de la producción de las diferentes industrias artesanales, y la porcelana *qinghua* de época Yuan evolucionó en dicho contexto.

En cuanto al hecho, subrayado por algunos autores, de que no se hayan rescatado muestras de valiosas piezas de porcelana *qinghua* Yuan de gran tamaño en los yacimientos submarinos, quizás podría deberse a que en aquel momento las principales rutas de exportación de este tipo de ejemplares –que serían destinados en su mayor parte a los países islámicos– eran terrestres a través del continente y no marítimas... ¿Podemos asegurar entonces que una parte importante de esas piezas de grandes dimensiones, decoración densa y compacta y composición rigurosa fue realizada para responder a la demanda del mundo musulmán? Margaret Medley opina que desde el siglo X en adelante los países del Próximo Oriente produjeron sin interrupción porcelana de colores bajo esmalte y *qinghua*. En la Galería de Arte Freer de Washington se conserva una bandeja de porcelana *qinghua* y varios tazones de colores azul, verde y blanco bajo esmalte datados en el siglo XIV y procedentes de Irán, que debido a la baja calidad de la pasta y el esmalte empleados en aquella zona no alcanzan los niveles de las piezas chinas de la misma tipología. Como ya hemos mencionado, la dinastía Yuan daba gran importancia al comercio exterior, haciendo lo posible por responder a la fuerte demanda de porcelana *qinghua* de los países del Próximo Oriente. Los hornos comunes de Jinghdezhen, encargados de abastecer a palacio, habían creado con su elaboración de porcelana *shufu* las condiciones ideales para producir a gran escala porcelana *qinghua* empleando el pigmento azul cobalto importado de Oriente Próximo, y por ello no les resultó difícil satisfacer las necesidades de aquel remoto mercado.

Feng Xianming también era de la opinión que el principal destino de esas piezas de porcelana *qinghua* de época Yuan eran los países de cultura musulmana del Próximo Oriente. En «Cerámica china» Feng escribe que en ese período las piezas de gran tamaño más frecuentes eran las bandejas, los jarrones y las ollas. Las bandejas tenían en general una boca circular o en forma de castaña de agua con un borde perpendicular, y eran uno de los principales productos de exportación. En Irán, Turquía e Indonesia se conservan actualmente abundantes muestras de esta tipología. Los ejemplares más numerosos conservados hasta la fecha en Irán, Turquía y el palacio de la dinastía tughlúquida en la India son las bandejas de grandes dimensiones con boca circular o en forma de castaña de agua; estas últimas tienen un diámetro medio aproximado de 45 centímetros, alcanzando en algunos casos los 57 centímetros y siendo muy escasas las muestras por debajo de 40. Las bandejas con boca circular, por su parte, presentan un diámetro de en torno a los 40 centímetros, y algunas pocas superan los 45. Este tipo de bandejas de porcelana *qinghua* conservadas hasta nosotros son bastante abundantes, aunque en China –incluida la Ciudad Prohibida y el Museo de Shanghai– hay contados ejemplares. La mayoría se encuentra en Oriente Próximo, quizás porque se adaptaban especialmente bien a la costumbre musulmana de comer sentados en el suelo en torno a una gran fuente (imagen 9-31). También hay un tipo de cuenco con las paredes curvadas o rectilíneas que retroceden hacia la base, de un diámetro medio de entre 35 y 40 centímetros, con piezas menores de 25 a 30 centímetros y otras más grandes de hasta 58,2 centímetros. Estos cuencos se encuentran sobre todo en Oriente Próximo; en China es muy poco frecuente, y sólo se ha hallado un ejemplar parecido en el mausoleo de la familia Ye de Nanjing, datado en el décimo sexto año del reinado del emperador Yongle (1418) de la dinastía Ming. Las grandes ollas de porcelana *qinghua* también constituyen una tipología muy abundante, y se han conservado en su mayoría en Japón. En cuanto a los jarrones florero, en un depósito oculto de Gao'an en Jiangxi aparecieron seis ejemplares, lo que quiere decir que tanto en China como en los mercados exteriores eran bastante demandados. Se han descubierto muy pocas muestras de vasos de apoyo alto fuera de China, la mayoría de ellos destinados al mercado interior. En cuanto a los característicos cántaros aplanados, excepto una pieza hallada en Dadu, capital de los Yuan, en general han sido encontrados en Oriente Próximo. Los hornos de Cizhou y Longquan produjeron imitaciones, que evidentemente fueron realizadas para satisfacer la demanda de los mercados de aquella zona (imagen 9-32). Hasta la fecha se han descubierto muy pocos ejemplares de vasijas de porcelana *qinghua* de uso diario (tazones, bandejas...) de época Yuan en territorio chino. Por ello puede deducirse que, aunque había comenzado a elaborarse porcelana *qinghua* destinada al mercado interior (objetos de carácter religioso para los templos, piezas decorativas, vasos de apoyo alto, etc.), esta tipología cerámica aún no era de uso común entre la población, ya que la mayor parte de su producción estaba orientada a la exportación, y por ello se ha conservado un exiguo número de piezas en territorio nacional (imagen 9-33). Esta escasez de muestras en China tiene que ver con el hecho de que la porcelana *qinghua* de Jingdezhen de época Yuan fuera producida para su comercialización en el exterior, y quizás también con esa "limpieza cultural" a la que aludía Gao Ashen llevada a término por la dinastía Ming, que eliminó cualquier vestigio de los Yuan –incluida su producción cerámica– provocando la práctica desaparición de la

9-31 Bandeja de porcelana *qinghua* con patos mandarines Dinastía Yuan Altura: 6'7 cm.; diámetro boca: 46'5 cm. Museo de la Ciudad Prohibida (Beijing)

9-32 Cántaro aplanado de porcelana *qinghua* con decoración de fénix Dinastía Yuan Altura: 18'7 cm.; diámetro boca: 4 cm. Hallado en un depósito de época Yuan de Beijing Museo de la Capital (Beijing)

9-33 Cántaro de ocho ángulos con asa de porcelana *qinghua* con decoración floral Dinastía Yuan Altura: 26'6 cm. Hallado en un depósito de época Yuan de Baoding (Hebei) Museo provincial de Hebei

31	33
32	

porcelana *qinghua* de estilo Zhizheng de territorio chino.

Además de piezas de porcelana de los Song del Sur, vasijas de celadón de Longquan de época Yuan, porcelana blanca del sur de China y muestras de porcelana *shufu* y de esmalte azul de la dinastía Yuan, en la mezquita de Ardabil arriba mencionada también se conservan 37 valiosas piezas de porcelana *qinghua* de época Yuan. Entre los ejemplares exhibidos en el museo de Tabriz del noroeste de Irán (Azerbaiyán) hay asimismo algunos de porcelana *qinghua* y de color rojo bajo esmalte, como bandejas, jarrones florero o tazones *qinghua* de finales de la dinastía Yuan, todos ellos productos de brillantes colores y elevada calidad. En el Museo del Palacio Topkapi de Estambul se recoge una espléndida muestra de cerámica china, con ejemplares variados de *qinghua* datados entre la segunda mitad del siglo XIII con los Song del Sur y los Yuan y Ming. Se pueden contemplar bandejas y tazones de grandes dimensiones de porcelana blanca con una decoración exquisita, y otras muestras de *qinghua* dignas de admiración. El número de piezas enteras de porcelana verde de época Yuan conservadas en todo el mundo es muy limitado, con un total que ronda sólo los dos centenares, pero en este museo se custodian más de 80 de ellos. La mayor cantidad de porcelana china de la Edad Media conservada hasta la fecha se custodia en las numerosas salas del Museo Topkapi. En todo el mundo hay innumerables museos e instituciones que poseen ejemplares de cerámica china, pero no existe ningún otro lugar como éste en el que se exhiba semejante colección de piezas de incalculable valor. La vasija de la imagen 9-34 es una bandeja de porcelana *qinghua* de época Yuan con boca en forma de castaña de agua conservada en dicho museo. En el centro de su parte interior aparece una decoración compartimentada en seis espacios, con esferas de fuego, antiguas monedas y corales, y en torno a ella nubes y ondas marinas, que también pueden verse a lo largo del borde de la vasija. La bandeja *qinghua* de época Yuan de la imagen 9-35, también del Museo Topkapi, presenta un dragón entre nubes en su centro, rodeado por una banda de flores de loto y ramajes entrelazados y un borde con ondas y nubes. La ornamentación exhaustiva que ocupa toda la superficie de estas piezas conservadas en Estambul es muy diferente de la decoración tradicional de las vasijas de porcelana chinas. El tazón de porcelana *qinghua* de época Yuan del Topkapi mostrado en la imagen 9-36 tiene en su centro un compartimento circular con ornamentación de lotos y ramajes, en torno al cual hay otras tres bandas decorativas; la más cercana está dividida en varios espacios con decoración de hongos y conchas, en la central aparecen ondas marinas y en la superior hay peonías. En la pared externa hay también bandas superpuestas con decoración de motivos fitomorfos.

Aparte de ello, en el yacimiento de Fustat (ciudad vieja de El Cairo), el litoral del Mar Rojo en Sudán, la isla de Bahréin en el Golfo Pérsico y algunos países de la costa oriental africana como Somalia, Kenia o Tanzania, no han dejado de desenterrarse numerosos ejemplares o fragmentos de porcelana *qinghua* de la dinastía Yuan. En los últimos años se han descubierto numerosas piezas de esta tipología cerámica en países asiáticos como Japón, Tailandia o Filipinas. En este último, en especial, se han hallado abundantes piezas de uso doméstico (ollas, tazones...), como los calderos de gran tamaño con cuatro orejas y

9-34 Bandeja con borde sinuoso de porcelana *qinghua*
Dinastía Yuan   Museo del Palacio Topkapi de Estambul

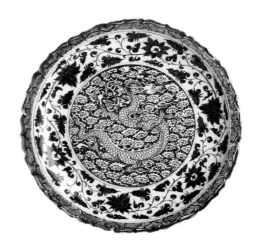

9-35 Bandeja con borde sinuoso de porcelana *qinghua*
Dinastía Yuan   Museo del Palacio Topkapi de Estambul

9-36 Tazón con borde sinuoso de porcelana *qinghua*   Dinastía Yuan   Museo del Palacio Topkapi de Estambul

ornamentación de dos dragones sobre la superficie. Entre los motivos de este tipo de vasijas hay bestias salvajes, flores y plantas, ramas entrelazadas, dibujos geométricos, etc., con un estilo muy diferente al que aparece en los ejemplares tempranos de Japón. En el Museo de Arte Oriental de Bath hay tres piezas de porcelana *qinghua* de Jingdezhen exportadas al sureste asiático (imágenes 9-37, 9-38 y 9-39) de factura elegante y pequeño tamaño, con unos diseños muy simples.

El tipo de muestras de porcelana *qinghua* hallado en Filipinas también se ha encontrado en el yacimiento arqueológico de los hornos de Hutian en Jingdezhen, especialmente las pequeñas ollas con doble oreja y decoración de ramas y crisantemos, cuya morfología y decoración son del todo idénticas, lo que demuestra que este tipo de piezas fueron

9-37 Jarra con pedestal de porcelana *qinghua* con cabeza en forma de ajo y decoración de crisantemos y ramajes de los hornos de Jingdezhen Dinastía Yuan Altura total: 23'2 cm.; diámetro boca: 2 cm. Museo de Arte Oriental de Bath

9-38 Cántaro tipo kendi de porcelana *qinghua* con decoración de crisantemos de los hornos de Jingdezhen Dinastía Yuan Museo de Arte Oriental de Bath

9-39 Olla con tapadera de porcelana *qinghua* con decoración de lotos y ramajes de los hornos de Jingdezhen Dinastía Yuan Museo de Arte Oriental de Bath

realizadas en esos hornos a finales de la dinastía Yuan. La producción de porcelana *qinghua* de Jingdezhen alcanzó con los Yuan un alto grado de madurez tanto desde el punto de vista de la elaboración de las piezas como de las técnicas decorativas, y no dejó de exportarse al exterior. Estas vasijas de carácter comercial fueron producidas a menudo por los hornos comunes, ya que la oficina de porcelana de Fuliang dejó de funcionar en los últimos años de la dinastía. Por ello, puede afirmarse que la porcelana *qinghua* de aquella época era en términos generales una porcelana comercial elaborada en alfares comunes.

Existe un gran debate en el mundo académico en torno a la cuestión de si la oficina de porcelana de Fuliang era o no un alfar oficial. Tomando como referencia los descubrimientos arqueológicos y las fuentes escritas, un buen número de autores ha constatado la existencia real de hornos oficiales en Jingdezhen. En uno de sus artículos, Chen Lizi afirma que la mencionada oficina sería un organismo encargado de la supervisión y coordinación, y que los auténticos hornos oficiales habrían sido los llamados "alfares imperiales" (Lu Minghua, 2006). Sin embargo, hay quien opina que el sinograma interpretado como "alfares" (窑) tendría en realidad aquí el significado de "piezas de alfarería" o "piezas de porcelana", y no de "hornos" o "talleres" (Li Minju, 1994). Los estudiosos que dudan de la existencia de alfares oficiales en Jingdezhen sostienen, por otro lado, que los hornos alfareros de cuya coordinación se encargaba la oficina de porcelana de Fuliang eran hornos comunes, y que ésta tenía como función tanto la recogida de impuestos a la industria cerámica como la supervisión de la calidad de los productos de los alfares comunes impuesta por la corte imperial o las autoridades locales (Yu Jiadong *et alii*, 2005). El hecho de que numerosos autores no se pongan de acuerdo en la existencia o localización concreta de los alfares oficiales de Jingdezhen demuestra que la oficina de porcelana de Fuliang tenía bajo su jurisdicción varios de ellos. Hay quien concluye así que dicha oficina empleó artesanos alfareros oficiales en los hornos técnicamente más avanzados de Jingdezhen (Zhushan y Hutian), y no sólo en los talleres imperiales de Zhushan como ocurrió durante las dinastías Ming y Qing (Liu Xinyuan, 1981).

Hemos visto que el mundo académico todavía no ha establecido con total seguridad si los hornos bajo jurisdicción de la oficina de porcelana de Fuliang eran o no alfares oficiales. Por ello también resulta difícil discernir qué parte de la porcelana q*inghua* de época Yuan realizada en Jingdezhen –incluida la de estilo Zhizheng– salió de los hornos oficiales y cuál fue producida en hornos comunes. Algunos autores opinan que, debido al arraigado sistema de lazos de consanguinidad entre clanes que imperaba entre las clases dominantes, el estatus del emperador no era tan fuerte como en otros períodos históricos, y que por eso muy probablemente no se estableció un alfar oficial específico en Jingdezhen. Determinados organismos oficiales subordinados a un estrato privilegiado se encargaban de la producción según una cierta división del trabajo, y simplemente el hecho de ser designados y auspiciados por la casa real les otorgaba el calificativo de "oficial". Por eso algunos de ellos no necesariamente representaban directamente al emperador o a la casa real, sino que podían encontrarse simplemente bajo la jurisdicción de la clase aristocrática. En segundo lugar, esos organismos oficiales estaban encargados de supervisar la administración de la industria artesanal; la oficina de porcelana de Fuliang no formaba parte de esas instituciones especializadas en la producción de objetos destinados a uso imperial, y poseía un estatus ligeramente inferior al de otras como el consejo privado. La mayoría de estos organismos oficiales, a pesar de hacer alusión nominal a la corte imperial, se encontraban en manos de algún miembro o clan de la aristocracia, que poseía la iniciativa de producción. Debido a todo ello, la porcelana *qinghua* de aquella época era muy probablemente una producción de carácter mercantil impulsada por esos estratos altos de la sociedad, y los ingresos derivados de su comercio eran destinados –además de a sufragar los propios gastos militares– a mantener el disipado ritmo de vida de las clases gobernantes.

De todo lo visto se deduce que, si bien una parte de la producción de porcelana *qinghua* de época Yuan se destinaba a satisfacer la demanda de la corte real y las altas autoridades, otra parte importante era producida con fines impositivos, y una gran cantidad tenía carácter comercial, siendo esta última en su mayor parte exportada.

En cuanto a la cuestión de dónde se encontraban los hornos de Jingdezhen que producían porcelana *qinghua* en aquella época, el debate sigue en pie. Un gran número de estudiosos opina que esa porcelana más representativa, con características propias del estilo Zhizheng, fue elaborada en su mayor parte en los hornos de Hutian, ya que en los años 80 del pasado siglo se hallaron allí piezas de porcelana *shufu* de esmalte color blanco albumen, y también muestras de bandejas, ollas y jarras de gran tamaño, con decoración de dragones de cinco garras entre otros motivos. Quizás otros tipos de porcelana *qinghua* se distribuyeron por diversos hornos. Yo misma he recogido fragmentos de porcelana *qinghua* Yuan de estilo Zhezheng procedentes de Hutian, y copas pequeñas de esa tipología cerámica realizadas en los alfares de Guanyinge de la misma época.

Recientemente el mundo académico ha creído identificar otro de los hornos de la oficina de porcelana de Fuliang en el área urbana en torno al yacimiento arqueológico de los alfares imperiales de Zhushan, ya que en 1988 se descubrió en una zanja de aproximadamente metro y medio de profundidad excavada junto a la calle Fengjing en el lado septentrional del yacimiento una serie de piezas de porcelana de hornos oficiales entre los que había ollas *qinghua* con decoración de dragones de cinco garras, cajas, objetos de esmalte verde en forma de pavo real con pintura dorada, etc. En 1994 se encontró en el lado oriental un montón de porcelanas *qinghua* de gran tamaño (bandejas, ollas, cántaros, tazones...) del reinado de Hongwu de la dinastía Ming, con rasgos definitorios de la porcelana *qinghua* de hornos oficiales tanto en sus formas como por lo que se refiere a su estilo decorativo, lo que significa desde este punto de vista que los artesanos alfareros que las realizaron provenían muy probablemente de la oficina de porcelana de Fuliang. Si analizamos los descubrimientos arqueológicos realizados hasta la fecha, vemos que los hornos de Hutian y Zhushan son aquellos alfares de Jingdezhen en los que se han desenterrado piezas de época Yuan con características propias de los alfares oficiales, mientras que en otros hornos todavía no se ha hallado ninguna muestra semejante. En 2003 y 2004 se volvió a descubrir en el lado norte del yacimiento de Zhushan fragmentos de porcelana *qinghua* y cerámica de esmalte verdiblanco y de esmalte blanco albumen, con características que los remitían a los hornos oficiales, y también una pieza fragmentaria de comienzos de la dinastía Ming con la inscripción "para uso de la oficina", que indica que en esos primeros años de la nueva dinastía los artesanos alfareros seguían acostumbrados a emplear el apelativo referido a la antigua oficina de porcelana de época Yuan. Por lo tanto, es probable que una parte de esa porcelana *qinghua* clásica de estilo Zhizheng fuera realizada en el área de los hornos imperiales de Zhushan, y también parece claro que las autoridades habrían participado de alguna manera en la producción de este tipo de porcelana.

2.3. La oficina de Fuliang y la porcelana de color blanco albumen

2.3.1. Localización y características de la oficina de Fuliang

Además de la porcelana *qinghua*, durante la dinastía Yuan también se realizó en Jingdezhen porcelana de color blanco albumen... ¿Por qué fue así, y por qué se estableció específicamente la oficina de porcelana de Fuliang con el fin de producir ese tipo de porcelana? Para responder a estas preguntas, en primer lugar hay que averiguar cuáles eran las funciones de dicha oficina, en qué contexto fue creada y de qué tipo de organismo oficial cerámico se trataba.

La oficina tomó el nombre del distrito de Fuliang de época Yuan, porque en aquel entonces Jingdezhen se encontraba bajo su administración. Sin embargo, no estaba subordinada al ministerio de obras públicas del Gobierno Central o a un organismo intermedio también dependiente de la corte. Por lo que se refiere a la cuestión de si la oficina de Fuliang establecida en Jingdezhen por los Yuan poseía o no sus propios talleres y un sistema de alfares oficiales supervisados directamente –como en el caso de los Song o, posteriormente, de los Ming y los Qing–, los diversos autores han avanzado numerosas hipótesis. Gao Ashen opina que es muy probable que en Jingdezhen no hubiera en época Yuan hornos específicos de carácter oficial, ya que el arraigado sistema de lazos de consanguinidad entre clanes imperante entre las clases dominantes hizo que durante aquel período el estatus del emperador no fuera tan fuerte como con otras dinastías.

Disponemos de varias fuentes escritas al respecto:

1. En el capítulo dedicado a la cerámica de los *Grandes anales de la provincia de Jiangxi*, editados en el vigésimo quinto año del reinado de Wanli (1597) de la dinastía Ming, se establecen diferencias entre los Song y los Yuan en cuanto a la supervisión de la producción, y se afirma que ésta funcionaba según demanda.

2. En el capítulo dedicado a la cerámica de los *Anales del distrito de Fuliang* publicado en el cuadragésimo octavo año del reinado del emperador Qianlong (1783) de la dinastía Qing también se especifican los organismos encargados de la supervisión, y como en la obra anterior se dice que la producción estaba sujeta a demanda.

3. En el segundo volumen de las *Notas sobre el período Zhizheng* escritas por Kong Qi durante la dinastía Yuan se afirma por su parte que la arcilla de Raozhou era blanca como la tiza, que todos los años se elaboraba una determinada cantidad como tributo y que se cerraban las canteras una vez concluida la producción. También se citan una serie de variedades tipológicas, como bandejas, tazones, platos, cántaros o copas pequeñas.

Atendiendo a lo que se afirma en las dos primeras fuentes ("cuando se recibía la orden los hornos suministraban sus piezas, y en caso contrario detenían la producción") y en el tercer documento ("se supervisaba la realización de objetos de uso doméstico para tributo, realizados con caolín, y cuando se detenía la producción la gente común no podía emplear esa clase de arcilla"), tanto Jiang Jianxin como Jiang Jianmin afirman en su artículo sobre la oficina de porcelana de Fuliang que ésta no funcionó de manera ininterrumpida a lo largo de su historia, sino que su producción se activaba sólo cuando había un encargo imperial y se volvía a paralizar después, y que incluso se cerraban las canteras de caolín para que éste no fuera empleado por ningún particular. En este aspecto, los hornos de la oficina de porcelana eran muy diferentes a los alfares imperiales de época Ming y Qing, ya que si hubieran sido creados como estos con un fin determinado y exclusivo no habría habido necesidad de cerrar los talleres e impedir el acceso a las canteras por temor a que fueran usadas de manera privada. Ambos autores deducen así que probablemente la oficina de porcelana de Fuliang de época Yuan no tendría hornos propios e independientes, ya que a comienzos de la dinastía Jingdezhen todavía no había sentado las bases para unos alfares oficiales, por lo que la citada oficina recurriría en cambio a aquellos hornos comunes más destacados y que ofrecieran unas óptimas condiciones de producción, proporcionando tal vez la asistencia de alfareros oficiales para la elaboración de porcelana destinada a uso imperial. Se trata de un punto de vista que se corresponde bastante bien con el panorama de la porcelana *qinghua* más arriba descrito.

2.3.2. Objetivo y significación de la porcelana de color blanco albumen de época Yuan

Kublai Kan, fundador de la dinastía Yuan, comenzó a realizar sus ataques contra los Song en el décimo primer año de la era Zhiyuan (1274), y en el décimo sexto año (1279) derrocó por fin a la dinastía Song del Sur y completó la unificación del país. Un año antes, y cuando los Song todavía no habían sido completamente derrotados, se estableció en la lejana localidad de Jingdezhen del área de Jiangnan –a 1.400 kilómetros de distancia de la nueva capital– la oficina de porcelana de Fuliang, un organismo dedicado a la producción de objetos de porcelana para la casa imperial... ¿Cuál fue el motivo de ello?

Al igual que las demás dinastías, los Yuan también necesitaban llevar a término de manera regular una serie de actividades ceremoniales reguladas de carácter nacional, en las que se requería el uso de objetos sacrificiales realizados en porcelana, y estos grandes y solemnes rituales resultaban de especial importancia cuando empezaron a consolidar su poder. El hecho de que los Yuan se apresuraran a establecer dicha oficina de porcelana de Fuliang en la víspera de su victoria definitiva tiene que ver sin duda con dicha función.

En 1999 el instituto de reliquias culturales y estudios arqueológicos de la provincia de Jiangxi encontró entre las piezas provenientes de los alfares de Hutian en Liujiawu tres vasos de apoyo alto de esmalte de color blanco albumen con la inscripción 玉 ("jade", en este caso alusivo al emperador) impresa en la pared interior, así como un buen número de otras porcelanas de color blanco. Según la descripción, los vasos tenían impresos en su parte inferior interna motivos en forma de gardenias y los ocho símbolos auspiciosos del budismo, y dragones de cinco y cuatro garras en las paredes interiores, lo que llevó a los estudiosos –según la estratigrafía y las características de los ejemplares– a datarlos en el período inicial de la dinastía Yuan, y –de acuerdo con los documentos escritos relativos– a calificarlos como objetos sacrificiales elaborados en Jingdezhen especialmente para las oficinas imperiales de palacio. Aparte de ello, se han encontrado también otras piezas de porcelana de color blanco albumen con la inscripción impresa 太禧, una abreviatura alusiva a la oficina imperial encargada del ceremonial religioso. Ambos descubrimientos son prueba directa del carácter ritual y sacrificial de esta tipología cerámica.

Según Gao Ashen, la porcelana de color blanco albumen, con su invariable morfología más abultada en la parte superior y comedida en la inferior, remite de manera patente a la concepción dual mongola del cielo y de la tierra, que concede más importancia al primero (arriba) que a la segunda (abajo). En su estudio sobre antigüedades, el erudito Cao Zhao de época Ming distingue claramente entre las vasijas de apoyo pequeño con decoración impresa e inscripción "*shufu*" de época Yuan y las "nuevas piezas" de apoyo alto y superficie lisa. Estos dos tipos de vasijas no sólo se diferencian por su forma externa, sino también por su significado: las de apoyo grande reflejan la importancia dada por los Ming a la utilidad de las piezas, mientras que las de apoyo pequeño encarnan esa dualidad religiosa característica del pensamiento mongol. Por otro lado, la mayor parte de las piezas de porcelana blanca de uso doméstico están decoradas en su interior, pero no en su exterior, lo que quiere decir que el significado de su ornamentación radicaba en el cielo, ya que la parte exterior está expuesta a la vista de todos y el interior en cambio sólo puede ser observado desde arriba por los espíritus celestes. De este modo, los ejemplares carecían de cualquier tipo de decoración en su parte externa, mientras los motivos impresos en el interior entraban en interacción con el mundo del más allá. Este método decorativo ponía de relieve las connotaciones religiosas de la porcelana de color blanco albumen de la dinastía Yuan, y su plasmación artística en los objetos cerámicos producidos en esa época.

De este modo, entendemos porqué las piezas de porcelana de época Yuan con las inscripciones impresas 玉 y 太禧 eran de color blanco albumen, y no de estilo *qinghua*. En términos generales, la razón radica en la necesidad de que las porcelanas de carácter ritual o sacrificial fueran de superficie lisa sin decoración y de color puro.

Entre estas porcelanas de color blanco hay un tipo que predomina por su abundancia: la porcelana *shufu*. Debido a su importante número y a su gran influencia le dedicaremos un capítulo especial.

2.4. Porcelana *shufu*

2.4.1. Características de la producción en época Yuan

La porcelana *shufu* es una de las tipologías de porcelana de color blanco albumen. Esta porcelana blanca alcanzó la celebridad por su esmalte opaco y su tonalidad blanca con matices verdosos que la asemejaban al color de los huevos de pato. Como este tipo concreto de porcelana blanca era encargada a los alfares de Jingdezhen por el consejo privado (*shufu-yuan*), un organismo que trataba asuntos de carácter militar, y tenía impreso a menudo en el centro de la decoración los dos relativos sinogramas 枢府 (*shufu*) dispuestos de manera simétrica, los autores se acostumbraron a llamarlo "porcelana *shufu*". Si nos detenemos aquí de manera específica en su descripción es porque se trata de la tipología de porcelana blanca más abundante, y también de aquella que tuvo una difusión más amplia.

El consejo privado que encargaba las porcelanas *shufu* se había establecido durante las Cinco Dinastías, para hacerse cargo sobre todo de asuntos confidenciales o relativos al control de las fronteras, la caballería, etc., y durante la dinastía Yuan –con su énfasis en los asuntos militares– adquirió renovada autoridad. Pero, ¿a qué responde esa producción de porcelana de color blanco albumen destinada a un organismo de carácter militar?

Como explica Gao Ashen, a comienzos de la dinastía Yuan los ejércitos de ésta y de la dinastía Song del Sur se encontraban en su momento de máximo enfrentamiento, y los Yuan prosiguieron su expansión militar enviando un gran número de tropas y generales a otros territorios más allá de sus fronteras, especialmente Japón, Annam (norte del actual Vietnam), Champa (centro y sur de Vietnam), Myanmar y Java. Con el fin de garantizar el correcto funcionamiento del aparato de guerra, resultaba necesario mantener ceremonias religiosas en recuerdo y expiación de las almas de los generales muertos en batalla, y es por eso que se produjo en la historia de China esta anomalía de una institución militar encargada de supervisar la producción de porcelana blanca. Es también por ese motivo que el consejo privado no tuvo que esperar hasta la creación de la oficina de porcelana de Fuliang para comenzar a elaborar ese tipo de cerámica, y pudo anticiparse a ella a fin de empezar la producción requerida.

Aunque la porcelana *shufu* era encargada por el consejo privado, no toda ella era de carácter oficial sino que también había una parte destinada a su comercialización. Según algunos autores, esto fue debido a que el concilio privado poseía diversas ramificaciones por todo el país, y cuando se necesitaba producir porcelana de color blanco albumen no era el propio consejo central el que asumía la realización de los encargos sino las respectivas delegaciones regionales. Esto por una parte redundó en una calidad deficiente de los productos elaborados, ya que esas delegaciones locales muchas veces carecían de los fondos necesarios, y por otra hizo que una gran cantidad de porcelana *shufu* con inscripciones impresas entrara en el mercado y llegara hasta los clientes comunes como objetos de carácter comercial.

Según Feng Xianming, "a juzgar por el gran número de muestras de porcelana de esmalte blanco albumen para la exportación de época Yuan conservadas en el extranjero, podemos afirmar que esta tipología cerámica no era en su totalidad un producto de carácter oficial. Por lo tanto, es erróneo calificar como se ha venido haciendo tradicionalmente toda esta producción como 'porcelana *shufu*'". En cuanto a los hornos de Hutian, el profesor Feng opinaba que "los tazones de cintura quebrada y las pequeñas bandejas con apoyo de la orilla meridional [del río Nan] presentan en general un apoyo extravertido y la inscripción de doble sinograma *'shufu'* en las paredes interiores, mientras los vasos de apoyo alto tienen impresos en su parte interior dragones de cinco garras; según confirma la «Historia de Yuan», este tipo de vasijas tendría que haber sido de uso oficial. Las piezas halladas en la orilla septentrional, en cambio, si bien son parecidas en su forma externa presentan apoyos generalmente verticales, no tienen inscripciones y los dragones representados sólo poseen tres o cuatro garras, por lo que se trata de objetos comerciales comunes" (imagen 9-40). Como tales objetos comerciales, no sólo circulaban entre las clases populares, sino que también fueron exportados al exterior. En el caso del gran número de piezas cerámicas chinas rescatadas del pecio hundido frente a las costas de la provincia surcoreana de Sinan, la proporción de ejemplares de porcelana *shufu* y de porcelana verdiblanca de Jingdezhen era semejante. Las abundantes muestras de porcelana *shufu* desenterradas en Filipinas, Irán o Turquía también son testimonio de su carácter de producto comercial destinado a la exportación. Además, del descubrimiento del pecio de Sinan –en el que únicamente aparecieron ejemplares de los dos tipos mencionados– se deriva que la porcelana *shufu* es más temprana que la porcelana

9-40 Vaso de esmalte blanco albumen con apoyo alto y decoración impresa de doble dragón Dinastía Yuan Altura: 13'3 cm.; diámetro boca: 13'8 cm. Museo de Shanghai

qinghua de época Yuan, y que por lo tanto esta última apareció gracias al desarrollo maduro de aquella.

Por otra parte, las piezas de porcelana blanca albumen de Jingdezhen descubiertas en el yacimiento de Jininglu (Mongolia Interior) son muy numerosas, e incluso constituyen tal vez el mayor tesoro de porcelana Yuan hallado hasta la fecha. Éste y los arriba citados hallazgos a gran escala demuestran la difusión popular del uso de esta tipología de porcelana blanca con inscripción "*shufu*". En el antiguo yacimiento de Jininglu también se han desenterrado bandejas con dicha inscripción, algunas con el sinograma relativo a "medicina" inscrito en la parte inferior (para uso en la oficina de administración de medicinas). En ciertos casos no aparece la inscripción "*shufu*" y en su lugar se ven los sinogramas de "medicina" u "oficina real de administración de medicinas". El descubrimiento de este tipo de bandejas *shufu* destinadas a esta oficina ha suscitado naturalmente el interés de los especialistas. Del estudio minucioso de todas estas muestras se derivan las siguientes conclusiones:

1. El uso de los objetos con inscripción "*shufu*" del grupo de porcelanas de esmalte de color blanco albumen no se limitó al segmento social de las autoridades oficiales, y su producción tampoco fue encargada en su totalidad por el consejo privado.

2. Durante un cierto período y en determinados mercados fue posible comerciar con las porcelanas con inscripción "*shufu*" de uso oficial, y la gente común también pudo adquirirlas.

3. Entre el conjunto de las piezas de porcelana de esmalte color blanco albumen realizadas en Jingdezhen tal vez hubo ciertos ejemplares de imitación que llevaban también impresa la inscripción "*shufu*".

2.4.2. Período de elaboración y localización de los hornos

Del material arqueológico disponible en la actualidad se deduce que la porcelana de esmalte color blanco albumen ya se comenzó a producir durante la era Dade del emperador Temür Kan (en torno al año 1305). En el pecio hundido aproximadamente en 1331 en las costas de Sinan en Corea del Sur ha aparecido un gran número de ejemplares de esta tipología, lo que significa que en estas fechas la producción ya había alcanzado una escala considerable, y que una parte de ella se dedicaba a la exportación. En el mausoleo de la familia Ren de época Yuan hallado en el distrito de Qingpu de Shanghai aparecieron dos vasijas de porcelana blanca con la inscripción "*shufu*", que según los datos históricos habrían sido depositadas junto a los difuntos en el cuarto año de la era Zhiyuan (1338) del reinado de Huizong, lo que demuestra que este tipo de porcelanas oficiales con inscripción habrían comenzado a producirse al menos desde ese año. En el yacimiento de Hutian perteneciente al sistema de alfares de Jingdezhen ha aparecido un gran número de piezas de porcelana blanca albumen, algunas con la mencionada inscripción y otras sin ellas, sobre todo relativas al último período de los Yuan, lo que quiere decir que las piezas oficiales con inscripción "*shufu*" fueron producidas a mediados y finales de la dinastía. Esta tipología dejó de elaborarse de manera natural con el fin de los Yuan, aunque la porcelana blanca de uso común se produjo en cambio ininterrumpidamente desde comienzos de la dinastía Yuan hasta inicios de los Ming (imagen 9-41).

Como ya hemos referido más arriba, en sus *Notas sobre el período Zhizheng*, el erudito Kong Qi de la dinastía Yuan afirma que la arcilla de Raozhou era blanca como la tiza, y que todos los años se elaboraba una cierta cantidad como tributo, cerrando las canteras una vez concluida la producción. En los *Registros de cerámica de Jingdezhen* de época Qing, por su parte, se cita la porcelana *shufu*, cuya arcilla debía ser blanca y fina,

9-41 Tazón de esmalte blanco albumen Dinastía Yuan Altura: 4'5 cm.; diámetro boca: 11'5 cm. Museo de Chongqing

con paredes sutiles de superficie lustrosa como el jade; también se mencionan diferentes variedades tipológicas (tazones de apoyo alto, platos estriados de labios finos, bandejas en forma de castaña de agua, receptáculos para líquido con aristas...) con la inscripción "*shufu*" interior, se dice que en los hornos comunes se producían imitaciones y se alude a las piezas destinadas a tributo, de entre las cuales se escogía una proporción de alrededor del uno por ciento, ya que la mayoría de los productos ordinarios no cumplían los exigentes requisitos impuestos por la corte. Los diferentes términos empleados por las dos fuentes para aludir a los hornos oficiales que elaboraban porcelana *shufu* ("alfares de caolín" y "alfares *shufu*", respectivamente) responden simplemente a las diversas épocas en que se redactaron ambos documentos. La pregunta es entonces: ¿Existieron durante la dinastía Yuan hornos oficiales especializados en la producción de porcelana *shufu*?

Hay estudiosos que opinan que el yacimiento de Liujiawu de la ribera sur del río Nan en Hutian (Jingdezhen) habría sido muy probablemente el lugar de producción de esta tipología cerámica. En el *Sumario de la investigación sobre los hornos de Hutian en Jingdezhen*, el profesor Liu afirma que "los tazones de cintura quebrada y las pequeñas bandejas con apoyo de la orilla meridional [del río Nan] presentan en general un apoyo extravertido y la inscripción de doble sinograma "*shufu*" en las paredes interiores, mientras los vasos de apoyo alto tienen impresos en su parte interior dragones de cinco garras; según confirma la *Historia de Yuan*, este tipo de vasijas tendría que haber sido de uso oficial". A partir de los años 90 del pasado siglo se han ido descubriendo piezas de porcelana con las la inscripción "*shufu*" o los ya mencionados sinogramas 玉 y 太禧 y con decoración impresa de dragones de cinco garras, y también vasijas de cuello alargado en forma de gota y tejas de alero de color rojo bajo esmalte de época Yuan. Además, en 2003 y 2004 se descubrió en las excavaciones del lado norte de los talleres imperiales fragmentos de porcelana *qinghua*, de esmalte verdiblanco y de esmalte blanco albumen de época Yuan, todos ellos con características propias de los alfares oficiales, lo que prueba que allí también se elaboraron piezas de porcelana blanca de estilo *shufu*, por lo que se trataría de una de las bases de producción de la oficina de porcelana de Fuliang.

Según la extendida opinión del mundo académico, si bien los hornos de Liujiawu en Hutian y Zhushan en el centro de la actual Jingdezhen funcionaron entonces como alfares de caiolín" o "alfares *shufu*", hay todavía grandes diferencias entre ellos y los hornos oficiales de época Ming y Qing. En las ya mencionadas *Notas sobre el período Zhizheng* de Kongqi se dice que "cuando se detenía la producción la gente común no podía emplear esa clase de arcilla; se elaboraban bandejas, receptáculos para líquidos, tazones, platos, vertederas, vasos, copas pequeñas, etc., de color blanco y lustroso...", y en los *Registros de cerámica de Jingdezhen* se afirma que los hornos *shufu* proveían de material a la casa imperial de los Yuan según demanda, lo cual demuestra que cuando había un encargo que cumplir se transportaba caolín hasta dichos alfares, mientras que de lo contrario las canteras permanecían cerradas y se detenía la producción. En este último caso, los artesanos alfareros podían seguir elaborando sus propios productos de uso común. Por ello, cabe afirmar que los alfares oficiales de aquella época estaban de alguna manera "contenidos" en los hornos comunes coetáneos.

2.4.3. Variedades tipológicas y características

La porcelana *shufu* es de cuerpo pesado y esmalte opaco de color blanco albumen y matices verdosos, con una baja proporción de calcio (en torno al 5%) y un abundante contenido en sodio y potasio. Presenta una alta viscosidad, y su alcance de cocción es bastante amplio. Debido a la alta cantidad de hierro del esmalte, en la primera etapa su tonalidad tenía destellos verdosos, pero con la gradual disminución de su proporción el color se fue haciendo más puro. El esmalte de color blanco albumen limpio y suave de esta época será el precedente del esmalte "blanco dulce" típico del reinado de Yongle de comienzos de la dinastía Ming. La porcelana *shufu* está decorada sobre todo con motivos impresos, realizados mediante la presión con moldes sobre vasijas de formato redondeado como bandejas o tazones. Los motivos ornamentales son bastante sencillos, y con frecuencia se trata de una pareja de dragones o un entramado de flores y ramas entre las que aparece a menudo el doble sinograma simétrico 枢府 ("*shufu*") (imagen 9-42). En las piezas conservadas hasta nuestros días también hay otros sinogramas, como los ya citados 太禧 o 福禄 ("felicidad y fortuna").

9-42 **Bandeja plana de esmalte blanco alguien con inscripción "shufu"**
Dinastía Yuan   Museo de Arte de Berkeley

En general, los ejemplares que llevan impresas tales inscripciones son de factura exquisita y gran calidad tanto en la pasta como en el esmalte. Las piezas más frecuentes de porcelana *shufu* son los utensilios domésticos de pequeño tamaño, como bandejas o tazones con o sin apoyo alto. Entre ellos, resultan característicos los conocidos como "tazones de cintura quebrada", de apoyo pequeño, asiento plano, paredes rectilíneas que retroceden hacia la base, panza alargada y cintura quebrada. Durante la dinastía Yuan también hay piezas de porcelana *qinghua* y porcelana de esmalte verdiblanco de esta misma tipología morfológica, por lo que resultan muy representativas de la producción de Jinghdezhen de esta época.

En cuanto a la factura de las piezas de porcelana *shufu*, se caracterizan por su apoyo circular de pequeño tamaño, paredes gruesas y trazado regular. El interior no está barnizado y presenta pequeños puntos de oxidación de color marrón rojizo y residuos de arena en los márgenes; en el centro de la base despunta una pequeña protuberancia. Los cjemplares eran cocidos con ayuda de discos sobre los que se esparcía una mezcla de caolín y cáscaras de arroz molidas.

2.5. Porcelana decorada en rojo bajo esmalte, rojo cobrizo y azul cobalto

Además de producir porcelana de esmalte color blanco albumen y porcelana *qinghua*, los alfares de Jingdezhen también consiguieron elaborar porcelana decorada en rojo, una de las más importantes invenciones de los artesanos alfareros de época Yuan. Como en el caso de la porcelana *qinghua*, también se trata de pintura bajo esmalte, aunque con el uso del rojo y el azul. Se empleaba asimismo el pincel para pintar sobre la superficie, que después era recubierta de un esmalte transparente, si bien el método de pintura y los pigmentos (cobre y cobalto) presentan diferencias. Ambas requerían un proceso de cocción a altas temperaturas pero la atmósfera del horno era distinta en cada caso. Con la porcelana decorada en rojo bajo esmalte las condiciones eran muy exigentes, y hacía falta cocer las piezas bajo atmósfera reductora para poder obtener esa tonalidad rojiza, mientras que la porcelana *qinghua* no presentaba unas exigencias tan rigurosas –ya que los cambios de atmósfera en el interior de los hornos cerámicos no afectan de manera significativa a la coloración del cobalto–, y por eso su elaboración era más sencilla y se han conservado y desenterrado hasta nuestros días numerosos ejemplares de esta tipología. El proceso de cocción de la porcelana decorada en rojo, por el contrario, resultaba bastante complicado, de ahí que su producción no fuera muy elevada y que en consecuencia las piezas conservadas o descubiertas sean mucho menos abundantes, en especial aquellas de interés científico aparecidas en las excavaciones (imagen 9-43). La porcelana decorada en rojo estaba todavía pasando con los Yuan por una fase de experimentación, y no podía compararse con la exquisita producción de porcelana *qinghua* de la misma época, pero abrió un nuevo camino hacia la creación de la porcelana *qinghua* con decoración en rojo –que combinaba en un mismo ejemplar el rojo y el azul complementándose y realzándose entre sí, con un atractivo imperecedero– y también sentó un precedente para la aparición de la porcelana *qinghua* de colores contrastantes (imagen 9-44).

Además de la porcelana *qinghua*, la porcelana *shufu* y la porcelana con decoración en rojo, los alfares de Jingdezhen de época Yuan también crearon una nueva variedad tipológica: la porcelana de esmalte rojo cobrizo, realizada con una determinada proporción de cobre en el esmalte a modo de agente colorante. Tanto esta tipología como la porcelana decorada en rojo recurren para dar color a sus piezas a este elemento particular, que en una atmósfera oxidante proporciona una tonalidad verdosa y en una atmósfera reductora da en cambio un tono rojizo. Su alcance de cocción es asimismo bastante amplio, aunque las técnicas al respecto eran difíciles de dominar y por eso la producción no fue muy elevada y presenta pocas variedades morfológicas. Las piezas de este tipo transmitidas hasta nosotros son muy escasas, y en los yacimientos arqueológicos del territorio nacional tampoco se han desenterrado abundantes muestras. La porcelana con decoración roja de época Yuan se encontraba en su fase inicial, y debido a que todavía no se dominaban completamente las técnicas de cocción y la atmósfera del interior de los hornos la tonalidad rojiza no es

43	45
44	46

9-43 Vaso giratorio con apoyo alto y decoración roja bajo esmalte de crisantemos y ramajes Dinastía Yuan Altura: 9'5 cm.; diámetro boca: 7'8 cm. Museo de Gao'an (Jiangxi)

9-44 Olla con tapadera de porcelana qinghua con paneles tallados de color rojo bajo esmalte Dinastía Yuan Altura: 41'2 cm.; diámetro boca: 15'5 cm. Museo provincial de Hebei

9-45 Jarrón florero de esmalte azul con decoración de dragón en color blanco Dinastía Yuan Altura: 43'5 cm. Museo de Yangzhou (Jiangsu)

9-46 Pequeña taza para libación de esmalte azul zafiro con motivos dorados Dinastía Yuan Altura: 4 cm.; diámetro boca: 8'1 cm. Museo provincial de Hebei

suficientemente pura. Habrá que esperar al período inicial de la dinastía Ming, durante el reinado del emperador Yongle, para que se elaboren piezas con un esmalte de color rojo refulgente, el conocido como "rojo brillante de Yongle".

La porcelana de esmalte azul cobalto ya se había empezado a cocer durante la dinastía Tang, pero se trataba de un esmalte de bajo contenido en plomo, y el color resultante era de una belleza carente de elegancia. Con los Yuan, los alfares de Jingdezhen produjeron piezas de esmalte color azul a alta temperatura, añadiendo así nuevas variedades tipológicas al color base (imagen 9-45). Esta tipología cerámica presenta a menudo dos métodos decorativos: el primero era el esmalte azul con pintura dorada, consistente en aplicar motivos ornamentales de color oro sobre el esmalte azul ya cocido y volver a cocer la pieza en el horno una vez más, para adherir esa capa de pintura a la superficie y que no se desprendiera (imagen 9-46); el segundo método era el esmalte azul con decoración blanca, basado en el añadido de motivos de color blanco por todo el cuerpo esmaltado en azul del ejemplar, para subrayar el contraste entre ambas tonalidades. Como las técnicas de elaboración de la porcelana azul cobalto resultaban más fáciles de dominar que las de la porcelana con decoración roja, son mucho más numerosas las piezas disponibles actualmente y más diversas las tipologías morfológicas de aquella que las de esta última variedad.

Capítulo 3   Hornos de Longquan

3.1. Desarrollo de los hornos de Longquan durante la dinastía Yuan

El desarrollo de los alfares de Longquan se benefició de la huida al sur del país de la corte imperial de los Song, que se llevó consigo los métodos de elaboración de celadón del norte de China. Tras el traslado, la dinastía Song estableció su nueva capital en Lin'an (actual Hangzhou) y abrió los hornos oficiales de los Song del Sur. Desde las Cinco Dinastías en el siglo X hasta el derrocamiento de la dinastía Song a finales del siglo XIII, la sociedad china se estabilizó, impulsando así el desarrollo de la producción alfarera tanto en cantidad como en calidad, de ahí que surgieran entonces las mejores y más bellas piezas cerámicas del mundo. En concreto, este período supuso el traslado del centro de producción de celadón al área de Longquan en la actual provincia de Zhejiang. Sus piezas eran de un color límpido como el cielo otoñal y sereno como el mar profundo, y alcanzaron la fama en todo el orbe. Junto a los hornos de celadón de Fujian y de Guangdong, proveyó de forma masiva a los mercados internacionales. Antes del establecimiento de la dinastía Song del Sur, el celadón de Longquan era de una tonalidad transparente de color verde pálido o verde con matices amarillentos, pero tras recibir la influencia de los alfares oficiales de los Song los artesanos de Longquan comenzaron a aprender las técnicas de elaboración y decoración procedentes del norte del país, produciendo unas piezas de esmalte espeso y opalescente a las que imprimieron un carácter comercial para su venta tanto dentro como fuera de China.

Con los Yuan, numerosos hornos del norte del país entraron en decadencia, y el centro de la producción de porcelana de China se desplazó hasta el sur. Los alfares de Longquan, de renombre equiparable a los de Jingdezhen, se contaban entonces entre los más importantes de toda la nación. La dinastía Yuan es el período de toda la historia de China en el que el país alcanzó su máxima expansión territorial, extendiendo sus fronteras más allá que ninguna otra, y también fue un momento de gran prosperidad en lo que se refiere al comercio internacional. La demanda tanto interna como exterior era enorme, pero a pesar de que numerosos hornos del norte del país famosos durante la dinastía Song fueron decayendo con los Yuan por diversos motivos, el sistema de alfares de Longquan supo aprovechar la ocasión para desarrollarse con fuerza, no sólo aumentando el número de hornos sino también reduplicando su producción, e incrementando asimismo el alcance de cada uno de ellos. Los hornos se fueron desplazando desde la zona menos ventajosa desde el punto de vista del transporte de Dayao y Xikou hacia las orillas del río Ou y del arroyo Song. En la actualidad los arqueólogos han descubierto un total de entre dos y tres centenares de talleres pertenecientes a Longquan, de los que aproximadamente dos terceras partes se localizan en ambas orillas del Ou y del Song. En los alrededores de Dayao hay algo más de 50, y más de 10 en el área de Zhukou y Fengtang. En la parte oriental del distrito de Longquan también se encuentran los hornos de Wutongkou, Xiaobai'an, Dabai'an, Yangmeiling, Shanshikeng, Dawanyu, Daotai, Putaoyang, Qianlai, Anfukou, Wanhu, Anfu, Ma'ao, Lingjiao, Daqi, Dingcun, Yuankou o Neiwangzhuang, entre otros. En el distrito de Yuanhe se hallan los de Chisibu; en el de Lishui los de Guixi, Baoding o Gaoxi; y en el de Yongjia los de Jiang'ao o Zhutu, etc. También se han descubierto hornos del sistema de Longquan de época Yuan en el distrito de Wuyi. Todo ello demuestra que durante este período el desarrollo de los alfares de Longquan experimentó un alcance sin precedentes, e incomparable respecto a su situación durante la dinastía Song. Los talleres se concentraban principalmente en las dos orillas del Ou y del Song, lo que facilitaba el transporte de grandes cantidades de mercancías de Longquan por vía acuática hasta los grandes puertos comerciales de Wenzhou y Quanzhou y los lejanos mercados del resto de China y ultramar.

El comercio exterior alcanzó en esta época un mayor desarrollo respecto a la precedente dinastía, y también se amplió su alcance y el número de piezas exportadas. Entre ellas se envió una gran cantidad a las regiones costeras del sureste asiático, y los productos salidos de Longquan ocupaban una importante proporción. En su *Breve relación de los bárbaros de las islas*, el viajero Wang Dayuan de época Yuan cita –aludiendo a las piezas fabricadas en Longquan– las "porcelanas de Chuzhou", "porcelanas de Chu" o "productos de Qingchu" como artículo de exportación, ya que en aquel entonces Longquan se encontraba bajo la jurisdicción territorial de Chuzhou, de donde tomó el nombre. Como ya hemos mencionado más arriba, en 1975 se descubrió frente a las costas del distrito de Sinan en Corea del Sur una nave china hundida en época Yuan, de la que se rescataron más de 10.000 piezas de porcelana de ese período. Entre ellas, había más de 6.000 ejemplares de celadón de Longquan, alrededor de dos tercios del total. En el depósito escondido descubierto en Gao'an (Jiangxi), por otro lado, se descubrió una mayoría de piezas procedentes de dichos hornos, y en el área de granjas horticulturales de la ciudad de Jianyang (Sichuan) se excavó una tumba de la que se recuperó principalmente porcelana de la misma proveniencia. De todo ello se deduce que la producción de Longquan ocupaba durante la dinastía Yuan un lugar preponderante entre las porcelanas de carácter comercial.

El hecho de que las finanzas de la dinastía Yuan dependieran en buena medida de los gravámenes impuestos a los alfares de Jingdezhen es una prueba de la prosperidad de esos hornos comunes. Durante las dinastías Song y Yuan la industria alfarera de Jingdezhen se concentraba a lo largo de las orillas de los ríos Nan y Xiaonan; sólo la superficie del yacimiento junto a los diques ocupa unos 65.000 metros cuadrados. Sin embargo, según Li Jianmao hay varios indicios que señalan que los hornos de Longquan superaban en esta época tanto en escala como en número de piezas producidas a los alfares de Jingdezhen, aunque Li reconoce que, a pesar de elaborar también algunas piezas de indudable valor, el conjunto de la producción de Longquan destinada a satisfacer la demanda de los mercados nacionales y exteriores poseía una calidad caduca. Ello podría ser quizás uno de los motivos por los que dichos hornos entraron con los Ming en una fase de decadencia.

3.2. Arcillas, esmaltes y elaboración

Tras el establecimiento de la dinastía Yuan, y con la llegada de la cultura nómada a las planicies centrales de China, el Gobierno central tomó una serie de medidas políticas y económicas que dieron pie a la trabazón de ambas culturas y cambiaron la faz del país, determinando por su parte el estilo y la evolución de la producción cerámica de los alfares de Longquan. En un principio, parece que los rudos gobernantes mongoles no supieron apreciar las exquisiteces propias de la cultura de los Song. Las piezas salidas de Longquan eran de paredes finas y sólidas y líneas delicadas, pero ese celadón hermoso y práctico fue perdiendo poco a poco el favor como objeto de tributo imperial. Así, con el fin de satisfacer los gustos de la nueva clase dirigente, dichos alfares no tuvieron más remedio que introducir algunos cambios en las formas de sus piezas, espesando sus paredes y haciéndolas más grandes y robustas, para adaptarse de ese modo al estilo heroico y grandilocuente propio de la etnia mongola.

Aunque la producción de porcelana de Longquan en época Yuan era muy abundante, sufrió un evidente retroceso por lo que se refiere a la calidad, no sabemos si debido a un énfasis exclusivo en la cantidad o a las exigencias estéticas del momento. Por lo que se refiere al tratamiento de la arcilla para elaborar el cuerpo de las vasijas, en primer lugar, hay que decir que se hacía de manera apresurada y con una materia prima de poca calidad, lo cual daba como resultado piezas de factura tosca y paredes más espesas que durante los Song. En segundo lugar, aunque se empleaba un esmalte con base de calcio y potasio añadido se redujo el número de capas, con lo que el estrato de barniz perdió ese aspecto lustroso y corpulento de antaño (imagen 9-47). Dado que el grado de cocción era más alto que con los Song del Sur, no se podía controlar completamente la atmósfera, por lo que resultan muy escasos los ejemplos de piezas con esmalte limpio color verde oscuro, verde hierba o verde guisante, mientras que predominan las vasijas color verde marronáceo, verde amarillento o verde pepino, con una superficie bastante brillante. Durante la dinastía Song del Sur apenas se ven ya piezas de aquel esmalte apagado y suave color azul pálido, de capas superpuestas y gran corpulencia, y tampoco hay muestras de ese esmalte lustroso color ciruela semejante a la esmeralda, de capa espesa; la mayoría de las vasijas de uso diario presentan sólo uno o dos estratos de esmalte, por lo que durante la dinastía Yuan los productos salidos de los alfares de Longquan ya no recuerdan las calidades del jade. Para acomodarse a los requisitos de la demanda exterior, dichos hornos producen un importante número de piezas de uso doméstico de gran tamaño, como jarrones de más de

9-47 Aguamanil de esmalte verde con decoración de doble pez de los hornos de Longquan Dinastía Yuan Altura: 4'7 cm.; diámetro boca: 15'6 cm. Museo de Shanghai

un metro de altura, bandejas cuya boca supera los 60 centímetros de diámetro o tazones de 42 centímetros de anchura, que muestran el elevado nivel de los alfareros de la zona desde el punto de vista de la morfología de las vasijas. Por lo tanto, todas esas carencias descritas más arriba y los cambios que acarrearon responden en mi opinión no al insuficiente dominio técnico de los artesanos alfareros de Longquan, sino más bien a un mayor énfasis en la cantidad sobre la calidad de los productos y a los criterios estéticos impuestos por el mercado.

La pasta de las piezas de los hornos de Longquan en época Yuan eran fina y dura, y el color en su mayor parte blanco con matices verdosos, con algunas muestras de color gris oscuro. En cuanto al esmalte, era casi siempre claro y transparente, con una fuerte sensación de vitrificado, muy diferente a esos esmaltes opacos de color azul pálido o verde ciruela empleados en esos mismos alfares durante la dinastía Song del Sur. Aunque carecen de aquellas cualidades que los asemejaban al jade, estos productos transmiten sin embargo una gran sensación de limpidez y serenidad, introduciendo un nuevo estándar estético. La vasija de la imagen 9-48, por ejemplo, es un tazón hondo exportado a los países

9-48 Tazón alto de esmalte verde de los hornos de Longquan Dinastía Yuan Museo del Palacio Topkapi de Estambul

islámicos, de esmalte limpio y transparente y con una decoración externa a base de hojas de loto en relieve, de un atractivo diferente a los barnices opalescentes usados en la dinastía Song del Sur.

Esa tendencia hacia la tosquedad en la elaboración de las piezas característica de los alfares de Longquan de época Yuan también puede deducirse de los gruesos bordes de las bocas o de la factura rudimentaria de los huecos de la parte inferior de los apoyos. Para ajustarse a la creciente demanda en términos cuantitativos, el método de cocción era diferente al de los Song del Sur; ya no se colocaban de manera ordenada los apoyos cerámicos directamente bajo la base circular de las piezas, sino que se hacía aleatoriamente y con apoyos más pequeños, con lo cual esa parte de las piezas carecía después de esmalte, a diferencia de las piezas de época Song que sólo presentaban una fina línea cruda en el extremo. En el caso de los apoyos de forma circular, también podemos ver a veces casos en los que el centro de la base de la pieza conserva el esmalte pero está rodeado de una parte cruda, y en ocasiones esa zona central esmaltada muestra una protuberancia a modo de ombligo. Durante la dinastía Song el tratamiento de la pasta y el esmalte era exquisito, y la fina línea de color bermellón que aparece en la base de sus piezas resulta muy característica. Con los Yuan, y para transformar el esmalte, se aplicaba una capa protectora de engobe, aunque de manera muy desmañada, con lo cual no se llegaba a recubrir toda la pieza y la base presenta una factura tosca en la que no aparece ese "efecto bermellón".

3.3. Variedades tipológicas de las porcelanas

El celadón de los hornos de Longquan de época Yuan estaba destinado sobre todo a uso diario, incluidos los productos de exportación, aunque también hay una pequeña cantidad de objetos decorativos de carácter tradicional. En cuanto a las principales variedades tipológicas de los Song del Sur, se mantuvieron en su mayor parte con los Yuan: tazones, bandejas, copas pequeñas, platos, escudillas, ollas, cuencos, hornillos, jarrones, vasijas para líquidos (*yu*), pequeños recipientes para entintar, cántaros con asas, candiles, vasos de apoyo alto, tazones de apoyo alto, cajas, vasijas para vino (*zun*), etc. Las formas más características son los vasos de apoyo alto, las bandejas con forma de castaña de agua, los jarrones de cuello rectilíneo o con orejas redondeadas, las vasijas *zun* con cola de fénix, los aguamaniles con línea horizontal prominente a imitación de las cañas de azúcar, las ollas con tapadera en forma de hoja de loto, los recipientes para entintar con forma de animal, las ollas de boca pequeñas y dos orejas... Como ya hemos dicho, todas estas variedades no son propias de la dinastía Yuan, pero fueron muy frecuentes entonces, y por eso son consideradas a menudo como piezas representativas de los hornos de Longquan de época Yuan. Los aguamaniles de este período son los que sufrieron una mayor transformación morfológica, y poseen así unas características propias más definidas –también eran utilizados como material para limpiar los pinceles–, por lo que son muy apreciados por los coleccionistas. Con los Yuan, los labios de la boca de los aguamaniles se ensanchan respecto a los de época Song, las paredes de las vasijas son rectilíneas y retroceden oblicuamente hacia la base y el apoyo es bajo y de forma circular, con asiento plano. Este tipo de labios más anchos eran muy poco comunes durante la dinastía Song, y en cambio resultan muy frecuentes con los Yuan, de acuerdo con los gustos y las modas de cada época determinada.

Los tazones de Longquan de época Yuan son similares a los de finales de la dinastía Song. El principal cambio se localiza en los bordes de la boca: las hay rectilíneas, perpendiculares, curvadas hacia fuera, en forma de castaña de agua, de pétalo de crisantemo o de pétalo de loto, e incluso con diferentes perfiles geométricos, y las paredes de las vasijas son curvas o rectilíneas y retroceden hacia la base. A veces aparecen incisas en la parte externa hojas de loto largas y estrechas, poco profundas y menos variadas que con los Song. En el interior se ven a menudo impresos motivos fitomorfos, y son frecuentes por ejemplo en el centro de las piezas representaciones de lotos, crisantemos, peonías, etc. En las paredes, por su parte, aparecen ondas marinas, lotos y ramas intrincadas y también flores y pájaros, un cambio radical respecto a las paredes lisas y exentas de decoración de los Song, durante cuyo período la mayor parte de este tipo de tazones presentaba sólo pétalos de loto incisos de manera vigorosa sobre la superficie externa. Los tazones en forma de hoja de loto con figura de tortuga en el centro tienen una factura exquisita y son de gran originalidad. Presentan un borde lobulado con seis incisiones que se corresponden con los tallos en sus paredes interna, en las cuales también aparecen representadas las nervaduras. En el centro

9-49 Jarra de esmalte verde con asas circulares de los hornos de Longquan Dinastía Yuan   altura: 26 cm.; diámetro boca: 9'6 cm.   Museo provincial de Zhejiang

se encuentra la pequeña figura de tortuga sola o en pareja, de gran vivacidad y atractivo. Las copas pequeñas son un utensilio de uso diario bastante frecuente entre la producción de los hornos de Longquan de época Yuan, destinadas sobre todo a libaciones, y presentan una factura bastante cuidada.

Los vasos y tazones de apoyo alto ya habían aparecido tempranamente durante las dinastías Tang y Song, aunque alcanzaron una difusión más extensa con los Yuan, y la fabricación en masa de este tipo de vasijas en los hornos de Longquan se produjo sobre todo en esta época. Los vasos son de perfil ancho y rotundo, a modo de semiesfera, con una base aún más plana y homogénea y unos labios ligeramente curvados hacia fuera; el cuerpo del vaso y el apoyo inferior tienen aproximadamente la misma altura. Los tazones, por su parte, tienen una parte superior estrecha y otra inferior más ancha, con un centro de gravedad bastante equilibrado, y poseen asas, de ahí que también se conozcan como "vasos con asa".

Los jarrones fueron una tipología muy importante durante la dinastía Yuan. Los más representativos son los de cuello largo o tubular, o bien en forma de cola de fénix

9-50 Olla de esmalte verde con tapadera en forma de hoja de loto Dinastía Yuan Museo Topkapi de Estambul

(también llamados "*zun* de cola de fénix"), vesícula (cuello largo y panza abultada), *cong* (pieza de jade cuadrangular con boca circular), *gu* (boca acampanada, cuerpo alargado y apoyo extravertido), ciruela, col, cabeza de ajo, calabaza, pera (cuello corto acampanado y cuerpo abultado) y aquellos con asas circulares (imagen 9-49), orejas en forma de pez, orejas tubulares, doble oreja y cuerpo aplanado, octagonales, con base inferior de panza ancha, etc. Entre ellos, destacan por su peculiaridad los jarrones en forma de calabaza y los de asas circulares, los planos de doble oreja y los de base inferior de panza ancha. El cuerpo y la base de estos últimos eran elaborados conjuntamente, y constituyen una clara muestra de las características artísticas de los alfares de Longquan. Este método daba por una parte a las piezas una gran sensación de estabilidad, y por otra refleja la tendencia hacia una diversificación tipológica en la evolución de los jarrones.

Otras tipologías características de los alfares de Longquan de la época son las ollas con tapadera en forma de gran hoja de loto y los bordes de la boca curvados. Algunos de ellas tienen la agarradera en forma de rabo o tallo, y el color verde esmeralda de la hoja la hace aparecer como recién recogida de la tierra, lo cual les otorga un aspecto muy realista. El cuerpo de las vasijas es bello y equilibrado, con diversos tipos de ornamentación, como flores impresas, pétalos de loto, líneas paralelas, etc. En cuanto a los tamaños, hay grandes, medianas y tres tipos de pequeñas. En el pecio descubierto frente a las costas de Sinan en Corea del Sur apareció un gran número de ollas con tapadera en forma de hoja de loto y cuerpo con decoración de pétalos de loto, y en el Museo Topkapi de Estambul también se conservan ejemplares semejantes (imagen 9-50), lo cual indica que se trataba de una tipología cerámica exportada en grandes cantidades.

Los braseros en forma de caldero tipo *ding* o *li*, frecuentes en época Song, resultan ahora bastante escasos, mientras que sí aparecen los elaborados en forma de contenedor de grano (*gui*) o vasija para líquidos (*zun*), aunque el más común con los Yuan es el brasero de panza tubular y tres pies. Era una tipología muy difundida también con los Song del Sur; la panza presentaba entonces un diámetro parecido en toda su extensión, con un asiento plano o ligeramente apuntado de diámetro inferior al cuerpo y por tanto una base protuberante, y tres pequeños pezones dobles a modo de apoyo casi al mismo nivel del asiento, que apenas toca tierra. En el período medio y final de la dinastía Yuan, en cambio, se ensancha el diámetro del cuerpo tubular y se reduce el de la base, a veces hasta la mitad respecto a aquel. Dicha base se prolonga y hace que los tres pies queden suspendidos en el aire perdiendo su función primitiva, pues ahora la vasija se asienta directamente sobre tierra. Los braseros de esta época resultan más toscos y menos elaborados, con la pasta cruda expuesta en gran parte de la superficie de la base.

Además de aquellos productos que continuaban la tradición de la dinastía Song, los alfares de Longquan de época Yuan también introdujeron novedades tanto desde el punto de vista de la morfología de las piezas como de su decoración. Una característica destacable es el aumento de la altura y robustez de las piezas de mayor tamaño, como los grandes jarrones, bandejas, ollas, tazones o cántaros de asas, que adquieren dimensiones sin precedentes en la historia de la cerámica china. Se trata de un aspecto común a todas las porcelanas de la dinastía Yuan, aunque los ejemplares salidos de Longquan resultan especialmente significativos y encarnan de una manera distintiva el estilo de la época. En los hornos de Dayao y Zhukou del sistema de alfares de Longquan se han descubierto importantes cantidades de este tipo de grandes porcelanas, como jarrones florero de alrededor de un metro de altura o bandejas de 60 centímetros de diámetro. En los hornos de Lingjiao en Anren, por otro lado, se encontraron grandes tazones con bocas de hasta 42 centímetros de diámetro. La producción de este tipo de grandes vasijas presupone un elevado nivel técnico, y es reflejo a su vez de este estilo vigoroso y grandilocuente propio de los Yuan.

En todo caso, además de estas piezas de grandes dimensiones y aire ampuloso también se elaboraron en Longquan durante esa época ejemplares de factura exquisita y reducido tamaño, como los pequeños cántaros, jarrones, ollas, copas para entintar, vasos... de alrededor de 10 centímetros de altura. Este tipo de vasijas se solía exportar a los países del sudeste asiático, entre otros, y también se utilizaba a menudo como objeto de carácter funerario.

3.4. Métodos y patrones decorativos

Debido al desarrollo comercial experimentado con los Yuan, y a la consiguiente prosperidad de los mercados urbanos, fue surgiendo en las ciudades una cultura particular compuesta de elementos como los romances históricos o un género lírico típico de esa época llamado *yuanqu*. Todo ello transformó la cultura elitista tradicional de los Tang y los Song basada en la estética e intereses de los hombres de letras, que fue sustituida por otra de carácter más popular y urbano. Por lo que respecta al estilo artístico de las piezas cerámicas salidas de los hornos de Longquan, ello supuso el abandono por parte de sus artesanos de esa estética erudita caracterizada por su exquisitez y focalizada en el color de los esmaltes como criterio de belleza, y el empleo en cambio de patrones decorativos y recursos técnicos repetitivos, así como el aprovechamiento de los efectos cambiantes de los materiales. Por otro lado, la dinastía Yuan estaba regida por una etnia procedente de las praderas septentrionales, y tenía bajo su dominio un extensísimo territorio con cuyos países limítrofes mantuvo un estrecho contacto comercial –especialmente en el caso de los numerosos pueblos y naciones situados al oeste de China–, lo que llevó por una parte a la simbiosis de distintas culturas y por otra al abandono de muchos lastres culturales tradicionales, haciendo de esta etapa el período más abierto e integrador de toda la historia china. También fue la época en el que los súbditos chinos se opusieron de manera más decidida a sus gobernantes, y ello se manifiesta por lo que se refiere a la producción alfarera de los hornos de Longquan en una mayor amplitud de los motivos decorativos y un contenido de rango más extenso.

Las vasijas de Longquan de época Yuan presentaban en su mayoría una superficie lisa esmaltada poco decorada, aunque su capa se hace más sutil y transparente, perdiendo así esas cualidades que la asemejaban al jade típicas de la producción de época Song. Más tarde empezarán a hacer su aparición los diferentes motivos decorativos incisos, raspados o impresos. Por lo que se refiere a la ornamentación, los hornos de Longquan de época Yuan recogen la larga tradición decorativa china del celadón y también contribuyen con nuevos métodos. Además del rasgado, la incisión o la superposición, también son muy corrientes la impresión, el aplique y la decoración a base de motas marrones. La impresión puede ser en positivo (relieve) o negativo (entalladura), aunque este último era el más frecuente. Las manchas de color marrón aparecen sobre todo en los utensilios de uso diario y en los objetos decorativos de pequeño tamaño. Los alfares de Longquan de esta época también destacan por combinar de manera muy hábil diferentes métodos decorativos, como el aplique y la incisión, o estos dos junto a la impresión, o bien los puntos, la impresión y la incisión, la superposición y la incisión, etc. Todas estas diversas combinaciones enriquecen en gran medida la ornamentación, y dan a la porcelana de Longquan de época Yuan su peculiar apariencia. Ahora pasaremos a explicar seguidamente los métodos decorativos más frecuentes:

1. Aplique sin esmalte

Existen dos tipos de aplique: esmaltado y sin esmalte; el primer método apareció ya tempranamente en diferentes alfares, mientras que el aplique sin esmalte fue una invención propia de los hornos de Longquan de época Yuan, y es por lo tanto una técnica específica de esta área. Dicho método consiste en primer lugar en imprimir o aplicar el motivo decorativo sobre la superficie de la panza del jarrón o el interior de la bandeja, generalmente sin esmalte. El motivo aplicado, al carecer de esa capa de barniz, adquiere tras la cocción un color marrón rojizo, que bajo el esmalte verde resulta especialmente brillante (imagen 9-51). Además de en utensilios domésticos como bandejas, tazones o jarras, este tipo de decoración se empleaba a menudo sobre imágenes antropomorfas. En el yacimiento de Lingjiao de Anren en el distrito de Longquan se descubrió un plato tipo "ocho tesoros" (símbolos populares del arte chino, como el doble rombo o el cuerno de rinoceronte) decorado con este método, en el que además del mencionado diseño también apareció pegado un fragmento de apoyo circular de otra vasija, revelando así el secreto de dicha técnica. En realidad, no se trata tan sólo de un método puramente decorativo. Dado que el motivo ornamental aplicado sobre la pieza no llevaba esmalte, y sobresale respecto al resto de la superficie esmaltada, podía servir también como herramienta de horno sobre la que superponer otra pieza de pequeñas dimensiones, ahorrando de este modo tiempo y combustible. Desde el punto de vista decorativo, el motivo recibe tras la cocción un doble proceso de oxidación, adquiriendo un color rojo ladrillo que destaca sobre el color verde del esmalte que lo rodea, creando un hermoso efecto de contraste cromático. En la imagen 9-52 aparece una bandeja de cuerpo profundo y borde perpendicular de época Yuan exportada a los países islámicos. En el centro tiene un motivo inciso de doble pez, y alrededor aparece una decoración de ondas y lotos dispuesta radialmente, mientras a lo largo borde de la boca hay flores aplicadas sin esmaltar. En el Museo de Arte de Berkeley, por su parte, se conserva una olla de Longquan con motivos antropomorfos impresos sin esmaltar y barniz verde (imagen 9-53), en cuya tarjeta explicativa se dice que "esta olla había sido considerada en un principio como un producto de finales de la dinastía Ming, aunque recientemente los estudiosos han confirmado que se trata de un importante ejemplar datado en el siglo XIV con motivos de los 'ocho inmortales'. La pieza demuestra que se empleaban entonces motivos antropomorfos de carácter religioso para decorar la superficie de las vasijas,

51	52
53

9-51 Bandeja honda de esmalte verde con bordes perpendiculares y motivo central de dragón en color marrón rojizo de los hornos de Longquan Dinastía Yuan Museo del Palacio Topkapi de Estambul

9-52 Bandeja honda de esmalte verde con bordes perpendiculares y motivo central de doble pez de los hornos de Longquan Dinastía Yuan Museo del Palacio Topkapi de Estambul

9-53 Olla de esmalte verde con decoración impresa de figuras humanas en color marrón rojizo de los hornos de Longquan Dinastía Yuan Museo de Arte de Berkeley

incluso en utensilios para uso diario. Al igual que los numerosos personajes provenientes de escenas de palacio o de paraíso, los ocho inmortales derivan de las leyendas taoístas, y manifiestan los anhelos de la gente común de la época por una vida próspera y longeva". Aunque resultaba muy novedoso por lo que se refiere al uso de los materiales, este método decorativo alteraba la superficie lisa y suave del esmalte, volviéndola áspera y rugosa al tacto, por lo que era poco práctico y no fue demasiado apreciado por la sociedad de la época, desapareciendo muy rápidamente del mercado.

2. Impresión-incisión

Además del aplique sin esmalte, los hornos de Longquan de época Yuan también empleaban el método del aplique esmaltado y de la impresión-incisión. La incisión era una técnica utilizada con bastante frecuencia en los alfares de Longquan durante los Song del Norte. Con los Yuan, dicho método se empezó a combinar con la impresión reforzando así la sensación de relieve tridimensional y de viveza de los motivos representados. Se puede apreciar la fuerte influencia ejercida por los hornos de Yaozhou en la incisión, y por los de Ding en lo que respecta a la impresión, aunque el resultado final de ambas combinadas entre sí porta el sello propio de los alfares de Longquan. Los motivos principales representados mediante esta técnica mixta son las hojas de banano, las ondas marinas, las flores de crisantemo, las castañas de agua, los abanicos plegables, las nubes de formas cambiantes, los dragones y fénix, los peces, los pétalos de loto, las grullas y nubes, los *luan* (ave mítica) y fénix, las tortugas y grullas, los hongos, las orquídeas, los pinos, los bambúes, las ciruelas, los melocotones, los melones, los girasoles, los lichis, las campanillas moradas, los "ocho inmortales", los "ocho trigramas", los símbolos auspiciosos, los pezones en forma de tambor, las cuadrículas, las monedas antiguas, los dientes de sierra, las nubes en forma de greca, las historias con personajes antropomorfos, etc. Este tipo de porcelanas es muy abundante, y se exportó en gran cantidad a los mercados exteriores. En la imagen 9-54 se puede ver un tazón exportado a los países islámicos, con una flor de cuatro pétalos superpuesta en el centro y una compleja decoración de lotos en derredor. La imagen 9-55 muestra una vasija similar a la anterior, con una flor superpuesta en el centro, mientras en torno se despliega un patrón ornamental con motivos incisos. En la bandeja de la imagen 9-56, por su parte, se emplea una técnica de la impresión tradicional de los hornos de Ding, iniciada en el período intermedio de los Song del Norte. El método consiste en utilizar un molde cerámico con flor incisa para imprimir el motivo sobre la pieza todavía húmeda, normalmente en positivo (relieve). La zona impresa tiene un determinado espesor, creando sobre la superficie de esmalte verde un cierto juego cambiante de luces y sombras. Los motivos principales representados mediante esta técnica eran las peonías, los lotos y las granadas.

3. Manchas marrones sobre esmalte

El método, consistente en pintar manchas de este color sobre la superficie de los celadones de Longquan, ya se había empleado anteriormente durante las dos dinastías Jin en los hornos de Yue. En los celadones de Zhejiang en los que se aplicaba esta técnica se empleaba originariamente un pincel impregnado de tierra púrpura (una materia prima local de alto contenido en hierro) para añadir unos puntos de color sobre la superficie ya esmaltada, que adquirirían un tono marrón u ocre tras la cocción. Aunque los colores de los esmaltes de Longquan en época Yuan eran muy inferiores a los de los Song del Sur, su azul pálido era de una calidad bastante pura, y con el añadido de las manchas de color marrón

54 | 55
56 |

**9-54 Tazón de esmalte verde con decoración de apli-
que de los hornos de Longquan** Dinastía Yuan Museo
del Palacio Topkapi de Estambul

**9-55 Tazón de esmalte verde con decoración de apli-
que de los hornos de Longquan** Dinastía Yuan Museo
del Palacio Topkapi de Estambul

**9-56 Bandeja profunda de esmalte verde con bordes
perpendiculares y motivo central impreso de dragón
de los hornos de Longquan** Dinastía Yuan Museo del
Palacio Topkapi de Estambul

rojizo creaba un impacto novedoso.

4. Decoración con sinogramas

Un gran número de los celadones salidos de los hornos de Longquan de época
Yuan presentan inscripciones con sinogramas de carácter auspicioso, como "Longevidad
y fortuna", "Feliz como los mares del este", "Longevo como las montañas del sur",
"Abundancia", y otros con los nombres de talleres (Longquan, Qinghe…) o de artesanos.
Aparte de los sinogramas, también aparecen en ocasiones inscripciones en alfabeto phags-
pa, normalmente impreso en relieve sobre la superficie. La escritura phags-pa fue creada

por el monje tibetano de homónimo título honorífico durante la dinastía Yuan a instancias de Kublai Kan, y era un sistema alfabético de tipo fonético con el que podían transcribirse idiomas como el tibetano, el mandarín o el mongol. El alfabeto se promulgó en el sexto año de la era Zhiyuan (1269), con un empleo bastante restringido, principalmente como lengua de uso entre los altos dignatarios. El hecho de que aparezcan caracteres inscritos como decoración en las piezas elaboradas en los hornos de Longquan durante la dinastía Yuan significa que ocupaban un importante lugar en esta época, y que también produjeron vasijas destinadas a las autoridades de rango superior.

Capítulo 4   Porcelanas de otras áreas del sur de China

4.1. Hornos de fabricación de porcelana verdiblanca (*qingbai*)

Los sistemas de alfares más importantes durante la dinastía Yuan fueron los de Jingdezhen y Longquan, ambos en el sur, y por ello les hemos dedicado capítulos independientes. Aparte de estos dos, en la zona meridional de China también hubo numerosos hornos dedicados a la producción cerámica. En cuanto a aquellos que elaboraban porcelana verdiblanca, su número y extensión fue mayor respecto a la dinastía Song. Destacan los de Zhenghe, Minqing, Dehua, Quanzhou y Tong'an en la provincia de Fujian; Huiyang y Zhongshan en Guangdong; Jiangshan y Taishun en Zhejiang; o Fanchang en Anhui. Entre ellos, los hornos oficiales de Qudou en Dehua produjeron especialmente porcelana verdiblanca para la exportación, y se ha encontrado una gran cantidad de piezas procedentes de allí en países del sudeste asiático como Filipinas o Indonesia.

Jingdezhen siguió siendo el centro de producción de la porcelana verdiblanca en época Yuan, aunque desde el punto de vista tanto de la pasta y el esmalte como de la elaboración o la decoración sus piezas presentan diferencias respecto a la dinastía Song, con un aire propio muy determinado. Su gran influencia hizo que la producción de esta tipología cerámica en otras zonas alfareras se transformara, creando un estilo común característico de aquella época. Para la pasta se empleaba una fórmula mixta que combinaba el granito y el caolín, con una cantidad mayor de alúmina. También se aumentó la temperatura de cocción, obteniendo así unas piezas más duras y sólidas y rebajando el índice de deformación. El esmalte de las piezas de porcelana verdiblanca de época Yuan es más verde que el de los Song, y la superficie es suave, aunque no tan límpida y brillante como la de estos.

En cuanto a la decoración, la porcelana verdiblanca de época Yuan heredó las técnicas de incisión e impresión e introdujo también algunos cambios. La impresión era principalmente negativa (entallado), diferente al tradicional estilo volumétrico de impresión (imagen 9-57). También estaba en boga la ornamentación a base de manchas marrones –muy frecuente en las piezas de Longquan–, los apliques y la superposición de ristras de perlas, entre otros. Las perlas, en concreto, son características de la decoración de las porcelanas verdiblancas de Jingdezhen en aquella época.

Por lo que se refiere a la elaboración, las porcelanas verdiblancas pasan con los Yuan del estilo ligero y grácil propio de los Song a otro más pesado y contundente, y aumentan los añadidos, como las dobles orejas en forma de S, la base inferior independiente, los apliques de rostros animales con anillas o las pequeñas orejas redondeadas sobre hombros o cuello. Las formas se hacen más complicadas con la suma de aristas. Las tipologías más frecuentes son los tazones, las bandejas, los jarrones, las ollas, los hornillos y los reposacabezas, pero también hay variedades nuevas como los cántaros con asas planos o en forma de calabaza, las vasijas con patas de forma ovalada y vertedera de cuello largo (yi), los apoyapinceles en

9-57 Jarrón con tapadera con remate en forma de león de esmalte verdiblanco con decoración de dragones y nubes Dinastía Yuan (primer año de la era Taiding, 1321) Altura: 32'8 cm.; diámetro boca: 5'8 cm. Museo provincial de Jiangxi

9-58 Figura sentada de Guanyin en esmalte verdiblanco Dinastía Yuan Altura: 65 cm. Museo de la Capital (Beijing)

forma de montañas, las jarras *duomu* con asa, vertedera u anillos horizontales, las pequeñas copas para entintar, etc. Además, hay también imágenes de Guanyin (Avalokitesvara) y de budas, cuya factura y atractivo quizás ejercieron cierta influencia sobre las figuras de porcelana producidas en los hornos de Dehua en Fujian durante la dinastía Ming (imagen 9-58).

Tras su surgimiento en época Yuan el celadón se desarrolló rápidamente, y durante la etapa inicial de los Ming se convirtió en el producto más común de la industria alfarera, mientras la porcelana verdiblanca fue poco a poco desapareciendo. Resulta curioso el hecho de que en un determinado momento la porcelana *qinghua* temprana "colaborara" felizmente con la verdiblanca; sin embargo, el verde de la porcelana verdiblanca de época Yuan era demasiado fuerte, y su grado de transparencia bastante bajo, por lo que no resultaba idónea como soporte de la porcelana *qinghua*, por lo que su "separación" fue una consecuencia natural.

4.2. Hornos de Wuzhou

Los hornos de Wuzhou tuvieron una larga historia, sobre todo por lo que se refiere a la producción de celadón. Con los Yuan no gozaron de la prosperidad de la era Song, pero siguieron en funcionamiento si bien con un alcance más reducido. Las piezas de época Yuan se caracterizan por su esmalte opalescente de color gris azulado. El área de Wuzhou se encontraba bastante cerca de los hornos de Longquan, y como en el caso de los celadones producidos en estos últimos una buena cantidad de sus piezas se destinó a la exportación.

La pasta arcillosa empleada por los hornos de Wuzhou durante la dinastía Yuan no era suficientemente fina, por eso su color variaba del gris oscuro al marrón, y en las zonas al descubierto adquiría un tono marrón rojizo. En cuanto a las variedades tipológicas, hay maceteros, braseros en forma de caldero *li*, aguamaniles con decoración de pezones en forma de tambor, jarrones, vasijas con pedestal (*dou*), cántaros con asas, tazones, vasos de apoyo alto, bandejas, ollas, candiles de aceite, etc. Excepto los pequeños utensilios domésticos como tazones y bandejas, de cuerpo poco espeso, el resto de objetos de uso práctico (maceteros, jarrones, aguamaniles, braseros...) son bastante sólidos y compactos. El esmalte opalescente era sobre todo de color azul celeste, y también había azul pálido y blanco pálido, con reflejos azul grisáceos. La capa de esmalte es bastante gruesa, y la mayoría presenta dos estratos: el primero era de color marrón, y cumplía una función parecida a la del engobe; el segundo es el barniz opalescente que queda a la vista, de color azul celeste o azul pálido. La principal característica de los hornos de Wuzhou es ese esmalte espeso, de color bastante brillante, con motivos blancos integrados en la superficie que enturbian de alguna manera la tonalidad original.

4.3. Hornos de Jizhou

Los hornos de Jizhou, que gozaran de una cierta prosperidad durante la dinastía Song, siguieron funcionando con los Yuan. Según los materiales recuperados en las excavaciones arqueológicas llevadas a cabo conjuntamente en 1980 por un equipo de estudio de reliquias culturales de la provincia de Jinangxi y la oficina de administración de reliquias culturales del distrito de Ji'an, los alfares de Jizhou continuaron produciendo cerámica hasta finales de la dinastía Yuan, cuando cesaron de funcionar. En términos generales, las celebradas porcelanas de esmalte negro y decoración con papel recortado o esmalte negro con decoración de colores variables características de los Song fueron desapareciendo, reemplazadas por una variedad de pasta color beige y pintura marrón oscura bajo esmalte, que desde el punto de vista estilístico recibió sin duda una fuerte influencia de la porcelana de base blanca y decoración negra de los hornos de Cizhou. Este método decorativo es muy peculiar entre los hornos alfareros del sur del país.

Aparte de esta importante cantidad de piezas con decoración de color negro, los hornos de Jizhou de época Yuan también produjeron de manera ocasional porcelana de esmalte negro y colores cambiantes parecida a la de los Song. En 1984 se descubrió en el yacimiento arqueológico de Jizhou una gran escudilla con flores, piedras y bambúes de color marrón pintados en su centro sobre el esmalte blanco amarillento. Las paredes internas y externas estaban recubiertas de esmalte negro, sobre el cual había manchas de color amarillo. Aunque se puede clasificar dentro del tipo de esmaltes "caparazón de tortuga", esta decoración resulta muy diferente a la de las piezas de ese mismo género realizadas en los hornos de Jizhou durante la dinastía anterior. También se han desenterrado en este yacimiento otras piezas de porcelana de esmalte blanco o verde, y fragmentos sueltos de porcelana de base blanca con pintura. En cuanto a las variedades morfológicas, hay tazones, bandejas, jarrones, escudillas, vasos de apoyo alto, etc., lo que demuestra que la tipología de los productos de Jizhou en época Yuan seguía siendo bastante diversa, si bien ligeramente inferior por lo que respecta a su calidad.

4.4. Hornos de Jian y comercio a lo largo de la "Ruta del té y los caballos"

Los hornos de Jian son alfares de gran renombre en la historia de la cerámica china, y entre su producción destacan las pequeñas copas para té conocidas como "copas de Jian". Durante la dinastía Song del Norte comenzaron a elaborar porcelana de esmalte negro, y alcanzaron su apogeo con los Song del Sur; siguieron funcionando durante la dinastía Yuan, y con el inicio de los Ming cesaron su producción. Los principales agentes colorantes de la porcelana de esmalte negro de Jian eran el óxido férrico y el óxido de manganeso. Las peculiares características de su composición hacen que sometida a altas temperaturas los cristales de la capa de esmalte se alteren conformando manchas multicolores a modo de "pelo de conejo", "perdiz", "gotas de aceite", una decoración muy apreciada en la época e incluso estimada por el propio emperador. Algunas de esas piezas llevan incisas en su parte inferior inscripciones ("taza para tributo", "suministro imperial") que denotan su condición de juegos de té producidos con carácter exclusivo para la casa real. En el «Tratado del té» escrito por el emperador Huizong de los Song del Norte se dice que "las tazas son de un preciado color verde oscuro, y las mejores presentan estrías sobre su superficie". El esmalte de las copas de Jian era de un color negro intenso, que permitía distinguir fácilmente la espuma del té, y sus paredes eran gruesas con pequeñas burbujas, idóneas para mantener la temperatura del líquido, por lo que se convirtieron en el tipo de tazas de té preferidas por el emperador. Su extraordinaria calidad, y la predilección mostrada por la casa imperial, impulsaron la moda en torno a estas piezas y su uso en las "competiciones de té" por todo el país. Debido a la enorme demanda del mercado, en el norte del país también hubo numerosos hornos que imitaron estas tazas de té de esmalte negro de Jian, como los de Cizhou y Ding en la provincia de Hebei, Hebi en Henan, Linfen en Shanxi o Yaozhou en Shaanxi, entre otros. Se produjo una enorme cantidad de ejemplares, creándose un vasto sistema de piezas de estilo Jin que siguieron elaborándose después durante la dinastía Yuan.

Los libros sobre la historia de la cerámica china escritos hasta la actualidad han dedicado escasa atención a los hornos de Jian durante la dinastía Yuan o a la producción de dicho sistema de alfares. La *Historia de la cerámica china* editada por la Sociedad Cerámica de China en 1982 o la *Historia de la cerámica china* de Ye Zhemin publicada en 2006, por ejemplo, no aluden en sus páginas a este período de los hornos de Jian. Sin embargo, tras el descubrimiento en el antiguo yacimiento de Jininglu en Mongolia Interior de casi un centenar de copas pequeñas de esmalte negro de gran variedad, y después del análisis de la estratigrafía y la precisa periodización del yacimiento, parece evidente que tanto los hornos de Jian como los del resto de su sistema de alfares siguieron en funcionamiento durante la dinastía Yuan. Esta abundante cantidad de tazas para té, de hecho, constituye un valioso material para el estudio de ambos.

En realidad, de entre estas pequeñas copas de esmalte negro descubiertas en Jininglu, la mayor cantidad provenía no de los hornos del sistema de alfares de Jian localizados en el sur de China sino de aquellos situados en el norte, aunque su calidad no era muy alta. A pesar de ello, gozaban de una amplia demanda de mercado y ejercieron una profunda influencia en la vida diaria de la sociedad de la época, siendo a la vez testimonio del gran desarrollo alcanzado por la producción de este tipo de piezas en la mitad septentrional del país. Al mismo tiempo, podemos ver cómo estas tazas de esmalte negro del sistema de Jian no sólo se exportaron al sudeste asiático, Japón, Corea y otros países, sino que también encontraron un mercado floreciente a lo ancho y largo de las praderas de Mongolia Interior, un hecho que hasta ahora ha sido descuidado por los especialistas en la materia.

Lo que ha incitado el debate en torno al descubrimiento de porcelana de esmalte negro del sistema de Jian en Mongolia Interior es el comercio a lo largo de la histórica "Ruta del té y los caballos", un particular modo de intercambio comercial iniciado con los Tang y los Song, desarrollado durante las dinastías Yuan y Ming y finalmente desaparecido con los Qing. El nombre se refiere a los itinerarios –y los mercados específicos emplazados en ellos– a través de los cuales se llevaban a cabo las actividades de carácter mercantil y comercial entre los pueblos de economía ganadera de las regiones del noroeste y sus productos derivados, por una parte, y los pueblos agrícolas del interior del país con su té y otros productos elaborados necesarios para la vida diaria (textiles, objetos de hierro...) por otro lado. La Ruta del té y los caballos fue un peculiar sistema de intercambio entre los pueblos nómadas de la periferia del país y los sedentarios del centro, muy amplio tanto en su devenir cronológico como en su despliegue geográfico y muy variado por lo que se refiere al contenido de las mercancías comerciadas, y ocupa un decisivo lugar en la historia del comercio en China y en la historia de las diferentes etnias del país.

¿Cómo llegaron ambas partes –los dos extremos de la ruta– a convertirse en socios comerciales en beneficio mutuo? La explicación radica en los determinantes geográficos y en las propias condiciones de producción. La vida diaria de los pueblos nómadas dependía de la carne vacuna y de cordero y de los productos lácteos. Este tipo de dieta alimenticia carecía de bebidas propicias para la digestión, y sobre todo de un suplemento líquido puro. Los especiales componentes de las hojas de té ayudaban a disolver las grasas y a digerir la carne y la leche, por lo que sus propiedades prácticas fueron muy apreciadas por los pueblos nómadas. Precisamente por ese importante papel jugado por esta bebida en la vida de estos pueblos, tanto las hojas de té de Jianzhou como las tazas de esmalte negro ideales para su ingestión encontraron durante la dinastía Yuan un amplio mercado en las praderas al norte del Gobi. El gran desarrollo de la producción de té en Jianzhou y otros lugares de la provincia de Fujian contribuyó a sentar las bases materiales de la prosperidad comercial de la Ruta del té y los caballos, y las vasijas de porcelana de esmalte negro de los hornos de Jian siguieron a las hojas de té en su camino hacia los mercados del norte del país.

Las piezas de porcelana de esmalte negro del sistema de alfares de Jian solían aparecer sobre todo en las regiones del sur del país, y eran muy escasas las muestras procedentes del norte, especialmente de las praderas de Mongolia Interior. El período de duración de la dinastía Yuan fue relativamente corto, además de ser escasas las fuentes escritas de la época, a lo que hay que añadir las secretistas costumbres funerarias de la etnia mongola, por lo que conocemos muy poco acerca de la vida de este pueblo en tiempos antiguos. En las últimas décadas se han ido descubriendo ininterrumpidamente una serie de documentos históricos y murales de época Yuan que constituyen un material de primera mano para su estudio. Gracias a ellos podemos establecer que, debido a los condicionantes geográficos y a la particular dieta alimenticia de los mongoles, el té ya había comenzado a formar parte de sus costumbres diarias. La Ruta del té y los caballos surgida en época Tang, y desarrollada con posterioridad, siguió en funcionamiento durante la dinastía Yuan. Por otro lado, el reciente descubrimiento de grandes cantidades de copas pequeñas de té de esmalte negro en el yacimiento de Jining demuestra que, en respuesta a esa fuerte demanda de hojas de té, y a pesar del progresivo declive de los tradicionales hornos de Jian, hubo en el norte de China numerosos alfares que imitaron sus productos durante la dinastía Yuan, satisfaciendo así las necesidades que la nueva costumbre del té había creado entre los pueblos de las praderas.

4.5. Hornos de Dehua

Quanzhou fue durante la dinastía Yuan un floreciente puerto de comercio con el exterior, a través del cual salieron numerosos productos de porcelana hacia el sudeste asiático, Oriente Próximo y África. Los hornos de Dehua, localizados a poca distancia de allí, poseían por lo tanto un acceso favorable. La porcelana verdiblanca de Dehua de época Yuan es muy característica. La permanente evolución de esta tipología y la transformación de la materia prima y de las técnicas artísticas hicieron que las piezas verdiblancas de este período poseyeran un

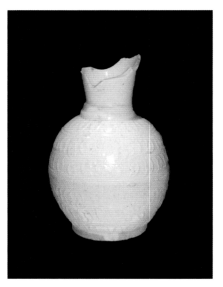

9-59 Jarra de porcelana blanca con decoración impresa de los hornos de Dehua (fragmentada) Dinastía Yuan Museo de cerámica de Dehua (Fujian)

9-60 Polvorera de porcelana blanca con decoración impresa de los hornos de Dehua (fragmentada) Dinastía Yuan Museo de cerámica de Dehua (Fujian)

grado superior de blancura respecto a las de los Song. A finales de la dinastía Yuan alcanzaron los requisitos propios de la porcelana blanca, poniendo las bases de lo que con los Ming se conocería como "blanco de China" de los hornos de Dehua. Los alfares coetáneos de Qudou, Biangulong y Wanyangkeng, entre otros, produjeron porcelana blanca.

El yacimiento más destacado por su estado de conservación del sistema de hornos de Dehua es el de Qudou, a alrededor de un kilómetro al oeste de Chengguan en Dehua, con un estrato de alrededor de un metro de profundidad. La superficie total excavada es de 1.015 metros cuadrados, incluido un horno alargado tipo "dragón", con más de 6.000 piezas recuperadas. Sin contar las dos extremidades, el alfar mide 57,1 metros de longitud, y está dividido en 17 cámaras separadas por muretes de baja altura, algo nunca visto antes. Las muestras más destacadas descubiertas en este yacimiento de Qudou son las de esmalte blanco y las de esmalte verdiblanco de tonalidad similar a la "porcelana de sombras verdes". En cuanto a las principales tipologías, hay bandejas, platos, cántaros, tazas sin asa, vasos de apoyo alto, ollas, jarrones, aguamaniles, cajas-polvorera... Cada una de ellas presenta a su vez variaciones en su morfología, con una gran riqueza cromática. Las más abundantes son los tazones, de diferentes tamaños y formas. En total, se pueden distinguir seis tipos y más de una decena de variedades (imágenes 9-59 y 9-60).

Se trata de ejemplares de factura muy delicada y estilo elegante, con paredes lisas o con motivos impresos a molde, en su mayoría pétalos de loto de forma alargada o apuntada o bien peonías o lotos entre ramajes. Los diferentes tipos de pequeñas tazas sin asa presentan paredes decoradas con diversos motivos de ramas intrincadas o plantas enroscadas, minúsculos y exquisitos. En los aguamaniles con bordes sin esmalte aparecen representaciones impresas de retratos de personas de la etnia mongola, mientras los cuencos-contenedor presentan en su totalidad inscripciones impresas con alfabeto phags-pa, con un aire autóctono muy marcado. La mayoría de las inscripciones, impresas en forma de moneda, son de carácter auspicioso ("Prosperidad", "Felicidad", "Longevidad", "Abundancia"... o el símbolo budista 般). En cuanto a los métodos decorativos, se empleaban la impresión, la raspadura, el aplique, el bajorrelieve, etc. Los motivos más frecuentes son las líneas paralelas, el ramaje, las plantas enroscadas, el patrón a modo de cesta, las nubes, los trazos rectilíneos, el patrón a modo de "peinado", las monedas, los pétalos de loto, las flores de loto, las flores de ciruelo, los girasoles, los crisantemos, las peonías, etc. Algunas de las piezas llevan inscripciones auspiciosas como ornamentación, y otras tienen inciso o impreso en su parte inferior el patronímico del dueño o una fecha determinada. Resulta evidente por las muestras disponibles que la porcelana verdiblanca de Qudou presenta una gran riqueza ornamental. Además de las frecuentes representaciones de pétalos de loto finos y alargados, las paredes externas también tenían líneas rectas, dragones y fénix, plantas enroscadas, etc. Por lo que se refiere a las cajas, y comparado con la etapa precedente, son más abundantes y variadas, y las formas se hacen más finas, un nuevo rasgo característico de esta época. Respecto a la época Song, la ornamentación de las piezas de este período resulta ligeramente monótona y no lo bastante rigurosa, con líneas poco fluidas. Las piezas amarillentas de cocción irregular con huellas evidentes de apresuramiento son bastante numerosas, lo que refleja la inestabilidad de la sociedad de la época. Los hornos de Dehua de época Song produjeron sobre todo porcelana verdiblanca. La porcelana blanca se fue desarrollando con los Yuan, y a finales de la dinastía la verdiblanca fue poco a poco desapareciendo, siendo reemplazada por aquella.

4.6. Porcelana *qinghua* de Yunnan

Por lo conocido hasta la fecha, además de los hornos de Jingdezhen hubo en China otros alfares que produjeron porcelana *qinghua*, como los de Yuxi y Jianshui en la provincia de Yunnan, Jiangshan en Zhejiang o Jizhou en Jiangxi, entre otros. En lo concerniente a la porcelana *qinghua* de los hornos de Jiangshan, los estudiosos citan indirectamente a autores como Feng Xianming o Sasaki Tatsuo, pero no existe todavía un informe oficial; por lo que se refiere a Jizhou, aún no se han llevado a cabo excavaciones arqueológicas siste-máticas del yacimiento, y no existen tampoco indicios fidedignos para datar con precisión las dos o tres piezas fragmentarias recogidas en las inmediaciones; y en cuanto a Yiyang (Hunan) y Yanjialiang en Baotou (Mongolia Interior), se trata de casos aislados que no han aportado suficientes materiales y para los que no existe término comparativo, por lo que se tienen que dejar provisionalmente en suspenso. Por ello, visto lo anterior, parece que el único lugar en el que tanto las excavaciones arqueológicas como otros datos rela-tivos pueden confirmar de modo fehaciente la elaboración de porcelana *qinghua* duran-te la dinastía Yuan es Jingdezhen, y en segundo término los hornos de Yunnan con sus abundantes materiales, que siempre han sido señalados por numerosos autores como otro centro de producción de esta tipología cerámica en dicho período. Por lo que se refiere a la fecha de inicio de elaboración en esta región, el mundo académico concuerda en situar-la en esta dinastía, ya que las piezas descubiertas allí poseen características propias de la época, con una rica y compleja decoración que no tiene nada que envidiar a la porce-lana coetánea de Jingdezhen. Además, en la necrópolis de cremación de Lufeng se han encontrado numerosos ejemplares con la inscripción de la era correspondiente (Taiding, Zhiyuan, Xuanguang...). Se trata de una opinión compartida por numerosos autores, como es el caso de Feng Xianming; Feng opinaba que el estilo decorativo de las piezas de porce-lana *qinghua* descubiertas en Lufeng recibió la influencia de Jingdezhen, y que su simili-tud formal con los ejemplares procedentes de los hornos de Longquan y Jingdezhen de la dinastía Yuan las sitúan cronológicamente en ese mismo período. Al estudiar la porcelana *qinghua* de la dinastía Yuan, Wu Shuicun también data los jarrones en forma de pera con boca acampanada desenterrados en la necrópolis de Yunnan en dicha época. En *Los viajes de Zhenghe a Occidente y la porcelana qinghua de los reinados de Yongle y Xuande de la dinastía Ming*, Zhang Pusheng y Cheng Xiaozhong también consideran pertenecientes a la dinastía Yuan tanto las piezas *qinghua* producidas en los hornos de Yuxi y Jianshui como las desen-terradas en la necrópolis de Lufeng. En la exposición sobre recientes descubrimientos arqueológicos de cerámica china realizada en el Museo de Arte Idemitsu de Tokio se cata-logaron asimismo los jarrones recuperados en Lufeng y las muestras de porcelana *qinghua* de Yuxi como piezas de época Yuan. Al abordar la cuestión de los orígenes de la porcela-na *qinghua*, Sasaki Tatsuo afirma igualmente que los ejemplares provenientes de Yunnan comenzaron a elaborarse durante la dinastía Yuan. Los estudiosos occidentales son de la misma opinión. En su análisis de la porcelana *qinghua* de Jingdezhen, S.G. Valenstein data también las piezas de Yunnan en época Yuan. En su obra *La producción y el desarrollo de la porcelana qinghua de Yunnan*, Shi Jingfei alude a estos mismos ejemplos, y afirma que la cerámica de esta provincia no ha sido nunca estudiada en profundidad, ya que no se trata de una producción muy difundida en el contexto de la historia de la alfarería china y que tanto sus técnicas de elaboración como su desarrollo se han considerado prácticamente marginales respecto a la cultura predominante, por lo que ha recibido escasa atención por parte de los estudiosos.

La zona suroccidental de la provincia de Yunnan está rodeada de montañas y grandes elevaciones que han dificultado desde tiempos remotos la comunicación, por lo que el transporte de todo tipo de mercancías ha dependido siempre de las caravanas de caballos. Las condiciones geográficas y naturales han limitado el desarrollo de la cerámica en esa zona, que por tanto nunca fue un importante centro de producción alfarera. El hecho de que durante la dinastía Yuan los hornos de Yunnan tomaran la delantera en la elaboración de porcelana *qinghua*, sólo por detrás de Jingdezhen, tiene mucho que ver con la difusión hacia las regiones interiores del país de las técnicas y las artes cerámicas.

En 1253 los ejércitos de Kublai Kan ocuparon la región de Yunnan poniendo fin a cinco o seis siglos de gobierno independiente. La dinastía Yuan estableció allí una provincia y nombró gobernador a Sayyid Ajjal Shams al-Din Omar, asegurándose de este modo el control directo por parte del Gobierno central y la estabilidad en las fronteras meridionales. En el ámbito económico, los Yuan impusieron en Yunnan la conquista de nuevos espacios para la agricultura mediante un sistema (*tuntian*) de asignación de lotes de terreno a soldados y campesinos. Al mismo tiempo, crearon estaciones de posta para revitalizar las comunicaciones y estimular el comercio, impulsando enormemente el intercambio económico y cultural entre Yunnan y otras regiones del interior. Numerosos soldados y civiles procedentes de estas zonas llevaron a Yunnan sus avanzadas técnicas de producción, incluidas aquellas relativas a la industria artesanal. Las favorables condiciones económicas y sociales, la mejoría de las comunicaciones y el incremento de las relaciones económicas y culturales entre esta provincia y el interior de China crearon las bases idóneas para el desarrollo de la porcelana *qinghua*.

Por otro lado, Yunnan era un importante lugar de asentamiento de los pueblos de credo islámico procedentes de Asia Central, que apreciaban especialmente los utensilios domésticos de cerámica de esmalte blanco y pintura azul. En China esos productos se habían comenzado a realizar en porcelana desde época temprana; la plasmación sobre ellos de símbolos de la cultura y la religión musulmanas constituía un buen reclamo hacia el Islam. En esta provincia existían abundantes yacimientos de asbolana (cobalto terroso), y era también un importante punto de entrada de los pigmentos "azul mohamediano" y "azul solimán" procedentes del sudeste asiático. El florecimiento comercial y el frecuente transporte a través de sus fronteras de ese pigmento de cobalto impulsaron el rápido desarrollo de la industria alfarera en Yunnan. La explotación y refinamiento del pigmento y la utilización de las técnicas de elaboración por parte de la población de origen centroasiático y los alfareros del interior de China impulsaron la producción, evolución y madurez de la porcelana *qinghua*, creando en esta zona del suroeste chino una particular variedad de elegante factura y características locales propias de la época.

En cuanto a las técnicas y artes, y desde una perspectiva histórica, la aparición de la porcelana en Yunnan fue mucho más tardía respecto a las planicies centrales o la zona de Jiangnan al sur del Yangtsé, aunque con los Yuan el proceso de producción de celadón –desde la elaboración de la pasta a la cocción pasando por el esmaltado– experimentó un evidente progreso. A juzgar por las piezas de porcelana verde aparecidas en los enterramientos y en los yacimientos de hornos alfareros del reino de Dali, sus técnicas de cocción y pintura ya poseían una cierta base, que sin duda allanaría el camino para la producción de la porcelana *qinghua*. Según algún autor, la elaboración de la pasta de la porcelana *qinghua* de Yunnan en la primera etapa guardaba estrecha relación con la cerámica local, mientras que las técnicas de esmaltado y cocción procedían del interior de China, probablemente de los hornos de Luguang en el distrito de Huili (Sichuan). En cualquier caso, ello indica que durante la dinastía Yuan ya existían en Yunnan las condiciones propicias para la elaboración de este tipo de porcelana.

Los principales hornos de producción de porcelana *qinghua* de Yunnan en época Yuan fueron los de Jianshui, Yuxi y Lufeng, que pasamos a describir brevemente:

1. Hornos de Jianshui

Los hornos de Jianshui son un grupo de alfares localizados en las aldeas de Wanyao y Zhangjiagou en el distrito de Jianshui, con una distribución muy amplia, unos depósitos de altura variable y una periodización también diferente según cada emplazamiento.

De las excavaciones arqueológicas llevadas a cabo en el área se desprende que los hornos de Jiu, Gu y Hongjia, entre otros, produjeron porcelana *qinghua* a mediados y finales de la dinastía Yuan. Los hornos de Jiu se encuentran en el área oeste de Jianshui, y elaboraban sobre todo porcelana de esmalte verde. Se han descubierto allí bandejas de cintura quebrada (también llamada "de borde quebrado"), en la que se empleó pigmento azul para pintar los bordes o bien escribir el sinograma 元(yuan) en el centro de las piezas. Son piezas fragmentarias de factura tosca, con un color azul denso de tonalidad muy oscura, prácticamente sin decoración, una versión rudimentaria de la porcelana *qinghua* de Yunnan. Los hornos de Hongjia se localizan al este de los de Jiu, y resultan claramente visibles los estratos de acumulación de fragmentos, con uno inferior de porcelana *qinghua* y porcelana de esmalte verde con decoración impresa y otro superior sólo con la primera variedad, de lo que se deduce un proceso de transición del esmalte verde al de tipo *qinghua*. En los fragmentos de bandejas de porcelana *qinghua* con decoración impresa hallados en Hongjia aparecen los bordes decorados con pigmento azul cobalto y el centro con flores de loto impresas y grandes hojas pintadas en azul, que testimonian ese paso del esmalte verde al de tipo *qinghua*.

Aparte de estos dos hornos, había otros muchos en el área de Jianshui dedicados a la porcelana *qinghua* y el celadón, como los de Zhangjiagou, Yuanjia, Huguang, Panjialao, etc. En su obra *Apuntes sobre la elaboración de porcelana qinghua en Yunnan en época Yuan*, Ge Jifang afirma que "todos estos alfares produjeron principalmente porcelana *qinghua grosso modo* desde finales de la dinastía Yuan, más tarde respecto a los hornos de Jiu y de Hongjia" En este período las técnicas experimentaron un fuerte desarrollo, y se comenzó a distinguir entre gradaciones cromáticas y niveles decorativos, que entonces se multiplican y se hacen más complejos y elaborados. Esas características, unidas a una madurez y dominio de las técnicas pictóricas, serán heredadas y desarrolladas ulteriormente por las porcelanas *qinghua* de Jianshui de comienzos de la dinastía Ming. La porcelana *qinghua* de Jianshui es de factura exquisita, con fina pasta de color blanco grisáceo, una capa inferior de esmalte de tono verdiblanco y una decoración azul y blanca brillante y hermosa. La vasija de la imagen 9-61 es una olla de porcelana *qinghua* adquirida en Yunnan, con

9-61 Olla de porcelana qinghua con decoración de peces y algas de los hornos de Jianshui Dinastía Yuan Instituto de investigación cerámica de los alfares comunes de Jingdezhen (Jiangxi)

una ornamentación y una elaboración propias de la dinastía Yuan y un estilo muy similar al de las piezas de esta tipología elaboradas en Jingdezhen durante la misma época. En ambos casos se empleaba el mismo método decorativo mediante pinceladas continuas, y los peces y algas representados aquí también son motivos recurrentes en la porcelana de Jingdezhen, aunque la pasta es menos dura y la temperatura de cocción más baja, por lo que la superficie esmaltada se desprende fácilmente.

2. Hornos de Yuxi

El conjunto de alfares de Yuxi se encuentra al este de la aldea de Wayao, en la localidad de Zhoucheng del distrito de Hongta de la ciudad homónima de Yuxi, y engloba los hornos de Ping, Shang y Gu. En cuanto a estos últimos, el estrato más profundo es de tierra virgen, en el segundo predominan los celadones con escasas muestras de porcelana *qinghua* y en el tercero y cuarto abundan sobre todo las piezas de *qinghua*, por lo que resulta evidente aquí también la tendencia que lleva de

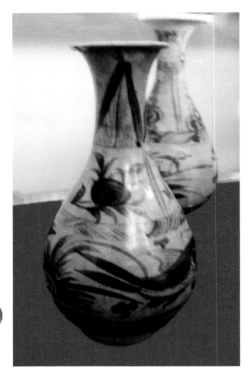

9-62 Jarrón de porcelana qinghua de panza abultada, cuello alargado y boca acampanada de los hornos de Yuxi Dinastía Yuan (Fotografía de Feng Xiaoqi)

la producción de la porcelana de esmalte verde a la de porcelana *qinghua*. Los celadones presentan una clara influencia en su estilo de los hornos de Longquan, y se caracterizan sobre todo por sus motivos incisos bajo espesa capa de esmalte. Las bandejas de cintura quebrada y boca en forma de castaña de agua salidas de estos hornos presentan motivos impresos a los que se ha añadido decoración azul y blanca y una ulterior capa de esmalte verde pálido, y son una muestra de esa transición del celadón a la porcelana *qinghua*, que en los hornos de Yuxi probablemente debió de producirse a finales de la dinastía Yuan. Las piezas *qinghua* de este período presentan una clara distinción en niveles, con una gran riqueza de motivos ornamentales y unas técnicas de elaboración y pintura bastante maduras (imagen 9-62).

3. Hornos de Luochuan en Lufeng

Estos alfares se localizan en la aldea de Wuyao de Luochan en el distrito de Lufeng. A finales de la dinastía Yuan y comienzos de los Ming empezaron a producir porcelana *qinghua*, aunque también elaboraban celadón y porcelana de esmalte rojo cobrizo. La mayor parte de las piezas de porcelana *qinghua* salidas de estos hornos son tazones y bandejas de bordes quebrados y anchos, paredes oblicuas y apoyo bajo, de nivel técnico inferior a las piezas de los hornos de Jianshui y Yuxi. A juzgar por los restos hallados en los yacimientos arqueológicos, la porcelana *qinghua* de Yunnan pasó en época Yuan de una primera fase de transición en la que todavía se elaboraba celadón a otra fase inicial de producción de *qinghua* datada en la etapa intermedia de la dinastía, tras la cual las técnicas se fueron desarrollando paulatinamente hasta adquirir su completa madurez. Llegados a la última etapa de los Yuan, los hornos de Jianshui, Yuxi y Lufeng produjeron principalmente porcelana *qinghua*, alcanzando entonces las técnicas de elaboración un alto grado de desarrollo.

Aunque los diferentes hornos de la provincia de Yunnan tienen sus propias características, también comparten aspectos en común. Por lo que se refiere a las técnicas de elaboración de las piezas, los alfares de Yunnan no empleaban cuencos-contenedor, los ejemplares grandes eran esmaltados a mitad y los más pequeños eran cocidos sobre pequeños soportes redondos que dejaban alrededor de cinco señales sobre el fondo interior y exterior. El color de la parte inferior tiende al verde o al amarillo, y corresponde a la porcelana *qinghua* de esmalte verde. El color propio de la porcelana *qinghua* se manifiesta en las escasas piezas de exquisita elaboración, mientras que en la mayor parte de la producción tiende al negro o al gris.

En cuanto a las principales variedades tipológicas, hay ollas, jarrones, cántaros, braseros, tazones, bandejas, etc., entre los que predominan las ollas de gran tamaño. La decoración es muy diversa, y en muchos casos similar a la de las planicies centrales, como las ramas intrincadas, los fénix en vuelo, los retratos de personajes de alta alcurnia, las escenas de niños jugando, los leones rodando bolas de brocado…, aunque también hay numerosos motivos típicos de Yunnan, caso de los peces y algas. Este patrón decorativo pintado es el más vivaz de todos los empleados en esa zona y resulta muy característico de Yunnan, bajo el nombre de "peces cabalgando las olas" (imagen 9-63).

El girasol aparece a menudo en las tapaderas de las ollas de grandes dimensiones o en el centro de los tazones, con cuatro extremidades salientes. Hay quien piensa que se asemeja a los tambores de bronce típicos de Yunnan o que es un motivo prestado de los hornos de Cizhou, mientras para otros recuerda

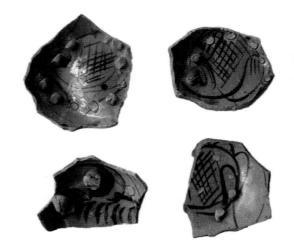

9-63 Fragmentos de tazón de porcelana qinghua con decoración de peces de los hornos de Jianshui Finales de la dinastía Yuan y comienzos de los Ming

la decoración sobre las puertas de las yurtas mongolas.

Las inscripciones de sinogramas aparecen en las vasijas producidas en todos los hornos de Yunnan, aunque no son muy abundantes y la caligrafía varía mucho de un ejemplo a otro, como la inscripción "vino delicioso y fragrante" de las jarras en forma de pera con boca acampanada, las inscripciones sacrificiales de las grandes ollas o la de "buena fortuna" del centro de los tazones.

En la porcelana *qinghua* de Yunnan abunda la decoración de estilo libre e impresionista, incluidos los motivos fitomorfos, zoomorfos y antropomorfos y los propios sinogramas. Una parte de ellos deriva de la ornamentación de los hornos de Cizhou, con una pincelada suelta y libre de restricciones y unas composiciones dispersas, pero también hay piezas que delatan una fuerte influencia de la porcelana *qinghua* de Jingdezhen, con un método pictórico de contornos perfilados a pincel, especialmente en el caso de las flores y hojas, representadas de manera muy similar a la empleada en estos hornos.

El período de esplendor de la porcelana *qinghua* de Yunnan, a finales de la dinastía Yuan, presenta piezas de alto nivel técnico y artístico, en especial las ollas con tapadera en forma de hoja de loto, descubiertas en los yacimientos de los hornos de Lufeng y Jianshui, entre otros. La tapadera de hoja de loto tiene una asidera en forma de tallo o de león, y la decoración azul y blanca cubre completamente las piezas hasta la base, en diversos niveles claramente definidos. En las tapaderas hay tres niveles, separados por líneas horizontales: el interior presenta pétalos de loto, ramas enroscadas, crisantemos y ramajes y peonías; en el nivel central hay lotos y peonías; y el nivel exterior tiene hojas de banano y símbolos auspiciosos en forma de nube lobulada. En el cuello, por su parte, hay ramas enroscadas, grecas, olas marinas, soles y símbolos auspicios. En cuanto a la olla, se distinguen dos niveles sobre los hombros, el superior con pétalos de loto y el inferior con símbolos auspicios alternados con representaciones de personajes jugando al ajedrez, tocando la cítara, admirando las flores y danzando. También hay pabellones y pagodas, grupos de motivos fitomorfos (pino, crisantemo, orquídeas y ciruelos), pescadores, leones rodando bolas de brocado, fénix volando entre peonías, peces y algas, grullas en el aire, urracas sobre una rama de cerezo, crisantemos y ramajes, flores de ciruelo, etc. En la zona intermedia entre hombros y panza aparece una banda de ramas enroscadas en torno a la vasija, ramajes y hojas, ondas marinas y líneas oblicuas o a modo de tejido. Los principales motivos representados sobre la panza son los ramajes y peonías o lotos, los crisantemos, las escenas con personajes, los fénix volando entre peonías, las grullas en el aire, etc. En la parte inferior de la panza hay pétalos de loto de doble gancho, sobre los que aparecen perlas de agua. Se trata de piezas de factura muy regular, de paredes espesas y cuerpo voluminoso y esmaltado no exhaustivo. La tonalidad es muy oscura o violácea, y la decoración es de gran riqueza temática, con contornos perfilados a pincel y niveles superpuestos según un cuidado orden, lo que resulta en ejemplares de elevado valor artístico.

Resulta evidente que la porcelana *qinghua* de finales de la dinastía Yuan alcanzó un nivel sin precedentes, entrando en una etapa de gran esplendor y poniendo las bases para el posterior desarrollo y pujanza de esta variedad cerámica en la región a comienzos de la dinastía Ming.

Los diversos estudiosos no se ponen de acuerdo en cuanto a la cronología de la producción de porcelana *qinghua* de los hornos de Yunnan, ya que no se han descubierto en los yacimientos respectivos objetos materiales con los que poder datar con precisión la cerámica de la época. Tan solo podemos deducir de manera general, gracias a la superposición estratigráfica revelada por las excavaciones en los hornos de Yuxi y Jianshui, que la porcelana de esmalte verde precedió a la porcelana *qinghua*, pero de ello se deriva únicamente una datación relativa. Cuestiones como la fecha de inicio de la producción de porcelana *qinghua* en Yunnan o la evolución estilística de sus piezas resultan muy difíciles de responder atendiendo solamente a los informes arqueológicos de los hornos.

Por lo que respecta a la primera cuestión, hay tres diferentes teorías. Según algunos especialistas, la porcelana *qinghua* comenzó a producirse y adquirió su madurez durante la propia dinastía Yuan; otros creen que inició su producción a finales de la dinastía Yuan y maduró durante la etapa inicial de los Ming; y finalmente hay quien opina que no se empezó a elaborar hasta la dinastía Ming. De las tres, la más extendida actualmente es la segunda, y ciertas piezas de porcelana *qinghua* desenterradas en tumbas con datación precisa parecen avalar esta tesis. Dos bandejas fragmentarias de esmalte verde y decoración *qinghua* de color oscuro, paredes gruesas y forma no acabada similares a las bandejas de Yuxi, aparecidas en un enterramiento datado en el vigésimo sexto año de la era Zhiyuan (1366) del reinado de Huizong, demuestran que al menos a finales de la dinastía Yuan ya se producía este tipo de cerámica. En las tumbas de incineración de Lufeng, por otro lado, se han encontrado ollas de porcelana *qinghua* con decoración de leones y peonías con ramajes. El enterramiento está datado en el noveno año de la era Xuanguang (1379) de Zhaozong de los Yuan del Norte, que se corresponde con el duodécimo año de reinado del emperador Hongwu de los Ming. Finalmente, en la aldea de Shilong de la localidad de Heijing en

Yunnan se descubrieron grandes cantidades de piezas de cerámica y de porcelana *qinghua* de esmalte verde acompañadas de epígrafes funerarios con las eras Zhizheng y Xuanguang, y entre ellas más de un centenar de ollas *qinghua* de gran tamaño, algo poco frecuente entre los hallazgos de este tipo de porcelana en yacimientos de época Yuan, Ming o Qing.

El estudio y análisis comparativo de la porcelana *qinghua* descubierta en Yunnan nos lleva a concluir que la producción de esta tipología cerámica en los hornos de dicha provincia recibió la influencia directa de la porcelana de los alfares de Jingdezhen, ya que tanto en lo que se refiere a la elaboración como a su decoración se asemeja bastante a ésta. La mayor diferencia radica en las materias primas empleadas, que en el caso de Yunnan era una arcilla local que producía una pasta basta y amarillenta y un esmalte verdoso u ocre, de ahí que se conozca su porcelana como "*qinghua* con esmalte verde". Es evidente que esta clase de material afectó de manera considerable a la tonalidad del esmalte, aunque también influyeran en cierto modo el tratamiento de la pasta, la elaboración de las piezas y un método de cocción con apoyos bastante rudimentarios. Por ello, la porcelana *qinghua* de Yunnan no alcanzó ese grado de exquisitez y esa suave tonalidad característicos de la producción de Jingdezhen, aunque a pesar de ello numerosos ejemplares presentan un estilo muy semejante al de estos alfares de la provincia de Jiangxi.

Capítulo 5   Porcelana de las áreas del norte de China

Durante la dinastía Yuan, dos de los grandes sistemas de alfares de época Song del norte de China, los de Ding y Yaozhou, ya no siguen produciendo sus tradicionales piezas de factura delicada sino vasijas más toscas de uso común, mientras los otros dos (Jun y Cizhou) también continúan funcionando pero a costa de un evidente descenso en la calidad de sus productos.

En los últimos años el mundo académico ha formulado una nueva teoría. Hasta ahora, y debido al limitado material aportado por las excavaciones arqueológicas, los estudiosos creían que la producción de porcelana de los hornos del norte de China había entrado en decadencia durante la dinastía Yuan. Sin embargo, analizando simplemente los ejemplares hallados en Mongolia Interior sabemos ya que dicha suposición no es del todo correcta, puesto que en esta época aumenta el número de piezas elaboradas respecto a las dinastías Song y Jin (Yurchen) y a los Xia del Oeste. La variedad de productos de cada horno también es muy rica, e incluso alfares dedicados tradicionalmente a la producción de *qinghua* también realizan porcelanas de base blanca con decoración negra. Me inclino a pensar que, si bien es cierto que los alfares de Ding y Yaozhou muestran un claro declive, los de Jun y Cizhou por el contrario mantienen un fuerte ímpetu y se siguen desarrollando y expandiendo.

5.1. Hornos de Ding y de Huo

Los hornos de Ding entran en decadencia con los Yuan. Ya no se produce allí esa porcelana característica de las dinastías Song y Jin, y la mayor parte de la producción está dedicada a las piezas comunes de uso diario, como tazones, bandejas, ollas o cuencos. La pasta es bastante tosca, el esmalte blanco tiene matices amarillentos y ya no presenta ese brillo y suavidad de antaño, y la factura no es tan refinada. Los importantes hornos de la aldea de Jianci dejan de funcionar, y también van cesando su producción los alfares del área circundante que imitaban los objetos de Ding. Los hornos de Huo en Shanxi, en cambio, siguen elaborando vasijas tradicionales de estilo Ding, recogiendo el testigo de este sistema de alfares en el norte de China (imagen 9-64).

Los hornos de Huo se localizan en la aldea de Chen, en la orilla oeste del río Fen, y toman su nombre del área de Huozhou bajo cuya jurisdicción se encontraban. Según los textos antiguos, el fundador de los hornos fue un tal Peng Junbao, de ahí que también se conozcan con el nombre de "hornos de Peng". Se elaboraba principalmente porcelana blanca de estilo Ding, y también una cierta cantidad de porcelana de decoración negra sobre base blanca. La porcelana blanca de imitación de Ding era de excelente calidad, por lo que los contemporáneos la denominaban "porcelana *pengding*".

Dado que tanto la pasta y el esmalte como la elaboración y la decoración impresa se asemejaban mucho a los productos de Ding, a menudo las vasijas de Huo se han tomado por objetos procedentes de aquellos hornos. La diferencia estriba en que estas últimas eran elaboradas mediante el método de cocción boca abajo con apoyos circulares y por lo tanto los bordes de las bocas no tenían esmalte, mientras que en los hornos de Huo las piezas se cocían mediante superposición

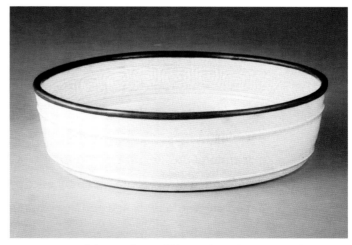

9-64 Aguamanil de esmalte verdiblanco de estilo Ding con decoración de chilong Dinastía Yuan Altura: 4 cm.; diámetro boca: 14'2 cm. Museo de la Ciudad Prohibida (Beijing)

(y presentan una marca circular en torno a la base) o con el uso de apoyos puntiagudos (con pequeñas señales en el fondo interior), y sus bordes están esmaltados. Además, la pasta de Huo tiene un alto contenido en aluminio, y la temperatura de cocción no era suficiente, con lo cual es bastante floja y fácil de fragmentar, incluso mediante una cierta presión de los dedos. Se trata del mayor defecto de la porcelana blanca de Huozhou, que por otra parte presenta piezas de una factura exquisita, de pasta fina y esmalte muy blanco, con unas formas muy acabadas, muy poco frecuentes en los hornos del norte del país y con un estilo propio e inconfundible durante la dinastía Yuan. Debido a esa cocción irregular, las piezas apenas sufrían deformación, y podían elaborarse así paredes bastante finas, de ahí que las piezas de uso doméstico resultaran especialmente frágiles y poco resistentes y que se hayan conservado así escasas muestras enteras y en perfectas condiciones.

Los hornos de Yaozhou eran alfares comunes, y se han descubierto algunos ejemplares en los yacimientos de Dadu (Beijing) de época Yuan. Hay tazones, bandejas de cintura quebrada, copas pequeñas, aguamaniles, vasos de apoyo alto, copas con apoyo en forma de bandeja, ollas con tapadera, etc, de entre los que destacan por su singularidad las bandejas de cintura quebrada. En su *Miscelánea de saberes*, el erudito de finales de la dinastía Ming Gu Yingtai alude a Peng Junbao y los diferentes nombres de los alfares (Peng y Huo), refiriéndose a esas vasijas de cintura quebrada de arcilla fina y blanca y escasa consistencia. En el Museo de Shanghai hay diversos ejemplares de bandejas de cintura quebrada y aguamaniles con decoración impresa de los hornos de Huozhou de época Yuan, de factura muy delicada, esmalte blanco y suave y estilo propio de los hornos de Ding. En esa época los alfares de Huozhou empleaban apoyos puntiagudos para la cocción, que dejaron sus marcas –en su mayoría cinco, aunque también hay unos pocos ejemplos con cuatro– en el interior de las vasijas redondas, y resulta evidente también la superposición de piezas de las mismas características. Esta presencia de señales en el interior y el exterior de los ejemplares es muy típica de la producción de los hornos de Huozhou de época Yuan. La decoración de la porcelana blanca no es muy abundante, destacando los motivos impresos, principalmente de carácter fitomorfo. Como se han conservado escasas muestras de porcelana blanca de Huo, y es muy poco conocida, a menudo se confunde con la porcelana del mismo estilo realizada en Ding durante la dinastía Song.

5.2. Hornos de Jun

Los hornos de Jun se siguieron desarrollando durante la dinastía Yuan y ejercieron una gran influencia, creando un enorme sistema de alfares de imitación que además de los localizados en la actual provincia de Henan también se distribuían por todo el resto del país, desde Mongolia Interior por el norte hasta Guangdong en el sur y Shanxi por el oeste.

Según los datos aportados por las excavaciones arqueológicas, se han encontrado hasta la fecha restos de hornos de fabricación de porcelana Jun en veintisiete ciudades y distritos de cuatro provincias del país. Los más abundantes se encuentran en Henan (Yuzhou, Ruzhou, Jia, Xuchang, Hebi, Anyang, Denfeng, Baofeng, Lushan, Neixiang, Yiyang, Jiaozuo, Qi, Hui, Linzhou...), y también destacan los de Ci en Hebei, Hunyuan en Shanxi y Hohhot en Mongolia Interior. Los hornos de Juntai en Yuzhou eran alfares oficiales, y su producción estaba destinada en su totalidad a la corte imperial como objetos decorativos, con una técnica muy depurada y una excelente calidad. La localidad de Shenhou en el término municipal de Yuzhou era un área de bastante concentración de hornos de Jun durante los Song del Norte, con una gran abundancia de recursos naturales, rica en arcilla de porcelana, esmalte y combustible; las montañas de los alrededores tenían además yacimientos mineros de cobre y malaquita. La malaquita pulverizada y mezclada junto a cenizas vegetales, y sometida a altas temperaturas bajo atmósfera reductora, daba lugar a una peculiar tonalidad roja cobriza, una nueva técnica que recibió una gran acogida una vez dominada, expandiéndose paulatinamente por todo el territorio circundante.

El distrito de Ci en Hebei es una de las importantes bases de los hornos de Cizhou. Sin embargo, debido a la influencia de las técnicas cerámicas de Yuzhou y a una creciente demanda en un contexto de fuerte competencia entre distintos alfares, durante la dinastía Yuan comenzaron a producir porcelanas de estilo Jun, aunque a pequeña escala y con una producción limitada a vasijas de pequeño tamaño como tazones, bandejas o platos. Aparte de ellos, en esa misma provincia otros hornos como los de Guantai, Neiqiu y Longhua también produjeron porcelana Jun de imitación.

En la provincia de Shanxi se han descubierto los hornos de Hunyuan, Linfen y Changzhi, entre otros. La principal producción de Hunyuan eran los tazones, con una capa bastante gruesa de esmalte de color azul pálido y zonas en la parte exterior de las piezas de color marrón oscuro. No obstante, la tonalidad de esas zonas de pasta al descubierto es completamente diferente a la de los ejemplares tipo Jun de Henan y Hebei, conservando su propio y particular estilo.

Los incensarios y jarrones con doble oreja en forma de dragón y base alta perforada de estilo Jun y época Yuan, hallados en el yacimiento de Qingshuihe y en la aldea de Baita del término municipal de Hohhot en la región autónoma de Mongolia Interior, presentan una hermosa y acabada factura y una brillante superficie esmaltada. Los primeros, además, llevan impresa la inscripción "incensario realizado en el décimo quinto día del noveno mes del año *jiyou*", que correspondería con el segundo año de la era Zhida (1309) del reinado de Wuzong. Estos incensarios con inscripción datada son raros y valiosos ejemplares de porcelana Jun de época Yuan, y constituyen un excelente material para el estudio de la periodización de los alfares de Jun.

Las excavaciones arqueológicas en tumbas, asentamientos y depósitos ocultos muestran que la distribución de porcelana Jun por todo el territorio chino es más extensa durante las dinastías Jin y Yuan. En las últimas décadas, los descubrimientos bajo tierra y agua de piezas de porcelana de esmalte *jun* en mausoleos y depósitos ocultos de las provincias de Henan, Hebei, Shanxi, Shaanxi, Shandong, Mongolia Interior, Liaoning o Jiangxi, así como en el yacimiento urbano coetáneo de Dadu y el pecio de madera hallado en la aldea de Nankaihe en el distrito de Ci, son prueba fehaciente de que se seguía produciendo y desarrollando esta tipología cerámica en los hornos de Jun durante la dinastía Yuan. La gran difusión geográfica de los centros de elaboración evidencia asimismo la popularización de las técnicas y el fuerte incremento de la demanda.

A pesar de esta difusión de los hornos de Jun y del consiguiente aumento de la producción, su calidad retrocedió en gran medida, y no puede compararse con la de las piezas de época Song o Jin. La pasta es más floja y basta que antes, las paredes son bastante gruesas, el esmaltado exterior a menudo no es completo –con lagunas en el interior y exterior del apoyo circular–, la superficie del esmalte es poco lustrosa y presenta numerosas burbujas, y su color es principalmente azul celeste o blanco pálido. Como el color no resulta tan hermoso y llamativo como en época Song, los artesanos le conceden ahora mayor importancia a la decoración externa, de la que se siguen dos métodos principales. Uno de ellos consiste en aplicar de manera poco rigurosa una capa de esmalte de alto contenido en cobre, consiguiendo tras la cocción a alta temperatura bajo una atmósfera reductora un efecto de manchas de color rojizo. Sin embargo, estas manchas son bastante estereotipadas y resultan poco naturales, por lo que constituyen un pálido eco de aquellos reflejos violáceos sobre azul o rojos sobre violeta que cubrían toda la superficie de las piezas en época Song. La olla de esmalte verde con mancha roja y doble oreja de los hornos de Jun elaborada durante la dinastía Yuan y conservada en el Museo de Arte de Berkeley tiene una tonalidad diferente a la de época Song, y la mancha roja no es de una belleza tan natural como la de las piezas

9-65 **Olla con doble oreja de esmalte verde con manchas rojas de los hornos de Jun** Dinastía Yuan Museo de Arte de Berkeley

9-66 **Escudilla grande decorada con color morado** Dinastía Yuan Altura: 10'9 cm.; diámetro boca: 45'5 cm. Museo provincial de Hebei

de este período (imagen 9-65). En realidad, dicho fenómeno no responde simplemente a un descenso de la calidad; durante la dinastía Yuan, las tendencias estéticas experimentaron una cierta evolución, y la belleza de los colores del esmalte dejó de ser el único criterio a seguir (imagen 9-66). Así, en esta época comenzaron a emplearse métodos decorativos como la superposición o la perforación, con motivos como las flores de loto, los rostros de bestias salvajes o las cabezas de dragón, generalmente sobre hombros o panza. Aparte de las piezas de uso común de pequeño tamaño, se hicieron también muy populares las de mayores dimensiones, y son muy frecuentes aquellas con base incorporada. Todas ellas comparten características propias de esta época.

Las porcelanas de Jun de la dinastía Yuan son normalmente corpulentas y de gran tamaño, de manera similar a lo ocurrido en otros alfares. La producción está orientada principalmente al uso diario de los ciudadanos comunes, con tazones, bandejas, vasos, platos, ollas, braseros, jarrones, escudillas, reposacabezas, vasos de apoyo alto, cántaros con asas, etc., y ya no hay traza de los aguamaniles con pezones en forma de tambor, maceteros o vasijas *zun* de carácter decorativo frecuentes en los hornos oficiales de Jun de época Song. Las vasijas redondeadas como tazones o vasos presentan cambios en los bordes de la boca, y otras de uso decorativo como braseros o jarrones también son de formas muy distintas, con el uso de métodos ornamentales como la superposición o la perforación que las hace muy peculiares (imagen 9-67).

9-67 Brasero trípode de esmalte Jun con dos asas y decoración superpuesta Dinastía Yuan Altura: 23'6 cm.; diámetro boca: 16'7 cm. Museo de la Ciudad Prohibida (Beijing)

9-68 Bandeja de decoración negra sobre fondo blanco con pez y algas Dinastía Yuan Altura: 9 cm.; diámetro boca: 38 cm. Museo de la Capital (Beijing)

5.3. Hornos de Yaozhou

La dinastía Yuan es el período de decadencia de los hornos de Yaozhou. El celadón producido allí se hace cada vez más tosco, con paredes flojas de esmaltado exterior color cúrcuma con lagunas. Los tradicionales métodos decorativos de la incisión y la impresión también se van simplificando, perdiendo esa elegancia y compostura de antaño. Aparte de la elaboración de celadón y de pequeñas cantidades de porcelana negra y blanca, los hornos de Yaozhou de época Yuan también produjeron porcelana de base blanca y decoración negra de estilo Cizhou, de pincelada suelta y sin restricciones. La mayoría son piezas comunes de uso diario. Este cambio indica que el celebrado celadón de superficie lisa de los hornos septentrionales de Yaozhou ya ha pasado de moda. El importante sistema de hornos "de los diez *li*" de la localidad de Huangbao dejó ya de producir a finales de la dinastía Yuan y comienzos de los Ming.

La producción de los hornos de Yaozhou se desplazó con los Yuan desde Huangbao hasta el área no muy lejana de Lidipo, Shangdian y Chenlu. Ya no hay porcelana de esmalte verde puro como la de los Song; las variedades desenterradas en los yacimientos son de esmalte negro, de color "polvo de té" (marrón verdoso) o de color cúrcuma. La mayor parte son piezas comunes de uso cotidiano, en especial tazones, y también jarrones, cántaros, bandejas, ollas, candiles de aceite, etc. A juzgar por la acumulación de estratos de fragmentos, la producción fue muy abundante. El método de cocción ya no se limitaba como con los Song del Norte a utilizar apoyos individuales, que fueron sustituidos por otros cilíndricos o en forma de bandeja donde se podían apilar más ejemplares aumentando así en gran medida la producción. Mientras el celadón de Yaozhou iba paulatinamente desapareciendo, una variedad de porcelana de decoración negra sobre base blanca de estilo Cizhou empezó a ganar terreno, convirtiéndose en una nueva tipología de aquellos hornos en época Yuan (imagen 9-68). Esta variedad presenta una primera capa de engobe, sobre la que se pintaban los motivos en negro, que después de la cocción adquirían una tonalidad marrón oscura. A diferencia de su modelo de Cizhou, estas piezas poseen unos patrones decorativos más rigurosos, principalmente los motivos circulares radiales repetidos a lo largo de franjas, de pinceladas someras muy libres y fluidas. Se trata de un estilo que se mueve entre la abstracción y el realismo y que en su simpleza y aparente monotonía posee un marcado carácter local de gran vivacidad.

5.4. Hornos de Cizhou

El sistema de hornos de Cizhou era uno de los más grandes conjuntos de alfares comunes de China durante la dinastía Song. Aunque no recibieron los favores de los estratos gobernantes del país, su estilo sencillo y su ornamentación de un aire profundamente vivaz sí merecieron el aprecio de las clases sociales más humildes, y por ello a pesar de la tendencia general en declive de los hornos del norte de China los alfares de Cizhou siguieron produciendo en gran cantidad y para un mercado muy amplio, ejerciendo una gran influencia en toda la región. Su método de elaboración de porcelana blanca con decoración negra no sólo impuso su particular estilo entre los hornos comunes del norte de China, sino que también alcanzó las áreas centrales y meridionales del país, en cuyos hornos (caso de Jizhou en Jiangxi, Guangyuan en Sichuan, Quanzhou en Fujian, Xicun y Haikang en Guangdong o Hepu en Guangxi) también fueron apareciendo sucesivamente piezas de estas características. Más tarde, y gracias a la progresiva expansión territorial del imperio Yuan y al desarrollo del comercio exterior, este tipo de porcelana de base blanca y decoración negra y ese método de rasgado propios de los hornos de Cizhou también extendieron su influjo hasta Corea, Japón y los países del sudeste asiático, combinándose con las diferentes formas locales y dando lugar así a numerosos ejemplares de imitación de excelente factura.

La producción de porcelanas de estilo Cizhou se extendió durante la dinastía Yuan por las grandes planicies centrales y ambas orillas del Río Amarillo, en hornos como los de Guantai, Linshui, Dong'aikou y Xiaikou en el distrito de Ci (Hebei) o Dangyangyu en Xiuwu,

Pacun en Yuzhou, Hebiji en Tangyin y Shanying en Anyang (Henan). En los alfares de Cicun en Zibo (Shandong), Hongshan en Jiexiu, Chencun en Huozhou, Longzici en Linfen, Guci en Hunyuan o Xiaoyu en Huairen (Shanxi) también se han descubierto este tipo de porcelanas blancas con decoración negra de época Jin y Yuan, junto a fragmentos de otras variedades cerámicas de Cizhou. Por otro lado, en los hornos de Emaokou en Huairen, Qingci en Datong y Jiancaoping en Linfen de la provincia de Shanxi se han desenterrado fragmentos de porcelana de esmalte blanco con motivos rasgados sobre fondo gris, y en los hornos de Lingwu de la provincia de Ningxia han aparecido fragmentos de porcelana de esmalte negro con raspaduras. Todo ello evidencia la extensa distribución geográfica de estos productos.

Tras a la sucesiva interrupción de la producción cerámica en los alfares oficiales durante la dinastía Song y al cese del funcionamiento de numerosos hornos comunes por causa de la guerra o por desastres naturales, los hornos de Cizhou vinieron a rellenar ese hueco satisfaciendo la demanda del mercado, y experimentaron consiguientemente un gran desarrollo. Con los Yuan, el sistema de alfares de Cizhou incluyó también nuevos hornos como los de Qingwan, Baitu, Shenjiazhuang, Futian, Erligou y Hequan, extendiendo su número hasta un total de dieciséis. Además de este aumento, y bajo la presión de una creciente demanda, los alfares de Cizhou también incrementaron su tamaño. La influencia de otros hornos del norte de China, en plena decadencia, hizo que en este período las vasijas de Cizhou pasaran de la anterior riqueza y variedad tipológica a unas formas más simplificadas. Las piezas de la época son de pasta basta en la que a veces se adivinan restos de arenilla, de color marrón o marrón grisáceo, a menudo con manchas de corrosión de color amarillento oscuro. Son ejemplares voluminosos, aunque debido a la cocción a altas temperaturas son extremadamente duros y rígidos. El esmalte blanco presenta generalmente matices amarillos, de tonalidad mate o semimate. Aparte de escasas excepciones, la mayoría no están completamente esmaltados, y su factura resulta bastante tosca.

En cuanto a la morfología externa, la producción de Cizhou sigue la moda de la época, con piezas de uso doméstico de gran tamaño y corpulencia y formas redondeadas. Hay ollas, bandejas, jarrones florero, reposacabezas, etc. Estos últimos eran de aproximadamente 30 centímetros de longitud durante las dinastías Song y Jin, pero ahora superan incluso los 40 centímetros. Las bandejas eran todavía de mayores dimensiones. En 1972 se encontró en las ruinas de la antigua capital de los Yuan Dadu (Beijing) una bandeja en forma de pez de los hornos de Cizhou con un diámetro de casi medio metro.

Las principales variedades tipológicas de los hornos de Cizhou en época Yuan eran los tazones, las bandejas, los jarrones, los cántaros, las ollas, los reposacabezas, los braseros, los candiles, etc. Las más representativas son los cántaros de cuatro orejas, los jarrones en forma de pera con boca acampanada y los reposacabezas rectangulares; estos últimos son especialmente abundantes. Los cántaros aplanados de boca pequeña y doble oreja, los jarrones de panza abultada y boca pequeña, los braseros de tres pies y orejas rectilíneas y las bandejas de base pequeña con asa pegada al borde también son ejemplos típicos de la época. Entre ellos destacan los reposacabezas, que ya se elaboraban a gran escala en Cizhou durante la dinastía Song. Eran muy variados, aunque abundan sobre todo aquellos con forma de riñón o de nube lobulada de carácter auspicioso. Durante la dinastía Jin (Yurchen) eran muy frecuentes los reposacabezas en forma de tigre o antropomorfos, pero los más profusos en los yacimientos de época Yuan son los rectangulares de superficie plana y bordes salientes en los cuatro lados. Observando las piezas conservadas hasta nuestros días podemos comprobar cómo no sólo se producen ciertos cambios en la morfología de los reposacabezas con respecto a los Song y Jin –el cuerpo se alarga–, sino que la decoración también es más rica que antes, con abundantes representaciones de paisajes, historias con personajes y escenas de carácter tradicional. Los cántaros de cuatro orejas, por otro lado, son asimismo representativos de la producción cerámica de los hornos de Cizhou en época Yuan, aunque ya se habían hecho populares en las dinastías precedentes. El cuerpo de los cántaros de cuatro orejas de esta época (imágenes 9-69 y 9-70) se hace más alto, con una panza ovalada más ricamente decorada y unas orejas apoyadas sobre las espaldas más anchas y con líneas incisas. La ornamentación de estos cántaros es muy característica, a menudo con esmalte negro en la zona próxima al apoyo, que por una parte realza visualmente la presencia física de la figura, y por otra contrasta vivamente con la parte superior esmaltada en color claro.

En esta época las variedades tipológicas y las técnicas decorativas se reducen y simplifican de manera significativa. Durante las dinastías Song y Jin, los hornos de Cizhou empleaban entre veinte y treinta técnicas distintas de decoración cerámica, pero en los yacimientos de los hornos de época Yuan apenas encontramos muestras de fragmentos tan concentrados como aquellos, y las piezas conservadas hasta nosotros sólo presentan un tipo limitado de técnicas, como las de esmalte blanco o negro, las de base blanca y decoración negra o las de base blanca y motivos raspados. Comparado con el de época Song, el esmalte de las porcelanas blancas sigue teniendo una tonalidad tradicional con matices amarillentos, y tampoco hay grandes diferencias por lo que respecta a su enlucido. En cuanto a las variedades, sólo hay un pequeño número entre las que predominan las

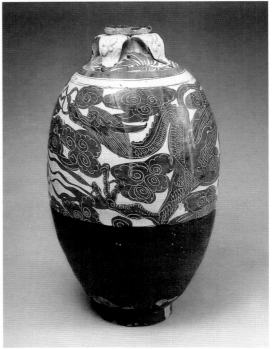

9-69 Jarrón de cuatro orejas con decoración negra sobre fondo blanco (poema tipo *sanqu* al aire de "Ovejas en la ladera") Dinastía Yuan   Altura: 36'1 cm.; diámetro boca: 7 cm.; diámetro apoyo: 8'2 cm.   Hallado en Pengcheng (Handan) Centro de protección de reliquias culturales del distrito minero de Fengfeng en Handan (Hebei)

9-70 Jarrón grande de pintura negra sobre fondo blanco con decoración de dragones y nubes de los hornos de Cizhou Dinastía Yuan   Museo de Arte Tomioka de Tokio

9-71 Olla con tapadera y decoración marrón rojiza de los hornos de Haikang Dinastía Yuan   Altura: 31 cm.; diámetro boca: 8 cm.   Museo provincial de Guangdong

9-72 Olla con decoración de figura humana en negro sobre fondo blanco de los hornos de Cizhou Dinastía Yuan   Altura: 30'5 cm.; diámetro boca: 18'4 cm.   Museo de Yangzhou (Jiangsu)

porcelanas de color negro bajo esmalte blanco (o con pequeñas raspaduras sobre el negro) y las de esmalte verde oscuro (o verde malaquita) y pintura negra, muy limitado respecto a la abundancia del período de esplendor vivido con los Song del Norte.

Por lo que respecta a la ornamentación, se reduce considerablemente el empleo de técnicas decorativas como el rasgado, la incisión, el raspado o el modelado, mientras que la decoración a pincel ocupa un lugar cada vez más prominente. Destacan las porcelanas de decoración negra sobre base blanca, y hay algunos ejemplos de raspado o bien de porcelanas blancas con raspaduras pintadas de marrón oscuro o con motivos pintados de color marrón rojizo (imagen 9-71). En cuanto a los motivos más frecuentes, hay dragones y fénix, peces y algas, gansos salvajes entre nubes, flores, escenas con personajes (imagen 9-72), niños jugando, frisos de nubes, motivos a imitación de tejido, lotos, patrones geométricos... Por un lado son muy frecuentes los diferentes motivos fitomorfos, y por otro se hacen también muy populares las inscripciones con sinogramas y las historias con personajes.

Merece la pena mencionar también la cerámica con decoración roja y verde de los hornos de Cizhou, que empezó a producirse y popularizarse con los Jin sobre todo en ámbito nacional. Con los Yuan comenzará a exportarse a los mercados del sudeste asiático, y su influencia llegará durante la dinastía Ming hasta Jingdezhen e incluso Zhangzhou en Fujian, que producirá grandes cantidades para su venta en aquellos países. En la imagen 9-73 aparece un jarrón en forma de pera con boca acampanada y decoración roja y verde muy fluida y sucinta, una tipología que sentará las bases de la posterior porcelana de pintura rojo y verde de época Ming y de su comercio exterior.

La decoración a base de sinogramas estuvo muy difundida entre la producción de los alfares de Cizhou de época Song, y siguió desarrollándose con los Yuan. En este período aparecen numerosas muestras de porcelanas con inscripciones de poemas de toda clase en pintura marrón oscura. Entre

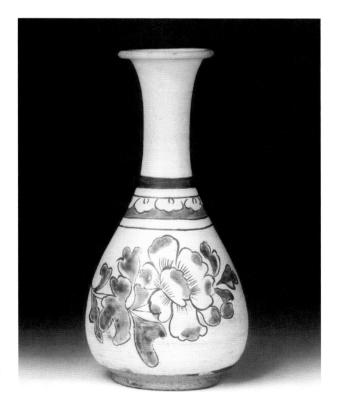

9-73 Jarra de porcelana de colores rojo y verde con panza abultada, cuello alargado y boca acampanada de los hornos de Cizhou
Dinastía Yuan   Museo de Arte Oriental de Bath

9-74 Reposacabezas cuadrangular de decoración negra sobre fondo blanco con poema tipo yuanqu al aire de *Alegría por la llegada de la primavera* **de los hornos de Cizhou** Dinastía Yuan Anchura: 27 cm. Museo provincial de Hebei

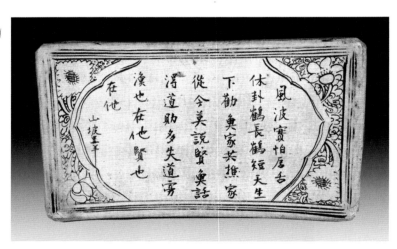

9-75 Reposacabezas cuadrangular de decoración negra sobre fondo blanco con poema tipo sanqu al aire de *Ovejas en la ladera* **de los hornos de Cizhou** Dinastía Yuan Altura: 14 cm.; longitud: 28'5 cm.; anchura: 16 cm. Hallado en los enterramientos de época Yuan de Chengxi (distrito de Ci) Museo de los hornos de Cizhou del distrito de Ci (Hebei)

ellos destacan por su peculiaridad las poesías largas sobre la panza de las vasijas (imagen 9-74). En los hornos de época Song sólo aparecen en los reposacabezas; en vasijas de panza abultada y boca pequeña (*tan*) y ollas estas inscripciones son muy simples ("Viento, flor, nieve, luna", "Primavera, verano, otoño, invierno"...), y no hay ningún ejemplo con poemas enteros. Durante la dinastía Yuan, por el contrario, son más largas, muy variadas y de rico contenido, y se usan a menudo como motivo decorativo en las porcelanas, caso de la poesía *shi* de estilo Tang, los poemas *ci* de época Song, los *yuanqu*, los proverbios, los vulgarismos, las frases de carácter auspicioso o los nombres de talleres, de licores, de medicinas, etc. Todas estas inscripciones sobre porcelana constituyen un valioso material a la hora de estudiar la sociedad, la economía y la cultura de la época. En cuanto a la caligrafía, también resulta

muy variada (formal, cursiva, oficial, para sellos...), y puede apreciarse tanto la influencia de calígrafos célebres de diferentes dinastías como el estilo de escritura más simple y fluido de los artesanos alfareros propio de las clases populares, en un exhaustivo panorama de lo que eran las artes caligráficas de aquella época. En una bandeja de esmalte blanco, por ejemplo, aparecen las inscripciones "Brisa suave y fina lluvia, flores amarillas y hojas rojizas" y "En Huangzhou la primavera trae aromas más intensos que el licor, en el jardín del oeste los bailarines danzan y cantan embriagados". En una vasija *zun* para libación con doble oreja se puede leer: "En primavera las nubes bajas cubren el cielo, y la lluvia cae junto al río, pero aquí nada ocurre, y me entretengo mirando las golondrinas contendiendo una pizca de barro". Los poemas *shi* y *ci* sobre reposacabezas de porcelana son muy abundantes, como aquel que habla de la luna brillante como el propio día, y los sauces en torno al estanque que traen al poeta recuerdos de su ser querido, al que sólo puede encontrar en sueños. Estos reposacabezas poseen superficies planas muy aptas para la escritura, y por eso en ellos aparecen inscripciones más largas. El reposacabezas rectangular de fondo blanco con pintura negra de la imagen 9-75 presenta motivos decorativos en cinco lados. En la parte superior cuatro finas líneas paralelas enmarcan una superficie central en forma de castaña de agua, y los espacios libres de las cuatro esquinas están decorados con campanillas moradas, flores de loto y pétalos sueltos. En el centro aparece un *sanqu* (forma poética derivada de las canciones tradicionales) al aire de *Ovejas en la ladera* compuesto por el poeta Chen Cao'an de la dinastía Yuan: "El viento teme los rumores, porque la Creación depende sólo de los cielos. Por eso digo a todo el mundo que no hay que abandonarse a maledicencias, porque el que se comporta rectamente recibirá su compensación, pero nadie acudirá en ayuda de quien obre mal". En el lado frontal hay un poema de versos de seis sílabas escritos en cursiva: "Las hojas rojas cubren ambas laderas, y en los riachuelos flotan hojas amarillas. En el fondo del bosque, rodeados de hojas, hay gente viviendo en una cabaña de paja y una empalizada de bambú". En el lado posterior hay otro *sanqu*: "La primavera ya se fue, y el viento y la lluvia llenan de hojas el jardín. En sueños rememoro el pasado, nada es como volver la vista atrás". En la parte inferior aparece impresa una doble columna vertical de hojas de loto, bajo las cuales se aprecia la marca del alfar: "Hecho en el taller de Wang". El reposacabezas rectangular de fondo blanco con decoración negra de la imagen 9-76 también presenta en su parte superior un marco de cuatro líneas paralelas en torno a un espacio central en forma de castaña de agua, entre los cuales aparece una densa decoración fitomorfa de campanillas moradas y otros fragmentos de flores y plantas. En el centro se lee un *sanqu* al aire de *Frente al Hijo del Cielo*: "El ávido se afana por el éxito y la celebridad, pero la fama es como el humo, y no puede compararse a la libertad, que no ofusca la mente. El afán por el jade y el oro no tiene límites, y cuando uno se apercibe ya es demasiado tarde. La enfermedad puede curarse, pero ¿quién te librará de la codicia?".

Además de estos peculiares ejemplares decorados con caligrafía, los reposacabezas de porcelana blanca con pintura negra de los hornos de Cizhou de época Yuan también presentan otro tipo de decoraciones pintadas muy características. En comparación con las piezas de esta tipología producidas en dichos alfares durante la dinastía Song, ahora se

9-76 Reposacabezas cuadrangular de decoración negra sobre fondo blanco con poema tipo sanqu al aire de *Frente al Hijo del Cielo* de los hornos de Cizhou Dinastía Yuan Altura: 15'5 cm.; longitud: 46'7 cm.; anchura: 17'7 cm. Hallado en los enterramientos de época Yuan de Dudang (distrito de Ci) Museo de los hornos de Cizhou del distrito de Ci (Hebei)

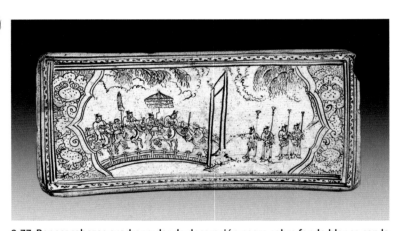

9-77 Reposacabezas cuadrangular de decoración negra sobre fondo blanco con la escena de carácter histórico *Yu Rang intenta asesinar a Zhao Xiangzi* de los hornos de Cizhou Dinastía Yuan Altura: 14'5 cm.; longitud: 38'5 cm.; anchura: 17'7 cm. Museo de los hornos de Cizhou del distrito de Ci (Hebei)

emplean con más profusión las líneas de contorno. Por una parte, se mantienen las tradicionales representaciones florales y las pequeñas escenas de la vida cotidiana características de los Song, con un estilo popular muy definido de pinceladas enérgicas y formas sencillas y vivaces; por otro, los reposacabezas de época Yuan presentan a menudo historias con personajes sacadas de las obras teatrales y las novelas de moda en aquel período, que no sólo le dan a estas porcelanas un tono muy característico sino que poseen un importante significado en el contexto de la historia de la cerámica china. Durante la dinastía Song las porcelanas de base blanca con decoración negra de los alfares de Cizhou también tenían representaciones con personas, si bien poco variadas y limitadas principalmente a escenas de niños jugando, pero con los Yuan se decoran a gran escala por primera vez en la historia con todo tipo de episodios y personajes de carácter literario o imaginario. Ello se debió al influjo por una parte de la poesía folklórica derivada de las canciones tradicionales de época Yuan, y por otra del arte de la talla de madera. Se trataba de escenas complejas, con figuras de contornos muy delineados, que seguían principalmente el estilo tradicional de pincelada con tinta. Este modo de expresión artística no sólo ejercerá una fuerte influencia en la ornamentación de las porcelanas *qinghua* de Jingdezhen, sino que sentará además las bases para el posterior desarrollo de la representación de figuras humanas en la porcelana *qinghua* de las dinastías Ming y Qing. El reposacabezas rectangular de la imagen 9-77 tiene en su lado superior un espacio central en forma de castaña de agua enmarcado por cinco líneas paralelas, con una banda ondulada intermedia entre la segunda y la tercera. En las cuatro esquinas entre el marco rectangular y el espacio central aparece una densa decoración de flores de granada y otros fragmentos florales. El centro está ocupado por una escena de carácter histórico, *Yurang intenta asesinar a Zhao Xiangzi*, de composición exhaustiva y líneas ordenadas, con una gran destreza en la representación de personajes. Con estas sólidas bases artísticas, no resulta extraño que las técnicas también se aplicaran de igual manera a la porcelana *qinghua* de Jingdezhen de esa misma época, y por tanto es muy posible que los artesanos de estos hornos alfareros recibieran la influencia de los métodos decorativos de Cizhou, creando piezas con escenas con un nivel semejante de detallismo y delicadeza. Otros ejemplos de reposacabezas rectangular de base blanca con decoración negra son los de las imágenes 9-78, con la escena histórica *Liu Yi envía su carta*, y 9-79, con la representación de un drama poético (*zaju*) típico de la época.

9-78 Reposacabezas cuadrangular de decoración negra sobre fondo blanco con la escena histórica *Liu Yi envía su carta* de los hornos de Cizhou Dinastía Yuan Altura pared anterior: 12 cm.; altura pared posterior: 13'9 cm.; longitud: 31'5 cm.; anchura: 16'1 cm. Hallado en los enterramientos de época Yuan del distrito minero de Fengfeng (Handan) Centro de protección de reliquias culturales del distrito minero de Fengfeng en Handan (Hebei)

9-79 Reposacabezas cuadrangular de decoración negra sobre fondo blanco con representación de drama poético (*zaju*) de los hornos de Cizhou Dinastía Yuan Altura: 12 cm.; longitud: 30'5 cm.; anchura: 15'3 cm. Hallado en Pengcheng (Handan) Centro de protección de reliquias culturales del distrito minero de Fengfeng en Handan (Hebei)

Otros motivos frecuentes en las cerámicas de Cizhou son los dragones y fénix, sobre todo en las vasijas de boca pequeña y panza abultada (*tan*) y en las ollas, normalmente una pareja de ambos, aunque también hay representaciones con dos fénix. El pigmento empleado en este tipo de porcelanas era de una variedad local llamada "piedra de colores" procedente del óxido férrico natural, que mediante las diferentes combinaciones en su composición daba lugar a diversas tonalidades. Uno de los principales métodos decorativos consistía precisamente en aprovechar esas cualidades del pigmento para trazar líneas más o menos oscuras, casi negras en el caso de los contornos de las figuras y de color ocre para los detalles más finos. Esta alternancia en las tonalidades otorga a las representaciones una mayor vivacidad (imágenes 9-80 y 9-81).

Otro método decorativo consistía en la representación bastante libre y atrevida de

9-80 Olla de boca recta y hombros desarrollados con decoración marrón sobre fondo claro (dragones y fénix) de los hornos de Cizhou Dinastía Yuan Diámetro boca: 21'5 cm. Museo de Handan (Hebei)

9-81 Olla grande con decoración negra sobre fondo claro (doble fénix) de los hornos de Cizhou Dinastía Yuan Altura: 43 cm.; diámetro boca: 24 cm.; diámetro base: 15'8 cm. Hallada en 1982 en un depósito de época Yuan del distrito de Guangping (Hebei) Centro de investigación y protección de reliquias culturales de Handan (Hebei)

9-82 Olla grande con decoración negra sobre fondo blanco de paneles decorativos con girasoles y ramajes de los hornos de Cizhou Dinastía Yuan Altura: 32'3 cm.; diámetro boca: 18'3 cm.; diámetro apoyo: 13'8 cm. Museo de los hornos de Cizhou del distrito de Ci (Hebei)

motivos fitomorfos sobre vasijas *tan* y ollas (imagen 9-82), también de gran viveza. Esta ornamentación recuerda mucho a la de las porcelanas *qinghua* de Jingdezhen de finales de la dinastía Yuan y principios de los Ming, y de hecho tienen muchos puntos en común. Resultan asimismo frecuentes las representaciones de peces y algas (imagen 9-83) o de lotos en un espacio delimitado (imagen 9-84) sobre bandejas de esmalte blanco con decoración negra, cuya huella podemos apreciar en las porcelanas *qinghua* de Jingdezhen o de Yunnan de esa misma época. Este estilo de decoración en un espacio delimitado (*kaiguang*) es común a las porcelanas *qinghua* de Jingdezhen y de Cizhou, y también existen similitudes entre las representaciones pintadas de peces de las piezas de estos últimos hornos y las de Yunnan. De todo ello se desprende la profunda influencia ejercida por los métodos decorativos de la porcelana de base blanca y pintura negra de Cizhou en la ornamentación de los productos de otros numerosos alfares coetáneos.

Capítulo 6   Cerámica de la dinastía Yuan

A pesar de que durante la dinastía Yuan alfares como los de Ding o Yaozhou entran en una fase de decadencia, otros hornos del norte de China como los de Jun y Cizhou siguen produciendo cerámica en cantidades abundantes. Aun así, son hornos del sur del país

9-83 Escudilla con decoración negra sobre fondo claro de pez y algas de los hornos de Cizhou Dinastía Yuan Altura: 15 cm.; diámetro boca: 36 cm. Hallada en 1982 en un depósito de época Yuan del distrito de Guangping (Hebei) Museo de los hornos de Cizhou del distrito de Ci (Hebei)

9-84 Escudilla grande con decoración negra sobre fondo blanco de paneles decorativos con flores de loto de los hornos de Cizhou Dinastía Yuan Altura: 12 cm.; diámetro boca: 44 cm. Colección privada del distrito minero de Fengfeng en Handan (Hebei)

como los de Jingdezhen o Longquan los que se van convirtiendo gradualmente en el principal centro de la industria cerámica nacional, y Jingdezhen en especial se desarrollará de manera particularmente rápida, con un aumento sin precedentes en la producción de porcelana. Sin embargo, la variedad de usos de la cerámica se fue paulatinamente restringiendo, y la producción de piezas de empleo diario sufrió una rápida caída. La producción de la industria alfarera no tuvo más remedio que orientarse hacia el ámbito de la cerámica de uso arquitectónico, y por ello los componentes de cerámica vitrificada (esmaltada a baja temperatura) dedicados a este fin conocieron un desarrollo sin precedentes, convirtiéndose en la parte principal de la producción alfarera de época Yuan. Al mismo tiempo, y debido a la relativa simplicidad de su elaboración y a su bajo coste, los receptáculos de gran tamaño de uso diario y las vasijas de carácter funerario siguieron produciéndose durante este período. En cuanto a las figurillas cerámicas de época Yuan, heredaron *grosso modo* el estilo de las realizadas durante la dinastía precedente, aunque desarrollando a su vez características propias. Entre ellas, llaman particularmente la atención las figuras marcadamente realistas descubiertas en diversos enterramientos del norte del país, como por ejemplo las representaciones de sirvientes de cerámica a colores aparecidas en las tumbas Yuan de Jiaozuo, de refinada factura y pronunciada personalidad; las hay portando una escudilla, un paño o un neceser para el maquillaje, en actitud reverente y con expresión vivaz. Las figuras halladas en el mausoleo de la familia He en el distrito de Hu en Shaanxi sobrepasan el centenar, y constituyen el mayor descubrimiento de este género de época Yuan. La mayoría llevan ropajes típicamente mongoles y presentan rasgos acentuadamente étnicos. Las representaciones de personajes de cerámica gris conduciendo o montando a caballo y sonando los tambores, en concreto, presentan una gran coherencia tanto interna como externa y constituyen verdaderas obras maestras de la estatuaria alfarera de época Yuan.

La "cerámica vidriada" alude en un primer momento –durante las dinastías Wei y Jin– a una determinada tipología importada del exterior, que después adquiriría diversos nombres. Más tarde se aplicaría a las piezas cerámicas con esmalte de plomo (ladrillos y tejas) empleadas en arquitectura, con nitrato de plomo como disolvente.

En el norte de China es extendida la creencia de que este tipo de cerámica vidriada se originó en la actual provincia de Shanxi, donde se produjo en grandes cantidades, y que desde allí se difundió a otras áreas como Shandong, Henan o Beijing. Aunque todas las piezas de esta tipología empleadas para la construcción del palacio imperial durante los primeros años de la dinastía Ming fueron elaboradas en Jubaoshan (Nanjing), desde el traslado de la corte a Pekín en tiempos del emperador Yongle y durante el resto de la dinastía Ming y con los Qing la cerámica vidriada de uso arquitectónico fue producida en su totalidad en la capital del norte. Según la tradición, los artesanos que elaboraban esta tipología cerámica al este de Mentogou llegaron de Shanxi en época Yuan.

Las famosas construcciones del palacio de Yongle en el distrito de Ruicheng (Shanxi) conservan numerosos componentes cerámicos de uso arquitectónico, sobre todo en los tejados de los pabellones de Sanqing, Chunyang, Longhu y Qizhen; de entre ellos, las piezas cerámicas más resplandecientes son las del pabellón de Sanqing. Estaban formadas por cinco componentes que eran cocidos por separado, y que luego se ensamblaban entre sí. Los grandes dragones de las cornisas podían alcanzar hasta cinco metros de altura y destacan por su imponente figura enroscada, acompañados por representaciones del dios de la lluvia o de nubes flotantes, todos ellos recubiertos de brillante esmalte color azul pavo real, en un conjunto de gran magnificencia.

Kublai Kan también empleó gran cantidad de piezas de cerámica vidriada en su palacio imperial de Dadu, con un resultado esplendoroso. Tras la construcción de los palacios durante las dinastías Ming y Qing no quedaron estructuras arquitectónicas en superficie de época Yuan, pero se han descubierto sin embargo numerosos componentes cerámicos de este período en excavaciones arqueológicas, como los búhos de cornisa, las tejas planas o semicirculares, los remates de teja de blanco vidriado, etc., en general de exquisita factura y esmalte brillante. Los hay de grandes dimensiones, que delatan su función como piezas para uso imperial, como es el caso del fragmento de búho de cornisa con garras de 23 centímetros de longitud, que hacen suponer un cuerpo de tamaño considerable.

Aparte de estas piezas de uso arquitectónico, la producción de cerámica vidriada de época Yuan también incluye algunos objetos sacrificiales, imaginería budista y un pequeño número de ejemplares decorativos de gran belleza. El brasero de tres pies conservado en la Ciudad Prohibida, pintado de amarillo, verde y blanco, es de factura sobria y talla exquisita. El estilo es vigoroso y rudo, y en las dos orejas pueden leerse las inscripciones "Primer año de la era Zhida" (1308) y "El alfarero de cerámica vidriada Ren Tang lo elaboró en Fenyang".

Por lo que se refiere a las diversas tipologías morfológicas de cerámica vidriada de época Yuan, hay incensarios, edificaciones, arcos memoriales, candiles, jarrones y pagodas ceremoniales, pabellones-incensario, ollas grandes, peanas, tabernáculos…, la mayoría de ellos de gran tamaño y altura. Los colores de esmalte más utilizados son el amarillo, el ver-

9-85 Brasero de cerámica de tres colores con decoración tallada de dragones y fénix de los hornos de Cizhou Dinastía Yuan Altura: 37 cm.; diámetro boca: 22 cm. Museo de la Capital (Beijing)

de, el azul y el blanco, y en muchos casos se recurre a la técnica del perforado como método ornamental. Durante las excavaciones del sitio arqueológico de la antigua capital Yuan de Dadu en Beijing llevadas a cabo hace algunos años se descubrió un incensario con decoración superpuesta de 37 centímetros de altura, con el cuerpo recubierto de esmalte amarillo, verde, y azul y unos apliques superpuestos de extraordinaria belleza. La tapadera imita en su forma la de Boshan de época Han, con un monte de inmortales y dragones ondulantes, y se acopla de manera muy ingeniosa con el típico incensario de orejas rectas de época Yuan. En el cuerpo de la pieza aparecen dragones y fénix trabajados de manera extremadamente exquisita con la técnica del perforado. Se trata de un ejemplar que refleja de manera muy particular el nivel artístico alcanzado por la cerámica vidriada de época Yuan (imagen 9-85).

En algunas de estas piezas de cerámica vidriada de la dinastía Yuan aparece impreso el nombre del artesano alfarero y del lugar, e incluso el año de elaboración. Es el caso del ya mencionado gran incensario con apliques custodiado en la Ciudad Prohibida, que aparte de la excelente factura presenta dos inscripciones impresas en la superficie de las orejas: "Cuarto mes del primer año de la era Zhida de los Yuan" y "El alfarero de cerámica vidriada Ren Tang lo elaboró en Fenyang". El primer año de la era Zhida (del emperador Wuzong) era el 1308, casi medio siglo después del comienzo del reinado de Kublai Kan, en un momento de recuperación social y económica. Fenyang se encuentra en la actual provincia de Shanxi, y era un célebre lugar de producción de cerámica vidriada. Este incensario de cerámica vidriada de tres colores tiene una datación precisa y también presenta inscrito el lugar de producción y el nombre del artesano, y constituye una importante referencia a la hora de estudiar el nivel de desarrollo de las artes cerámicas y de esmaltado de la dinastía Yuan y las características de producción de la época. Ese sistema de "marca" era un método empleado tradicionalmente por los artesanos alfareros desde la Antigüedad, y a menudo era llevado a cabo mediante incisión o impresión en la parte inferior de la vasija u otros lugares no expuestos a la vista. El hecho de que en este caso el nombre del artesano aparezca bien visible en las orejas del incensario significa que el estatus social de los alfareros de la época era más relevante que antaño.

Capítulo 7   Porcelana de exportación

Tras la reunificación del país con los Yuan, la ampliación de las fronteras y la revitalización del tráfico terrestre y marítimo, y en unas condiciones excepcionalmente favorables, el transporte por mar centró la atención de las políticas de la dinastía, y el comercio exterior prosperó de manera extraordinaria. Consiguientemente, las exportaciones de cerámica china aumentaron considerablemente durante este período tanto en cantidad como en rango.

El comercio exterior de la porcelana china en época Yuan siguió las viejas rutas marítimas ya trazadas durante las dinastías Tang y Song. El puerto de Quanzhou en Fujian fue el más importante puerto de exportación con los Yuan; desde él partían dos principales itinerarios de la Ruta de la Seda marítima, uno hacia el norte y otro hacia el sur. El primero atravesaba el Mar de la China Oriental hasta Shandong y después cruzaba el Mar de Bohai y recorría la línea de costa occidental de Corea hasta la isla japonesa meridional de Kyushu, o bien pasaba por el archipiélago de Zhoushan, recorría las costas de Jiangsu, atravesaba el Mar de la China Oriental y alcanzaba el sur de Corea, donde podía remontar la costa hasta Kaesong o bien tomar rumbo a las islas del Japón. El segundo itinerario llegaba hasta las Islas Pescadores en el estrecho de Taiwán, y luego podía proseguir hacia el sur hasta los diversos países del sureste asiático, y de ahí a la Península del Indostán, el Golfo Pérsico y el Mar Rojo hasta Egipto, o bien los numerosos puertos de la costa oriental africana.

Al abandonar el norte tras la caída de Kaifeng y fijar su nueva capital en Lin'an (Hangzhou), los Song desplazaron el centro político hacia el este del país. Del mismo modo, el centro del comercio internacional también se desplazó desde la ciudad meridional de Guangzhou hasta Quanzhou y otros puertos del sudeste chino. Tras recoger el testigo de Cantón, Quanzhou se convirtió en el gran puerto de exportación de objetos cerámicos de China. En el período que abarca de los Song del Sur a los Yuan, en un momento de gran desarrollo del tráfico marítimo y de prosperidad comercial, Quanzhou fue ganando terreno a Guangzhou como puerto de exportación. La porcelana de Chuzhou en Zhejiang y el celadón de Quanzhou se transportaron en grandes cantidades para su venta en el exterior, y gozaron entonces de una etapa de gran esplendor. La cerámica de exportación china salía principalmente de Quanzhou, aunque Cantón siguió siendo un importante puerto de comercio exterior. Junto a Hangzhou y Mingzhou (Ningbo), constituyen los cuatro grandes puertos de exportación de cerámica china de la época.

De septiembre a noviembre de 2001 y de marzo a julio de 2002, el instituto de arqueología de la ciudad de Ningbo llevó a cabo dos sucesivas campañas de excavación en el yacimiento arqueológico del centro urbano (área de Yongfengku), sacando a la luz dos superficies de 1.000 y 3.500 metros cuadrados respectivamente en las que aparecieron restos de almacenes oficiales de grandes dimensiones de época Song, Yuan y Ming. Durante el proceso, los arqueólogos descubrieron grandes cantidades de importantes materiales, y entre ellos más de 500 piezas de variada tipología en perfecto estado o susceptibles de restauración. Especialmente destacados son los ejemplares de porcelanas procedentes de renombrados alfares de todo el país y datados durante las dinastías Song y Yuan; aparte del celadón de los hornos de Yue, también había celadón de Longquan, porcelana de sombras verdes de Jingdezhen, porcelana *shufu*, porcelana de sombras verdes o esmalte blanco de Fujian, porcelana blanca de Dehua y Ding y copas pequeñas de esmalte negro de Jian. Todas estas vasijas demuestran la prosperidad de Ningbo (Mingzhou) como puerto comercial de exportación de porcelana durante aquellos años.

La porcelana de exportación de época Yuan tenía una marcada orientación geográfica según las diferentes tipologías y procedencias. Las piezas de gran tamaño de porcelana *qinghua* decoradas densamente con pigmento de cobalto importado elaboradas en los hornos de Jingdezhen, por ejemplo, fueron exportadas principalmente a los países musulmanes de Oriente Próximo, mientras que las vasijas de menores dimensiones decoradas de manera simple con cobalto nacional estaban destinadas en cambio a los mercados del sureste asiático. Por otro lado, y por los que respecta a los países del entorno más próximo, de todas las piezas de porcelana china descubiertas en Filipinas no hay ninguna proveniente de algún horno del norte del país, y predominan sin embargo las muestras de alfares de lugares como Jiangxi, Zhejiang, Hunan o Guangdong. En los restos del pecio de época Yuan hundido frente a las costas surcoreanas, por su parte, no ha aparecido ninguna pieza de porcelana *qinghua*.

El *Registro de las costumbres de Camboya* de Zhou Daguan constituye una importante prueba documental de la exportación de porcelana de los hornos de Fujian a los países del sureste asiático durante la dinastía Yuan. En el capítulo dedicado a los artículos exportados por los mercaderes chinos se afirma que "esas regiones no disponen de oro o plata, que son el principal material importado desde China; el segundo lugar lo ocupan los productos de seda de colores, y seguidamente el estaño de Zhenzhou, las bandejas laqueadas de Wenzhou y la porcelana verde de Quanzhou". Según Chen Wanli, esa "porcelana verde de Quanzhou" era el término común con el que se conocía la producción procedente de los hornos de Fujian cercanos al puerto de Quanzhou. Éste era el más próspero de todos los puertos de exportación de época Yuan, y por tanto es muy probable que las piezas elaboradas en hornos de otras zonas de Fujian como los de Tong'an, Nan'an, Yongchun o Xianyou confluyeran en aquella ciudad. Se trata de un término genérico que no se limitaba a los productos procedentes del área limítrofe de Jinjiang. Las investigaciones realizadas a partir de mediados del siglo XX han descubierto sitios arqueológicos relacionados con esta cerámica de exportación en Jinjiang, Tong'an o Dehua, y en los últimos años también se han hallado en áreas del sudeste asiático materiales relativos.

El acontecimiento más importante para el conocimiento de la porcelana de exportación de época Yuan desde el punto de vista de la cantidad y variedad de las piezas descubiertas fue el ya mencionado hallazgo y recuperación a partir de 1975 de la nave comercial hundida frente a las costas de la provincia surcoreana de Sinan, con un total de aproximadamente 16.000 ejemplares, un descubrimiento sin precedentes en la historia de la arqueología. En 2006, por otro lado, se llevaron a cabo labores arqueológicas en el pecio de época Yuan situado frente a la isla de Dalian en el condado de Pingtan en Fujian. Todas las piezas cerámicas recuperadas eran de porcelana verde de Longquan. Había bandejas grandes, tazones, pequeñas ollas, etc., de pasta gris y esmalte color amarillo verdoso o verde oscuro por ambas partes de las piezas, algunas sin esmalte en la parte interna de los apoyos circulares y con la pasta al aire. Todas ellas fueron datadas en el período final de la dinastía Yuan.

Estas muestras de porcelana de exportación de época Yuan de Longquan no sólo han sido halladas en grandes cantidades en las naves comerciales hundidas frente a las costas del Pacífico, sino también en numerosos yacimientos arqueológicos repartidos por todo el mundo, como los restos urbanos, habitacionales o funerarios de puertos y localidades importantes de más de cuarenta prefecturas (Fukuoka, Saga, Nagasaki, Kumamoto,

Kyoto, Nara, Wakayama, Kanagawa...) de Japón. También se han descubierto muestras de porcelana de Longquan en las costas septentrionales del Océano Índico, el área en torno al río Indo, Oriente Próximo, Persia, Egipto, África Oriental o las costas mediterráneas. La mayor parte de los puertos y ciudades de esos lugares mencionados ya habían comenzado a importar celadón de Yue con los Tang, las Cinco Dinastías y los Song del Norte, y durante los Song del Sur y los Yuan siguieron la tradición adquiriendo porcelana de los hornos de Longquan.

Las tipologías morfológicas son muy variadas. Los jarrones de exportación de Longquan de época Yuan son de boca cuadrada; con orejas tubulares y decoración de dragones enroscados; con boca en forma de bandeja y cuello alargado; grandes y con decoración de peonías; con doble oreja; con decoración de anillos; con decoración de lotos, peonías y dobles peces y dragones; y con boca en forma de cabeza de ajo; también hay frascos de esencias o jarras en forma de pera con boca acampanada, cuello largo y decoración de nubes y dragones. En cuanto a los tazones, hay ejemplares con decoración de flores de ciruelo o pétalos de loto; lisos con paredes rectilíneas o curvadas que retroceden hacia la base; de apoyo alto; y con decoración floral (con cuatro sinogramas escritos en negro en su interior en alusión a la calidad del color verde azulado de la pieza). Los incensarios pueden ser en forma de caldero *li* con tres pies; con tres pies y doble oreja; hexagonales con decoración de lotos; con decoración de peonías y ramas intrincadas; triangulares con los ocho trigramas; con apliques y decoración de peonías; con peonías y pies en forma de bestia salvaje; con doble oreja, pies en forma de bestia salvaje y tapadera con asidera zoomorfa; o con cuatro orejas, tres pies y decoración de crisantemos, entre otros. También hay ollas con decoración floral y de peonías y tapadera en forma de hoja de loto; en forma de melón con decoración de hojas de loto (con craqueladuras en el esmalte del fondo interior y una inscripción en negro con el nombre de la dinastía y el número de serie de la pieza); con decoración floral y tapadera circular; pequeños con decoración de líneas paralelas y tapadera en forma de hoja de loto; con tapadera y decoración de hojas de loto, etc., y pequeñas urnas en forma de hoja de loto con motivos de melón o con panza abultada y manchas de óxido. Las escudillas llevan apliques o decoración impresa de doble pez, o bien son de gran tamaño con apliques y decoración de dragones o con peonías (y el sinograma ☐ en negro), y las bandejas presentan decoración fitomorfa (y una inscripción en su base alusiva a la oficina de asuntos civiles y militares a las que iban destinadas); de gran tamaño con boca en forma de pétalo de loto y decoración de lotos o con crisantemos; con decoración de hielo machacado (y una posible referencia al número de serie en el interior del apoyo circular); con decoración de doble fénix; con manchas de óxido... Por lo que se refiere a los aguamaniles, los hay con decoración floral o fitomorfa; con paredes curvadas que retroceden hacia la base; con tres pies y decoración de pezones; con vertedera y manchas de óxido, etc. Los cántaros llevan decoración de peonías y crisantemos o nubes y dragones, o bien tienen forma de calabaza. Los maceteros presentan bordes florales, o son hexagonales y con decoración fitomorfa. Aparte de ello, también hay soportes de copa, pequeñas vasijas para entintar con forma de monje taoísta, de pez o de vaca, morteros para moler medicinas, cajas para flores, figuras budistas...

Aparte de las porcelanas *qinghua* de Jinghdezhen y las piezas de Longquan, también había otras tipologías cerámicas que se exportaban en

9-86 Jarra de esmalte verdiblanco con pedestal y decoración superpuesta de ciruelos Dinastía Yuan Altura: 24'7 cm.; diámetro boca: 2'6 cm. Museo provincial de Jiangxi

grandes cantidades, como las porcelanas de sombras verdes del sistema de alfares de Jingdezhen (*qingbai* o verdiblanca) y la porcelana blanca de estilo *shufu*. En cuanto a la porcelana verdiblanca de Jingdezhen, hay reposacabezas con forma humana, jarrones florero con decoración de dragones o peonías, jarrones con orejas en forma de pez y decoración de peonías, jarras con flores de ciruelo y pequeños jarrones con pedestal (imagen 9-86). Los cántaros pueden ser con asas y decoración de fénix, con orejas en forma de elefante y decoración floral y con asas y forma de calabaza (con o sin manchas de óxido) o de melocotón. Hay bandejas con boca en forma de pétalo de loto y decoración de hojas, o con bordes de la boca plateados sin esmaltar y decoración de nubes y dragones, tazones con bordes plateados sin esmaltar y decoración de pájaros y agua (con la inscripción "Vasija de esmalte blanco de alta calidad") o de lotos y peces, etc. Aparte de esto, hay también copas pequeñas en forma de melocotón y vasijas pequeñas para entintar en forma de niño subido a un buey. En cuanto a las porcelanas blancas del sistema de hornos de Jingdezhen, hay tazones con bordes de la boca plateados sin esmaltar y sinogramas impresos ("Piedra procedente de las montañas de Kun"), con decoración raspada de ciervos o con paredes curvas que retroceden hacia la base, incensarios con doble oreja circular y doble vertedera en forma de elefante, jarrones florero y bandejas con bordes plateados y decoración de fénix, entre otros. Por último, y por lo que respecta a la porcelana blanca *shufu*, hay tazones con decoración de lotos, floral o de pétalos de loto, tazones en forma de sombrero de bambú con decoración de fénix; con cintura quebrada y decoración floral o de pétalos de loto; o con apoyo alto y paredes rectilíneas que retroceden hacia la base o paredes curvadas y decoración fitomorfa, y bandejas con labios redondeados y decoración de crisantemos, entre otros.

Capítulo 8 Conclusiones

La extensión de las fronteras durante la dinastía Yuan y los frecuentes contactos entre los diferentes pueblos y etnias del país e intercambios culturales y comerciales con el exterior abrieron las mentes de los ciudadanos chinos; al mismo tiempo, el desarrollo de una economía de carácter mercantil contribuyó al florecimiento de la cultura urbana y comercial. Ello también influyó en las transformaciones experimentadas por los criterios estéticos de la época, que pasaron de la búsqueda de una belleza femenina, delicada e implícita de los Song a una progresiva asimilación del gusto foráneo por una belleza más ruda, vigorosa y exuberante, poniendo así las bases de los rasgos estéticos característicos del arte y la artesanía durante la dinastía Yuan. La porcelana elaborada en esta época tomó un nuevo rumbo, convirtiéndose en el soporte representativo de la cultura y las artes de los nuevos tiempos. La producción cerámica mudó entonces su aspecto, pasando de una superficie esmaltada de color único a la búsqueda de efectos multicromáticos, y abandonando el ámbito elitista de las clases más elevadas para abrazar la cultura popular de los estratos urbanos. Aunque la dinastía Yuan no duró mucho tiempo, reviste un decisivo significado por lo que se refiere a la historia de las artes cerámicas chinas.

La producción cerámica de época Yuan se caracteriza en primer lugar por el aumento de la demanda tanto interna como externa, y también por la paulatina decadencia de la mayor parte de los hornos del norte de China, que favoreció en cambio el importante desarrollo de los alfares del sur del país, especialmente los de Jingdezhen y Longquan. De lo descrito en este capítulo se desprende que la producción alfarera de numerosos hornos cerámicos no disminuyó durante este período, aunque la calidad resulta en general más tosca en comparación con la de etapas anteriores. La cerámica Yuan se caracteriza en términos generales por un cuerpo grueso y sólido aunque de pasta blanda, y por su capa de esmalte fina y monocroma; también es así en el caso de la porcelana de Longquan, en cuyos ejemplares resulta ya raro encontrar un esmalte suave y de hermosa tonalidad verde jade como el que se elaboraba durante la dinastía Song. La única excepción son los hornos de Jingdezhen, que no sólo incrementan su producción respecto a los Song sino que además presentan una más amplia variedad tipológica y decorativa, y también experimentan un avance notable por lo que se refiere al lavado y combinación de las materias primas y a la temperatura de cocción de las piezas. De este modo, llegados a las dinastías Ming y Qing los alfares de Jinghdezhen acabarían detentando el monopolio alfarero. En cualquier caso, los hornos de Longquan y de Cizhou también cumplen una importante función; los de Longquan, en concreto, son los que presentan una mayor producción cerámica y también un mayor número de piezas destinadas a la exportación, incluso por encima de Jingdezhen. Los métodos decorativos de pintura negra sobre fondo blanco de los hornos de Cizhou, por otra parte, ejercerán una influencia directa en el desarrollo de la porcelana *qinghua* tanto de Jingdezhen como de Yunnan. Hoy en día resulta muy difícil determinar cómo se relacionaban entre sí todos estos diversos alfares, aunque son evidentes las similitudes por lo que respecta tanto a los métodos ornamentales como a los patrones y a los motivos decorativos, entre los que se encuentran flores, peces, historias con personajes o escenas enmarcadas en recuadros en forma de castaña de agua, todos ellos con características comunes a la época. Vamos a hacer seguidamente una recapitulación de los principales rasgos definitorios de la elaboración y decoración de la cerámica en época Yuan.

8.1. Elaboración de la cerámica en época Yuan

La cerámica Yuan se desarrolló sobre la base de una industria alfarera que había alcanzado estándares muy altos durante la dinastía Song, y debiera haber llevado en teoría las artes alfareras un paso más allá. En realidad no fue así, sobre todo debido a los estilos de vida y los criterios estéticos del pueblo mongol, y también a sus modos de producción. Durante toda la dinastía Yuan la demanda de objetos de porcelana ya no exigía piezas delicadas de paredes finas, sino que estaba orientada más bien hacia productos de empleo doméstico de gran tamaño, resistentes al uso y de factura tosca, más acordes con los modos de vida de las praderas meridionales. Por otro lado, los mercados exteriores también daban prioridad a los ejemplares sólidos de grandes dimensiones. Todo ello puso las bases de lo que sería la producción cerámica de época Yuan. Las técnicas de elaboración de época Song habían alcanzado ya un gran nivel; la mayoría de las piezas de uso doméstico podían ser completadas directamente en el torno, y presentaban muy pocas señales de intervención. Los incensarios de esa dinastía no eran elaborados por partes, y el método de realización de los jarrones también resultaba muy avanzado, con marcas muy superficiales. Con los Yuan, en cambio, y debido a las considerables dimensiones de las piezas, se trabajaban las diferentes partes por separado (incluida la base) y después se unían todas entre sí. Como el torneado era bastante tosco, los ejemplares presentan agrietamientos en su superficie, e incluso en algunos casos también filtraciones. Tanto las porcelanas trabajadas a torno como las elaboradas a mano no son muy refinadas, y presentan bases particularmente toscas. Estas características resultan evidentes en algunas de las piezas de los hornos que cocían porcelana monocroma y que se han conservado hasta la fecha.

Las variedades tipológicas de la cerámica de época Yuan se redujeron respecto a las de la dinastía anterior. Con los Song había cerámica de uso cotidiano, decorativa, funeraria, de carácter lúdico, etc., mientras que durante la dinastía Yuan predomina la primera variedad, y son muy escasas las piezas decorativas de factura exquisita. Debido a este predominio de los ejemplares de empleo diario, la mayor parte de ellos son circulares (hechos a torno), y abundan los tazones, las bandejas, los vasos, los platos, los aguamaniles, las vasijas con pies ovalados y vertedera de cuello largo (*yi*)... Los tazones son la variedad más frecuente en este período, y su elaboración hereda las características tradicionales de los Song a la vez que introduce nuevos elementos. Las bandejas tenían una utilidad más diversificada, por lo que su producción era más cuidada que en el caso de los tazones. Había abundantes bandejas de forma circular, de tamaño grande y bordes de la boca rectilíneos con paredes curvadas o quebradas; estos últimos eran muy frecuentes durante la dinastía Yuan, y eran producidos en todos los hornos. La boca podía ser circular o en forma de flor, de mayor belleza. Las bandejas de porcelana de esta época tenían la base sin esmaltar, y la decoración cubría sólo la parte interna de las piezas. Los aguamaniles son la tipología más variada; se heredan las formas tradicionales de época Song, pero los típicos aguamaniles con labios finos y estrechos de entonces escasean y abundan en cambio los de labios anchos o quebrados, con una decoración muy rica y diversa. Las frecuentes vasijas *yi* son un tipo muy particular de aguamanil, con paredes rectilíneas que retroceden hacia la base plana, una vertedera lateral en forma de ranura, el borde de la boca sin esmaltar, el asiento granuloso y una pequeña oreja bajo la vertedera. Estas piezas casi no aparecen tras la dinastía Yuan, por lo que constituyen una tipología estándar de esta época a la hora de establecer la cronología de las porcelanas.

Los jarrones y ollas son muy abundantes durante este período, la mayoría desarrollados a partir de sus modelos precedentes de época Song. Los jarrones florero presentan ya diferencias respecto a la etapa anterior. Los hombros son muy abultados, lo que eleva a su vez la panza y hace que el centro de gravedad se desplace hacia la parte superior; la mitad inferior de la panza retrocede en curva hacia la base, lo que le otorga una figura erguida de considerable gracilidad y belleza. También los hay que presentan una parte inferior extrovertida bajo la curvatura de la panza, lo que contribuye a dar estabilidad a la pieza. Los jarrones florero de la dinastía Song no solían tener tapadera, que sí aparece en cambio en los de época Yuan, con forma de campana de inmersión superpuesta a la pieza inferior y una asidera a modo de perla puntiaguda (imagen 9-87). Los jarrones en forma

9-87 Jarrón florero de porcelana _qinghua_ con tapadera y decoración de peonías y ramajes Dinastía Yuan   Altura: 48'7 cm.; diámetro interior boca: 3'5 cm. Museo de Gao'an (Jiangxi)

9-88 Jarra de porcelana _qingua_ de panza abultada, cuello alargado y boca acampanada con decoración de dragones Dinastía Yuan   Altura: 27'2 cm.; diámetro boca: 8'3 cm. Museo provincial de Jiangxi

de pera con boca acampanada y cuello alargado también son muy frecuentes entonces, y su hermosa figura no presenta grandes cambios respecto a los de la etapa precedente, aunque a veces tienen la parte superior un poco más larga (imagen 9-88). En época Yuan se hereda la costumbre de añadir orejas a las vasijas y se aplica aún más extensivamente, convirtiéndose en una característica típica de las porcelanas de entonces, junto al añadido de peanas. Los jarrones con boca en forma de flor o de calabaza aparecidos en época Song siguen produciéndose ahora, mientras que los jarrones en forma de vasija *gu* o *zhi* (de boca acampanada) en imitación de los bronces ya no se producen.

Las ollas de este período son en general de boca rectilínea, cuello corto, panza abultada, paredes gruesas y base más gruesa y pesada, con una gran apariencia de estabilidad. Hay dos tipos de hombros: el primero es muy desarrollado, acompañado de una panza redonda y abultada que retrocede hacia la base, de gran robustez; el segundo son los hombros caídos, acompañados también de una panza abultada que retrocede hacia la base, de apariencia más proporcionada y algo más de altura. La mayoría de las ollas de época Yuan tienen tapadera, de muy variada factura, muchas de ellas con reborde interior en la boca para encajar en el cuerpo principal; las asideras pueden ser en forma de perla o bien en forma de león reclinado como las de las vasijas vertedera de porcelana verdiblanca de época Song. Una creación célebre de los alfares de Longquan son las ollas de celadón con tapaderas en forma de hoja de loto ondulante de esmalte color verde oscuro; se trata de una tipología muy característica de este período que sirve a menudo como parámetro para determinar la cronología de otras piezas de porcelana, y también aparece en otros alfares de la época (imagen 9-89).

Abundan también los cántaros con asa, frecuentemente con un cuerpo principal en forma de pera con boca acampanada y cuello alargado, al que se añaden una vertedera fina y larga y un asa curvada, de hermosa factura. La vertedera gana en altura respecto a la de las vasijas Song, aproximándose al nivel de la boca del cántaro o incluso superándolo. Como el acoplamiento al cuerpo principal es bastante tosco, a veces se añade entre una y otro un elemento accesorio para reforzar la cohesión, un rasgo típico de la cerámica Yuan. En algunos casos hay pequeños aros sobre la tapadera y la parte superior del asa, para poder atar una a otra y evitar que se caiga aquella.

Aparte de las tipologías arriba mencionadas, la porcelana de época Yuan también presenta otras variedades como las figuras en forma de granero, los jarrones esmaltados con peana en forma de camello, boca a modo de flor y doble asa, los reposacabezas de porcelana con exquisita decoración incisa y tallada, los tronos con decoración fitomorfa

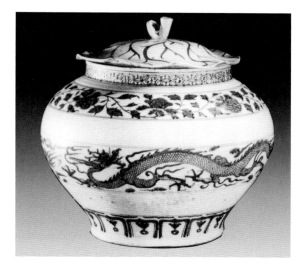

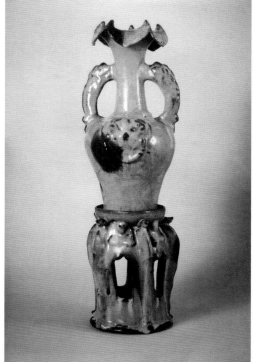

9-89 Olla con tapadera de porcelana *qinghua* con forma de hojas de loto y decoración de dragones y nubes Dinastía Yuan   Altura: 36 cm.; diámetro boca: 21 cm.   Hallado en un depósito de época Yuan de Gao'an (Jiangxi)   Museo de Gao'an (Jiangxi)

9-90 Cántaro aplanado de esmalte verdiblanco Dinastía Yuan   Altura: 26 cm.; diámetro boca: 6'5 cm.   Museo provincial de Jiangxi

9-91 Jarra con peana de esmalte Jun con doble asa zoomorfa y boca en forma de flor Dinastía Yuan   Altura: 63'8 cm.; diámetro boca: 15 cm.   Museo de la Capital (Beijing)

9-92 Reposacabezas de esmalte verdiblanco tallado a modo de escenario teatral Dinastía Yuan   Altura: 15 cm.; longitud: 22 cm.   Museo de Fengcheng (Jiangxi)

9-93 Trono con decoración fitomorfa en marrón rojizo bajo esmalte Dinastía Yuan Altura: 24'1 cm.; longitud: 29 cm. Museo de la Ciudad Prohibida (Beijing)

9-94 Vasija para verter líquidos de esmalte verdiblanco con decoración de dragón enroscado Dinastía Yuan Altura: 12 cm. Museo de Chongqing

en rojo bajo esmalte o las vasijas vertedera de esmalte verdiblanco con decoración de dragones enroscados (imágenes 9-90, 9-91, 9-92, 9-93 y 9-94).

8.2. Esmaltes y métodos decorativos de las porcelanas

En la historia de China siempre ha habido una distinción entre la cultura elitista y la cultura de carácter popular. La primera surgió en la confluencia de las corrientes de pensamiento confuciano, budista y taoísta, y estaba imbuida de espíritu confuciano desde el punto de vista ideológico pero influida en cambio por el budismo y el taoísmo por lo que se refiere a los cánones estéticos y artísticos. En cuanto a los objetos de porcelana, esta cultura se tradujo en unas piezas de gran elegancia, contenido implícito, escasa exuberancia y una belleza acorde con el mundo natural, y alcanzó su máxima expresión con los ejemplares elaborados durante la dinastía Song. Es la época en la que se producen las porcelanas de esmalte verde, blanco o negro, las de esmalte *jun* cambiante y las de pelo de conejo, gotas de aceite o caparazón de tortuga, cuya belleza radica en las propias calidades de los diversos colores de los esmaltes y las sensaciones que transmitían, recurriendo apenas a patrones decorativos complejos. Cuando hay ornamentación se trata normalmente de patrones incisos o perforados en la propia superficie esmaltada, y casi nunca de motivos pintados sobre el color original.

Llegados a la dinastía Yuan, sin embargo, se producen cambios estéticos de relevancia. En el ámbito de la literatura van ganando terreno las piezas teatrales y operísticas de tratamiento menos sutil y más directo y demostrativo. Por cuanto se refiere a la cerámica, la porcelana de colores que reflejaba los gustos populares y que siempre había sido desdeñada por los hombres de letras –porcelana de fondo negro y decoración blanca, porcelana *qinghua*, porcelana de cinco colores (rojo y verde), etc.– empieza a abrirse paso con fuerza. Durante este período se produce una confluencia de la cultura elitista y la popular, lo que por una parte responde al cambiante papel de los letrados en su calidad de portadores de la alta cultura y por otro lado es consecuencia del desarrollo de la economía mercantil y de la sociedad urbana.

La cultura de élite abandona definitivamente con la dinastía Yuan esa posición preponderante que había ocupado en la historia de la cultura china, mientras por su parte la cultura popular va gradualmente ganando terreno y sustituyendo a aquella como corriente mayoritaria, un fenómeno que anuncia el advenimiento de los tiempos modernos en la cultura china. Por lo que respecta a las artes cerámicas, el paso de una producción que recurría durante la dinastía Song a los cambios en el color del esmalte como medio para expresar las ensoñaciones filosóficas de las clases ilustradas a otra –caso de la porcelana *qinghua* de época Yuan o la de cinco colores y la "familia rosa" de las dinastías Ming y Qing– en cuya decoración pintada se manifestaban de manera directa la cultura y costumbres populares constituye una decisiva encrucijada en la historia de las artes cerámicas chinas.

En dicho contexto podemos observar cómo tanto los hornos del norte del país como los del sur comparten un destacado rasgo si comparamos su producción con la realizada durante la precedente dinastía: ambas conceden poca importancia a las calidades intrínsecas de los esmaltes, y concentran en cambio su atención en la ornamentación de sus superficies. La riqueza de los métodos y técnicas decorativos supera con creces cualquier muestra producida hasta la fecha, incorporando por una parte procedimientos heredados de las dinastías anteriores (la incisión, el raspado, la impresión, el aplique, la superposición, la perforación, la pintura, etc.) y desarrollándose a su vez sobre esa base con la introducción de elementos innovadores.

El punto fuerte del celadón de Longquan de época Song eran las tonalidades de su esmalte, con un estrato espeso como la crema, de una hermosura semejante al jade, y con colores como el blanco pálido, el verde guisante, el azul claro, el gris verdoso, el verde grisáceo, el amarillo grisáceo, el amarillo tostado, etc. Entre ellos destacan por su atractivo el azul pálido y el verde ciruela. La superficie del esmalte azul claro de los hornos de Longquan es opalescente, lustrosa y suave, con reflejos verde oscuro y rosa. El esmalte color verde ciruela posee una belleza más profunda, de un verde lujuriante, con capas transparentes y una tonalidad llamativa semejante a la de la ciruela joven. La producción de los hornos de Longquan en época Yuan está muy por debajo de la de la dinastía Song por lo que se refiere a la calidad y elaboración de la pasta y los esmaltes. En cuanto a la ornamentación, sin embargo, con los Yuan aparecen motivos (animales, insectos, flores, patrones geométricos…) y se emplean métodos como la impresión en negativo, el raspado o la superposición y los apliques –en el caso de las piezas de gran tamaño– que no habían aparecido durante la dinastía anterior (imagen 9-95).

Por otro lado, en época Yuan la mayoría de los hornos alfareros del norte del país entran en decadencia, salvo los de Jun y Cizhou, un fenómeno que sin duda guarda relación con el estilo de sus piezas. En este período las piezas más abundantes y de mayor influencia de los hornos de Cizhou son las de decoración negra sobre fondo blanco, una variedad muy característica del norte de China que fue muy imitada por toda la región en torno al Río Amarillo. Tras el traslado de la corte a Hangzhou, los hornos de Jizhou también comenzarán a copiar esas piezas, e incluso la porcelana *qinghua* de Jingdezhen recibirá una fuerte influencia. Esta variedad blanca con decoración negra de los alfares de Cizhou se desarrollará ulteriormente con los Yuan. Los motivos decorativos más significativos de esta época derivan por una parte de las escenas con personajes de las representaciones teatrales, y por otra de las obras literarias, la pintura y la caligrafía. El florecimiento de la ópera y el drama y de la literatura tuvo sin duda su repercusión en las artes cerámicas. Este empleo de motivos sacados del teatro y las novelas no sólo es característico de los hornos de Cizhou, sino que también está presente en la porcelana *qinghua* de Jingdezhen.

Las piezas con sinogramas inscritos ya habían aparecido en los hornos de Changsha durante la dinastía Tang, y en los alfares de Cizhou de época Song también hay bastantes muestras, sobre todo la inscripción "Realizado en el taller de los Zhang", ciertos apellidos a modo de marca de fábrica o bien

9-95 **Vasija tipo** *zun* **de esmalte verdiblanco en forma de león**
Dinastía Yuan   Altura: 21'8 cm.; longitud: 13'4 cm.   Museo de Shanghai

referencias a su destino final o a cierto tipo de flores. Con los Yuan este tipo de inscripciones aumenta considerablemente en número. El celadón de los hornos de Longquan, por ejemplo, presenta abundantes muestras de inscripciones con sinogramas de carácter auspicioso, como "Longevidad y fortuna", "Afortunado como los mares del este", "Longevo como las montañas del sur", "Abundancia", y otros con los nombres de talleres (Longquan, Qinghe...) o de artesanos. En los alfares de Cizhou, por su parte, hay numerosos ejemplos de cántaros, jarrones, reposacabezas u ollas con frases o poemas, como la olla de esmalte color crema descubierta en 1983 en el distrito de Mengyin de Shandong, con una melodía versificada de 17 versos y 150 sinogramas –un raro caso entre los ejemplares desenterrados en las últimas décadas–, un fragmento de la cual reza así:

> "Te oigo llamar mi nombre desde fuera, pero ahora no puedo salir a verte. Mis padres casi escuchan el sonido de tus repiques en la ventana. Me quedo junto a la puerta, y no sé dónde estarás. Oigo tus requiebros amorosos y comienzo a sudar, nerviosa, Vuelve a casa, hoy no pudo irme contigo. Dicen que los enamorados no pueden estar siempre juntos".

Se trata de un ejemplar digno de admiración, que supone un avance en la decoración caligráfica respecto a las porcelanas de época Song y Jin (Yurchen). Ciertas piezas salidas de los hornos de Cizhou poseen un alto valor estético que en ocasiones viene a suplir las carencias en el ámbito de las bellas artes o la literatura. Tanto las variedades tipológicas de la cerámica de época Yuan como los métodos decorativos son muy numerosos, y constituyen un fiel reflejo de esa característica ornamentación basada en el esmalte de color único con un magnífico resultado final. Aunque las piezas de color rojo y verde de Cizhou de época Yuan no resultan muy abundantes en territorio nacional, sí que fueron bien acogidas en los mercados del sudeste asiático, y constituyen el precedente de los ejemplares de dicha tipología producidos y exportados por diversos hornos cerámicos durante la dinastía Ming, y la base a partir de la cual se desarrolló la porcelana de colores en época Ming y Qing.

8.3. Características de las artes pictóricas de las porcelanas

La pintura en el ámbito de la alfarería da sus primeros pasos con las cerámicas pintadas originarias, que poco a poco fueron cayendo en desuso. A su vez, la cerámica tradicional fue siendo sustituida por la porcelana, y aunque ya desde la dinastía Tang con los alfares de Changsha y a lo largo de los posteriores siglos se vinieron decorando con pintura una parte de las piezas de porcelana, este método ornamental nunca fue predominante. Normalmente se utilizaba la incisión, el raspado, la impresión o la superposición sobre la superficie esmaltada, o incluso se dejaba ésta libre de decoración, pero raramente se pintaba. Con la dinastía Yuan está situación empezará a cambiar, por una parte debido a la influencia ejercida sobre las artes pictóricas de numerosos hornos de la época por las piezas de decoración negra sobre base blanca de los alfares de Cizhou, y por otra como consecuencia del desarrollo experimentado por la porcelana *qinghua* de Jingdezhen y la cerámica roja y verde de comienzos de la dinastía, que impulsaron las artes pictóricas en las cerámicas llevándolas a una nueva etapa histórica y abriendo el camino para el desarrollo de la porcelana de colores en la alfarería china.

Antes de los Yuan los hornos de Jingdezhen no recurrían a las artes pictóricas para decorar sus piezas. Aunque hay registros históricos que mencionan la cerámica de Jingdezhen de época Han, los restos de hornos más tempranos hallados hasta la fecha se remontan a las Cinco Dinastías. La porcelana producida entonces era de superficie lisa verde o blanca sin decorar, mientras con los Song se elaboraban piezas con esmalte de sombras verdes decoradas principalmente mediante la incisión y el raspado, pero no hay muestras de pintura; con los Yuan, en cambio, apareció la porcelana *qinghua*, y ya desde el principio la decoración pintada alcanzó niveles muy altos. En cuanto a los motivos, hay diferentes teorías. Una de ellas es la representada por Liu Xinyuan, ya mencionada más arriba, según la cual una parte de la porcelana *qinghua* de época Yuan había sido elaborada en alfares oficiales, por lo que la decoración tomaba prestados patrones y motivos diseñados en la oficina de pintura correspondiente, que eran copiados por los artesanos alfareros y trasladados a sus piezas cerámicas. Otros autores opinan que, para que la porcelana *qinghua* de aquel período alcanzara esos niveles de excelencia, además de la influencia de Cizhou y Jizhou también tendrían que haber contado con la participación de artistas y literatos procedentes de esos hornos. La explicación radica en el escaso aprecio que la élite gobernante mongola sentía hacia las clases letradas, que no podían entonces hacer carrera mediante el tradicional cauce de los exámenes imperiales y que fueron relegadas en cambio a los estratos inferiores de la sociedad, a un nivel incluso más bajo que las prostitutas, viéndose obligados así a mendigar para poder sobrevivir. Muchos de estos *literati* no tuvieron más remedio que dedicarse a determinados oficios de carácter popular; una parte de ellos se dedicó a componer *zaju*, un tipo de drama escasamente considerado en la época, mientras los artistas procedentes de las instituciones clausuradas entraron a formar parte de aquellos talleres que requerían de sus servicios. Por ello dichos estudiosos suponen que las magníficas representaciones de personajes, flores y aves o peces e insectos aparecidas en este período en las porcelanas *qinghua* de los hornos comunes de Jingdezhen habrían sido realizadas por esos artistas salidos de las oficinas de pintura. Por supuesto, se trata tan sólo de conjeturas, ya que faltan materiales históricos fiables que lo demuestren, aunque es cierto que algunos motivos pintados de la porcelana *qinghua* de época Yuan –y especialmente las historias con personajes sacadas de las obras teatrales y las óperas– no parecen haber sido realizados de manera improvisada o espontánea, sino que poseen una cierta destreza formal a la hora de plasmar plásticamente de manera condensada ciertos diálogos o escenas extraídos de esas representaciones teatrales. Si bien es probable que recibieran la influencia de las xilografías coetáneas, se trata sin embargo de manifestaciones artísticas que se adaptan a las características intrínsecas de las piezas cerámicas, con patrones decorativos que las asemejan más bien a las linternas con sombras giratorias cuyas historias se van disfrutando a medida que se deslizan sobre la superficie, o a los rollos de historietas pintadas. Los personajes eran dibujados siguiendo el estilo tradicional de línea entintada, con una estructura muy precisa, de gran expresividad y vivacidad; la técnica de representación de montañas y rocas hereda las características formales de los cuatro grandes artistas de la dinastía Song del Sur y recurre al método de la "gran hacha" consistente en el empleo de pinceladas de más amplio vuelo con el fin de trazar ángulos abruptos en las piedras resaltando así las distancias entre los sucesivos planos. Hay quien cree que los creadores de esas ornamentaciones de las porcelanas *qinghua* "tal vez eran artistas de palacio procedentes de las oficinas de pintura imperiales, responsables del modelado, la decoración y el color, con un estilo que conserva *grosso modo* las características de la oficina de pintura de época Song, sin fuertes cambios ni una gran evolución", y que por tanto esos exquisitos diseños "no podrían haber salido nunca de la mano de un simple artesano". La conclusión, como ya hemos avanzado más arriba, es que en la decoración pintada de las porcelanas *qinghua* de Jingdezhen tuvieron que participar artistas y literatos. En mi opinión, no resulta improbable que con la llegada de los Yuan y debido a la situación inestable una parte de aquellos artistas y hombres de letras que se habían congregado en la zona de Hangzhou y Suzhou tras el traslado de la corte imperial de los Song al sur del país se dispersaran entre el pueblo llano, acabando en lugares no demasiado alejados y más seguros como Jingdezhen.

La pintura de los hombres ilustrados de época Yuan era natural, sutil y sosegada, muy diferente al estilo puntilloso y elegante de la era Song, por eso posteriormente se acuñó la frase "los Tang valoraban el ingenio, los Song la laboriosidad y los Yuan el sentido intrínseco".

La porcelana *qinghua* de Jingdezhen no recibió la influencia del estilo libre de pintura de los literatos de la época, sino que desplegó en cambio un estilo más elaborado. Ello se debe quizás a dos motivos principales. En primer lugar, es necesario matizar que existían dos grandes grupos entre los hombres de letras de ese período. Uno incluía a aquellos *literati* que con los Yuan no practicaban la pintura como un medio de vida: bien funcionarios de alto rango como Zhao Mengfu o Gao Kegong; bien grandes terratenientes económicamente autónomos, como Cao Zhibai o Gu Aying; o bien personas que se retiraban del mundo siguiendo los pasos de budistas y taoístas, como Fang Congyi o Huang Gongwang. Como dichos artistas no necesitaban trabajar para vivir, y no estaban satisfechos con la situación política del momento, recurrían a la pintura como válvula de escape para desahogarse y expresar a través de las pinceladas sus ambiciones e intereses, dando voz así a sus valores morales y estéticos con un estilo refinado, decadente y contenido. El otro gran grupo estaba compuesto por los que acababan trabajando junto a los artesanos del pueblo llano para ganarse la vida, bien elaborando xilografías para las obras teatrales o bien pintando murales o decorando determinadas obras de arte. Se trataba de piezas de carácter comercial, y por tanto debían mantenerse en el ámbito plebeyo y adaptarse al gusto popular. Debido a la secularización de estos hombres ilustrados y artistas, sus manifestaciones artísticas eran más "heterodoxas" y diferían de las del primer grupo arriba mencionado. La necesidad de desempeñar un oficio remunerado hizo que prosiguieran con el estilo realista de pintura heredado de los Song del Sur, cuya técnica acabaron dominando. Por supuesto, ello no quiere decir que en la realización de las porcelanas *qinghua* de Jingdezhen colaboraran personalmente estos artistas "oficiosos", aunque es evidente que dicha producción recibió su influencia indirecta, lo cual no resulta sorprendente si tenemos en cuenta que la alfarería mantenía una estrecha relación con otras artes afines. Las representaciones de escenas e historias con personajes de la porcelana *qinghua* de aquella época fueron con toda probabilidad copiadas de los relieves en madera realizados por dichos artistas.

Por otro lado, esta manera de representar historias y personajes sacados de las obras teatrales mediante elaboradas pinceladas no aparece exclusivamente en la porcelana *qinghua*, sino también en la porcelana de fondo blanco y decoración negra de Cizhou, por lo que no hay que excluir la repercusión que estos últimos pudieran haber tenido... ¿Trabajaron los artistas de la élite cultivada en los alfares de Cizhou, e influyeron con su estilo en la producción cerámica de Jingdezhen? ¿O se trató más bien de la corriente estilística propia de la época, marcada por la influencia común de los dramas teatrales y los relieves en madera?

Este tipo de decoración característica de la porcelana de decoración negra sobre fondo blanco y de la porcelana *qinghua* responde a las exigencias de la economía mercantil de la época, y constituye a su vez una manifestación del desarrollo pleno de la cultura de carácter popular. Con el florecimiento de esta economía mercantil surgieron durante las dinastías Song y Yuan una serie de ciudades orientadas a las actividades comerciales, al mismo tiempo que aumentaban considerablemente los estratos urbanos de la sociedad de la época. Fue sobre esa base que se desarrolló y cobró auge la cultura popular propiamente dicha. Muchas de las ciudades de este período disponían de lugares fijos destinados exclusivamente a las representaciones artísticas de carácter popular llamados *washe*, delimitados por una balaustrada que separaba al público de la escena donde se llevaban a cabo las actuaciones (conocidas por ese motivo como "representaciones de balaustrada"). Las obras teatrales de época Yuan evolucionaron precisamente a partir de estas representaciones escénicas de los *washe*. Los dramaturgos eran hombres de letras fracasados, personas de talento pero desafortunadas, entre los que destacan por su celebridad autores como Guan Hanqing, Wang Shifu o Ma Zhiyuan. Todos ellos desahogaron su frustración con la coyuntura política de la época describiendo minuciosamente en sus obras las gestas de sus admirados héroes de antaño. La representación plástica de estas escenas sobre las piezas de porcelana de base blanca con decoración negra y porcelana *qinghua* de la época es la respuesta a la demanda del mercado. Como producto de carácter comercial, esta porcelana *qinghua* tenía una clientela fija, un mercado al que estaba destinada su producción y a cuyas exigencias estéticas se adaptaban los alfareros que elaboraban las piezas. Las obras de teatro de tipo *zaju* (literalmente "espectáculo de variedades") de época Yuan son muy numerosas. Había obras de carácter social (costumbristas), romances, dramas históricos... La mayoría de las escenas representadas en las porcelanas *qinghua* coetáneas son de esta última tipología, como por ejemplo "El general Meng Tian deliberando en su tienda", "Xiao He persigue a Han Xin bajo la luna", "Juramento en el jardín de los melocotoneros", "Tres visitas a la cabaña de paja", "El general Zhou Yafu", "El emperador Taizong de los Tang y el general Yu Chigong", etc. El hecho de que aparezcan todos esos emperadores, oficiales virtuosos y personajes de pasadas dinastías ataviados con vestimentas tradicionales en la decoración de estas porcelanas se puede entender por una parte como el fruto del interés de las élites gobernantes mongoles por la historia y la cultura del pueblo Han, y por otro lado refleja en cierto sentido la añoranza que los propios Han sentían por el sistema institucional y la cultura de época Tang y Song. Casi no existen muestras de este tipo de vasijas de porcelana *qinghua* descubiertas en otros países, lo que demuestra que en general no se trataba de un producto de exportación. Según algunos autores, entre la porcelana *qinghua* de época Yuan exportada a los países de Oriente Próximo apenas hay ejemplares con este tipo de decoración, por lo que probablemente debía ser un producto destinado al consumo interno. En cuanto a las variedades tipológicas más frecuentes con este tipo de decoración, abundan las piezas de carácter ornamental como ollas, jarrones florero o vasijas en forma de pera con boca acampanada y cuello alargado, la mayoría para mero disfrute visual. En cuanto a las porcelanas de fondo blanco con decoración negra de los hornos de Cizhou, las representaciones de obras teatrales con personajes aparecen principalmente sobre la superficie plana de los reposacabezas, que son a la vez objetos útiles y de gran valor estético. A juzgar por los materiales hallados hasta la fecha, su número era bastante abundante, sobre todo comparado con los ejemplares de porcelana *qinghua* de la misma tipología. No se han encontrado piezas de las mismas características y con similares patrones ornamentales, por lo que no se trataría de piezas producidos a gran escala sino más bien de ejemplares de gran calidad elaborados según demanda para un mercado muy específico. Sus clientes no podían ser gente común de escasos recursos, sino personas pertenecientes a las clases más altas de la sociedad con determinado poder adquisitivo o cierta influencia política.

La aparición durante la dinastía Yuan de numerosos personajes históricos o protagonistas de obras teatrales en las porcelanas de decoración negra sobre fondo blanco de Cizhou y en las porcelanas *qinghua* de Jingdezhen responde a una moda de la época, y supone también un importante punto de inflexión en la historia de la decoración de la porcelana china. Antes de los Tang y los Song este tipo de ornamentación era muy poco frecuente, y aunque durante estas dinastías empezó a aparecer decoración con personajes pintados –en especial con los hornos de Cizhou de época Song–, la mayoría de ellos eran niños jugando, con algunas muestras de retratos de mujeres hermosas, y eran extremadamente escasas en cambio las representaciones de guerreros valerosos. Por ello, el surgimiento de escenas con personajes históricos o ficticios en Cizhou y Jingdezhen durante la dinastía Yuan posee un enorme significado en el desarrollo de la cerámica china, ya que se trata de la primera vez en la historia del país en que aparecen este tipo de historias sacadas de las leyendas, la Historia y las obras teatrales. La representación minuciosa y delicada de estos motivos sobre la superficie de las porcelanas puso las bases de las numerosas y diversas escenas con emperadores y príncipes, guerreros y beldades,

seres inmortales taoístas, campesinos y tejedoras y todo tipo de actividades plasmadas posteriormente en las cerámicas de las dinastías Ming y Qing, y señaló el comienzo de la transición de la cultura elitista a la cultura popular en las artes cerámicas chinas. En la imagen 9-96 aparece un jarrón florero con una escena de la *Historia del ala oeste*, una célebre comedia amorosa china muy representada en las piezas de cerámica durante los reinados de los emperadores Shunzi y Kangxi de la dinastía Qing y que sin embargo apenas aparece en las decoraciones de las porcelanas de época anterior. Se trata pues del ejemplo más temprano conservado hasta la fecha de vasija decorada con historias sacadas de esta famosa obra de teatro escrita durante la dinastía Yuan.

9-96 Jarrón florero de porcelana *qinghua* con decoración de escena con personaje de los hornos de Jingdezhen Dinastía Yuan Museo Victoria y Alberto de Londres

Por lo que respecta a este tipo de decoración pintada característica de dicho período, los especialistas han dirigido principalmente su atención a los ejemplares de porcelana *qinghua*, descuidando en cambio la contribución realizada por los hornos de Cizhou con su porcelana de base blanca con decoración negra. En realidad, esta última tipología reviste también una gran importancia, ya que los numerosos motivos y formas decorativas presentes en la porcelana *qinghua* aparecen también aquí, y se puede apreciar claramente la influencia de ésta. Es el caso, por ejemplo, de los motivos florales, las aves y juncos, los personajes, los dragones y fénix, los peces entre algas, etc., en los que resulta evidente el influjo ejercido por los hornos de Cizhou en Jingdezhen, muy profundo también por lo que se refiere al uso extendido de los patrones decorativos en el interior de un cartucho en forma de castaña de agua. Era un tipo de ornamentación muy apreciado por las gentes de religión musulmana, por lo que las porcelanas *qinghua* exportadas a los países islámicos la emplean a menudo. Un ejemplar de tazón conservado en Estambul con la boca en forma de castaña de agua presenta tres franjas decorativas concéntricas; la más cercana al centro está dividida en compartimentos con decoración de hongos y conchas. Este método ornamental proviene en realidad de los hornos de Cizhou, aunque en este caso con un trabajo más elaborado y ordenado, y será muy utilizado en la porcelana *qinghua* de las dinastías Ming y Qing y en los ejemplares de

9-97 Bandeja con decoración de gacela Sultanabad (Persia) Finales del siglo XIII-siglo XIV Museo de Arte de Berkeley

exportación a Europa de la variedad conocida como "porcelana kraak". Por supuesto, este tipo de ornamentación a base de compartimentos separados por líneas también aparecerá a menudo en las cerámicas de los países islámicos. En la imagen 9-97 hay un ejemplo de este tipo, que presenta similitudes con los métodos de representación de otras artes afines. No es posible establecer a ciencia cierta si fue China la que influyó en el arte de los países islámicos o viceversa, ya que históricamente las diversas culturas se relacionan entre sí absorbiendo mutuamente características ajenas a la vez que transmiten las suyas propias.

8.4. Factores e influencias externas de los rasgos estilísticos de la porcelana *qinghua*

La conformación del estilo artístico de una época determinada depende tanto de factores internos como externos; en cuanto a los primeros, hay que considerar las corrientes estéticas derivadas de las transformaciones sociales, la interrelación con las artes afines y la perpetuación de las tradiciones heredadas del pasado, mientras que los factores externos tienen que ver sobre todo con la absorción de ciertos rasgos de los elementos heterogéneos presentes en esa sociedad –muy importante en el caso de un país como China– y el intercambio y simbiosis con las culturas llegadas de fuera de sus fronteras. Históricamente, los primeros intercambios culturales a gran escala entre distintas naciones se han originado siempre a partir de los enfrentamientos bélicos, y más tarde han ido evolucionando hacia unas relaciones de tipo comercial. La expansión territorial de los mongoles por casi todo el continente euroasiático impulsó el desarrollo artesanal y comercial de China. Gracias a la apertura de las comunicaciones entre un extremo y otro de Eurasia, los mercaderes procedentes de los países árabes y de la propia Europa llegaron de manera ininterrumpida a tierras chinas, portando consigo joyas, especias y productos artesanales y llevándose de vuelta a sus países seda, hojas de té y porcelanas. Las sedas y porcelanas chinas habían sido desde tiempos remotos los artículos de origen chino exportados a mayor escala, aunque en esta época ya se habían desarrollado también las técnicas de elaboración de seda en Oriente Próximo y Europa, y comenzaron a producirse allí productos con características autóctonas. La demanda de objetos de porcelana, en cambio, superó a la de seda y siguió creciendo, contribuyendo al desarrollo de la industria de la porcelana en Jingdezhen, por entonces ya convertido en centro de la producción cerámica de China. La porcelana de Jingdezhen se encontraba entonces en una nueva encrucijada; por una parte ya se había alcanzado con anterioridad un nivel muy elevado, por lo que había que tantear nuevos caminos e introducir ciertas innovaciones si se pretendía superarlo, y por otro lado la creación de un gran país unificado, la existencia y fusión de diferentes culturas, la enorme demanda de los mercados exteriores y el surgimiento de nuevos modos de vida y nuevas corrientes de pensamiento, entre otros factores, llevaron a los artesanos alfareros a concebir una estética diferente a todo lo anterior.

Esta nueva estética tenía que responder a la demanda interna –trasladando, por ejemplo, las escenas y personajes de la ópera tradicional a la decoración de las porcelanas *qinghua*–, y también a las exigencias de un mercado exterior en expansión, recurriendo especialmente al uso del pigmento azul cobalto en el caso de las cerámicas de Jingdezhen para luego colocar sus productos a gran escala en los países islámicos. A la hora de abastecer un mercado desconocido, utilizando materias primas no autóctonas y adaptándose a gustos decorativos ajenos, los artesanos alfareros de Jingdezhen se tuvieron que enfrentar a varios retos. En primer lugar, las vasijas de uso doméstico demandadas ahora por los países islámicos eran completamente diferentes tanto en sus variedades tipológicas como en sus dimensiones a los productos de mayor acogida hasta entonces en el mercado nacional. En segundo lugar, y por lo que se refiere a las técnicas, los métodos ornamentales con los que los artesanos de Jingdezhen estaban familiarizados no resultaban aptos para este nuevo mercado, ya que los productos requeridos allí tenían una superficie tres o cuatro veces más grande que debía ser recubierta de decoración, y por ello era evidente que debían emplearse métodos y patrones ornamentales completamente nuevos. En tercer lugar, había que aplicar el pigmento azul cobalto importado del exterior sobre la superficie blanca del esmalte, lo que planteaba un complicado problema técnico. Hasta entonces, los artesanos de Jingdezhen estaban habituados a emplear herramientas afiladas de madera o de hierro o bien las propias manos para decorar sus ejemplares, y no habían utilizado el pincel. Sin embargo, aquellas técnicas circunscritas al ámbito de la cultura tradicional china no resultaban ya en cierta medida del agrado de la nueva y creciente clientela, que demandaba en cambio el uso del pincel para pintar minuciosamente los nuevos motivos decorativos, un método de representación que los artesanos de Jingdezhen todavía no dominaban.

Con el fin de resolver estos tres problemas, los alfareros de Jingdezhen tuvieron que emplear un nuevo método decorativo nunca antes utilizado. Para ello, una importante condición era producir las adecuadas variedades tipológicas, lo que entrañaba una gran dificultad ya que las tipologías creadas para el mercado interno no resultaban aptas para estas nuevas exigencias. Las nuevas variedades tenían que adaptarse a los modos de vida y los métodos de uso de los mercados externos, y eran muy diferentes respecto a las formas tradicionales producidas en China. Además, los artesanos carecían de experiencia previa a la hora de decorar la superficie de estas vasijas de grandes dimensiones. Para responder a este reto, los alfareros de Jingdezhen tuvieron que usar un complejo estilo ornamental que seguía los principios empleados por los artistas islámicos, a base de círculos concéntricos o de cuatro particiones como en la superficie de las bandejas, desarrollando el patrón decorativo desde el centro hacia el exterior. Ello dio como resultado un nuevo estilo en el que los motivos ornamentales y la técnica de color bajo esmalte eran propios de China y el método era en cambio importado de los países musulmanes. Este rico y variado sistema híbrido, de peculiar delicadeza, resultará más hermoso y popular que el tradicional método empleado en China hasta entonces.

A comienzos del siglo XIV no era raro encontrar influencias musulmanas en la porcelana *qinghua* de los hornos comunes de Jingdezhen. En los bordes de numerosas bandejas es posible apreciar la decoración de lotos, un patrón de evidente estilo islámico que guarda estrecha relación con la minuciosa decoración de los rebordes de las alfombras árabes y persas. Ello demuestra que los artesanos de Jingdezhen tenían entonces muy presentes estos productos importados, y los estudiaron con detenimiento. Por supuesto, los ricos mercaderes persas que frecuentaban Quanzhou también recurrirían a los conocimientos de los artesanos chinos para satisfacer la demanda de sus clientes.

Las numerosas variedades de jarrones y pequeñas ollas producidas en Jingdezhen durante este período también poseen un aire exótico, y la mayoría de ellas se exportó a los países del sudeste asiático. Por sus reducidas dimensiones y su exquisita ornamentación, es probable que derivaran de los jarrones esmaltados en forma de pera familiares entre la población china. Desde el punto de vista de la apariencia formal, resulta fácil identificar la transformación de una vasija cilíndrica en otra de panza abultada. Cuando este elemento externo se traslada a los tazones, los artesanos de Jingdezhen se resisten por una vez a la influencia del estilo islámico. A pesar de que la porcelana *qinghua* de Zhizheng más típica presenta una profunda huella foránea, su decoración principal sigue arraigada en la tradición china tanto desde el punto de vista de los motivos como de los métodos ornamentales. Entre los motivos, abundan sobre todo los peces y algas, las historias con personajes, los dragones solos o entre nubes (imagen 9-98) u ondas marinas, los dragones y fénix, los pavos reales, los leones, los caballos celestiales, los *qilin* (unicornio chino), los insectos en la hierba, los ramajes con peonías o lotos, etc., y también hay flores de albaricoque, símbolos kármicos (en cuencos)...

La decoración auxiliar de las porcelanas *qinghua* aparece principalmente en la boca y la parte inferior y los apoyos de las vasijas. En el cuerpo principal los motivos se dividen muchas veces en bloques separados, como ocurre en el caso del cuello, la panza (en su parte superior, central o inferior) y el apoyo. Los más frecuentes son las flores (peonías, lotos, crisantemos) y ramajes, pétalos de loto superpuestos, ondas marinas (encrespadas o en calma)... Aparte de ello, había motivos misceláneos –los "ocho elementos auspiciosos" no tomaron una forma definida durante la dinastía Yuan, y a menudo aparecen bolas de fuego, corales, conchas, elementos en forma de T, cuernos de rinoceronte, hongos, peces dobles, bananas, *dharma chakras* o ruedas de la ley, jarras para abluciones, nudos infinitos– (imagen 9-99), grecas, hojas de banano, sucesiones de cuadrados en diagonal,

9-98 Olla con tapadera de porcelana *qinghua* con orejas en forma de cabeza animal y decoración de dragones y nubes Dinastía Yuan Altura: 47 cm.; diámetro boca: 14'6 cm. Hallado en un depósito de época Yuan de Gao'an (Jiangxi) Museo de Gao'an (Jiangxi)

9-99 Bandeja de porcelana *qinghua* con decoración de lotos Dinastía Yuan Museo de Shanghai

nubes, círculos entrelazados de patrón fijo o irregular, lotos, granadas o begonias entrelazadas, flores engarzadas, motivos en forma de abanico lobulado... También abundan las siluetas trilobuladas o romboidales. Todas estas variantes forman parte del contenido habitual de las artes tradicionales chinas. Mediante la simbiosis entre la tradición y la innovación y la absorción de elementos culturales y artísticos foráneos, los artesanos de Jingdezhen lograron crear un nuevo estilo cerámico característico de esa época, conformado a partir de las coordenadas temporales de aquel período gracias a la confluencia de los diversos componentes culturales y corrientes estéticas, cuyos frutos abrirían el camino a un nuevo futuro.

Esta porcelana *qinghua* de Jingdezhen no sólo sentará las bases del gran desarrollo de la porcelana *qinghua* y la de colores de las dinastías Ming y Qing, sino que también ejercerá una profunda influencia en la cultura islámica de la época, y será muy apreciada por los pueblos musulmanes. Las imágenes 9-100 y 9-101 provienen de libros miniados de Turquía, y en ellas podemos apreciar la estrecha relación existente entre el estilo decorativo de las porcelanas *qinghua* de época Yuan y los modos de vida de la gente de ese mismo período. Bursa era una importante ciudad del imperio otomano, fundada a comienzos del siglo XIV, justo cuando los hornos de Jingdezhen empezaron a elaborar

9-100 Imagen del libro *Tesoros chinos de Estambul* Carro con vasijas de porcelana

9-101 Imagen del libro *Tesoros chinos de Estambul* Tienda de porcelana

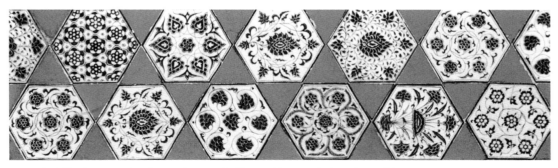

9-102 Ladrillos hexagonales de porcelana azul y blanca Mezquita de Muradiye en Edurne

su porcelana *qinghua*. Como se encontraba en el extremo occidental de la antigua Ruta de la Seda, los mercaderes que la recorrían en un sentido o en otro tenían que pasar por fuerza tanto por allí como por la ciudad de Tabriz en el oeste de Irán, y por ello en las mezquitas locales se pueden encontrar numerosos ejemplos de relieves en piedra y ladrillos esmaltados que recibieron la influencia de esta tipología cerámica china. En la Mezquita Verde y el contiguo mausoleo al este de Bursa aparecen una serie de motivos decorativos que a pesar de mantener el estilo islámico característico de esa área y de otras ciudades como Samarcanda también contienen elementos propios de la porcelana *qinghua* de China (imagen 9-102). Por supuesto, también existe la posibilidad de que tales patrones ornamentales formaran ya parte del repertorio tradicional islámico, en cuyo caso se trate de una influencia y una transferencia mutuas. Lo que resulta indudable es que históricamente apenas ha habido sistemas culturales que hayan evolucionado de manera independiente, ya que en su gran mayoría han ido creando nuevos estilos y manifestaciones artísticas mediante la interacción con otros sistemas, como ocurrió asimismo en el caso de la porcelana *qinghua* de época Yuan.

Décima parte
Cerámica de la dinastía Ming

Capítulo 1 Sinopsis

1.1. Cambios en las estructuras sociales, culturales y económicas

La dinastía Ming comenzó su andadura en el año 1368 y se extendió hasta 1644, por un total de 276 años y dieciséis emperadores. Se trata de un nuevo período de reconstrucción, estabilidad y prosperidad, en el que las tradiciones confucianas vuelven a tomar fuerza tras el paréntesis de los Yuan. Los Qing –la sucesiva y postrera dinastía china– no podrán evitar asentar sus bases sobre este edificio, gobernando el país según el espíritu confuciano heredado de los Ming (mapa 10-1).

Cuando los Ming establecieron su dominio, el país se encontraba en una situación económica muy deteriorada, ya que debido a coyuntura bélica y a la explotación a la que fue sometido por manos de los mongoles numerosas industrias artesanales habían cesado su actividad. Toda el área bañada por el río Wei había sufrido las consecuencias de las guerras, y en la provincia de Anhui la mayoría de las viviendas estaban desiertas, los campos de cultivo abandonados, los embarcaderos en desuso y el Gran Canal inutilizado. Hacía falta un enorme trabajo de reconstrucción nacional, que finalmente fue llevado a término por los Ming entre 1370 y 1398.

En las décadas que siguieron, tanto las instituciones políticas como la sociedad y la economía sufrieron numerosas transformaciones que impulsaron el desarrollo del país. Por lo que se refiere más concretamente a la industria alfarera, hay que tener en cuenta los siguientes aspectos:

En primer lugar, los cambios en el sistema de servidumbre artesanal. En un principio, los Ming siguieron el ejemplo de la dinastía precedente y concedieron a los artesanos un estatus particular. Los artesanos especializados de época Yuan (de un total de alrededor de 260.000) ejercían su profesión segregados del resto de la sociedad. A comienzos de la dinastía Ming se amplió este sistema a todo el conjunto de los artesanos, que a su vez fueron

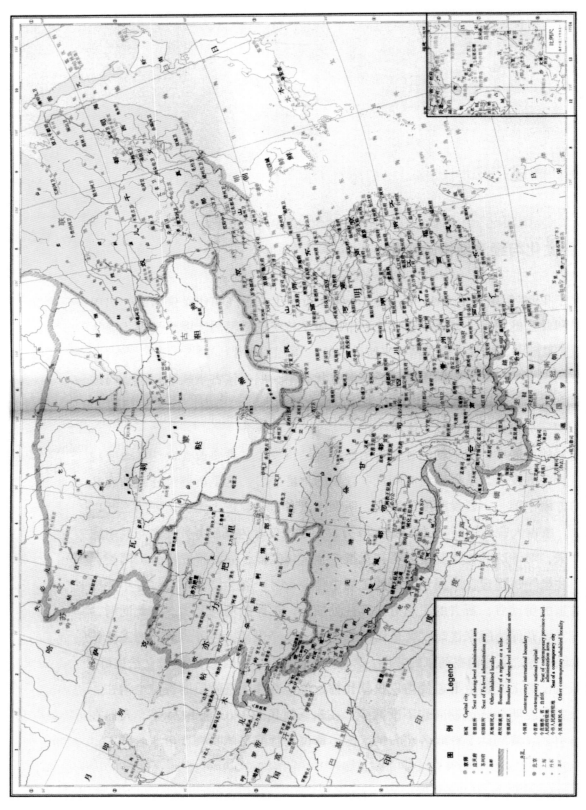

10-1 Dominio territorial de los Ming (1433) (de la *Colección de mapas históricos de China* editada por Tan Qixiang)

divididos en dos grandes grupos, uno de operarios "fijos" adscritos a un determinado taller o lugar de trabajo y otro de trabajadores "rotatorios" que debían cumplir cada año una cierta cantidad de horas laborales, en condiciones muy precarias y a veces lejos de sus hogares. En las áreas costeras y en torno al curso inferior del Yangtsé la economía sin embargo avanzó a grandes pasos –allí existía una gran demanda de mano de obra y se pagaba en dinero–, lo que sin duda repercutió en la producción e hizo que el número de artesanos fijos adscritos a talleres se fuera reduciendo considerablemente. Del mismo modo, el desarrollo de la economía mercantil provocó la progresiva sustitución en todo el país de la servidumbre por el trabajo asalariado. A partir de 1485 el pago de salarios se extendió a otras provincias, evitando así que los trabajadores acabaran formando parte de la servidumbre de ambas capitales. Este sistema se fue extendiendo hasta que finalmente en el año 1562 fue sancionado por la ley, y a finales de siglo prácticamente todos los siervos trabajadores se convirtieron en artesanos asalariados; de ese modo, ese estrato social de operarios con un estatus especial fue desapareciendo completamente durante la dinastía Ming, y se redujo paulatinamente el número de artesanos fijos. Entre los años 1403 y 1424 del reinado del emperador Yongle, todavía se contaban alrededor de 27.000 artesanos en los talleres imperiales, y cada maestro tenía a su cargo de 3 a 5 operarios; en 1615, en cambio, había sólo 15.139, y a finales de la dinastía desaparecieron completamente del censo. Vemos por tanto cómo, gracias al progresivo desarrollo de la industria artesanal, ésta se fue liberando poco a poco de su dependencia de las instituciones oficiales; fue también el caso de la industria de la porcelana de Jingdezhen, que una vez libre de las ataduras oficiales experimentó un fuerte avance.

En segundo lugar, el desarrollo de la economía monetaria. A comienzos de la dinastía Ming, la mayor parte de los intercambios comerciales se efectuaban mediante el trueque de productos, y los principales ingresos del país provenían de los diezmos suministrados por los campesinos. Sin embargo, desde inicios del siglo XV y gracias al desarrollo de la economía mercantil, se fue introduciendo el uso de los lingotes de plata en aquellos lugares con una economía más desarrollada o a los que había llegado la moneda, como por ejemplo Guangdong en el sur del país –que ya empleaba este sistema para recaudar impuestos–, o la zona del curso inferior del Yangtsé a partir de 1423. En la segunda mitad de siglo el uso de la plata ya se había extendido por todo el país. Desde 1465 se utilizaba como tributo a las delegaciones gubernamentales de cada ciudad; desde 1475 se usaba también para pagar los impuestos de la sal; y desde 1485 los artesanos la empleaban también como tasa para librarse de la corvea obligatoria, una posibilidad abierta asimismo a los campesinos a finales de la dinastía Ming. Ello dio una cierta libertad a los alfareros que trabajaban en los hornos oficiales, y en cierta medida contribuyó al desarrollo de la industria cerámica de Jingdezhen.

El desarrollo de la economía monetaria provocó importantes cambios, y su influencia se hizo sentir en el siglo XVI por todos los rincones del país. Entre 1530 y 1580 se introdujo en China la "ley del látigo único", una reforma fiscal que pretendía simplificar el complejo sistema tributario de la época, origen de numerosos abusos y prácticas corruptas. Ello fue posible debido a la gran difusión de los lingotes y monedas de plata provenientes de Hispanoamérica, gracias a la cual prácticamente todos los pagos de impuestos se acabaron haciendo con este metal. Dicha liberalización económica tuvo una evidente repercusión en muchos aspectos de la sociedad de la época.

En tercer lugar, la especialización y concentración de los centros de producción artesanales. A partir de la tercera década del siglo XVI, los capitales asentados en los bienes inmuebles empezaron a revertir en las industrias comerciales y artesanales. El precio de la tierra declinó progresivamente, y a finales del siglo sufrió una drástica caída. Este fenómeno resultó particularmente grave en las diferentes provincias del sur del país, y también en las áreas situadas entre Hangzhou y el noreste de Jiangxi. En realidad, todos aquellos lugares en los que predominaba esa economía monetaria impulsada por la llegada de la plata americana se vieron afectados de manera parecida; en la China de entonces, la crisis de la economía agrícola y el desarrollo de las actividades comerciales y artesanales fueron de la mano.

Algunos de esos campesinos que habían perdido sus tierras confluyeron en las ciudades, e intentaron por todos los medios entrar a trabajar en el pequeño comercio y las industrias artesanales. La llegada de toda esa fuerza de trabajo provocó un aumento considerable del tamaño de los talleres artesanales, entre los que hubo algunos que emplearon a varios cientos de operarios. Ya existía entonces un mercado de trabajo dividido por niveles; los artesanos más cualificados eran empleados en los oficios mejor remunerados, mientras que el resto formaba parte del grueso de los asalariados de escasos ingresos que esperaban a ser reclutados para los distintos trabajos complementarios. Estas circunstancias llevaron a la concentración geográfica de la producción artesanal según los determinados gremios y las características de las mercancías elaboradas, una especialización y centralización industrial que constituye uno de los rasgos y tendencias de la economía de esta época. Es el caso, por ejemplo, del área en torno al curso del río Song, que se convirtió en el centro de la manufactura de productos de algodón. La materia prima proporcionada por las zonas limítrofes y el norte de Hangzhou –donde existían grandes campos de cultivo de algodón– no resultaba suficiente para satisfacer la demanda, y hubo que abastecerse también de una parte del algodón recogido en Henan y Hebei, lo que indica la escala de la producción. Por otro lado, Suzhou concentraba la elaboración de la valiosa seda, Wuhu era a su vez una ciudad dedicada a la impresión y el teñido de las prendas textiles y el distrito de Ci en el sur de Henan era un importante centro de fundición del hierro, entre otros ejemplos. Jingdezhen, por su parte, estableció numerosos hornos cerámicos, cuya producción era llevada cada día en barco a distintos mercados tanto del interior del país como de ultramar, y acabó convirtiéndose en el centro nacional de elaboración de porcelana.

En cuarto lugar, un desarrollo urbano –tanto en el número de ciudades como en sus dimensiones– muy superior al de la época Yuan. Durante la dinastía Ming había al menos cinco ciudades en China que superaban el millón de habitantes –Beijing, Nanjing y los importantes emporios comerciales de Suzhou, Hangzhou y Kaifeng–, y otros muchos centros urbanos de 300 a 500.000 habitantes se repartían por todo el país. Nanjing (Nankín) había sido la capital de China durante los Tres Reinos, los Jin del Este y las Dinastías del Sur, entre otras, y con los Yuan tomó el nombre de Jiqing. Con el emperador Hongwu de los Ming pasó a llamarse Jiqingfu, y gracias al desarrollo de la ciudad surgió un estrato social de mercaderes. Entre 1573 y 1582, el período inicial del reinado del emperador Wanli, el desarrollo de la industria artesanal y comercial de China fue especialmente boyante; la vitalidad y las contradicciones propias de la etapa final de los Ming, por su parte, le otorgaron un significado especial a este último período, antes de la irrupción de los Qing. Todas las rápidas transformaciones experimentadas por el país durante estos años tuvieron evidentemente su reflejo en los cambios sociales: aparecieron el proletariado y la pequeña burguesía, el mundo agrícola sufrió la influencia de la ciudad y se transformó a su vez, y entraron en escena también los grandes comerciantes y empresarios; los banqueros y cambistas de Shanxi con sede en la capital, los ricos mercaderes de las orillas del lago Dongting en Hunan, los armadores y transportistas de Quangzhou y Zhangzhou en el sur de Fujian y especialmente los grandes comerciantes de Xin'an (el actual distrito de She, en el sur de la provincia de Anhui) conformaron ese nuevo estrato social compuesto de elementos heterogéneos llegados de las más diversas procedencias. La conveniente situación geográfica de Jingdezhen, con su cercanía a las grandes urbes de Suzhou,

Hangzhou y Nanjing, contribuyó a la ulterior comercialización de sus productos cerámicos.

En quinto lugar, la creación a comienzos de la dinastía de la academia imperial y de los colegios a distintos niveles administrativos. Mediante este sistema, los candidatos podían presentarse a los exámenes imperiales para acceder a alguno de los puestos burocráticos disponibles. Cada año pasaban por la academia imperial entre 8.000 y 10.000 estudiantes, que una vez licenciados podían evitar los exámenes y asumir directamente su cargo, siendo éste otro medio de aprovisionamiento de funcionarios. La dispersión de estos burócratas de distintos niveles ayudó a aumentar la tasa de alfabetización, incluso entre las familias de origen más humilde. El desarrollo y difusión de la educación hizo que aparecieran en esta época numerosas corrientes de pensamiento científico, que se materializaron principalmente en el ámbito del conocimiento práctico, con la aparición de numerosas obras de carácter técnico o científico. Estos libros tocaban prácticamente todas las ramas del conocimiento (farmacopea, botánica, agricultura, técnicas artesanales, geografía, etc.), como en el caso de los *Conocimientos sobre construcción e ingeniería* publicado en 1615, una recopilación oficial sobre materiales, técnicas e instituciones durante la dinastía Ming, o el *Libro sobre técnica y agricultura* de 1637, una obra ilustrada con nociones de agricultura, tejido, cerámica, fundición de metales, transporte fluvial, armamento, caligrafía...

En sexto lugar, el desarrollo de la literatura de carácter urbano. A finales de la dinastía experimentaron un fuerte impulso las obras de divertimento, en las que se empleaba un estilo más próximo al lenguaje hablado y dialectal que a la lengua culta. Estaban dirigidas al amplio público urbano, un tipo de lector de un modesto nivel cultural que buscaba ante todo el entretenimiento, y por tanto carecían de la carga doctrinaria de las obras más tradicionales. La gran cantidad de piezas populares publicadas entonces es un testimonio indirecto del gran número de lectores de que gozaban. Es el caso, por ejemplo, de las novelas por capítulos *A orillas del agua*, *Romance de los Tres Reinos*, *Viaje al Oeste* o *Jin Ping Mei*, que surgieron entre las capas populares de la sociedad y se convirtieron en cuatro de los grandes clásicos de la literatura china cuya popularidad sigue vigente hoy día. Entre 1572 y 1620, durante el reinado del emperador Wanli, el desarrollo de las técnicas de la impresión y el grabado impulsó la publicación de libros de bajo coste, y ello contribuyó por su parte a enriquecer enormemente las artes decorativas coetáneas. La ornamentación de las diferentes obras de arte y artesanía bebió de esta fuente, incluida la de las piezas de cerámica y porcelana.

En resumidas cuentas, hemos visto durante este período las profundas transformaciones experimentadas por la sociedad y la economía, cambios que pueden considerarse como el preludio de una nueva era en la historia de China. Durante esta nueva etapa –desde el siglo XVI y hasta bien entrado el siglo XIX, con los Qing–, el flujo de plata llegado al país no dejó de crecer; aparte de una pequeña cantidad de monedas de cobre usadas para el intercambio comercial, aquel metal precioso fue el único material empleado hasta comienzos del siglo XX para las grandes transacciones económicas. La difusión de la plata en los siglos XVI y XVII coincide con el fuerte desarrollo del tráfico marítimo (incluida la piratería) en el Pacífico Occidental, y también con el auge del mundo urbano. Ciertas técnicas artesanales –y en especial el tejido, la porcelana y la impresión– alcanzan entonces su máximo nivel, lo que hizo que una vez superada la crisis de mediados del siglo XVII China pudiera retomar su papel de gran país exportador de productos de lujo. En este contexto de desarrollo económico y prosperidad urbana empiezan a llegar a las costas de Asia oriental los primeros europeos de la Edad Moderna, primero portugueses y españoles y más tarde holandeses a partir de comienzos del siglo XVII. La cerámica ocupará la mayor parte de esos productos de lujo, contribuyendo al desarrollo del comercio de exportación durante la dinastía Ming.

1.2. Florecimiento del comercio internacional

El auge de la industria artesanal y el desarrollo de la economía comercial durante la dinastía Ming guardan una estrecha relación con el progreso paralelo del comercio internacional. A mediados del siglo XVI se había verificado ya en los países occidentales una expansión de la actividad comercial, un incremento de la navegación marítima, una serie de reformas religiosas y un despertar del pensamiento científico. El impulso de conquista militar y espiritual sin precedentes experimentado por Europa en el siglo XVI resultará todavía más evidente durante el siglo sucesivo.

La China Ming era también una importante potencia naval de la época. Durante el reinado del emperador Yongle el país adquirió celebridad por sus logros en la navegación marítima. A comienzos del siglo XVI, los grandes progresos realizados en este campo reflejan la superioridad técnica de China. Según los testimonios históricos, entre 1405 y 1433 el almirante Zhenghe surcó varias veces las aguas del Océano Índico al mando de una gran flota, con unas dimensiones inimaginables para los marineros europeos que atravesarían el Océano Atlántico a finales de siglo. Así, la eslora de la nave más grande de la flota de Zhenghe era entre seis y diez veces mayor que las carabelas de Colón, y alrededor de 50

veces superior a la nave de Cabot en su travesía de 1497. En su viaje principal, Cristóbal
Colón dirigió una flota de 17 naves y unos 1.500 tripulantes, mientras que durante su
primera travesía el almirante Zhenghe estaba al frente de 317 naves con una tripulación
de alrededor de 27.000 hombres. En su circunnavegación del planeta, Magallanes llevaba
una tripulación de 279 marineros, aproximadamente el 1% del total de los tripulantes
que acompañaban a Zhenghe. Resulta evidente, por tanto, que en aquella época China
superaba con creces en potencial naval a Portugal y España. Numerosos estudiosos se
han preguntado si aquellas grandes expediciones navales de comienzos de la época Ming
eran misiones militares o comerciales, si se trataba de una operación de prestigio o si
eran actividades destinadas a proveer a la casa imperial de artículos exóticos de lujo. Para
Jacques Gernet, es posible que fuera una combinación de todas esas motivaciones. Lo que
resulta importante subrayar aquí es que la expansión naval ya entraba en los planes del
primer emperador Ming, y que nada más establecerse la dinastía el país comenzó a atraer
embajadas del exterior: Corea, Japón, Vietnam y Champa (Indochina) en 1369; Camboya
y Siam en 1371; diversos países de la península malaya y Coromandel entre 1370 y 1390.
Durante el reinado de Yongle el almirante Zhenghe realizó un total de siete expediciones
marítimas, y una de las motivaciones de estos viajes habría sido consolidar el prestigio del
imperio Ming en todo el sudeste asiático y en el Océano Índico. No obstante, el resultado
último no fue solamente de índole política sino también económica, ya que esos siete
viajes reforzaron el intercambio comercial entre los puertos de China y los del sudeste
asiático y el sur de la India.

Sin embargo, a mediados del siglo XVI –durante la etapa intermedia de los Ming–, debido
al creciente peligro de la piratería japonesa en las costas del sudeste, el emperador Jiajing
intentó interrumpir completamente el tráfico marítimo. A pesar de ello, las incursiones
piratas en la costa china siguieron siendo frecuentes. En cuanto al comercio privado, a
veces era más abierto y otras veces encubierto, dependiendo de cuan estrictamente se
apliquen las leyes.

Aunque en un principio la corte imperial ordenó a los gobernadores de Zhejiang que
se enfrentaran de manera drástica a la piratería y que acabaran con los centros comerciales
ilegales cortando sus fuentes de aprovisionamiento, esta medida –cuyo resultado había
sido el auge de las actividades comerciales secretas por parte de los mercaderes chinos
en alta mar– encontró una fuerte oposición por parte de los burócratas y próceres
originarios de aquella provincia y de Fujian, y finalmente fue derogada. De esta manera,

a los comerciantes chinos les fue permitido navegar por ambos océanos, y el puerto de Zhangzhou se abrió a las importaciones y exportaciones. Bajo estas nuevas condiciones de legalidad, el comercio chino se desarrolló de forma considerable. En su *Estudio de los océanos oriental y occidental*, Zhang Xie escribe que a finales del XV y principios del XVI había dignatarios que hacían negocios con el extranjero, aunque sin grandes beneficios. Todo ello demuestra que en los más de cien años posteriores al reinado de Xuande esa "prohibición del comercio marítimo" nunca llegó a aplicarse de manera exhaustiva y completa, y que llegados al reinado de Jiajing acabó fracasando. Durante la época de las incursiones piratas japonesas, las actividades comerciales encubiertas de los mercaderes chinos siguieron practicándose, a la vez que se sucedían las protestas por esas medidas gubernamentales, hasta que finalmente en el primer año de reinado del emperador Longqing se puso fin a alrededor de dos siglos continuos de prohibición.

Desde finales de la dinastía Ming hasta mediados de los Qing, China mantuvo relaciones comerciales prácticamente con todo el mundo: Asia oriental, Asia suroriental, Europa, Hispanoamérica (a través de Manila), etc. Tras el levantamiento de la prohibición, el comercio chino se desarrolló de manera muy rápida. Según algunos cálculos, entre 1571 y 1821 de los 400 millones de monedas de plata que llegaron a Europa desde México y América del Sur, aproximadamente la mitad fueron empleadas por los diversos países occidentales para adquirir productos chinos. De resultar ciertas estas cifras, China habría sido paradójicamente la mayor beneficiaria de los grandes descubrimientos europeos.

Los cambios culturales y económicos de la sociedad china y el florecimiento del comercio exterior durante la dinastía Ming, en resumen, pusieron las bases y las condiciones para el desarrollo de la industria alfarera china de la época. El aumento de la producción de porcelana de exportación en los hornos de Jingdezhen y –a partir de finales de la dinastía– en otros alfares de las áreas costeras también tuvo lugar en este contexto histórico.

En el mapa 10-2 se muestran los itinerarios seguidos por la porcelana china en su camino hacia Europa a finales de la dinastía Ming, según los cuales los tres países más activos entonces eran España, Portugal y Holanda. Las rutas hacia Portugal y Holanda pasaban primero por Macao y Formosa, y a través de Yakarta llegaban hasta el Océano Índico, para finalmente doblar el Cabo de Buena Esperanza y llegar a Europa. España, en cambio, seguía una ruta alternativa que atravesaba el Océano Pacífico hasta sus colonias de América del Norte y Central y que después cruzaba el Atlántico hasta llegar a destino. Estos

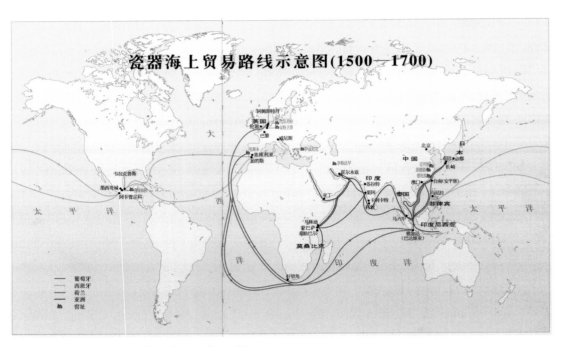

10-2 Mapa del comercio marítimo de porcelanas Ming

dos itinerarios marítimos se establecieron durante el reinado del emperador Wanli. Las rutas de transporte marítimo a lo largo de Asia eran en cambio las tradicionales, aquellas que ya habían sido abiertas durante las dinastías Tang y Song y que llevaban desde los puertos de exportación de Xiamen o Guangzhou, entre otros, a través de Filipinas hasta Malasia, Singapur e Indonesia, o bien atravesaban el estrecho de Malaca para a través de Tailandia llegar a los puertos de la India y alcanzar después el Golfo Pérsico y los diversos países de Oriente Próximo. De allí a través de Omán y Yemen llegaban hasta el Mar Rojo y los países del este de África, incluido Egipto. Este mapa pertenece a la exposición sobre la porcelana china del Museo Victoria y Alberto de Londres organizada en el Museo Nacional de Beijing, y por tanto está concebido según la perspectiva europea. En él aparecen tres hornos alfareros: Jingdezhen, Dehua y Yixing, que son aquellos con los que más familiaridad tenían los europeos y también los que exportaban mayor cantidad de porcelana, pero también tendrían que figurar los hornos de Zhangzhou. Quizás se debe a que ésta se encontraba muy cerca de los alfares de Dehua, y ha sido englobada por estos, o tal vez es porque a pesar de que aquellos hornos producían una gran cantidad de porcelana de uso diario –en especial porcelana de colores rojo y verde–, la mayoría era exportada a los países del sureste asiático, y por ello no han recibido suficiente atención por parte de los estudiosos europeos. Observando este mapa también podemos comprobar los cambios producidos en los lugares de producción de porcelana. La principal porcelana de exportación en época Yuan provenía de los alfares de Longquan y Jingdezhen, pero con los Ming la primera fue sustituida por los hornos de Yixing y Dehua y por otros alfares situados a lo largo de la costa.

Al hablar de la cerámica de época Ming, la historiografía tradicional se ha centrado en los hornos de Jingdezhen, descuidando el estudio de otros alfares, especialmente por lo que respecta a la producción y comercio de las cerámicas de los hornos costeros. Ello es debido a su incapacidad para contemplar el desarrollo histórico de la cerámica china desde una perspectiva global y analizar la influencia ejercida en la coyuntura mundial –incluidas la cultura y la economía chinas– por los grandes descubrimientos geográficos llevados a cabo por los europeos. Este libro se propone rellenar esa laguna.

1.3. Jingdezhen como centro de la producción cerámica nacional

Aunque al estudiar la dinastía Ming no podemos detenernos exclusivamente en los hornos de Jingdezhen, resulta imposible no reconocer el papel jugado por ellos como centro nacional de producción cerámica de la época. Ello responde a un importante rasgo característico del desarrollo económico de la dinastía: el hecho de que numerosas ciudades y localidades del país se convirtieran en centros artesanales especializados. El desarrollo de la industria cerámica también siguió ese patrón, y Jingdezhen pasó a ser el principal lugar de producción alfarera de todo el país. A finales de la dinastía Tang y durante los Song del Norte y del Sur (incluidos los Liao y los Jin) había numerosos hornos cerámicos distribuidos por todo el país que producían diferentes variedades y tenían sus propios mercados, con lo que resulta muy difícil decir cuál de esas tipologías era la más importante. Con los Ming, aunque seguían existiendo una serie de alfares que elaboraban diversos tipos de cerámicas, éstas no podían compararse ni en cantidad ni en calidad con los productos salidos de Jingdezhen. Desde la etapa intermedia de la dinastía, estos últimos copaban casi todos los principales mercados del país y monopolizaban también la elaboración de porcelana de alta calidad, proveyendo a la casa imperial con la parte más importante de sus productos de uso propio.

La centralización de una determinada industria artesanal tiene naturalmente un contexto histórico y responde a diversos factores, que ahora vamos a pasar a analizar en detalle:

i. Popularidad de la porcelana *qinghua*

Las bases para que Jingdezhen se convirtiera en el centro nacional de producción de porcelana, e incluso en un célebre horno cerámico a nivel mundial, se sentaron ya durante la dinastía Yuan. La exitosa elaboración de porcelana *qinghua* y cerámica roja bajo esmalte durante aquella época, sumada al empleo del cobalto como agente colorante para la creación de esmaltes azul báltico y rojo cobre a alta temperatura y el recurso a la decoración con dorados crearon las condiciones técnicas idóneas para el apogeo en la etapa final de la dinastía Ming de la porcelana de colores y del esmalte de color único. La aparición de la porcelana *qinghua*, en especial, fue uno de los principales factores que llevaron a Jingdezhen a su período de máximo esplendor. Si bien con los Song y los Yuan había una gran diversidad tipológica, normalmente el método decorativo consistía en realizar motivos incisos, impresos, tallados o superpuestos sobre la superficie esmaltada, un complejo sistema que consumía demasiado tiempo y por supuesto no resultaba tan veloz y conveniente como la pintura a pincel. Aunque los hornos de Cizhou, entre otros, producían ya un tipo de cerámica decorada con manchas de óxido pintadas con pincel, eran de un color marronáceo y carecían de tonalidades cambiantes. Es en estas circunstancias cuando apareció la porcelana *qinghua*, que en poco tiempo adquirió una gran popularidad. Era una tipología de esmalte brillante y tonalidad transparente como el jade que le otorgaba una gran frescura, por lo que no tardó en recibir una buena acogida tanto en los mercados internos como en los del exterior. Aunque esta tipología no obtuvo el favor de los gobernantes mongoles, sí que fue muy apreciada más adelante por los estratos superiores de la dinastía Ming, convirtiéndose así en el principal tipo de porcelana producido en los alfares oficiales y comunes de la época (imagen 10-3).

2. Decadencia de los hornos del sur y del norte del país

Durante la dinastía Yuan las porcelanas de Jingdezhen se vendían tanto dentro como fuera de China, y también entonces el Gobierno estableció la oficina de porcelana de Fuliang para proveer de porcelana a palacio, todo lo cual contribuyó al desarrollo de la cerámica en Jingdezhen. A pesar de ello, sus hornos todavía no ocupaban una posición de liderazgo en el contexto de la industria alfarera china, ya que los célebres hornos coetáneos de Longquan, Cizhou o Jun poseían una escala mucho mayor.

10-3 Cántaro aplanado de porcelana *qinghua* con decoración de dragones y nubes Dinastía Ming (reinado de Yongle) Altura: 45'5 cm.; diámetro boca: 8'1 cm. Museo de Nanjing

Con los Ming la situación sufrió un notable cambio, y los demás grandes hornos del país fueron entrando en decadencia uno tras otro. Primero fue el sistema de alfares de Jun, cuyos productos prácticamente dejaron de realizarse. El celadón de los hornos de Longquan siguió elaborándose en grandes cantidades, pero debido a su insistencia en el volumen de producción en detrimento de la calidad y a su esmalte de color único no resistía la comparación con las piezas de color bajo o sobre esmalte, las vasijas de colores contrastantes o los diferentes tipos de esmaltes a alta temperatura de Jingdezhen. En cuanto a Longquan, si bien se encontraba no lejos de la costa, estaba rodeada de varias cadenas de montañas y sus ríos eran muy bravos, por lo que sólo era posible acceder o salir mediante embarcaciones

10-4 Jarra aplanada de esmalte blanco con dos asas y decoración incisa Dinastía Ming (reinado de Xuande) Altura: 29'3 cm.; diámetro boca: 3'5 cm. Museo de Shanghai

ligeras y no podían emplearse los grandes barcos de transporte, con lo cual le resultaba difícil satisfacer la gran demanda del mercado. Como no podía ampliar la escala de producción y fue progresivamente alejándose de los principales mercados, acabó entrando en decadencia. La cerámica de fondo blanco y decoración negra de Cizhou, por su parte, aunque siguió contando con el favor popular estaba muy por detrás de la porcelana *qinghua* de Jingdezhen por lo que se refiere tanto a la pasta como al esmalte o las técnicas de elaboración, por lo que finalmente también declinó. Por otro lado, se produjeron asimismo cambios en los hábitos de elaboración y degustación del té respecto a la dinastía Song, por lo que las vasijas de color marrón oscuro de los hornos de Jian dejaron de estar de moda, siendo sustituidas por las porcelanas blancas *qinghua* de Jingdezhen. A medida que todos estos hornos fueron cesando su actividad, los numerosos artesanos especializados que en ellos trabajaban fueron confluyendo de manera natural en el pujante centro alfarero de Jingdezhen, haciendo de este lugar el emporio cerámico por excelencia de todo el país. Como reza el conocido dicho, Jingdezhen era "el lugar al que llegaban artesanos de cada rincón del país y del que salían ejemplares a todo el mundo conocido" (imagen 10-4).

3. Apertura de las rutas comerciales en el interior de China

Una de las grandes señales de la expansión de los mercados a finales de la dinastía

Ming es la apertura y ampliación de las rutas comerciales por todo el país. Aunque la China de la época aún no podía construir un mercado interno de tipo capitalista sí que se había producido ya una división geográfica de la producción y una división interna del trabajo en las industrias artesanas de todo el país, por lo que resulta natural que aumentara el flujo comercial de mercancías y también se incrementara ininterrumpidamente la escala productiva, haciendo así que la red de rutas comerciales y el intercambio comercial por agua y tierra a corta y larga distancia se desarrollaran en consecuencia.

Las principales rutas comerciales de finales de la dinastía Ming fueron las vías fluviales. Según una obra sobre la cerámica de época, "a comienzos de la dinastía la cerámica se transportaba por agua hasta la capital". Esto por lo que se refiere a la porcelana para tributo imperial; en cuanto a la porcelana común, debido a la gran capacidad de las naves de madera, a la seguridad de las rutas y al ahorro en los costes de transporte todavía dependía más de ese tráfico fluvial y marítimo. Había dos principales rutas fluviales que partían desde Jingdezhen. La primera llevaba por el río Chang a través del lago Poyang, luego seguía la corriente del río Gan hasta las montañas Dayu –por un camino similar al itinerario abierto a comienzos de la dinastía– y finalmente descendía el curso del río Bei hasta Guangzhou (Cantón), desde cuyo importante puerto las mercancías eran transportadas a ultramar. El segundo itinerario seguía el río Chang y el lago Poyang para luego alcanzar el Yangtsé desde la ciudad de Jiujiang y descender su curso inferior pasando por diversas localidades hasta mar abierto. Debido a la apertura de estas rutas comerciales, a la constante expansión de los mercados y al fuerte desarrollo del comercio, el capital acumulado por los mercaderes y sus empresas adquirió un dinamismo sin precedentes. Una parte de los terratenientes feudales se dio cuenta de que los beneficios derivados del comercio eran mayores que los que pudiera ofrecer la agricultura, e invirtieron sus capitales en actividades de tipo comercial, que ya no eran menospreciadas por las clases ilustradas como antaño; incluso estas últimas comenzaron a considerar el comercio como un modo digno de enriquecimiento. Las porcelanas producidas en Jingdezhen durante la dinastía Ming eran famosas en todo el mundo, por lo que era natural que atrajeran la atención de numerosos comerciantes que veían allí un negocio que podía reportar jugosos beneficios. Es el caso de Zhu Zuoming del distrito de Wucheng en Huzhou (Zhejiang), que provenía de una familia de ebanistas cuyo hermano comenzó a dedicarse a los negocios y fue a Jindezhen a comerciar con porcelana. Poco a poco la familia acumuló una considerable fortuna, que se había multiplicado a finales de la dinastía. En una compilación de biografías de mercaderes se registra durante el reinado del emperador Jiajing la historia de un comerciante llamado Ren Shi que recurrió a ciertos métodos comerciales para obtener pingües beneficios, actuando a la vez como intermediario. Durante la dinastía Ming los mercaderes solían agruparse según la procedencia geográfica para emprender negocios, beneficiándose mutuamente de las relaciones de parentesco o vecindad y creando asociaciones comerciales provinciales de renombre nacional. Entre las diez más famosas se contaban las de Anhui, Shanxi, Guangdong, Jiangsu o Fujian, que establecieron en Jingdezhen agrupaciones comerciales o sedes gremiales de carácter local. Los mercaderes originarios de Huizhou, en especial, ejercían una poderosa influencia en Jingdezhen, y establecieron allí una asociación comercial con gran peso en las finanzas de la zona. Fueron los intercambios comerciales a larga distancia realizados por dichos mercaderes los que hicieron posible que la porcelana producida en Jingdezhen viajara a los cuatro confines del mundo.

4. Abundancia de fuerza de trabajo

La abundante oferta de fuerza de trabajo es otro de los factores que contribuyeron al pleno desarrollo de los hornos de Jingdezhen. Normalmente esta fuerza de trabajo tenía tres procedencias diversas. El primer grupo estaba formado por los campesinos que abandonaban su pequeño lote de tierra para entrar a formar parte del proletariado de las ciudades. Durante el reinado del emperador Jiajing (1521-1567), los derechos sobre la tierra se concentraron aún más, y debido a los tributos imperiales y las adquisiciones o a la creciente presión fiscal sobre el campesinado una abundante parte de la población se vio forzada a abandonar la tierra para eludir los gravámenes, llevando a la creación de grandes latifundios. Debido a los graves desastres naturales que sufrió la provincia de Jiangxi en aquel período, y especialmente a las grandes inundaciones de 1540, muchos de sus habitantes también se desplazaron hasta Jingdezhen desde los distritos de Poyang, Yugang, Dexing, Leping, Anren, Wannian, Nanchang o Duchang, aunque como no eran artesanos especializados sólo podían trabajar como ayudantes. El segundo grupo incluía a los artesanos de porcelana de familias tradicionalmente dedicadas a este oficio, que constituían el cuerpo principal de trabajadores de la industria. Dichos alfareros especializados a menudo se veían forzados a trabajar tres o cuatro años en los hornos oficiales como parte del sistema de "turnos rotatorios", hasta que a partir del duodécimo año del reinado de Wanli ese trabajo forzado se convirtió en una relación laboral

10-5 Olla de porcelana *qinghua* con decoración de leones jugando con pelotas Dinastía Ming (reinado de Xuande) Altura: 18'2 cm.: diámetro boca: 15'5 cm. Museo de Shanghai

10-6 Tazón grande de color rojo bajo esmalte con decoración de crisantemos y ramajes Dinastía Ming (reinado de Hongwu) Altura: 16'2 cm.; diámetro boca: 40'4 cm. Museo de Shanghai

remunerada en la que estos artesanos experimentados encontraron mayor motivación para desplegar sus habilidades. El tercer grupo era el de aquellos servidores que habían trabajado en los hornos oficiales, y que debido a su larga experiencia en la industria de la porcelana se acabaron convirtiendo en verdaderos maestros. Esta abundancia de fuerza de trabajo abrió nuevas oportunidades al desarrollo de la industria cerámica, evolucionando hacia la especialización. En el siglo XVI ya existía en Jingdezhen una división del trabajo muy efectiva, con diferentes tipos de hornos y talleres especializados en la producción de determinadas variedades cerámicas y empleados dedicados exclusivamente al lavado de la arcilla, la producción del esmalte, la elaboración del cuerpo de la pieza, el moldeado, etc., para garantizar unos estándares homogéneos. Tras el torneado, la coloración y el esmaltado otros departamentos independientes se encargaban de llevarse la pieza para su cocción. Un sistema laboral tan especializado se adaptaba bien a las exigencias de la corte y de los clientes particulares tanto por lo que respecta a la cantidad como a la calidad de sus productos (imágenes 10-5 y 10-6).

5. Establecimiento de un taller imperial en Jingdezhen

El hecho de que Jingdezhen se convirtiera con los Ming en el centro nacional de producción de porcelana se debe no sólo a sus propias particularidades históricas y a sus favorables condiciones geográficas, sino también al establecimiento en esa zona de un taller imperial dedicado a abastecer de porcelana de alta calidad el palacio imperial y la casa real. Una vez establecido ese taller, no se reparó en gastos con el fin de alcanzar el más alto nivel posible para satisfacer las exigencias de palacio, lo que hizo que los hornos de Jingdezhen introdujeran continuamente nuevas variedades y elevaran la calidad de sus productos, contribuyendo a impulsar el desarrollo de unos alfares comunes que ya estaban esforzándose por responder a la presión de la creciente demanda. A partir de la fase intermedia de la dinastía Ming se empezó a introducir un sistema mixto de producción de porcelana mediante el cual las piezas requeridas por el palacio imperial según las indicaciones específicas del emperador eran cocidas en los hornos comunes (imágenes 10-7 y 10-8). La dinastía Ming fue un período de coexistencia de los hornos oficiales y comunes, que se influyeron y se estimularon mutuamente.

El desarrollo y prosperidad de los alfares comunes no sólo supuso la consolidación de Jingdezhen como centro de producción cerámica a nivel nacional e incluso mundial, sino que también propició la aparición en los hornos y talleres artesanales de un incipiente capitalismo.

En cuanto a la producción de cerámica de uso diario durante la dinastía Ming, además de la de grandes hornos ya existentes con los Song y los Yuan como los de Cizhou y Longquan, que siguieron desarrollándose, también había muy diferentes variedades tipológicas que se difundieron por diversas provincias de todo el país, como la porcelana *fahua* de Shanxi, la porcelana blanca de Dehua, las teteras de arcilla púrpura de Yixing o las vasijas de esmalte cambiante de Shiwan, todas de muy lograda factura. Al mismo tiempo,

10-7 Jarra vertedera de porcelana *qinghua* con decoración de lotos y ramajes Dinastía Ming (reinado de Xuande) Altura: 13'5 cm.; diámetro boca: 7'5 cm. Museo de Shanghai

10-8 Jarrón aplanado de porcelana *qinghua* con decoración de dragón sobre aguas marinas Dinastía Ming (reinado de Xuande) Altura: 45'8 cm.; diámetro boca: 8'1 cm. Museo de la Ciudad Prohibida (Beijing)

la porcelana *qinghua* de Jingdezhen fue muy bien acogida en los mercados nacionales e internacionales, aunque la propia Jingdezhen no fue capaz de satisfacer por sí misma esa creciente demanda y otros centros de producción comenzaron a realizar también piezas de esta misma tipología para rellenar ese hueco. Es el caso, por ejemplo, de los diversos hornos de las provincias de Yunnan y Guangxi, muy alejados de Jingdezhen, que se encargaron de abastecer los mercados locales a los cuales ésta no podía llegar por la distancia y las dificultades de comunicación. En cuanto a Fujian y Guangdong, al tratarse de provincias costeras comenzaron desde finales de la dinastía Ming a imitar las porcelanas de exportación de Jingdezhen, variedades muy célebres en los mercados exteriores de la época como la "porcelana swatow", la "porcelana de "Huzhou", etc. La mayoría de estas tipologías de exportación pertenecen a la porcelana *qinghua*, aunque hay una parte de cerámicas de cinco colores, y todas ellas se desarrollaron bajo la influencia de los alfares de Jingdezhen. Aunque durante la dinastía Ming cada uno de los diversos hornos cerámicos experimentó su propia evolución, si contemplamos la industria alfarera de manera global vemos cómo Jingdezhen constituía el principal centro del país, y su producción es representativa del nivel alcanzado entonces por la porcelana china.

Capítulo 2 Cerámica de Jingdezhen de la etapa inicial de los Ming

2.1. Creación de las factorías imperiales de elaboración cerámica

En el cuarto año del reinado del emperador Jianwen (1402) se estableció en el monte Zhu del área de Jingdezhen una factoría imperial de producción cerámica –es decir, unos alfares oficiales–, un hecho muy importante en la historia de la cerámica de este lugar. Desde su creación a comienzos del siglo XV siguió en funcionamiento hasta finales de la dinastía Qing, por un período de cinco siglos. Durante las dinastías Song y Yuan Jingdezhen ya proveía de porcelana el palacio imperial como tributo, aunque en realidad se trataba de "una pieza de cada cien, diez piezas de cada mil" escogidas de entre las mejores realizadas en los hornos comunes, y en general sólo abastecían la corte cuando había algún pedido, como ya vimos anteriormente. El emperador todavía no había establecido allí un organismo y unos alfares especializados en la producción de ejemplares destinados a su uso, por lo que puede afirmarse que aquellos hornos oficiales pertenecían realmente a la categoría de los alfares comunes. La *Historia de Yuan* registra que en el décimo quinto año de la era

Zhiyuan (1278) fue creada en Jingdezhen la "oficina de porcelana de Fuliang". Dicha oficina no era todavía una institución especializada en la producción de porcelana de uso imperial; sus principales cometidos tenían que ver en cambio con la inspección, la imposición de cuotas a los distintos hornos, la adquisición, el transporte y entrega, etc., y por tanto se trataba más bien de un organismo oficial encargado de tareas administrativas y fiscales. Los verdaderos alfares oficiales (imperiales) comenzaron a funcionar sólo con la dinastía Ming (imagen 10-9).

2.2. Factorías imperiales y porcelanas sacrificiales

Cada vez que se imponía una nueva dinastía en la China antigua en primer lugar había que ofrecer sacrificios a los templos ancestrales, para reestablecer y perfeccionar el sistema ceremonial, y en este proceso lo más importante era contar con los objetos necesarios para realizar esos ritos sacrificiales. Desde tiempos remotos los objetos rituales poseían en China un profundo significado y simbolismo, y especialmente los que empleaba el emperador en las ceremonias sacrificiales, que no eran utensilios ordinarios sino que poseían un fuerte carácter sagrado, por lo que resultaba necesario crear un lugar especializado que se ocupara de su elaboración. Los Ming no fueron una excepción; nada más convertirse en emperador, el fundador de la dinastía, Zhu Yuanzhang (Hongwu), llevó a cabo una serie de ceremonias para difundir la doctrina confuciana y establecer una clasificación sistemática, designando a Niu Liang como ministro encargado de los cultos: "La etiqueta ceremonial es la norma de conducta del pueblo chino, por lo que el Gobierno debe considerar en profundidad esta cuestión. No debe pasar un solo día sin ceremonial. Para ello hay que tratar el asunto con los ministros y decidir según las prácticas de nuestros ancestros, estableciendo las normas en consonancia con la situación actual de la sociedad. Ésta es mi voluntad". Durante las tres o cuatro primeras décadas de la dinastía se promulgaron numerosos códigos legislativos de ceremonial y protocolo muy detallados, y siguieron apareciendo también con los reinados de Yongle, Hongzhi, Zhengde Jiajing y Wanli, entre otros. Los emperadores Jiajing y Wanli, en especial, revisaron repetidamente esos sistemas, aumentando su número y fijando la legislación dinástica. Gracias a todos esos documentos de la época vemos cómo los Ming concedieron una gran importancia al establecimiento de un sistema ceremonial, y que dicho sistema era prolijo y minucioso.

Durante la realización de esas múltiples y variadas actividades rituales, la corte de los Ming debió de heredar sin duda las tradiciones de las dinastías que los precedieron, así como también el uso de determinados objetos de porcelana. Por ello, y al igual que ocurrió con los Song y los Yuan, una de las funciones más importantes de los alfares oficiales en Jingdezhen fue la de proveer la casa imperial de piezas de uso sacrificial. Anteriormente este tipo de objetos eran todos de superficie esmaltada lisa sin decoración (celadón con los Song y porcelana de blanco albumen en el caso de los Yuan)... ¿Qué tonalidad tuvieron entonces las porcelanas empleadas durante la dinastía Ming?

Del estudio de los materiales disponibles se desprende que durante la realización de las numerosas actividades ceremoniales llevadas a cabo por los Ming no sólo se empleaban abundantes objetos de porcelana de carácter sacrificial, sino que estos estaban además sujetos a una serie de normas muy específicas que regulaban su color, su forma, su decoración y su número, como testimonian varios de los documentos arriba citados en referencia a los reinados de Hongwu y Jiajing y de Xuande. En ellos queda reflejado que durante los rituales celebrados en aquella época las porcelanas sacrificiales empleadas podían ser de color verde, amarillo, rojo o blanco... ¿Cómo confirmar que los hornos oficiales de la dinastía Ming elaboraban porcelanas de esos cuatro colores? Entre 2003 y 2004 la facultad de arqueología y museología de la Universidad de Pekín, el instituto de reliquias culturales y estudios arqueológicos de la provincia de Jiangxi y el instituto de estudios arqueológicos cerámicos de la ciudad de Jingdezhen formaron un equipo arqueológico conjunto con el que llevaron a cabo sondeos en las faldas norte y sur del monte Zhu en los lados nororiental y suroccidental del yacimiento arqueológico de los hornos imperiales, excavando una superficie total de 1.578 metros cuadrados y llegando en algunas catas a una profundidad de más de cinco metros. Estas campañas sacaron a la luz muchos e importantes vestigios históricos y también numerosos objetos; entre las porcelanas descubiertas había piezas de esmalte blanco, negro, oro púrpura, con reflejos rojizos, rojo, azul, azul moteado, verde pavo real, amarillo, verde de imitación de Longquan o de los alfares oficiales de época Song y de imitación de los hornos de Ge, además de *qinghua* con reflejos rojizos o con colores contrastantes. Aquí aparecen pues los cuatro colores (verde, amarillo, rojo y blanco) arriba mencionados. Las tipologías morfológicas eran muy variadas: jarrones florero, teteras con remate en forma de "gorro de monje" (hexagonales) o con forma de pera, ollas grandes o de tamaño regular, tazones, bandejas, vasos, pequeñas copas con pedestal, cajas, fuentes, braseros, vasijas para alcohol con tres patas (*jue*), escudillas, urnas, etc. En cuanto a los métodos decorativos, hay motivos incisos, raspados, impresos, pintados... Los más frecuentes son los dragones, aunque también hay fénix, peces y algas, flores, etc.

Como ya hemos referido, todas las porcelanas de carácter sacrificial elaboradas en los alfares oficiales durante las dinastías Song y Yuan eran de superficie esmaltada lisa de un solo color, y en cambio con los Ming esos mismos hornos fabricaban numerosas piezas de porcelana de *qinghua*. En los registros de los *Grandes anales de la provincia de Jiangxi*, editados durante el reinado del emperador Wanli, se menciona un importante número de ejemplares de esta tipología, lo que demuestra que los emperadores de la dinastía Ming no sólo empleaban para sus ceremonias cerámicas de color verde, amarillo, rojo y blanco sino también piezas de porcelana *qinghua*.

Se trata de un importante punto de inflexión en la historia de la cerámica china. Aunque durante las dinastías Song y Yuan también había porcelana de colores, una gran cantidad era elaborada en los hornos comunes y estaba destinada a satisfacer la demanda de los mercados, y como no era una tipología favorecida por la casa imperial nunca tuvo una gran difusión. Con los Ming no sólo se comenzó a elaborar porcelana *qinghua* en los hornos oficiales, sino que además una buena parte se utilizó en las ceremonias sacrificiales, lo que le ganó el patrocinio de la corte e hizo que se convirtiera en una variedad muy extendida; ello alentaría el posterior desarrollo de la porcelana de colores en época Ming y Qing, que acabaría sustituyendo a la porcelana de color único y superficie lisa en el canon estético de la producción cerámica china.

Las actividades rituales tradicionales de la China antigua eran ricas y variadas. Además de todo tipo de ceremonias sacrificiales de gran aparato litúrgico, en la casa imperial también se celebraban numerosos ritos matrimoniales y funerarios. Todos estos actos requerían el empleo de un gran número de objetos ceremoniales de carácter sagrado y muy diferentes a los artículos de uso común, por lo que tanto los Ming como los Qing fueron muy estrictos a la hora de establecer los requisitos para las porcelanas producidas en los alfares imperiales; si presentaban algún tipo de carencia o imperfección, ya no podían enviarse a la capital para su uso en palacio. Por ello, entre la producción salida de esos hornos comunes era inevitable la acumulación de numerosas piezas desechadas. Su número exacto no quedó registrado entonces, por lo que resulta imposible conocerlo con precisión, aunque podemos hacernos una cierta idea de la situación gracias al estudio de los materiales desenterrados y de otros documentos históricos de la época. Entre 1982 y 1994, el instituto de estudios arqueológicos cerámicos de la ciudad de Jingdezhen aprovechó unos trabajos de construcción llevados a cabo por el ayuntamiento para realizar una serie de labores de limpieza y excavación en los alrededores del monte Zhu, sacando a la luz "varias toneladas y cientos de miles" de fragmentos de porcelanas desechadas de época Yuan y Ming. Este descubrimiento nos dice por una parte que la producción de los alfares imperiales de Jingdezhen en época Ming debía de ser muy abundante, ya que teniendo en cuenta la relativa brevedad de la dinastía Yuan y las características de sus porcelanas dichos fragmentos serían en su mayor parte de época Ming; y por otro lado, indica también que las porcelanas empleadas por la casa imperial debían de tener un carácter cuasi-sacro a los ojos del pueblo llano, ya que las que resultaban desechadas no podían ser comercializadas y eran en cambio destruidas, y ni siquiera esos fragmentos podían acabar en los vertederos sino que eran enterrados, por lo que hoy en día aún podemos encontrar esos enormes estratos de pedazos cerámicos.

2.3. División del trabajo y aspectos técnicos de las factorías imperiales

Si bien la industria artesanal cerámica estaba ya muy desarrollada durante las dinastías Song y Yuan, no existían aún las condiciones para un tejido industrial más complejo, y se trataba más bien de un conjunto disperso de pequeños talleres artesanales de carácter local o familiar independientes entre sí y que no respondían ante instancias superiores. La aparición de los alfares imperiales, en cambio, llevó al surgimiento y desarrollo de una industria cerámica más concentrada controlada por la propia corte y sus funcionarios cuyo centro estaba en Jingdezhen, que gozaba de un fuerte apoyo financiero y que disponía también de un gran número de artesanos que trabajaban de manera rotatoria.

La organización y división laboral de estos alfares oficiales era muy elaborada y minuciosa. Había numerosos departamentos y oficinas con una fuerte especialización técnica que se ocupaban de los respectivos talleres en los que se producían separadamente las vasijas de diferentes tamaños, los cuencos-contenedor para la cocción, los morteros para preparar la materia prima, y otros talleres auxiliares donde se trataba con la arcilla, la madera para distintos usos, los metales, etc. También había veinte hornos con diferentes funciones, que atendían prácticamente a todas las necesidades y requerimientos de la industria alfarera, sin nada dejado al azar. Desde este punto de vista, los alfares imperiales constituían de manera evidente un sistema asentado sobre la estricta división del trabajo. La diferencia entre estos hornos oficiales y la industria artesanal europea de los albores del capitalismo radica en la proveniencia de la mano de obra y en el método de remuneración, rasgos que después se convertirían en uno de sus lastres a la hora de competir abiertamente con los hornos comunes. La mayor parte de los artesanos que trabajaban en los alfares imperiales eran reclutados mediante la servidumbre o el servicio obligatorio, y sólo una pequeña proporción realizaba una labor remunerada. Había dos tipos de trabajadores: los siervos que trabajaban a largo plazo y estaban exentos de otras tasas y corveas y los que se turnaban en las labores y dedicaban el tiempo libre a otras actividades. La servidumbre artesanal era un sistema de explotación económica de carácter feudal y un modo directo de posesión de la mano de obra invariable durante generaciones, en el que se privaba de libertad a las personas que formaban parte de él. Se trataba de un método que permitía a la corte imperial detentar el control sobre una gran cantidad de fuerza de trabajo –y sobre su reproducción– en la industria artesanal. Tanto la servidumbre como el servicio obligatorio conformaban ese sistema de trabajo forzado y no remunerado propio de los alfares imperiales, y también existía en ese contexto otra forma de conscripción civil dedicada a la realización de trabajos auxiliares, normalmente no especializados y de gran dureza física. Todos estos trabajadores forzados llevaban una vida miserable, especialmente dura en el caso de los conscriptos. Era pues un sistema que desde el punto de vista de la organización de la producción se encuadraba dentro de la industria artesanal en su conjunto pero que por lo que se refiere al estatus social de los propios trabajadores mantenía a estos bajo el yugo de la servidumbre, en una posición subordinada. El carácter de la industria artesanal propio de los alfares imperiales, sometidos a este sistema de servidumbre, estuvo determinado por ese antagonismo entre semejante modo de producción y la fuerza de trabajo que lo sustentaba.

Las porcelanas producidas en los alfares oficiales no sólo servían para mantener el extravagante modo de vida de los emperadores, sino sobre todo para ser empleadas durante las ceremonias y ritos de carácter nacional, y concernían por tanto a asuntos transcendentales que tenían que ver con la religión y la propia imagen del país. Los antiguos chinos creían que "la posición de que gozaba el emperador era un don recibido del cielo y transmitido por sus antepasados, por lo que los asuntos relativos debían tratarse con sumo cuidado Al mismo tiempo, el ceremonial revestía la máxima importancia, pues era una muestra de la devoción y respeto del pueblo chino hacia los dioses y los antepasados y portaba buena fortuna. Todo ello hizo que esas dinastías feudales se prologaran en el tiempo muchas generaciones y el sistema no decayera. Por lo tanto, al llevar a cabo estas ceremonias no se reparaba en gastos con tal de hacerlas lo más opulentas y suntuosas posible". Durante el proceso de producción de esos objetos ceremoniales tampoco se ponía límite a los costes ni al tiempo dedicado, con el fin de elaborar los productos más exquisitos. Esa severidad a la hora de imponer los requisitos y mantener los estándares de producción hizo objetivamente que los artesanos que trabajaban en los hornos imperiales llevaran las técnicas alfareras a un nivel mucho más alto que el alcanzado por los trabajadores de los alfares comunes.

Por otra parte, los hornos imperiales heredaron a comienzos de la dinastía Ming el sistema de reclutamiento característico de los Yuan, que obligaba a los trabajadores a mantenerse en el mismo lugar de trabajo de generación en generación, sin poder abandonarlo jamás, lo que de alguna manera contribuyó a garantizar la transmisión de las técnicas de producción en el ámbito familiar. El súbito progreso en la calidad de los productos salidos de los hornos comunes a partir de mediados y finales del reinado de Wanli tiene mucho que ver con la llegada de artesanos procedentes de los alfares imperiales tras el cese de sus actividades, por lo que es posible afirmar que la existencia de estos últimos jugó un papel muy importante a la hora de preservar e impulsar las más avanzadas técnicas de producción cerámica.

Otro aspecto diferente de los alfares imperiales respecto a los hornos comunes radica en su propósito especial, ya muy marcado desde el mismo momento en que fueron creados: producir porcelanas de factura exquisita destinadas a uso exclusivo de la casa imperial. Ello no sólo requería una particular destreza técnica por parte de los artesanos que en ellos trabajaban, sino que también implicaba un muy elevado nivel en lo que se refiere al diseño y funcionamiento de los hornos, porque tratándose de producción de porcelana si algo salía mal en el momento de la cocción a pesar del trabajo y el dinero invertidos todo ese esfuerzo habría sido en vano; es por eso que se suele decir en China que los campesinos dependen del cielo para comer, y los alfareros en cambio deben su fortuna al fuego. Los hornos cerámicos, por lo tanto, ocupan un lugar muy importante en el proceso de elaboración de las piezas cerámicas; si los hornos oficiales pretendían producir ejemplares de mejor calidad que los de los alfares comunes, necesitaban entonces introducir innovaciones en sus hornos cerámicos para alcanzar los máximos niveles de su época.

Para llevar a cabo un estudio más profundo de los alfares imperiales de las dinastías Ming y Qing y recuperar completamente su imagen histórica, la facultad de arqueología y museología de la Universidad de Pekín, el instituto de reliquias culturales y estudios arqueológicos de la provincia de Jiangxi y el instituto de estudios arqueológicos cerámicos de la ciudad de Jingdezhen formaron bajo la tutela de la Administración estatal de reliquias culturales un equipo arqueológico conjunto con el que realizaron sucesivas campañas desde octubre de 2002 a enero de 2003, de octubre a diciembre de 2003 y de septiembre de 2004 a enero de 2005, en las que llevaron a cabo excavaciones a gran escala en el yacimiento arqueológico de los hornos oficiales de época Ming y Qing de Jingdezhen.

En el capítulo dedicado a la cerámica de los ya mencionados *Grandes anales de la provincia de Jiangxi*, escritos por el erudito Wang Zongmu y editados póstumamente en el vigésimo quinto año del reinado de Wanli (1597), se documenta la construcción y equipamiento de los alfares imperiales en la ladera meridional del monte Zhu junto a Jingdezhen, aunque no se dice nada de la vertiente norte. El descubrimiento en el año 2004 en esa falda septentrional del monte Zhu de restos arquitectónicos (hornos en forma de calabaza y patios interiores, entre otros) demuestra que ese lado de la montaña debió de ser a comienzos de la dinastía Ming –desde el reinado de Honwu hasta el de Yongle– un importante asentamiento para la producción de porcelanas de uso imperial, aunque a partir del reinado de Xuande se convertiría en un depósito en el que acumular y enterrar las piezas y fragmentos desechados por la corte. En los *Registros de cerámica de Jingdezhen* de época Qing se hace referencia a los veinte hornos del reinado de Hongwu, entre los que se mencionan los de Dalonggang, Qing, Se, Fenghuo, Xia y Lanhuang, pero no se alude al estatus preciso de los alfares imperiales ni a la estructura de los hornos. Gracias a las campañas arqueológicas arriba mencionadas, ahora tenemos en cambio un conocimiento mucho más claro de la arquitectura de los hornos cerámicos del conjunto de alfares imperiales de Jingdezhen de época Ming y Qing. Los materiales descubiertos muestran la existencia de siete hornos en forma de calabaza, repartidos entre la ladera septentrional del monte Zhu y la parte nororiental del yacimiento principal. Las construcciones se encuentran situadas sobre el mismo estrato arqueológico y bajo un estrato superior de un mismo período, y se sitúan en la etapa inicial de la dinastía Ming (Hongwu y Yongle). Es evidente que existe una relación muy estrecha entre ellas, y que por tanto se trata de un organismo único. Todo ello prueba que la ladera norte del monte Zhu también era durante este período un importante lugar de producción y actividad de los alfares imperiales.

Aparte de ello, los arqueólogos también descubrieron restos de quince hornos en forma de bollo, situados en la ladera sur y en el lado suroccidental del yacimiento principal, con una datación sucesiva a la de los hornos en forma de calabaza de la vertiente opuesta. Aparentemente, tras el abandono de estos últimos durante el reinado del emperador Xuande, los responsables del momento establecieron otros en la falda sur del monte Zhu y les dieron una estructura distinta en forma abovedada, manteniéndolos en uso hasta el reinado de Wanli.

Durante la dinastía Yuan el sistema de alfares de Jingdezhen recurrió a los hornos "dragón" de forma alargada, pero en la etapa final los hornos situados en los suburbios sufrieron la influencia de los hornos tipo "bollo" del norte del país y comenzaron a adoptar una estructura en forma de calabaza; además, ya no había una única chimenea en las extremidades sino que se abrieron distintas salidas de humos para incrementar la ventilación. Según los testimonios disponibles, los hornos de los alfares imperiales también presentaban esta característica estructura en forma de calabaza. Sabemos que a comienzos de la dinastía Ming se usaban hornos muy alargados de esta misma tipología constructiva, y que ello contribuyó a aumentar considerablemente la producción. Sin embargo, pronto quedó claro que a pesar de esa ventaja cuantitativa no se podía garantizar en cambio una calidad uniforme de las porcelanas, y por ello las autoridades no tardaron en introducir ciertos cambios y recurrir finalmente a los hornos tipo bollo de reducidas dimensiones, cuya producción era menor pero de superiores cualidades. A partir de la etapa intermedia de la dinastía Ming se comenzaron a construir y usar regularmente estos hornos, que con los Qing fueron sustituidos por los hornos *zhen* en forma de huevo de pato.

Dado que los alfares oficiales destinaban su producción a uso imperial, resulta natural que debieran someterse a una serie de rigurosos estándares. Gracias a los documentos históricos sabemos que durante la construcción de los hornos se exigía el empleo de una arcilla muy fina y compacta y una estructura muy sólida que no transpirara para mejorar la calidad de cocción. Todos los hornos imperiales excavados hasta la fecha en Jingdezhen cumplen estos requisitos de consistencia, con los que los alfares comunes no pueden compararse. Ello se debía en gran parte al uso de ladrillos de muy buena calidad; ya en época muy temprana, con los reinados de Hongwu y Yongle, se empleaban ladrillos típicos del norte en forma de cuña, y no los rectangulares característicos de los hornos oficiales del sur de China. Además, no se usaban como materia prima los cuencos-contenedor desechados, sino que se utilizaba un modelo de ladrillo unificado que evidentemente era realizado específicamente para este fin.

Otra importante característica de los alfares imperiales era su gran escala, algo que estaba fuera del alcance de los hornos comunes. Los arqueólogos han encontrado restos de alfares en la vertiente nororiental y suroccidental del monte Zhu en el centro de Jingdezhen. En el lado noreste existían al menos siete hornos en forma de calabaza de tiempos de Hongwu y Yongle, todos situados en el mismo estrato, uno junto a otro, ordenados de manera regular y con sus entradas alineadas, por lo que resulta evidente que hubo un diseño común a la hora de planificar su construcción. En su trabajo sobre los *Nuevos descubrimientos de yacimientos de alfares imperiales de época Ming y Qing*, Quan Kuishan y Wang Guangyao relatan que "debido a la existencia de viviendas modernas en el lado meridional del yacimiento no se pudo proseguir con las excavaciones, así que aún no resulta posible saber si este conjunto de hornos estaba compuesto de siete o más unidades; no obstante, aunque se tratara sólo de siete hornos, la escala de este descubrimiento no tiene precedentes". En tiempos antiguos la mayoría de estos hornos cerámicos eran talleres artesanales de carácter tradicional, y muchos de los artesanos que trabajaban en ellos eran a la vez campesinos que compartían su labor en las tierras con la colaboración en los alfares según el tiempo libre de que dispusieran. Los habitantes de la antigua localidad de Chenlu cercana a los hornos de Yaozhou, el mayor centro de distribución de porcelanas de la zona noroccidental, todavía mantuvieron hasta tiempos de la República de China este modo de vida, y también era así en Jingdezhen hasta la etapa intermedia de la dinastía Ming. Allí los hornos comunes de carácter familiar se distribuían por el campo sobre una superficie de alrededor de un centenar de kilómetros a la redonda, y se trataba de talleres de pequeñas dimensiones que no habían establecido una línea de producción conjunta ni una división del trabajo entre ellos. La nueva escala alcanzada por los alfares imperiales durante la dinastía Ming puso las bases para esa minuciosa división del trabajo y la creación de una línea de producción, lo que constituye una de las grandes divergencias respecto a los hornos comunes.

Por otro lado, la disposición de las piezas en el interior de los hornos cerámicos también era diferente. En los alfares imperiales se colocaban tres filas delante y tres detrás; en las tres filas delanteras había cuencos-contenedor huecos para proteger del fuego, y los ejemplares de porcelana se situaban en el lugar más apropiado del horno, mientras que en el caso de los hornos comunes las porcelanas se colocaban en cualquier lugar donde hubiera un hueco. Dicho de otro modo: los alfares imperiales privilegiaban la calidad de sus piezas, y los alfares comunes concedían en cambio mayor importancia a la capacidad productiva. En cuanto a la cocción, desde el reinado del emperador Yongle comenzó a utilizarse un sistema que empleaba dos capas de cuencos-contenedor, una exterior más tosca y otra interior hecha con arcilla fina, que aguantaban bien las altas temperaturas y garantizaban también una mayor resistencia de las porcelanas al fuego.

2.4. Influencia de las factorías imperiales en el desarrollo de la industria cerámica de Jingdezhen

El hecho de que Jingdezhen pudiera convertirse durante la dinastía Ming en el centro nacional de producción de porcelana, y que incluso acabara convirtiéndose más adelante en el centro mundial, adquiriendo fama en todo el orbe, tiene mucho que ver con el establecimiento de los alfares imperiales en aquella localidad, y también guarda relación con la estrecha interacción entre dichos alfares y los hornos comunes de la zona. Las estrictas exigencias de la casa real imponían a los productos de Jingdezhen un alto nivel de excelencia artística y un grado de calidad garantizados por las grandes inversiones en capital realizadas desde la corte y con el que otros centros productores de porcelana no podían competir. Los hornos comunes de Jinghdezhen no dejaron de imitar esas piezas, y a partir de la etapa intermedia de la dinastía Ming –debido al incremento en su demanda por parte de la casa real– los alfares oficiales impusieron unas nuevas normas de colaboración por las cuales aquellos tuvieron oportunidad de participar directamente en la elaboración de ejemplares destinados a uso imperial. Aumentó de este modo la calidad de la porcelana producida en estos hornos comunes, lo que atrajo el interés de los mercados internos y del exterior e impulsó el desarrollo del comercio y la difusión de la cultura cerámica en todo el mundo.

Por otra parte, el establecimiento de los alfares oficiales en Jingdezhen transformó el modo de distribución geográfica y de organización productiva de la industria cerámica común. En todos los yacimientos antiguos de porcelana de Jingdezhen estudiados desde la creación de la República Popular China en 1949 (Wuyuan, Qimen, Leping, Poyang...) se han encontrado restos de hornos anteriores a la dinastía Ming que testifican la existencia de una economía latifundista en la que la producción cerámica todavía dependía de la industria agraria, de la que era una rama subsidiaria. Con la dinastía Yuan comienza la transición a una economía urbana y se abre el camino a la especialización. A pesar de ello, las ciudades de época Yuan todavía eran solamente centros de distribución y salida de los productos cerámicos, ya que los talleres, hornos y otros lugares relacionados con la producción aún no habían alcanzado ese grado de especialización y concentración urbana (imagen 10-9).

Como hemos visto más arriba, a partir de la etapa intermedia de la dinastía Ming los alfares imperiales establecieron nuevas normas de colaboración con los hornos comunes, y para que estos se adaptaran de la mejor manera posible a las exigencias de la corte y también con el fin de facilitar su control las autoridades feudales concentraron de manera deliberada en los centros urbanos todos aquellos hornos comunes que se encontraban dispersos por las inmediaciones. Por otro lado, el desarrollo de la economía mercantil y la creciente demanda de porcelanas de Jingdezhen por parte de los mercados internos y de ultramar contribuyeron a la prosperidad de la industria cerámica en ese lugar. Con el fin de garantizar una elevada cantidad y calidad de la producción de porcelana era imprescindible una estrecha coordinación entre la industria de aprovisionamiento de materias primas, las técnicas de elaboración y la división laboral en el proceso de cocción, por lo que se hizo cada vez más necesaria una mayor concentración de las diferentes industrias. El

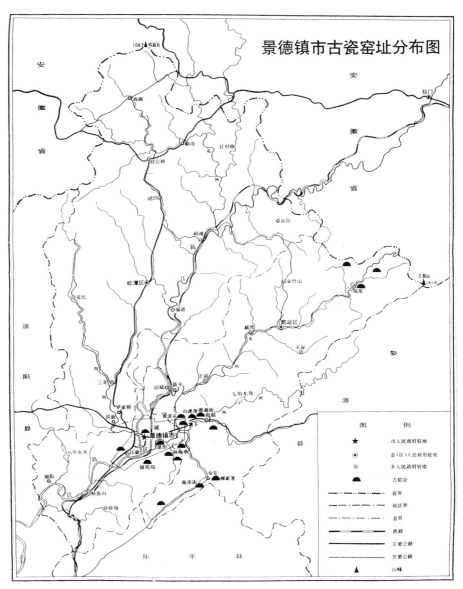

10-9 **Distribución territorial de los alfares de Jingdezhen antes de la dinastía Yuan**

suministro de materias primas se desplazó desde las aldeas del sureste a las del norte del distrito de Fuliang, e incluso hasta el distrito de Qimen en las inmediaciones de Yaozhou. Por todo ello, a partir de la dinastía Ming la ciudad de Jingdezhen se convirtió en el principal polo de concentración industrial y comercial relacionada con la producción cerámica. Hasta la década de los 70 del pasado siglo la localidad conservaba su viejo aspecto y contorno: por el este hasta el monte Ma'an, por el oeste hasta las orillas del curso medio del río Chang, por el sur hasta la aldea de Xiaogangju y por el norte hasta Guanyinge (imagen 10-10).

Podemos comprobar, de este modo, que el establecimiento de los alfares imperiales en Jingdezhen fue una importante condición para la transformación de la localidad en centro nacional de la industria cerámica.

2.5. Variedades tipológicas producidas en los alfares imperiales

Los alfares imperiales de Jingdezhen se empezaron a constituir ya durante el reinado de Hongwu, primer emperador de los Ming. Debido a ese incremento considerable en la producción cerámica, aparecieron numerosas nuevas variedades a comienzos de la dinastía. Por lo que se refiere a las tipologías de los hornos oficiales, según el material recuperado en las excavaciones realizadas en 2004 la producción más abundante y de mayor calidad fue la perteneciente a los reinados de Yongle y Xuande. La mayoría se encontró en pequeños pozos, depósitos, acumulaciones horizontales o estratos comunes. En los tres primeros casos la porcelana recogida se puede restaurar en su mayor parte. Son restos de gran riqueza tipológica, con piezas de color rojo bajo esmalte o de esmalte rojo, dorado púrpura, azul, blanco, amarillo, verde pavo real, *qinghua*, de colores contrastantes, de imita-

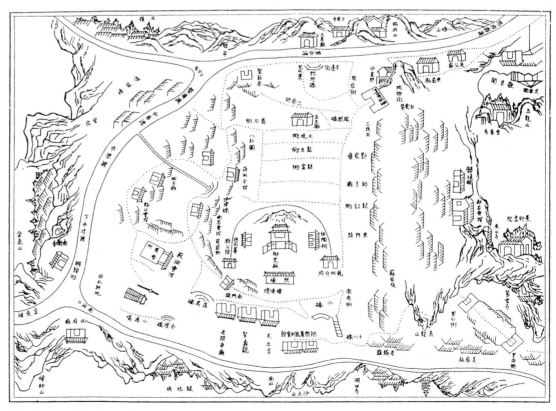

10-10 Plano de la ciudad de Jingdezhen en época Qing

ción de Ge, de imitación del celadón de los hornos oficiales de los Song, de imitación del celadón de Longquan, etc. La gran mayoría de las porcelanas del reinado del emperador Yongle eran de esmalte rojo o con reflejos rojizos, y había una pequeña cantidad de piezas de esmalte dorado púrpura y otros colores, mientras durante el reinado de Xuande predominaban las de esmalte blanco, las de porcelana *qinghua* y las imitaciones de Ge, aunque también se cuenta un pequeño número de piezas de esmalte azul, entre otras.

Debido a los requerimientos de las ceremonias sacrificiales, también había entre las variedades salidas de los alfares imperiales numerosas piezas de porcelana de esmalte de color único y superficie lisa, y no pocos ejemplares de imitación de las porcelanas de los hornos de la dinastía Song, como por ejemplo las copias de esmalte de Ge, las copias de los celadones de los hornos oficiales o las imitaciones de los celadones de Longquan. Ello también es prueba del alto nivel técnico alcanzado por los artesanos cerámicos de los alfares imperiales, que permitió la concentración de los distintos hornos nacionales; no sólo se imitaban las bellas porcelanas procedentes de estos alfares, sino que también se creaban nuevas y numerosas tipologías, como las de esmalte rojo, dorado púrpura, azul, blanco, amarillo, verde pavo real, etc. Entre ellas, las variedades de esmalte rojo brillante y "blanco dulce" alcanzaron un nivel supremo (imágenes 10-11 y 10-12). La producción de porcelana *qinghua* de colores contrastantes, por su parte, puso las bases del desarrollo y prosperidad de la cerámica de colores contrastantes de época posterior.

La más importante de las consecuencias fue la ulterior evolución de la porcelana *qinghua* en época Ming a partir de la variedad elaborada durante la dinastía precedente. Por lo que respecta a la producción de porcelana *qinghua* en los alfares imperiales, aunque algunos estudiosos afirman que ya durante la dinastía Yuan los hornos oficiales elaboraban este tipo de cerámica, su destino principal era el comercio exterior o la donación como presente a dignatarios extranjeros, y sólo producían la variedad de esmalte blanco albumen de superficie lisa con fines estrictamente ceremoniales. Con los Ming, en cambio, la porcelana *qinghua* de los alfares imperiales no sólo se empleaba como regalo sino también en calidad de objeto sacrificial, como en el caso de los calderos *ding* con apoyos en forma de león y decoración de nubes y dragones del reinado de Hongwu, los calderos trípodes *ding* con olas y acantilados marinos de Yongle o las vasijas con pedestal (*dou*) y braseros trípodes con decoración de pasionarias y ramajes del reinado de Xuande, entre otros. Todas estas variedades derivaban de los bronces sacrificiales tradicionales, y como tales imitaciones aparecieron ya en época temprana, precisamente con el fin de sustituir a aquellos. En la historia de la alfarería china no tardaron en surgir este tipo de cerámicas y porcelanas de imitación de los bronces, especialmente tras la creación de los hornos oficiales de la dinastía Song, aunque se trata ahora de la primera vez que se realizan ejemplares de porcelana decorada como objetos sacrificiales. Es por este motivo que la porcelana *qinghua* se convirtió desde comienzos de la dinastía Ming en la principal producción de los hornos de Jingdezhen. Durante los reinados de los emperadores Yongle y Xuande la elaboración de la pasta y el esmalte de las porcelanas experimentó un gran avance respecto al pasado. La porcelana *qinghua* de aquella época se caracterizaba por una pasta fina de color blanco verdoso, un esmalte espeso y cristalino y unos colores ricos y brillantes. Las siete expediciones marítimas del almirante Zhenghe estrecharon ulteriormente los lazos comerciales entre China y numerosos países asiáticos y africanos. Gracias a estos viajes se introdujo en China en este período la asbolana (cobalto terroso) color "azul solimán" procedente de Oriente Próximo (imágenes 10-13, 10-14 y 10-15). Dado que este pigmento tenía un alto contenido en hierro y pobre en manganeso, suavizaba la tonalidad rojo púrpura presente en el azul, y bajo las condiciones idóneas de atmósfera y temperatura podía dar lugar a un bello azul mineral; debido a ese mismo contenido en hierro, a menudo aparecían en la superficie decorada manchas oscuras de hierro, que formaban hermosos y coloridos contrastes con el azul original imposibles de imitar posteriormente (imagen 10-16).

Probablemente las expediciones marítimas de Zhenghe y otros personajes al sudeste asiático, Próximo Oriente y África encomendadas por el emperador en esta época contribuyeron a la elaboración de porcelanas de estilos exóticos, que podían ser exportadas o regaladas como presente de la corte imperial, y al mismo tiempo llevaron hasta China y los alfares cerámicos de Jingdezhen el influjo de culturas foráneas. Los califas abasíes regalaron a la mezquita de Ardabil en Irán tres jarrones de porcelana de similar morfología y decoración divergente. Tal vez los más tempranos ejemplares de jarrones de porcelana realizados para el emperador Yongle deriven de un tipo de jarrón de esmalte vidriado procedente de Oriente Próximo; si lo comparamos con las tres muestras de Ardabil, vemos cómo la decoración de colores bajo esmalte sobre la superficie suave del cuerpo de las vasijas es de estilo completamente chino. Durante el reinado de Yongle, la producción de porcelana de los hornos de Jingdezhen estuvo sometida a un férreo control por parte de los funcionarios de la corte, y tanto desde el punto de vista de la calidad de las materias primas como de la decoración pintada se trata de ejemplares de un nivel difícil de igualar.

10-11 Tetera en forma de pera de esmalte "blanco dulce" y decoración oscura Dinastía Ming (reinado de Yongle) Altura: 13 cm.; diámetro boca: 3'9 cm. Museo de Yangzhou (Jiangsu)

10-12 Tazón de apoyo alto de esmalte rojo Dinastía Ming (reinado de Yongle) Altura: 9'9 cm.; diámetro boca: 18'8 cm. Museo de la Ciudad Prohibida (Beijing)

10-13 Vaso de porcelana *qinghua* con boca extravertida y paredes sinuosas Dinastía Ming (reinado de Yongle) Altura: 4'9 cm.; diámetro boca: 9'2 cm. Museo de la Ciudad Prohibida (Beijing)

10-14 Tetera con asa de porcelana *qinghua* con decoración de frutos Dinastía Ming (reinado de Yongle) Altura: 26'1 cm.; diámetro boca: 6'3 cm. Museo de Historia de China (Beijing)

10-15 Bandeja de porcelana *qinghua* con decoración central de ave y banda circular con nísperos Dinastía Ming (reinado de Xuande) Altura: 9'2 cm.; diámetro boca: 57'2 cm. Museo de la Ciudad Prohibida (Beijing)

11	14
12	15
13	

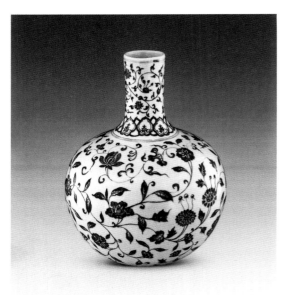

10-16 Jarrón globular ("esfera celeste") de porcelana *qinghua* **con decoración de flores y ramajes de los hornos de Jingdezhen** Dinastía Ming (reinado de Yongle) Museo Británico de Londres

10-17 Jarrón de porcelana *qinghua* **de cuerpo circular ("luna llena") y doble oreja con decoración de lichis de los hornos de Jingdezhen** Dinastía Ming (reinado de Yongle) Museo Británico de Londres

La vasija que aparece en la imagen 10-17 es una porcelana *qinghua* de estilo medioriental. Los artesanos sirios ya elaboraban antes del siglo XIV este tipo de jarrones de esmalte vidriado, que llegarían hasta China en los siglos XIV y XV. El árbol del lichi se cultiva de manera extensa en el sur de China, pero por motivos climáticos no puede crecer en el norte. Se trata de una especie de hoja perenne que da pequeñas flores en primavera. En esta pieza puede apreciarse con claridad que poco después de florecer el árbol da unos frutos rojos de superficie irregular. Puesto que este jarrón en forma de luna llena servía para almacenar alcohol destinado al culto religioso, es probable que hubiera contenido licor de lichi. El fruto del lichi también es un símbolo de carácter auspicioso, y puede emplearse para expresar deseos de fertilidad y buena fortuna. Tanto Yongle como Xuande profesaban el budismo tibetano, y cobijaban a un grupo de lamas en palacio. En la imagen 10-18 se muestra una jarra con asa con una morfología afín a los objetos de orfebrería del Tíbet. La vertedera tiene forma de dragón con la boca abierta, y el asa es un símbolo kármico; en el cuello y el cuerpo central aparece una decoración en forma de remolinos.

Los hornos de Jingdezhen de época Ming no sólo producían porcelana *qinghua*, sino también otras numerosas variedades tipológicas. Aparte de aquella, las más célebres eran las porcelanas rojas bajo esmalte. Las porcelanas de esmalte rojo constituyen una tipología

10-18 Tetera de porcelana *qinghua* con asa y vertedera en forma de chi de los hornos de Jingdezhen Dinastía Ming (reinado de Xuande)   Museo Británico de Londres

10-19 Vaso de esmalte rojo y fondo blanco con apoyo alto y decoración de dragones y nubes de los hornos de Jingdezhen Dinastía Ming (reinado de Yongle)   Museo Británico de Londres

bastante difícil de cocer, y en especial las de color rojo bajo esmalte. Como obtiene su coloración del óxido cúprico, es fundamental dominar la atmósfera y la temperatura durante el proceso de cocción, por ello hay algunas piezas que presentan un acabado exquisito y otras que en cambio no alcanzan el ideal. En la imagen 10-19 aparece un tazón en forma de embudo con apoyo alto, de labios curvos y perfil delicado. El apoyo es hueco por dentro, y el asiento es extrovertido. En las paredes internas del vaso hay decoración de dragones con líneas oscuras de esmalte transparente, mientras en las paredes externas hay dragones blancos de cinco garras jugando con perlas sobre fondo rojo bajo esmalte. El apoyo está barnizado por dentro, y en el exterior presenta dos pares de bandas paralelas entre las que aparece un motivo de nubes auspiciosas. El color del esmalte es suave y uniforme. Se trata de una pieza de una factura extremadamente lograda. En la imagen 10-20, por su parte, podemos ver una sólida bandeja en la que aparecen representadas tres peonías grandes y dos pequeñas bajo esmalte con pigmento de óxido cúprico, alrededor de las cuales se despliegan circularmente dieciséis flores de loto abiertas con sus respectivos tegumentos; en la parte exterior hay también una decoración similar de lotos. En términos generales se empleaba el óxido cúprico como pigmento para pintar motivos en rojo bajo esmalte, lo que dificultaba mucho el proceso de cocción. Comparado con el óxido de

10-20 Bandeja grande de color rojo bajo esmalte con borde lobulado y decoración de peonías de los hornos de Jingdezhen Dinastía Ming (reinado de Hongwu) Museo Británico de Londres

10-21 Jarra tipo kendi de color rojo bajo esmalte con decoración de peonías y ramajes de los hornos de Jingdezhen Dinastía Ming (reinado de Hongwu) Museo Victoria y Alberto de Londres

cobalto que proporcionaba la coloración azulada, dicho pigmento resulta todavía más inestable, y por tanto el proceso de cocción es aún más difícil. Como durante este proceso el óxido cúprico sufrió alteraciones, los motivos decorativos de esta bandeja adquirieron en su mayor parte una tonalidad grisácea. Durante el reinado del emperador Hongwu a comienzos de la época Ming los artesanos alfareros elaboraban grandes cantidades de porcelana de color rojo o de rojo bajo esmalte, en números muy superiores a los de los Yuan. La porcelana de decoración roja bajo esmalte estaba todavía en su fase de prueba con los Yuan, y durante la primera etapa de la dinastía Ming aún escaseaba. En la imagen 10-21 se puede apreciar una jarra vertedera de uso doméstico de tipo kendi (*junchi*), una palabra derivada del idioma malayo que a su vez provendría del término sánscrito que designaba un jarrón para líquidos. El modo de elaboración de los kendi proviene de la India, pero como el lugar y la fecha de producción varían también se producen cambios en su apariencia externa. Estos jarrones fueron realizados para satisfacer la demanda interna y externa, y fueron enormemente populares en los países del sudeste asiático durante el siglo XV. Aunque la pieza de la imagen presenta algunas motas resultado de las técnicas de cocción, se trata de un ejemplar de rara belleza.

2.6. Características artísticas y variedades tipológicas de la producción de los alfares comunes

Durante la etapa inicial de la dinastía Ming, los hornos comunes de Jingdezhen produjeron principalmente piezas de porcelana *qinghua*. Con los Yuan, y a pesar de que también se distribuía en el mercado interno y que incluso era utilizada por los emperadores, en su mayor parte era destinada a la exportación, especialmente a los países musulmanes de Asia occidental. Una vez derrocada la dinastía, las rutas terrestres de venta al exterior se hicieron intransitables, y al mismo tiempo las incursiones piratas obligaron a los gobernantes a prohibir el tráfico marítimo, interrumpiendo el intercambio con otros pueblos. Por ello, la producción de las porcelanas *qinghua* de Jingdezhen durante ese período cambió de orientación pasando de dirigirse principalmente a los mercados de ultramar a estar destinada en su mayor parte al consumo interno.

Aunque empezaba a encontrar su mercado en China, siendo bien acogida por la población, la porcelana *qinghua* de ese período se encontraba aún en una fase de expansión y desarrollo, por lo que su influencia todavía no era muy grande. Además, tras la creación de los alfares imperiales de Jingdezhen, la corte concentró en ellos a los mejores artesanos alfareros de los hornos comunes, monopolizando también el uso del pigmento de cobalto y de la arcilla de porcelana de mejor calidad. Por ello en los hornos comunes de la época sólo quedaban los artesanos menos especializados, y se utilizaba un pigmento y una arcilla de segunda clase, lo que dio lugar a productos ordinarios de carácter masivo destinados al pueblo llano. Cambiaron las materias primas y también los destinatarios, lo que supuso obviamente una transformación también en los estilos, los contenidos y los métodos decorativos; como se trataba de piezas realizadas para la gente común, no hacía falta recurrir ya a aquellos complejos patrones ornamentales de gusto islámico empleados asiduamente en las porcelanas *qinghua* de época Yuan. Al ser artículos de carácter comercial, los tiempos y los capitales invertidos en su elaboración tenían por fuerza que ajustarse a la nueva clientela.

Los estilos de cada nueva época presentan herencias y continuidades, por lo que en la ornamentación de los ejemplares de porcelana *qinghua* elaborados durante el reinado de Hongwu todavía encontraremos no pocas huellas de la porcelana *qinghua* de época Yuan, aunque ya no aparecerá aquella decoración tan intrincada distribuida en niveles característica de la dinastía precedente, que se verá en cambio "vaciada" y simplificada. Con el reinado de Yongle y Xuande ese rastro será cada vez más leve, y la porcelana *qinghua* conformará su propio estilo de época. Aparecerán vasijas de uso doméstico más aptas para el consumo diario de la gente común, como tazones, bandejas, vasos, platos, etc. Los jarrones y ollas tan frecuentes y populares durante la dinastía Yuan seguirán produciéndose ahora, aunque en mucha menos cantidad.

Desde el punto de vista de los respectivos estilos artísticos, las porcelanas *qinghua* de los alfares imperiales y los hornos comunes presentan diferencias evidentes. El cliente al que iban destinadas las piezas de los alfares oficiales era la casa imperial, y entre dichas piezas se encontraban las que serían empleadas en las ceremonias de carácter sacrificial, por lo que las normas que regían su elaboración y ornamentación eran muy estrictas; la decoración no sólo debía ser extremadamente cuidadosa y precisa, sino también tenía que ceñirse a una breve serie de motivos que incluían los dragones, los fénix o las flores y frutas, entre otros.

Durante esta primera etapa de la dinastía Ming el mercado de la porcelana *qinghua* de los hornos comunes todavía no se había abierto completamente; la gran mayoría de clientes pertenecía a las clases populares, y demandaba productos comunes de uso doméstico que no sólo fueran útiles sino también económicos, y que respondieran a sus propios criterios estéticos. Bajo tales condiciones, la producción de porcelana *qinghua* de los alfares comunes tenía por fuerza que ser rápida y adaptarse a los requisitos de esa tipología cerámica, y los artesanos debían esforzarse al máximo por ahorrar capital y material; algunos de esos hornos incluso llegaban a utilizar el sistema de cocción por acumulación para ajustar su presupuesto, con lo cual en el centro de las piezas quedaba una marca circular sin esmaltar. Ese tipo de vasijas sólo podían encontrar su mercado entre la gente ordinaria sin demasiadas pretensiones, y muy probablemente tenía unos precios muy competitivos. Con los reinados de Yongle y Xuande esta clase de piezas con un círculo inferior sin esmaltar prácticamente desaparecerá, aunque es verdad que durante el reinado de Hongwu tampoco habían sido muy abundantes.

Si bien la pasta de los productos salidos de los alfares comunes de la época no es demasiado refinada, y la ornamentación resulta muy sencilla, no por ello significa que las piezas carezcan de ambición artística; al contrario, las porcelanas de este período tienen su propia personalidad tanto en la forma como en su decoración, especialmente los tazones y vasijas de similar tipología. Esa clase de piezas producidas en los hornos comunes no solían presentar temas o escenas pintados en sus paredes externas, sino que desplegaba en su mayoría patrones decorativos repetitivos en grupos de tres o cuatro. Los motivos más frecuentes eran más variados que en el caso de las porcelanas de los alfares oficiales, con todo tipo de adornos florales y ramajes, nubes flotantes, ondas marinas, balaustradas de flores y frutos, hortensias, flores de kadamba, elementos de carácter auspicioso, crisantemos... Con el fin de facilitar y acelerar el proceso de decoración se recurría a un método de trazos largos e ininterrumpidos que a pesar de su simplicidad requería de un cierto grado de maestría técnica, pues había que conseguir esa vivacidad y fluidez con un único movimiento de pincel.

Los motivos decorativos más representativos de esta época son los diferentes tipos de nubes y ramajes. Las nubes son uno de los motivos tradicionales chinos más tempranos, más difundidos y cuya popularidad se prolongó durante más tiempo. Desde los remolinos de las cerámicas a colores primitivas a las grecas en forma de nubes de los Shang y los Zhou; los frisos de nubes anteriores a los Qin; las nubes flotantes de los Qin y los Han; las nubes entrelazadas de los Wei, los Jin y las dinastías del Sur y del Norte; las nubes enroscadas de los Tang; o los grupos y acumulaciones de nubes y las nubes trilobuladas de carácter auspicioso de los Song, los Yuan, los Ming y los Qing, este tipo de ornamentación ha persistido en el tiempo sin decaer jamás, lo cual resulta inseparable de la imaginería cósmica y la concepción estética propia de los pueblos de China.

Los modos de vida sedentarios característicos de los pueblos agrícolas dependían en gran medida de los condicionamientos medioambientales, lo que hizo que los chinos observaran con atención los fenómenos naturales para comprender mejor las reglas que los regían. Alzaban los ojos al cielo sin perder de vista la tierra, con la esperanza de poder dar cuenta de los cambios climáticos con el fin de aprovecharse de las condiciones más favorables para el cultivo y la cosecha. Las nubes traían la lluvia, y el agua daba vida al grano y alimentaba todas las cosas, por lo que las nubes se convirtieron para los ancestros chinos en un elemento auspicioso, "el origen del cielo y de la tierra". Las nubes eran un componente de la naturaleza, y después se convirtieron en producto cultural; dado que eran portadoras de deseo y esperanza, estaban ligadas en la mentalidad popular a significados de carácter auspicioso y propiciatorio y eran símbolos de fortuna y armonía, de lo ideal y lo sagrado. Puede afirmarse que la decoración de nubes es resultado de la "unidad entre mente y materia" del pueblo chino, un elemento muy característico de la cultura china que abstrae y estiliza los motivos o patrones decorativos tradicionales. Los diversos tipos de nubes representados en las porcelanas *qinghua* de principios de la dinastía Ming se enroscan y retuercen, o bien se dispersan en el aire flotando con elegancia, combinando

10-22 Tazón con decoración de nubes Dinastía Ming (reinado de Hongwu/Yongle)

sabiamente nubes y espacios vacíos y sacando a la vez partido de su sinuoso movimiento (imagen 10-22).

En la ornamentación de la cerámica los remolinos continuos son el género de manifestación más frecuente. Además de los diversos tipos de nubes retorcidas y ondas marinas recurrentes en las porcelanas *qinghua* de la primera etapa de la dinastía Ming, también hay variadas combinaciones de ramajes en espiral con lotos, peonías, crisantemos, "ocho tesoros", etc. Estas representaciones derivan de las flores de loto y las madreselvas llegadas a China siguiendo la estela del budismo durante la dinastía de los Han del Este, transformadas después tras una larga evolución; los lotos eran la flor de carácter auspicioso de la religión budista, y la madreselva procedía por su parte de la arquitectura clásica romana, arribada a China a través de la India, un elemento decorativo auxiliar muy utilizado en las cuevas budistas. Con los Tang, la madreselva y las nubes se combinaron entre sí dando como resultado la decoración de tallos y plantas enroscados, que en Japón se asocia a menudo con el nombre de esa dinastía. Esos tallos y plantas se retuercen sobre sí mismos, o se repiten siguiendo un determinado patrón, o bien cambian libremente de forma, se enlazan entre sí y avanzan a modo de ola curvada, englobando en su interior motivos florales en diversas posiciones que se convierten en el punto focal de la composición según ésta se va desplegando. Los ramajes se desarrollaron precisamente a partir de estas decoraciones de tallos y plantas enroscados, convirtiéndose en uno de los principales motivos ornamentales de la cerámica de las dinastías Song, Yuan, Ming y Qing. Desde los Yuan hasta los Ming, dicha decoración de ramajes introducirá diversos cambios en la representación fitomorfa, a la vez que se combinará con distintos símbolos de carácter auspicioso ("ocho tesoros", dragones, fénix...) dando un mayor calado a su significación intrínseca. A principios de la dinastía Ming, esta decoración de ramajes y nubes flotantes enroscados, llenos de círculos y espirales cambiantes, recibirá la atención de los artesanos alfareros coetáneos, y se convertirá así en un método decorativo muy representativo de la época.

En la primera etapa de la dinastía Ming se empleó a menudo ese tipo de líneas retorcidas en sucesión continua. Desde el punto de vista de la técnica, es probable que esa frecuencia tenga que ver con el propio movimiento de la mano, ya que al emplear la muñeca como centro rotatorio resulta muy natural realizar este tipo de diseños circulares, que además pueden ayudar a aumentar la velocidad del pincelado. Esas formas arremolinadas y a modo de S resultan asimismo de una gran belleza plástica. En la decoración de las porcelanas *qinghua*, las flores de loto enlazadas con ramajes en forma de S son un símbolo budista; las peonías son símbolo de prosperidad; los crisantemos –cuyo sinograma es casi homófono del que alude a "lleno" o "completo"– simbolizan plenitud; los "ocho tesoros" son propios de los seres inmortales, y simbolizan por su parte la fuerza sobrenatural. Tales líneas continuas entrelazadas contienen un significado auspicioso; las peonías con ramajes, por ejemplo, eran consideradas por el pueblo como augurio de "prosperidad inquebrantable". Las nubes, como ya hemos visto, son también un elemento propiciatorio, y a menudo eran llamadas "nubes auspiciosas", con frecuencia combinadas con dragones, fénix, peonías, etc., como símbolo de respetabilidad. En resumen, todas ellas eran portadoras de los deseos y anhelos de las clases humildes de la época.

Las vasijas de este período –en especial los tazones y bandejas– utilizaban en su mayoría esta decoración a base de círculos y remolinos; no sólo aparecía en las ya mencionadas representaciones de nubes y ramajes, sino a menudo también a modo de conchas marinas en el corazón de las flores, o con forma de muelle retorcido para delinear sarmientos u hojas. Incluso cuando se representaban personajes humanos también se recurría a los trazos continuos de perfil arqueado.

El fondo interior de los tazones de la época también resulta de interés. En general, pueden clasificarse en dos tipos: el primero consta de escenas en las que aparecen personajes humanos, animales o motivos fitomorfos, con una gran variedad; el segundo son los sinogramas, principalmente los de carácter auspicioso ("fortuna", "prosperidad", "longevidad"...). Entre ellos, el sinograma correspondiente a "fortuna" se escribía a menudo en cursiva, y a veces en semicursiva, oficial o para sellos; el carácter para "prosperidad" (禄) se representaba sin la raíz precedente (录) y se escribía en cursiva; y el sinograma de longevidad se escribía siempre en cursiva. Para acelerar la producción, se empleaba el ya aludido método de la pincelada única, con la que se delineaban todos los trazos de un mismo sinograma, con un doble círculo en el exterior; dicho estilo de línea continua constituye una de las características de la decoración de este momento. Dado que no estaba sometida a constricciones y se realizaba de manera muy rápida, siguiendo el movimiento natural de la mano, esta decoración era muy libre y no mostraba ninguna afectación o manierismo, como si fluyera de manera espontánea y natural de la mente de los artesanos que sostenían el pincel. Dicha naturalidad creaba una sensación de lozanía, mientras su simplicidad invitaba al sosiego, y ambos propiciaban un estado de paz y armonía que conducían a la felicidad y el bienestar, el bien más anhelado en la vida del pueblo chino y al mismo tiempo –por lo que se refiere a las artes populares– una ambicionada belleza interior de gran simplicidad que se convertirá en un secular elemento de gran popularidad y eterna vigencia en el contexto de la producción de porcelana *qinghua* de los hornos comunes de Jingdezhen. Este estilo de "pincelada única" característico de principios de la dinastía Ming será uno de los procedimientos decorativos más recurrentes en la porcelana ordinaria producida masivamente por los alfares comunes de Jingdezhen, y se prolongará hasta los llamados "tazones de pasta con residuos" de color amarillo ceniciento de la República de China. Se trata del método expresivo más rudimentario, libre, rápido y natural de los empleados por los alfares comunes de Jingdezhen para la ornamentación de sus porcelanas *qinghua*, y constituye sin duda una innovación pionera de los artesanos alfareros de esos hornos cerámicos de finales de la dinastía Yuan y comienzos de los Ming.

Capítulo 3 Cerámica de Jingdezhen de la etapa intermedia de los Ming

3.1. Interacción entre los alfares oficiales y los comunes

Las diferencias entre los hornos comunes y los oficiales eran considerables tanto por lo que respecta a las tipologías morfológicas como en lo relativo a los patrones decorativos o los colores de sus respectivas producciones de porcelana *qinghua*. Sin embargo, a partir de mediados del siglo XV –durante la etapa intermedia de la dinastía Ming– los rasgos que habían caracterizado las formas y ornamentaciones de los productos de los hornos comunes irán desapareciendo, y se apreciará cada vez más la influencia de los alfares imperiales tanto en los motivos como en los métodos decorativos, con abundancia de tallos y plantas enroscados, pinos, bambúes, ciruelos, y diseños intrincados de flores y las escenas con personajes del *Romance de los Tres Reinos* o *A orillas del agua*. Ello se debe a que muchos de los artesanos alfareros de los hornos comunes tenían que desempeñar cada año por turnos tres meses de corvea en los alfares oficiales, un sistema que les permitía entrar en contacto directo con los métodos de elaboración y las técnicas de cocción de dichos alfares.

Las estrictas normas de funcionamiento de los hornos imperiales y su exhaustiva división del trabajo ejercieron una enorme influencia en los alfares comunes de Jingdezhen. Para poder producir porcelanas de excelente calidad, los alfares imperiales utilizaban un minucioso sistema de división del trabajo; la creación de una pieza constaba de numerosas fases intermedias controladas por artesanos especializados, cuya responsabilidad se heredaba de padres a hijos en funciones específicas a las que se entregaban durante toda una vida, por lo que las técnicas se fueron perfeccionando generación tras generación. El método seguía una línea de producción por la que pasaban los ejemplares cerámicos en cada una de las fases, un sistema de manufactura bastante avanzado para la época.

Por ello, y a pesar de que el servicio obligatorio no remunerado se llevaba una parte importante del tiempo de los artesanos alfareros, estos acababan dominando las técnicas aprendidas en los hornos imperiales gracias al trabajo desempeñado allí y al contacto e interacción entre los operarios, técnicas que luego se llevaban de vuelta a los alfares comunes. Por otro lado, aquellos campesinos provenientes de los distritos aledaños que realizaban trabajos forzados en los alfares imperiales también aprendían las técnicas más simples de elaboración cerámica, y como ya no regresaban a sus hogares sino que permanecían en Jingdezhen no sólo venían a integrar la fuerza de trabajo de esos hornos oficiales sino que también contribuían como mano de obra supletoria al desarrollo de la producción cerámica de los hornos comunes de la ciudad.

3.2. Producción durante las eras Zhengtong, Jingtai y Tianshun

La etapa comprendida entre las eras Zhengtong y Tianshun –pertenecientes a las dos respectivas etapas de reinado del emperador Yingzong, antes y después del breve interludio de su hermano Jingtai– fue un período de incesante actividad militar, frecuentes hambrunas y gran inestabilidad política y social. La industria de la porcelana de los hornos de Jingdezhen atravesó entonces por un momento de baja productividad, hasta el punto de que hoy en día se conservan muy escasas muestras que puedan datarse con seguridad durante el reinado de estos dos emperadores, por lo que los especialistas han considerado a menudo este período (de 1435 a 1464) como una "página en blanco" en la historia de la producción de los alfares imperiales. Sin embargo, en los casi treinta años transcurridos entre el primer año de la era Zhengtong y el octavo y último de la era Tianshun prácticamente no cesó allí la actividad de elaboración de porcelana. Durante las excavaciones llevadas a cabo en 2004 en el yacimiento arqueológico de los hornos imperiales de época Ming y Qing aparecieron gran cantidad de restos provenientes de este período, como en el caso de los numerosos fragmentos de grandes urnas de porcelana *qinghua* con decoración de dragones correspondientes a la era Zhengtong, un tipo de vasijas de grandes dimensiones que no eran muy frecuentes durante los reinados de Yongle y Xuande, lo que evidencia la escala productiva de la época. Por otro lado, los sucesivos descubrimientos arqueológicos demuestran que las célebres cerámicas de colores contrastantes del reinado de Chenghua comenzaron a elaborarse con Xuande y se desarrollaron durante las eras Zhengtong, Jingtai y Tianshun hasta alcanzar brillantes resultados bajo el reinado del emperador Chenghua. Gracias a los más recientes hallazgos, ya no podemos considerar este período entre las eras Zhengtong y Tianshun como una laguna histórica, aunque es cierto que se ha descubierto una cantidad relativamente pequeña de piezas elaboradas en los alfares imperiales durante esa breve etapa.

La producción de los hornos comunes, en cambio, experimentó entonces un cierto desarrollo. Según las fuentes, en el primer año de la era Zhengtong se enviaron desde un horno privado del distrito de Fuliang cincuenta mil ejemplares de porcelana como tributo a la casa imperial, lo que da una idea de la considerable producción de los alfares comunes de la época.

El reinado del emperador Jingtai (Zhu Qiyu) fue muy breve. La conocida como "crisis de Tumu", un conflicto de frontera entre los oirates de origen mongol y el ejército Ming, acabó en 1449 con la captura del emperador Yingzong y el sucesivo ascenso al trono de Jingtai, cuyo reinado de tan solo ocho años estuvo plagado de frecuentes conflictos internos y externos. La industria alfarera de Jingdezhen de este período también sufrió altibajos. En el primer año del reinado de Jingtai el área en torno al distrito de Fuliang sufrió la peor de las tres grandes hambrunas ocurridas desde la era Zhengtong a la era Tianshun, y es muy probable que la actividad de los hornos de porcelana locales cesara del todo o se redujera drásticamente. Sin embargo, las porcelanas recubiertas de cobre con esmalte *cloisonné* llegadas a China en época Yuan desde los países árabes de Oriente Próximo y desarrolladas con Yongle y Xuande alcanzaron durante el reinado de Jingtai una gran madurez y delicadeza y un elevado nivel artístico. Fueron muy apreciadas por el emperador –hasta el punto de que eran conocidas con el nombre de "azul de Jingtai"–, y se importaron grandes cantidades del costoso pigmento para su elaboración. Es posible que ello tuviera una repercusión negativa en la elaboración de porcelana tradicional, y es uno de los motivos de la escasa producción de los alfares oficiales.

En los primeros años de la era Tianshun comenzó a recuperarse la industria de porcelana de Jingdezhen, y se reclutó a lo artesanos más experimentados para retomar la producción de los alfares oficiales de tiempos del emperador Xuande. Resulta fácil imaginar que,

10-23 Tubo cilíndrico para incienso con peana de cinco colores con representación de los "ocho inmortales" Dinastía Ming (era Tianshun) Altura: 19'6 cm. Museo de la Ciudad Prohibida (Beijing)

tras ese oscuro período de la historia de la cerámica china, los hornos oficiales y comunes constreñidos durante décadas experimentarían ahora un importante desarrollo y avance. Además, la era Tianshun representa un punto de inflexión entre la etapa inicial y la intermedia de la producción cerámica de la dinastía Ming. La industria de la porcelana de esta época no sólo consolidó las refinadas tradiciones artísticas de los reinados de Yongle y Xuande sino que también estableció las bases para el desarrollo de la exquisita porcelana de Chenghua (imagen 10-23).

La porcelana *qinghua* con representaciones antropomorfas de la era Tianshun fueron muy populares, y especialmente los retratos de grandes personajes muy en boga entre los eruditos de la época, cuyas vestimentas al aire iban acompañadas por nubes enroscadas en un estilo muy característico de aquel momento. En el Museo Victoria y Alberto de Londres se conserva una serie de piezas de porcelana *qinghua* de dicha era que nos permiten apreciar la apariencia de la producción de esta tipología cerámica en los hornos de Jingdezhen, como la que aparece en la imagen 10-24. Se trata de una olla grande de panza redondeada cuya tapadera se ha perdido. La tonalidad del esmalte es ligeramente grisácea, y las líneas de contorno de las figuras muy oscuras. En su superficie se representa tres escenas con personajes: en la primera aparecen dos eruditos y un criado en un jardín, en la segunda tres personas sentadas en torno a una mesa –dos de ellas jugando al ajedrez chino y la restante observando la partida– y en la tercera escena

10-24 Olla de porcelana *qinghua* con decoración de escenas con personajes de los hornos de Jingdezhen Dinastía Ming (era Tianshun) Museo Victoria y Alberto de Londres

una persona toca la cítara, otra escucha a su lado y un sirviente espera de pie en el lado opuesto con una caña de la que penden unos rollos de papel. Hay estudiosos que opinan que tal vez estas escenas guarden relación con las "cuatro artes" (música, ajedrez, caligrafía y pintura) tan en boga entre los eruditos de la época, y quizás deriven de una de las obras de Li Changqi publicada en la segunda mitad del siglo XV.

3.3. Producción durante los reinados de Chenghua y Hongzhi

Con el reinado de Chenghua en la etapa intermedia de la dinastía Ming la porcelana de Jingdezhen se hace todavía más refinada, y la apariencia externa de las piezas experimenta grandes cambios. La porcelana de la era Chenghua no sólo se hizo célebre por sus ejemplares de colores contrastantes insuperados en toda la historia de la cerámica china, sino también por su porcelana *qinghua* y de esmalte de colores, obras maestras de la alfarería de época Ming. Las porcelanas *qinghua* de los hornos comunes realizadas con posterioridad a los reinados de Jiajing y Wanli llevan a menudo la inscripción "Realizado durante el reinado de Chenghua de los Ming", y durante los reinados de los emperadores Kangxi y Yongzheng aún se imitaron con más frecuencia las cerámicas de colores contrastantes y las porcelanas *qinghua* de la era Chenghua (imagen 10-25).

Las porcelanas de este período son exquisitas y elegantes, hechas con pasta fina y brillante y pigmentos puros, de colores suaves y diseños elegantes y profundos, con un estilo sin paralelo en época Ming que se convirtió en paradigma de toda la dinastía, como vendría a ser posteriormente la era Yongzheng para los Qing. Por supuesto, aquí estamos hablando sólo de los alfares oficiales, ya que los hornos comunes coetáneos estaban lejos de alcanzar tales niveles. Los alfares oficiales no sólo destacaban por su delicada y elegante porcelana *qinghua*; su porcelana de colores también despuntaba por su gran riqueza estilística, en particular la de colores contrastantes (imagen 10-26), de unos azules y blancos transparentes y brillantes y un rojo sangre hermoso y deslumbrante, muy difíciles de imitar. Además de la porcelana *qinghua* y la *qinghua* de colores contrastantes, también había ejemplares de esmalte rojo, azul, amarillo (imagen 10-27), verde pavo real o de imitación de Ge (imagen 10-28), entre otros colores y tonalidades. En los hornos comunes, en cambio, seguía predominando la porcelana *qinghua* y se producía poca porcelana pintada o de esmalte de color.

Durante los reinados de Chenghua y Hongzhi los hornos oficiales empleaban un tipo de azul bastante claro para las porcelanas *qinghua*. El pigmento azul cobalto de alta calidad estaba controlado por los funcionarios estatales, aunque no era tan preciado como el importado. En cualquier caso, es totalmente posible que los hornos comunes se hicieran también con pigmento de buena calidad de alguna u otra manera (imagen 10-29).

Al observar los ejemplares cerámicos de la era Chenghua conservados hasta nosotros es posible comprobar hasta qué punto se tenía en cuenta la calidad del acabado. Los

10-25 Olla con tapadera con decoración de flores y ramajes y el sinograma 天 Dinastía Ming (reinado de Chenghua) Altura: 8'5 cm. Museo de la Ciudad Prohibida (Beijing)

10-26 Tazón en forma de urna de colores contrastantes con decoración de gallos Dinastía Ming (reinado de Chenghua) Altura: 3'3 cm.; diámetro boca: 8'3 cm. Museo de la Ciudad Prohibida (Beijing)

10-27 Bandeja de esmalte amarillo Dinastía Ming (reinado de Hongzhi) Museo de la Capital (Beijing)

10-28 Vaso de apoyo alto de imitación de los hornos de Ge Dinastía Ming (reinado de Chenghua) Museo de la Capital (Beijing)

10-29 Tazón de porcelana *qinghua* con decoración de dragones voladores Dinastía Ming (reinado de Chenghua) Altura: 9 cm.; diámetro boca. 17 cm. Museo de Shanghai

25	27
26	28
	29

productos que no superaban los estándares eran destruidos, por eso son muy raros los casos en que podemos encontrar correcciones, lagunas en el esmalte u otros defectos. Los hornos comunes de la época también recibieron una profunda influencia de este estricto proceso de elaboración, y sus productos también son de buena factura, la mayoría imitaciones de las piezas salidas de los alfares oficiales, con una decoración, unos colores y un estilo pictórico bastante uniformes.

Las porcelanas con inscripciones relativas a la dinastía en vigor aparecieron en los hornos comunes más tardíamente que en los oficiales. Muchas de las piezas con la inscripción "Hecho durante el reinado de Hongwu" son imitaciones posteriores. Los hornos imperiales de la era Xuande elaboraron numerosas porcelanas *qinghua* con datación dinástica, aunque parece que estos ejemplares no ejercieron una influencia inmediata sobre la producción de los hornos comunes, ya que hasta la fecha no se han encontrado piezas procedentes de dichos alfares con la inscripción relativa al reinado de dicho emperador. Sólo al llegar al reinado de Chenghua podemos encontrar ya ejemplares de porcelana *qinghua* con la inscripción "Elaborado durante el reinado de Chenghua de los Ming", incluso dentro de un cartucho en forma de lingote o de dos rombos enlazados. Muchas de las imitaciones de época Ming y Qing llevan esa misma inscripción u otras similares, o simplemente los dos caracteres relativos al emperador.

A juzgar por los materiales históricos, no hubo una gran actividad en los hornos oficiales durante el período correspondiente al reinado del emperador Hongzhi, y de hecho los ejemplares conservados hasta nosotros son bastante escasos. Su producción de porcelana, ya sea *qinghua*, de esmalte de color o pintada sigue básicamente la tradición marcada durante la era Chenghua. No obstante, en la era Hongzhi se interrumpe la producción de cerámica de colores contrastantes, mientras las piezas de amarillo brillante y de esmalte blanco e incisiones rellenas en verde son en cambio los productos cerámicos más populares del momento (imagen 10-30).

La principal producción de la era Hongzhi, en cualquier caso, son las porcelanas *qinghua*, que se desarrollaron ulteriormente sobre la base de las piezas realizadas durante el reinado de Chenghua. En los últimos años se han descubierto en enterramientos datados en la era Hongzhi algunas muestras de esta tipología cerámica, que a pesar de su tosquedad desde el punto de vista de la pasta o el esmaltado presentan una mayor diversidad decorativa, especialmente en el caso de las escenas con personajes, de gran variedad temática y realizadas con particular elegancia. También son frecuentes los

10-30 Tazón de esmalte blanco y color verde con decoración de dragón y nubes Dinastía Ming (reinado de Hongzhi)
Altura: 7 cm.; diámetro boca: 16'3 cm. Museo de la Ciudad Prohibida (Beijing)

ciruelos y bambúes, los ramajes y flores, los pinos y grullas, los lotos y algas acuáticas o las conchas marinas.

Las porcelanas de esmalte de color de la era Hongzhi son menos abundantes que las del reinado de Chenghua tanto en lo que respecta a su variedad tipológica como al número de piezas producidas, y tampoco pueden compararse en este sentido con las realizadas durante el reinado del emperador Xuande. A pesar de ello, las porcelanas de esmalte amarillo elaboradas en aquella época gozaron de un gran renombre, y son los ejemplares pertenecientes a dicha tipología los de factura más conseguida de toda la dinastía Ming. Debido a su delicadeza y a su parecido con la grasa de pato, esa tonalidad amarillenta también se conocía por dichas características. Ese "amarillo grasa de pato" ejerció una gran influencia posteriormente, y se desarrolló también durante el reinado de Zhengde. Los ejemplares de las imágenes 10-31 y 10-32 se conservan en el Museo Topkapi de Estambul, y son obras maestras de la dinastía Ming. La porcelana pintada de la era Hongzhi, en cambio, no tuvo un gran desarrollo, y entre las piezas que podemos ver hoy en día destacan por su importancia las de color verde y rojo. Las verdes se distinguen a su vez en las de fondo blanco y aquellas de fondo amarillo, siendo las primeras las más importantes en aquel momento. En cuanto a las rojas, también las hay con fondo blanco o verde. Hay además piezas de fondo blanco y tres colores (rojo, amarillo y verde pavo real).

En cuanto a las porcelanas de los alfares oficiales de la era Hongzhi con inscripción dinástica, pueden ser de cuatro ("Hecho durante la era Hongzhi") o seis caracteres en dos columnas ("Hecho durante la era Hongzhi de los Ming"), estas últimas en el interior de un círculo doble. Las piezas con inscripción de los hornos comunes llevan una referencia al quinto año del reinado de Hongzhi (1492) o simplemente llevan escrito "Realizado durante la dinastía Ming", con un cartucho rectangular simple o doble o en forma de lingote.

3.4. Producción durante el reinado de Zhengde

Las porcelanas producidas durante el reinado del emperador Zhengde heredan las viejas formas de las eras Chenghua y Hongzhi, preparando el camino para los nuevos ejemplares del reinado de Jiajing. Desde el punto de vista de la elaboración, las variedades tipológicas y la decoración, además de los ejemplos tradicionales completamente heredados de generaciones precedentes también hay numerosas creaciones innovadoras, que dieron lugar a un estilo particular. Dado que aumentó el número de piezas de gran tamaño, éstas tendían a ser más pesadas y toscas. El incremento de la demanda por parte de la casa imperial, por otro lado, también hizo que aumentara la variedad. Sin embargo, si exceptuamos

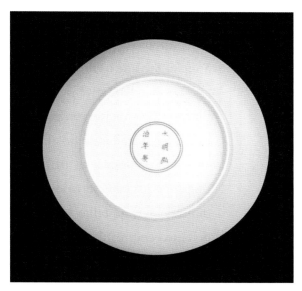

10-31 Bandeja grande de esmalte amarillo Dinastía Ming (reinado de Hongzhi) Museo del Palacio de Topkapi de Estambul

10-32 Tazón de esmalte amarillo Dinastía Ming (reinado de Zhengde) Museo del Palacio de Topkapi de Estambul

los ejemplares más famosos en tres colores, son muy escasas las muestras de otras variedades elaboradas entonces que superen en calidad a las producidas durante los reinados de Yongle, Xuande o Chenghua.

Lo más llamativo de este período es que, además de las frecuentes piezas de fondo blanco y decoración verde, *qinghua* con decoración en rojo y verde o de cinco colores sobre esmalte realizadas en los alfares de Jingdezhen hasta la fecha, también aparece una nueva variedad tipológica: la arriba mencionada porcelana de tres colores. Esta nueva tipología presenta dos características principales. La primera de ellas es que no se utiliza el rojo, a diferencia de aquellas otras variedades de época Ming como la de color rojo y verde o la de cinco colores. En la China antigua los esponsales, cumpleaños, etc. eran ceremonias en las que se podía comer carne, de ahí que se empleara el color rojo, mientras que los funerales y otros ritos semejantes eran en cambio ceremonias "vegetarianas" (素), y en general se empleaba el blanco, el azul, el verde o el amarillo, colores que toman también ese nombre por el que se conoce dicha tipología cerámica sin rojo. Como en el caso de la cerámica "de cinco colores", su número era variable y no tenía por fuerza que ser tres o cinco. En esta porcelana de tres colores se empleaba principalmente el amarillo, el verde y el morado, aunque el uso no se limitaba a estos tres colores. La segunda característica importante es que a partir de la cerámica de decoración incisa rellena con esmalte marrón de la era Xuande y la rellena con esmalte verde de la era Hongzhi se perfeccionó una nueva técnica de aplicación directa del color sobre la pasta sin esmaltar. Antes de la era Zhengde, toda la cerámica de color sobre esmalte se realizaba mediante la aplicación de color a baja temperatura sobre el esmalte después de la cocción de la porcelana blanca. El aguamanil de tres colores con decoración de sapos de Zhengde conservado en la Ciudad Prohibida tiene incisos en sus paredes externas una serie de motivos de diferentes colores: amarillo para los sapos, verde para el agua y blanco para la espuma de las olas, y también usa el violeta para el apoyo inferior. Se trata de un ejemplo clásico de este período conservado hasta nuestro tiempo (imagen 10-33).

Si bien la gama de productos cerámicos de la era Zhengde era más rica y diversa que en épocas anteriores, tanto en los alfares oficiales como en los hornos comunes seguía predominando la porcelana *qinghua*, y en el caso de las piezas realizadas en estos últimos eran particularmente abundantes y variadas. El pigmento de cobalto empleado en estas porcelanas presenta básicamente unos matices grisáceos. Además de bandejas, jarrones, braseros, aguamaniles y ollas, se ha conservado hasta nosotros un gran número de tazones de todo tipo, lo cual tiene mucho que ver con los usos funerarios populares de la etapa intermedia y final de la dinastía Ming. A partir del reinado del emperador Zhengde se extenderá entre el pueblo la costumbre de emplear tazones en los enterramientos, que se colocaban fuera del sarcófago pero dentro de la tumba, de ahí el apelativo con el que se los conocía ("tazones sepulcrales") (imagen 10-34).

10-33 Aguamanil trípode de cerámica de tres colores con decoración de sapos sobre ondas marinas Dinastía Ming (reinado de Zhengde) Altura: 10'8 cm.; diámetro boca: 23'7 cm. Museo de la Ciudad Prohibida (Beijing)

3.5. Estilos artísticos

A partir de la etapa intermedia de la dinastía Ming la industria cerámica de Jingdezhen se desarrolló muy rápidamente; los hornos oficiales produjeron nuevas variedades tipológicas, y el mercado de los alfares comunes también se hizo más amplio. Según los materiales a disposición, a comienzos de la dinastía la porcelana adquirida en Jingdezhen representaba sólo alrededor de un 30% del total de la cerámica producida localmente, mientras que en la etapa intermedia

10-34 Tazón de porcelana *qinghua* con decoración de flores y ramajes Dinastía Ming (reinado de Zhengde) Altura: 5'5 cm.; diámetro boca: 13 cm. Centro provincial de intercambio de reliquias culturales de Henan

ya superaba el 50%. Entre ella, la más abundante era la porcelana *qinghua*, seguida de la porcelana blanca, y también había porcelana de esmalte verde guisante, marrón oscuro, azul marino, azul pavo real y morado berenjena, además de rojo, verde oscuro, amarillo, negro y azul turquesa bajo esmalte. Ello demuestra que la producción de los alfares comunes de Jingdezhen de la fase intermedia de la dinastía Ming no sólo tenía un amplio mercado dentro del país sino que disponía también de una amplia variedad tipológica.

La morfología de las porcelanas de este período era muy diversa. Las vasijas domésticas de uso diario más frecuentes eran todo tipo de jarrones, copas para libación tipo *zun*, tazones, copas pequeñas, bandejas, platos, teteras, ollas, urnas, banquetas redondas tipo *dun*, cestas, cajas, calderos trípodes tipo *ding*, braseros, herramientas... Entre ellos había muchas clases de porcelanas *dun* empleadas como asiento para el verano (de ahí que fueran conocidas como "taburetes frescos"). Las cajas podían servir para guardar colorete, polvos, tinta para sellos, pigmentos, etc.; los braseros en forma de caldero *ding* estaban originariamente destinados a cocinar o almacenar alimentos, pero después se emplearon como objetos sacrificiales o decorativos, y frecuentemente también como incensarios para quemar sustancias aromáticas; los utensilios, por su parte, eran en su mayoría juguetes u objetos decorativos para el estudio o la biblioteca, y entre ellos había tableros y piezas de *weiqi*, biombos, sombrereros, mangos para pincel, objetos para apoyar, guardar o limpiar los pinceles, lastras para entintar, vasijas para aguar y objetos sacrificiales especialmente realizados para el ceremonial. Observando todas estas piezas en boga durante aquellos años podemos ver cómo los productos salidos de los hornos cerámicos de Jingdezhen ya habían permeado todos y cada uno de los aspectos de la vida de las gentes de la época, convirtiéndose en objetos necesarios para los integrantes de los distintos estratos de la sociedad. La diversificación del consumo y el aumento de los consumidores tuvieron que impulsar por fuerza el desarrollo de distintas variedades estilísticas, y por ello este período resulta mucho más rico y diverso por lo que se refiere tanto a los materiales como a los motivos y métodos decorativos. Estas diferencias entre los distintos segmentos de consumidores hicieron además que aparecieran en los hornos comunes numerosas porcelanas de exquisita factura, cuya calidad mejoró considerablemente durante estos años.

Por lo que respecta a los motivos decorativos, además de aquellos numerosos motivos y contenidos tradicionales que siguieron conservándose en estos años también surgieron porcelanas decoradas con caligrafía árabe debido a la citada influencia de los mercados islámicos, una ornamentación que ya apareció durante los reinados de Yongle y Xuande pero que en la era Zhengde adquirirá todavía mayor popularidad. La ornamentación con elementos propios del taoísmo o con historias de personajes también aumentó considerablemente. Desde el punto de vista de los conceptos filosóficos, la cultura taoísta de la época obtuvo mayor favor que la corriente confuciana, si bien también estaba de moda el pensamiento neoconfuciano de Wang Yangming que postulaba el "conocimiento innato" y la necesidad de una regulación interior, afirmando que cada persona posee desde su nacimiento dicho conocimiento intuitivo, aunque permanezca oculto por los asuntos mundanos, que provocan una progresiva degeneración de la moral. Para cambiar este orden de cosas hace falta, según Wang, despertar ese conocimiento innato de las personas y desembrollar esa confusa maraña que ha ido creciendo entre el Hombre y la Naturaleza, para llegar hasta su estado originario de indivisión entre sujeto y objeto. Esa doctrina sería retomada y desarrollada décadas después por el filósofo e historiador Li Zhi con su doctrina de la "preservación de la inocencia original": "Aquellos que mantienen esa inocencia rechazan la falsedad, y siguen sólo los dictados de su corazón; si la pierden, pierden su verdadero ser, su parte más intrínseca y primordial, y si no viven una vida sincera y honesta no podrán preservar su inocencia". Quizás ese hincapié en el "conocimiento innato" y la "inocencia original" por parte de los eruditos de la época tuviera su reflejo, por lo que respecta a la decoración cerámica, en el aumento las escenas de niños jugando. Aunque este tipo de motivos ya se llevaba representando desde hacía tiempo –especialmente durante la dinastía Song con las porcelanas de base blanca y decoración negra de los hornos de Cizhou y las porcelanas verdiblancas de Jingdezhen–, con los Yuan y a comienzos de la dinastía Ming no fue en cambio tan frecuente, para volver a reaparecer con fuerza a partir de la etapa intermedia y sobre todo a finales de la dinastía y con los Qing, hasta el punto de convertirse en uno de los motivos más frecuentemente representados en las porcelanas *qinghua* de Jingdezhen. Por otro lado, y dado que estos hornos no se encontraban muy lejos de los centros de erudición de Suzhou, Hangzhou y Nanjing, los utensilios relacionados con el estudio y las artes fueron en consecuencia muy apreciados por esos estudiosos y doctos personajes, que a su vez influyeron tanto en los estilos como en la elección de motivos de la decoración cerámica. La prueba es que en la ornamentación de numerosas piezas de uso doméstico de la época aparecen reflejadas escenas de la vida privada de dichos eruditos, o paisajes con montañas y riachuelos afines a sus gustos y criterios estéticos.

Por lo que respecta a los estilos decorativos, se percibe en primer lugar una influencia de los alfares oficiales. Debido al surgimiento de la técnica de perfilado y emborronado, a partir de la etapa intermedia de la dinastía Ming aparecieron en los hornos comunes una serie de piezas de empleo doméstico que seguían el modelo de los hornos oficiales, con una decoración muy fina y densa. Por otra parte, en una era de desarrollo paulatino de la industria artesanal las tradiciones no podían desaparecer de forma inopinada sino que se iban transmitiendo ininterrumpidamente a través de numerosas generaciones, por lo que el popular método decorativo de la línea continua al que aludíamos más arriba, con su sencillez y su rapidez de aplicación, siguió apareciendo y desarrollándose en los objetos de uso diario más comunes, aunque ya no ocupaba un lugar preeminente. En tercer lugar, el desarrollo de un arte a lo largo de un período determinado estará siempre sujeto a la influencia de otras artes afines de la misma época. En lo que se refiere en concreto a los estilos artísticos de la cerámica producida en los alfares comunes de Jingdezhen durante la fase intermedia de la dinastía Ming, aparte de los factores ya mencionados también habría que hacer alusión a la influencia de los brocados y de la pintura de las clases ilustradas.

La dinastía Ming constituyó un período de gran esplendor para el desarrollo de la elaboración de la seda, con la creación de numerosas nuevas variantes. La decoración principal incluía numerosos tipos de flores y pájaros o elementos geométricos de carácter auspicioso. Los motivos más frecuentes eran fénix en grupo o entre las flores, nubes lobuladas, dragones entre nubes, flores y aguas borboteantes, ramajes y peonías o frutos, flores sobre brocados, crisantemos de la longevidad, elementos celestes y terrestres, granadas, flores de melocotón, hibiscos, trepaderas, "ocho tesoros", "ocho elementos auspiciosos", rombos enlazados, caparazones de tortuga, monedas, etc. Este tipo de motivos también era muy recurrente en la decoración de las cerámicas de Jingdezhen de la época, lo que demuestra que se trataba de una particularidad propia de aquel período. La influencia mutua entre los brocados de seda y las porcelanas de Jingdezhen no se limitaba a los motivos sino también a las formas decorativas. Las frecuentes combinaciones florales de los brocados, por ejemplo, con su tendencia a la acumulación o con la apertura de paneles ornamentales, se desarrollaron a partir de esta etapa intermedia de los Ming, y a finales de la dinastía y con los Qing se consolidaron como una de las características fijas de la decoración cerámica de los hornos de Jingdezhen. Los colores de las decoraciones de las sedas de época Ming se combinaban resaltándose entre sí, con un énfasis tanto en las diferencias de saturación de la luz como en el contraste cromático de las diferentes tonalidades. Así, se utilizaba por ejemplo una decoración amarilla sobre fondo verde oscuro, amarilla o dorada sobre fondo rojo, oscura sobre fondo blanco, etc. Este método de combinación de diferentes colores influirá profundamente en los contenidos ornamentales de las cerámicas de Jingdezhen, y surgirán continuamente piezas de porcelana con cromatismos diversos, como las representativas bandejas de porcelana *qinghua* con esmalte amarillo y decoración de ramajes y frutos e inscripción alusiva a Xuande, los tazones de fondo blanco y decoración verde oscura de dragones con la inscripción de Chenghua, los tazones de fondo amarillo y decoración fitomorfa verde oscura con apoyo alto e inscripción de Zhengde o los tazones de porcelana *qinghua* con pintura amarilla y decoración de dragones, también de la era Zhengde. Si bien todos estos ejemplares fueron elaborados en los alfares oficiales, en la etapa final de la dinastía Ming y con los Qing también se produjeron en gran número en los hornos comunes.

Aparte del brocado, otras artes afines de la época que influyeron en la producción cerámica de los hornos comunes de Jingdezhen fueron la pintura de las clases ilustradas y la pintura de género. La primera no sólo incluía paisajes sino también flores y pájaros y retratos de personas. En cuanto a las representaciones antropomorfas sobre porcelanas *qinghua* de los alfares comunes, existían algunas diferencias entre las realizadas durante la dinastía Yuan y las elaboradas durante la etapa intermedia de la dinastía Ming. Si atendemos a los métodos pictóricos, los retratos de la dinastía Yuan se vieron muy influidos por las xilografías de la época, con un estilo muy ordenado y definido; en cuanto a los motivos decorativos, la mayoría de ellos provenía en época Yuan de las obras teatrales o de las novelas, y por tanto se representaban principalmente historias o escenas con personajes, con un fuerte aire popular y mundano. Durante la fase intermedia de los Ming, en cambio, las representaciones antropomorfas recibieron la influencia de la pintura de los hombres de letras, con un estilo grácil y elegante; los motivos decorativos, por su parte, eran en su mayor parte escenas de la vida de estas clases eruditas o bien representaciones de inmortales taoístas, reflejando los intereses y preocupaciones estéticos de este estrato social, con un aire marcadamente ilustrado.

Por supuesto, también existían ciertas diferencias entre las pinturas llevadas a cabo por los artesanos alfareros y aquellas realizadas por los letrados; las decoraciones pictóricas plasmadas sobre cerámica no eran como ocurría con las clases ilustradas un modo para desahogarse y expresar sus ambiciones e intereses o para escapar del mundanal ruido, sino simplemente un medio para satisfacer la demanda del mercado y para ganar espacio vital. Objetivos diversos dieron obviamente lugar a estilos pictóricos divergentes. Desde el punto de vista de los artesanos, la simplificación de las representaciones era una excusa para ahorrar en inversión empleando materiales de segunda clase, y el resultado era frío y poco vívido, por lo que siempre añadían diversos tipos de motivos en forma de nube sobre el fondo de los personajes, a modo de hongo, de símbolo auspicioso trilobulado o de aguas flotantes, mediante líneas quebradas y curvas más anchas en la parte externa y finas y densas en el interior. Las líneas se retuercen entre sí, se repiten y cambian libremente, enlazándose unas a otras ininterrumpidamente. Todo

ello otorga a las decoraciones un aire mágico y etéreo, respondiendo a su vez a los gustos recargados y exuberantes de sus clientes. Según las diversas exigencias de estos, los métodos pictóricos también variaban. En las bandejas y tazones comunes de uso diario, por ejemplo, se empleaba una decoración bastante libre y desenvuelta, sencilla y sumaria, mediante el uso de la pincelada rápida continua y algunos ligeros retoques posteriores. Debido a la experiencia y la falta de constricciones, los trazos eran sueltos y espontáneos, sin detenerse en detalles, con un aire fresco y vivaz. Aun así, en ciertos tipos de vasijas de gran tamaño como los jarrones florero, las ollas con tapadera

10-35 Jarrón florero de porcelana *qinghua* con decoración de inmortales de los hornos comunes Dinastía Ming (era Tianshun)

o los braseros en forma de caldero *ding* la decoración era más estudiada y rebuscada, con un orden formal y un estilo vigoroso en la representación de los personajes y unos escenarios llenos de nubes con aguas verdes y montañas azules entre los que apenas se disciernen pabellones y verandas. Este tipo de escenas son a menudo de una gran complejidad y de una palpable riqueza en el fondo y en la forma; quizás se trataba de piezas particularmente costosas, que requerían por ello una especial dedicación (imagen 10-35).

Capítulo 4 Cerámica de Jingdezhen en la etapa final de los Ming

La industria cerámica de Jingdezhen experimentó durante la etapa final de la dinastía Ming una profunda revolución, que impulsó sobremanera el desarrollo de los hornos comunes de la zona y que dio lugar asimismo a los primeros brotes de capitalismo y a su vigorosa evolución posterior. Seguidamente mencionaremos los factores que provocaron esta revolución:

4.1. Apertura de los mercados de ultramar

Las porcelanas chinas ya se exportaban de forma masiva durante las dinastías Song y Yuan, recibiendo una gran acogida en los mercados del sudeste asiático, África y Europa. Las expediciones transoceánicas de Zhenghe de comienzos de la dinastía Ming, por su parte, constituyen el punto de partida de una nueva etapa en el comercio exterior de China. Previamente a esos viajes, la mayor parte de la cerámica exportada a ultramar era celadón de los hornos de Longquan o imitaciones realizadas en otros alfares de la costa suroriental china, ya que entonces todos los demás hornos se encontraban en pleno declive. Además, la porcelana *qinghua* todavía no se vendía en el exterior a gran escala. Poco a poco, gracias al establecimiento de los alfares oficiales y al control directo de la casa imperial, y también a la llegada del exterior del preciado pigmento "azul solimán", la porcelana *qinghua* alcanzó un elevado grado de desarrollo, con piezas de exquisita factura y enorme belleza muy del agrado de los mercados internos y del exterior, lo que hizo que la porcelana china adquiriera un renombre internacional aún mayor. No obstante, las expediciones marítimas de Zhenghe formaban parte del considerado como "comercio tributario" controlado directamente por la corte imperial, un sistema que básicamente consistía en la producción de porcelana *qinghua* en los alfares oficiales para satisfacer esa demanda de tributos, lo cual no provocó su comercialización a gran escala (imagen 10-36).

Durante la etapa inicial de los Ming, la corte imperial promulgó edictos muy rigurosos de prohibición del tráfico marítimo, poniendo trabas al desarrollo del comercio de ultramar. A pesar de ello, siguió habiendo un intercambio comercial marítimo soterrado, que combatió fieramente esas medidas restrictivas gubernamentales. En la fase intermedia, con el avance de los contactos comerciales entre China y Portugal u Holanda, los habitantes y mercaderes de las zonas costeras de Guangdong y Fujian exportaron de contrabando los productos realizados en China hasta los mercados de Asia oriental y meridional y Oriente Próximo. En el ya mencionado *Estudio de los océanos oriental y occidental*, se dice que a finales del XV y principios del XVI había dignatarios que hacían negocios con el extranjero, aunque sin grandes beneficios, una situación que llegaría a su fin con el emperador Jiajing. Con ello queda patente que en los más de cien años posteriores al reinado de Xuande esa "prohibición del comercio marítimo" presentó importantes deficiencias, y que llegados al reinado de Jiajing acabó fracasando. Durante el reinado de Longqing la medida fue finalmente retirada. Con la apertura de los mercados exteriores, la exportación de porcelana se convirtió en un negocio muy provechoso. Los métodos comerciales presentaban características distintas a los de las dinastías Song y Yuan; la diferencia más evidente es que durante la dinastía Ming además de las flotas oficiales que comerciaban directamente con los diversos países también había navíos fletados por particulares que exportaban sus mercancías a Europa (imagen 10-37).

Ese importante desarrollo de la economía mercantil estimuló enormemente la producción cerámica de los alfares oficiales y comunes de Jingdezhen. Entre la era Jiajing y la era Wanli la producción de los primeros se duplicó; en cuanto al número de hornos comunes, durante el reinado de Jiajing alcanzaba casi el millar, mientras los artesanos que allí trabajaban "eran cientos de miles". Además de esta apertura de los mercados internacionales, también se produjo por lo que respecta a los mercados locales un fenómeno de concentración de mercaderes y comerciantes de porcelana en el área de Jingdezhen.

10-36 Jarrón de doble asa de color rojo bajo esmalte con decoración de dragón y nubes Dinastía Ming (reinado de Hongwu) Altura: 45′5 cm.; diámetro boca: 10′9 cm. Museo de Shanghai

10-37 Olla de cerámica de cinco colores con escena de *Viaje al Oeste* Dinastía Ming (reinado de Jiajing) Altura: 28′5 cm. Museo de Arte Idemitsu de Tokio

4.2. Reformas implantadas en las factorías imperiales

4.2.1. El sistema de colaboración entre hornos oficiales y comunes

En el sistema de gobierno de los Ming los alfares imperiales se encontraban bajo la jurisdicción del ministerio de infraestructuras. Cada año los alfares debían elaborar una determinada cantidad de porcelanas fijada por ese ministerio, y por otro lado también había una cifra variable que dependía de las necesidades imprevistas de la corte imperial.

Antes del establecimiento en Jingdezhen de los alfares imperiales, todavía no se había impuesto un calendario fijo de entrega de tributos. Al comienzo las cantidades no eran muy altas, así que aparte de ese número fijo las entregas variables eran aún poco abundantes; a partir del reinado del emperador Jiajing, no obstante, la apertura de los mercados de ultramar provocó una serie de cambios en la producción de esos alfares oficiales, y el rápido desarrollo de la economía mercantil y los altos beneficios hicieron que la corte tomara un mayor interés en la producción alfarera. La producción aumentó desde las aproximadamente 2.000 piezas del año 1529 a las más de 100.000 de 1571, a la par que se incrementaba exponencialmente la demanda. El gran número de encargos y las rigurosas exigencias de calidad provocaron que la industria de la porcelana de Jingdezhen se viera sometida a una mayor presión. Los alfares oficiales se vieron incapaces de satisfacer la entera demanda, y de ese modo, aunque siguieron encargándose de la producción de porcelana que cubría el cupo anual fijo, dejaron en cambio en manos de los hornos comunes la elaboración de esa parte variable mediante la creación de un sistema de colaboración entre ambos.

En realidad, este sistema era un medio de explotación de los alfares comunes. Tras la elaboración de las cerámicas, los talleres imperiales se dedicaban a escoger aquellos ejemplares mejores de una manera escrupulosa. Si los alfares comunes no podían llevar a cabo la tarea o los encargados de la selección decidían que su producción no cumplía con los requisitos establecidos, entonces los alfares imperiales vendían sus propias piezas a los comunes a un alto costo para que estos se los devolvieran en calidad de "tributo variable", tal y como se indica en el capítulo dedicado a la cerámica de los *Grandes anales de la provincia de Jiangxi*, editados durante el reinado de Wanli. Sobre el papel el trabajo en este sistema de colaboración estaba remunerado, pero en realidad era una retribución mísera. Las urnas grandes o pequeñas, por ejemplo, tenían un precio diferente según fueran hechas en los alfares imperiales o en los hornos comunes; estos últimos recibían menos de la mitad de la cantidad original. Por lo que respecta a la elaboración de porcelana *qinghua*, los hornos comunes no disponían de pigmento de cobalto de alta calidad y tenían que comprarlo. Los eunucos de palacio les vendían en cambio materia prima de peor calidad, y luego les exigían porcelanas de primera clase, con lo cual sacaban grandes beneficios. En cualquier caso, y a pesar de que este sistema de colaboración resultaba tremendamente gravoso tanto para los hornos comunes de Jingdezhen como para los artesanos que en ellos trabajaban, lo cierto es que también impulsó en gran manera el desarrollo de su producción.

En primer lugar, dicho sistema hizo que los hornos comunes de Jingdezhen pasaran de producir a gran escala porcelanas toscas de uso diario a elaborar piezas de alta calidad para la corte imperial, por lo que contribuyó a aumentar rápidamente tanto su nivel técnico como su calidad de factura proporcionándoles además un renombre similar al de los alfares oficiales por la exquisitez en la forma y elaboración de sus productos. Esa creciente fama atrajo la atención de los mercaderes de dentro y fuera del país, que llegaban continuamente a Jingdezhen para comprar o encargar sus productos. Por ello, resulta interesante preguntarse si los hornos comunes de Jingdezhen hubieran podido o no ampliar de esta manera su mercado o desarrollar así su industria artesanal de porcelana sin el estímulo introducido por la demanda de la corte imperial.

En segundo lugar, el sistema de colaboración con los alfares imperiales supuso para los hornos comunes de Jingdezhen una grave presión y una gran responsabilidad. Con el fin de cumplir con las exigencias impuestas por los funcionarios de la corte y conseguir niveles de calidad similares a los de los alfares oficiales, los hornos comunes no tuvieron más remedio que tomar algunas medidas en el ámbito de la organización laboral y los modos de producción, introduciendo también una serie de cambios por lo que respecta a las técnicas, las herramientas y los procesos productivos. Para aumentar la productividad, establecieron una estricta división del trabajo, separando las distintas fases de creación de las piezas, desde el tratamiento de las materias primas (arcillas y esmaltes) hasta el posterior moldeado, esmaltado, cocción, pintado, decorado, etc. En cuanto a los distintos oficios, había hasta diecisiete especialidades diversas. Se trataba pues de una división del trabajo bastante compleja y minuciosa, en cuyo proceso incluso había una ulterior subdivisión, como en el caso de los pintores: desde los que mezclaban los pigmentos hasta los que aplicaban los colores sobre la superficie o rellenaban las decoraciones, pasando por los que se encargaban de diseñar los patrones ornamentales. Esto por lo que se refiere a la división del proceso de producción; aparte de ello, existía también una división del trabajo por lo que respecta a otras actividades indirectas que guardaban una estrecha relación con la elaboración de la porcelana, como las que llevaban a cabo los ebanistas, herreros, toneleros, modelistas, torneros... El sistema apenas descrito constaba de diferentes grupos de trabajadores con técnicas específicas, de número dispar entre ellos pero en una proporción fija, que funcionaba de manera muy organizada en torno a la industria alfarera. Ello significa que cada pieza de porcelana debía someterse a un largo y minucioso proceso de división laboral antes de completar su elaboración, tal y como afirma el enciclopedista Song Yingxing en *La explotación de los trabajos de la naturaleza*: "Cada vasija debe pasar por setenta y dos manos para poder considerarse completa".

Este proceso productivo implicaba que cada artesano sólo se dedicaba a un oficio determinado, y que la división laboral era muy minuciosa y especializada. Cada una de las técnicas artesanales se desarrollaba individualmente refinando sus procedimientos, y después se insertaba en la larga línea de producción que las englobaba a todas. Este método colaborativo hizo que los hornos comunes experimentaran grandes cambios tanto en la cantidad como en la calidad de sus productos, beneficiando además el desarrollo y avance de la fuerza productiva de la industria artesanal cerámica y anticipando históricamente la división interna del trabajo de la industria manufacturera moderna. Se trataba de un modo de producción muy avanzado para su época, con características propias de un capitalismo industrial incipiente.

Por otro lado, este sistema colaborativo entre los alfares oficiales y los hornos comunes hizo que las materias primas controladas en exclusiva durante largo tiempo por las autoridades para la elaboración de la porcelana fueran también empleadas en la producción de cerámica común. El uso de los materiales utilizados en las piezas salidas de los hornos de Jingdezhen había sido monopolizado por el Gobierno central ya desde la dinastía Yuan. Es el caso, por ejemplo, de la arcilla de porcelana de alta calidad procedente del monte Macang en las cercanías de la localidad, que los hornos comunes no podían explotar por cuenta propia, ya que se trataba de una arcilla reservada a los productos de los alfares imperiales, o del pigmento de cobalto de mejor categoría, que tampoco podían utilizar bajo ninguna circunstancia. Sin embargo, con la introducción de ese nuevo sistema de colaboración, y con el fin de que los hornos comunes pudieran alcanzar un nivel cualitativo similar al de los alfares oficiales, estos últimos no tuvieron más remedio que vender a aquellos una parte de su stock de arcilla y pigmento de primera clase, aunque por supuesto esa cantidad era limitada, y sólo cubría las necesidades para la producción destinada a la corte imperial. En cualquier caso, se comenzaron a relajar las estrictas normas que controlaban el acceso a las fuentes de materias primas, lo que constituye uno de los motivos de los grandes avances cualitativos alcanzados por los productos elaborados en los alfares comunes de la época.

4.2.2. Implementación parcial del sistema de empleo

Durante la etapa inicial e intermedia de la dinastía Ming se aplicó un sistema de servidumbre laboral que consistía en la imposición de una corvea propia de un régimen feudal, un tipo de trabajo artesanal muy duro que únicamente garantizaba la manutención de los conscriptos. En tales condiciones, los trabajadores carecían de cualquier clase de incentivo laboral, y mostraban su insatisfacción y oposición al sistema mediante el absentismo y otros modos de boicot laboral, incluyendo la huida. En el quinto año del reinado de Xuande (1430), por ejemplo, hubo muchos artesanos de la capital que huyeron de sus puestos, y el número fue posteriormente en aumento. Durante el primer año del reinado de Jingtai (1450) la cifra de huidos llegó a los 34.800, y en el vigésimo primer año del reinado de Chenghua (1485) hubo más de tres mil artesanos que escaparon de los arsenales. Dado este continuo goteo de personal, el emperador Chenghua introdujo ese mismo año un sistema doble que permitía librarse del trabajo obligatorio mediante el pago de una cierta cantidad, gracias al cual en el cuadragésimo primer año del reinado de Jiajing (1562) ya se habían liberado el 80% de los artesanos. Ello supuso el declive en China de unas industrias artesanales que habían estado reguladas durante más de dos mil años por las instancias oficiales, y que irían desapareciendo a mediados de la dinastía Ming. En semejante contexto social, la creación de los alfares imperiales en Jingdezhen suponía el riesgo de que la fuerza de producción no sólo no aumentara sino que se redujera sin cesar, por lo que con el fin de estimular la productividad de los artesanos dichos alfares comenzaron a sustituir el viejo sistema de trabajo forzado por otro de reclutamiento asalariado. Los artesanos ya no acudían como trabajadores obligados sino mediante un sistema de empleo, aunque el salario era mísero. Algunos de estos artesanos eran "capturados", como se afirma en el informe entregado a la corte por las autoridades de Jiangxi en febrero del vigésimo sexto año del reinado de Jiajing: "Las autoridades gastaron mucho dinero para buscar un artesano que hiciera un mueble rojo, pero no lo encontraron". Si bien desde el punto de vista de la libertad personal, esos artesanos constreñidos a la fuerza no se habían liberado completamente de la influencia del sistema de trabajo obligatorio, este nuevo método de reclutamiento se adaptaba mucho mejor que el anterior a los modos de producción de la industria artesanal basados en la división del trabajo, a la vez que suponía un creciente estímulo a la producción de los artesanos. Con la progresiva decadencia de los alfares oficiales, la industria cerámica de los hornos comunes de Jingdezhen se desarrolló ulteriormente, superando anteriores generaciones tanto en lo que respecta a las técnicas de producción o a la cantidad y calidad de sus productos como a las prácticas empresariales.

4.3. Desarrollo de los factores capitalistas

Debido a las razones arriba mencionadas, la producción de la industria artesanal cerámica de Jingdezhen experimentó a finales de la dinastía Ming un rápido crecimiento, estableciendo una serie de hornos comunes especializados en la elaboración de porcelana de alta calidad clasificados según el nivel al que pertenecían. Entre estos diferentes tipos de hornos comunes y los alfares oficiales se desató una encarnizada competencia por los mercados. Durante los reinados de Tianqi y Chongzhen, a finales de la dinastía, los hornos oficiales dejaron de funcionar, y sin embargo la demanda de los mercados exteriores no sólo no se redujo sino que se reduplicó, con lo cual los hornos comunes alcanzaron un nivel sin precedentes tanto por lo que se refiere a la cantidad y calidad de los productos como a su variedad tipológica. Además, al liberarse de las restricciones impuestas desde los alfares imperiales, los hornos comunes de Jingdezhen experimentaron una edad de oro de su producción cerámica. Todos estos factores impulsaron el surgimiento de un incipiente capitalismo que se desarrollaría de modo vigoroso.

Los hornos comunes de Jingdezhen experimentaron un gran avance durante la fase final de la dinastía Ming, superando incluso en esplendor a los alfares oficiales de la época. Con el empleo de numerosos artesanos y la inversión de un determinado capital, alcanzaron una escala productiva propia de una industria manufacturera impulsada por un capitalismo en ciernes, la única escala que permitía adaptarse a ese minucioso método de trabajo especializado descrito por Song Yingxing y a ese alto nivel técnico de producción cerámica. Si bien la relación entre los artesanos y los hornos y talleres aún se veía en cierta medida lastrado por el mundo rural y agrícola, y a pesar de que todavía pervivían vínculos de carácter étnico, familiar o geográfico con los empleadores y no se habían sacudido del todo del yugo feudal, ya se estaba creando sin embargo un entramado laboral de tipo capitalista en el que los beneficios del organismo productivo y de los trabajadores que lo integraban se encontraban estrechamente ligados entre sí. En los ya citados registros de los *Grandes anales de la provincia de Jiangxi* se afirma que durante el reinado del emperador Jiajing, y gracias a los cambios introducidos en los hornos comunes, se producía en estos una cantidad de piezas cerámicas más de tres veces superior a la de los alfares oficiales con un consumo equiparable de combustible. La gran variedad tipológica de las porcelanas, de todas las alturas y espesores, requería a su vez una diversificación tanto en la colocación de las piezas dentro de los hornos como en la temperatura empleada para cocerlas. Aquellos emplazamientos –junto a las aberturas para humos, las paredes cortafuegos o los estratos inferiores de los hornos– en los que los alfares oficiales sólo colocaban cuencos-depósito vacíos eran aprovechados en cambio por los hornos comunes para cocer diferentes tipos de cerámicas de factura más tosca, e incluso bajo la superficie de las cámaras se disponían ladrillos resistentes al fuego, moldes y otras piezas de carácter auxiliar. Gracias a este aprovechamiento de los espacios vacíos de los hornos se podía ahorrar combustible y aumentar la productividad.

Por lo que se refiere a los patrones decorativos de las piezas salidas de los hornos comunes a finales de la dinastía Ming, también eran muy variados, con una gran diversidad técnica. En esta época pudieron ya zafarse de las limitaciones temáticas impuestas desde los alfares oficiales, absorbiendo las influencias de la pintura de las clases ilustradas, las xilografías de la vecina provincia de Anhui o las tradicionales pinturas de Año Nuevo. Además de las representaciones fitomorfas, también había toda clase de animales de distintos tamaños (tigres, vacas, gatos, crustáceos, loros, patos mandarines, etc.), paisajes de ágiles trazos, personajes o poemas, que denotan la fuerte influencia de las representaciones de las clases eruditas. Esta decoración de estilo particular y vigoroso otorgó a las piezas elaboradas en los alfares comunes una mayor vitalidad respecto a aquellas producidas en los hornos oficiales (imagen 10-38).

Aunque una parte de la producción de los hornos oficiales también se dedicaba al denominado "comercio tributario", en su mayor parte se trataba de piezas destinadas exclusivamente a uso imperial, por lo que no tenían carácter comercial y no se produjo una gran circulación de ese tipo de artículos. Los productos hechos en los alfares comunes, en cambio, sí disfrutaban de una amplia distribución. Una parte de cerámica de factura más tosca se dedicaba a la venta entre las clases menos acomodadas del mundo rural, y también había otra proporción de porcelanas comunes destinadas al mercado nacional y al exterior; aparte de ello, también se elaboraban piezas de excelente calidad y acabado. A partir del reinado del emperador Jiajing toda la "cuota variable" exigida por la casa real se dejó en manos de los hornos comunes. Los terratenientes y altos dignatarios también demandaban una cierta cantidad de ejemplares decorativos de alta gama para satisfacer

10-38 Caja con tapadera de cerámica de cinco colores con decoración de personajes Dinastía Ming (reinado de Jiajing)
Diámetro boca: 28'5 cm. Museo de Arte Idemitsu de Tokio

sus ansias de lujo y competir entre ellos en opulencia y ostentación, un fenómeno que ya quedó registrado por el gobernador provincial de Jiangxi Wang Zongmu en esa misma época. Esta producción elitista refleja el destacado dominio técnico de los artesanos de los hornos comunes. Dichos hornos, especializados en la producción de porcelana de primera calidad equiparable a la de los alfares imperiales para cubrir esa "cuota variable" impuesta por la corte, tenían un nombre específico que los designaba (hornos de producción de "antigua cerámica imperial"); a partir de ahí, existía toda una clasificación hacia abajo según la calidad decreciente de los productos que se encuentra detallada con toda minuciosidad en el segundo volumen de los *Registros de cerámica de Jingdezhen* de época Qing. La principal categoría era la ya citada de la "antigua cerámica imperial", de cuidada elaboración y destinada a las autoridades. Algunas de las piezas seguían los modelos antiguos y resultaban fácilmente confundibles con las de Kaifeng y Hangzhou de la dinastía Song. A continuación venían las de imitación de las anteriores, que empleaban materias primas de peor calidad pero con resultados semejantes; su producción venía a complementar la de los ejemplares de mayor categoría. A estas seguían otras dos clases, la primera de las cuales comprendía piezas que no imitaban las de los Song sino otros modelos de formas más novedosas.

4.4. Industria cerámica de Jingdezhen

4.4.1. Reinado de Jiajing

A partir del reinado del emperador Jiajing se expande en gran medida la escala de la producción y distribución de la cerámica de los hornos comunes de Jingdezhen, y también se eleva su calidad. Debido al desarrollo de los factores capitalistas y a la introducción del sistema de colaboración entre los alfares oficiales y los hornos comunes, algunas piezas de elevada calidad salidas de estos últimos no sólo podían compararse en el grado de exquisitez de la pasta y el esmalte a las de los hornos oficiales, sino que incluso iban más allá que estos por lo que se refiere a los estándares de ornamentación. En los «Grandes anales de la provincia de Jiangxi» se afirma que "ese tipo de verde ya se había difundido entre los alfares comunes, y ya no existía aquella brecha entre ambas clases de talleres", lo cual indica que ya había desaparecido entonces aquel mimetismo de antaño entre los hornos comunes y los oficiales del que los primeros no podían despegarse lo más mínimo. Debido al cumplimiento de esa "cuota variable", la mayoría de las piezas de uso imperial eran elaboradas en los hornos comunes, lo que hasta cierto punto contribuyó a elevar el nivel técnico y artístico de las cerámicas comunes, cuyas variedades tipológicas ya no se limitaban a las porcelanas *qinghua* sino que se abrieron a todo tipo de porcelana decorada. La producción de los alfares oficiales de la era Jiajing alcanzó por su parte el registro histórico más alto hasta esa fecha. Según los documentos consultables, durante el reinado de Jiajing se encargó a Jingdezhen la elaboración de 60.000 piezas, que sumadas a las más de 30.000 producidas y no completadas desde el reinado de Hongzhi hacen un total de casi 100.000 ejemplares, una parte de los cuales se llevó a término mediante el sistema de colaboración entre los alfares imperiales y los comunes. Resulta pues evidente que durante el reinado del emperador Jiajing ambos alcanzaron unos niveles de producción jamás registrados previamente; además de ello, tanto desde el punto de vista de la riqueza y variedad de las tipologías como de la ornamentación de sus piezas superaron con creces todo lo anterior, en especial por lo que se refiere a la porcelana de colores. Aunque por lo que respecta a su valor no puede compararse a las cerámicas de cinco colores de Xuande o a las de colores contrastantes de Chenghua, la variedad tipológica y el desarrollo de la porcelana de colores de los hornos comunes no tienen precedentes (imágenes 10-39 y 10-40). Por supuesto, en este período sigue prevaleciendo la producción de porcelana *qinghua*, aunque la cerámica de esmalte de color también experimenta un cierto desarrollo.

La porcelana *qinghua* de esta época no sólo consta de piezas de factura más tosca destinadas a su venta en el mundo rural, sino también de otras mucho más elaboradas empleadas por los estratos sociales más altos compuestos por terratenientes y funcionarios imperiales. Las piezas más frecuentes son las bandejas o tazones con inscripciones relativas a la procedencia de las piezas o a su uso y destino.

La porcelana *qinghua* de los alfares ofi-

10-39 Bandeja de cerámica de cinco colores con decoración de dragón
Dinastía Ming (reinado de Jiajing) Diámetro boca: 20'5 cm. Museo de Arte Idemitsu de Tokio

ciales era de una tonalidad muy brillante gracias al empleo del pigmento "azul mohamediano" procedente del Tíbet. En el capítulo dedicado a la cerámica de los *Grandes anales de la provincia de Jiangxi*, recopilados durante el reinado de Jiajing, se mencionan los tres tipos de pigmento *qinghua* empleados por los hornos de Jingdezhen de la época: el de Leping, el de Ruizhou y el "azul mohamediano" proveniente del Tíbet. Sin embargo, salvo los hornos comunes de más elevada categoría (los conocidos como hornos de producción de "antigua cerámica imperial"), que tal vez habrían tenido la oportunidad de utilizarlo, los demás alfares comunes no tenían acceso a esa clase de pigmento, y por ello el "azul mohamediano" al que aluden los registros estaría haciendo referencia exclusivamente al usado por los alfares oficiales. Los hornos comunes de nivel intermedio o inferior no podían emplear pigmento de semejante calidad, por lo que durante el reinado de Jiajing las porcelanas *qinghua* de los hornos oficiales y comunes poseían cualidades cromáticas muy distintas entre sí.

Dado que el emperador Jiajing era un ferviente devoto del taoísmo, tanto la decoración de los hornos oficiales como la de los comunes refleja esa corriente de pensamiento, como en el caso las representaciones del inmortal Li ("el de la muleta de hierro") y su elixir de

10-40 Tetera de cerámica de colores con decoración de aves y flores   Dinastía Ming (reinado de Jiajing)   Altura: 36'9 cm.
Museo de la Ciudad Prohibida (Beijing)

la inmortalidad, los ocho inmortales taoístas en peregrinaje, las nubes y grullas, los pinos y grullas, los ciervos, los sarmientos de la longevidad, los hongos, los ocho trigramas y otros motivos muy en boga en la época. Menos frecuentes que antaño son en cambio los *chi* (animales mitológicos), los dragones en vuelo, los cachorros de tigre, las inscripciones auspiciosas, las carpas saltando las aguas, los peces y algas, las balaustradas, los árboles y rocas, la historia de Liu Hai jugando con el sapo de oro, las libélulas... Las vasijas con decoración a modo de brocado muy denso con "ventanas" abiertas de contornos y contenido variado, en cambio, va aumentando en número, y tendrán su influencia en la producción posterior (imágenes 10-41 y 10-42).

La ornamentación realista de flores y hojas es bastante escasa. Las nervaduras son muy apretadas, y tienen forma de pepita de melón. A veces las nervaduras son líneas horizontales y paralelas muy densas. Las hojas en forma de peonía o crisantemo parecen garras de pato, con un contorno en forma de sierra y líneas curvas en torno. Las flores de loto y los ramajes enroscados asemejan cintas coloridas flotando en movimiento. Los pétalos de las peonías presentan perfiles sinuosos muy apretados, y dentro aparecen insinuados los tallos, con un método pictórico semejante al de las peonías herbáceas y los hibiscos. Ese tipo de representaciones seguirán en boga durante los reinados de Longqing y Wanli. En el sombrero de los hongos empieza a aparecer una decoración en forma reticular, que se repetirá hasta la era Wanli. Los niños tienen la cabeza grande y pelada con tres matas de pelo separadas, y visten una larga túnica. Los ramajes comienzan a aparecer ahora junto a crisantemos, peonías o lotos. El estilo consiste en general en contornos dobles y espacios llenos de pinceladas amplias con una elevada proporción de pigmento azul. Las líneas asemejan alambres retorcidos, de trazo poco natural, aunque también las hay más fluidas, como nubes pasajeras o agua corriente. En términos generales, predominan las líneas rígidas, como si hubieran sido trazadas con un pincel áspero de cerdas de lobo. También hay un pequeño número de piezas de gran calidad de colores brillantes y decoración a estratos muy bien definidos.

Las tipologías morfológicas de las piezas elaboradas durante el reinado de Jiajing son mucho más variadas que las realizadas en tiempos de Chenghua, Hongzhi o Zhengde. Las vasijas de peculiares formas de los reinados de Yongle o Xuande, como los soportes octagonales para candelas, las piezas de forma cilíndrica, las teteras aplanadas o las jarras con panza en forma de luna llena ya han desaparecido entonces, pero casi todos los tradicionales utensilios domésticos de uso diario, como los tazones normales o de apoyo

10-41 Olla grande de porcelana *qinghua* con decoración de personajes Dinastía Ming (reinado de Jiajing) Altura: 40'3 cm. Museo de la Capital (Beijing)

10-42 Tazón de porcelana *qinghua* con decoración de peces y algas Dinastía Ming (reinado de Jiajing) Diámetro boca: 15 cm. Museo de la Capital (Beijing)

10-43 Jarrón en forma de calabaza de porcelana *qinghua* con decoración de nubes y sinogramas 福 y 壽（寿） Dinastía Ming (reinado de Jiajing) Altura: 33 cm. Museo de la Capital (Beijing)

alto, las bandejas, los jarrones o teteras en forma de pera con boca acampanada y cuello alargado con o sin asa, entre otros, siguen elaborándose, aunque con ciertos cambios más o menos importantes en sus formas. Aparte de ello, los jarrones en forma de calabaza (imagen 10-43), las cajas o contenedores rectangulares con tapadera, los jarrones en forma de calabaza con ángulos rectos, los tazones con centro abultado, con apoyo alto o en forma de campana invertida, los braseros de tres pies y orejas verticales, las ollas en forma de copa, los asientos en forma de tambor o las vasijas tipo *zun* o *jue* con elementos salientes verticales a imitación de los objetos en bronce son las piezas más de moda durante la era Jiajing. Las piezas salidas de los alfares oficiales, por su parte, presentan una pasta fina y limpia y una superficie esmaltada espesa y lucida.

Los hornos de Jingdezhen de la época no sólo producen porcelana *qinghua* para las autoridades y el mercado nacional, sino también para los mercados exteriores, y especialmente para los países europeos. En realidad, este tipo de producción orientada a la exportación comienza ya con el reinado de Zhengde. Entre 1510 y 1600 Portugal había establecido puertos coloniales en Hormuz, Goa, Macao y Malaca, entre otros lugares, ejerciendo su control sobre el comercio de porcelana entre China, Oriente Próximo y Europa. Los artículos comerciados por los mercaderes lusos incluían productos textiles de la India, perfumes y especias de Indonesia, porcelanas chinas y objetos de orfebrería japonesa. Los mercaderes portugueses fueron los primeros en encargar porcelanas decoradas con patrones ornamentales de estilo occidental; la imagen 10-44, por ejemplo, muestra la más temprana pieza realizada para los clientes portugueses, una bandeja en la que los artesanos alfareros de Jingdezhen combinaron la decoración azul de peonías con inscripciones en alfabeto latino con el cristograma IHS, también interpretado posteriormente como acrónimo de *Iesus Hominum Salvador*, un monograma muy representado durante el siglo XV y que en el siglo XVI sería adoptado por Ignacio de Loyola como emblema de la Compañía de Jesús. La tetera con asa de porcelana *qinghua* de la imagen 10-45 es una de las piezas de porcelana china con decoración heráldica típicamente europea realizadas en la época, si bien su morfolo-

10-44 Bandeja grande de porcelana *qinghua* con el cristograma IHS de los hornos de Jingdezhen Dinastía Ming (reinado de Jiajing) Museo Británico de Londres

10-45 Tetera con asa de porcelana *qinghua* con decoración heráldica portuguesa de los hornos de Jingdezhen Dinastía Ming (reinado de Jiajing) Añadidos decorativos turcos en plata del siglo XIX Museo Victoria y Alberto de Londres

gía responde al tipo de piezas exportadas durante el siglo XVI a los mercados del Próximo Oriente. A pesar de que entre 1522 y 1557 el Gobierno Ming promulgó una serie de leyes prohibiendo el intercambio comercial con el extranjero, en los años 40 de dicho siglo seguían produciéndose actividades de contrabando. Los elementos en plata de la tetera mencionada fueron añadidos posteriormente en Turquía, quizás para sustituir ciertas partes dañadas de la pieza. En resumidas cuentas, podemos ver aquí cómo debido a la expansión de los mercados la porcelana *qinghua* de la era Jiajing alcanzó un notable desarrollo.

Aparte de la porcelana *qinghua*, la porcelana de colores también experimentó un significativo avance. Quizás debido a los edictos prohibicionistas del Gobierno, durante la fase inicial de la dinastía Ming casi toda la cerámica producida en los hornos comunes era porcelana *qinghua*, mientras que la porcelana de colores era muy escasa; esta última comenzó a aparecer sólo a partir del reinado del emperador Zhengde, y se elaboró en grandes cantidades durante la era Jiajing, obteniendo además grandes logros. En el quinto volumen de los «Registros de cerámica de Jingdezhen» se dice que los hornos de Cuigong, que elaboraban imitaciones de los productos de los reinados de Xuande y Chenghua, eran "los mejores alfares comunes". Al observar las piezas conservadas hasta nosotros comprobamos que, además de las piezas más parecidas a los ejemplares de *qinghua* de cinco colores de los alfares oficiales, entre la porcelana de colores de los hornos comunes de la época también había otras de color rojo o verde, sobre todo. En cuanto a las tipologías, abundaban las bandejas, los tazones, los jarrones y las ollas, y los motivos incluían flores, plantas, peces en estanques entre lotos y algas, personajes, paisajes, construcciones entre nubes y escenas sacadas de obras teatrales o novelas. En este período había unos cuantos métodos de pintura de las cerámicas rojas y verdes. Uno de ellos consistía en realizar los contornos con líneas rojas o verdes, y después emplear el color opuesto para rellenar los espacios internos; otro método era usar el color rojo para el fondo y el verde para pintar los motivos principales, o viceversa; y podían emplearse asimismo ambos colores alternativamente en una misma representación.

Además de estas piezas de color rojo o verde, durante el reinado de Jiajing también se desarrolló considerablemente la porcelana de cinco colores, un tipo de porcelana con decoración *qinghua* y de colores bajo esmalte combinadas (imagen 10-46). Es una tipología que se asemeja mucho a la porcelana *qinghua* de colores contrastantes; la diferencia es que en este último caso la decoración *qinghua* es predominante, mientras que en las piezas de porcelana *qinghua* de cinco colores la decoración azul es sólo una más entre las distintas

10-46 Olla grande con tapadera de porcelana *qinghua* y cinco colores con decoración de peces y algas Dinastía Ming (reinado de Jiajing) Altura: 48 cm. Museo Guimet de París

10-47 Bandeja de cerámica de cinco colores con decoración de dragón Dinastía Ming (reinado de Jiajing) Altura: 20'5 cm. Museo de Arte Idemitsu de Tokio

10-48 Urna grande de porcelana *qinghua* y cinco colores con decoración de lotos y animales acuáticos en estanque Dinastía Ming (reinado de Wanli) Diámetro boca: 58'5 cm. Museo Victoria y Alberto de Londres

tonalidades. En cualquier caso, en comparación con la cerámica de cinco colores original, la *qinghua* de cinco colores añadía ese cromatismo azul intenso que combinado con los otros colores otorgaba a la pieza una pátina de lustro y brillantez. El reinado del emperador Wanli fue el período de la dinastía Ming en el que este tipo de porcelana alcanzó un mayor desarrollo, aunque su estilo ya se había consolidado en los últimos años de la era Jiajing. La mayor parte son piezas provenientes de los alfares oficiales; hay bandejas (imagen 10-47), tazones, aguamaniles, teteras, ollas, contenedores rectangulares, etc. En cuanto a los motivos decorativos, los más frecuentes son los fénix voladores, las flores y frutos y los peces y algas, especialmente los peces nadando en un estanque representados de manera muy vívida en las teteras de mayor tamaño. Se conservan muchos ejemplares de este tipo tanto dentro como fuera de China, normalmente con la inscripción "Hecho durante el reinado de Jiajing de Ming" o "Hecho durante el reinado de Wanli de Ming", a menudo dentro de cartuchos que no son circulares (imagen 10-48).

Durante el reinado de Jiajing los hornos de Jingdezhen no sólo incrementaron la producción de todo tipo de porcelanas de colores, sino que también elaboraron una nueva tipología muy apreciada por los clientes japoneses: la porcelana de color dorado, conocida en aquel país como *kinrande*. Se trata de piezas de lujo de esmalte color rojo o verde a las que se añadían elementos decorativos dorados, un tipo de valiosas porcelanas de uso doméstico empleadas a menudo por las clases más pudientes. Resulta extraño que esta tipología cerámica tuviera escaso predicamento en China o Europa, mientras que en Japón en cambio se conservan no pocos ejemplares. Anteriormente se creía que era debido a los encargos realizados específicamente por los clientes de origen nipón, aunque en la colección de porcelana china del Museo Topkapi de Estambul existen al menos dos ejemplares de similares características (imágenes 10-49 y 10-50), con un estilo casi idéntico al de los ejemplares de *kinrande* exportados a Japón. En la imagen 10-51 aparece una pieza tradicional realizada durante la segunda mitad del siglo XVI en un país islámico, una jarra vertedera de esmalte vidriado y adorno calado con motivo de grulla de Manchuria. Quizás ello signifique que las primeras muestras de este tipo de porcelana con dorados llegaron de los países islámicos, y más tarde se ganaron el aprecio de los japoneses. Por supuesto, también es posible que este tipo de porcelana de color rojo y verde con añadidos dorados no sea un producto de los hornos de Jingdezhen, ya que a finales de la dinastía Ming en el área de Zhangzhou (Fujian) se producía este tipo de cerámicas, y además el estilo de esas piezas con ornamentación dorada se asemeja más al de las porcelanas rojas y verdes de esta última zona. Hay muchos tipos de porcelana *kinrande*, aunque son pocos los ejemplares con inscripción datada, y todos ellos hacen referencia al reinado de Jiajing, por lo que se cree que en general esta clase de producto se realizó durante ese período (imágenes 10-51 y 10-52).

A lo largo de la historia de la cerámica china ya hubo otras tipologías que recurrieron a los dorados. Se han descubierto piezas de estatuillas de colores de época Sui y Tang con toques de color dorado, y los hornos Ding de la dinastía Song produjeron célebres tazones de color blanco, negro o violáceo sobre los cuales se aplicaron motivos decorativos dorados de flores y plantas o pájaros, de estilo exquisito y refinada factura. Los tazones de esmalte oscuro de estilo Jian conocidos en Japón cono *tenmoku* llevaban la inscripción "Longevo como las montañas y afortunado como el mar", o un poema con sinogramas dorados. Entre las piezas de porcelana *qinghua* de alta calidad descubiertas en Baoding (Hebei) se cuentan vasos para libación con decoración dorada sobre fondo de esmalte azul. En su

10-49 Jarra vertedera de cerámica de colores con añadidos dorados (pavos reales y peonías) Dinastía Ming
Museo del Palacio Topkapi de Estambul

10-50 Jarra vertedera con asa de esmalte vidriado y adorno calado con motivo de dragón Dinastía Ming Añadidos
de plata otomanos del siglo XVII Museo del Palacio Topkapi de
Estambul

10-51 Tetera con asa de esmalte vidriado y adorno calado dorado con motivo de grulla de Manchuria Dinastía Ming
(reinado de Jiajing) Altura: 28'9 cm. Museo Gotoh de Tokio

10-52 Jarra de panza globular y cuello rectilíneo de cinco colores con añadidos dorados (flores y ramajes) Dinastía Ming
(reinado de Jiajing) Altura: 29'2 cm. Museo de Arte Nezu de Tokio

estudio sobre antigüedades, el erudito Cao Zhao de época Ming afirma que "durante la dinastía Yuan se elaboraban piezas de apoyo pequeño y decoración impresa, y las de mejor calidad eran las que tenían la inscripción *shufu* [relativa al consejo privado] en su interior", y que "también había ejemplares de esmalte verde o negro con elementos dorados, en su mayoría teteras y copas para libación, de hermosa factura". En su compendio sobre cerámica, el erudito Xu Zhiheng de época Qing dice que las taraceas doradas comenzaron a aplicarse durante el reinado de Xuande en época Ming, y cita al escritor Wu Meicun y su alusión a las bandejas de decoración dorada de grillos. También se conservan piezas de porcelana *qinghua* con elementos dorados de comienzos de la dinastía Ming. En cualquier caso, son exiguos los ejemplares de este tipo de cerámica decorada anteriores al reinado de Jiajing llegados hasta nosotros.

La mayor parte de las porcelanas con decoración dorada de la era Jiajing no presentan inscripciones; sólo se puede ver en la parte inferior de las vasijas la leyenda "Longevidad y abundancia" o de carácter similar inscrita o impresa. Probablemente se trate de ejemplares realizados en los hornos comunes, ya que las porcelanas salidas de los alfares oficiales en general poseían una inscripción, aunque también hay un pequeño número que sí tiene una datación referida al reinado de Jiajing, escrita con pigmento azul y rodeada por un doble círculo. Se trata de un tipo de caligrafía propio de los alfares oficiales. Por ello las porcelanas con decoración dorada de la era Jiajing habrían sido producidas tanto en los hornos comunes como en los oficiales, y quizás los que llevan la inscripción oficial sean el fruto de esa colaboración entre ambos sistemas de alfares mencionada más arriba, ya que esta tipología cerámica era exportada en su mayor parte al mercado nipón. Eran piezas de carácter comercial que no estaban destinadas a uso imperial, al contrario que las porcelanas de "cuota fija" producidas en los alfares oficiales.

4.4.2. Reinados de Longqing y Wanli

Hasta el trigésimo quinto año del reinado del emperador Wanli (1617), la producción de porcelana de los alfares oficiales de Jingdezhen era extraordinariamente abundante, pero a partir de esa fecha comenzó a decaer. La porcelana *qinghua* y de esmalte de color de dichos hornos durante la era Wanli era muy lograda, y entre ella destaca principalmente la porcelana *qinghua* de cinco colores. A mediados de su reinado se desmanteló el sistema de trabajo forzoso, y se redujo así la escala de producción de los talleres imperiales. Aumentó la demanda de porcelanas de "cuota variable", y los hornos comunes introdujeron en consecuencia medidas más estrictas para garantizar la calidad durante el proceso de modelado y cocción, por lo que el nivel técnico y artístico de sus porcelanas aumentó considerablemente.

Los alfares de Jingdezhen de la época no sólo disponían de numerosos artesanos que se ocupaban de la elaboración de las cerámicas; también había un buen número de firmas comerciales que controlaban su distribución. En los *Grandes anales de la provincia de Jiangxi* se dice que "los habitantes de Jingdezhen se dedican a la industria cerámica, y en ese lugar tan reducido se congregan mercaderes y mercancías llegados de muy lejos". A través de esas firmas y establecimientos de comercio de porcelana se vendían las piezas a los mercaderes llegados del exterior, que luego las transportaban a sus respectivos países y regiones. En dichos anales de Jiangxi se afirma también que prácticamente en todo el país –por el norte hasta las áreas de la Gran Muralla de Hebei y Shanxi, por el este hasta las zonas costeras y los países de ultramar y por el oeste hasta Sichuan y otras regiones–, no había un solo lugar al que no hubieran llegado las cerámicas de Jingdezhen.

El comercio exterior durante la dinastía Ming puede dividirse en dos grandes períodos, durante los cuales se tomaron medidas legales de muy diferente naturaleza. En la fase inicial de la dinastía predominó el comercio de carácter "tributario", y se prohibió de manera absoluta a los mercaderes chinos el intercambio comercial con el exterior, mientras en la etapa final resultó cada vez más difícil controlar ese comercio privado. Los mercaderes portugueses se confabularon con los comerciantes locales de los puertos de Shuangyu (Zhejiang) y Zhangzhou (Fujian) para llevar a cabo intercambios de manera secreta, y los mercaderes japoneses también participaron en esas actividades ilícitas, convirtiendo esos lugares en centros internacionales del contrabando de mercancías a Oriente y Occidente.

En el primer año del reinado del emperador Longqing (1567), la prohibición de comercio marítimo en vigor durante dos siglos llegó a su fin. De ese modo, los comerciantes chinos pudieron ya navegar con sus mercancías por los océanos, y el puerto de Zhangzhou se abrió a la salida y entrada de mercancías. Gracias a este nuevo estado de las cosas, el comercio llevado a término por los mercaderes nacionales experimentó un evidente desarrollo. Así, a pesar de que la situación política del momento era bastante inestable y la sociedad estaba revuelta, y aunque la producción de los alfares oficiales se redujo considerablemente –hasta el punto de que según algunos documentos históricos no había mercancías en ese momento–, ello afectó exclusivamente a dichos alfares, ya que los hornos comunes dedicados a la elaboración de porcelana de carácter comercial no sufrieron las consecuencias; al contrario, debido a la falta de competencia por parte de los hornos oficiales, los comunes se desarrollaron aún con más fuerza. Los ejemplares de porcelana *qinghua* y de cerámica de cinco colores de la era Longqing presentan una factura más refinada y una mejor técnica que las correspondientes piezas del reinado de Jiajing. Como por lo que se refiere al pigmento azul de cobalto había un tipo de primera clase procedente de Zhejiang y otros cobaltos terrosos de Luling, Yongfeng y Yushan de peor calidad, los colores también variaban en consecuencia: había púrpura brillante, gris azulado y un elegante azul índigo de diversas gradaciones. Algunas piezas no tienen nada que envidiar por su tonalidad o brillo a las de los alfares oficiales, con un cuerpo bastante fino de exquisita definición y una superficie esmaltada de color blanco con matices verdes, lúcida y espesa. Los patrones decorativos son bastante sencillos, con montañas rocosas y vegetación, pájaros y flores posados en las ramas, lunas brillantes, pinos, bambúes y ciruelos, ciervos y abejas, *panchi* (animal mitológico en forma de dragón), etc. Las inscripciones son descuidadas, con sinogramas muy apretados. La cerámica de cinco colores de Longqing es parecida a la porcelana de *qinghua*, de muy alta calidades. En este período los rojos, amarillos, verdes y violetas son muy brillantes (aunque el ocre es más suave que en la era Jiajing), con tonalidades muy puras que contrastan entre sí sobre un vivaz fondo de pintura *qinghua*, de una riqueza cromática semejante a la de la cerámica de cinco colores. Además de esta última y la porcelana *qinghua*, también había porcelana *qinghua* con rojo y verde, de colores contrastantes (en muchos casos imitaciones de la cerámica de la era Chenghua), de color rojo, con esmalte amarillo...

A partir de la etapa intermedia del reinado del emperador Wanli, el intercambio comercial entre China y los diversos países de ultramar entra en una nueva fase, y cientos de miles de piezas de porcelana son llevadas en un continuo flujo por comerciantes portugueses y holandeses a todos los rincones del mundo. El coleccionismo de porcelana china se convirtió entonces en un pasatiempo en boga entre las clases más altas de la sociedad europea de la época, lo que impulsó el incremento de la producción de cerámica para la exportación de los talleres de Jingdezhen. Desde el trigésimo año de reinado de Wanli (1602), los alfareros chinos comenzaron a familiarizarse de mano de los comerciantes holandeses con las formas y decoraciones de los utensilios de uso doméstico de moda en los países europeos, lo que hizo que la producción de este tipo de artículos se fuera adaptando a las costumbres y exigencias de aquellos mercados. Además de los tradicionales pájaros y flores, animales auspiciosos o personajes, la ornamentación de las porcelanas incluye también motivos comunes en la iconografía occidental como los emblemas familiares, las inscripciones en alfabeto latino, los compases, las escrituras religiosas, los surtidores o los paisajes de estilo europeo; en paneles adyacentes aparecen decoraciones de carácter fitomorfo. En cuanto a las variedades tipológicas, hay teteras tipo kendi (*junchi*) de cuello alargado y vertedera ancha, bandejas con boca en forma de flor, tazones, vasijas con decoración en calado, etc., un tipo de cerámicas conocido por los europeos con el nombre de "porcelana kraak". Debido a la creciente demanda de los mercados internos y del exterior, las piezas de este período se diversifican aún más, y se puede encontrar entre las porcelanas de la época prácticamente cualquier tipo de cerámica de uso diario o de carácter decorativo. Los más frecuentes son las cajas de todo tipo y los utensilios relacionados con el material caligráfico, como los apoyapinceles a modo de montaña con cinco dragones o con otras formas, las lastras para entintar, los pesos para secar papel, las cajas con decoración impresa, los mangos de pincel..., e incluso cajas de bordes quebrados o asientos de cerámica de cinco colores o porcelana *qinghua*. Las nuevas variedades tipológicas surgidas entonces incluyen los jarrones de pared o cilíndricos, las bandejas múltiples, las pequeñas ollas con tapadera para grillos o las fichas de ajedrez o *weiqi* y diversos tipos de bandejas de gran tamaño, utensilios para la comida, platillos para condimentos, etc. En la imagen 10-53 se muestra un tazón encargado por clientes portugueses, en cuyas paredes aparecen cuatro emblemas en pigmento azul, en cada uno de los cuales hay representado una extraña criatura con dos cabezas humanas y cinco cabezas de animales. A ambos lados de cada emblema se despliega una banda con el proverbio latino "*Septenti nihil novum*" ("Nada hay nuevo para el sabio"), y una decoración auxiliar de estilo chino. En la imagen 10-54, por su parte, vemos un frasco de porcelana cuya ornamentación (lado derecho) tal vez copia la imagen del reverso del real de a 8 (peso de ocho) español, una moneda de plata acuñada a partir del siglo XVI que se convertiría en la primera divisa de uso mundial y que fue la base entre otros del dólar norteamericano; en el otro lado de la pieza aparece representada una escena en vívidos tonos azules con un erudito sentado y un joven sirviente con un libro en la mano. Se trata de un ejemplar clásico de estilo híbrido sino-europeo de la dinastía Ming.

El desarrollo de la porcelana *qinghua* de los hornos oficiales durante el reinado de Wanli puede dividirse en dos grandes etapas: la primera es una herencia de la producción de la era Jiajing, con el empleo de pigmento de cobalto "azul mohamediano" procedente de Asia Central y Próximo Oriente y una repetición en términos generales de la decoración propia de esa época, por lo que si no hay inscripción con la datación del reinado de

10-53 **Tazón de porcelana *qinghua* de tipo kraak con emblema y banda inscrita ("Septenti nihil novum") de los hornos de Jingdezhen** Dinastía Ming (reinado de Wanli) Museo Británico de Londres

Wanli resulta muy difícil distinguir las piezas de ambos períodos. A partir del vigésimo cuarto año del reinado de Wanli ese pigmento se fue agotando, y comenzó a utilizarse el proveniente de la provincia de Zhejiang. Aunque se trataba de un pigmento de extracción local, gracias al gran avance de las técnicas de elaboración cerámica durante la etapa final de la dinastía Ming presentaba una tonalidad muy lúcida. En cuanto a la porcelana *qinghua* de los hornos comunes, debido al uso de un pigmento de cobalto de peor calidad que el de los alfares oficiales las tonalidades del primer período son muy parecidas a las de los reinados de Jiajing y Longqing: en el período intermedio presenta un color azul desvaído con matices grisáceos; en la etapa final es de un gris oscuro azulado con unos efectos diluidos; a finales del reinado de Wanli la tonalidad es todavía más suave; y con el emperador Tianqi los tazones y bandejas de porcelana *qinghua* con representación de personajes (niños jugando...) presentan contornos difuminados y tamaño reducido.

Por lo que respecta a la decoración de las porcelanas *qinghua* de los alfares oficiales, siguen predominando motivos tradicionales como los dragones y fénix, los lotos con ramajes o los niños jugando. Otros motivos y patrones ornamentales en boga durante

10-54 Frasco de porcelana *qinghua* con representación de paisaje chino (izquierda) y moneda los hornos de Jingdezhen Dinastía Ming (reinado de Wanli) Museo Británico de Londres

el reinado de Jiajing, incluidas las inscripciones en sánscrito, siguen siendo frecuentes. En cuanto a las decoraciones propias de los hornos comunes, hay muñecas entre flores, leones en la vegetación y motivos a modo de brocado, y los paneles decorados son más frecuentes que durante la era Jiajing: hongos de forma ovalada y lobulada con cuatro o cinco hojas de bambú en la parte superior o a cada lado, leones jugando con bolas de brocado, etc. La decoración de ramajes con flores y hojas es bastante difusa; las hojas son finas y largas, a veces en forma de espiral o muelle. Los pájaros y flores son frecuentes; las aves son vigorosas y ágiles, de movimientos amplios, algunas de ellas reposando sobre flores o frutos y otras volando entre los bambúes o bajo las sombras del bosque, o incluso en reposo o saltando sobre las rocas o las plantas, cada una representada de manera individualizada. Durante el reinado de Wanli también hay numerosas representaciones de carácter zoomorfo, como caballos, abejas o macacos juntos en el centro de las bandejas, cuyos sinogramas combinados son homófonos de la frase "raudo ascenso social". También gustaban de representar grupos de dragones, con escamas muy simplificadas a modo de dientes de sierra. Los ciervos milú con sinogramas homófonos de "alto salario" de los fondos de las vasijas típicos de la era Tianqi ya aparecen ahora con Wanli, y seguirán viéndose hasta el reinado de Kangxi durante la dinastía Qing. Aparte de ello, también se ven plantas herbáceas con ramas y frutos, abanicos plegables o ramas de sófora, únicos de este período.

Las bandejas de gran tamaño de porcelana *qinghua* con boca en forma de castaña de agua y decoración compartimentada conocidas en Occidente con el nombre de "porcelana kraak" y en el mundo académico de Japón como *fuyode* son piezas que se comenzaron a exportar durante el reinado de Wanli, y que fueron comercializadas principalmente en Europa. Se trata de un tipo de vasija de paredes finas y suaves en forma de ocho pétalos de loto abiertos hacia fuera; en la parte exterior hay plantas herbáceas, y en el interior también aparecen ocho paneles separados entre sí por piedras de jade en los que se aprecia una ornamentación de carácter fitomorfo y otros elementos misceláneos. En el centro, y separado de las paredes por un círculo de decoración a modo de brocado, hay alondras, rocas, bambúes, plantas y nubes combinados en una representación muy vívida y detallada de estilo único y aire exótico. En su monografía sobre el tema, Fujioka Ryoichi afirma que "la porcelana *qinghua* conocida con el nombre de *fuyode* [...] fue elaborada en su mayor parte durante el reinado de Wanli. Es una tipología cerámica que fue importada sobre todo por la Compañía Neerlandesa de las Indias Orientales, y que no sólo acabó en Europa sino en otros muchos países del sudeste asiático. Durante el Período Edo [desde comienzos del siglo XVII] también fue vendida en grandes cantidades a Japón, donde no tardó en ser imitada por los artesanos de Arita y a su vez exportada a gran escala" (imagen 10-55). También hay piezas de porcelana de exportación con inscripciones en latín como decoración. Aparte de ello, hay asimismo una serie de porcelanas *qinghua* de peculiar tipología, como los grandes tazones de paredes profundas y boca en forma de flor, las bandejas con boca en forma de flor y labios quebrados o las vasijas tipo kendi (*junchi*), entre otras. La mayoría eran ejemplares destinados a la exportación, con una decoración a base de paneles decorados y motivos en calado, de aire exótico.

La porcelana de colores de la época anterior al reinado de Wanli se componía de piezas tradicionales heredadas de las dinastías anteriores, sin nuevas tipologías. Sin embargo, a partir del reinado de Jiajing la popular porcelana *qinghua* de cinco colores se fue desarrollando hasta alcanzar su apogeo durante la era Wanli, y adquirió entonces

10-55 Bandeja grande de porcelana *qinghua* con borde lobulado y decoración compartimentada Dinastía Ming (reinado de Jiajing) Altura: 5'6 cm.; diámetro boca: 17'8 cm. Museo de la Ciudad Prohibida (Beijing)

por ese motivo una gran reputación. Su elevado aprecio tanto en los mercados nacionales como internacionales le hizo ganar un renombre que repercutió también en su alto valor económico. En el pasado ya se había exportado a gran escala, por lo que ya era bien conocida por los amantes de la porcelana china de numerosos países. En cuanto a las variedades tipológicas, se hicieron principalmente bandejas, tazones, aguamaniles, jarrones, vasijas para libación tipo *zun*, teteras con asa, calderos tipo *ding* rectangulares, cajas con tapadera, estuches para pinceles, apoyapinceles en forma de barca (imagen 10-56), cajas con decoración impresa… Como la mayor parte de las piezas procedían de los alfares oficiales, los principales motivos decorativos eran dragones y fénix entre flores y plantas, niños jugando, los ocho inmortales taoístas, manadas de ciervos, etc. La decoración de las porcelanas *qinghua* de cinco colores de la era Wanli abandonó aquel estilo disperso propio de las cerámicas de colores contrastantes del reinado de Chenghua para hacerse más denso y apretado. En cuanto a los colores, predominan el rojo, el verde claro, el verde oscuro, el amarillo, el morado y el azul *qinghua* bajo esmalte, destacando especialmente el rojo, que da un brillo particular a las piezas con la búsqueda de un efecto "esplendoroso" (imagen 10-57).

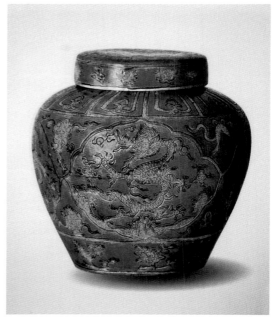

10-56 Apoyapinceles en forma de barca de porcelana *qinghua* y cinco colores con decoración de dragones Dinastía Ming (reinado de Wanli) Diámetro boca: 10'5 x 29'7 cm. Museo de la Capital (Beijing)

10-57 Caja para pinceles de cerámica de cinco colores con decoración de dragón y fénix Dinastía Ming (reinado de Wanli) Altura: 8'9 cm.; longitud: 29'9 cm. Museo de Shanghai

10-58 Olla con tapadera de decoración amarilla sobre esmalte verde con dragones Dinastía Ming (reinado de Wanli) Altura: 18'5 cm. Museo de la Ciudad Prohibida (Beijing)

Por lo que respecta al rojo bajo esmalte, han aparecido muy pocas muestras de esta tipología entre la producción de los hornos oficiales, a pesar de su tonalidad refulgente. Entre las piezas salidas de los alfares comunes también hay unas pocas porcelanas *qinghua* de color rojo bajo esmalte, que tienen un azul brillante y un rojo óxido. Aunque en conjunto la cantidad es exigua, al menos queda patente que se produjeron ejemplares de esmalte rojo cobrizo durante el reinado de Wanli, lo que contradice el silencio de las fuentes históricas.

Aparte de ello, también hay cerámica con decoración dorada y porcelana *qinghua* con pintura violeta, roja o verde y de fondo blanco, de fondo rojo y decoración azul *qinghua*, de esmalte azul o marrón y decoración blanca, de esmalte amarillo y cinco colores o color violeta o verde, de esmalte verde y color amarillo (imagen 10-58) o violeta, etc., y de esmalte azul, de esmalte Ge (con craqueladuras), de sombras verdes, de verde acebo, de violeta berenjena, etc.

Además de todo esto, durante la era Wanli se imitaban asimismo estilos anteriores.

Entre las piezas conservadas hasta nosotros se han encontrado numerosas copias de porcelanas *qinghua* de las eras Hongwu, Yongle, Xuande y Chenghua, o bien piezas de cerámica de colores contrastantes de Chenghua. El motivo principal lo explica el escritor coetáneo Wang Shizhen en su obra sobre cerámica, en la que afirma que al igual que se revalorizaron las pinturas de la dinastía Yuan también se había multiplicado por diez el valor de las piezas de los reinados de Yongle, Xuande y Chenghua, antes despreciadas. Nacido en el quinto año del reinado de Jiajing y fallecido en el décimo octavo año de la era Wanli, Wang escribió esta recopilación en sus últimos años de vida. A finales de la era Jiajing o comienzos de la era Wanli se valoraban los ejemplares realizados durante los reinados de Xuande, Yongle y Chenghua; numerosos artesanos fabricaban imitaciones para lucrarse, intentando hacer pasar piezas falsas por auténticas porcelanas de época sin el menor escrúpulo.

4.4.3. Hornos comunes de los reinados de Tianqi y Chongzhen

La etapa de reinado de los emperadores Tianqi y Chongzhen fue un período turbulento, con grandes levantamientos campesinos que se extendieron como la pólvora por todo el país y que llevaron a la dinastía Ming, tras dos siglos y medio de control político, al borde del colapso.

Durante el reinado de Wanli los alfares imperiales habían recibido una abundante cantidad de encargos por parte de la corte, alcanzando en ocasiones cifras epocales, y en su mayor parte eran piezas sin gran utilidad práctica, juguetes o elementos decorativos, como tableros de ajedrez, biombos, candeleros o estuches para pinceles; también había grandes ollas de un metro de diámetro. Dado que a menudo se realizaban piezas de grandes dimensiones en abundante número (cien mil, doscientas mil...), el consumo de materias primas era enormemente elevado, y las canteras del monte Macang se explotaron a niveles cada vez más profundos, hasta quedar agotadas. El trabajo en las minas era demoledor, y las autoridades a cargo de los hornos oficiales aprovechaban para enriquecerse explotando a sus subordinados. Los artesanos de Jingdezhen vivían y trabajaban en condiciones infrahumanas, y a menudo se alzaban contra sus superiores, lo que obligó al emperador a sacar un edicto en sus últimos años de reinado ordenando el cese de actividades en los alfares imperiales de Jingdezhen y la retirada de sus supervisores. Por ello, las nubes negras que cubrían los cielos de toda esa área se dispersaron de repente, y lo que el día anterior eran unos hornos a pleno rendimiento con una producción cerámica exorbitante

10-59 Cubilete para pinceles de porcelana *qinghua* con decoración de figuras humanas Dinastía Ming (reinado de Chongzhen) Altura: 21'5 cm.; diámetro boca: 20'3 cm. Colección privada

10-60 Bandeja con decoración de cervatillo Dinastía Ming (reinado de Tianqi) Colección privada

se convirtió al día siguiente en un lugar vacío y paralizado. Aunque hay autores que afirman que en este período los hornos imperiales no cesaron completamente su funcionamiento, es innegable que resultan especialmente escasas las muestras cerámicas conservadas hasta la fecha procedentes de estos alfares durante los reinados de Tianqi y Chongzhen. La producción cerámica de este período proviene principalmente de los hornos comunes (imágenes 10-59 y 10-60).

Durante la etapa intermedia del reinado de Wanli, una gran parte de las piezas de porcelana procedentes de los alfares imperiales habían sido encargadas en realidad a los hornos comunes, por lo que hay que plantearse la cuestión de si realmente el declive de los primeros trajo consigo inevitablemente una caída de la producción en estos últimos. En realidad, la cerámica de Jingdezhen ya era célebre entonces en todo el mundo, por lo que no sólo su salida al mercado internacional estaba garantizada sino que además resultaba difícil satisfacer la demanda. Dejando aparte la demanda del mercado interno y centrándonos en el comercio exterior, a finales de la dinastía Ming los holandeses tomaron el testigo de portugueses y españoles y adquirieron porcelanas chinas en grandes cantidades. Tomando como base de sus operaciones Batavia (la actual Yakarta), fueron directamente a las costas chinas a comprar o se abastecieron de las mercancías llevadas directamente hasta Indonesia por las naves chinas, y a través de la Compañía Neerlandesa de las Indias Orientales las distribuyeron por los diversos países del sudeste asiático, Oriente Próximo y Europa hasta la propia Holanda en números difícilmente imaginables. Según las cifras conservadas, entre 1602 y 1644 la compañía llevó hasta las diversas islas de Indonesia un total de más de 4.200.000 piezas de porcelana Ming. Sólo en el año 1636, los ejemplares transportados desde Batavia a diversos puertos y regiones de Java, Sumatra y Borneo rondaron los 380.000 ejemplares. La compañía holandesa encargaba porcelanas en China según la demanda de los mercados del sudeste asiático. En 1635 el inspector general residente en Taiwán mencionaba en el informe sobre porcelana encargada en China remitido a Ámsterdam los diversos tipos de vasijas compradas a los mercaderes chinos (bandejas, tazones, recipientes para bebidas frías, ollas y vasos de gran tamaño, saleros, pequeños vasos, recipientes para mostaza, bandejas aplanadas de lados anchos, escudillas con ollas vertederas...), para los que se habían empleado modelos en madera.

En este contexto de frecuentes intercambios comerciales los mercaderes chinos entraron en fiera competencia. Según los registros holandeses, tras la colonización de la isla de Java la Compañía Neerlandesa de las Indias Orientales encontraba a menudo en sus puertos naves mercantes chinas que llevaban sus hermosas porcelanas o sedas a los indígenas de la zona. En 1625 llegó una flota de barcos chinos a Batavia para comerciar, y no fue la única. El año siguiente los holandeses registraron la llegada de grandes naves procedentes de los puertos de Fujian, cuatro dirigidas a Batavia, cuatro a Camboya, cuatro a Vietnam, tres a Siam, una a la provincia de Patán en la península malaya, una a la provincia de Jambi en el este de Sumatra, una a otro lugar del sudeste asiático y alrededor de un centenar de pequeños barcos mercantes a Manila, no muy lejos de las costas chinas. El período arriba mencionado es el que iba desde el reinado de Wanli al de Chongzhen, y las mercancías más abundantes, más caras y más vendidas eran naturalmente las porcelanas, que procedían de los hornos comunes a través de canales de comunicación privados. Excepto una pequeña parte de piezas elaboradas en otros alfares, la mayoría provenía de los hornos comunes de Jingdezhen.

Además de las mencionadas porcelanas comercializadas por la Compañía Neerlandesa de las Indias Orientales o los mercaderes chinos, también acudieron directamente a Jingdezhen numerosos comerciantes japoneses para adquirir sus productos. Aparte de ellos, también había un floreciente comercio interior, especialmente entre las clases opulentas y los comerciantes en los enclaves de Suzhou, Nanjing y Hangzhou en las

10-61 Jarras rectangulares de porcelana *qinghua* con escenas de la Resurrección (izquierda) y el Huerto de Getsemaní de los hornos de Jingdezhen Dinastía Ming (reinado de Tianqi/Chongzhen) Museo Británico de Londres

10-62 Olla de porcelana *qinghua* con decoración de carácter religioso y cristogramas de los hornos de Jingdezhen Dinastía Ming (reinado de Tianqi/Chongzhen) Museo Británico de Londres

provincias limítrofes al norte de Jiangxi, cuya gran demanda de porcelanas de Jingdezhen contribuyó al pleno funcionamiento de los varios centenares de hornos comunes de Jingdezhen. La producción cerámica de la época era enorme, aunque en general se trataba de piezas de uso diario destinadas al pueblo llano, por lo que no se han conservado en buen estado, y con el tiempo han acabado rotas o abandonadas; al proceder de los hornos comunes, tampoco han recibido una gran atención por parte del mundo académico.

Al mismo tiempo, había un cierto número de porcelanas de exportación que estaban especialmente hechas para su venta a los clientes extranjeros, por lo que si bien se distribuyeron en grandes cantidades por numerosos países resultan muy raras de ver en la propia China. El 10 de octubre de 1616 (cuadragésimo cuarto año del reinado de Wanli) el oficial de la Compañía Neerlandesa de las Indias Orientales Jan Pieterszoon Coen escribió a sus superiores una carta en la que decía que "todas estas porcelanas fueron elaboradas en un lugar muy lejano del interior de China, encargadas por nosotros previo pago de un adelanto. Como este tipo de cerámicas no se usa en aquel país, los chinos las exportan, y cualesquiera sean las pérdidas prefieren desprenderse de ellas". En la imagen 10-61 se muestran dos jarras rectangulares en cuyos lados aparecen representados de manera simbólica el Huerto de Getsemaní y una escena de la Resurrección. Los artesanos de Jingdezhen elaboraron esta pieza de porcelana siguiendo el modelo de los jarrones de esmalte vidriado o de cerámica. En la imagen 10-62, por su parte, hay una olla con una decoración de ramajes y flores muy estilizada y seis paneles centrales de forma oval; en el interior de dos de ellos se aprecia una cruz con el cristograma IHS en la parte inferior y las tres figuras de la Santísima Trinidad sobre ella, rodeadas de rayos de luz y angelillos, mientras en los otro cuatro paneles decorativos aparecen las letras alternadas S y P circundadas por un exquisito cartucho. Estas dos letras son las iniciales del Colegio de los Jesuitas de San Pablo anexo a la catedral del mismo nombre en Macao; la catedral se construyó entre 1594 y 1602, y fue en su momento la iglesia católica más grande de toda Asia –el colegio también funcionaba como universidad–, aunque hoy en día sólo queda la fachada en pie. Los adornos fitomorfos de estilo no chino de la pieza parecen una imitación de las flores estilizadas de las telas bordadas europeas de comienzos del siglo XVII. Ambas imágenes muestras ejemplares con decoraciones de aire occidental de un marcado carácter religioso, que nadie habría entendido o utilizado en China. Gracias a ello comprendemos bien porqué numerosas piezas de excelente factura de los alfares comunes exportadas al extranjero no pueden verse en territorio chino: todas ellas fueron elaboradas exclusivamente para los mercados de ultramar.

Comparada con la época precedente, la industria de porcelana de Jingdezhen de este período se caracteriza en primer lugar por el cese de actividad en los alfares oficiales y su sustitución por los hornos comunes, que viven ahora una etapa de floreciente desarrollo en libertad que es también su época de apogeo. Sin las imposiciones ni restricciones de los alfares oficiales, los hornos comunes pueden producir sus artículos de manera autónoma en función exclusivamente de la demanda del mercado. En segundo lugar, antes del reinado de Wanli las materias primas estaban controladas por los hornos oficiales; la excelente arcilla de porcelana del monte Macang estaba reservada para uso exclusivo de los talleres imperiales y oficiales y solamente las autoridades podían extraerlo. Tras el agotamiento de las canteras a finales de la era Wanli, los artesanos alfareros de Jingdezhen encontraron un caolín de gran calidad en el cercano monte Gaolin, de donde deriva su nombre. En los *Anales del distrito de Fuliang* se refiere que durante el trigésimo segundo año del reinado de Wanli (1604) se retiró finalmente la prohibición de extraer y utilizar caolín. Sin embargo, no se trató de una medida benevolente por parte de los Ming; el Gobierno, antes bien, se vio forzado por las circunstancias, debido a los numerosos alzamientos ciudadanos en Wuchang y otros lugares que estaban amenazando la autoridad de la dinastía.

Gracias a esa liberación del yugo de los alfares oficiales, a una apertura sin precedentes de las fuentes de caolín para la elaboración de porcelana, al fin de la prohibición del

10-63 Bandeja de porcelana *qinghua* con decoración de aves y flores Dinastía Ming (reinado de Wanli) Altura: 4 cm.; diámetro boca: 20 cm.; diámetro apoyo: 11'5 cm. Compañía de antigüedades occidentales

10-64 Cuenco de porcelana *qinghua* tipo xiangrui Dinastía Ming (Chongzhen) Realizado en exclusiva para el círculo japonés de practicantes de la ceremonia del té de Kobori Enshu

comercio de ultramar durante el reinado del emperador Longqing y a la expansión consiguiente de los mercados extranjeros de manos de los "aventureros del mar", los hornos comunes experimentaron un vigoroso desarrollo durante esta época.

Los artesanos alfareros adaptaron su producción a las diferentes exigencias de sus clientes, elaborando piezas de diferentes estilos, características y variedades tipológicas. El maestro nipón de té Furuta Oribe apreciaba mucho el estilo cerámico natural y poco sofisticado, y así los artesanos de Jingdezhen elaboraron para él una serie de porcelanas *qinghua* conocidas por los japoneses como *kosometsuke* y consideradas en China porcelana *qinghua* de carácter popular. Se trata de un estilo libre de pintura de aire abstracto y pinceladas sueltas y enérgicas, muy similar al de la llamada cerámica "rojo Tianqi". Para satisfacer el gusto racional y científico de sus clientes europeos, los alfareros crearon piezas con un elaborado estilo decorativo de carácter geométrico conocidas en Japón como *fuyode* y en Europa con el nombre de "porcelana kraak". Es un tipo de ornamentación de esmerado orden. En el centro de la pieza aparece representada un objeto de lujo u otros elementos propios de las naturalezas muertas, muy recurrentes en la pintura flamenca de la época (10-63). En la imagen 10-64 se puede apreciar por su parte un tipo de porcelana llamado *xiangrui* (por la relativa inscripción) aún más elaborada y compleja que la *fuyode*, realizado especialmente para el círculo japonés de practicantes de la ceremonia del té que giraba en torno al conocido maestro Kobori Enshu. De esta diversidad de tipologías y estilos según la demanda de los diferentes mercados internacionales se desprende la extraordinaria adaptabilidad de los artesanos alfareros de los hornos comunes y su tremenda inteligencia creativa, gracias a lo cual éste fue un próspero y exitoso período en la historia de la producción cerámica de Jingdezhen. Sin embargo, debido al hecho de que se trataban de hornos comunes y no de alfares oficiales, durante varias centurias los documentos escritos se han ocupado muy poco de ellos, quizás también porque al ser sus productos utensilios de uso cotidiano no se han conservado tan bien como las piezas de colección, y porque eran ejemplares encargados y realizados expresamente para los clientes extranjeros. En resumidas cuentas, este tipo de porcelana es muy poco frecuente en territorio chino, e incluso resulta difícil encontrar muestras en los museos del país. En el vecino Japón, en cambio, esas vasijas de porcelana *qinghua* adquiridas en China son muy apreciadas por los coleccionistas, y los hornos comunes de Jingdezhen de finales de la dinastía Ming siempre han recibido una especial atención por parte del mundo académico nipón; las obras escritas por Saito Kikutaro («Porcelana *kosometsuke* y *xiangrui*» y «Porcelana swatow y porcelana rojo Nanjing»), Sato Masahiko («Porcelana de Jingdezhen de finales de la dinastía Ming») o Fujioka Ryoichi («La porcelana roja de la dinastía Ming») son todas monografías dedicadas a este período. Entre los estudiosos de cerámica chinos, en cambio, dicha etapa no ha generado suficiente interés. Como afirmaba Feng Xianming, "durante la fase final de la dinastía Ming la porcelana china se exportó a los lejanos países europeos y americanos, y así durante la construcción del metro en Ciudad de México se encontraron fragmentos de cerámica de cinco colores de Jingdezhen de este período. Nuestros antecesores dedicaron no poco esfuerzo a estudiar la porcelana salida de los alfares oficiales; aunque todavía perviven numerosas dudas por lo que respecta a las fechas exactas de establecimiento de dichos alfares, la situación de la producción cerámica durante las eras Zhengtong, Jingtai y Tianshun y otros asuntos, los recientes descubrimientos de su antiguo emplazamiento han aportado importante material a la hora de profundizar en su conocimiento. Por cuanto respecta a los detalles en torno a las porcelanas de los hornos comunes, sin embargo, carecemos todavía de estudios sistemáticos, y es especialmente grave nuestro desconocimiento acerca de la historia de la porcelana de exportación de época Ming".

Puesto que disponemos en China de tan pocas referencias bibliográficas acerca de los hornos comunes de las eras Tianqi y Chongzhen y los restos materiales también son muy escasos, y teniendo en cuenta la atención que le han dedicado en cambio al asunto los especialistas japoneses y la mayor cantidad y mejor estado de conservación de las piezas exportadas a ultramar –casi inexistentes en China–, en este capítulo me voy a remitir exclusivamente a tales estudios.

Como ya hemos dicho más arriba, la porcelana *qinghua* se conoce en Japón con el nombre de *kosometsuke*, un término que hace referencia tanto al color azul y blanco de su decoración como al período "antiguo" –comienzos del Período Edo– en que fue importada desde China, en términos generales durante el reinado del emperador Tianqi (1620-1627). Las piezas de porcelana *qinghua* de este período eran en su mayoría bandejas, tazas sin asa, jarrones, ollas para líquido, cuencos, etc., todos ellos ejemplares comunes de factura tosca moldeados y decorados apresuradamente. Los motivos son principalmente paisajes, flores y aves o personajes de porte lírico, copiados de los modelos del célebre artista coetáneo Dong Qichang con un toque personal e imaginativo de los propios artesanos, que empleaban una pincelada libre y suelta creando un estilo muy particular. Estos artesanos se basaban en las pinturas originales, pero no se veían limitados por ellas; a menudo se fijaban simplemente en la concepción artística general, y luego seguían sus propios instintos tomando y quitando según su criterio. Dado que tenían que estar atentos a la cuota de producción diaria, debían trabajar con extrema rapidez y simplificación, creando una apariencia de sencillez y naturalidad muy apreciada por los practicantes japoneses de la ceremonia del té de la escuela de Furuta Oribe.

Estas piezas presentan a menudo en los bordes de la boca o en la parte inferior una zona exenta de esmalte que asemeja la señal dejada por los insectos, y los estudiosos japoneses la conocen por esa analogía. Según ellos, esa marca es debida a la escasa calidad de la pasta y del esmalte empleados, no suficientemente refinados, lo que hace que el coeficiente de contracción de la pasta sea mayor que el del esmalte y que éste se desprenda de la superficie de los bordes y se contraiga. En mi opinión, además de este motivo también influyó el hecho de que la arcilla de porcelana empleada por los artesanos de Jingdezhen desde el reinado de Wanli fuera nueva y diversa a la usada anteriormente. Según los registros históricos, durante esos años se agotó la arcilla del monte Macang, y los artesanos tuvieron que recurrir a la explotada en el monte Gaolin. Si bien se trataba de una materia prima de alta calidad, hacía falta un proceso de adaptación para dominar sus cualidades; además, aunque la arcilla era nueva el esmalte seguía siendo el mismo tipo de barniz tradicional usado hasta entonces, por lo que también era necesario un período de ajuste entre ambos. Si observamos detenidamente las porcelanas producidas entre la era Wanli y la era Chongzhen, podemos comprobar cómo casi todas las piezas presentan ese fenómeno de la "marca de insectos", que no sólo está presente en los ejemplares exportados a Japón sino también en los transportados hasta Europa en esa misma época. En la imagen 10-65 aparece una olla en cuyos bordes de la boca y apoyo inferior se pueden apreciar claramente esas señales sin esmaltar.

La cultura de la ceremonia del té en Japón, bajo el liderazgo del maestro Furuta Oribe, era muy floreciente. Los japoneses empleaban a menudo modelos de madera que se llevaban a Jingdezhen para encargar las piezas de té que necesitaban. Durante los reinados de Tianqi y Chongzhen los ejemplares de utensilios para té destinados al mercado nipón constituían una parte considerable de la producción total de porcelana *qinghua* de los hornos comunes, cuyas formas y decoraciones poseían un profundo aire

10-65 Olla con tapadera de porcelana *qinghua* con representación de personaje de origen persa de los hornos de Jingdezhen Dinastía Ming (reinado de Tianqi/Chongzhen) Museo Británico de Londres

japonés. Excepto en ocasiones especiales o por motivos muy determinados, los hornos de Jingdezhen elaboraban en general piezas de paredes muy finas, pero en el caso de las vasijas de té para el mercado japonés tenían en su mayoría unas paredes bastante gruesas.

La cerámica de decoración roja y verde de Jingdezhen de la era Tianqi se conoce en el mundo académico japonés como cerámica "rojo Tianqi". Esta tipología surgió bastante tempranamente en la historia de la alfarería china; los hornos de Cizhou de época Song ya elaboraban una porcelana con decoración roja y verde de pinturas de excelente factura, un estilo que influiría posteriormente en la producción de Jingdezhen. Los artesanos de estos alfares combinaron aquella con la porcelana *qinghua*, creando unas peculiares piezas de estilo único. Sin embargo, y en términos generales, puede afirmarse que las variedades tipológicas de cerámica de decoración roja y verde de los hornos comunes de Jingdezhen anteriores al reinado de Tianqi no eran muy abundantes; las que hay, además, son muy circunspectas desde el punto de vista de los métodos pictóricos, ya que durante mucho tiempo –y especialmente durante el reinado de Wanli– los hornos comunes sufrieron la influencia estilística y la imposición productiva de los alfares oficiales, y bajo la presión del sistema de colaboración sólo pudieron producir piezas según el estilo impuesto por la casa imperial. Con el reinado de Tianqi los hornos comunes se vieron liberados, y sus productos recibieron de repente una bocanada de aire fresco. Sus clientes ya no se limitaban a la corte real, las clases pudientes y los altos dignatarios, sino que también incluían el pueblo llano y los comerciantes llegados del extranjero. La creciente demanda de los mercados hizo que los artesanos no dejaran de trabajar, produciendo ejemplares de porcelana *qinghua* y de porcelana de colores rojo y verde con una decoración sucinta, natural y desprovista de aderezos muy alejada de la tradición.

La cerámica de decoración roja y verde de comienzos de la era Tianqi era realizada en general mediante la aplicación de motivos de ambos colores sobre la superficie de las porcelanas *qinghua*, de ahí que se conozca de modo abreviado como "cerámica roja y verde". Los artesanos de la era Tianqi se liberaron finalmente de las limitaciones a que habían estado sometidos por los alfares oficiales durante el reinado de Wanli, y aprovecharon esta nueva libertad para empezar poco a poco a producir esa tipología cerámica. Su desarrollo fue especialmente rápido: a partir de los fundamentos de la porcelana *qinghua*, comenzaron añadiendo los dos colores para incorporar posteriormente el amarillo, conformando las características propias de la cerámica roja y verde. Los artesanos de la época se nutrían de las pinturas de los letrados, aunque no de manera indiscriminada; comparadas con las de estos, sus creaciones eran más sumarias y desenvueltas, plenas de confianza, con un estilo completamente diferente al de los reinados de Jiajing y Wanli (imagen 10-66). Las piezas de esta época en general llevan en su parte inferior la inscripción "Obra de arte de la era Tianqi".

Como este tipo de cerámica se elaboraba añadiendo color sobre el esmalte, también servía para cubrir ciertos defectos, como en el caso de una porcelana *qinghua* mal cocida o de las "señales de insectos" derivadas de la contracción del esmalte. De este modo, al aplicar los colores por encima –pintando, por ejemplo, un sol rojo, un árbol, un edificio o una montaña– había una intención reparadora que a veces daba insospechados resultados; contemplando las sencillas y discretas cerámicas de color rojo y verde de la era Tianqi no tenemos la sensación de estar ante la obra de unos artesanos de escasas dotes técnicas. En esta época hay también una serie de esmeradas piezas de porcelana *qinghua* de colores contrastantes cuya factura no tiene nada que envidiar a la de las cerámicas de idéntica tipología de los hornos oficiales de la era Chenghua.

Las porcelanas *qinghua* de los hornos comunes de la era Tianqi se dividen en dos grandes grupos: gruesas y finas; las primeras se exportaban en su mayoría a Japón, mientras las segundas acababan en el mercado nacional o bien eran vendidas a otros países. Las cerámicas de color rojo y verde en general eran de paredes gruesas, con muy pocas excepciones, siendo esa una de sus características estilísticas. Gracias a ciertos testimonios podemos concluir que la gran mayoría de las piezas "rojo Tianqi" fueron realizadas para el mercado de Japón, donde aún se conservan en la actualidad numerosas muestras, como el cuenco rectangular en forma de cruz con asa semicircular hecho para el círculo de Oribe (imagen 10-67), uno de los célebres ejemplares de esta tipología.

La tipología más apreciada entre los seguidores del estilo de Oribe en Japón era la porcelana *qinghua* de estilo impresionista de los alfares comunes, aunque también valoraban mucho las cerámicas de color rojo y verde de la era Tianqi. Hay dos grandes cuencos de forma peculiar muy representativos del tipo de piezas encargadas en Jingdezhen por estos seguidores japoneses de la ceremonia del té. En el interior de uno de ellos (imagen 10-68) aparece representado un melocotonero lleno de ramas y hojas. En los bordes hay pétalos, y en la parte exterior hay una escena con personajes centrada en torno a un pino en la cual se representa la historia del escolar que va a participar en los exámenes imperiales acompañado de su sirviente, flanqueada por un poema en el que se expresa la esperanza en el éxito de la empresa. El otro es un cuenco hondo con borde quebrado a lo largo del cual aparecen numerosas "señales de insectos", de paredes muy gruesas, de un aire sucinto y descuidado (ver imagen 10-66).

Otra pieza representativa de la cerámica "rojo Tianqi" es la bandeja plana con contorno en forma de hoja de loto (imagen 10-69), en la que se utiliza el azul para representar las algas acuáticas y puntos negros, rojos y verdes para el fondo, sobre el cual aparece en posición central un gran pez color bermellón. También destaca un tazón con unas franjas rojas y verdes de estilo muy desenfadado, entre las que hay intercaladas otras bandas con remolinos muy finos de color azul. Se trata de una pieza que alterna las tonalidades frías y cálidas, tosca y elegante a la vez y grandilocuente en su simpleza (imagen 10-70).

Estas piezas de cerámica roja y verde de la era Tianqi de aire japonés se pueden situar cronológicamente en el corto reinado del emperador Tianqi (1620-1627), mientras las porcelanas *qinghua* de los hornos comunes de estilo impresionista y gusto nipón se datan en la etapa inmediatamente anterior y posterior al octavo año del reinado de Chongzhen (1635). Fueron productos que coincidieron en el tiempo, pero de los que se conservan escasas muestras porque representaron tan solo una décima o una vigésima parte de la producción total de porcelana *qinghua* de la era Tianqi. La cerámica de color rojo y verde

10-66 **Cuenco hondo de cerámica de colores rojo y verde** Dinastía Ming (reinado de Tianqi) Realizado en exclusiva para un círculo japonés de practicantes de té

10-67 **Cuenco en forma de cruz con asa semicircular de cerámica de colores rojo y verde** Dinastía Ming (reinado de Tianqi) Realizado en exclusiva para el círculo japonés de practicantes de la ceremonia del té de Oribe

10-68 **Cuenco con asa de cerámica de cinco colores tipo** *xiangrui* **con decoración de melocotonero** Dinastía Ming (reinado de Chong-zhen)

66	69
67	70
68	

10-69 **Cuenco plano de cinco colores en forma de hoja de loto con decoración de pez** Dinastía Ming (reinado de Chong-zhen) Realizado en exclusiva para un círculo japonés de practicantes de la ceremonia del té

10-70 **Tazón de té de cerámica de colores rojo y verde con decoración textil** Dinastía Ming (reinado de Tianqi) Realizado en exclusiva para un círculo japonés de practicantes de la ceremonia del té

de Tianqi fue popular durante un período muy breve de tiempo, y además se produjo en muy pequeñas cantidades. No está claro si es debido a que su tosca factura no fue muy bien acogida o a que había otras porcelanas de colores de mejor calidad –como la *xiangrui* de cinco colores (la *qinghua* de cinco colores de estilo japonés) o la cerámica de color rojo y verde producida en Zhangzhou (Fujian), conocida también como "porcelana swatow"– que le hacían la competencia. En resumidas cuentas, apenas hay muestras de la cerámica de color rojo y verde de la era Tianqi en territorio chino; todas las piezas mencionadas se conservan en museos de Japón.

Hubo otro tipo de porcelanas *qinghua* destinado a los mercados occidentales. Los europeos, más racionales y científicos, no apreciaban ese estilo suelto y libre, casi impresionista, tan del gusto de los clientes japoneses. Con el fin de hacer frente al mercado europeo, los artesanos de Jingdezhen fabricaron una porcelana *qinghua* de patrones decorativos muy marcados, de diversas variedades tipológicas: tazones, teteras, jarrones, bandejas... Destacan en especial las bandejas, cuyo método decorativo consistía en distribuir el espacio de la superficie de las piezas en paneles de forma geométrica similares o variados entre sí, con motivos frutales o florales en su interior; cada panel está además flanqueado por otros más pequeños que sirven de separación y en los que aparecen representados "ocho tesoros", peonías arbóreas, etc. Este tipo de ornamentación recuerda los pétalos de la flor del *hibiscus mutabilis* –una especie de planta de la familia de las malváceas–, de ahí el nombre con la que se conoce en japonés (*fuyode*), mientras en Europa era conocida como "porcelana kraak", tal vez por las carracas portuguesas en las que se transportaba o debido a la facilidad con la que se rompían ("*kraken*", en holandés). En el centro de las bandejas aparecían sobre todo naturalezas muertas populares en la pintura flamenca de la época, paisajes o flores y pájaros de estilo chino. Este tipo de ejemplares era completamente diferente a las porcelanas *qinghua* o a las cerámicas de color rojo y verde con decoración libre, desenfadada y desprovista de aditamentos, de estilo casi impresionista, que tanto gustaba a los clientes japoneses. Su factura era mucho más elaborada y las paredes finas y cuidadas. Para evitar el mencionado fenómeno de las "señales de insectos" en los bordes de la boca se le añadía una capa de esmalte color marrón para no dejar esas marcas al aire, como en el caso de los productos destinados a los círculos de té de Japón; al contrario que estos, que apreciaban su aire sencillo y natural, los clientes europeos consideraban dichas señales como un defecto a subsanar. Estos dos estilos cerámicos reflejan dos criterios estéticos absolutamente diferentes entre sí.

La referida tipología cerámica recibió una gran acogida entre las distintas naciones europeas, cuyas clases adineradas no dudaban en gastar grandes sumas para adquirir los productos de alta gama. Con el fin de obtener pingües beneficios, la Compañía Neerlandesa de las Indias Orientales no dejó de frecuentar los puertos orientales para comerciar con las porcelanas chinas. La compañía tomó como base la capital india de Delhi y estableció una delegación en Taiwán, a través de la cual encargaba en los hornos comunes de Jingdezhen ese tipo de jarrones florero con la intermediación de los comerciantes chinos. El encargo más temprano de porcelana de Jingdezhen por parte de la compañía holandesa del que se tiene noticia es uno realizado en 1608 a los mercaderes chinos de la costa oriental de la península malaya. Analizando los diversos registros de la compañía relativos al comercio de la porcelana china durante su período más álgido, podemos ver cómo esos encargos detallaban de manera muy minuciosa las variedades y medidas requeridas, conformándose a las necesidades de utensilios de uso cotidiano de los clientes europeos de la época. Todas estas vasijas domésticas eran elaboradas exclusivamente para esos mercados occidentales, y nada más acabadas eran embarcadas rumbo a Europa, por ello son muy escasos los ejemplares conservados en la propia Jingdezhen o en otros museos del país, y los que hay son en general bandejas o similares –prácticamente no quedan tazones, cuencos o teteras–. Una vez comprados estos objetos, los europeos los trataban con gran esmero, a menudo añadiendo elementos metálicos. En los pequeños tazones con forma de flor y paredes finas, por ejemplo, utilizados a menudo para dar de beber o comer alimentos nutritivos a los niños pequeños o a las madres, se añadían aros metálicos entre la boca y la base y un asa muy elaborada en cada lado con el fin de evitar que pudieran escaldarse al agarrarlos con las manos. Otro ejemplo son los frascos para alcohol con decoración de tulipán en el cuello e hibisco en el cuerpo, de hermoso estilo, con unas formas muy similares a las de los objetos de orfebrería europeos. Los labios de estas vasijas se cubrían frecuentemente con un elemento plateado, que estaba conectado a un aro de ese mismo metal colocado en el cuello mediante una cadena también plateada. Estos añadidos metálicos en el cuerpo de las porcelanas no sólo facilitaban su uso sino que también les proporcionaban un aire peculiar y una rara belleza.

Al igual que los clientes japoneses, al emplazar sus encargos para los mercados europeos la Compañía Neerlandesa de las Indias Orientales también empleaba modelos de madera y papeles pintados con motivos decorativos para orientar a los artesanos alfareros de Jingdezhen durante la producción. Los jarrones florero más populares en la época eran los de tipo rectangular, conocidos con el nombre de *jiaodeli*, que imitaban *grosso modo* los frascos de cristal para alcohol de estilo europeo. El cuello está decorado con tulipanes, una flor muy apreciada por los europeos y los holandeses en particular, y el método decorativo del cuerpo se parece mucho al de las porcelanas *fuyode* con paneles, de factura delicada, aunque también hay piezas que recurren a un estilo más suelto y ordinario (imagen 10-71). Este tipo de jarras eran porcelanas *qinghua* de colores contrastantes rojo y verde realizadas durante el reinado de Tianqi, con la representación de la Virgen María, aunque en la cerámica adopta la forma y expresión de la diosa Guanyin, la encarnación china del bodhisattva Avalokitesvara. En este ejemplar aparece retratada de forma muy libre y desenfadada. Las paredes de la pieza son gruesas y sólidas, y en los cuatro bordes se pueden apreciar numerosas "marcas de insectos". Se trata de un típico ejemplar de cerámica roja y verde de estilo Tianqi.

En los quince años transcurridos entre el primer año del reinado de Tianqi (1621) y el octavo del reinado de Chongzhen (1635), la segunda mitad del período de producción de la cerámica roja y verde de Tianqi, también

10-71 Jarrón florero tipo jiaodeli de cerámica de colores rojo y verde con representación de la Virgen María
Dinastía Ming (reinado de Tianqi)

aparecieron otras variedades de porcelana de colores, que a diferencia de aquella no combinan el rojo, el verde y el amarillo con el azul *qinghua* de la base, sino que se limitan a emplear principalmente el rojo sobre un fondo completamente blanco. Sólo las piezas con datación de la era correspondiente empleaban también el color azul para trazar meticulosamente las líneas curvas, un estilo conocido en China como "cinco colores de Ming" y en Japón como "rojo Nanjing".

La pintura sobre una base completamente blanca se limitó en un comienzo a los tres colores rojo, verde y amarillo, como en el caso del cuenco cruciforme con asa arriba mencionado. Aunque hay una pequeña cantidad de *qinghua*, en su mayoría predominan estos tres colores, lo que evidencia el tránsito de la cerámica roja y verde de Tianqi a la de cinco colores de finales de la dinastía Ming (imagen 10-72). La diferencia entre ambas es que la

10-72 Bandeja de cerámica de cinco colores con decoración de roca caliza porosa, aves y peonías Dinastía Ming (reinado de Chongzhen)

primera presenta un estilo más libre y desinhibido, mientras que la segunda es más elaborada, pasando de la desenvoltura a un mayor rigor formal. La cerámica de cinco colores de la fase final de los Ming empleaba en su mayoría cuatro o cinco colores para decorar la superficie blanca de la pasta, y aunque aún sobrevivían algunos rastros de tonalidad azul *qinghua* no ocupaban ya un lugar predominante sino sólo complementario de los demás. Las piezas de cerámica de color rojo y verde de la era Tianqi presentan en la boca evidentes huellas de descamado de la capa de esmalte, mientras que a finales de la dinastía ya se aprecia en los ejemplares de cinco colores una mayor preocupación por solucionar este problema, cubriendo los bordes con esmalte de color marrón oscuro; aparte de ello, también se añaden toques de marrón, violeta y negro a las pinturas. Llegados a ese punto, la hermosa cerámica de cinco colores ya se ha desarrollado de manera plena y madura, y además de incorporar una variada gama cromática también crea un característico estilo propio. Influida por el estilo desenvuelto de la cerámica roja y verde de la era Tianqi, la de cinco colores de finales de la dinastía Ming se convierte en una nueva variedad tipológica, bella y elegante, vendida a gran escala no sólo en el mercado nacional sino también en Japón y en Europa a través de las compañías de las Indias Orientales, haciendo de esta etapa el período histórico en el que se exportó una mayor cantidad de productos salidos de los hornos comunes de Jingdezhen.

El problema de esta enorme producción de cerámica de cinco colores es que las piezas no llevan una datación correcta, ya que la mayoría de las inscripciones ("Hecho en la era Chenghua de los Ming" o "Hecho en la era Jiajing de los Ming") son falsos históricos. Aparte de ello, también aparecen sinogramas de carácter auspicioso en escritura regular o cursiva, que en su mayoría eran caracteres deformados –muchos de ellos impresos– que comenzaron a popularizarse aproximadamente a partir del octavo año de la era Chongzhen (1635). En los últimos años de dicho reinado fueron sustituidos por liebres de extraña apariencia, "ocho tesoros", etc.

Las escenas representadas en ciertas bandejas de cerámica roja y verde de la era Tianqi combinan los ciruelos con la luna llena, en un estilo muy similar al de los literatos y las planchas xilográficas de finales de la dinastía Ming. Las bandejas *kosometsuke* con paisajes del Yangtsé están inspiradas en un célebre poema de época Tang cuyo primer verso de siete caracteres reza: "El río Chu abre la puerta del cielo [parte en dos la montaña de Tianmen]". En las cerámicas de cinco colores de finales de la dinastía Ming también aparece el mismo motivo decorativo y las mismas frases.

Desde la época del célebre artista Dong Qichang, el estilo de pintura de los eruditos estuvo muy en boga; el arte de la xilografía, por otro lado, había madurado mucho, y no resultaba difícil conseguir un libro con ilustraciones. Además, Jingdezhen no se encontraba lejos de Huizhou (Anhui), que por entonces era un importante centro de impresión y publicación, así que los artesanos alfareros de aquellos hornos se vieron favorecidos por su emplazamiento geográfico y recibieron una fuerte influencia de este arte afín.

Los libros con ilustraciones xilográficas presentaban a menudo dibujos con líneas muy ordenadas, que frecuentemente aparecen también en las cerámicas "rojo Nanjing". Es el caso, por ejemplo, de las grandes bandejas con pollos y coronillas, gallinas y polluelos, cuyas plumas aparecen dibujadas con detalle. No se trataba, sin embargo, de un plagio completo, ya que según las necesidades se introducían ciertas alteraciones, como la pareja de vívidas mariposas de colores de las bandejas o las mariposas o aves que revolotean en torno a los bambúes, las rocas o la hierba, o bien la franja de esmalte púrpura oscuro a lo largo de los labios de la boca, cambios realizados a partir del original de las pinturas de las xilografías (imagen 10-73). En la parte baja del reverso hay una inscripción de carácter auspicioso a la manera antigua dentro de un doble cartucho rectangular. La escena de "pescador solitario bajo un árbol" de las bandejas octogonales también deriva de los paisajes de los literatos; en ella aparece una figura humana entre rocas en medio de un gran espacio vacío, y una inscripción en estilo oficial. En la imagen 10-74 se puede apreciar una escena con dos gallos debajo de un granado, según el estilo de pintura propio de las xilografías de la época. Estas pinceladas ordenadas de ritmo sostenido y líneas ascendentes y descendentes constituyen un importante logro de la pintura de la cerámica de cinco colores.

La porcelana *qinghua* comenzó a decorarse con rojo y verde; después se añadió un tercer color (amarillo), y acabaron aplicándose cinco colores (rojo, verde, amarillo, azul y violeta); finalmente durante un período se empleó el negro para los contornos y el rojo, el rojo claro, el verde, el amarillo, el verde ciruela y el violeta de manera muy creativa. Esa

10-73 Bandeja de cerámica de cinco colores con decoración de gallo y flor Dinastía Ming (reinado de Chongzhen)

10-74 Bandeja de cerámica de colores rojo y verde con decoración de dos gallos debajo de un granado de los hornos de Jingdezhen Dinastía Ming (reinado de Tianqi) Museo de Arte Oriental de Bath

cerámica de cinco colores de finales de la dinastía Ming alcanzó un elevado nivel tanto en lo que se refiere a las combinaciones cromáticas como a las técnicas pictóricas, que servirían de base para el desarrollo maduro de esta tipología durante el reinado de Kangxi en la dinastía Qing.

En la cerámica de cinco colores de las eras Tianqi y Chongzhen predominaban las bandejas. La producción de los hornos comunes y la de los alfares oficiales no era igual; no existían las severas restricciones de estos últimos, y los artesanos podían por lo tanto dar rienda suelta a su fantasía, o amoldarse a los requerimientos o necesidades del mercado, por lo que los productos elaborados en este período resultan distintos a los fabricados antes y después.

En esta época también apareció una tipología destinada exclusivamente al mercado japonés, la ya mencionada porcelana *xiangrui*, una clase de *qinghua* con decoración aún más elaborada y exquisita que las piezas de *fuyode*. Se trata también de un tipo de porcelana encargado por las escuelas de ceremonia del té activas en Japón. Las piezas de porcelana de los hornos comunes de estilo libre y desenfadado, casi impresionista, conocidas en Japón con el nombre de *kosometsuke* fueron muy apreciadas en el círculo de Furuta Oribe, mientras las porcelanas *xiangrui* estaban en boga en la escuela de Enshu.

La demanda de porcelana *fuyode* (kraak) de la fase inicial del reinado de Chongzhen,

10-75 Bandeja de porcelana *qinghua* **tipo xiangrui con decoración de "ocho tesoros" de los hornos de Jingdezhen** Dinastía Ming (reinado de Tianqi) Museo de Arte Oriental de Bath

10-76 Bandeja de porcelana *qinghua* **tipo xiangrui con decoración de pinos, bambúes y ciruelos y figura humana de los hornos de Jingdezhen** Dinastía Ming (reinado de Tianqi) Museo de Arte Oriental de Bath

de gran difusión en el sudeste asiático y Europa, superaba con creces la producción. Como ya hemos visto, era también muy apreciada entre los seguidores de la escuela japonesa de Enshu. Eran piezas de té de una gran fuerza ornamental, con patrones decorativos de mucho rigor, que a la vez poseían un claro aire japonés, derivando en una serie de utensilios domésticos de carácter propiciatorio cuyo estilo (*xiangrui*) se desarrolló a partir de la porcelana *fuyode*. El método decorativo más común de esta última consistía en distribuir el espacio de las paredes interiores de las bandejas en "ventanas" o paneles de formas geométricas, a modo de pétalos abiertos, separados a menudo entre sí por estrechas bandas con dibujos geométricos; en el interior de los paneles había representados hibiscos u otro tipo de flores, en torno a un motivo central principal. El estilo es diferente al de las cerámicas de cinco colores o de color rojo y verde de la era Tianqi, más pictórico y menos ornamental y estudiado. La porcelana *xiangrui* se inspiró en estos modelos, con un patrón decorativo también muy elaborado, aunque presenta disimilitudes respecto a la tipología *fuyode*, con una mayor variedad de métodos ornamentales y un frecuente contraste entre esquema decorativo y pintura y entre figuración y abstracción. Se trata de una tipología cerámica de factura muy cuidada, y a menudo bandejas o tazones presentan en sus bordes una capa de esmalte dorado púrpura (imágenes 10-75 y 10-76).

Una parte de la porcelana *xiangrui* lleva un añadido de color, y por ese nombre era

conocida en Japón, aunque según la tradición china podría considerarse como una especie de porcelana *qinghua* de colores contrastantes. Su estilo es claramente diverso al de las cerámicas de cinco colores o de color rojo y verde de la era Tianqi, con un mayor énfasis en la ornamentación y el patrón decorativo. Si bien no necesariamente llevan la inscripción *xiangrui* (relativa al reinado del emperador Chongzhen), sí que presentan un aire de familia, y además es posible que algunos de los ejemplares con la inscripción "Hecho en el reinado de Jiajing de los Ming" hubieran sido elaborados durante la era Chongzhen y por tanto fueran coetáneos de los *xiangrui*. Ello es así porque

10-77 Bandeja de porcelana *qinghua* de tipo xiangrui de los hornos de Jingdezhen Dinastía Ming (reinado de Tianqi) Museo de Arte Oriental de Bath

durante los reinados de Tianqi y Chongzhen las porcelanas con datación imperial relativa eran muy escasas; muchas de ellas no llevaban ninguna, y a menudo tenían una que no correspondía con la fecha de realización ("Hecho durante el reinado de Xuande", "Hecho durante el reinado de Xuande de los Ming", "Hecho durante el reinado de Jiajing", "Hecho durante el reinado de Jiajing de los Ming", "Hecho durante el reinado de Chenghua de los Ming"...). Estas dos últimas eran las más frecuentes (imagen 10-77). En la parte inferior de estas piezas de porcelana *xiangrui* con o sin colores aparece una inscripción en la que se alude a un oscuro personaje llamado Wu Xiangrui.

¿Quién era ese tal Wu Xiangrui? ¿Era de origen chino o japonés? Se trata de una cuestión muy debatida en los círculos académicos nipones, acerca de la cual los documentos históricos chinos apenas aportan datos. En una de sus últimas obras, publicada en 1800, Morishima Churyo explica que la "porcelana de Nanjing" (término que aludía al conjunto de la producción china) llevaba una inscripción alusiva a Wu Xiangrui, un artesano alfarero originario de Matsusaka, en la provincia japonesa de Ise que estudió el arte de la porcelana en Jingdezhen. En cuanto a los sinogramas "*wu lang da fu*" que anteceden a *wu xiang rui*, se ha hecho referencia a un poema alusivo al octavo año del emperador Zhengde (1513) en el que aparecen citados, aunque el último es sustituido por otro carácter homófono; por otro lado, el año 1513 corresponde a la última fase de shogunato de Ashikaga Yoshitane, y en ese período no se realizaron en Japón piezas de porcelana *qinghua*. Se ha dicho que esa variación en el sinograma *fu* podría deberse a una versión antigua de la escritura kanji japonesa, pero la bandeja descubierta recientemente con esa variante debe datarse como mínimo en la segunda mitad del siglo XVII, unos veinte años después de la introducción en Japón de la porcelana *xiangrui*, y en aquel momento del Período de Edo ya no era popular ese tipo de escritura. El estudioso japonés del té Tan Xiusou da en su libro otra posible explicación. Según él, *xiangrui* sería un topónimo, y *wulangdafu* el nombre de una persona procedente de la ciudad de Isesaki, que a finales de la dinastía Ming habría llegado a ese lugar llamado *Xiangrui* para elaborar piezas de porcelana, y que más tarde regresaría a su país. Así pues, *Wulangdafu* sería un personaje de origen japonés y *Xiangrui* una localidad situada en China. Sin embargo, no existe en todo el país ningún lugar con ese nombre, por lo que esta teoría no resulta sostenible.

En el libro *Estudios sobre los orígenes de la porcelana xiangrui* publicado en 1930, Ishiwari Matsutaro afirma que se trataba de un alfarero japonés llamado Ito, cuya tumba se encontraba en Matsusaka. Tras su estancia en China llevó los métodos de elaboración de porcelana de Jingdezhen a su país, por lo que se le puede considerar el "padre" de la porcelana japonesa. En el párrafo inicial de un artículo publicado en 1941, Matsumoto Sataro refiere que los hornos de Kutani (prefectura de Ishikawa) recibieron la inesperada contribución de esta misteriosa persona, gracias a la cual comenzaron a producir la cerámica de cinco colores de estilo Ming. Saito Kikutaro, por su parte, opinaba que si se eliminaba el último de los cuatro caracteres quedaba entonces *wu lang da*, y *da* (大, "grande") es el término que se usaba en la dinastía Ming para referirse al primogénito, al igual que en el clásico «A orillas del agua» Wu Song es "Wu el segundo" en relación a su hermano mayor "Wu el grande"; se trataría, como puede advertirse, de abreviaturas empleadas en la época. El autor encontró un reposacabezas cerámico de esmalte blanco con motivo raspado de peonías en cuya parte inferior había una inscripción en la que junto a una expresión frecuente en ese período aparecía un nombre, Li Wuda, el mayor de cinco (五, *wu*) hermanos de la familia Li. Del mismo modo, Wu (吴, apellido homófono) Xiangrui sería el primogénito (五良大, *wu lang da*) de su familia de cinco hermanos, y Xiangrui su nombre propio. En su obra dedicada a la porcelana *kosometsuke* y *xiangrui*, este mismo autor afirma que en el Museo de Arte Tekisui en Ashiya hay un *chaki* (utensilio para té) de estilo *xiangrui* en el que aparece un poema Tang de cuatro líneas con cinco caracteres en el que se len las palabras *wu ren shi*, junto a dos líneas con los ya mencionados caracteres *wu lang da fu* y *wu xiang rui*. El primer *wu* hace referencia a un lugar de nacimiento o proveniencia, mientras el segundo es un apellido. El hecho de escribir primero el lugar de origen y después el apellido junto al nombre de cortesía (*fu*) es muy característico de los hábitos sociales de la China de aquella época. El equívoco con este último sinograma debió de ser un juego o broma entre los practicantes japoneses de la ceremonia del té. Los integrantes del círculo de Enshu sin duda sabían que el tal Xiangrui era un personaje chino de finales de la dinastía Ming, pero con el tiempo las sucesivas generaciones olvidaron el significado original y lo tomaron erróneamente por un artesano nacido en Japón.

Aparte de la ya mencionada inscripción de ocho caracteres, en este tipo de porcelana *xiangrui* elaborada en los hornos comunes de Jingdezhen también aparecen los sinogramas para "felicidad" y "salario oficial", que al igual que en la cerámica de cinco colores de finales de la dinastía Ming podían presentar raíces distintas, a menudo en el interior de un doble cartucho rectangular, una variante frecuente en los sellos de bronce. El nombre *xiangrui* posee asimismo el significado de "buen augurio", así que junto a los caracteres correspondientes a "felicidad" y "salario oficial" ("abundancia") formaba una cadena de sinogramas de carácter auspicioso. Por ello se puede deducir que el nombre Wu Xiangrui guardaba una estrecha relación con esa intención propiciatoria, que también iría unida a los relativos motivos decorativos. Por supuesto, resulta muy difícil determinar si esa porcelana *xiangrui* se elaboraba necesariamente en Jingdezhen, ya que en el Museo de Arte Oriental de Bath hay una porcelana de dicho estilo que según la cartela explicativa provendría de los hornos de Zhangzhou (Fujian). Si esto es así, entonces habría que dedicar una mayor atención a estos alfares, porque se trata de una pieza muy elaborada con una decoración pintada de extremada calidad.

En resumidas cuentas, aunque durante el período de reinado de los emperadores Tianqi y Chongzhen la coyuntura social y política era muy inestable y los alfares oficiales de Jingdezhen ya habían cesado de producir, gracias a ese gran mercado interno y exterior la industria cerámica de esa área no sólo no se vio afectada sino que se desarrolló con gran fuerza, introduciendo numerosas innovaciones para satisfacer la demanda de los clientes de los diferentes países y estableciendo las base para la ulterior expansión de los mercados internacionales durante la etapa inicial e intermedia de la dinastía Qing.

4.5. Auge y declive de la industria cerámica durante los reinados de Tianqi y Chongzhen según los documentos históricos foráneos

Según los registros relativos al período de mayor prosperidad en el comercio de porcelana de Jingdezhen conservados por la Compañía Neerlandesa de las Indias Orientales, en 1636 se exportó a Holanda desde la sede central un total de 25.380 ejemplares, y 136.164 desde la delegación de Taiwán, y desde entonces el número de unidades no hizo más que multiplicarse. El año anterior el shogunato de Takegawa había promulgado el edicto Sakoku por el que prohibía a sus ciudadanos comerciar con ultramar, poniendo fin al sistema de *shuinsen* ("naves de sello rojo") –barcos mercantes de gran envergadura con patente del shogun que recorrieron los puertos orientales durante la primera mitad del siglo XVII–, lo cual favoreció a la Compañía Neerlandesa de las Indias Orientales y a los comerciantes chinos. En 1637 se transportó por mar un total de 750.000 piezas de porcelana. Los comerciantes de Nanjing y de Guangdong transportaban en barco las cerámicas de Jingdezhen de finales de la dinastía Ming, y a través de los mercaderes de Nagasaki –cuya bahía era uno de los pocos lugares todavía abiertos al comercio exterior– las vendían en Japón. En Kyoto había además un intermediario llamado Shinbee dedicado exclusivamente a traficar con productos de origen chino, al que gustaba mucho la cerámica y que realizó numerosas transacciones comerciales. Con la ayuda de mercaderes de Nanjing hacía modelos de los utensilios de té que empleaban en el círculo de Oribe o de las ollas o cuencos apreciados por la escuela de Enshu y los enviaba a Jingdezhen para encargar los ejemplares cerámicos (1649). Los comerciantes de la Compañía Neerlandesa de las Indias Orientales llegaban a la bahía de Nagasaki a partir de la isla de Hirado, y allí entablaban relaciones comerciales con Japón y China.

Ese mismo año el oficial Zheng Zhilong (padre de Zheng Chenggong, conocido también como Koxinga) condujo hasta Nagasaki una flota de cinco naves comerciales con alrededor de diez mil ejemplares de porcelana, provocando un conflicto en la zona entre japoneses y extranjeros. La cantidad exportada de cerámica roja y verde de Fujian y Shantou (Guangdong) o de cinco colores de Jingdezhen no aumentó notablemente respecto al período anterior, aunque tampoco era menor. En 1644 (décimo séptimo año del reinado de Chongzhen y primero del nuevo emperador Shunzhi) el ejército de los Qing ocupó la capital Beijing y entró en la Ciudad Prohibida, y ese mismo invierno Dorgon envió una expedición de conquista a la zona de Jiangnan, en el curso inferior del Yangtsé.

Hasta ahora la Compañía Neerlandesa de las Indias Orientales siempre se había proveído directamente de porcelana en Jingdezhen, pero a partir de estas fechas tuvo que hacer negocios con la mediación de comerciantes chinos. A pesar de ello, según los registros de la época en mayo de ese mismo año adquirió más de treinta mil piezas, y en diciembre unas 146.000, todos ellos ejemplares de porcelana *qinghua* y de cinco colores de Jingdezhen de óptima calidad que confluían en la sede de Taiwán antes de emprender su camino a Holanda.

La vigorosa cultura del área de Jiangnan dio lugar a una hermosa cerámica de cinco colores, y también a una porcelana *xiangrui* de colores contrastantes. Los años finales de la dinastía Ming fueron los de mayor esplendor. En los años postreros de la dinastía, poco antes de su derrocamiento, la riqueza y el lujo se concentraban en esa zona al sur del curso inferior del Yangtsé, lo que contribuyó a su florecimiento creando el entorno cultural idóneo para la producción de la porcelana de cinco colores. No obstante, ese fulgor no pudo durar mucho tiempo, ya que en el segundo año del reinado de Shunzhi (1645) los ejércitos Qing conquistaron por fin Nanjing y acabaron con el dominio de los Ming, dando fin asimismo a ese breve período de algo más de dos décadas de auge económico y cultural iniciado con el reinado de Tianqi.

En el primer año del reinado de Shunzhi la Compañía Neerlandesa de las Indias Orientales sólo adquirió 65.906 piezas de porcelana de Jingdezhen, lo que supone ya un descenso respecto a años anteriores. Debido al clima bélico del período, en esos primeros años la cifra se fue reduciendo, y en el sexto año de reinado no se vendió un solo ejemplar. Así, al comunicar a sus clientes holandeses las dificultades encontradas en esta etapa para comprar cerámica en Jingdezhen, la compañía anunció que "el tiempo de China" había llegado a su fin.

Durante el reinado de Shunzhi los hornos oficiales volvieron a retomar su producción cerámica, supervisada por oficiales de la nueva dinastía. Se obligó a realizar un abundante número de urnas de gran tamaño con decoración de dragones, y los hornos comunes y artesanos alfareros que en esas últimas décadas habían gozado de más libertad en su trabajo volvieron a ser sometidos al yugo oficial. De esta manera, la mano de obra y los recursos materiales se volvieron a concentrar para producir esa porcelana de uso imperial.

4.6. Significación del desarrollo independiente de los alfares comunes de Jingdezhen durante la etapa final de los Ming

Si bien esa etapa de libertad de producción de los hornos comunes de Jingdezhen constituyó un período efímero en el contexto de la larga historia de la cerámica china, sus logros fueron magníficos. Aunque ya hacía tiempo que la porcelana china había comenzado a exportarse a otros países, nunca como entonces se habían alcanzado esas enormes cifras de venta ni esa escala tan amplia, ni tampoco se había conseguido semejante variedad tipológica ni una influencia tan profunda.

Los hornos comunes de Jingdezhen de finales de la dinastía Ming no sólo representan un período de esplendor de la historia de la alfarería de esa área, sino que también llevaron la cultura cerámica de China a todos los lugares del mundo, ejerciendo una gran influencia en diferentes ámbitos culturales. En esos años la cerámica de Jingdezhen se exportaba en grandes cantidades a Corea, Japón, Filipinas, Java, Sumatra, Borneo, Siam, Camboya, India, Persia, Egipto, España, Portugal, Francia y Holanda, entre otros países, causando en todos ellos una gran sensación. El sinólogo nipón Mikami Tsugio estudió los itinerarios comerciales marítimos desde las dinastías Tang y Song y su progresivo desarrollo, y les dio el nombre de "Ruta de la cerámica". Se trata de una ruta que partía de los puertos del norte y el sur de China y atravesaba las penínsulas malaya e índica, y que por un lado se dirigía a los diversos países del Pacífico Sur y por otro cruzaba el Océano Índico y alcanzaba el Golfo Pérsico y el Mar Mediterráneo, proveyendo de mercancías a los países árabes, el este de África y Europa. La India era entonces una importante encrucijada de los caminos marítimos, por eso Holanda la tomó como trampolín estableciendo allí la Compañía Neerlandesa de las Indias Orientales y valiéndose de ella para exportar porcelanas a gran escala hasta los países europeos. Al mismo tiempo, los habitantes de buena parte de la India, Ceilán, Annam (Indochina) o las islas Ryukyu (Nansei) también usaron porcelana de Jingdezhen. Por ello, resulta evidente la estrecha relación entre dicha Ruta de la cerámica y la producción masiva de porcelana de tales hornos. La etapa final de la dinastía Ming constituye una fase decisiva en la globalización de los alfares comunes de Jingdezhen, que sirvieron de puente para la interrelación económica y cultural entre el pueblo chino y los diferentes pueblos del resto del mundo; por eso posee un significado tan profundo para la historia local e internacional.

Las porcelanas de Jingdezhen de finales de la dinastía Ming poseen una alta calidad en sus pastas, una gran belleza formal y una magnífica gama cromática, y por ello recibieron tan gran acogida allende los mares. En el capítulo dedicado a los países extranjeros de la *Historia de Ming* se afirma al respecto de los habitantes de Vietnam y Borneo que "usaban en la antigüedad hojas de banano para comer, pero luego comenzaron a comerciar con los chinos y fueron empleando poco a poco las cerámicas de Ci". En el *Estudio de los océanos oriental y occidental* de finales de la dinastía Ming ya se alude al uso difundido de las piezas cerámicas para comer y beber entre diversos pueblos de Asia y África, un fenómeno atestiguado por el descubrimiento en los últimos años de numerosas muestras de porcelana de época Ming en regiones de ambos continentes. Entre dichos utensilios domésticos los ejemplares salidos de los alfares de Jingdezhen, que se adaptaron a los requisitos y necesidades de los diferentes mercados para ganarse el favor de los clientes, ocupan un destacado lugar; de este modo, en una parte de las piezas elaboradas en Jingdezhen se pueden apreciar leyendas de carácter propiciatorio escritas en grafía árabe, así como en otras se despliega por su parte una decoración de estilo europeizante.

La difusión global de las porcelanas de Jingdezhen amplió los horizontes estéticos de los habitantes de los cuatro rincones del mundo, y ejerció una activa influencia sobre la pintura, la arquitectura, las artes menores e incluso la cultura religiosa de Europa occidental, abriendo un importante canal de comunicación entre las culturas del este y del oeste de Eurasia. Las virtudes artísticas y estéticas de la porcelana de Jingdezhen –por lo que se refiere tanto a sus formas como a su decoración pictórica–, unidas a su utilidad práctica le otorgaban un doble valor que fue altamente apreciado por los diferentes estamentos sociales de numerosos países de todo el mundo. Para los europeos de la época, en particular, el coleccionismo de porcelanas –y especialmente de porcelanas provenientes de Jingdezhen– se convirtió en un medio para alardear de su posición social, y en símbolo de riqueza. Las grandes fortunas utilizaban las porcelanas para decorar y embellecer sus mansiones, y como objeto de disfrute espiritual, lo que significa que las artes cerámicas ya habían penetrado en su universo estético ejerciendo sin duda sobre éste una influencia inconsciente.

A partir de la tercera década del siglo XVIII, los europeos obtuvieron la fórmula de elaboración de la porcelana a través de los misioneros establecidos en Jingdezhen y comenzaron a fabricar sus propias piezas, pasando así de una primera fase de encargo y adquisición a una segunda de imitación que se extendió aproximadamente de 1720 a 1760. Debido a la enorme atracción ejercida por China entre los europeos, estos no sólo se limitaron a copiar sus cerámicas, sino también sus elementos arquitectónicos, su mobiliario o sus objetos de cristal, lo cual contribuiría a la aparición y desarrollo del estilo rococó tan en boga en su momento. En la segunda mitad del siglo XVIII y bajo la influencia de Francia las artes rococó se impusieron por toda Europa; su énfasis en los tonos pastel, su suave lustre y sus hermosos dibujos y arabescos conformaron un estilo natural y elegante. Sobre la base de la tradición artística europea, este nuevo estilo absorbió la esencia de las artes alfareras chinas, que una vez asimilada fue incorporada a las diferentes manifestaciones pictóricas, arquitectónicas y artesanales.

Las técnicas de elaboración de la porcelana de Jingdezhen a finales de la dinastía Ming eran consideradas un secreto misterioso que despertó la curiosidad y el interés de muchos otros países. Las primeras pruebas e imitaciones se realizaron en la vecina Corea, en Annam (Vietnam), Siam y otros países de la región, y más tarde se extendieron a Japón por el este y a Persia, Oriente Próximo, África oriental y Europa por el oeste, convirtiéndose en un fenómeno global. Según el antiguo director de la compañía cerámica japonesa Koransha, Fukagawa Tadashi, Jingdezhen es el lugar de nacimiento de la porcelana. La localidad de Arita en la prefectura nipona de Saga tiene una historia de producción de porcelana de más de tres siglos, y ya desde un principio experimentó una fuerte influencia directa e indirecta de las técnicas de elaboración y decoración de Jingdezhen de finales de la dinastía Ming; incluso las piezas contemporáneas llevan la profunda huella del estilo artístico de la época. Tras muchos años de minuciosa investigación, el estudioso chino residente en Alemania Yang Silin llegó recientemente a la conclusión de que la célebre porcelana de Meissen –la primera realizada en Europa– no fue inventada por los alemanes, sino que se elaboró según los patrones de la porcelana de Jingdezhen gracias al descubrimiento en las cercanías de Misnia (Sajonia) de un yacimiento de caolín. Sus técnicas recibieron una fuerte influencia de las empleadas en Jingdezhen durante la etapa final de los Ming y la inicial de la dinastía Qing. La producción de Meissen no sólo imitaba la porcelana *qinghua* de Jingdezhen, sino también las de esmalte "rojo de Lang" y "rojo sangre de toro", copiando sus modelos. Existen también numerosos documentos que prueban la llegada a China de extranjeros para estudiar los métodos: la porcelana fabricada para la dinastía Joseon de Corea tomó como modelo la de Jingdezhen, y luego imitó directamente las piezas de porcelana *qinghua* de las eras Xuande y Zhengde; en el siglo XV la corte de Annam requirió los servicios de maestros alfareros chinos para elaborar porcelana propia; desde la dinastía Song del Sur los japoneses comenzaron a estudiar los métodos chinos de fabricación de porcelana, y en el sexto año del reinado de Zhengde (1511) el shogunato Ashikaga envió a China una misión encabezada por el monje budista Ryoan Keigo para aprender las técnicas de fabricación de la porcelana *qinghua* de Jingdezhen; desde el siglo XV esas técnicas se difundieron hasta Europa, y los venecianos fueron los primeros en elaborar cerámica traslúcida fina y ligera;

el misionero jesuita francés François Xavier d'Entrecolles llegó en 1712 a Jingdezhen, estudió en profundidad su cerámica y se llevó de vuelta a su país la fórmula de la combinación de las diferentes materias primas y algunas muestras, siendo el primer occidental en difundir en ultramar el secreto del caolín y atrayendo la atención de las autoridades, que ordenaron la búsqueda en Francia de una arcilla de semejantes cualidades con la que elaborar una auténtica porcelana de paredes duras; a partir de mediados del siglo XVIII Gran Bretaña, Suiza, Dinamarca y Holanda comenzaron a imitar los métodos de elaboración de la porcelana china, produciendo piezas sólidas y compactas y dando inicio a una nueva era de fabricación autóctona de porcelana en Europa.

Hay otro aspecto muy significativo que merece la pena mencionar aquí. La porcelana elaborada por los alfares comunes de Jingdezhen fue muy apreciada por clientes de numerosos países de todo el mundo, y por eso mismo no pudo abastecer completamente la creciente demanda. Atraídos por los altos beneficios económicos que reportaba su comercio, muchos países y regiones –entre los que se encontraban Siam, el Reino de Champa (sur de Indochina) o Persia– comenzaron antes o después a elaborar porcelana china de imitación; en especial Japón, debido a su favorable posición geográfica respecto al este de China, fabricó en numerosos hornos de su territorio copias de las porcelanas de Jingdezhen, cuyas técnicas de elaboración ejercieron una profunda influencia en el desarrollo de los métodos alfareros de aquellas islas.

A comienzos del Período Edo (principios del siglo XVII) los hornos de Arita comenzaron a elaborar pequeños utensilios domésticos de porcelana blanca. En cuanto a los motivos decorativos en azul (*qinghua*), en su mayor parte los copiaron de los motivos fitomorfos de las piezas elaboradas en Corea durante la dinastía Joseon. La porcelana *kakiemon* de Arita empezó a experimentar con la decoración de colores rojo y verde, y resulta ahora muy difícil determinar si recibió la influencia de la cerámica roja y verde de Jingdezhen o de la de Fujian y Shantou (Guangdong), aunque se trata en cualquier caso de valiosas piezas de estilo Imari del primer período. El Museo Nacional de Tokio conserva dos vasijas de cerámica roja y verde: una es un tazón decorado con crisantemos de color rojo y verde, otra un tazón con decoración de dragones y aves en tres colores (incluido el amarillo); su estilo sencillo y discreto se aproxima bastante al de las piezas rojas y verdes de Fujian y Guangdong, y por tanto hay quien opina que se trata de dos muestras de porcelana *kakiemon*. Es posible que antes de que las porcelanas con decoración roja y verde de Jingdezhen aparecieran en Japón los ejemplares de aquellas dos provincias del sur de

China hubieran llegado ya a ese país, y que al comenzar a imitar dicha tipología cerámica los artesanos se inclinaran por tomar primero como modelo las piezas procedentes de Shantou, cuya técnica era más fácil de dominar.

Con el reestablecimiento de los alfares oficiales a principios de la dinastía Qing, el tipo de porcelana roja y verde de factura libre y desenvuelta y las porcelanas *xiangrui* de ornamentación más consistente y rigurosa típicas de las eras Tianqi y Chongzhen fueron progresivamente desapareciendo de los hornos chinos, si bien gozaron en cambio de una nueva vida de manos de los artesanos alfareros japoneses. En general, esa revitalización de las grandes bandejas de porcelana roja y verde, *xiangrui* de colores o *kosometsuke* de la era Tianqi se produjo en el área de Kutani (Ishikawa) durante el período inicial de fabricación de porcelana *kakiemon*, y fue allí donde volvieron a aparecer todas estas tipologías abandonadas en China.

Durante el inicio de la dinastía Qing los hornos de Jingdezhen dejaron de producir grandes cantidades de porcelana de uso común destinada a Europa, y en cambio en la zona de Imari en Japón se comenzó a imitar esa porcelana de Jingdezhen. La variedad *kakiemon* alcanzó entonces su madurez, y desde el año 1661 se empezó a exportar a Europa esos productos. En 1672 se estableció en Arita un taller similar a los de Jingdezhen especializado en la aplicación de color rojo sobre esmalte, al que después se fueron uniendo otros del mismo género hasta conformar toda una "calle" dedicada a esos menesteres. Desde entonces, la Compañía Neerlandesa de las Indias Orientales no dejó de abastecerse en Japón de porcelanas, que en un primer momento imitaban en su mayor parte a los ejemplares de Jingdezhen, incluso con la inscripción "Era de Chenghua de Ming" o "Era de Jiajing de Ming" en su parte inferior (imagen 10-78).

Numerosos japoneses consideran al arriba mencionado *"wu lang da fu wu xiang rui"* como el "padre" de la porcelana nipona, ya que creen que se trataba de un artesano de origen japonés que después de veinte años elaborando porcelana en Jingdezhen habría regresado a su país, llevando consigo las nuevas técnicas. En mi opinión, el ancestro de la porcelana japonesa no fue solamente aquel tal Wu Xiangrui sino también todos los artesanos alfareros que trabajaron en aquella época en los hornos comunes de Jingdezhen, ya que fueron sus magníficas creaciones las que impulsaron el desarrollo de la cultura cerámica de aquel país. Por supuesto, esos mismos artesanos jugaron un papel igualmente importante en la evolución de la cerámica en la propia China, poniendo las sólidas bases para la producción de la refinada y exquisita porcelana del reinado de Kangxi de la dinastía Qing.

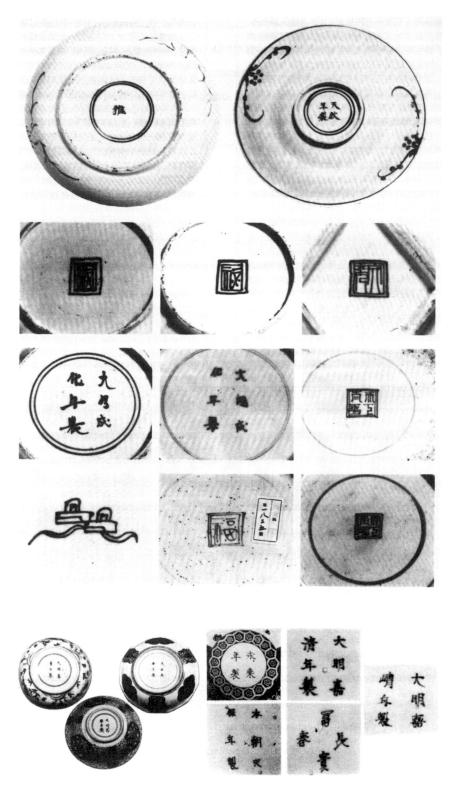

10-78 Piezas de porcelana Imari con sinogramas

Capítulo 5   Industria cerámica del resto de China

Desde la dinastía Ming, Jingdezhen se convirtió en el centro nacional de la producción cerámica. El desarrollo de la industria alfarera en ese lugar específico del este de China se debió por una parte a la presencia de los hornos oficiales, y por otra a que su producción de porcelana *qinghua* obtuvo una gran demanda tanto de los mercados internos como del exterior. En cualquier caso, aparte de Jingdezhen hubo en China otros numerosos hornos de diferentes dimensiones que también siguieron produciendo cerámica ininterrumpidamente. A pesar de que su escala no podía compararse a la de los hornos de Jingdezhen, de que sus productos no eran ni tan variados ni de tan excelente calidad y de que tampoco marcaron tendencia a nivel nacional, la existencia de estos alfares secundarios también resulta muy importante, y constituyen una parte esencial de la industria cerámica china. Además de grandes hornos como los de Cizhou o Longquan que seguían funcionando desde las dinastías Song y Yuan, con los Ming hubo hornos en numerosas provincias del país que también elaboraban piezas de uso diario de diversas tipologías y factura, entre las que destacan por sus logros las porcelanas *fahua* de Shanxi, las porcelanas blancas de Dehua, las porcelanas *zisha* (de arcilla morada) de Yixing o las de esmalte de colores aleatorios de Shiwan. Al mismo tiempo, y debido a la incapacidad de los hornos de Jingdezhen para satisfacer completamente la enorme demanda de sus porcelanas *qinghua* dentro y fuera del territorio nacional, algunos otros alfares comenzaron a producir este tipo de cerámica con el fin de abastecer los mercados internos y de ultramar, como en el caso de los de Jianshui y Yuxi en la lejana provincia de Yunnan o Beiliu y Rongxian en Guangxi. Las provincias de Fujian y Guangdong, por su parte, al disponer de una amplia franja costera situada a lo largo de las rutas marítimas de exportación de cerámica también produjeron porcelana *qinghua* a gran escala. Este período comienza principalmente a finales de la dinastía Ming, y en él surgieron hornos que complementaron la producción de *qinghua* de Jingdezhen y cuyas piezas también se hicieron muy célebres en el extranjero, como las porcelanas de swatow o Huzhou (Guangdong). Estas porcelanas de exportación eran en su mayoría *qinghua*, aunque había una parte de cerámica de cinco colores, y todas ellas se desarrollaron bajo la influencia de los hornos comunes de Jingdezhen. En este capítulo la producción de porcelana de exportación de las áreas costeras de China constituye un importante apartado que es necesario estudiar con más detalle, y en particular lo que se refiere al origen de los nombres y al lugar de producción de las porcelanas swatow y kraak, las dos variedades que más atención han recibido por parte de los estudiosos.

1. Porcelana swatow

La "porcelana swatow" fue bautizada con ese apelativo por los mercaderes extranjeros que acudieron a China a adquirir porcelana local. El origen de su nombre o el lugar concreto de producción son dos cuestiones que los estudiosos llevan mucho tiempo debatiendo. Antes de las décadas de los 80-90 del pasado siglo, para los occidentales la porcelana swatow era aquella elaborada en la localidad de Shantou en la provincia meridional de Guangdong. En su libro publicado en 1976 *The Chinese potter: a practical history of Chinese ceramics*, por ejemplo, Margaret Medley afirma al describir los ejemplares de porcelana swatow que se trataba de "piezas realizadas en los hornos situados al norte de Shantou, en el noreste de la provincia de Guangdong". Los japoneses, por su parte, afirmaban acerca de esta variedad tipológica que "su lugar de producción no está claro", y que tal vez procedía de algún sistema de alfares del sur de China, como los de Guangdong o Fujian, una conjetura que no anda desencaminada según han demostrado los hechos. Sumarah Adhyatmanz escribió en su libro que Shantou podría haber sido el puerto de exportación de este producto. "Swatow" era la grafía empleada por los holandeses para designar ese puerto del sur de China, y se correspondía con la pronunciación empleada en el dialecto local de Fujian. Sin embargo, ahora sabemos que dicha variedad tipológica fue elaborada en realidad en el distrito de Pinghe de Zhangzhou (Fujian) y en algunos lugares de Guangdong. En su libro *Chinese export porcelain: Chine de Commande*, D.F. Lunsingh Scheurleer afirma que la porcelana swatow era un nombre dado por los mercaderes chinos a una cerámica de factura tosca. Shantou está localizada en la costa meridional de China, en la provincia de Guangdong aunque ya muy cerca de Fujian. Según los registros de la Compañía Neerlandesa de las Indias Orientales, estas porcelanas procedían de Zhangzhou, en la costa de esta última provincia, y hay quien piensa que habrían sido producidas en Dehua.

En el libro ya mencionado, Scheurleer también dice que la porcelana swatow probablemente fue realizada entre la segunda mitad del siglo XVI y la caída de la dinastía Ming (1644), y que fue exportada a Japón, las islas de Indonesia y la India. En algunos museos holandeses se conservan numerosas muestras de estas piezas de porcelana swatow exportadas a aquellas regiones asiáticas, por lo que puede afirmarse que mientras la porcelana *qinghua* de Jingdezhen se vendía principalmente en los países europeos, la porcelana swatow coetánea encontró en cambio su mercado sobre todo en Japón y el sudeste asiático.

¿Cuál fue entonces el lugar de producción de la porcelana swatow? Se trata de una cuestión a la que los estudiosos chinos habían dedicado muchos años sin haber llegado todavía a ninguna conclusión, hasta que en los años 80 del siglo XX los arqueólogos de la provincia de Fujian encontraron en sucesivas campañas una serie de hornos que habían producido esta clase de porcelana. En los años 90 se llevaron a cabo excavaciones en la localidad de Nansheng del distrito de Pinghe en Zhangzhou, entre otros lugares, y las muestras halladas en ellas atrajeron inmediatamente la atención de los especialistas tanto chinos como extranjeros. Las piezas conocidas por los europeos como "porcelana swatow" eran originarias de Zhangzhou; al mismo tiempo, también se encontraron en los yacimientos de los hornos de Pinghe y Dehua ejemplares similares de porcelana swatow y porcelana kraak. Seguidamente, y en continua sucesión, se hicieron nuevos descubrimientos de este tipo de porcelana de exportación en Japón y diversos países del sudeste asiático. De este modo, el mundo académico determinó por fin que la "porcelana swatow" no había sido producida en Shantou, sino exportada durante ese período a través de su puerto, y que en realidad procedía de diversos hornos cerámicos de Fujian y Guangdong.

En su estudio sobre la porcelana kraak, el investigador del instituto provincial de protección de reliquias culturales de Jiangxi, Xiao Fabiao, expone el estado de la cuestión. En primer lugar, se centra en los documentos históricos. Desde la etapa intermedia de la dinastía Ming, el intercambio comercial entre el pueblo chino y el japonés alcanzó un momento álgido, durante el cual los comerciantes de Fujian llevaron a cabo actividades mercantiles en el puerto de Nagasaki. A comienzos del siglo XVII, prosigue Xiao, el mercader chino Zheng Zhilong prácticamente monopolizaba desde las costas de Fujian el comercio marítimo entre China y el resto del mundo, y países como Holanda, Portugal o España sólo podían realizar transacciones con China bajo su directo control. A finales de la dinastía Ming y comienzos de los Qing, durante ese período de hegemonía de Zheng Zhilong y su hijo Koxinga, las costas de Japón se convirtieron en encrucijada del comercio marítimo entre China y Holanda; en esa época las exportaciones de porcelana china se realizaban primero a través de aquel país, y desde allí las mercancías eran enviadas a Asia Central, Oriente Próximo y los diversos mercados europeos. En realidad los mercaderes portugueses no monopolizaron el comercio obteniendo de ello los máximos beneficios, sino que fueron más bien los Zheng los que controlaron las transacciones económicas en aquel período; los extranjeros tan solo se limitaban a acudir a los puertos de intercambio para recoger las mercancías, de las cuales ignoraban además el específico horno de producción, y es probable que en un principio dieran a todas esas piezas –independientemente de su lugar de proveniencia– el apelativo genérico de "porcelana kraak", y que más tarde las bautizaran con el nombre del puerto de exportación con el que estaban más familiarizados: Shantou. De este modo, a través de ese y otros puertos intermediarios las porcelanas acabaron en manos de los mercaderes extranjeros, y estos a su vez los distribuyeron por los distintos países y regiones de todo el mundo, por lo que los destinatarios últimos de esas piezas cerámicas de uso doméstico aún eran menos conscientes de su lugar de producción originario. Ello significa, en conclusión, que a pesar de su nombre todos esos ejemplares de "porcelana swatow" no necesariamente procedían de Shantou ni eran elaborados allí, sino que probablemente fueron realizados en los hornos de Zhangzhou o en otros alfares de la provincia de Fujian.

2. Porcelana kraak

Es importante exponer aquí también las diversas teorías en torno a la llamada "porcelana kraak", y en particular la relación entre ésta y la "porcelana swatow". El nombre de "porcelana kraak" le fue dado por los mercaderes occidentales, y aunque más tarde se perdió la etimología de dicho apelativo, la mayoría de los estudiosos concuerda en que deriva del nombre de los buques mercantes portugueses (carracas) que la transportaban, por lo que "kraak" sería el apelativo genérico con que se conocería todo aquel tipo de porcelana china de exportación de estilo similar llegado a Europa por vía marítima. El término designaría una clase de porcelana *qinghua* de finales de la dinastía Ming, con el fondo interno decorado con flores, aves, personas o animales y rodeado de una serie (de seis a ocho) paneles o compartimentos de decoración varia con motivos florales u otros patrones ornamentales. Como entre las piezas de "porcelana swatow" hay algunas de ese estilo, se ha creído que la porcelana kraak habría sido elaborada tanto en Jingdezhen como en Shantou, y a menudo ambos términos se han empleado de manera indistinta. Sin embargo, hay autores que opinan que si nos referimos como "porcelana kraak" a aquella porcelana china de exportación transportada por las carracas en aquel período determinado y caracterizada como hemos dicho por un fondo con decoración paisajística y unas paredes internas con paneles divisorios ornamentales, entonces estaríamos hablando de una tipología de utensilios domésticos de cerámica con una peculiar decoración que probablemente habrían sido hechos en Jingdezhen (Jiangxi), en Zhangzhou (Fujian) o en otros lugares; la "porcelana swatow", en cambio, haría referencia al supuesto horno en que fue realizada –del que, como ya hemos visto más arriba, únicamente tomó el nombre–, y en un principio también formaría parte de la porcelana kraak, aunque posteriormente debido a la gradual delimitación del concepto de "porcelana kraak" sólo coincidiría parcialmente con ésta. Por ello no deben confundirse ambos términos, que no son intercambiables entre sí.

La porcelana kraak posee un estilo propio y peculiar. En el libro «Chinese Export Ceramics», Rose Kerr afirma que la apariencia de esta tipología cerámica cambió con los tiempos, pero que mantuvo como característica inalterada de su ornamentación la división en paneles de sus paredes. En la imagen 10-79, por ejemplo, podemos ver una olla de gran tamaño con paneles o "ventanas" ovalados en los que aparecen seres prodigiosos taoístas

10-79 Olla grande de porcelana *qinghua* de tipo kraak con decoración de qilin   Dinastía Ming

de carácter auspicioso, como el animal híbrido ungulado y con dos cuernos (*qilin*) de la mitología china. La profusa y compleja decoración que cubre todo el cuerpo de las grandes ollas para almacenamiento destinadas a los países del Próximo Oriente posee un estilo muy característico; estas piezas también fueron exportadas a Europa como objetos decorativos. Un ejemplar de esta olla de gran tamaño fue hallado entre los restos de la nave *San Diego*, un galeón de Manila hundido cerca de la Isla Fortuna, frente a la bahía de la capital filipina. Dicho galeón, cuyo pecio se descubrió en 1991, transportaba gran cantidad de mercancías, entre las cuales había más de 500 piezas de porcelana *qinghua* de Jingdezhen que han sido recompuestas, la mayoría correspondientes al tipo de porcelana kraak (imágenes 10-80 y 10-81).

Si he dedicado todo este espacio a exponer con detalle la cuestión de los dos tipos de porcelana de exportación es porque deseo que los lectores puedan entender mejor cómo, debido a que la producción de los hornos de Jingdezhen no podía satisfacer por sí sola la creciente demanda de los mercados internacionales, diversos alfares de las zonas costeras de las provincias meridionales de Fujian y Guangdong aprovecharon su ventajosa situación geográfica para elaborar y exportar a gran escala imitaciones de aquellas piezas originales, creando un brillante panorama por lo que se refiere a la

81

10-80 Jarrón de porcelana *qinghua* con boca en forma de cabeza de ajo y decoración compartimentada Dinastía Ming (reinado de Wanli)
10-81 Bandeja grande de porcelana *qinghua* con escena central de paisaje y borde compartimentado Dinastía Ming (reinado de Wanli)

porcelana de exportación de aquel período.

A continuación pasaremos a describir cada uno de estos hornos por separado:

5.1. Hornos de Dehua

Los hornos de Dehua se encuentran en el centro de la provincia de Fujian, cerca del puerto de Quanzhou. Debido a ese emplazamiento favorable, su producción de porcelana siempre mantuvo una estrecha relación con los mercados de ultramar. Desde las dinastías Song y Yuan recibió una fuerte influencia de los alfares de Jingdezhen, exportando a gran escala sus porcelanas verdiblancas a países del sudeste asiático y de África.

En el octavo año del reinado de Chenghua (1472), la corte Ming trasladó a Fuzhou las oficinas de aduanas que llevaban casi tres siglos funcionando en Quanzhou, lo que supuso un duro golpe para la importante posición que esta última había ocupado todo ese tiempo como puerto de exportación. Se interrumpió el comercio exterior desde allí, y la exportación de porcelanas también sufrió las consecuencias, debilitando a su vez la posición de Dehua como centro de producción. No obstante, esta coyuntura fue rápidamente revertida por los acontecimientos nacionales e internacionales.

Desde el reinado de Jiajing la llegada de los europeos cambió la situación política y comercial en el sudeste asiático. Como en aquellos momentos todavía no se producía porcelana en Europa, y en el sudeste asiático, el Próximo Oriente y África seguían demandando porcelana china, con el declive de Quanzhou los puertos vecinos de Anhai y Zhangzhou en Fujian se convirtieron en centro del contrabando de este tipo de mercancía, y las porcelanas del área de Quanzhou comenzaron a exportarse de manera ilegal. Las nefastas consecuencias en el ámbito social y económico de las medidas restrictivas del Gobierno chino eran cada vez más evidentes, y la corte imperial se fue dando cuenta de la necesidad de llegar a un compromiso e ir abriendo progresivamente las puertas. Así, en el primer año del reinado del emperador Longqing (1567) se retiró la prohibición del comercio marítimo, y Zhanghou se convirtió en una ciudad cosmopolita a la que le fue permitido comerciar con ultramar. El comercio privado se revitalizó de manera inmediata, y la zona de Fujian vivió de nuevo un valioso momento de florecimiento comercial ("los mercaderes de Quanzhou y Zhangzhou hacían transacciones con los comerciantes venidos del este y el oeste, y ya no con los campesinos"). Las principales mercancías exportadas desde estas costas seguían siendo las sedas, las porcelanas y las hojas de té. A través de Zhangzhou, de Anhai y de otros puertos de la provincia se exportaron a ultramar gran cantidad de piezas de porcelana blanca de Dehua, muchas de las cuales han sido descubiertas en numerosos países de Asia, África y Europa. Además de diversos tipos de figurillas, otras tipologías importantes incluyen los vasos normales o cilíndricos con decoración de flores de ciruelo, los leones de porcelana, las cajas, los vasos tipo *jue* con dragones o ciervos, los sellos cerámicos, los aguamaniles con forma de hoja de loto y decoración esculpida de cangrejos, etc. Según los registros arqueológicos, se han descubierto ya 32 yacimientos de hornos del sistema de Dehua de la dinastía Ming. A juzgar por las acumulaciones de depósitos cerámicos de época Yuan y Ming y las transformaciones experimentadas por los hornos alfareros, la producción y venta al exterior de los alfares de Dehua se vio mucho más influida por las imposiciones de los mercados internacionales que por los propios cambios políticos o las vicisitudes dinásticas, y por ello a finales de la dinastía Ming dichos alfares no sólo no se vieron afectados sino que entraron en una fase de desarrollo histórico que puede ser considerada como una edad de oro de la industria de la porcelana.

Debido a que los artesanos de Dehua empleaban una arcilla de porcelana con alto contenido en dióxido de silicio para elaborar su porcelana blanca, y que también contenía una alta proporción de óxido de potasio (6%), el efecto vidriado obtenido tras la cocción era muy evidente, la pasta era muy compacta y poseía un alto grado de transparencia. Su esmalte también es muy característico, diferente al de las porcelanas blancas del norte de China de las dinastías Tang y Song y diverso también al blanco con matices verdes de Jingdezhen. Su color es muy brillante y su textura grasienta, y enfrentado a los rayos del sol adquiere una tonalidad rosada o lechosa, de ahí que se le conozca como "esmalte manteca de cerdo" o "esmalte colmillo de elefante". Una vez exportado a Europa fue bautizado en Francia con el nombre de "*blanc de Chine*" o "blanco pluma de ganso". La variedad más valiosa era aquella con ligeros reflejos rojizos.

En cuanto a las variedades tipológicas, los dos principales grupos son los utensilios domésticos y las figurillas cerámicas. El primero también puede subdividirse en objetos sacrificiales y vasijas de uso diario. Por lo que se refiere a los objetos sacrificiales, hay sobre todo candeleros, incensarios, jarrones florero e imitaciones de productos de jade o bronce. Las variedades más abundantes de vasijas de uso cotidiano, por su parte, eran los vasos para libación, los platos, los tazones y los utensilios para pintar o escribir como vasos cilíndricos para pinceles, apoyapinceles, receptáculos para limpiar la tinta, sellos, etc. Por lo que respecta a las figurillas de porcelana, son frecuentes las representaciones budistas o de inmortales taoístas, como Dharma, Maitreya, Guanyin, Sakyamuni, Guandi... Había artistas célebres como He Chaozong –el más renombrado de ellos–, Zhang Sushan o Lin Zhaojing que a menudo inscribían su nombre en la parte posterior de sus obras, aunque hoy en día las piezas de este tipo en las que podemos encontrar los nombres de estos artesanos famosos de época Ming son a menudo imitaciones (imágenes 10-82 y 10-83).

Analizando las piezas cerámicas de Dehua conservadas hasta nosotros, vemos que las figurillas y las vasijas de uso sacrificial ocupan un lugar muy importante, lo cual podría responder por una parte a la fuerte demanda del mercado y por otra a los encargos realizados por la corte imperial, ya que en las antiguas colecciones de los Qing hay bastantes ejemplares de porcelana blanca de época Ming y Qing; de ahí se desprende que durante ambas dinastías los hornos comunes de Dehua no fabricaban sólo porcelana de carácter popular, sino que produjeron asimismo piezas de tributo destinadas al empleo exclusivo de la corte imperial.

Por lo que respecta al uso que se le daba en palacio a esas piezas de índole tributaria, aparte de su utilización práctica como vasijas una buena parte de ellas estaba dedicada a actividades de carácter religioso, que constituían un aspecto primordial de la vida en palacio. Tanto el emperador como sus consortes llevaban a término cada día durante las cuatro estaciones del año una serie de ceremonias de veneración a modo de sustento espiritual

10-82 Figura de Dharma con inscripción de He Chaozong
Dinastía Ming   Altura: 42 cm.   Museo de la Ciudad Prohibida
(Beijing)

10-83 Figura de Guanyin en esmalte blanco   Dinastía
Ming   Altura: 33 cm.   Comité de protección y administración
de reliquias culturales del distrito de Dehua (Fujian)

y de regreso a los orígenes, de ahí que en estos siglos se construyera dentro de la Ciudad
Prohibida toda una serie de pabellones budistas de dimensiones variables, de los cuales
todavía perviven hoy en día más de cincuenta en su apariencia original. Además, también
había que diferenciar entre los nichos, pedestales, altares, etc. para figuras sacras destinados a los diversos espacios de palacio, como los propios pabellones, los salones, los aposentos e incluso los carruajes. Todo este frenesí ceremonial de la corte imperial requería por
tanto un enorme número de imágenes para venerar, objetos de culto y piezas auxiliares.

Es probable que la porcelana blanca de Dehua ya hubiera comenzado desde la etapa
intermedia de la dinastía Ming a entrar en la corte imperial en calidad de objetos tributarios.
A juzgar por los ejemplares de esta tipología conservados en las viejas colecciones de época
Qing, tanto las imágenes como los utensilios de porcelana blanca de Dehua son obras de
enorme calidad técnica y artística, con un nivel muy superior al de la mayoría de las piezas
de uso común fabricadas por aquellos mismos hornos en esa época, por lo que con toda
probabilidad formen parte de los tributos destinados a uso exclusivo de la corte imperial

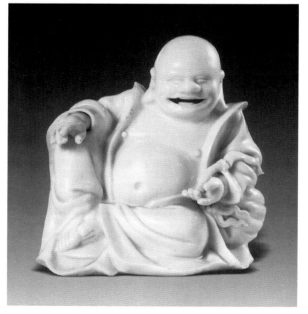

84 | 86
85 | 87

10-84 Figura sentada de Guanyin en esmalte blanco de los hornos de Dehua En su espalda figuran la inscripción del artista He Chaozong y del ceramista Su Xuejin ("El consumado pescador") Dinastía Ming Altura: 22'5 cm.; anchura: 14'5 cm. Museo de la Ciudad Prohibida (Beijing)

10-85 Figura del Buda Maitreya en esmalte blanco de los hornos de Dehua En su espalda aparece impreso un sello rectangular con caracteres protuberantes Dinastía Ming Altura: 16'2 cm.; anchura: 13'5 cm. Museo de la Ciudad Prohibida (Beijing)

10-86 Figura de Dharma cruzando el río en esmalte blanco de los hornos de Dehua Dinastía Ming Altura: 25 cm.; anchura: 11 cm. Museo de la Ciudad Prohibida (Beijing)

10-87 Incensario de esmalte blanco con orejas en forma de cabeza de león de los hornos de Dehua Dinastía Ming (reinado de Xuande) Altura: 8'3 cm.; diámetro boca: 12'1: diámetro apoyo: 9'7 cm. Museo de la Ciudad Prohibida (Beijing)

enviados desde la provincia de Fujian (imágenes 10-84, 10-85, 10-86 y 10-87). Las figurillas y objetos tributarios aludidos, conservados en la Ciudad Prohibida, son de una factura exquisita y de una elevada calidad material.

Como las piezas de Dehua estaban elaboradas con una porcelana de excelentes cualidades, durante el proceso de elaboración apenas se usaban los colores para su decoración con el fin de resaltar su belleza intrínseca, particularmente en el caso de las figuras cerámicas. Por ello los métodos ornamentales casi nunca recurrían a la pintura, y se centraban en cambio en la incisión, la superposición, el perforado y el bajorrelieve. Los motivos decorativos son bastante sencillos, y abundan las flores de ciruelo, las hojas, los remolinos, las grecas, los cangrejos y todo tipo de pequeños animales, e incluso aparecen imitaciones de los rostros animalescos característicos de los bronces o de diagramas del taiji (símbolos del yin y el yang), también en las porcelanas de uso cotidiano (imágenes 10-88 y 10-89).

Las porcelanas de Dehua de época Ming no sólo encontraron un amplio mercado en China sino que también tuvieron un gran éxito de ventas en el extranjero. El estudioso norteamericano John Ayres escribe en su artículo *"Blanc de Chine"* que los hornos de Dehua en Fujian ya comenzaron a elaborar porcelana a finales de la dinastía Song (aunque en realidad ya lo hicieron desde la dinastía Tang), y que su producción alcanzó su punto culminante en el siglo XVII. Los europeos de la época apreciaban su estilo peculiar y su elevada calidad. En 1983 se recuperó el cargamento (*Hatcher Cargo*) de un pecio chino hundido frente al puerto de Batavia (Yakarta) en 1643, entre cuyas mercancías había más de 700 piezas de porcelana de Dehua, incluidos tazones, vasos para libación, cajas con tapadera, imágenes de Guanyin, etc.

La porcelana blanca de Dehua se exportó a los países europeos durante la etapa final de la dinastía Ming. La imagen 10-90 muestra una tetera de factura elegante y una indescriptible hermosura. Si bien se trata quizás de una vasija para alcohol, los europeos la emplearon como tetera. Aunque no se conocía otra muestra de similares características, entre las piezas del cargamento Hatcher se halló una tetera de apariencia común y asa lateral, con una decoración de taracea de excelente material y elaboración, finamente labrada. Este tipo de exquisita decoración resulta inusual sobre una tetera de forma sencilla, lo que significa que los orífices se vieron atraídos por ese ejemplar de aspecto discreto y elegante, hasta el punto de dedicar un notable esfuerzo a su ornamentación. La tetera y su tapadera no presentan esmalte en su parte interna.

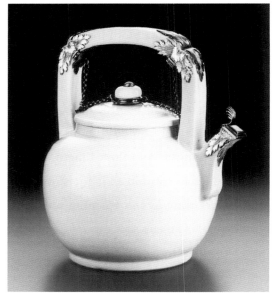

10-88 Tetera de esmalte blanco con decoración de dragón de los hornos de Dehua Dinastía Ming Altura: 13 cm. Colección privada

10-89 Vaso de esmalte blanco y apliques dorados con decoración de dragones y tigres de los hornos de Dehua Dinastía Ming Diámetro boca: 14 cm. Colección privada

10-90 Tetera de esmalte blanco de los hornos de Dehua Dinastía Ming (reinado de Chongzhen) Altura: 19 cm.; anchura: 17 cm. Museo Peabody Essex de Massachusetts

En el año 2001 un equipo arqueológico llevó a cabo unos trabajos de rescate en el yacimiento de los hornos de Jiabeishan en Dehua, sacando a la luz restos con estratos en orden secuencial o inverso de tres cámaras de hornos alargados tipo dragón conectadas entre sí, junto a una serie de instrumentos de horno, moldes y muestras de porcelana. Los instrumentos de horno son en su mayoría cuencos-soporte de forma cilíndrica y fondo plano, una parte de los cuales presenta inscripciones con sinogramas, señales, etc. Los moldes pueden ser de tazones, copas pequeñas, tazas sin asas, vasos..., con formas que se corresponden a los ejemplares cerámicos desenterrados. Estos últimos poseen un esmalte de color blanco lechoso –el ya mencionado "blanco colmillo de elefante", "blanco manteca de cerdo" o (para los europeos) *"blanc de Chine"*–, y en su mayoría presentan la superficie lisa o bien están decorados mediante modelado, impresión, superposición o incisión bajo esmalte. La tipología morfológica es muy amplia: hay toda clase de tazones, copas pequeñas, bandejas, platos, aguamaniles, tazas sin asas, jarras vertedera, etc., y los objetos decorativos incluyen braseros, jarrones, vasijas para líquidos (*yu*), lucernas, cajas, lastras para entintar, calderos trípodes para cocinar (*cheng*), copas pequeñas para añadir agua a la tinta, soportes para candelas, aromatizadores, representaciones antropomorfas (figuras confucianas, budistas o taoístas) o zoomorfas (candeleros con forma de león), etc. Los patrones y motivos decorativos son muy variados (flores y plantas, aves raras, animales auspiciosos, nubes en forma de greca, elementos geométricos...). La mayor parte de los ejemplares son idénticos o similares a los conservados en colecciones extranjeras, lo que demuestra que los hornos de Jiabeishan se contaban entre los principales alfares de producción de porcelana blanca de exportación de Dehua.

Al tratar los hornos de Dehua, la historiografía tradicional sobre cerámica china ha solido centrarse hasta la fecha en su producción de porcelana blanca, ignorando en cambio sus porcelanas *qinghua*. Sin embargo, la presencia en un jarrón de porcelana blanca de Dehua con oreja en forma de león conservado en el Museo de Shanghai de una inscripción *qinghua* alusiva al reinado del emperador Tianqi ha hecho suponer a algunos estudiosos que probablemente los hornos de Dehua también elaboraron porcelana de esta tipología. Otros autores opinan en cambio que durante el reinado de Zhengde los alfares de Dehua apenas empleaban la asbolana como pigmento para realizar porcelana *qinghua*, y que en toda la dinastía Ming dichos hornos no produjeron ninguna variedad de porcelana *qinghua* a gran escala.

Desde la década de los 80 del pasado siglo se han venido descubriendo o recogiendo en Dehua una serie de piezas de porcelana kraak. Como ya hemos explicado más arriba, ha habido un continuo debate en el mundo académico acerca del lugar de producción de esta tipología y de la porcelana swatow, resuelto a comienzos de la década de los 90 con el hallazgo en Pinghe y Dehua de pruebas concluyentes. Además, tras el descubrimiento en ambos yacimientos de muestras de porcelana kraak también han ido apareciendo ejemplares de exportación de la misma clase en Japón y diversas naciones del sudeste asiático, especialmente en aquel país, donde se han rescatado piezas en casi todas las regiones. Es el caso de las prefecturas de Aomori, Iwate (castillo de Morioka), Aichi (castillo de Kiyosu), Kyoto, Nara, Osaka, Hyogo, Okayama (castillo homónimo), Oita (castillo de Kitsuki), Fukuoka o Nagasaki, e incluso de la propia Tokio (castillo de Edo), donde se han encontrado muestras de porcelana *qinghua* procedentes de los hornos de Pinghe, y en especial de porcelana kraak (*fuyode*).

En el Museo de Yakarta, por otro lado, se conserva un ejemplar de tazón de porcelana *qinghua* con fondo blanco e inscripción en escritura arábiga realizado en Dehua. En los bordes exteriores hay cinco círculos, y en cada uno de ellos aparece la misma leyenda: "No hay más dios que Alá, y Mahoma es su profeta", rematada en cada caso por el nombre de un imán. En la parte inferior del tazón hay otra inscripción en sinogramas ("Hecho durante el reinado de Chenghua").

Se han encontrado en África tazones con decoración de puntos circulares realizados en Dehua. En el artículo sobre relaciones comerciales en la Antigüedad entre China y África publicado en el primer número de 1963 de la revista *Reliquias culturales*, el profesor Xia Nai escribía acerca de una "porcelana *qinghua* de China desenterrada en Tanganika" (conservada actualmente en el Museo de Arte Oriental de Oxford). Se trata de un tipo de porcelana *qinghua* con decoración de puntos circulares que se ha encontrado en numerosos yacimientos del sistema de hornos de Dehua, como Tongling, Lingdou, Houjing, Dongtou, Shipaige, Housuo, Hongci, Bufushan, Yaolong, Shipizi, Zhulinzi o Sutian, lo que significa que también habría sido elaborada probablemente en uno de esos alfares, o en los hornos de Anxi.

De lo arriba visto se desprende que la porcelana *qinghua* producida en los hornos de Dehua se sitúa en torno a la etapa intermedia de la dinastía Ming. En cuanto a los ejemplares con la inscripción relativa al reinado de Chenghua, en realidad no tienen por qué corresponder necesariamente a dicho período, ya que era muy frecuente en las cerámicas de la época colocar inscripciones alusivas a emperadores anteriores.

Hay especialistas que opinan que los sistemas de alfares de Zhangzhou y Dehua comenzaron a producir porcelana *qinghua* prácticamente en el mismo período. Sin embargo, tras el inicio de su producción los hornos de Zhangzhou no tardaron en alcanzar una etapa de gran esplendor –del reinado de Wanli a finales de la dinastía Ming y comienzos de los Qing–, mientras que en los hornos de Dehua y Anxi no se han encontrado hasta la fecha restos que prueben una producción a gran escala de porcelana *qinghua* en su fase inicial o poco después; lo que sí se ha descubierto en los yacimientos de dichos alfares son ejemplares de porcelana blanca (la llamada "blanca manteca de cerdo" o "blanca colmillo de elefante") como principal producción en esos años, y por tanto habría que situar esa producción a gran escala de porcelana *qinghua* en los últimos años de la dinastía Ming o primeros de la dinastía Qing, una datación más acorde con los datos arqueológicos de que disponemos hasta la fecha.

Si analizamos las motivaciones de la producción de porcelana *qinghua* en Dehua a finales de la dinastía Ming, vemos que ésta responde principalmente a la enorme demanda del extranjero, ya que la porcelana *qinghua* de época Ming encontró una gran acogida por parte de esos mercados del exterior gracias tanto al "comercio tributario" desplegado por la corte imperial como a las siete expediciones llevadas a cabo por el almirante Zhenghe y al comercio entre particulares. En la postrera etapa de la dinastía, en particular, y tras la colonización de Taiwán, los comerciantes holandeses emplearon dicha isla como base para comerciar con las porcelanas salidas de los puertos de exportación de las costas de Fujian y llevarlas hasta todos los rincones del mundo, lo que convirtió a la porcelana *qinghua* de China en la tipología cerámica exportada a mayor escala. Tal y como afirma T. Ferket en su estudio sobre la Compañía Neerlandesa de las Indias Orientales y el comercio de porcelana, "desde el reinado del emperador Wanli (1604), prácticamente la totalidad de la porcelana exportada a Europa era *qinghua*". Por ello, con el fin de adaptarse a los gustos de los mercados exteriores, un gran sistema de hornos alfareros de exportación como el de Dehua tuvo que ponerse rápidamente al día y orientar su producción para satisfacer la creciente demanda de porcelana *qinghua*, que se había convertido en una opción obligada. Dicha adaptación a los mercados de ultramar fue el principal motivo del desarrollo y esplendor de la porcelana *qinghua* en Dehua. Sin embargo, a pesar de que la porcelana *qinghua* de Dehua de la dinastía Ming es citada en numerosos documentos literarios, hasta la actualidad resultan escasas las muestras conocidas. Incluso en el museo de cerámica de Dehua, o en otras colecciones de material cerámico, son realmente exiguos los ejemplares conservados o las fotografías relativas.

5.2. Hornos de Zhangzhou

5.2.1. Distribución de los hornos y producción

El nombre hace referencia a los hornos localizados en la región de homónima de la actual provincia de Fujian y activos durante las dinastías Ming y Qing. Estaban distribuidos por los distritos de Pinghe, Zhangpu, Nanjing, Yunxiao, Zhao'an y Hu'an, entre otros, y se concentraban especialmente en torno al área de Pinghe, Nansheng y Wuzhai, cuyos alfares son los más representativos del sistema. Desde los años 80 del pasado siglo los arqueólogos han llevado a cabo sucesivas campañas de excavación en esta área, y el personal del museo provincial de Fujian también ha realizado trabajos arqueológicos en los yacimientos de

Huazilou en Nansheng y Dalong y Erlong en Wuzhai (1994), en el de Tiangang en Nansheng (1997) y en el de Dongkou en Wuzhai (1998), recogiendo abundante material y obteniendo importantes resultados.

El período de esplendor de los hornos de Zhangzhou debe situarse entre finales de la dinastía Ming y comienzos de los Qing. En su libro sobre cerámica china importada desde Indonesia, la estudiosa holandesa Barbara Harrisson afirma que sus porcelanas aparecieron por primera vez en el siglo XVI, y que en el siglo XVII cesó la producción. Hasta el año 1662 la provincia de Fujian se encontraba bajo el control de Zheng Chenggong (Koxinga), leal a la derrocada dinastía Ming y opuesto a los Qing. En ese contexto bélico de las primeras décadas de gobierno manchú los hornos de Jingdezhen sufrieron destrozos, mientras que los alfares de Zhangzhou por el contrario recibieron la protección de Zheng y salieron indemnes, prosiguiendo como hasta entonces con la exportación de sus porcelanas. Es decir, los hornos de Zhangzhou prosperaron gracias a aquel período de caos político de finales de la dinastía Ming y comienzos de la dinastía Qing que afectó de manera directa y profunda a los alfares de Jingdezhen en la provincia de Jiangxi, aprovechando al mismo tiempo las ventajas que les ofrecía su ventajosa situación geográfica junto a las costas de Fujian.

A juzgar por los ejemplares desenterrados, la mayor parte de las porcelanas producidas en los hornos de Zhangzhou eran *qinghua*, aunque también había pequeñas cantidades de porcelana blanca, verde y de esmalte azul o marrón de color único o de cinco colores (también llamadas "de color rojo y verde"). La porcelana *qinghua* podía ser de tonalidad gris azulada –las más abundantes–, azul oscura, verde negruzca, etc. En cuanto al color de la pasta, era blanca o gris blanquecina. El cuerpo era bastante grueso, y la parte inferior del apoyo solía estar al descubierto. En las vasijas de mayores dimensiones (bandejas, tazones...) se puede apreciar arenilla en esa zona (de ahí su nombre "vasijas de pie de arena"), y en tazones, platos, etc. también es frecuente la marca circular propia del método de cocción por acumulación.

En los documentos históricos europeos también aparecen mencionadas las cualidades de la porcelana de Zhangzhou, y se afirma por ejemplo que "las piezas de porcelana de Zhangzhou son gruesas y pesadas, con gravilla y esmalte en su parte inferior". A finales del siglo XVII, el misionero jesuita francés Louis Le Comte también describió este tipo de cerámica: "La porcelana que nos llega desde la provincia de Fujian no está a la altura de su fama; es oscura y tosca, de menor calidad que nuestra fayenza". Parece ser que aunque esta cerámica venía a llenar el hueco dejado por la producción de porcelana de Jingdezhen, su tiempo de elaboración era bastante breve y daba como resultado piezas de una calidad inferior. En cualquier caso, se trata de citas provenientes de los registros históricos; algunas de estas piezas de porcelana *qinghua* procedentes de los hornos de Zhangzhou, por el contrario, presentan una decoración muy minuciosa, como la que aparece en la imagen 10-91 procedente del Museo de Arte Oriental de Bath, con un estilo muy similar al de la porcelana *xiangrui*. Aunque al tratar la porcelana *xiangrui* me he remitido en este libro a la realizada en los hornos de Jingdezhen, en realidad resulta muy difícil determinar si toda ella provenía exclusivamente de esos alfares, ya que esta tipología estaba destinada a la exportación y no ha quedado apenas rastro en sus lugares originarios de producción. Si existen otros ejemplares como éste del museo de Bath de estilo *xiangrui*

10-91 **Vaso con tapadera de porcelana** *qinghua* **de los hornos de Zhangzhou** Dinastía Ming (reinado de Tianqi) Altura: 8'9 cm. Museo de Arte Oriental de Bath

y provenientes de los hornos de Zhangzhou, entonces tal vez habría que reconsiderar la posición ocupada por estos alfares en la historia de la cerámica china, que probablemente sea más importante de lo que habíamos supuesto hasta ahora. Se trata de una posibilidad que no puede excluirse, ya que durante el reinado del emperador Wanli Jingdezhen tuvo que hacer frente al agotamiento de los yacimientos de arcilla del monte Macang –aunque no mucho después encontraría en la cercana montaña de Gaolin una nueva fuente de materia prima–. En cualquier caso, durante aquel breve lapso de tiempo a caballo de dos siglos también hizo falta abastecer ininterrumpidamente la creciente demanda de porcelana china de los mercados internacionales; además, debido a ese clima bélico que afectó la producción cerámica de Jingdezhen, los hornos de Zhangzhou y de otras áreas costeras vinieron a llenar hasta cierto punto el hueco dejado por aquellos, y gracias a esa fuerte presión como suministradores de los mercados del exterior su fuerza productiva se expandió de manera muy veloz. Este fenómeno no ha atraído suficientemente la atención de los especialistas dedicados al estudio de la historia de la cerámica china, principalmente debido al hecho que no se conservan en territorio nacional muchos de esos ejemplares de porcelana de exportación, y si los hay es porque su calidad no era lo bastante buena como para ser exportados. Gracias al aumento en el intercambio de información, a las mayores oportunidades de los estudiosos para investigar de primera mano en los grandes museos del mundo y al progreso en las técnicas de arqueología subacuática que permiten una mayor capacidad a la hora de rescatar pecios hundidos, cada vez será posible profundizar más en el estudio y comprensión de estas circunstancias y se irá despejando progresivamente la espesa niebla que todavía las cubre, dejando unos contornos cada vez más nítidos y precisos. Debido a las limitaciones de espacio, este libro sólo puede dedicar un análisis superficial a todo lo relativo a los hornos de Zhangzhou, aunque confío que en un futuro vayan apareciendo estudios más profundos dedicados a esta cuestión.

5.2.2. Los mercados de los hornos de Zhangzhou

Algunos estudiosos opinan que el aprecio de los extranjeros por la porcelana *qinghua* de Fujian, y especialmente por las variedades kraak y swatow, contribuyó a impulsar el rápido desarrollo y florecimiento de esta tipología cerámica en Zhangzhou, lo que manifiesta el importante lugar ocupado por la porcelana *qinghua* de Fujian en el comercio exterior de aquella época. Los hornos de Zhangzhou eran un lugar de producción dedicado principalmente al abastecimiento de los mercados exteriores.

No obstante, y a juzgar por los descubrimientos arqueológicos en el área de Zhangzhou, una parte de su porcelana *qinghua* también se distribuyó por ciudades y localidades de su región circundante, como atestiguan los hallazgos realizados en enterramientos de lugares como Pinghe o Zhangpu, o los del yacimiento del templo de Weihui en Xiaying (distrito de Yunxiao). A finales de 2005 el instituto de investigación arqueológica del Museo de Fujian llevó a cabo excavaciones arqueológicas en los yacimientos de Lianhuachishan y Daishanyuan en Zhangzhou, sacando a la luz una serie de piezas de porcelana *qinghua* de los hornos de Zhangzhou de finales de la dinastía Ming y comienzos de los Qing, incluidos tazones, bandejas, platos, etc., con motivos como poemas al otoño, flores herbáceas... Son todos hallazgos de porcelana *qinghua* de Zhangzhou de número bastante reducido, y tampoco hay noticia hasta la fecha de nuevos descubrimientos similares en otros lugares más alejados de la provincia o del resto del país, lo que significa que dicha porcelana no ocupaba un lugar demasiado relevante en el contexto nacional.

Como ya hemos afirmado más arriba, la mayor parte de la producción de porcelana *qinghua* de Zhangzhou estaba destinada a la exportación, una tendencia que ha sido confirmada por los numerosos descubrimientos en yacimientos extranjeros y en pecios hundidos en el mar, y también por las piezas conservadas en los diferentes museos. De finales de 1998 a comienzos de 1999 el Centro nacional de investigación arqueológica submarina de China envió un equipo de especialistas para llevar a cabo una serie de estudios en las Islas Paracelso, en cuyo arrecife septentrional se descubrió un pecio (*Arrecife Norte 3*) del que se recuperó una cierta cantidad de porcelanas *qinghua* de Zhangzhou. Otras naves que también transportaban este tipo de cerámica son el galeón de Manila *San Diego*, hundido frente a la bahía de la capital filipina en 1600; el *Binh Thuan*, una nave china hundida frente a las costas del sur de Vietnam en 1608; el *Witte Leeuw* de la Compañía Neerlandesa de las Indias Orientales, naufragado en 1613 cerca de la costa de Santa Elena en el Océano Atlántico; o el *Hatcher*, una nave china hundida en 1643 al sur del Mar Meridional de China.

Aparte de ello, en algunos yacimientos de Japón y de diversos países del sudeste asiático también se han descubierto no pocas muestras de porcelana *qinghua* de Zhangzhou. Es el caso de los yacimientos arqueológicos de la región nipona de Kansai, en el centro de la isla de Honshu (Osaka, Sakai) o de la isla meridional de Kyushu (Nagasaki, Hirado), en cuyos estratos correspondientes a la segunda mitad del siglo XVI y la primera del siglo XVII han aparecido grandes cantidades de porcelana *qinghua* y cerámica de cinco colores de los hornos de Zhangzhou (conocida en Japón como "rojo de Wuzhou"), e incluso un cierto número de vasijas de color único (*mochibana*). En cuanto a las piezas halladas en Indonesia, podemos extraer la información de tres de los libros dedicados al comercio de cerámica china en la Antigüedad («Swatow», *The Chinese ceramics found in Indonesia* y «Sixteenth to Seventeenth centuries ceramics of Zhangzhou kilns found in Indonesia»). En el Museo Nacional de Yakarta se exhiben en vitrinas específicas algunas piezas de porcelana *qinghua*, cerámica de cinco colores y cerámica de tres colores de Zhangzhou, y en la Colección Guthe de la Universidad de Michigan se conserva un gran número de ejemplares de porcelana *qinghua* de Zhangzhou descubiertas en antiguos yacimientos y tumbas de Filipinas. Por lo que se refiere al Próximo Oriente y África oriental, son importantes las piezas conservadas en el Museo Topkapi de Estambul, que según algunos autores habrían sido llevadas hasta Turquía tras la conquista de Egipto a manos del imperio otomano. La ciudad de Fustat al sur de El Cairo, por su parte, era el puerto más célebre del este de África en la Antigüedad, y en el yacimiento arqueológico correspondiente se han hallado abundantes muestras de cerámica china de exportación. Entre las piezas ya clasificadas y publicadas hay ejemplares de porcelana *qinghua*, cerámica de cinco colores y cerámica de color único provenientes de los hornos de Zhangzhou.

Existen numerosos estudios en Occidente relativos a la cuestión de la porcelana de exportación de los hornos de Zhangzhou. En su estudio sobre la porcelana swatow, Jorge Welsh afirma que los comerciantes chinos, portugueses y holandeses llevaron a cabo un abundante comercio de trueque en Japón y el sudeste asiático, intercambiando porcelanas *qinghua* de Zhangzhou por especias. Además, esos ejemplares cerámicos se convirtieron en un valioso símbolo de estatus social y fueron transmitidos de generación en generación entre numerosas familias de Java, Borneo o Filipinas, y algunos de ellos llegaron hasta las colonias norteamericanas de manos de los británicos. El galeón de Manila también transportó gracias a estos intercambios comerciales numerosas porcelanas de Zhangzhou hasta la Nueva España; en el Zócalo de Ciudad de México se han encontrado abundantes muestras de *qinghua* y de porcelana esmaltada, lo que demuestra que aunque dichos hornos no estuvieron en activo durante mucho tiempo su producción fue considerable y su influencia bastante extensa.

Es importante subrayar aquí que a finales de la dinastía Ming los europeos apenas conocían la porcelana de colores, ya que en su mayor parte importaban de China porcelana *qinghua*. La creación de los hornos de Zhangzhou estuvo orientada casi exclusivamente a la producción de porcelana de exportación, aunque además de la variedad *qinghua* también elaboraron piezas de color rojo y verde, que no estaban destinadas al mercado europeo sino a Japón y los países del sudeste asiático. En la imagen 10-92 se aprecia una bandeja hecha en dichos hornos y conservada en el Museo Boijmans Van Beuningen de Róterdam, que posee una amplia colección de porcelanas realizadas en China para los mercados del sudeste asiático. Se trata de una bandeja grande y profunda con bordes extravertidos, con una parte inferior esmaltada aunque no uniforme en la que todavía quedan restos de arenilla de los hornos, y en la que resultan evidentes las señales del torno. En la parte exterior de la vasija se usó el color rojo óxido, el verde y el turquesa para decorar sobre esmalte, y en el centro se representó una compleja escena paisajística en la que se aprecian poderosas y escarpadas rocas, algunos barcos, un puente, pagodas y pabellones. Es un tipo de paisaje que también aparece a menudo en las porcelanas *qinghua* de Jingdezhen, y quizás se trate en este caso de una imitación de la decoración cerámica característica de estos alfares. Además de ello, en torno a la escena principal se despliegan seis paneles ovalados separados entre sí con diferentes representaciones (plantas acuáticas, pinos, ríos...), mientras en las paredes externas se alternan las flores de forma semicircular y los rombos, todo ello sobre un denso fondo de flores y espirales en deslumbrante combinación. En la superficie opuesta hay cuatro galones anchos de color rojo. Esta clase de ornamentación es muy similar a la de las porcelanas *qinghua* de la variante kraak, y es por tanto representativa del estilo imperante en la época.

En su libro *Famille verte: Chinese porcelain in green enamels*, Christian J.A. Jörg afirma que este tipo de bandejas a menudo eran conocidas como "bandejas swatow", aunque en realidad eran producidas en los hornos de Zhangzhou de la provincia de Fujian. En ellas se empleaba una gran cantidad de pigmento verde sobre esmalte. Eran piezas elaboradas apresuradamente, y su apariencia resulta bastante tosca, aunque también poseen su particular encanto. La decoración de dichas bandejas imitaba a menudo la de las porcelanas de exportación realizadas en Jingdezhen.

La bandeja que aparece en la imagen 10-93, por su parte, es una pieza de porcelana de color rojo y verde producida durante el reinado de Wanli en los alfares de Zhangzhou y destinada al mercado nipón, conservada ahora en el Museo de Arte Oriental de Bath.

5.2.3. Diferencias entre la porcelana kraak de Zhangzhou y Jingdezhen

Como ya hemos visto, los hornos de Zhangzhou –muy cercanos a los puertos de exportación de la costa de Fujian– elaboraron porcelana *qinghua* a gran escala para complementar la producción de los alfares de Jingdezhen, que por sí mismos no podían satisfacer completamente la creciente demanda de los mercados exteriores. Entonces, ¿cuáles serían las diferencias entre los ejemplares de dicha tipología cerámica fabricados en ambos lugares?

La producción de porcelana *qinghua* de los hornos de Zhangzhou no puede presumir de una historia tan larga como la de los alfares de Jingdezhen, y su período de máximo esplendor llega ya a finales de la dinastía Ming y principios de la dinastía Qing. Por lo tanto, las formas de sus artículos de exportación son mucho más simples que las de Jingdezhen, y predominan los utensilios de uso diario como tazones, bandejas y ollas, y en especial las bandejas de gran tamaño. La variedad morfológica de porcelana *qinghua* más afín a las de los hornos de Jingdezhen son las bandejas de porcelana kraak de bordes quebrados, muy populares durante el siglo XVI en los países de Oriente Próximo y Europa, a los cuales estaba destinada la producción. Se trata de una tipología que conserva el estilo de los productos de orfebrería, vidrio o cerámica elaborados en los países árabes y Occidente entre los siglos IX y XVI. Exceptuando ésta, la mayor parte de las porcelanas *qinghua* de carácter doméstico de los alfares de Zhangzhou no guarda una relación formal directa con

10-92 Bandeja de cerámica de colores rojo y verde con decoración de paisaje de los hornos de Zhangzhou Dinastía Ming (Wanli) Altura: 9'7 cm.; diámetro superior: 42'8 cm.; diámetro inferior: 19'5 cm. Museo Boijmans Van Beuningen de Róterdam

las de Jingdezhen de esta época, aunque sí con las grandes bandejas elaboradas en estos hornos a finales de la dinastía Yuan y comienzos de los Ming.

La porcelana kraak más temprana era cerámica de exportación de finales del siglo XVI y comienzos del XVII, y poco a poco fue adquiriendo sus rasgos más representativos. En el fondo de las vasijas aparecen flores, plantas e insectos, aves y animales, montañas, ríos y personajes, y en las paredes interiores hay entre seis y ocho paneles rectangulares diferentes entre sí, con decoración miscelánea de "tesoros" y flores. En su mayor parte se trata de porcelana de exportación, piezas que en China no gozaban de gran popularidad.

10-93 Bandeja de cerámica de colores rojo y verde con decoración de flores de los hornos de Zhangzhou Dinastía Ming (reinado de Wanli) Diámetro boca: 38'1 cm. Museo de Arte Oriental de Bath

La producción de los hornos de Zhangzhou y Jingdezhen estaba orientada a su venta en el exterior, y ambos adaptaban su elaboración y decoración a los requerimientos de sus clientes foráneos, sin plantearse entre ellos la cuestión de quién influía a quién. Esa disposición radial de paneles o segmentos decorativos separados entre sí ya había aparecido anteriormente en la ornamentación de las cerámicas islámicas; en el Museo del Louvre se conserva una bandeja de porcelana de 1525 con una escena de hermosas mujeres y una similar distribución espacial. El patrón decorativo de las porcelanas kraak de los hornos de Jingdezhen y Zhangzhou se desarrolló por lo tanto a partir de la asimilación de este estilo artístico y cultural foráneo, si bien a la hora de introducir los motivos específicos de sus pinturas cada uno de estos sistemas de alfares no pudieron evitar absorber asimismo los estilos decorativos característicos de sus respectivas áreas, por lo que a pesar de compartir un esquema ornamental similar no hubo una ciega imitación entre ellos.

Por lo que respecta a las grandes diferencias entre ambos, la porcelana kraak de Jingdezhen presenta en el fondo de sus vasijas escenas rodeadas de una línea de contorno que las separa de las paredes y que puede ser poligonal o circular, con predominio de los perfiles octagonales, mientras en la variedad de Zhangzhou son más frecuentes los circulares. En cuanto a los paneles, en Jingdezhen el patrón decorativo es más riguroso y ordenado, y las líneas de contorno de cada uno de ellos están mejor definidas; en Zhangzhou, en cambio, la distribución es menos rígida y el estilo decorativo más libre, y los perfiles de los paneles también resultan más fluidos. También hay divergencias respecto a las técnicas pictóricas: los artesanos de Jingdezhen definían en primer lugar los contornos de las figuras y luego rellenaban de color los espacios interiores, mientras que los de Zhangzhou combinaban en unos casos las líneas de contorno y las pinceladas gruesas, y en otros no marcaban una estructura definida. La bandeja de la imagen 10-94, por ejemplo, a pesar de que en lo relativo a los motivos y el contenido presenta puntos en común con las porcelanas kraak con escenas de eruditos de Jingdezhen de esa misma época, posee claramente un estilo bastante más libre y sencillo y menos constreñido que éstas. Además, una parte de la porcelana *qinghua* de Zhangzhou todavía presenta resabios estilísticos de la *qinghua* de época Yuan, con una pincelada rápida y resuelta sin interrupciones, un método frecuente en la cerámica roja y verde de estos hornos (imágenes 10-95, 10-96 y 10-97).

Las diferencias entre las porcelanas *qinghua* de Zhangzhou y las vasijas de uso doméstico de Jingdezhen durante los últimos años de la dinastía Ming son aún más pronunciadas que en la porcelana kraak, y tanto en lo que se refiere al estilo de las pinceladas como a los motivos decorativos la brecha es considerable. Los patrones ornamentales de las porcelanas *qinghua* de exportación de Jingdezhen de finales de los Ming y comienzos de los Qing son en su mayoría de carácter tradicional, con una combinación de elementos reales y fantasiosos en una trama muy densa y una fuerte influencia en los motivos de las xilografías y las artes escénicas, de profundo significado. Cada flor o planta, insecto o ave acuática representado posee un fuerte aire de acuarela a tinta tradicional. La porcelana *qinghua* de Zhangzhou, por el contrario, presenta unos patrones decorativos tremendamente complicados que otorgan una sensación de gran vivacidad, con una profunda influencia estilística de artes

10-94 Bandeja de porcelana qinghua de tipo kraak con escena de eruditos de los hornos de Zhangzhou Dinastía Ming
Museo del Palacio Topkapi de Estambul

mediorientales y europeas.

Si nos detenemos a analizar las raíces de la decoración de las porcelanas *qinghua* de los hornos de Zhangzhou, veremos que ya durante las dinastías Jin (Yurchen) y Yuan eran populares las vasijas domésticas con una ornamentación a paneles similar a la de la variedad kraak, aunque en este caso los paneles eran principalmente romboidales o en forma de begonia y distribuidos de manera extensa (de dos a cuatro por vasija), sobre todo en la panza de las piezas elaboradas a mano. En los ejemplares de porcelana *qinghua* de Zhangzhou de finales de la dinastía Ming, en cambio, los paneles son de forma circular, cuadrada, rectangular o de pétalo de loto, aparecen en bandejas y platos y son más

10-95 Bandeja de porcelana *qinghua* **con decoración de pinos, bambúes y ciruelos de los hornos de Zhangzhou**   Dinastía Ming (reinado de Wanli)   Diámetro boca: 40'2 cm.   Museo de Arte Oriental de Bath

10-96 Tazón de porcelana *qinghua* **con borde perpendicular y paneles con decoración fitomorfa y zoomorfa**   Dinastía Ming (reinado de Wanli)

10-97 Tazón de porcelana *qinghua* **con borde perpendicular y paneles con decoración fitomorfa y zoomorfa**   Dinastía Ming (reinado de Wanli)

numerosos. Este último tipo es mucho más escaso entre la producción cerámica tradicional de China, pero era sin embargo muy popular en la decoración cerámica de Irán y otros países de aquella región durante los siglos XIII y XIV. En cuanto a la decoración a color o a modo de brocado de la parte exterior de los paneles, era similar en ambas partes, aunque en el caso de la porcelana *qinghua* de Zhangzhou se inspiraba en los ornamentos de los tejidos de seda chinos. Por todo ello, podemos concluir que, a pesar de contener elementos propios de la tradición china, la variedad decorativa kraak de la porcelana *qinghua* de los hornos de Zhangzhou en Fujian era una tipología de vasijas de uso doméstico destinada al mercado exterior que se remitía en sus métodos y procedimientos a las artes occidentales, adaptándose a los requisitos impuestos por los comerciantes extranjeros.

Por lo que respecta a los motivos decorativos, a primera vista parece que la porcelana de Zhangzhou comparta los mismos patrones decorativos de la de Jingdezhen (flores, aves, montañas, ríos, animales, personajes...), aunque tras un análisis más pormenorizado comprobamos sin embargo que la ornamentación de esta última posee características que la aproximan a la acuarela con tinta tradicional de China, mientras que en el caso de Zhangzhou exhibe una marcada influencia estilística del oeste de Asia y Europa. En el Museo Peabody Essex de Massachusetts, por ejemplo, hay una bandeja de porcelana kraak realizada en torno al año 1590 atribuida a los alfares de Jingdezhen, pero que en mi opinión habría sido producida en Zhangzhou, ya que evidentemente se trata de una pieza fabricada para su exportación, y además la iconografía de la escena representada en su superficie es originaria de Occidente (imagen 10-98).

Aunque no es un ejemplar de porcelana *qinghua*, la bandeja de cerámica de color rojo y verde de la imagen 10-99, por su parte, presenta una decoración muy similar a la de la variedad kraak. En el círculo rojo central y en los verdes de alrededor, e incluso fuera de ellos, hay leyendas en escritura arábiga. La que aparece en el interior del círculo rojo menciona entre otros los nombres de Mahoma, Alí, Ahmad y Abu Bakr, mientras en torno al borde se puede leer "Alabo el nombre de Alá, mi gran señor". En cuanto a los ocho círculos verdes, hay cuatro leyendas diversas que se repiten dos veces: "Que Alá me perdone" "No hay más dios que Alá, y Mahoma es su profeta" "Al-Fattah ("el Abridor") e "Islam Shah" (segundo gobernante de la dinastía Sur de la India). Este tipo de decoración destinada en su totalidad al mercado exterior es muy frecuente en las porcelanas salidas de los hornos de Zhangzhou.

Si bien por una parte la porcelana de Zhangzhou presenta características propias de una

10-98 Bandeja de porcelana de tipo kraak Dinastía Ming Museo Peabody Essex de Massachusetts

10-99 Bandeja de colores rojo y verde de los hornos de Zhangzhou Dinastía Ming (reinado de Longqing) Diámetro boca: 37'7 cm. Museo Peabody Essex de Massachusetts

producción orientada hacia la exportación, por otro lado también toma como modelo la porcelana de Jingdezhen. La decoración de la bandeja que aparece en la imagen 10-100, por ejemplo, imita las porcelanas kraak de estos hornos. La pared interior está divida en ocho paneles separados por otros tantos segmentos decorados, y en el centro hay dos dragones jugando con una perla, un clásico motivo chino muy frecuente en la ornamentación de la porcelana kraak. En los ocho paneles hay representados peonías, flores de loto y granadas, mientras en los segmentos que las separan pueden apreciarse monedas de buen augurio y escamas de peces, todo ello dispuesto de forma alternada. En el borde de la vasija hay una serie de esvásticas levógiras (卍), y en la cara inferior de la vasija se ven sinogramas de color azul claro. El fondo está esmaltado.

Por otra parte, debido a los cambios en el tipo de arcilla de porcelana, la mayor parte de las piezas de porcelana kraak de Jingdezhen de la era Wanli presentan en sus bordes las ya mencionadas "marcas de insectos", el fenómeno de contracción del esmalte provocado por la escasa adhesión entre éste y la pasta de la vasija. Las bandejas de las imágenes 10-101 y 10-102, conservadas respectivamente en el Museo Peabody Essex de Massachussets y el Museo de Arte Oriental de Bath, se caracterizan precisamente por presentar esos bordes con señales de contracción del esmalte, a pesar de tratarse de dos piezas con una decoración de gran finura. En el caso de las bandejas de las imágenes 10-103 (Museo Peabody Essex) y 10-104 (Museo de Arte Oriental de Bath), presentan una decoración bastante suelta y extensiva y unos bordes muy suaves y brillantes.

934

100 | 103
101 | 104
102 |

10-100 Bandeja de cerámica de colores rojo y verde de los hornos de Zhangzhou Dinastía Ming (reinado de Longqing) Diámetro boca: 37'6 cm. Museo Peabody Essex de Massachusetts

10-101 Bandeja plana grande de porcelana *qinghua* de tipo kraak con decoración de grillo de los hornos de Jingdezhen Dinastía Ming (reinado de Wanli) Altura: 8'4 cm.; diámetro boca: 52'6 cm. Museo Peabody Essex de Massachusetts

10-102 Bandeja plana grande de porcelana *qinghua* de tipo kraak con decoración de cuatro ciervos de los hornos de Jingdezhen Dinastía Ming (reinado de Wanli) Diámetro boca: 20'5 cm. Museo de Arte Oriental de Bath

10-103 Bandeja plana grande de porcelana *qinghua* de tipo kraak con escena de "Li Bai borracho" de los hornos de Zhangzhou Dinastía Ming (reinado de Wanli) Altura: 6 cm.; diámetro boca: 21 cm. Museo Peabody Essex de Massachusetts

10-104 Bandeja plana grande de porcelana *qinghua* de tipo kraak con decoración de paisaje y figuras humanas de los hornos de Zhangzhou Dinastía Ming (reinado de Wanli) Diámetro boca: 20'5 cm. Museo de Arte Oriental de Bath

Además de la porcelana *qinghua* y la cerámica de color rojo y verde, los alfareros de Zhangzhou también producían numerosas variedades diferentes a las de otros hornos cerámicos. Si bien el ejemplar de la imagen 10-105 es de cerámica roja y verde, el verde es de una tonalidad más fría y no se parece al de las piezas de Jingdezhen u otros alfares de la época. Respecto a su decoración, vale la pena detenerse para describirla con más detalle, pues con mucha probabilidad se inspiraría originariamente en las imágenes de un portulano europeo, y por ello esta pieza se conoce con el nombre de "bandeja de navegación". En el centro de la vasija hay una banda circular de color verde que rodea una brújula de estilo chino con algunos signos y en la cual aparecen 24 sinogramas en color rojo alusivos a los 10 troncos celestiales y las 12 ramas terrenales, empleados por los chinos como sistema calendárico para determinar los años, los meses, los días y las horas. A lo largo del borde de la bandeja se despliegan en color rojo óxido los ocho trigramas o "estados de cambio" de la filosofía china, que representan sucesivamente el cielo, el agua, el fuego, el trueno, el viento, el lago, la montaña y la tierra. Entre estos trigramas y los troncos y ramas del centro de la pieza hay representados grandes galeones portugueses, animales marinos y crestas oceánicas. Las naves y los peces son imágenes clásicas de los mapas europeos de los siglos XV y XVI. El océano y el espacio están representados por vórtices color rojo que casi rozan la abstracción, y en ellos pueden apreciarse cuatro signos zodiacales. El pedazo de tierra simboliza el mítico monte Penglai sobre la isla del mismo nombre, donde según la leyenda los ocho inmortales de la mitología china se reunieron para celebrar un banquete. Se trata de un interesante ejemplar cerámico que combina la cultura tradicional china con la iconografía marítima de cuño europeo. Además de éste, también hay diversas variedades de porcelana color turquesa con líneas curvas o con esmalte marrón y decoración incisa, de estilo muy peculiar, aunque son escasos los estudios dedicados en China a este tipo de decoración (imágenes 10-106 y 10-107).

5.3. Hornos de Chaozhou

A finales de la dinastía Ming la industria alfarera china se caracteriza por el éxito de su porcelana *qinghua*, que encuentra amplios mercados en ultramar y resulta muy apreciada por los clientes de diferentes países de todo el mundo. Además, durante esa era de grandes descubrimientos geográficos las naves europeas no cesan de llegar a los puertos chinos en demanda de grandes cantidades de cerámica, y en especial de dicha porcelana *qinghua*, y ello estimula el desarrollo de los hornos cerámicos situados en las regiones costeras.

10-105 **"Bandeja de navegación" de colores rojo y verde de los hornos de Zhangzhou** Dinastía Ming (reinado de Wanli) Diámetro boca: 37'6 cm. Museo Peabody Essex de Massachusetts

10-106 Olla de esmalte marrón con decoración incisa de grullas de Manchuria de los hornos de Zhangzhou Dinastía Ming (reinado de Wanli) Diámetro boca: 20'5 cm. Museo de Arte Oriental de Bath

10-107 Bandeja plana con decoración verde de volutas, pinos, rocas y leones de los hornos de Zhangzhou Dinastía Ming (reinado de Wanli) Diámetro boca: 15'1 cm. Museo de Arte Oriental de Bath

105	107
106	

Numerosos alfares de las provincias meridionales de Fujian y Guangdong producen esta tipología cerámica; si Fujian tenía la célebre "porcelana swatow", Guangdong podía presumir a su vez de la "porcelana de Chaozhou".

A juzgar por los descubrimientos arqueológicos, la porcelana *qinghua* de Guangdong alcanzó su madurez en la etapa intermedia y final de la dinastía Ming, cuando la producción de porcelana ya se había extendido en gran medida. Se han encontrado restos de hornos con producción de porcelana *qinghua* en los distritos y ciudades de Raoping, Huilai, Jieyang, Boluo, Huidong, Haifeng, Lianjiang, Luoding, Shixing, Gaozhou, Xingning, Dabu, Pingyuan, Wuhua y Xinfeng, entre otros, de la actual provincia de Guangdong.

De entre ellos, los hornos de elaboración de porcelana *qinghua* más importantes eran los de Chaozhou en la localidad del mismo nombre, el centro político, económico y cultural de la parte oriental de la provincia y un importante lugar de producción cerámica. La ciudad llegó en su momento a tener jurisdicción sobre Shantou, Jieyang y Meizhou e incluso sobre el área de Zhangpu en Fujian; durante el reinado del emperador Qianlong de la dinastía Qing gobernaba sobre nueve distritos. Los hornos de Chaozhou se distribuían sobre un vasto espacio que incluía la localidad de Gaopi en el distrito de Zhangpu; Jiucun en Raoping; Huilai, Xingning, Wuhua y Renju en Pingyuan; Hepo en Jiexi; y Fengshun y Fengxi en Chaozhou, entre otros. El este de la provincia de Guangdong es un lugar idóneo para la industria alfarera, muy rico en recursos naturales y con unas condiciones favorables para la producción cerámica. Su historia es muy larga, y recibió una fuerte influencia de la cultura de las planicies centrales, con las que estableció lazos muy estrechos, lo cual ayudó a crear las bases para el desarrollo de una cultura cerámica con un estilo muy característico.

La historia de la producción alfarera en Chaozhou también es muy prolongada. Durante la dinastía Tang se establecieron hornos cerámicos en ambas laderas del río Han. En el monte Bijia de la parte oriental de la ciudad estaban los hornos Shuidong, mientras en la parte opuesta se han encontrado restos de los hornos Fengshan. Según la tradición, había un total de 36 alfares. El sistema de hornos de Chaozhou siguió desarrollándose entre las cinco Dinastías y la dinastía Song, y en especial a partir del segundo año de reinado del emperador Shenzong (primer año de la era Xining, 1068), con las reformas socio-económicas del ministro Wang Anshi. Una de las nuevas leyes introducidas entonces prohibía el uso de las monedas de oro, plata o bronce para adquirir mercancías foráneas, sustituyéndolo por la seda y la porcelana, y también se estimuló y expandió el comercio de ultramar. Chaozhou se encontraba entre las dos aduanas de Quanzhou al noreste y Guangzhou al suroeste, y podía acudir a cualquiera de ellas para tramitar las formalidades legales y llevar a cabo transacciones comerciales en los territorios bajo su administración. El área ya había establecido durante la dinastía Tang y las Cinco Dinastías las bases para la producción de cerámica, disponía de abundante arcilla de porcelana y material combustible y se servía de los cercanos puertos de Zhelin, Fengling y Nan'ao y del sistema fluvial del río Han –además de una serie de canales artificiales– para transportar y vender sus mercancías en China y ultramar. El desarrollo a gran escala de la industria alfarera china hizo que Chaozhou se convirtiera rápidamente durante la dinastía Song en una importante base de exportación de cerámica y en la llamada "capital alfarera de Guangdong". Como en el caso de Dehua, los hornos de Chaozhou imitaron durante ese período la porcelana verdiblanca de Jingdezhen, que produjeron masivamente para su exportación. Con los Yuan, y debido a la inestabilidad política, estos alfares decayeron, pero no tardaron en recuperarse.

De lo arriba descrito se desprende la longevidad de los hornos de Chaozhou, que no sólo llevaban ya mucho tiempo produciendo porcelana sino que también comenzaron tempranamente a elaborar ejemplares de la variedad *qinghua*. Según Li Bingyan, la porcelana pintada de los hornos de Bijiashan ya poseía características propias de la porcelana *qinghua* primitiva. Sus artesanos dominaban las técnicas de producción cerámica, y eran capaces de realizar grandes cantidades de piezas para la exportación siguiendo las pautas de las muestras enviadas por sus clientes. Con los Yuan, los Ming y los Qing, la demanda de los mercados de ultramar –especialmente de los países de Oriente Próximo– creció considerablemente, haciendo que hornos como los de Gaopi, Jiucun o Huilai aumentaran su producción de porcelana *qinghua*. El sistema de alfares de Chaozhou fue uno de los primeros de toda el área costera de Fujian y Guangdong en producir esta tipología cerámica. Como en la zona de los hornos de Bijiashan había yacimientos de cobalto y talleres de fundición del mineral, su porcelana *qinghua* poseía una tonalidad muy particular, a menudo con manchas de color amarillo marronáceo, rojo óxido o azul pálido, debido al alto contenido en óxido cúprico, óxido de manganeso y óxido de cobalto del esmalte oscuro.

A veces se habla de una "industria cerámica de orientación marítima", un término que designaría la cadena de transmisión que unía las bases de producción alfarera de territorio chino con los mercados internacionales en los que se vendía. A medida que los artículos de los distintos hornos del país iban siendo reclamados en esos mercados externos, la "industria cerámica de orientación marítima" más cercana a los puertos de exportación imitaba cada vez a mayor escala esos productos comerciales y los introducía en ultramar. Muy a menudo esas porcelanas de orientación marítima eran copias de aquellos productos de exportación, y los hornos de Chaozhou sin duda formaban parte de dicha cadena de producción. La porcelana *qinghua* salida de estos alfares era producida en gran escala para su exportación, y en su mayor parte estaba destinada a rellenar el hueco de la demanda externa que los hornos de Jingdezhen eran incapaces de cubrir. Durante la etapa intermedia y final de la dinastía Ming, y bajo la influencia de las técnicas de elaboración de los hornos comunes de Jingdezhen, los artesanos alfareros de Gaopi, Jiucun, Huilai y otros hornos empezaron a producir de manera tentativa ejemplares de porcelana *qinghua* con sencillos patrones decorativos mediante pigmento de cobalto, empleando caolín de alta calidad y cociendo sus piezas a temperaturas superiores a los 1.300 grados. El resultado fueron productos de superficie deslumbrante como el jade que venían a satisfacer la creciente demanda de los mercados.

5.4. Porcelana *qinghua* de Yunnan

Con los Yuan la porcelana *qinghua* de la provincia de Yunnan ya había alcanzado un cierto grado de madurez, y siguió desarrollándose durante la dinastía Ming. El período que abarca desde la fase intermedia y final del reinado de Hongwu hasta la era Chenghua, en la primera mitad de la dinastía Ming, puede considerarse como una etapa de continuidad tras el momento de esplendor vivido a finales de los Yuan, etapa en la que se produjo en Yunnan una porcelana *qinghua* de rasgos muy particulares y extremadamente refinada tanto en su elaboración como en las técnicas artísticas empleadas. Gracias a ello, Yunnan se convirtió en la principal base de producción en el suroeste de China de esta tipología cerámica, que comenzó a difundirse por Vietnam y otros países del sudeste asiático ampliando su área de influencia.

La porcelana *qinghua* de Yunnan se desarrolló a comienzos de la dinastía Ming tomando como punto de partida el período de madurez y esplendor vivido en los últimos años de los Yuan. A su vez, también intervinieron otros muchos factores de carácter histórico y social. Los Ming siguieron aplicando a gran escala en Yunnan el conocido sistema de reparto de lotes de terreno (*tuntian*), mediante el cual asignaron grandes cantidades de terreno a los cerca de 300.000 soldados estacionados en la provincia y también a campesinos y comerciantes. Para conseguir sus objetivos, el Gobierno movilizó a entre 400 y 500.000 trabajadores de etnia Han; muchos comerciantes adinerados también acudieron a Yunnan atraídos por las perspectivas de una región abundante en recursos naturales y productos y con un amplio mercado. Todo ello provocó una gran oleada de inmigración Han hacia dicha provincia.

Al mismo tiempo, en los primeros años de la dinastía Ming las comunicaciones en Yunnan continuaron desarrollándose y progresando sobre la base del sistema de postas (*zhanchi*) de origen mongol. El Gobierno central estableció a lo largo de las principales rutas una serie de relevos, alojamientos y guarniciones militares uniformemente distribuidos que garantizaban la fluidez y seguridad de las comunicaciones. En este sistema de postas y fortalezas establecidas a principios de la dinastía Ming en las más importantes vías de comunicación de Yunnan los soldados no sólo se encargaban de la defensa militar del territorio sino que también tenían como misión proteger los caminos, facilitando el tránsito de las tropas y de la población civil, lo cual reforzó la conexión interna de la provincia e impulsó su desarrollo económico. Gracias a este avance en las comunicaciones y a la inmigración masiva procedente de otros rincones del país se incrementaron los contactos económicos y culturales entre Yunnan y el resto de China, lo cual repercutió enormemente en el desarrollo de la economía y de la industria alfarera de esta provincia suroccidental.

A juzgar por los restos excavados hasta la fecha, además de los hornos que ya habían comenzado a producir porcelana *qinghua* durante la dinastía Yuan (Jianshui, Yuxi, Luochuan en el distrito de Lufeng, etc.) también hubo otros alfares en Yunnan como los de Bailongjing en Lufeng o los de Jingtian en Fengyi (Dali) que elaboraron principalmente porcelana de dicha variedad a comienzos de la dinastía Ming. Por lo que se refiere a las técnicas de producción, desde el reinado de Hongwu hasta el de Chenghua alfares como los ya mencionados de Jianshui, Yuxi y Luochuan mantuvieron *grosso modo* el nivel alcanzado en la etapa anterior, e incluso introdujeron mejoras con respecto a aquel período de esplendor.

Los hornos más representativos fueron los de Jianshui, localizados a unos dos kilómetros al norte de la ciudad, en la aldea de Wanyao. Según su distribución de sur a norte, se pueden distinguir tres grandes grupos: (1) Los hornos de Jiangjia, Gaojia, Daxin, Xiaoxin, Zhangjiachu o Yangjia, entre otros, centrados en torno a Hongjia; (2) Los hornos de Huguang, Hejia, Chenjiada, Jiu, Lao, Xin, Xiangjia o Chenjiashuangbao, etc., centrados en torno a Zhangjia; y (3) Los hornos de Daba, Panjialao, Xin, Antai, Tu o Yuanjia, entre otros, centrados en torno a Laopanjia. En todos estos alfares se sobreponen los estratos antiguos y más recientes, y las piezas y fragmentos se acumulan formando montículos, lo cual es señal de la larga historia de producción cerámica de Wanyao en Jianshui. Los hornos del sistema de alfares de Jianshui adoptaron sus nombres de los apellidos de las familias que los trabajaban, lo que significa que cada núcleo familiar podía levantar un horno y cocer porcelana. También había gente procedente de las provincias de Hubei y Hunan, llegados en distintos períodos, como prueba de que el área de Jianshui era muy rica en materias primas. En Majiapo, Hongshuitang o Jinhuasi, en las cercanías de la ciudad, abundaba la arcilla de porcelana y cierto tipo de plantas, lo que unido al entorno montañoso rico en reservas hídricas creó las condiciones óptimas para el desarrollo de la tradición alfarera en la aldea de Wanyao. Esa ventajosa situación geográfica, la abundancia de recursos forestales y combustible y la presencia cercana de arcillas y materia prima para esmaltes –imprescindibles en la industria alfarera– contribuyeron a establecer las bases para la producción de porcelana *qinghua* en los alfares de Jianshui.

En el área de Jianshui se han desenterrado numerosas piezas de porcelana *qinghua*, que comparadas con otras de la misma tipología procedentes de los hornos de Jingdezhen presentan evidentes rasgos de carácter local desde el punto de vista de las técnicas artísticas: en primer lugar, son piezas sobrias y sencillas, más toscas y explícitas, muy alejadas de la hermosa elegancia de los ejemplares de Jingdezhen; en segundo lugar, aparte de las grandes ollas con base fina y ancho apoyo circular o fondo plano, en general los apoyos son circulares o huecos, con rastros de granos de arena en la parte inferior, y en algunos casos hay derrames de esmalte; en tercer lugar, el esmalte tiene un alto contenido en calcio, lo que da como resultado un coeficiente de reducción bastante alto tras la cocción, y por ello aparecen en la superficie numerosos agujeros, burbujas y craqueladuras. Además, debido al alto contenido en hierro y a la baja proporción de sodio y potasio del esmalte, la superficie no resulta suficientemente brillante y presenta matices verdes o amarillos, muy alejada de los esmaltes blancos y puros de las porcelanas de Jingdezhen; en cuarto lugar, el pigmento *qinghua* tiene un elevado índice de manganeso y hierro, por lo que la porcelana presenta tonalidades diversas (gris oscuro, gris verdoso, azul grisáceo, azul verdoso...) muy distintas al color característico de las porcelanas *qinghua* de Jingdezhen; en quinto lugar, a la hora de cocer las piezas se empleaban soportes alargados, cuentos-soporte y el método de acumulación; en último lugar, la decoración presenta un rico contenido y unos motivos muy variados, con una distribución muy rigurosa y una pincelada suelta y fluida que le otorgan una gran vivacidad y la asemejan a las porcelanas *qinghua* de los hornos comunes de Jingdezhen.

Al igual que la ornamentación de las porcelanas *qinghua* de Jingdezhen, la de los hornos de Jianshui posee también una rica variedad temática, con motivos destacados. Por lo que se refiere a su contenido, hay tanto patrones geométricos como motivos fitomorfos, zoomorfos y antropomorfos, y también paisajes con montañas, ríos y viviendas o una miscelánea de "tesoros". La mayor parte de estas representaciones posee un carácter propiciatorio o un significado profundo, y también reflejan el estilo y las costumbres de vida populares. Los patrones geométricos incluyen brocados, grecas, ondas oblicuas, nubes, tallos enroscados..., en su mayoría como motivos secundarios empleados en los bordes interiores y exteriores de tazones y bandejas o en el cuello, los hombros, la parte inferior o el apoyo circular de jarrones en forma de pera con boca acampanada u ollas con tapadera en forma de gorro militar. Los motivos de carácter más abstracto son auxiliares respecto a las escenas principales.

La porcelana *qinghua* de la provincia de Yunnan de comienzos de los Ming se desarrolló a partir de la producción elaborada durante el período de esplendor de finales de la dinastía Yuan; los ejemplares del reinado del emperador Hongwu, en particular, heredan de forma manifiesta las formas, decoraciones y técnicas de los últimos años de dominio mongol. Durante el reinado de Yongle la porcelana *qinghua* tiende en términos generales a la simplificación, con una distribución más difusa y una pincelada muy suelta; con Xuande, en cambio, la decoración se hace más variada, la pincelada más gruesa y los colores más oscuros, y abundan los patrones con lotos y crisantemos. De Zhengtong a Tianshun aumenta la producción de esta tipología cerámica en Yunnan, con una mayor diversidad morfológica y decorativa, con patrones muy elaborados distribuidos en niveles. Sobre la base de los motivos zoomorfos de la época precedente se desarrollan ahora las escenas con personajes, con un esmalte amarillento sobre el que aparecen representaciones de trazo definido y fluido, con un pigmento azul sobrio y elegante. Durante la era Chenghua se distinguen dos tipos de porcelana *qinghua* en Yunnan, uno de color gris oscuro y otro de tonalidad más clara. Sigue habiendo motivos fitomorfos, zoomorfos y antropomorfos, y la distribución se hace más compacta. En esta época aparecen numerosas figurillas en relieve de niños y animales realizadas con la técnica de la porcelana *qinghua*, de una gran calidad artística.

La porcelana *qinghua* de los hornos de Yunnan comienza a entrar en declive a partir de la etapa intermedia de la dinastía Ming, debido a una serie de conflictos sociales y políticos entre los diversos caudillajes locales ("no pasaban más de quince años sin que hubiera enfrentamiento armado entre dos de ellos"); asimismo, las onerosas imposiciones fiscales por motivos militares y la corrupción administrativa llevaron al pueblo al borde de la miseria creando gran malestar social. Por otro lado, la llegada masiva a los mercados durante este mismo período de la cerámica de Jingdezhen, de elevada calidad y precios muy competitivos, afectó muy negativamente al desarrollo de la porcelana *qinghua* de Yunnan. La facilidad de las comunicaciones y el progreso industrial y comercial hicieron posible la entrada masiva en aquella remota provincia del suroeste de China de esta tipología cerámica elaborada en los hornos de Jingdezhen, que gracias a sus avanzadas técnicas y a su producción a gran escala ofrecía una óptima relación calidad-precio. En estas circunstancias, la producción alfarera de Yunnan tuvo que resentirse ante semejante acometida de la porcelana *qinghua* de Jingdezhen, lo que la situó en una situación desventajosa desde el punto de vista competitivo y la llevó en último término a perder el favor de los mercados.

Hay además otro motivo que contribuyó a esa decadencia de la porcelana *qinghua* de Yunnan: la transformación en las costumbres funerarias de la región. Durante el reino de Nanzhao, en los siglos VIII y IX d.C., algunos de los pueblos del sistema lingüístico Yi comenzaron a recurrir a la cremación de sus difuntos. Con los Yuan, las ollas y jarras de porcelana *qinghua* local se convirtieron en importantes objetos de carácter funerario, y hasta cierto punto puede afirmarse que durante toda la dinastía y hasta comienzos de los Ming la porcelana *qinghua* de Yunnan –y en especial las ollas de dicha tipología– estaba indisolublemente unida a los usos funerarios de la época. Los Ming prohibieron esta práctica, y según el código penal de los nuevos gobernantes quien infringiera la ley y siguiera con los viejos hábitos crematorios sería condenado a apaleamiento y a pena de exilio. En consecuencia, la demanda de porcelana *qinghua* por parte de las poblaciones de la provincia comenzó a decrecer, y así vemos cómo a partir de la dinastía Ming se reduce en gran medida la cantidad de ollas y otras piezas de gran tamaño, y aumenta en cambio el número de ejemplares de pequeñas dimensiones. Las ollas de porcelana *qinghua* de los hornos de Yunnan eran las más maduras y de factura más exquisita por lo que respecta tanto a las artes como a las técnicas, y por ello resulta evidente la estrecha relación entre la decadencia de la porcelana *qinghua* en esta provincia y la prohibición de las prácticas crematorias.

En cuanto a las muestras halladas en la actualidad dentro de los límites del territorio de Yunnan, se aprecia cómo empieza a reducirse la cantidad de piezas de porcelana *qinghua* a partir del período intermedio de la dinastía Ming, así como decae también la calidad de las piezas. Con los Qing apenas hay descubrimientos de esta tipología cerámica en Yunnan, y por tanto es muy probable que ya desde comienzos de esta última dinastía los hornos alfareros de la provincia hubieran cesado de producirla.

5.5. Porcelana *qinghua* de Guangxi

A finales de la dinastía Ming, con el gran aumento de la demanda de porcelana *qinghua*, no sólo aparecieron una serie de hornos cerámicos que producían esta tipología cerámica a lo largo de las costas de china, sino que también se elaboró en lugares del interior más alejados de Jingdezhen a cuyos mercados estos alfares no era capaz de abastecer. Es el caso de la provincia de Guangxi.

Los hornos hallados en Guangxi que producían porcelana *qinghua* presentan una datación bastante reciente. De los descubiertos hasta la actualidad, los más tempranos se remontan a finales de la dinastía Ming y comienzos de los Qing, y la mayoría son de la etapa intermedia o final de la dinastía Qing. Además, la mayor parte de los productos salidos de estos alfares son porcelanas comunes de uso diario y factura bastante tosca, con formas muy sencillas. Abundan los tazones, bandejas y platos, y también hay jarrones, ollas, vasijas para libación (*zun*), teteras, cucharas, etc. En cuanto a los lugares donde han aparecido estas piezas cerámicas, son numerosos y están distribuidos por buena parte de la provincia: Guilin, Lingchuan, Quanzhou, Guanyang, Lingui, Yongfu, Zhaoping, Hezhou, Wuzhou, Cangwu, Liuzhou, Liujiang, Guiping, Pingnan, Beiliu, Xingye, Guigang, Heng, Nanning, Chongzuo, Tiandong, Tianyang o Baise, entre otros. De todos ellos, es en el mausoleo del rey Jingjiang de Ming situado en la ladera occidental del monte Yao, al este de la ciudad de Guilin, donde se han hallado más restos, sobre todo jarrones florero, jarras, vasos para libación (*zun*), ollas, tazones y bandejas.

Son escasos los estudios acerca de la porcelana *qinghua* de Guangxi, por lo que aquí nos vamos a centrar en el artículo dedicado a este tema publicado en 2007 por Yu Fengzhi. Según este autor, las técnicas de realización de la porcelana *qinghua* de Guangxi llegaron desde Jingdezhen. En la última etapa de la dinastía Song del Norte, artesanos procedentes de estos alfares de Jiangxi en busca de un nuevo lugar con condiciones para cocer porcelana blanca llevaron sus técnicas hasta el sur de China, creando allí unos hornos nuevos. Además de Guangzhou y Chaozhou (Guangdong), también establecieron talleres en el sureste de la provincia de Guangxi, como los de Teng, Rong o Beiliu, que produjeron esta variedad a gran escala. Estos lugares disponían de una arcilla de alta calidad y de abundante leña y vegetación, y además estaban muy bien comunicados con el exterior por vía fluvial; sus productos no sólo podían alcanzar los mercados del interior del país, sino también llegar a través del río Xi hasta los puertos de Guangzhou y el mar abierto. En Guangxi se elaboró porcelana blanca durante dos siglos, y no sólo presentaba motivos decorativos incisos o impresos con molde sino también ornamentos con esmalte de color marrón, verde o rojo, y sinogramas escritos en diversos colores. Aparte de esas piezas con decoración impresa de fácil elaboración, que podían ser producidas en serie reduciendo así los costes y que fueron además muy bien acogidas por los mercados, había asimismo otro tipo de ejemplares con una ornamentación más elaborada y compleja, de coste más alto y peor recepción, que en un momento dado dejaría de producirse.

La elaboración de porcelana blanca y el dominio de las técnicas de decoración pictórica sentarían las bases de la aparición y desarrollo de la porcelana *qinghua* en Guangxi. El yacimiento de los hornos de Lingdong se encuentra en un área colinosa de la aldea homónima de la localidad de Pingzheng en Beiliu, y eran en origen los alfares donde se elaboraba la porcelana verdiblanca durante la dinastía Song, con unos depósitos de arcilla de porcelana de excelente calidad en las inmediaciones. Se ha recogido en esta zona una importante cantidad de piezas y fragmentos de porcelana *qinghua*, entre los que destacan los incensarios, los reposacabezas, los tazones de pequeñas y medianas dimensiones, los vasos, las bandejas, etc.; los tazones y bandejas son especialmente abundantes.

Gracias a las labores de excavación se conocen actualmente cuatro antiguos hornos de porcelana *qinghua* en el distrito de Rong, distribuidos entre las aldeas de Liufu y Yang en Yangcun al sur de la ciudad, la aldea de Baifan en Langshui al noreste del distrito y la aldea de Guyan, en el extremo sur. En cuanto a las muestras desenterradas, la variedad es muy extensa, si bien se trata en su mayoría de utensilios de uso diario como tazones, bandejas, platos, ollas, teteras, vasos, tapaderas, discos para cocción, etc. En el centro de los tazones, bandejas y platos es evidente la marca circular dejada durante la cocción; en la parte inferior de los tazones se aprecian rastros de esmalte y manchas en forma de corazón, lo que denota un método de cocción similar al de Beiliu. La pasta presenta diversas tipologías: la hay de color rojo, compuesta de arcilla y arena, bastante sólida y dura, y también hay otra más blanda y suelta color terracota, una blanca y refinada, una de color crema, otra blanca grisácea... Por lo que respecta al pigmento *qinghua*, hay de color gris oscuro, azul grisáceo, gris marengo, etc. el esmalte de la parte inferior puede ser gris claro, gris verdoso o verde oscuro. Abundan los motivos fitomorfos realizados con pincelada suelta: crisantemos, hojas de bambú, tallos enroscados algas acuáticas... y también hay retículas, peces y crustáceos, sinogramas de longevidad, escritura tibetana, etc. Los tazones pueden ser de paredes rectilíneas o curvadas que retroceden hacia la base o en forma de sombrero de bambú.

Desde el punto de vista morfológico y decorativo, las piezas de porcelana *qinghua* provenientes de los antiguos yacimientos arqueológicos de los hornos cerámicos de Beiliu y Rong pueden datarse entre la etapa intermedia de la dinastía Ming y finales de la dinastía Qing, mientras otros alfares siguieron produciendo hasta la República de China. Entre las principales tipologías fabricadas en época Ming se cuentan los braseros, tazones y reposacabezas *qinghua*, de gran solidez y pasta fina y densa, de color blanco con tonalidades verdosas "huevo de pato" en la parte inferior y un pigmento *qinghua* de color azul o gris azulado. La decoración es sencilla, desenvuelta y vivaz, de estilo muy libre. En el centro o el apoyo de los tazones aparece a menudo un círculo doble o puntos en forma de corazón.

La mayor parte de la porcelana *qinghua* de Guangxi se producía y vendía en la propia provincia, donde existía un mercado bastante limitado, por lo que dicha producción no puede compararse a la de Jingdezhen y tampoco está a la altura de la de Fujian, Yunnan o la vecina Guangdong. En cualquier caso, se trataba de hornos comunes orientados al mercado que satisfacían las necesidades vitales de los pueblos del entorno más próximo.

5.6. Cerámica de Yixing

La localidad de Yixing se encuentra en la provincia de Jiangsu, uno de los centros de producción cerámica de China. Los hornos de Yixing crearon su propio sistema alfarero en el contexto nacional, con su característica cerámica *dengni*, que según la tradición fue creada por Fan Li del Estado de Yue durante los períodos de Primavera y Otoño y los Reinos Combatientes. En realidad, los trabajos arqueológicos han rescatado restos de hornos

10-108 Vaso de arcilla morada en forma de melocotón Dinastía Ming Altura: 8'4 cm.; diámetro boca: 10'5 cm. Museo de Nanjing

cerámicos neolíticos datados hace unos cinco mil años en las localidades de Zhangzhu, Shu y Ding en el área de Yixing, y ya durante la dinastía Han se producían piezas de uso cotidiano en grandes cantidades. Con los Ming su industria alfarera vivió un período de gran esplendor, y sus dos variedades "arena púrpura" y "Jun de Yixing" alcanzaron renombre internacional (imagen 10-108).

Los lugares de producción del sistema alfarero de Yixing se concentraban principalmente en torno a las localidades de Shushan y Dingshan. Las piezas salidas de los hornos de Shushan eran del tipo "arena púrpura", con una arcilla fina que tras el modelado era sometida a una temperatura de alrededor de 1.200 grados, dando como resultado piezas sin esmalte muy sólidas de color marrón bermejo, amarillo claro o violeta oscuro; los ejemplares de Dingshan pertenecían en general al tipo "Jun de Yixing", una variedad esmaltada de gran diversidad tipológica, sobre todo de color azul pálido, azul celeste o haba, aunque también había blanco pálido. Una parte de su producción presenta grandes similitudes con la cerámica *guangjun* (Jun de Guangdong).

Seguidamente pasamos a explicar estas dos principales variedades:

5.6.1. Cerámica de "arena púrpura"

Esta tipología cerámica comenzó a producirse en época Song, y se popularizó a partir del reinado de Zhengde en la dinastía Ming; con Wanli los artesanos refinaron sus técnicas y se multiplicaron las variedades. La variedad morfológica de cerámica "arena púrpura" más apreciada en la época eran las teteras, lo que sin duda guarda una estrecha relación con la moda de la degustación del té tan extendida entonces entre las clases pudientes. Los méritos de esas teteras a ojos de los antiguos chinos eran: (1) No se perdía el aroma original del té al verterlo; (2) Después de un uso prolongado el agua hirviendo de su interior seguía conservando el sabor del té, aunque no hubiera hojas; (3) Las hojas de té no se estropea-ban; (4) Soportaban altas temperaturas, y podían calentarse sobre la llama; (5) Sus pare-des tardaban en transmitir el calor, por lo que no quemaba las manos; (6) A pesar de su frecuente uso no perdía su lustre ni belleza; y (7) la arcilla color púrpura con incrustaciones de arenilla presentaba unas tonalidades cambiantes que no cansaban a la vista.

Las teteras de "arena púrpura" eran obras artísticas de exquisita factura. Con su creciente popularidad fueron surgiendo nuevos artesanos. De todas las variedades cerámicas con inscripciones del nombre del autor, las de "arena púrpura" son las más numerosas. Entre los alfareros más célebres de época Ming se contaban Gong Chun, Shi Dabin, Xu Youquan, Li Zhongfang, Dong Han, Zhao Liang, Yuan Chang, Li Maolin, Ou Zhengchun, Shao Wenjin, Shao Wenyin, Chen Yongqing o Chen Xinqing. En su tratado sobre las teteras de Yixing, el autor de finales de la dinastía Zhou Gaoqi afirma que Gong Chun fue el primero en elaborar este tipo de teteras durante los reinados de Zhengde y Jiajing, e incluso hay quien piensa que fue dicho alfarero el que las inventó. Estas piezas cerámicas de autor adquirieron un gran valor durante la dinastía Qing, y fueron también muy imitadas, por lo que resulta muy difícil determinar su autenticidad (imagen 10-109).

10-109 Tetera de arcilla morada en forma de calabaza Dinastía Ming Altura: 11'2 cm.; diámetro boca: 3 cm. Museo de Nanjing

La arcilla empleada en la elaboración de las te-teras de "arena púrpura" de Yixing era de tipo cao-lín con contenido de cuarzo y mica, caracterizada por una elevada proporción de hierro. La tempe-ratura de cocción oscilaba generalmente entre los 1.100 y los 1.200 grados, y se recurría a una atmósfe-ra de tipo oxidante. El coeficiente de absorción de agua se mantenía tras la cocción por debajo del 2%, lo cual significa que su porosidad se situaba entre la de la cerámica y la de la porcelana. Al no utilizar los cuencos-contenedor para cocer, antes del rei-nado de Wanli las piezas solían presentar señales o adherencias de esmalte o ceniza. Las teteras más tempranas resultaban bastante toscas, y se fueron refinando con el tiempo.

A finales de la dinastía Ming las teteras de "arena púrpura" de Yixing comenzaron a atraer la atención de los europeos, aunque fue ya con los Qing cuando esta tipología se exportó a gran escala a los países europeos y fue imitada allí. La tetera de la imagen 10-110 fue realizada originariamente para el mercado interno chino. En su parte inferior lleva la inscripción con la datación en el reinado del emperador Tianqi (1627) y el nombre del alfarero (Hui Mengchen). Según lo descrito por el erudito Wu Qian de época Qing en su obra sobre la cerámica de Yixing publica en torno a 1800, el artesano Hui Mengchen nació durante el reinado de Tianqi en época Ming y falleció en los primeros años del reinado de Kangxi con los Qing. Esta pieza viajaría posteriormente a Europa, donde se le añadió un elemento de orfebrería en el extremo de la vertedera. A partir de 1675 los talleres alfareros de Delft comenzaron a imitar las cerámicas de Yixing, y casi de manera contemporánea el artesano inglés John Dwight (1633-1703) empezó también a producir cerámica de color rojizo en sus hornos de Fulham, cerca de Londres. Aproximadamente en 1690 los hermanos holandeses Elers también consiguieron imitar la cerámica de Yixing en sus talleres de Staffordshire. En los capítulos dedicados a la cerámica de la dinastía Qing se analizarán más en detalle las imitaciones de las teteras de "arena púrpura" de Yixing realizadas en Europa.

5.6.2. Cerámica "Jun de Yixing"

Esta variedad cerámica esmaltada se elaboraba en la localidad de Dingshan en Yixing, y según la tradición fueron inventadas por un artesano llamado Ou Ziming durante el reinado del emperador Wanli, por lo que también se conoce con el nombre de "cerámica de Ou". En su compendio sobre cerámica, el erudito Xu Zhiheng de época Qing afirma que "la cerámica Ou fue inventada por un artesano de Yixing de época Ming llamado Ou Ziming, y en gran medida imitaba en su forma las piezas de Jun, por lo que también se conoce como cerámica Jun de Yixing". En realidad, además de imitar

10-110 Tetera de arcilla morada con decoración superpuesta de los hornos de Yixing Dinastía Ming   Séptimo año del reinado de Tianqi (1627)   En torno a 1628-1650 se añadieron en Europa los apliques metálicos   Museo Victoria y Alberto de Londres

en su apariencia externa los ejemplares de Jun, también copiaba los de Ge y los alfares oficiales.

En general, la capa de esmalte de la cerámica "Jun de Yixing" es bastante gruesa y opaca, con densas craqueladuras, sencilla y discreta. La pasta es de color violeta o blanco; esta última estaba hecha con arcilla blanca local, y la violeta con arcilla color púrpura. Para el esmalte se empleaba cal con contenido en óxido fosfórico como agente fusionante, que daba a las paredes esmaltadas una atractiva pátina vítrea de efecto opalescente. Se usaba hierro, cobre, cobalto y manganeso como colorantes, y se esmaltaba la pieza cruda para cocerla seguidamente a una temperatura de alrededor de 1.200 grados. Debido a las similitudes entre este tipo de ejemplares cerámicos y los de los hornos de Jun de época Song, los eruditos de las dinastías Ming y Qing lo conocían con el nombre de cerámica "Jun de Yixing", pero aun así existían grandes diferencias desde el punto de vista de las técnicas de elaboración entre ambas variedades, ya que por ejemplo en los alfares de Jun se empleaba la atmósfera reductora mientras que en Yixing se recurría a la atmósfera oxidante.

Dentro de esta tipología la variedad más valiosa era la de esmalte color azul grisáceo "colorido como una mariposa entre las flores". Cada pieza tenía motivos decorativos en dos colores, gris oscuro y azul; el esmalte era muy fino, y la pasta era de color blanco grisáceo. Había numerosas variedades tipológicas, entre las que destacan los jarrones, los receptáculos para líquido (*yu*), las copas para libación (*zun*), los braseros, etc. También hay figuras budistas.

5.7. Hornos de Shiwan

Los hornos de Shiwan se localizan al oeste del distrito de Chancheng en la ciudad de Foshan, a unos veinte kilómetros de Guangzhou (Cantón). En el pasado aquel era un terreno muy colinoso, con casi un centenar de elevaciones de diferentes tamaños muy ricas en arcilla y arena. Los limos del río Dongping al sur de la localidad contenían una gran cantidad de minerales, conchas y caparazones, que unidos a las cenizas de paja de arroz y de morera servían para componer el esmalte. Todo ello proveía a los hornos locales de una importante fuente de materias primas para la producción de cerámica. Además, la zona por la que se distribuían los alfares está surcada de grandes y pequeños tributarios del serpenteante Dongping, hacia el que confluyen en su camino del noroeste al sureste, dotando del agua necesaria para la elaboración de las piezas y creando al mismo tiempo una amplia red de comunicaciones que ofrecía las condiciones naturales idóneas para el transporte de materias y mercancías.

Los hornos de Shiwan ya habían alcanzado la madurez durante la dinastía Tang. Con los Song, debido a la renovación de los hornos y el progreso de las técnicas, la calidad de sus piezas aumentó considerablemente y la producción también incrementó considerablemente su escala, y Shiwan se convirtió así en uno las bases más importantes de producción y comercio de cerámica de toda la provincia de Guangdong. Los enterramientos de época Tang de la zona han restituido gran cantidad de jarros de esmalte amarillo verdoso, entre los que se cuentan algunos ejemplares con hermosa decoración tallada y esmaltada. En las localidades de Damaogang y Xiaomaogang pertenecientes a esta área se han encontrado no pocos restos de hornos abovedados tipo "bollo" de corriente semi-invertida datados en época Tang, los más antiguos de todos los descubiertos en Shiwan hasta la fecha.

La dinastía Yuan heredó el sistema alfarero de los Song, y los hornos de Shiwan siguieron produciendo principalmente piezas de uso cotidiano, con un esmalte de color bastante simple. A juzgar por las muestras conservadas y desenterradas, predominaban los esmaltes de color verde, negro y amarillo marronáceo, mientras que los ejemplares de colores cambiantes eran más escasos. Tal vez fue aquel el período en el que comenzó a imitarse el esmalte tipo Jun.

Las dinastías Ming y Qing constituyen la etapa de esplendor de los alfares de Shiwan. Debido al caos político del momento, entre finales de la dinastía Song y comienzos de los Ming un gran número de artesanos de los hornos del norte de China se desplazó hasta el sur del país. A ello hay que añadir los factores económicos: en primer lugar, la gran demanda de productos cerámicos de exportación como consecuencia de la expansión del comercio de ultramar; y en segundo lugar, la rápida evolución de la industria artesanal de Shiwan, que propició que una gran cantidad de desechos resultado del proceso productivo pudieran ser reutilizados como materia prima barata para la composición de los esmaltes. Ambos fenómenos estimularon enormemente el desarrollo de la industria alfarera de esta área, en cuyos hornos se consiguió imitar los esmaltes de alfares famosos de todo el país y se crearon a su vez otros muy característicos. Además de venderse en las provincias de Guangdong y Guangxi, sus productos también fueron exportados a ultramar.

Durante las dinastías Ming y Qing toda China experimentó un fuerte desarrollo económico y comercial, el mundo urbano vivió un período de gran esplendor y los talleres artesanales y fábricas industriales se desarrollaron con gran rapidez. Foshan emergió entonces como importante base industrial, artesanal y comercial, convirtiéndose en uno de los "cuatro grandes centros productivos y comerciales" del país, lo cual contribuyó de manera directa a impulsar el desarrollo de los hornos de Shiwan. A partir de la última etapa de la dinastía Ming comenzaron a aparecer en este lugar asociaciones y gremios y se marcaron las diferencias entre empresarios y asalariados, dando lugar a los primeros brotes de capitalismo. Al mismo tiempo, ese gran desarrollo de la industria artesanal y comercial en Foshan hizo que la cultura artística popular de la zona alcanzara una prosperidad sin precedentes; las efervescentes actividades lúdicas, artesanías como el papel recortado, el tallado de madera y la pintura o la ópera cantonesa también aportaron material y sirvieron como referencia para las creaciones artísticas de los hornos cerámicos de Shiwan.

Como hemos dicho, la gran demanda de ultramar también contribuyó en gran medida al desarrollo de los alfares de Shiwan. Con la dinastía Tang, el intercambio comercial de Guangdong con el sudeste asiático, la India y los países árabes de Oriente Próximo ya era floreciente; dicha provincia meridional era entonces la principal capital china del comercio internacional, y los principales productos de exportación eran la seda y la cerámica. En el cuarto año de la era Kaibao (971 d.C.) de Taizu, durante la dinastía Song del Norte, la corte estableció en Guangzhou (Cantón) una aduana, y con los Sui se creó otro departamento similar en Foshan, dedicado expresamente a supervisar el cada vez más activo comercio de entrada y salida. En su compilación enciclopédica *Descripción de los países bárbaros*, el funcionario de la dinastía Song del Sur Zhao Ruga afirma que los comerciantes chinos de la época comerciaban con los países del sudeste asiático empleando la cerámica y la porcelana verdiblanca como principal mercancía. Por su parte, en la compilación de asuntos marinos *Conversaciones de mesa de Pingzhou* escrita por Zhu Yu a comienzos del siglo XII se dice a propósito de la situación del puerto de Cantón a finales de la dinastía Song del Norte que "(las embarcaciones de largo recorrido de la época) miden varias decenas de metros, y cada comerciante tiene su propio espacio [...] Hay numerosas cerámicas de todos los tamaños acumuladas en grandes montones, sin apenas espacio libre". Los hornos de lugares como Zhangzhou, Huizhou y Guangzhou producían principalmente porcelana, y sólo los de Shiwan cocían sobre todo cerámica, así que esas "cerámicas de todos los tamaños" deben de hacer referencia a los productos salidos de estos últimos alfares. Desde los Song del Sur hasta los Yuan la industria cerámica de Guangdong sufrió un declive sin precedentes, aunque en los actuales territorios de Malasia, Brunei, Singapur, Filipinas o Indonesia se han encontrado grandes cantidades de cerámica china de exportación. Según los estudios llevados a cabo por diferentes especialistas chinos y extranjeros, estas muestras cerámicas provenían en su mayor parte de los hornos de Shiwan en Guangdong o de los de Jinjiang (Fujian). Con los Ming y los Qing el comercio exterior de la provincia de Guangdong se desarrolló rápidamente, y Cantón (vecina de Foshan) también prosperó considerablemente. El Gobierno estableció allí oficinas estatales especializadas para supervisar el comercio de ultramar. En una gaceta de Foshan de época Qing se afirma que durante esta dinastía y la anterior era una localidad muy populosa, y que todos los comerciantes que llegaban a Guangdong de diversas partes del mundo querían visitar la ciudad.

En esta época el sistema de alfares de Shiwan entró en un período de prosperidad sin precedentes. Tomando como punto de partida la estructura alargada tipo "dragón" heredada de época Song y Yuan, los hornos sufrieron una serie de modificaciones tanto en su configuración como en la disposición de los elementos que los componían y los métodos de cocción que garantizaron un aumento de la cantidad y calidad de los productos en ellos elaborados. Por otro lado, la mencionada aparición de los gremios artesanales hizo que la organización productiva y la división del trabajo se atomizara todavía más alcanzando un mayor grado de especialización, al igual que ocurría en Jingdezhen con la estricta diferenciación entre los distintos tipos de hornos, los artesanos que trabajaban en ellos y las diversas labores que llevaban a cabo. Durante el reinado del emperador Jiajing (1522-1566) surgieron los gremios artesanales, que respondían a esta especialización productiva verificada en el seno de la industria cerámica.

Aparte de imitar la cerámica de esmalte de color cambiante de los hornos de Jun de la dinastía Song, los alfares de Shiwan también lograron copiar con éxito otras muchas piezas de distintos hornos de sucesivas épocas. Es el caso, por lo que respecta al color del esmalte, del azul pálido de los hornos oficiales, el craquelado de Ge, el rosa de Ding, el verde ciruela de Longquan, el marrón sobre fondo blanco de Cizhou, el de manchas "pluma de perdiz" de Jian, las diversas tonalidades de Jingdezhen, etc. Los hornos de Shiwan eran los únicos de toda China capaces de imitar cualquier tipo de producto de porcelana con semejantes estándares de calidad.

Por lo que se refiere a las variedades morfológicas, además de imitar los diferentes utensilios de escritura (los "cuatro tesoros" del calígrafo) y los objetos artísticos y decorativos, los alfares de Shiwan también copiaban vasijas domésticas de uso diario como jarrones, copas para libación tipo *zun*, tazones, bandejas, etc. Dichos hornos imitaron piezas cerámicas representativas de épocas pasadas, objetos de bronce de época Shang o Zhou como copas *zun*, calderos trípodes tipo *ding*, vasijas *yi*, vasos alargados de boca acampanada (*gu*) o cántaros y también elementos tomados de la naturaleza como frutos, peces, aves, etc. Los artesanos de Shiwan no sólo dominaban el arte de la imitación sino que también introducían nuevas creaciones, dando lugar así a una enorme variedad de ejemplares muy apreciados por la gente común. Los alfares de Shiwan tomaron como modelo y referencia los productos de otros hornos y distintas épocas y les añadieron su toque personal y característico, y esa fue su gran contribución al desarrollo de las artes cerámicas en China.

Los principales objetos realizados en los hornos de Shiwan durante la etapa inicial de la dinastía Ming fueron los utensilios de uso cotidiano y los incensarios, candeleros, retratos de Guanyin, representaciones budistas, dioses de la tierra, etc., de fuerte impronta budista y taoísta. A partir de la fase intermedia comenzaron a aparecer maceteros, peceras, taburetes o biombos realizados mediante la técnica del modelado, e incluso tejas comunes y tejas de alero esmaltadas.

Capítulo 6   Auge de las rutas marítimas de exportación durante la dinastía Ming

6.1. Puertos de exportación de cerámica china

Debido al desplazamiento de las rutas de comunicación y las salidas de exportación de las mercancías, el otrora importante puerto de Quanzhou comenzó a declinar durante la dinastía Ming. En este período la mayor parte de los productos cerámicos de Fujian –y en particular la porcelana *qinghua*– se transportaba a través de los puertos de Zhangzhou, Xiamen (Amoy), Anping o Fuzhou a los diferentes países de ultramar. Debido a su posición geográfica cercana al extremo Oriente y el sudeste asiático, la porcelana *qinghua* de esta provincia se exportaba principalmente a países como Japón, Filipinas, Tailandia, Singapur o Indonesia. Por supuesto, una parte de esas mercancías seguía luego rumbo a África oriental y los países europeos, y también había piezas que se exportaban directamente a Europa. Puede afirmarse, por tanto, que a partir de la dinastía Ming y con los Qing aumentó en Fujian el número de puertos de exportación y también la cantidad de bienes exportados, además de expandirse el alcance de los países y regiones a los que estaban destinados.

En el octavo año del reinado de Chenghua la aduana de Quanzhou se trasladó a

Fuzhou –la actual capital provincial–, que se convirtió en el puerto oficial de comercio tributario con las islas japonesas de Ryukyu, de cuyos habitantes se han conservado numerosos enterramientos hasta la actualidad. A través de dicho puerto se exportaron grandes cantidades de mercancías chinas, tanto mediante expediciones organizadas por las autoridades imperiales como gracias a la iniciativa privada. Los siete viajes marítimos realizados por la flota comandada por el almirante Zhenghe, cuya base fue el puerto de Changle en Fuzhou, impulsaron enormemente ese comercio tributario, gracias al cual la porcelana *qinghua* de Jingdezhen encontró su salida a ultramar.

Durante el reinado del emperador Hongwu, a comienzos de la dinastía Ming, se prohibió en repetidas ocasiones el comercio marítimo de exportación a los comerciantes particulares. Más tarde, durante los reinados de Yongle, Xuande y Yingzong (era Zhengtong y era Tianshun) siguió en vigor la prohibición, que hecha ley entró a formar parte del código penal de los Ming estableciendo un sistema paralelo entre la supervisión aduanera y la aplicación de las leyes de prohibición. Durante la primera etapa de la dinastía Ming, el Gobierno ejerció el control y monopolio más férreo del comercio de ultramar, mediante la promulgación de una serie de edictos que favorecían el comercio tributario de carácter oficial y mantenían cerradas las puertas la mayor parte del tiempo a la iniciativa privada. Debido a esta restricción del comercio, sin embargo, el Gobierno central se vio finalmente desbordado y tuvo que ir continuamente ajustando sus leyes a partir de mediados de la dinastía, permitiendo en primer lugar la entrada de naves que no formaban parte de ese comercio tributario a los puertos de Guangdong para comerciar, y en segundo lugar eliminando las aduanas de Fujian y Zhejiang por temor al "peligro nipón" y abriendo exclusivamente la de Guangdong al comercio exterior. De este modo se estimuló el comercio exterior privado en esta última provincia y el puerto de Cantón se convirtió en el único de todo el país autorizado para comerciar con ultramar, y de nuevo en el más importante de China como punto de partida de la vieja Ruta de la Seda marítima.

En el primer año de reinado de Longqing de la dinastía Qing se autorizó también al puerto de Zhangzhou a comerciar con ultramar, y éste superó a Fuzhou y Cantón convirtiéndose a su vez en el mayor puerto de exportación del sudeste chino, a través del cual salieron grandes cantidades de hojas de té, seda, porcelana y metal de origen local.

En esa época la variedad cerámica más apreciada tanto en los mercados internos como en ultramar era la porcelana *qinghua* de Jingdezhen, pero resultaba difícil a este sistema de hornos satisfacer la gran demanda. Como los principales puertos de exportación se encontraban distribuidos entonces a lo largo de las costas de Fujian y Guangdong, es lógico que los hornos cerámicos de ambas provincias acabaran imitando esa porcelana *qinghua* de Jingdezhen, complementando su producción y rellenando ese hueco en la oferta.

6.2. Itinerarios de exportación de las cerámicas de Jingdezhen

La industria cerámica de Jingdezhen produjo durante la dinastía Ming grandes cantidades de porcelana para abastecer los mercados internacionales, y merece la pena estudiar aquí la cuestión de cómo fue exportada al exterior. Jingdezhen se encuentra en el interior de la provincia de Jiangxi, bastante alejada de la costa, por lo que primero tenía que transportar sus mercancías hasta los diversos puertos de exportación y luego llevarlos desde allí hacia todos los países del mundo.

Además de Jingdezhen, había ya desde antiguo en Jiangxi otros numerosos hornos cerámicos que elaboraban porcelana, y sus respectivas producciones acabaron también siendo exportadas en un momento dado. Según Liu Lushan, había cuatro rutas principales entre esos viejos lugares de producción y los puertos de exportación:

La primera ruta llevaba los artículos de Jingdezhen a lo largo del Chang río abajo y los de los hornos de Jizhou y Ganzhou por el curso del río Gan, luego atravesaba el lago Poyang hasta el Yangtsé y desde allí confluía en las ciudades de Yangzhou, Hangzhou, Ningbo, Quanzhou, Cantón, etc. junto al Océano Pacífico.

La segunda ruta tenía diversas variantes. Los productos de los distintos hornos de Jiangxi podían seguir el curso del río Gan y atravesar el lago Poyang para enlazar con el río Xin, remontar éste hasta el Qianshan y pasando por Quzhou y Jinhua llegar por el río Fuchun hasta Ningbo; o pasar por Chong'an y Wuyi en Fujian hasta Jianyang y Jianning; o salvar el paso Wanghu, atravesar Guangze, Shaowu y Shunchang hasta Nanjing (Nankín) y descender por el Min río abajo hasta Fuzhou y Quanzhou; o bien pasar por Pucheng hasta Longquan, y bajar el río Ou hasta Wenzhou.

La tercera ruta remontaba el río Gan hasta enlazar con el Gong y el Jin hasta Ruijin, luego entraba en Fujian por Changting y Longyan y descendía el río Jin hasta Zhangzhou y Quanzhou.

La cuarta y última ruta también remontaba el río Gan hasta Ganzhou y luego el Zhang hasta Dayu, atravesaba el paso Mei entre Jiangxi y Guangdong, bajaba por el río Zhen hasta entrar en el Bei –principal tributario del Río de las Perlas– y por este último hasta Cantón.

Excepto el primer itinerario, que era exclusivamente fluvial, los otros tres combinaban unas partes fluviales con otros tramos terrestres. La mayor parte de los estudiosos opinan que las porcelanas de exportación de Jingdezhen y de los demás hornos antiguos del resto de la provincia se transportaban hasta los puertos marítimos principalmente a lo largo de esa ruta fluvial, y que los otros tres itinerarios mixtos constituían una opción secundaria. De este modo –y especialmente tras el abandono durante la dinastía Song de la antigua ruta de postas que atravesaba el paso Mei–, el camino más importante que seguían las mercancías de Jiangxi era el ya descrito que descendía el río Chang hasta el lago Poyang para luego surcar el Yangtsé hasta el mar, y de ahí proseguía hacia los puertos del sudeste para su exportación a ultramar.

Durante la dinastía Ming la exportación de porcelana *qinghua* de Jigdezhen alcanzó su pico, y durante ésta y la siguiente dinastía China produjo la mayor cantidad de porcelana de exportación. Liu Lushan cree, por su parte, que la producción de porcelana *qinghua*, porcelana de cinco colores y porcelana *guangcai* (aquella de esmalte blanco adquirida por mercaderes de Guangdong, a la que luego se añadían colores), producida a gran escala para su exportación a Europa y América, se transportaba en su gran mayoría a través de las montañas Meiling hasta la provincia de Guangdong. Según Han Huaizhun, citado por Liu, "[la porcelana de Jingdezhen de época Ming y Qing] era llevada a lo largo del río Chang hasta el Gan, después seguía una breve ruta terrestre a través de los montes Dayun y finalmente descendía por los ríos Gong y Bei hasta Guangzhou [Cantón]", para ser exportada a ultramar. Por otra parte, desde mediados de la década de los 60 hasta principios de los 80 del pasado siglo se encontraron en distritos como Nancheng, Guangchang o Huichang –a lo largo de la antigua ruta de postas situada entre los ríos Gan y Min– numerosas bandejas de porcelana *qinghua* para exportación de la era Wanli, la conocida como "porcelana kraak" tan poco frecuente en territorio chino, lo que confirma plenamente la importancia de esta zona de Jiangxi como lugar de tránsito de la cerámica china destinada a la venta en ultramar. Esta ruta sería muy frecuentada desde la dinastía Song del Sur hasta los Qing, pasando por los Yuan y los Ming.

Los estudiosos europeos y norteamericanos parecen decantarse también por este itinerario que llevaba hasta el Río de las Perlas. Es el caso, por ejemplo, de Daniel Nadler, que en su obra *China to Order* afirma que si se deseaba transportar porcelana hasta la provincia de Guangdong en primer lugar había que llevarla por el Yangtsé hasta el mar y luego seguir la costa hasta la desembocadura del Río de las Perlas, para finalmente remontar la corriente hasta Cantón, una ruta de aproximadamente 1.700 millas. No obstante, el transporte marítimo no era muy seguro y entrañaba peligros como los temporales o la piratería – aunque el principal obstáculo fueran sin embargo las trabas burocráticas, los impuestos y los chantajes de las autoridades–, por lo que la mayor parte de las mercancías solía realizar algunos tramos por tierra antes de retomar las vías fluviales hasta Cantón. Nadler opina que si se deseaba atravesar el país en lugar de costearlo, entonces había que seguir por río desde Jingdezhen hasta Nanchang, y desde allí bajar el río Gan y llegar al distrito de Dayu, atravesar el paso Mei y encaminarse a Nanxiong, para finalmente descender el río Bei y alcanzar Cantón. El tramo terrestre que desde Dayu llevaba a Nanxiong a través del paso Mei era extremadamente arduo, ya que los porteadores tenían que subir y bajar las cajas llenas de porcelana por los enormes escalones de mármol, tarea que llevaba un día entero completar.

Los cinco principales itinerarios de transporte de las porcelanas de Jingdezhen hasta los puertos de exportación y más allá descritos por Nadler son:

1. Jiangxi: Jingdezhen – lago Poyang – río Fu – Guangchang

 Fujian: Ninghua (canal artificial) – río Qingxi – Yong'an – Zhangping (canal artificial) – río Jiulong – Zhangzhou/Xiamen (Amoy) – ultramar

2. Jiangxi: Jingdezhen – lago Poyang – río Fu – Guangchang

 Fujian: Changting (canal artificial) – río Ting (barcos pequeños)

 Guangdong: Dapu (distrito de Mei) – Chaozhou – ultramar

3. Jiangxi: Jingdezhen – lago Poyang – río Fu – Guangchang – Ningdu (canal artificial) – río Mei – río Gong – Junmenling (Huichang)

 Fujian: Wuping (canal artificial)

 Guangdong: Zhenping (barcos pequeños) – río Han (barcos grandes) – Chaozhou – ultramar

4. (ruta oficial: alrededor de 600 kilómetros)

 Jiangxi: Jingdezhen – lago Poyang – Nangchang – río Gan – Wan'an – vieja ruta de los montes Meiling (paso Mei)

 Guangdong: Nanxiong – río Bei – Guangzhou (Cantón) – ultramar

5. (ruta más larga)

 Jingdezhen – lago Poyang – Yangtsé – costa – Guangzhou (Cantón) – ultramar

Además de Cantón, había también otros puertos que podían exportar mercancías al exterior, como Quanzhou, Zhangzhou, Chaozhou o Xiamen (Amoy).

6.3. Fascinación de los mercados europeos por la porcelana *qinghua* de China

Desde mediados de la dinastía Ming la principal cerámica común de China fue la porcelana *qinghua*. En esta época no sólo se exportó en grandes cantidades a diferentes países asiáticos y africanos, sino que también empezó a encontrar un amplio mercado en Europa. Los europeos tomaron por primera vez contacto con esta tipología cerámica durante las cruzadas, y con la apertura de las grandes rutas oceánicas entre Europa y Asia y el florecimiento del comercio marítimo fue aumentando gradualmente el número de cerámicas de toda China exportadas a ultramar.

La importación masiva a Europa de porcelana *qinghua* de China inició durante la era de los grandes descubrimientos geográficos. En 1498 Vasco de Gama dobló el Cabo de Buena Esperanza y alcanzó seguidamente la India, abriendo el camino a las rutas marítimas que conectaban Occidente y Oriente y preparando el terreno para el comercio a gran escala entre ambas regiones del mundo. En 1511 los navegantes portugueses se asentaron en el estrecho de Malaca y comenzaron a entablar intercambios comerciales con los países del sudeste asiático y China. En 1513 los portugueses llegaron a las costas chinas por primera vez, en las cercanías de Cantón. En 1517 la flota de ocho navíos comandada por Fernão Pires de Andrade llegó a las proximidades de la actual Macao y comerció con los chinos, y desde entonces la porcelana china llegó a Europa cada vez con más rapidez. En 1587 se creó la Compañía portuguesa de las Indias Orientales, en 1600 se fundó la correspondiente compañía británica por mandato de la reina Isabel I, y en 1602 hizo lo propio la compañía neerlandesa, a las que siguieron las de Dinamarca, Francia y Suecia, esta última ya en el siglo XVIII. En 1652 Holanda ocupó Formosa, sustituyendo a los portugueses como potencia dominante en el Pacífico occidental. Esa fiera competencia por el comercio marítimo en Oriente sin duda tendría su repercusión en la industria cerámica de Jingdezhen, si bien fueron los holandeses los mayores compradores de porcelana de dichos hornos. El establecimiento de las sucesivas compañías de Indias hizo que la porcelana china se exportara a escala masiva para satisfacer la creciente demanda de los mercados europeos.

Desde el reinado de Wanli en la dinastía Ming hasta comienzos de los Qing la mayor parte de las porcelanas chinas exportadas fueron tazones y bandejas *qinghua*. Dado que se trataba todavía de la etapa inicial de la exportación de cerámica a Europa, las piezas eran elaboradas en China según la información que del exterior llegaba a los artesanos locales, los cuales producían una porcelana de características nacionales pero con una personalidad muy marcada.

Debido a ese estímulo de la demanda, desde la última etapa del reinado de Wanli de Ming hasta la fase inicial del reinado de Kangxi durante la dinastía Qing el estilo de la porcelana *qinghua* de los hornos de Jingdezhen sufrió una serie de alteraciones, con una influencia muy clara de la pintura de los literatos y las xilografías de la época. La pasta de este tipo de porcelana *qinghua* era muy fina, y el color azul de la decoración muy brillante, dando a las piezas un aspecto fresco y natural. Dicha tipología cerámica se conoce en el mundo académico occidental con el nombre de "porcelana de estilo transición", por el período de transición dinástica en el que fue elaborada, y debido a su excelente calidad fue exportada a gran escala recibiendo el aprecio de los mercados europeos.

La porcelana de transición comenzó a exportarse a partir de 1635, y seguía el modelo de las muestras llevadas a China por los mercaderes de la Compañía neerlandesa de las Indias Orientales. Abundan, por tanto, las tipologías frecuentes en Europa, como las jarras para cerveza, los candeleros, los recipientes para mostaza, los vasos grandes para alcohol o los saleros. Sin embargo, no hay ningún artículo de encargo que muestre influencias estilísticas europeas en su decoración. La mayor parte de los productos de exportación de este período, ya sean modelos europeos o chinos, poseen una ornamentación muy similar a la de las piezas fabricadas para el mercado interior. Lo que apreciamos aquí son patrones decorativos inspirados en los diseños de los hombres de letras, lo que refleja las modas de la época y el importante papel desempeñado en China por los literatos. En la imagen 10-III se muestra un vaso en cuya superficie aparece una escena con personajes pintada en azul bajo esmalte, con un estilo libre y suelto característico de esta "porcelana de estilo transición". Este tipo de decoración imitaba a menudo las populares historias sacadas de novelas coetáneas, o las xilografías inspiradas en obras teatrales. Los apliques de orfebrería añadidos posteriormente en Gran Bretaña convirtieron lo que originariamente era una pequeña olla en una jarra grande para cerveza.

La porcelana de transición era de paredes gruesas y dimensiones considerables, con una brillante decoración azul oscuro con matices violáceos sobre fondo blanco. Las piezas más exquisitas no eran las realizadas para la corte imperial sino aquellas destinadas a la exportación, y los europeos recibieron por tanto los ejemplares más hermosos de la época. Además de los motivos decorativos propios de la era Wanli, también había otros nuevos extraídos de leyendas, mitos, novelas o historias de personajes heroicos, y hermosas mujeres, paisajes naturales, plantas y vegetales, sauces llorones, etc., a veces recortados

10-111 Jarra de porcelana *qinghua* de los hornos de Jingdezhen   Finales de la dinastía Ming/inicios de los Qing   Entre 1650 y 1690 se añadieron apliques metálicos en Londres   Museo Victoria y Alberto de Londres

sobre un fondo de montañas. Los paisajes presentaban a menudo personajes masculinos o femeninos en elegantes poses, como actores en una representación teatral. Con el fin de liberarse del yugo de la tradición, los pintores de porcelana de Jingdezhen recurrían a un estilo decorativo más desenvuelto y natural, inspirado en las artes coetáneas y también en las del pasado.

Si bien los alfares de Jingdezhen poseían a finales del siglo XVI una gran capacidad productiva y estaban muy avanzados desde el punto de vista técnico y de las relaciones de producción, debido a la disparidad entre su oferta y la creciente demanda numerosos hornos de la provincia de Fujian aprovecharon la oportunidad para desarrollarse de manera independiente imitando los modelos originales de porcelana *qinghua* y convertirse en una importante base de producción de esta tipología cerámica orientada a la exportación. Sus técnicas de producción y el nivel cualitativo de sus piezas no estaban a la altura de las de Jingdezhen; sin embargo, la gran demanda exterior hizo que la producción de esas áreas aumentara progresivamente su escala, sustituyendo eventualmente la porcelana *qinghua* de Jingdezhen y convirtiéndose en la principal fuente de aprovisionamiento de determinados mercados de ultramar. Desde el punto de vista de los precios, la porcelana *qinghua* de los hornos de Fujian resultaba muy competitiva, y además la cercanía y conveniencia de los diversos puertos de exportación de su costa y su ventajosa posición geográfica también contribuyeron a facilitar esa transición; incluso una parte de las famosas piezas de porcelana kraak exportadas entonces a Europa procedía de los hornos cerámicos de Fujian.

Además de Fujian, numerosos alfares de la provincia de Guangdong también produjeron en esta época porcelana *qinghua*, y hay autores que piensan que no pocos ejemplares de porcelana kraak y porcelana swatow habrían sido asimismo fabricados en ellos. Sin embargo, por los materiales de que disponemos hasta la fecha se puede afirmar que la porcelana *qinghua* de exportación de aquella época salió principalmente de los hornos de Jingdezhen, y que la mayor parte de la producción de porcelana swatow realizada en Fujian estuvo destinada sólo a Japón y los países del sudeste asiático.

6.4. Porcelana realizada bajo encargo de los mercados europeos

Antes de la aparición de la "porcelana de estilo transición" de finales de la dinastía Ming, los clientes europeos se mostraban muy satisfechos de la porcelana china exportada a sus países (porcelana kraak). La porcelana de entonces presentaba muchas características chinas tanto en su forma como en sus métodos decorativos. A partir de la última etapa de la dinastía esa porcelana china de exportación (la porcelana de transición) comenzó a alterar su estilo, puesto que entonces los europeos ya no se conformaban con unos ejemplares de aire exclusivamente chino sino que también demandaban una porcelana cuyo estilo se adaptara tanto a sus necesidades prácticas como a sus propios gustos estéticos. Por ello, en este momento los mercaderes occidentales comenzaron a encargar piezas más acordes con el estilo de vida europeo, a menudo diseñadas por los mismos clientes y luego encomendadas a los artesanos chinos para su ejecución, lo que supuso por tanto el inicio de una producción de porcelana china especialmente orientada a los mercados europeos. Era una porcelana de factura exquisita, distinta a la producida durante la era Wanli, que con frecuencia resultaba bastante tosca. El 23 de octubre de 1635 el gobernador holandés de Formosa Hans Putmans escribió una carta a la sede de la Compañía neerlandesa de las Indias Orientales en Amsterdam en la que se refleja ese cambio de tendencia. En ella Putmans cuenta que los mercaderes chinos le entregaron distintos tipos de piezas de madera laqueada, "muestras" que ellos podrían convertir en ejemplares reales de porcelana, y que le aseguraron que si realizaba el encargo podría estar listo para el año siguiente.

En 1639 el capitán del navío *Castricum* llevó a Taiwán un encargo de la Compañía neerlandesa de las Indias Orientales por un total de 25.000 piezas de porcelana, que debían ser realizadas según los modelos de madera entregados por la compañía. Una concisa misiva presentaba los diversos tipos de porcelana requeridos, y en ella también había una serie de modelos de referencia y se especificaba claramente que las piezas debían ser de delicada factura, con un esmalte transparente y una decoración azul sobre fondo blanco (*qinghua*); además, se le exigía al intermediario chino Jousit que tras la entrega del encargo devolviera los modelos lígneos, todo ello gracias a la intermediación de un intérprete llamado Cambingh. De entre las piezas, había 300 bandejas de fruta, 200 contenedores de alcohol de pequeñas dimensiones, 200 ollas y 300 platos grandes y profundos; las bandejas debían ser ligeras, con la base fina y de forma circular. Resulta evidente que las porcelanas chinas de la época recibieron la influencia de los modelos occidentales. La decoración seguía siendo predominantemente china, aunque también había ciertos elementos de carácter europeo, como el tulipán frecuente en los hogares holandeses, que muy probablemente sería copiado de los modelos pintados facilitados por la compañía de Indias o bien provenía de las baldosas de porcelana del segundo cuarto del siglo XVII, dado que por entonces los chinos ya debían de conocer dichas piezas –en una enciclopedia publicada en 1686 se dice que las baldosas de porcelana de Holanda ya habían llegado a China–. En cualquier caso, la aparición de tal motivo también podría tener otras explicaciones. Quizás proviniera de un diseño similar presente en la porcelana de Anatolia del siglo XVI; según Hessel Miedema, en cambio, se podría remontar a la llamada "decoración navideña"; y por otra parte en las bandejas italianas de mayólica del siglo XVI también aparecen similares diseños de flores. Entre todas estas posibilidades, la más probable sería esta última, que influiría en los artistas chinos. Por otro lado, el maestro ceramista holandés Rochus Jacobs Hoppestein también recurría a los tulipanes a finales del siglo XVII en sus representaciones de personajes orientales, sobre todo en el cuello de las grandes ollas, y en las porcelanas de Hanau (Frankfurt) y Nevers de la segunda mitad del XVII también pueden admirarse dichos motivos florales.

En las listas holandesas de compra de porcelana china de la época aparecen vasos de boca ancha, platillos para especias o sal, recipientes para mostaza, soportes para lámparas, collarines y otros numerosos tipos de bandejas y platos. Aparte de ello, también hay bacías de barbero (posteriores a 1637), salseras, copas altas, cálices octogonales, maceteros, recipientes para vino en forma de pera con vertedera, aceiteras, vinagreras, vasijas para enfriar el vino, copas de té, vasos para bebida, bacinillas, pastilleros...

6.5. Producción de porcelana *qinghua* en otros países

La porcelana *qinghua* producida en los hornos de Jingdezhen durante la dinastía Ming fue muy apreciada por clientes de distintos países, y por tanto encontró tanto dentro como fuera de las fronteras chinas un amplio mercado que no pudo abastecer por sí sola. Por ello, ya hemos visto que aparecieron numerosos hornos en todo el país que bien recibieron la influencia de aquella tipología cerámica o bien fueron creados para producir imitaciones de ella. Se han mencionado más arriba las porcelanas *qinghua* realizadas en los alfares de Yunnan, Guangxi, Fujian y Guangdong, que siguen dicha pauta; sin embargo, también se produjo este mismo fenómeno en otros lugares fuera del territorio chino. Fueron muchos los países que mostraron un profundo interés por esta tipología, y entre ellos las distintas naciones europeas importaron enormes cantidades durante este período. Otros países más cercanos a China no se conformaron tan solo con comprar este tipo de productos, sino que también aprendieron sus técnicas de elaboración. Entre ellos, Japón fue aquel en el que este hecho se manifestó de una forma más profunda, y sus artesanos viajaron expresamente a China para aprender esas técnicas de fabricación de la porcelana *qinghua*. De regreso a su país, abrieron los hornos de Imari y Kaseyama, especializados en la cocción de este tipo de cerámica. Eran ejemplares muy parecidos tanto en la forma como en la decoración a los producidos en los hornos comunes chinos en época Ming, y durante esta dinastía y la siguiente fueron vendidos a gran escala en los mercados internacionales.

Cuando en la década de los 50 del siglo XVII la exportación de porcelanas chinas entró en un pronunciado declive, las piezas salidas de los hornos de Imari comenzaron a venderse en Europa sustituyendo a aquellas e iniciando una época de exportación masiva de sus productos. Este momento constituyó una gran oportunidad para el desarrollo de la porcelana japonesa, que fue aprovechada por los alfares de Imari para imitar las piezas salidas de Jingdezhen.

Aparte de ello, en Irán y Turquía también se empezó a elaborar "porcelana" *qinghua*, conocida como "*qinghua* persa". El fenómeno se inició cuando el monarca safávida Abbás el Grande (1587-1629) solicitó a China el envío de un cierto número de artesanos alfareros para producir porcelana. Como en Persia no había arcilla de porcelana, sólo podía elaborarse un tipo de cerámica de esmalte blanco y pintura azul. A pesar de ello, esa variedad "*qinghua* persa" recibió una fuerte influencia de la porcelana *qinghua* de China, y también aquí se recurrió a motivos decorativos pintados como los dragones y fénix, los ramajes y flores o las peonías. Los artesanos persas de la época no sólo imitaban el modo de cocción sino también los patrones ornamentales, y les gustaba especialmente usar motivos de la porcelana *qinghua* de época Yuan –dragones, fénix, *qilin* (animal híbrido de la mitología china)– como material creativo. También recurrían a menudo a las flores de loto, y sus diseños con lotos y ramajes son prácticamente iguales a los de las decoraciones de las piezas producidas en China (imágenes 10-112, 10-113, 10-114, 10-115 y 10-116). Y no sólo eso: los artesanos ceramistas persas emplearon asimismo numerosas técnicas de hibridación decorativa, creando ejemplares con un estilo nuevo y propio. La bandeja plana de estilo chino elaborada en Mashhad a comienzos del siglo XVII presenta una serie de cervatillos correteando por el bosque con contornos de color negro rellenos de azul *qinghua*, de gran vivacidad; a lo largo del borde de la pieza aparecen un patrón ornamental similar al de los motivos incisos de azul pálido de las cerámicas de Jingdezhen, de original concepto y estilo peculiar. Dichos artesanos no sólo imitaron la porcelana *qinghua* de China, sino que aparentemente también recibieron la influencia de la porcelana china de colores contrastantes (imágenes 10-117 y 10-118). Además, ese influjo de ambas tipologías en los países islámicos no se reflejó únicamente en las piezas de porcelana; tuvo asimismo su repercusión en la pintura y decoración de las baldosas cerámicas de pared (imágenes 10-119 y 10-120). Los países musulmanes de aquella época todavía no eran capaces de producir porcelana, por lo que primero daban a sus ejemplares de cerámica común una capa de engobe de color blanco, sobre la cual ejecutaban después la decoración en tintas azules para acabar aplicando un estrato de esmalte transparente antes de la cocción definitiva. Las piezas *qinghua* de colores contrastantes eran en cambio iguales que las de Jingdezhen, con una doble cocción tras el esmaltado. Las técnicas alfareras de los artesanos de los países islámicos eran muy avanzadas: si no observamos con mucha atención el esmalte de sus ejemplares prácticamente se antoja idéntico al de la porcelana; sólo en el lateral de las cerámicas se puede apreciar su calidad real, con una pasta más blanda que la de la porcelana y unas tonalidades mucho más oscuras (imagen 10-121).

En cuanto a la porcelana *qinghua* de Vietnam (Champa, Annam), las relaciones entre aquel país y China fueron muy estrechas desde la Antigüedad, y ya en el siglo XV solicitaron el envío de algunos artesanos de la porcelana para que enseñaran las técnicas a los locales. Bajo la influencia de esas técnicas chinas, los alfareros vietnamitas elaboraron porcelana *qinghua* con unas características propias del país de origen. Las imitaciones realizadas a finales del siglo XIV de la porcelana *qinghua* y la porcelana de fondo blanco y decoración negra de los Yuan, en particular, son casi idénticas tanto en la forma como en la decoración a las originales y muy difíciles de distinguir de las producciones chinas de finales de los Yuan y comienzos de los Ming. Incluso algunos de estos ejemplares vietnamitas

112 | 114
113 | 115
　　| 116

10-112 Tazón con decoración de flores de loto realizado en Siria Siglo XV (dinastía Ming) Museo de Arte de Berkeley

10-113 Olla realizada en Siria Primera mitad del siglo XV (dinastía Ming) Museo de Arte de Berkeley

10-114 Bandeja cerámica con esmalte *qinghua* realizada en Turquía Segunda mitad del siglo XVI (dinastía Ming) Museo de Arte de Berkeley

10-115 Bandeja cerámica con esmalte *qinghua* de estilo chino realizada en Persia Alrededor de 1500 (reinado de Hongzhi) Museo de Arte de Berkeley

10-116 Bandeja cerámica con esmalte *qinghua* de estilo chino realizada en Turquía Primera mitad del siglo XVI (dinastía Ming) Museo de Arte de Berkeley

10-117 Bandeja plana con decoración de aves, ciervos y vegetación de estilo chino realizada en Mashad (Persia) Primera mitad del siglo XVII (dinastía Ming) Museo de Arte de Berkeley

sustituirían posteriormente las porcelanas chinas en los mercados de Oriente Próximo.

Según los documentos históricos, a finales del siglo XIII (durante los reinados de Kublai Kan y Temür Kan) el monarca Ramkhamhaeng de Sukhothai (actual Tailandia) visitó en dos ocasiones la capital Yuan de Dadu (Beijing) y se llevó consigo algunos artesanos para que enseñaran en su país las técnicas chinas de elaboración cerámica, cuya variedad es conocida allí como *sangkhalok*.

Tras su aparición en China durante la dinastía Yuan, la porcelana *qinghua* se difundió rápidamente por Corea, aunque la imitación de esos productos en este país fue más tardía; si atendemos a sus formas, su decoración, su delineado o su aplicación de los colores, parece que se inspiró sobre todo en los modelos chinos de la dinastía Ming. Desde el punto de vista técnico distan mucho de los ejemplares originales de Jingdezhen de esa época

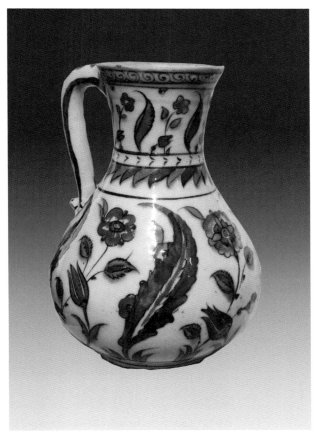

10-118 Jarra de agua realizada en el área de Iznik (Turquía)
Segunda mitad del siglo XVI (dinastía Ming) Museo de Arte de Berkeley

10-119 Ladrillo octagonal de porcelana con decoración de pavos reales y perales realizado en Damasco Mediados del siglo XVI (dinastía Ming) Museo de Arte de Berkeley

10-120 Ladrillo hexagonal de porcelana realizado en Damasco Mediados del siglo XV (dinastía Ming) Museo de Arte de Berkeley

10-121 Ladrillo rectangular de porcelana rectangular con decoración de hojas saz y nubes de estilo chino realizado en el área de Iznik (Turquía) Alrededor de 1575 (reinado de Wanli) Museo de Arte de Berkeley

–con un cuerpo más tosco, un esmalte de color blanco grisáceo, una fuerte presencia de arenilla en la parte inferior del apoyo y una tonalidad azul bastante mate–, si bien el contorno grueso de sus diseños posee un estilo muy peculiar (imagen 10-122).

Por lo que hemos podido ver más arriba, desde su surgimiento durante la dinastía Yuan y su progresivo avance y madurez la porcelana *qinghua* de Jingdezhen no cesó de influir en la producción cerámica de los países del entorno de China, impulsando el desarrollo de esta tipología cerámica en muchos de ellos, por lo que puede afirmarse que ésta fue sin duda una de las grandes contribuciones de la cultura china al mundo.

10-122 Jarrón para alcohol de porcelana qinghua con cuello rectilíneo realizado en Corea Dinastía Joseon   Museo Metropolitano de Nueva York

Capítulo 7   Conclusiones

7.1. Inicios de la popularización de la cerámica de colores

La dinastía Ming constituye una etapa extremadamente importante por lo que se refiere a la historia de la cerámica china, especialmente el período comprendido entre los reinados de Zhengde y Wanli (siglo XVI y principios del XVII), en los que se produjo una serie de grandes cambios en todo el mundo. Comerciantes portugueses, españoles, holandeses, japoneses y de otros muchos países del mundo viajaron a China para adquirir porcelana local. Jingdezhen siguió sirviendo a los mercados tradicionales de Asia y África, y a la vez recibió la llegada de nuevos clientes procedentes de Europa y Japón. Los grandes descubrimientos geográficos llevados a cabo por los europeos y la apertura de nuevos mercados impulsaron el comercio mundial, mientras la interconexión del viejo mundo y la progresiva incorporación de todo un nuevo continente dieron las primeras señales de un imparable proceso de globalización. La expansión de esos mercados internacionales y la interrelación de muy diversas culturas y civilizaciones alteraron el panorama de la producción cerámica de China e incluso contribuyeron a modificar los criterios estéticos del pueblo chino. Puede afirmarse que hasta la dinastía Ming la cerámica china era principalmente porcelana de color único. Aunque con los Song y los Jin (Yurchen) hornos como los de

Cizhou ya habían comenzado a producir porcelana de decoración color óxido, de motivos rasgados sobre fondo negro o de colores rojo y verde, entre otras, y la porcelana *qinghua* de los Yuan llevó más tarde la porcelana china de colores a un nuevo nivel, se trataba en todo caso de porcelanas de color único, predominantemente negro o blanco en el primer caso y verdiblanco en el segundo. Además, esas porcelanas de colores no constituían en aquel momento la tendencia de desarrollo principal de la industria cerámica china, y si bien fueron bien acogidas entre la población común no resultaron en cambio del agrado de la corte imperial, las clases ilustradas o los estratos más elevados de la sociedad, por lo que siguieron elaborándose pero como una producción de carácter secundario no apta para su uso en ambientes más refinados. Con el fin de atender la creciente demanda de los mercados internacionales, durante la dinastía Ming –y en particular a partir del reinado de Jiajing y Wanli– la cerámica china pasó de una larga etapa de porcelana de color único como principal producción a otra nueva en la que predominaría en cambio la porcelana de colores. Los hornos de Jingdezhen, en especial, desarrollaron a partir de la porcelana *qinghua* otras diversas tipologías como la porcelana de tres colores, la roja y verde, la dorada, la de colores contrastantes o la de cinco colores. Tanto los motivos decorativos como los modos de representación, los diseños, las herramientas técnicas para su elaboración o los materiales empleados eran entonces de una variedad sin precedentes, e impulsaron el desarrollo de la porcelana *qinghua* y la porcelana de colores en numerosos lugares de China y el exterior, especialmente en aquellas zonas de producción alfarera localizadas a lo largo de las costas. China se convirtió así en el centro mundial de elaboración de porcelana, y Jingdezhen en el centro de la industria cerámica china.

7.2. Características de las artes cerámicas de época Ming

Por lo que respecta a las variedades tipológicas de la porcelana de este período, los utensilios domésticos de uso cotidiano más frecuentes eran todo tipo de jarrones, copas para libación tipo *zun*, tazones, copas pequeñas, bandejas, platos, teteras, ollas, urnas, banquetas redondas tipo *dun*, cestas, cajas, calderos trípodes tipo *ding*, braseros, herramientas... Entre ellos había muchos tipos de porcelanas *dun* empleadas como asiento para el verano (de ahí que fueran conocidas en Jingdezhen como "taburetes frescos"). Las cajas podían servir para guardar colorete, polvos, tinta para sellos, pigmentos, etc.; los braseros en forma de caldero *ding* estaban originariamente destinados a cocinar o almacenar alimentos, pero después se emplearon como objetos sacrificiales o decorativos, y frecuentemente también como incensarios para quemar sustancias aromáticas; los utensilios, por su parte, eran en su mayoría juguetes u objetos decorativos para el estudio o la biblioteca, y entre ellos había tableros y piezas de *weiqi*, biombos, sombrereros, mangos para pincel, objetos para apoyar, guardar o limpiar los pinceles, lastras para entintar, vasijas para aguar y objetos sacrificiales especialmente realizados para el ceremonial. Observando todas estas piezas en boga durante aquellos años podemos ver cómo los productos salidos de los hornos cerámicos de Jingdezhen ya habían permeado todos y cada uno de los aspectos de la vida de las gentes de la época, convirtiéndose en objetos necesarios para los integrantes de los distintos estratos de la sociedad.

En cuanto a las temáticas representadas, aparte de seguir manteniendo los motivos y contenidos tradicionales también aumentó considerablemente la ornamentación con elementos propios del taoísmo o con historias de personajes, especialmente a partir de la etapa intermedia de la dinastía, ya que esta corriente filosófica era entonces más popular que el confucianismo, y aún más en el caso de la corte imperial. Al mismo tiempo, debido a la influencia del islam, también aparecieron ejemplares con inscripciones en escritura arábiga, un método decorativo surgido ya durante los reinados de Yongle y Xuande y que se difundiría en la era Zhengde.

Además de las influencias de carácter religioso, la producción cerámica de época Ming también recibió el influjo de las diversas artes afines. Este período marcó un momento de esplendor en el desarrollo de la industria sedera, con la creación de numerosas nuevas tipologías cuya decoración presentaba principalmente una serie de motivos realistas (flores, aves) o diseños geométricos de índole propiciatoria. Eran frecuentes entonces, por ejemplo, los fénix en grupo o entre las flores, las nubes lobuladas, los dragones entre nubes, las flores y aguas borboteantes, los ramajes y peonías o frutos, las flores sobre brocados, los crisantemos de la longevidad, los elementos celestes y terrestres, las granadas, las flores de melocotón, los hibiscos, las trepaderas, los "ocho tesoros", los "ocho elementos auspiciosos", los rombos enlazados, los caparazones de tortuga, las monedas, etc. Este tipo de motivos también era muy recurrente en la decoración de las cerámicas de Jingdezhen de la época, lo que demuestra que se trataba de una particularidad propia de aquel período. La influencia mutua entre los brocados de seda y las porcelanas de Jingdezhen no se limitaba a los motivos sino también a las formas decorativas. Las frecuentes combinaciones florales de los brocados, por ejemplo, con su tendencia a la acumulación o con la apertura de paneles ornamentales, se desarrollaron a partir de esta etapa intermedia de los Ming, y a finales de

10-123 Olla de porcelana *qinghua* con colores contrastantes
Dinastía Ming (reinado de Jiajing) Museo de Arte de Berkeley

la dinastía y con los Qing se consolidó como una de las características fijas de la decoración cerámica de los hornos de Jingdezhen.

Aparte del brocado, otras artes afines de la época que influyeron en la producción cerámica de los hornos comunes de Jingdezhen fueron la pintura de las clases ilustradas y la pintura de género. El contenido de muchos de los patrones ornamentales de las cerámicas de la época estaba atento en primer lugar a sus connotaciones auspiciosas, y se buscaban además los elementos homófonos en las representaciones simbólicas. En la imagen 10-123, por ejemplo, se puede ver una olla globular de porcelana *qinghua* de colores contrastantes datada en la era Jiajing con una escena de peces y algas; los peces de la parte superior están pintados de color oro. Como "pez" y "excedente" suenan igual en mandarín, los peces dorados tenían el significado de "sobreabundancia de riqueza".

7.3. Influencia de la pintura elitista en las artes cerámicas

Durante las primeras décadas de la dinastía Ming los gobernantes se propusieron revivir el estilo propio de la etnia Han. El emperador Hongwu quiso recuperar el sistema de los Song y refundó la academia de pintura, un arte que bajo los Ming viviría un momento de gran vitalidad, con numerosas corrientes. El incipiente capitalismo de los centros urbanos y comerciales llevó a la congregación en el área en torno al curso inferior del Yangtsé (Jiang-nan) de numerosas agrupaciones especializadas de pintores y literatos, y factores de tipo político, económico, geográfico y cultural contribuyeron a la aparición de muchas escuelas de pintura con características muy peculiares, como la propia academia imperial o las escuelas de Zhe, Wu, Songjiang, Jiangxia o Xiulin. Desde que el famoso poeta, pintor y calígrafo Su Dongpo estableciera en la dinastía Song el concepto de "pintura de literatos", los límites entre ésta y la "pintura de artesanos" se hicieron cada vez más precisos. Lo que Su quería decir con ello es que además del dominio técnico del pincel y la tinta ese estilo debía conservar el tono poético, lo cual se traducía no en una pintura vigorosa o imaginativa sino en una manifestación simple, discreta y sosegada. Con los Ming este estilo pictórico seguía perviviendo, y por lo tanto aunque desde mediados de la dinastía las artes adquirieron un toque de mundanidad y localismo propio del ámbito urbano, la pintura de estos eruditos y *literati* siguió refugiándose entre las montañas, los bosques y los riachuelos, buscando expresar ese significado profundo en un entorno alejado de los asuntos seculares. El interés de los artistas se centraba en la naturaleza, en los montes y torrentes, o en el mundo interior y los sentimientos. En sus representaciones aparecen a menudo seres inmortales, monjes, eruditos o eremitas, vagando por amplios espacios desolados o tocando algún instrumento en la soledad de su cabaña, o bien degustando una taza de té, debatiendo sobre los dogmas taoístas, declamando poemas o cabalgando su montura, mientras en segundo plano atiende un sirviente recortado sobre un fondo de rocas y manantiales o de un bosque de bambúes coronado de nubes. Este tipo de escenas puede apreciarse en una parte de las cerámicas pintadas de la etapa intermedia de la dinastía Ming.

Antes de ese período la mayor parte de los motivos decorativos aparecidos en las cerámicas chinas seguían unos determinados patrones. Es verdad que en la porcelana *qinghua* de época Yuan también podían verse historias o escenas con personajes, pero era un estilo caracterizado por las líneas simples y definidas y los colores planos, mientras que sólo a mediados de la dinastía Ming se traslada directamente a la decoración cerámica por primera vez ese estilo similar a la acuarela propio de las pinturas con tinta de los literatos. Además, dado que la ornamentación de la porcelana *qinghua* era bajo esmalte, se podía embeber el pincel en el pigmento azul cobalto y trazar las pinceladas sobre el cuerpo todavía no cocido de la vasija, susceptible de absorber el agua, con lo cual era posible conseguir ese efecto difuso de la tinta china perseguido por los artistas eruditos. Los personajes representados en esas escenas vagan libremente, con una gracia natural y una actitud elegante, y son el reflejo de ese anhelo de eruditos y ermitaños –los "caballeros" o "letrados" que dieron nombre a ese tipo de escenas en la pintura de los artesanos– por una vida libre y exenta de preocupaciones (imagen 10-124). Este tipo de representaciones recibió la influencia de la "pintura de literatos" de la época, con un cuidado por el trazo y el significado, con la intención de no dar a sus figuras una forma demasiado definida y expresar en cambio tanto su apariencia como su espíritu con unas pocas pinceladas y un sucinto toque de color; así, los personajes del primer plano se confunden a menudo con el fondo difuso y etéreo sobre el que aparecen representados. Aparte de las escenas de vida de eruditos y hombres de altas virtudes morales, también hay numerosas pinturas con imágenes de inmortales taoístas, frecuentemente en vuelo, con poses muy desenvueltas, sobre un fondo de pabellones, terrazas, montañas, ríos y nubes enroscadas (ver imagen 10-35).

10-124 Tazón de porcelana *qinghua* con escena de "letrados"
Dinastía Ming (reinado de Hongzhi)   Instituto de investigación
cerámica de los alfares comunes de Jingdezhen (Jiangxi)

10-125   Incensario de porcelana *qinghua* con escena de "letrados"   Colección de Xiao Naiyue (Singapur)

10-126 Tazón de porcelana *qinghua* con escena de personaje cabalgando   Dinastía Ming (reinado de Chenghua)   Instituto de investigación cerámica de los alfares comunes de Jingdezhen (Jiangxi)

Otras variedades frecuentes –por lo que respecta a la porcelana *qinghua*– son: las tazas con el "anciano del Polo Sur (*shouxing*)", las ollas con "letrados" y las ollas con la "celebración de los ocho inmortales" del reinado de Jingtai; los tazones con "los ocho inmortales cruzando el mar" y los jarrones florero con la "visita a un amigo con el *qin* (instrumento de cuerda)" o los "ocho inmortales" de la era Tianshun; las ollas con "personajes en pabellones" y las ollas con tapadera con escena de "ajedrez en el patio" del reinado de Chenghua; las ollas con tapadera con "letrados", los braseros trípodes con "personajes cabalgando" y los incensarios con escena de "adoración de la luna" o con "letrados" (imagen 10-125) del reinado de Chenghua; y los juegos de cajas con "personajes en pabellones" o los tazones tipo Zhuge Liang con escena de "banquete en el patio" de la era Zhengde, entre otros.

Aparte de la porcelana *qinghua*, este tipo de escenas también aparecen en la porcelana de color rojo y verde de la época. Las variedades más representativas son los incensarios cilíndricos con pedestal y representación de los "ocho inmortales" de la era Tianshu y los tazones con "personajes cabalgando" del reinado de Chenghua (imagen 10-126).

Si comparamos las representaciones antropomorfas de la porcelana *qinghua* de la dinastía Ming y las correspondientes de época Yuan, vemos que desde el punto de vista de los métodos pictóricos estas últimas recibieron la influencia de las xilografías coetáneas, y que por ello son más rígidas y ordenadas; en cuanto a los motivos decorativos, la mayoría de los representados en las porcelanas *qinghua* de la dinastía Yuan derivaban de la ópera o de la literatura, y en su mayor parte se trataba de escenas o historias con personajes, con un marcado sabor popular, mientras que las representaciones de la etapa intermedia de la dinastía Ming muestran en cambio el influjo de la "pintura de literatos", con figuras gráciles y elegantes que retratan la vida de las clases ilustradas o a inmortales taoístas, un estilo que reflejaba el gusto de los *literati* y resultaba muy representativo de su mundo.

A partir de la etapa intermedia de la dinastía Ming, la pintura de los hombres de letras de los círculos ilustrados de ciudades como Suzhou, Hangzhou o Nanjing comenzó a ejercer una fuerte influencia sobre la producción cerámica de Jingdezhen, especialmente las representaciones académicas de la escuela Zhe y la pintura de estilo erudito de la escuela Wu. Aunque a finales de la dinastía la sociedad china estaba revuelta y los Ming se veían amenazados en su posición, la vida de estos letrados en la zona de Jiangnan era todavía bastante despreocupada, y bajo esas circunstancias buscaban en sus manifestaciones artísticas un modo de expresión liberatoria. La difusión de la filosofía del pensador neoconfuciano Wang Yangming y el reverdecimiento del budismo zen en la etapa final de la dinastía hicieron que conceptos y valores tradicionales como "holganza", "limpieza", "vacío" o "quietud" se manifestaran con más claridad en las pinturas de los hombres de letras. Numerosos artistas de la élite se dieron al cultivo zen de la mente para alejarse de las preocupaciones mundanas y alcanzar la paz interior. La escuela de Songjiang, heredera de la escuela de Wu, ganó entonces una gran popularidad en los círculos artísticos, y miembros como Dong Qichang, Chen Jiru, Mo Shi Long o Zhao Zuo fueron artistas de gran influencia en su época. Gracias a los avances en las técnicas xilográficas, las obras de estos pintores pudieron reproducirse y publicarse en libros ilustrados, que fueron tomados como modelo por los artesanos cerámicos de Jingdezhen; estos trasladaron algunos de los motivos y contenidos de esas imágenes a la decoración de las porcelanas, creando obras que se adaptaban a los gustos de aquellos artistas y literatos. Por ello, durante el reinado de los emperadores Tianqi y Chongzhen, utensilios cerámicos de uso diario entre los eruditos como los objetos para guardar o limpiar los pinceles o los incensarios llevaban a menudo esas representaciones de la "pintura de literatos", con una pincelada relajada y desenvuelta a base de grandes trazos emborronados. Las temáticas, como ya hemos visto, eran las frecuentes en ese tipo de pintura, como "Li Bai embriagado", "Wang Xizhi contemplando los gansos", "Su Dongpo y su amada lastra de entintar", "Zhou Maoshu apreciando los lotos", "Tao Yuanming admirando los crisantemos", "Figura sentada en soledad bajo el pino", "Anciano pescando", "Visitando a un amigo con el *qin*", etc. Comparadas con las representaciones originales de la etapa intermedia de los Ming, han desaparecido aquí las

10-127 Incensario de porcelana *qinghua* con escena de *Romance de los Tres Reinos* Dinastía Ming (quinto año del reinado de Tianqi, 1625) Museo Británico de Londres

nubes trilobuladas o en forma de hongo del fondo de las escenas, y si las hay son muy simples, en forma de paréntesis, realizadas con un pigmento azul muy leve, lo que otorga al conjunto un aire aún más etéreo y cercano al mundo erudito. Además, como estas piezas trataban de satisfacer los criterios estéticos de las clases ilustradas, rompieron con una larga tradición de patrones ornamentales de diverso tipo frecuentes en los cuellos, hombros y asientos de las porcelanas *qinghua* de épocas anteriores, concentrándose exclusivamente en la decoración pintada de la entera vasija, aunque en ocasiones para evitar la monotonía aparecía en los apoyos algún motivo inciso de colores oscuros. Además de motivos antropomorfos, en estas ornamentaciones cerámicas aparecen asimismo otros contenidos muy recurrentes en la pintura de los literatos, como las flores o los paisajes. Durante el proceso de decoración pictórica, los artesanos se esforzaban por una parte en imitar los métodos expresivos de los hombres de letras, con pinceladas muy húmedas y ligeras de color, y por otra daban rienda suelta a sus instintos artísticos añadiendo vivacidad a sus escenas. Aparte de todo lo apenas descrito, también se utilizó en cierto tipo de jarrones y ollas de la época este mismo método decorativo, aunque con el añadido en los cuellos de las vasijas de un sencillo patrón decorativo, un sistema muy poco frecuente hasta aquella fecha.

7.4. Influencia de las xilografías en las artes cerámicas

La prosperidad del arte de la xilografía durante este período también contribuyó a vivificar la industria cerámica, introduciendo una savia nueva. La xilografía de la fase más temprana (dinastía Tang) abundaba en representaciones de carácter budista, ya que aquel fue un momento de esplendor de esta religión. Durante las Cinco Dinastías y las dinastías Song del Norte y del Sur el uso de la impresión mediante planchas de madera se fue extendiendo progresivamente, y en especial durante la dinastía Song –gracias al auge de la industria editorial y a los avances en las técnicas de impresión– la xilografía alcanzó un brillo sin precedentes. Con los Yuan se popularizaron tanto los espectáculos teatrales como las novelas y las historias del folklore oral, formas artísticas de marcado tinte realista que también contribuyeron al desarrollo de la xilografía. Desde el reinado del emperador Wanli de los Ming hasta comienzos de la dinastía Qing, el desarrollo de la economía de mercado y el esplendor del mundo urbano contribuyeron a una secularización y una difusión de las actividades de esparcimiento nunca antes vistas de las artes y las letras. Obras teatrales y novelas aparecieron entonces en gran número, y tanto la industria del grabado y la impresión como el arte de la ilustración se desarrollaron en consecuencia. Se trata de un período culminante en la historia china de la impresión, cuando se produjo el mayor número de obras de la más grande variedad hasta la fecha y su calidad artística alcanzó su nivel más alto. Las diferentes obras teatrales, novelas e historias del folklore oral de la época iban entonces acompañadas de ilustraciones xilografiadas que complementaban y ayudaban a interpretar el contenido escrito, lo que otorgaba a cada escena un mayor atractivo y veracidad y hacía el volumen más comprensible y aceptable para el lector. Así, dichas imágenes no sólo impulsaron el desarrollo del drama y la literatura sino que se convirtieron en una de las formas artísticas más divulgadas a nivel popular de la época. Numerosos artistas participaron activamente en la realización de tales ilustraciones, caso de Tang Yin, Qiu Ying, Chen Hongshou o Ding Yunpeng, entre otros; también surgieron, por su parte, gran cantidad de hábiles artesanos dedicados al grabado y librerías especializadas difundidas por todos los rincones de China, sobre todo en Huizhou, Jinling, Hangzhou y Beijing. De entre ellos, las xilografías de Huizhou alcanzaron el nivel más alto de todas las producciones coetáneas y un destacado renombre en la historia china de la impresión. En sus talleres trabajaron numerosos artesanos de refinada técnica; los grabadores de la familia Huang y Wang, por ejemplo, eran especialistas de gran talento cuyos conocimientos se transmitían de generación en generación. Los grabados realizados por Huang Zili de *A orillas del agua* e *Historia del ala oeste* a partir de las ilustraciones de Chen Hongshou o los de la *Historia del ala oeste* y la *Historia de la pipa* [laúd] llevados a cabo por Huang Yikai son obras de excepcional destreza e indescriptible finura. Los artistas colaboraban estrechamente con los grabadores clarificando cada detalle de sus composiciones, para que luego estos últimos pudieran desplegar su talento de la mejor manera posible con trazos y puntos incisos "finos como la seda y densos como la lluvia", con pausas y transiciones, consiguiendo que incluso pinceladas complejas de trazo hueco y semiseco fueran trasladadas a los bloques de madera mediante el hábil manejo del cuchillo. Las ilustraciones xilográficas de Huizhou de esa época son representativas del excelso nivel alcanzado por el arte de la impresión en la China de los Ming.

No sólo las ilustraciones de las novelas por capítulos poseían tal calidad; también numerosos manuales de pintura, de los que resultan representativos aquellos que ilustraban ciertas colecciones de poemas de época Song y Tang. Dichos libros, y otros como el célebre *Manual del jardín de la semilla de mostaza*, son la fuente de los pequeños soles y lunas, las nubes con formas redondeadas, las manchas de musgo, los personajes de estilo libre o las hojas de banano de los bordes de las vasijas frecuentes en la decoración de paisajes con figuras de finales de los Ming y comienzos de los Qing. Tanto en la porcelana *qinghua* de los hornos comunes de finales de la dinastía Ming y de los alfares oficiales de la era Kangxi de los Qing como en las piezas rescatadas del pecio Vung Tau hundido en el Mar Meridional de China se pueden apreciar elementos característicos de las ilustraciones impresas de la última etapa de los Ming. El incensario de la imagen 10-127, por ejemplo, presenta en su base una inscripción con la fecha de producción ("quinto año del reinado de Tianqi") y un nombre (Wu Dongxiang) no conocido y que podría ser el propietario o donante de la vasija. Las imágenes de las paredes externas del incensario provienen de una famosa obra teatral (*Zhao Yun salva al hijo del emperador*), inspirada en un episodio de una no menos célebre novela histórica (*Romance de los Tres Reinos*) en el que se describe la historia del valeroso general Zhao Zilong, que salvó en solitario al hijo único del emperador Liu Bei de Shu y a su mujer durante la batalla de Changban a finales de la dinastía Han del Este. Este tipo de representaciones estaban inspiradas en las ilustraciones xilográficas de la época.

Todos estos manuales y xilografías bellamente grabados supusieron para los artesanos alfareros el descubrimiento de un mundo creativo profundamente inspirador, y por ello a partir del reinado de Wanli tanto la porcelana *qinghua* como la de cinco colores presentan rasgos estilísticos muy diversos a los de épocas anteriores. Los diestros alfareros hicieron gala de su dominio técnico trasladando a la decoración de esas dos tipologías cerámicas el rigor morfológico, la elaborada distribución de los contornos y el uso combinado de un denso entramado de puntos y líneas propios de las xilografías para expresar los contrastes de sombras y luces, entre otros procedimientos. Hay incluso porcelanas *qinghua* en las que se empleaba un método consistente en usar el pigmento azul cobalto sólo para delinear los perfiles de las figuras y no colorear los espacios interiores, o como mucho hacerlo con pinceladas muy tenues. La influencia de las ilustraciones xilográficas sobre las porcelanas *qinghua* de Jingdezhen de época Ming no sólo se limitaba a los métodos decorativos, sino que se hacía sentir asimismo por lo que respecta a los motivos. El contenido de las xilografías de aquel período, como hemos visto, se inspiraba en las novelas, obras teatrales, historias orales o biografías, pero también en libros de carácter histórico, gacetas locales y volúmenes con ilustraciones de artistas famosos. Todo ello fue permeando la vida de los ciudadanos de la época en sus distintos aspectos y ámbitos, a la vez que iban enriqueciéndose y diversificándose los motivos y las formas expresivas con que se representaban. Dicha variedad en los contenidos y sofisticación en los métodos expresivos de las planchas xilográficas hizo que las porcelanas *qinghua* y de cinco colores experimentaran un fuerte desarrollo, sentando las bases para la posterior evolución y madurez de ambas tipologías cerámicas durante el reinado de Kangxi en época Qing.

7.5. Repercusión del comercio de ultramar en los estilos cerámicos

El aspecto más importante en el desarrollo de las artes cerámicas de época Ming, y también el que menos ha recibido la atención de los estudiosos hasta la fecha, es precisamente la apertura de los mercados exteriores y el consiguiente incremento del intercambio comercial y cultural entre Oriente y Occidente a partir de los reinados de Jiajing y Wanli, y la enorme influencia que ello tuvo para la evolución y transformación de la industria alfarera china. En su obra *Treasures of Chinese Export Ceramics* el especialista norteamericano William R. Sargent afirma: "Desde la segunda mitad del siglo XVI hasta el siglo XIX, el intercambio entre China y Occidente no se limitó exclusivamente al comercio de la porcelana y otras formas artísticas, sino que se extendió asimismo al ámbito del pensamiento religioso, la política, el diseño de jardines, la arquitectura, la música y los idiomas. Al introducir en sus hogares el té y los utensilios correspondientes, la vida doméstica de los occidentales recibió una fuerte influencia de Oriente, y tanto los hábitos cotidianos como los rasgos estilísticos definitorios de la sociedad sufrieron una profunda transformación. En esta época se introdujeron numerosos materiales procedentes del exterior como la laca, la seda o la pintura de pared y objetos como el mobiliario, las pinturas y las porcelanas u otras mercancías de carácter artístico importadas de China, y el uso de esos artículos de lujo procedentes del país asiático –y el deseo de los europeos por elaborarlos en sus respectivos territorios– alteró profundamente la decoración interior de sus hogares [...] El anhelo de poseer dichos artículos chinos de lujo –y en especial el té y los objetos de seda y porcelana– era el motor que subyacía detrás de la competencia por los mercados globales y la creación y mantenimiento de una red comercial de productos de porcelana. No obstante, este fenómeno mundial prolongado durante diversos siglos provocaría una reacción en cadena, y no se trataría de un hecho aislado o unívoco de Oriente a Occidente sino repetido en el tiempo, de carácter bidireccional y continuado hasta la actualidad".

De lo arriba referido se deduce que la llamada globalización ya había comenzado con la exportación de porcelana a Europa durante los reinados de Jiajing y Wanli a finales de la dinastía Ming, o al menos fue ese el inicio de la globalización del comercio de porcelana. Este fenómeno, que incluiría también otras mercancías de exportación, no sólo tuvo repercusión en los modos de vida occidentales sino que influiría asimismo en los criterios estéticos del pueblo chino y en la formación de nuevos estilos artísticos en el ámbito de la producción cerámica, ya que se trató al fin y al cabo de una influencia mutua y en ambos sentidos.

Por lo tanto, además de la influencia de la "pintura de literatos" y de las ilustraciones xilográficas de la época, las artes cerámicas de la dinastía Ming recibieron también el decisivo influjo de la cultura y las artes de ultramar. Tras la eliminación de la prohibición del comercio marítimo durante el reinado del emperador Longqing y la apertura de las rutas a Europa, y con el consiguiente florecimiento de los intercambios con diversos países de todo el mundo, la industria cerámica china entró en una nueva fase de su historia, ampliando no sólo sus mercados sino también su campo de visión al absorber nuevos nutrientes artísticos y modificar sus criterios estéticos. Los numerosos comerciantes llegados a Jingdezhen con el objetivo de encargar piezas de porcelana asimilaron por un lado los avanzados métodos y artes cerámicos de los artesanos del lugar, y por otro trasladaron a estos las exigencias impuestas por los clientes de sus respectivos países y acordes a los diferentes estilos de vida y hábitos de ocio, aportando incluso sus propios modelos y muestras. Sus gustos y criterios artísticos influyeron a su vez en los modos de creación de los artesanos alfareros chinos, hasta el punto de dar origen a unas formas artísticas características y peculiares de este período. Para adaptarse al mercado nipón, por ejemplo, los artesanos comenzaron a añadir durante el reinado de Jiajing apliques dorados a sus ejemplares, que aunque ya habían aparecido anteriormente lo habían hecho en escaso número, y que a partir de entonces y durante la siguiente dinastía seguirían empleándose en gran medida para conseguir ese hermoso efecto de brillo y colorido. Al mismo tiempo, y bajo la influencia de la cultura europea, las decoraciones con motivos complejos y sobreelaborados se hicieron también populares entonces, y se continuaron utilizando posteriormente hasta alcanzar su apogeo durante la dinastía Qing. Es decir, debido a la aparición de los factores propios de un capitalismo incipiente y al empuje de la cultura foránea, los criterios artísticos del pueblo chino se vieron alterados por la mercantilización de los productos artesanales, y la estética del momento comenzó a secularizarse y a hacerse más urbana. En este proceso que llevaba de la simplicidad a la sofisticación se pasó de perseguir la "ley natural" a buscar la "ley humana", del objeto primigenio y consustancial al objeto artificial y elaborado. Desde el punto de vista del devenir histórico del pueblo chino, la producción alfarera de época Ming se sitúa en un importante momento de transición entre la sociedad tradicional y la sociedad moderna, y por lo que concierne más concretamente al estilo de las artes cerámicas de los hornos de Jingdezhen también supone el decisivo paso de una corriente tradicional centrada predominantemente en torno a las clases ilustradas a otra moderna en la que prevalecerá la cultura secular y popular.

En este período apareció en los mercados europeos, nipones y de Oriente Próximo un tipo de porcelana muy llamativa llamada "kraak" en Europa y *fuyode* en Japón. Algunas de las piezas de porcelana de decoración negra sobre fondo blanco de los hornos de Cizhou y las de porcelana *qinghua* de Jingdezhen realizadas en época Yuan ya presentan este tipo de decoración a base de paneles separados, especialmente aquellas exportadas a los países musulmanes. Durante el reinado de Wanli esta tipología cerámica empezaría a ser muy apreciada en los mercados europeos, ejerciendo además una fuerte influencia en la cultura del mundo islámico.

En la imagen 10-128, por ejemplo, aparece un tazón de porcelana kraak realizado durante el reinado de Chongzhen (1627-1644) para los mercados de Oriente Próximo y Europa, con elaborados motivos decorativos a base de contornos perfilados y colores emborronados. La ornamentación de claveles, tulipanes y otras flores con ramas y hojas de estilo descriptivo y programático resulta muy representativa de esta época, y su origen podría remontarse a la cerámica de Iznik o a los brocados otomanos del siglo XVI, o bien a la porcelana *qinghua* safávida de comienzos del siglo XVII; los tulipanes, en particular, fueron extremadamente populares en Holanda durante la década de los 30 del siglo XVII.

Como hemos dicho, este tipo de porcelana kraak no sólo se exportó a Europa y Oriente Próximo, sino que también gozó de gran éxito en Japón. En la imagen 10-129 aparece una olla para líquido con asa y decoración a base de motivos marinos; esta peculiar vasija, con

10-128 Tazón grande de porcelana qinghua de tipo kraak
Dinastía Ming (reinado de Chongzhen)

10-129 Olla con asas de porcelana qinghua con decoración de animales acuáticos Dinastía Ming (reinado de Tianqi/Chongzhen, entre 1625 y 1635) Altura: 27'4 cm.; diámetro boca: 18'4 cm.

forma de barreño de madera, fue especialmente producida para su uso durante la ceremonia del té en Japón, como utensilio para lavar las copas o surtir de agua limpia para preparar la bebida. Sobre la superficie de la olla aparecen paneles que imitan las subdivisiones de los cubos de madera; en la parte superior y la tapadera hay grullas volando y otros símbolos de vida eterna de la iconografía taoísta, alternados con nubes lobuladas de carácter auspicioso; en la parte inferior se ven en cambio algas marinas y todo tipo de peces y crustáceos, como carpas, peces mandarín, cangrejos o gambas; a lo largo del asa y sobre la tapadera hay motivos enroscados. Las peonías y lotos con ramajes del remate del asa aparecen a menudo en las piezas de porcelana de exportación de los años 30 y 40 del siglo XVII. La banda protuberante que rodea el cuerpo de la vasija imita las abrazaderas metálicas de los barreños. Las partes azules de la superficie esmaltada presentan innumerables agujeritos, y también son numerosas las "marcas de insectos" en el asa, la tapadera y la parte protuberante, mientras a lo largo de la base se adhieren minúsculos coágulos de arenilla. Todo ello caracteriza la porcelana de exportación de las eras Wanli, Tianqi y Chongzhen.

Todos esos ejemplares de porcelana kraak arriba descritos, ya fueran exportados a Europa, Oriente Rróximo o Japón, poseían tanto la huella genética de los hornos de Cizhou como una fuerte impronta estilística de aquellos países de destino. Este mutuo intercambio de influencias determinó el desarrollo de la cerámica de Jingdezhen y dio origen a un nuevo estilo decorativo. Resulta por tanto evidente que la interrelación y la amalgama entre diferentes culturas y civilizaciones están en la base de cualquier creación cultural, incluidas las producciones artísticas.

Undécima parte
Cerámica de la dinastía Qing

Capítulo 1   Sinopsis

La dinastía Qing se extendió desde el año 1644 hasta 1911, uno de los gobiernos más largos en la historia de la monarquía china. Los emperadores Qing eran de etnia manchú, descendientes de los yurchen asentados en el noreste de China. Uno de los ancestros de los Qing, Nurhaci, estaba muy influenciado por la cultura Han. Durante los últimos años de la dinastía Ming comenzó a unificar a los yurchen de Jianzhou y creó un sistema de organización militar basado en las "ocho banderas" o divisiones administrativas, una fuerza centralizada en la que coexistían soldados y civiles; también encargó a dos de sus traductores la tarea de crear un alfabeto manchú basado en la escritura mongola, y en 1616 ascendió al trono como "Kan" de la nueva dinastía Jin Posterior por él fundada. Su hijo y sucesor Hong Taiji (1627–1643) rebautizó su Estado con el apelativo Qing en 1636, y después él mismo asumiría el nombre de templo de Taizong. Detrás del cambio del nombre de la dinastía hay motivos religiosos de índole taoísta, ya que el sinograma usado para la dinastía Ming (明) se compone de los caracteres de sol y luna asociados al elemento del fuego; Jin (金), en cambio, significa "oro", y por tanto no resultaba un nombre auspicioso ya que podía ser destruido por el fuego. El sinograma Qing (清), por el contrario, se compone del radical para agua (水) y del carácter relativo al color azul (青), ambos asociados con el elemento agua, que podía vencer sobre el fuego. Ello demuestra el grado de aculturación o "sinización" al que estaban sometidos los fundadores del nuevo imperio. No sólo se adhirieron al credo confuciano, sino que emplearon a numerosos personajes de la etnia Han como funcionarios civiles y militares.

En el mapa 11-1 se muestra la extensión y fronteras de China durante la dinastía Qing.

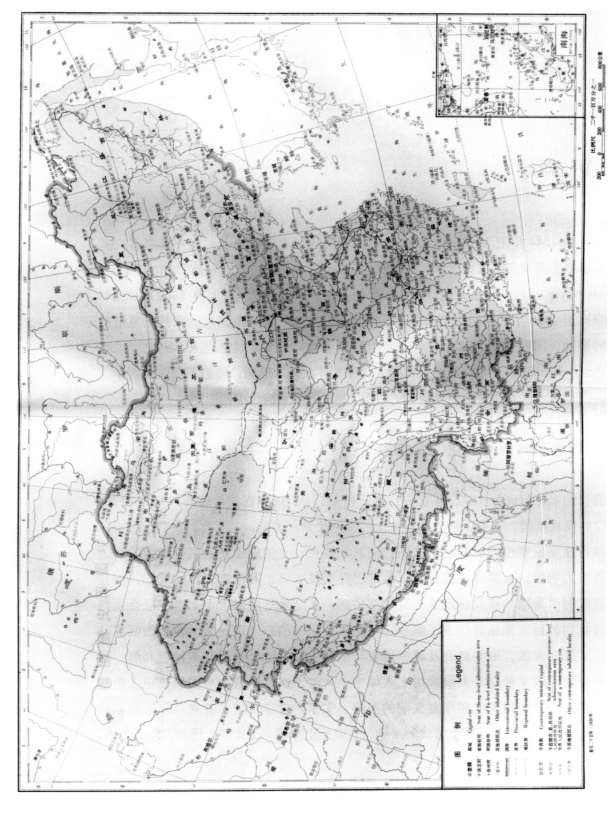

11-1 **Dominio territorial de los Qing en 1820** (de la *Colección de mapas históricos de China* editada por Tan Qixiang)

1.1. Influencia de los emperadores Qing en la cultura de la época

Los reinados de los emperadores Kangxi (1662-1722), Yongzheng (1723-1735) y Qianlong (1736-1796) constituyeron otro de los grandes períodos de prosperidad en la historia de la sociedad china.

En estos tres emperadores resulta muy claro el deseo tanto de legitimar su autoridad política como de establecer un gobierno dentro de la esfera moral ortodoxa. Desde el principio del reinado de Kangxi fue evidente la importancia concedida por la corte imperial a la ética y el orden social tradicionales, y ésta se mostró además muy sensible ante cualquier signo de oposición o resistencia. Se verificó entonces una tendencia a combatir aquellos escritos heterodoxos o considerados como "corruptos", con lo cual durante esos años de reinado este tipo de literatura casi desapareció. Con Qianlong, todas las obras antiguas o modernas escritas por "extranjeros" o "bárbaros" o aquellas de inspiración dudosa o poco acorde con los cánones establecidos acabaron censuradas o destruidas. El resultado de todo esto fue la supresión de cualquier rastro de crítica social o política tal y como se habían manifestado hasta las primeras décadas del siglo XVII y la rápida desaparición de la literatura "urbana", que había sido uno de los rasgos definitorios de la última etapa de la dinastía Ming.

Por otro lado, Kangxi y sus sucesores intentaron reconciliarse con los estratos superiores y las clases ilustradas y servirse de ellos, estimulando la producción intelectual y logrando una importante estabilidad interna, lo cual hizo del siglo XVIII chino un período de gran florecimiento en el ámbito del pensamiento. Nunca antes la recopilación de las tradiciones artísticas, literarias y filosóficas de la antigua civilización china había llegado hasta ese grado de desarrollo. Aquellos hombres de letras poseían mentes enciclopédicas; su erudición era vasta y profunda, y su temperamento sobrio y moderado, hasta el punto de que según Jacques Gernet los *literati* chinos del siglo XVIII alcanzaron un nivel equiparable al de los filósofos franceses de la Ilustración. La primera obra publicada a gran escala durante el reinado del emperador Kangxi fue la *Historia de Ming*, y también aparecieron en ese período voluminosas obras ilustradas como la *Colección de libros antiguos y modernos*; en total, vieron la luz entonces 57 obras de gran tamaño editadas o financiadas a nivel oficial. La más importante de todas las publicadas durante la dinastía Qing fue la «Biblioteca reunida de los Cuatro Tesoros», cuya intención era reunir todo el repertorio de libros editados y manuscritos en posesión de la casa imperial o en manos privadas, una iniciativa que repercutió positivamente en el desarrollo de la literatura, las artes y las ciencias de China. La clase de los comerciantes adinerados, por otro lado, también constituyó un importante apoyo para la cultura, ya que ejercieron de coleccionistas de ediciones raras y pinturas y caligrafías valiosas, y financiaron económicamente la labor de eruditos y hombres de letras.

Tanto Kangxi como Yongzheng y Qianlong fueron emperadores de grandes miras, muy interesados en la pintura, la arquitectura o la ingeniería mecánica de Occidente, y muy amantes de las artes y las letras. El célebre artista Jiao Bingzhen de la era Kangxi estudió a fondo la pintura escenográfica europea, y en 1696 sacó a imprenta su famosa colección de pinturas sobre las labores en el campo y el trabajo de la seda en sus diversos estadios (*Guía ilustrada de la labranza y el tejido*), un total de 46 pinturas de las que una parte fueron trasladadas a la cerámica por orden del propio emperador.

Qianlong, por su parte, ordenó decorar su palacio en el noroeste de Pekín (el antiguo Palacio de Verano), y encargó las pinturas a los jesuitas europeos Giuseppe Castiglione y Jean-Denis Attiret. El italiano Castiglione tenía un gran talento artístico, y se quedó sirviendo en la corte imperial durante unas cinco décadas, hasta su muerte en 1766. Pintó paisajes, retratos, palacios, interiores, etc., y colaboró con algunos célebres artistas chinos de la época; junto a Attiret y Giovanni Damasceno Salusti (que llegaría a ser obispo de Pekín) realizó una serie de dieciséis ilustraciones históricas conocidas con el nombre de *Pacificación de Ili y de las tribus musulmanas*. El gran aprecio de los gobernantes manchúes por las artes, la ciencia y la arquitectura occidentales, así como su respeto hacia la ética tradicional, ejercieron una fuerte influencia en la elección de motivos y contenidos decorativos por parte de los alfareros chinos, y también en la conformación de sus métodos y estilo ornamentales.

1.2. Búsqueda y recuperación del pragmatismo confuciano (*shixue*)

Los filósofos chinos de la segunda mitad del siglo XVII manifestaron un fuerte interés por el conocimiento científico de carácter pragmático. El famoso estudioso de la época Gu Yanwu era geógrafo, economista y estratega militar, y mediante sus trabajos de campo confrontó y verificó sus amplios conocimientos teóricos. Las *Notas sobre Historia y Geografía* de Gu Zuyu son el resultado de más de veinte años de estudios, lecturas y viajes. Huang Zongxi no sólo fue el primer historiador del pensamiento de China, sino que también dejó ocho obras sobre asuntos que iban desde las matemáticas a la música pasando por la astronomía. El filósofo Yan Yuan fue un resuelto defensor del pragmatismo confuciano (*shixue*), y abogaba por el total abandono de la cultura clásica; según él, era errada en sí misma y perjudicial en sus resultados. El profundo estudio de los textos pasados le llevó a pensar que lo más importante de la cultura antigua era principalmente su aspecto utilitario, y propuso en consecuencia que se primara el estudio de las artes militares y las matemáticas. Yan devolvió su dignidad a los trabajos manuales y a las artes de índole práctica, ya que pensaba que ese tipo de habilidades apegadas a la realidad concreta constituían también una forma de conocimiento, y que no podía darse ese "conocimiento" si no era llevado a la práctica y "puesto a funcionar".

Esa búsqueda del pragmatismo comenzó a finales de la dinastía Ming. El conocimiento aplicado había impulsado el desarrollo de la ciencia y la técnica chinas en muy diferentes campos, y también ayudó a asumir la importancia de las técnicas manuales y los objetos de carácter práctico. Durante la dinastía Ming, los supervisores enviados a los hornos de Jingdezhen eran eunucos que no entendían las técnicas empleadas para elaborar las cerámicas ni mostraban el menor interés por entenderlas, mientras que con los Qing –y especialmente desde el reinado de Kangxi hasta el de Qianlong– los supervisores no sólo eran meros administradores sino también funcionarios técnicos. Es el caso del gobernador de Jiangxi Lang Tingji, un gran conocedor y amante de las piezas antiguas que ejerció como supervisor de las porcelanas de Jingdezhen durante siete años (del cuadragésimo cuarto al quincuagésimo primer año del reinado de Kangxi), y por cuyo apellido serían conocidos los hornos y sus productos durante su mandato. El erudito coetáneo Liu Tingji dijo de los "hornos de Lang" que "comparados a los de época antigua eran casi iguales", y de los vasos para libación con diseños dorados de dobles leones de cinco garras y los tazones laqueados de cuerpo traslúcido que "su exquisita factura supera a la propia Naturaleza". Un tipo de porcelana de esmalte rojo de aquellos años –llamado "rojo Lang"– fue particularmente popular y preciado, ya que volvió a recuperar una técnica de elaboración de esmalte rojo cobrizo a alta temperatura que se había perdido desde mediados de la dinastía Ming, más de dos siglos atrás. Los "hornos de Lang" también produjeron otra valiosa tipología: la de tres colores.

Otro funcionario destacado de la época fue Tang Ying, dotado pintor y hombre de letras, que ejerció como supervisor de la producción cerámica durante casi tres décadas entre los reinados de Yongzheng y Qianlong. Como se dedicó en cuerpo y alma a su trabajo con una gran diligencia, acumulando en todos esos años una notable experiencia, los ejemplares realizados durante su mandato fueron de una calidad excepcional, largamente

11-2 Jarrón en forma de mortero de cerámica de tres colores sobre fondo negro Dinastía Qing (reinado de Kangxi) Altura: 44 cm. Museo de la Ciudad Prohibida (Beijing)

elogiada por ambos emperadores, y por eso los alfares oficiales de la época de Qianlong también fueron conocidos como "hornos de Tang". Bajo su supervisión, las piezas salidas de esos hornos se caracterizaban por sus variadas formas y sus esmaltes coloridos, con una decoración muy rica: lotos con ramajes, parejas de peces, hongos u otras combinaciones de carácter auspicioso. En cuanto a las variedades tipológicas, hay tazones, bandejas, jarrones, etc. Tang Ying fue el supervisor que más tiempo estuvo a cargo de los alfares imperiales de Jingdezhen y también quien consiguió los logros más notables; no sólo acumuló como Lang Tingji una gran experiencia, sino que también promovió el avance técnico y científico de la industria cerámica de Jingdezhen, aportando sus propias reflexiones teóricas sobre el oficio en diversas obras.

El gran interés de la época por el aspecto pragmático del conocimiento, por lo tanto, hizo que ciertos funcionarios de alto nivel prestaran una particular atención a las técnicas y a las actividades artesanales y manuales, un fenómeno indisolublemente unido al apogeo alcanzado durante el reinado de esos tres emperadores (Kangxi, Yongzheng y Qianlong) por la cerámica de los hornos de Jingdezhen (imágenes 11-2 y 11-3).

1.3. Desarrollo artesanal y comercial en la etapa inicial de los Qing

Durante el siglo XVIII los Qing emplearon hasta sus últimas consecuencias las técnicas industriales y artesanales heredadas de la anterior dinastía. Desde el punto de vista del desarrollo económico, puede considerarse éste como un período de renacimiento tras la etapa de inestabilidad interna y conflicto bélico de finales de la dinastía Ming, durante el cual se superó en amplitud y alcance lo logrado en etapas anteriores.

La industria textil de Songjiang (en el suroeste de Shanghai), las plantaciones de té en torno al curso inferior del Yangtsé, el papel de la provincia de Fujian, el acero de Wuhu (Anhui), los productos metálicos de las cercanías de Guangzhou (Cantón), las finas telas de algodón de Nanjing, la seda de Suzhou y Hangzhou o los objetos laqueados de Yangzhou fueron productos artesanales de la época con una fuerte orientación exportadora. Jingdezhen, centro nacional de la producción de porcelana, concentraba entre 100 y 200 mil trabajadores, que elaboraban sus piezas tanto para la corte y los clientes pudientes de ámbito nacional como para los mercados del exterior. Cada día aumentaba el número de piezas exportadas a Japón, la península coreana, Rusia, Filipinas, Indonesia, India o Europa. En la imagen 11-4 aparece un mapa con la distribución de las principales áreas y centros de producción del país durante la dinastía Qing.

11-3 Tazón de colores esmaltados sobre fondo amarillo con decoración de rocas y orquídeas Dinastía Qing (reinado de Yongzheng) Altura: 5'2 cm.; diámetro boca: 10'3 cm.; diámetro apoyo: 4 cm. Museo de la Ciudad Prohibida (Beijing)

China se convirtió en una importante potencia productora y exportadora de artículos comerciales, y países de todo el mundo recibieron su influencia desde el punto de vista artístico. En la Europa del siglo XVIII estaba muy en boga la porcelana *qinghua*, el mobiliario y las antigüedades de Kangxi. Según Gernet, "gracias a la influencia de William Chambers [arquitecto británico que viajó a China en numerosas ocasiones] el arte de la jardinería

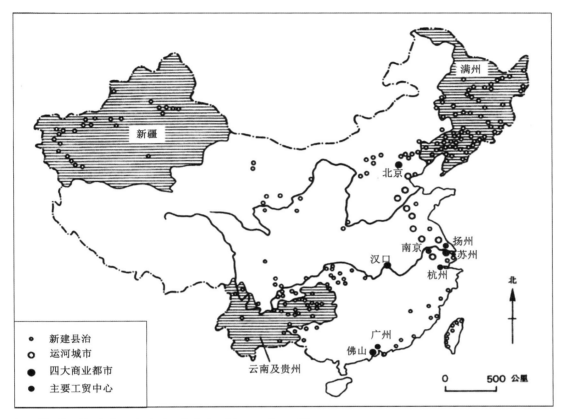

満州

新疆

北京

南京 扬州
汉口 苏州
杭州

广州
佛山

云南及贵州

北

0 500 公里

- 新建县治
- 运河城市
- 四大商业都市
- 主要工贸中心

11-4 Distribución de las principales ciudades chinas en época Qing

y la arquitectura chinos fueron muy populares en la campiña en torno a Londres. China hizo que los europeos alteraran su visión de la naturaleza, poniéndolos en la senda del Romanticismo" (imágenes 11-5 y 11-6).

El desarrollo económico experimentado con la dinastía Qing durante el siglo XVIII no se limitó a un aumento del número y tamaño de los talleres y fábricas, una concentración y especialización de las bases productivas o un florecimiento del comercio de exportación, sino que se caracterizó asimismo por un comercio interno de gran alcance y un control cada vez más extendido por parte de los gremios artesanales. La red industrial y comercial abarcaba todas las provincias chinas y también Mongolia, Asia Central y el sudeste asiático, con una densificación de las tramas cada vez más pronunciada. En todas las ciudades importantes había sedes gremiales para las reuniones de sus miembros y para alojar a los que se encontraban de paso, que también funcionaban como depósito, filial o agencia bancaria, todo lo cual contribuyó a la prosperidad comercial y a la urbanización de la fuerza de trabajo.

11-5 Bandeja de porcelana rosada con añadidos dorados y decoración heráldica Dinastía Qin (reinado de Qianlong) Altura: 5 cm.: diámetro boca: 35'5 cm.; diámetro apoyo: 20'5 cm. Museo de la Ciudad de Gotemburgo

11-6 Bandeja de porcelana rosada con añadidos dorados y decoración heráldica Dinastía Qin (reinado de Qianlong) Altura: 2'5 cm.: diámetro boca: 22'4 cm.; diámetro apoyo: 13'3 cm. Museo de la Ciudad de Gotemburgo

1.4. Comercio exterior de cerámica

Tras el prematuro fallecimiento del emperador Shunzhi en 1661 subió al trono su hijo y sucesor Kangxi. En 1673 estalló la Revuelta de los tres feudatarios liderada por Wu Sangui contra el Gobierno central y a favor de la restauración Ming, y tras varios años de combates –durante los cuales los hornos de Jingdezhen se vieron afectados– el país fue por fin pacificado en 1681. Una vez recuperado el control, el emperador Kangxi se esforzó por elevar el nivel de las artes y técnicas de elaboración de porcelana, y siguiendo los consejos del misionero jesuita Ferdinand Verbiest instaló en las cercanías de su palacio imperial de Pekín entre 27 y 30 talleres en los que se llevaron a la práctica diversas actividades artesanales, como la elaboración de productos de metal, vidrio, jade, laca, marfil, porcelana o esmalte. En 1722 falleció Kangxi y subió al trono su cuarto hijo, Yongzheng, que a su vez fue sucedido tras su muerte en 1735 por su heredero Qianlong; igual que su abuelo, este último reinaría durante seis décadas. Todo ese período entre Kangxi y Qianlong –conocido en China como "Kangqian"– fue una etapa cumbre por lo que respecta al desarrollo cultural, político y económico del país, y también alcanzó su punto culminante en lo referido al comercio exterior de cerámica.

La Compañía neerlandesa de las Indias Orientales se había visto forzada a cortar los lazos comerciales con China durante los reinados de Chongzhen y Shunzhi, mientras que con Jiajing y Wanli exportó grandes cantidades de cerámica, y en los primeros años de Kangxi envió al país oriental a Pieter van Hoorn en calidad de emisario. La legación holandesa llegó en 1667 a Pekín, pero no concluyó nada. En 1679 la compañía envió una flota de tres naves a Cantón, y esta vez los capitanes consiguieron llevarse de vuelta a Holanda mercancías por un importe de tres toneladas de oro. La segunda misión naval –tres años más tarde– fracasó, y sólo logró transportar un escaso número de artículos. Para estimular el intercambio comercial con China, en 1680 el gobernador general de las Indias orientales neerlandesas Rijcklof van Goens permitió a los mercaderes chinos comerciar directamente en Batavia, y desde 1695 estos comenzaron a vender allí sus hojas de té, su seda y su porcelana.

En 1699 el Gobierno central decidió abrir el puerto de Cantón al comercio exterior. Aunque se trata de una importante medida en la historia del comercio chino, en la práctica éste estuvo sometido a numerosas trabas, y tan pronto era permitido como volvía a prohibirse de nuevo. No mucho después el navío mercante inglés *Macclesfield* al mando del capitán John Hurle obtuvo permiso para entrar en Cantón, de donde se llevó gran cantidad de mercancías con destino a Gran Bretaña. Con el comienzo del siglo XVIII las autoridades chinas mostraron una actitud un poco más abierta. En 1715 la Compañía británica de las Indias Orientales fue la primera en conseguir establecer su propia oficina en el puerto de Cantón, y a ella siguieron los franceses (1728), holandeses (1729), daneses (1731), suecos (1732), austriacos y norteamericanos (1784). Los indios y armenios también disponían de sus propias bases. Desde finales del siglo XVIII los rusos establecieron relaciones comerciales continuadas con China, y la Compañía de Ostende y la Real Compañía de Filipinas también mantuvieron esporádicos contactos con el país. Si durante la dinastía Ming los principales países que exportaban cerámica china eran Portugal, España, Holanda y Gran Bretaña, el panorama se amplió considerablemente con los Qing, y el comercio de la cerámica china alcanzó su momento culminante, marcando su tendencia hacia la globalización.

1.5. Situación de precariedad en China a finales de la dinastía Qing

Tras el período de esplendor de los reinados de Kangxi, Yongzheng y Qianlong, China comenzó su lento declive. Durante el último cuarto del siglo XVIII la corrupción comenzó a extender sus tentáculos por todo el sistema burocrático chino, y el lujo y la excentricidad propios del emperador y su corte se extendieron a las clases altas de la sociedad. En los últimos años del reinado de Qianlong y en los primeros del nuevo siglo empezaron a vislumbrarse inquietantes signos de quiebra nacional y desequilibrio social.

La situación mundial experimentó una serie de grandes cambios durante el siglo XIX; en la segunda mitad, la tecnología europea y norteamericana había dado pasos gigantescos, mientras que la industria china todavía permanecía anclada en el estadio de la producción artesanal. Durante todo el siglo XVIII y la primera mitad del siguiente, China era aún una gran potencia manufacturera, pero en las últimas décadas del XIX se convirtió en un país netamente importador, y no sólo de acero, maquinaria, equipamiento para ferrovías o armamento sino también de productos de uso diario. El país era eminentemente agrícola, sin apenas tejido productivo, y se convirtió en una nación semicolonial que debía importar todo tipo de bienes industriales. Se trata de un importante punto de inflexión en la Historia mundial, en el que debido al proceso de industrialización y mecanización las regiones menos favorecidas del globo se fueron viendo sometidas a aquellas más desarrolladas.

La China de la época tuvo que enfrentarse a dos grandes problemas: por una parte, la crisis política y económica interna, y por otra la presión ejercida por el capitalismo militarista y el expansionismo económico. Entre finales del siglo XVI y finales del siglo XVII aumentó considerablemente la cantidad de plata en China, un símbolo cada vez mayor de riqueza y estatus que sin embargo no dejó de depreciarse respecto al oro. En la segunda mitad del siglo XIX la adopción generalizada del patrón oro en Europa contribuyó aún más a la caída del valor de la plata, perjudicando enormemente la capacidad competitiva de la economía china, a lo que hubo que añadir el pago de las indemnizaciones de guerra impuestas por las potencias colonialistas europeas. Los daños causados por las guerras internas y las revueltas, las dificultades monetarias y los cada vez más frecuentes desastres naturales y hambrunas hicieron que la economía china de la segunda mitad del siglo XIX se estancara o incluso entrara en recesión.

Desde mediados del siglo XIX China sufrió el pillaje de las potencias extranjeras, una coyuntura de la que también fueron víctimas otras naciones colonizadas. Aunque no puede afirmarse que las sucesivas injerencias de Occidente y otras naciones en territorio chino y su apropiación de determinados privilegios fueran la única causa –o la más importante– de la postración china en época moderna, sí que contribuyeron a ella en buena medida. Las mercancías extranjeras importadas por China sólo eran gravadas con un 5% de tasas integradas, y estaban exentas del pago del *liji* (impuestos de tránsito interno), algo que no ocurría en el caso de los artículos chinos en su propio país. Este tipo de discriminación hizo que aumentaran enormemente las importaciones en China.

Antes de la firma del Tratado de Shimonoseki en 1895 China todavía había sido capaz de hacerse cargo de las indemnizaciones, pero a partir de 1900 aproximadamente este tipo de cargas empezaron a lastrar la economía china. Tras la victoria nipona en la primera guerra sino-japonesa, las indemnizaciones impuestas a China representaban una cantidad tres veces superior a los ingresos anuales del Estado. El Gobierno chino pidió un préstamo a un consorcio bancario franco-ruso para hacer frente a los pagos, ofreciendo sus impuestos aduaneros como aval; seguidamente, el entero sistema tributario del país (incluido el *liji* y la tasa sobre la sal) pasó a ser controlado por los extranjeros, en cuyas manos cayó todo el dinero recaudado por este medio. Las cargas impuestas por el Protocolo Bóxer de 1901 llevaron finalmente a la bancarrota al Gobierno de los Qing, que entró en una situación de caos.

Desde el año 1895 el Gobierno manchú no pudo evitar enfrentarse a tres pesadas cargas: las indemnizaciones de guerra, los préstamos bancarios y los gastos para la creación de un ejército moderno. Además de ello, existían otra serie de factores muy peculiares que vinieron a alterar y a debilitar la economía china, que se vio cada vez más afectada por los cambios producidos en los mercados mundiales y por tanto se hizo también cada vez más dependiente. La agricultura y la industria manufacturera se tuvieron que adaptar a las necesidades de los países extranjeros; la primera desarrolló un modelo intensivo abandonando los cultivos cerealísticos, y la segunda introdujo una nueva forma de procesado (con la importación de hilo o prendas de algodón). Numerosos departamentos vivieron un breve período de prosperidad y después decayeron de improviso. Entre 1893 y 1899 los productos textiles europeos (especialmente británicos) entraron en China en grandes cantidades, y los dos años siguientes fueron en cambio las prendas de algodón norteamericanas las que se exportaron a gran escala a aquel país, lo cual acabó con algunos talleres locales de producción textil. En 1920 la importación de ese tipo de productos alcanzó su pico, y después comenzó a retroceder debido a las dificultades por las que atravesaba el país.

La cerámica había sido desde antiguo un tradicional artículo chino de exportación, pero debido al desarrollo de la producción mecanizada la producción japonesa y europea –en especial la cerámica británica, alemana y francesa– desplazó a la china de los mercados internacionales. Según el informe consular de los países del sudeste asiático publicado el primer año de la República de China en las noticias sobre comercio de mercancías de la revista mensual del Banco de China, "los habitantes de estos países empleaban a menudo los productos locales chinos [...], pero los diseños de las porcelanas china no están a la altura de los de Europa o Estados Unidos, y tampoco resultan competitivas con las japonesas en lo que se refiere a la calidad y el precio, por lo que se encuentran ahora en una posición muy delicada".

Al mismo tiempo que los artículos artesanales chinos perdían sus mercados, numerosas localidades del país cuya economía estaba centrada en torno a la manufactura artesanal de algunos de esos productos también tuvieron que enfrentarse a una crisis sin precedentes, incluido el importante centro de elaboración cerámica de Jingdezhen. En los años finales del reinado de Guangxu los alfares imperiales de época Ming y Qing ya llevaban tiempo abandonados. En cuanto a los hornos comunes, aunque había en la ciudad más de un centenar sólo quedaban unos pocos artesanos pintores que mantuvieran esa tradición artística. La producción de porcelana, incluida las imitaciones de piezas antiguas, decaía año tras año, y como las ventas eran escasas tampoco se preocupaban por la calidad de sus productos. Otros alfares históricos como los septentrionales de Cizhou en Pengcheng (Hebei), Yaozhou en Tongchuan (Shaanxi), o Jun en el distrito de Yu y Ru en Baofeng (Henan); o los de Shiwan (Guangdong), Yixing (Jiangsu), Longquan (Zhejiang) o Dehua (Fujian) en el sur, bien entraron en una fase de decadencia y cesaron o redujeron drásticamente su producción o bien cerraron completamente, perdiendo tanto los artesanos que en ellos trabajaban como las técnicas que se habían transmitido hasta entonces de generación en generación, y cayendo a veces incluso en el abandono total.

Capítulo 2 Cerámica de Jingdezhen de la etapa inicial de los Qing

2.1. Desarrollo y prosperidad de la industria de porcelana de Jing-dezhen

A comienzos de la dinastía Qing tanto los hornos comunes como los alfares oficiales de Jingdezhen entraron en recesión. Durante la era Shunzhi la corte encargó en varias ocasiones a dichos hornos la elaboración de urnas con decoración de dragones, balaustradas, etc., pero no llegaron a completarse. Debido a las revueltas lideradas por Wu Bangui, en el décimo tercer año del reinado de Kangxi la industria cerámica de Jingdezhen se encontraba prácticamente paralizada, y sólo a partir del décimo noveno año volvió a tomar un considerable impulso sobre la base de lo logrado durante la dinastía Ming, contribuyendo a la prosperidad de la ciudad.

Según Shen Huaiqing, "las porcelanas de Changnanzhen [Jingdezhen] no sólo se usaban en toda China sino que también se vendían en el exterior, y eran decenas de millares los que trabajaban en ellas". El ya mencionado Tang Ying, por su parte, describe en uno de sus libros la situación de aquel momento: "Jingdezhen se extiende por más de cinco kilómetros y está rodeada de montañas y ríos, en un lugar apartado. Su cerámica se vende en todas partes. Hay doscientos o trescientos hornos comunes en el área, y son varios centenares de miles los artesanos que allí trabajan. Hay por tanto muchas bocas que alimentar".

Como consecuencia de la aplicación del sistema de colaboración con los hornos comunes, los alfares imperiales de aquel entonces ya no presentaban la escala de los de época Ming. Normalmente sólo había unos pocos empleados (alrededor de veinte o treinta), y en aquellos días en que había encargos se empleaban trabajadores provisionales, aunque una vez terminadas de moldear muchas de las piezas se entregaban a los hornos comunes para su cocción. La organización y división del trabajo de los alfares imperiales durante la dinastía Qing era mucho más simple que con los Ming; sólo existía una división entre los talleres de moldeado y pintura y los hornos alfareros propiamente dichos; de aquellos talleres dedicados a tareas auxiliares como la fabricación de soportes, objetos de madera o sogas, el tratamiento de la arcilla o la elaboración de figurillas ya no aparece ninguna mención en los registros, quizás porque tales labores habrían sido asumidas por la gente común. Más significativo aún resulta el hecho que durante la dinastía Ming los alfares imperiales disponían de veinte hornos –que en la era Xuande aumentaron hasta los cincuenta y ocho–, mientras que ahora no existen registros relativos a tales hornos, lo que indica que con los Qing los alfares imperiales sólo se ocupaban del moldeado y pintura de las piezas, y que salvo en el caso de los hermosos ejemplares de esmalte coloreado –que necesitaban de una segunda cocción– las piezas se entregaban a los hornos comunes para su elaboración final. Es decir, el sistema de colaboración entre ambos sistemas de alfares, que había comenzado a aplicarse a finales de la dinastía Ming, alcanzó con los Qing mayor difusión y se hizo más exhaustivo. Bajo dicho sistema, tanto las vasijas de los alfares oficiales como las de los comunes –ambas de elevada calidad– salían de los mismos hornos. Además, los hornos oficiales sólo proveían al emperador y su corte de objetos para uso y disfrute exclusivo, y ni siquiera los príncipes y familiares podían abastecerse directamente de ellos; por tanto, los hornos comunes no sólo colaboraron con los oficiales en ciertas tareas, ocupándose además de suministrar utensilios de uso diario a la gente común, sino que también tuvieron que producir ejemplares de elevada calidad para las élites de los manchúes y Han y objetos para la exportación. Como ya vimos en otro capítulo, entre estos productos de alta calidad se podían distinguir diversas categorías, empezando por la "antigua cerámica imperial". Aunque se trataba de piezas salidas de los hornos comunes, estaban claramente realizadas para su venta entre los terratenientes y burócratas de alto poder adquisitivo. En resumidas cuentas, el mercado al que iba destinada la producción de dichos alfares durante aquella época era especialmente amplio, y abarcaba desde el propio emperador y su corte hasta las masas populares, pasando por los altos dignatarios, la nobleza y las clases adineradas; sus piezas alcanzaban los más remotos países, y también cada distrito y aldea del país. Con semejante demanda, resulta fácil imaginar el grado de actividad de tales hornos; su capacidad era en términos generales cinco veces mayor que en época Ming. Desde el punto de vista de la escala productiva, la división del trabajo (entre hornos, artesanos y labores encomendadas) y las relaciones entre el reclutador y el trabajador (ambos sistemas de hornos recurrían al empleo asalariado), resulta evidente que a comienzos de la dinastía Qing la industria cerámica de Jingdezhen ya había adoptado un modelo de producción manufacturera de tipo capitalista, que evidentemente debe mucho al desarrollo de los hornos comunes durante la etapa final de la precedente dinastía.

2.2. Los hornos de Jingdezhen bajo el prisma europeo

Desde la dinastía Ming los alfares de Jingdezhen se convirtieron en el centro de la producción cerámica nacional. Con la ampliación de los mercados internacionales a finales de dicha dinastía, el renombre de esos hornos comenzó a traspasar fronteras. Existen numerosos documentos históricos chinos que dan fe de la situación de Jingdezhen en época Qing, como los *Anales del distrito de Fuliang*, la *Gaceta de Raozhou*, los *Anales de Jiangxi*, los *Grandes anales de Jiangxi*, los *Registros de cerámica de Jingdezhen* de Lan Pu, las *Discusiones sobre cerámica* de Zhu Yan o la *Antología de canciones populares sobre la cerámica de Jingdezhen* compilada por Gong Shi. Además, durante esta última dinastía también hubo numerosos textos publicados en Europa que se ocuparon de describir los hornos de Jingdezhen de aquel período, textos que por una parte nos dejan ver qué grado de conocimiento tenían los europeos de China y de dicha localidad, y por otra vienen a rellenar ciertas lagunas históricas de los documentos chinos, ayudándonos a comprender mejor la cultura urbana y la historia de aquel centro nacional de producción cerámica durante la dinastía Qing.

En su artículo sobre Jingdezhen *"The Porcelain City": Jingdezhen in the Sixteenth Through Nineteenth Centuries*, la célebre historiadora del arte y especialista en cerámica china Rose Kerr afirma que la primera vez que los europeos mencionaron la ciudad de Jingdezhen fue en los escritos de los misioneros, que no solían ir más allá de Macao, Cantón u otros lugares del sur de China. La recopilación de noticias e informaciones era entonces muy importante desde el punto de vista tanto de la fe como del comercio. Durante su breve estancia en Cantón en 1566, el fraile dominicano Gaspar da Cruz recogió datos muy completos y acertados sobre Jingdezhen, y en 1569 publicó un diario de su viaje a China («Tratado en que se cuentan muy por extendido las cosas de China, con sus particularidades, y también del reino de Ormuz»), de cierta difusión por Occidente y que atrajo pronto la atención de los lectores. En él afirma:

"Hay otra provincia que se llama Jiangxi […] En ella está Jingdezhen, donde se produce una porcelana muy hermosa […] Según mi opinión, las vasijas de porcelana están hechas de una piedra blanca y suave […], que después de machacada se vierte dentro de un cubo con agua […]. Cuando ya está embebida, utilizan la pasta que queda flotando sobre la superficie para elaborar su hermosa porcelana […] Luego la dejan secar al sol, y una vez seca pintan sobre ella. Les gusta emplear un bello pigmento color índigo, y cuando queda seco ya pueden aplicar el esmalte sobre él y cocer la pieza"

En la primera mitad del siglo XVIII, un viajero occidental –el ya citado padre jesuita François-Xavier d'Entrecolles– trajo de Jingdezhen noticias aún más detalladas de primera mano. Nacido en Limoges en 1664, en 1682 se hizo jesuita y en 1698 llegó a China, donde ejerció como misionero en la provincia de Jiangxi antes de ser enviado como legado de su país a Pekín, ciudad en la que fallecería en 1741. D'Entrecolles aprendió el mandarín, lo cual le dio la oportunidad de consultar los *Anales del distrito de Fuliang* publicados en 1682. Escribió dos largas cartas al padre Orry de la Compañía de Jesús, una desde Raozhou el 1 de septiembre de 1712 y otra desde Jingdezhen y datada el 25 de enero de 1722, en las que describe con gran minuciosidad cada uno de los componentes de las porcelanas y también su proceso de elaboración. En aquel período los artesanos europeos contendían por encontrar las fórmulas para elaborar sus propias porcelanas, por lo que puede imaginarse el valor que poseía este tipo de información aportada por el jesuita francés, que fue muy bien recibida en su país.

La primera misiva de d'Entrecolles es muy extensa, con una gran cantidad de información; la segunda añade una serie de datos nuevos, a la vez que corrige algunos de los detalles facilitados en la primera. Ambas abordan numerosos asuntos relativos a China con gran minuciosidad, incluyendo también informaciones aportadas por personas involucradas en el oficio, a veces conversos al cristianismo: "Algunos de ellos elaboran las porcelanas, y otros se encargan de comerciar con ellas". Sus cartas, escritas originariamente en francés, han sido traducidas al chino, y también han sido citadas en varias ocasiones por autores franceses o de lengua inglesa. El pasaje que más ha atraído la atención es aquel en el que el misionero describe el modo de vida de las gentes comunes en Jingdezhen:

> *"Se dice que en Jingdezhen hay unos 18 mil hogares. Las factorías de algunos grandes comerciantes ocupan un vasto espacio y emplean a un gran número de trabajadores. Puede afirmarse que aquí viven más de un millón de almas, que cada día consume diez mil medidas de arroz y más de un millar de cerdos [...] A pesar de los altos costes de vida, Jingdezhen es el hogar de una gran cantidad de familias pobres que no podrían subsistir en las ciudades de su entorno. Aquí hay numerosos trabajadores jóvenes y debilitados; los ciegos y los lisiados se ganan la vida moliendo pigmentos"*

Esos pigmentos molidos por los trabajadores tullidos son los que luego se utilizaban para pintar las porcelanas. El jesuita francés sigue diciendo:

> *"Hay muchos tipos diferentes de colores para las pinturas de las porcelanas. Aparte de las de color azul sobre fondo blanco [qinghua], los demás pigmentos nunca se han visto en Europa, aunque pienso que nuestros mercaderes han traído otros tipos [...] Hay algunos paisajes en los que se emplean casi todas las tonalidades, y cuyo efecto se realza mediante el dorado. Son de gran belleza, si uno se puede procurar las más costosas; si no, la porcelana ordinaria de este tipo no es comparable a la pintada sólo en azul"*

La colorida porcelana pintada sobre esmalte era a menudo más cara que la porcelana *qinghua*, porque esta última estaba pintada bajo esmalte y sólo necesitaba una cocción en los hornos de alta temperatura de Jingdezhen. La cocción en esos hornos de gran tamaño era el trabajo más fatigoso de todos, y en general se requería para ello la presencia de cuatro o cinco maestros y dos aprendices ayudantes. Antes de la cocción propiamente dicha se necesitaba un día entero de preparación exhaustiva, y en los tres días que seguían debían permanecer continuamente en alerta, con lo cual no había tiempo para dormir o descansar.

En la pintura sobre esmalte se empleaban pigmentos más costosos. Incluso los artistas más hábiles y experimentados necesitaban un largo tiempo de práctica para aprender a combinar tres tipos de materiales de cualidades heterogéneas, como en el caso de la trementina (disolvente), el mucílago (goma) y el agua dulce. Las materias primas de base aceitosa eran aptas para la composición inicial del patrón decorativo, las de base gomosa servían para realizar el sombreado, y las de base acuosa se utilizaban para dar brillo a los colores. La decoración pintada sobre esmalte se realizaba aplicando los colores sobre la superficie esmaltada de la pieza tras su cocción a alta temperatura, después de lo cual se volvía a cocer a baja temperatura en unos hornos independientes específicamente destinados a ello.

Como las dimensiones y los costes no eran muy elevados, numerosos talleres familiares de modesto tamaño podían permitirse ese tipo de hornos, que por el color del fuego eran llamados "talleres rojos"; dichos obradores podían ocuparse de aquellas piezas de porcelana de calidad variable todavía no decoradas entregadas por los alfares de mayor tamaño. Más de un millar de esos "talleres rojos" se concentraban a lo largo de ambos lados de una vía del centro urbano de Jingdezhen conocida con el nombre de "calle de la porcelana". El padre d'Entrecolles nos ha dejado una descripción de esa parte de la ciudad:

"Como puede uno imaginarse, Jingdezhen no es sólo un amasijo de casas. Las calles están trazadas en línea recta, y se entrecruzan a ciertas distancias fijas. Todo el espacio está ocupado: las casas están densamente habitadas, y las calzadas son demasiado estrechas; al pasar por ellas, da la sensación de estar en medio de un carnaval. Por todos lados se oyen los gritos de los porteadores, intentando abrirse paso entre la gente"

Dadas semejantes condiciones de hacinamiento, el riesgo de incendios en toda el área era muy elevado, y de hecho se producían con cierta asiduidad; a menudo, una buena parte de las fábricas y viviendas de la ciudad eran consumidas por el fuego. En los *Grandes anales de Jiangxi* se registran una serie de graves incendios en los años 1429, 1473, 1476, 1493 y 1494, en los que sucesivamente se vio afectada la mayor parte de Jingdezhen. Sobre ello, el misionero jesuita afirma:

"No resulta sorprendente que se produzca tal número de incendios, y por ello hay muchos templos dedicados al espíritu del fuego repartidos por toda la ciudad [...] Sin embargo, los rezos y honores que se les dedican parecen no ser atendidos; hace muy poco tiempo se produjo uno que quemó ochocientas viviendas, aunque deberían de estar ya levantadas de nuevo a juzgar por la cantidad de albañiles y carpinteros que pueblan el área. El beneficio que se obtiene al alquilar tales edificios hace que la gente se afane por reparar tales daños"

Georges Francisque Fernand Scherzer era un funcionario francés que ejerció como cónsul de su país en Wuhan y Cantón en los años 80 del siglo XIX, y que también visitó

Jingdezhen para obtener información sobre su industria cerámica; en 1886 falleció en su viaje de regreso a Francia. Scherzer pasó en Jingdezhen tres semanas entre noviembre y diciembre de 1882, durante las cuales recopiló una serie de datos y muestras para la *Manufacture nationale de Sèvres*, mostrando particular interés en el proceso de producción y los materiales (piedras, arcillas y esmaltes). Debido a su comportamiento sospechoso, el magistrado local le llevaba de visita a los talleres en plena noche, aunque después de dejar su cargo el control se hizo más laxo. El propio Scherzer refiere en su carta a un amigo de Pekín que no se atrevía a asomar de su palanquín a plena luz del día por miedo a que las gentes del lugar le lanzaran fragmentos de porcelana. A pesar de todo, el funcionario francés encontró un yacimiento de piedra de porcelana a unas cinco millas de la ciudad:

"En un lugar con un paisaje como salido de un cuadro, seguimos un estrecho sendero serpenteante hasta una garganta, y nos detuvimos ante un patio en ferviente actividad. Me dieron algunos fragmentos de piedra de porcelana, machacados con un mortero de agua. Después de la trituración había que lavar el material dos veces, y seguidamente se elaboraban con ello piezas en forma de ladrillo. Tras grandes esfuerzos, y después de desembolsar una cantidad cincuenta veces superior al precio ordinario, también pude conseguir algunos de esos ladrillos de porcelana"

La Jingdezhen de comienzos de siglo XXI es una gran localidad industrial con una población que supera los 300.000 habitantes, repartida entre las dos orillas del río Chang. Aunque a finales del siglo XIX había menos construcciones en la ciudad, la industria cerámica estaba muy concentrada y requería de mayor cantidad de mano de obra. Como describe Scherzer:

"En torno a Jingdezhen abunda la piedra y la arcilla para porcelana. La orilla izquierda del río se extiende por unos cinco kilómetros, aunque no es lugar para construir viviendas, y puede verse en cambio una sucesión de colinas coronadas incluso por tumbas […] Opino que en esta ciudad deben de vivir al menos medio millón de personas, tres cuartos de los cuales son empleados de bajo rango de los hornos y talleres, que trabajan cada día a cambio de manutención y algunas monedas"

El contenido de las dos cartas del padre d'Entrecolles fue después reproducido en numerosos textos europeos. D.F. Lunsingh Scheurleer también las cita en su obra *Chinese export porcelain: Chine de Commande*:

"D'Entrecolles nos dice que Jingdezhen era una ciudad sin murallas, que estaba administrada por funcionarios enviados desde la corte imperial encargados de hacer respetar las leyes y mantener el

orden social. En cada calle, según su longitud, había uno o más comisarios de policía, que tenían a su cargo diez funcionarios subordinados, cada uno de los cuales debía ocuparse de la supervisión de diez familias. Todas las familias debían respetar el orden si no querían ser castigados con el bastón, cuyos golpes se distribuían de manera muy liberal. Las calles tenían barricadas que eran usadas por las noches para cerrar el tráfico, y que permanecían vigiladas hasta el día siguiente; sólo aquellos en posesión de un salvoconducto podían transitarlas. A menudo los mandarines locales patrullaban las calles, algo poco frecuente en otros lugares. Jingdezhen tenía aproximadamente un millón de habitantes, y prácticamente todos se dedicaban a la cerámica. Una gran parte de ellos eran artistas, y también había muchos comerciantes. De noche todas las calles de la ciudad estaban bloqueadas, ya que no se permitía a los forasteros pernoctar en Jingdezhen; estos tenían que pasar la noche en alguno de los numerosos barcos atracados a lo largo del río, o en casa de algún anfitrión que se responsabilizara de su conducta"

En cuanto a las fuentes de esas dos misivas, Daniel Nadler refiere en su libro *China to Order: Focusing on the XIXth Century and Surveying Polychrome Export Porcelain Produced during the Qing Dynasty* que:

"En 1712, y con el fin de entrar en contacto con los cristianos de Jingdezhen, se permitió al padre d'Entrecolles que visitara la ciudad. En septiembre de ese año envió a su superior su propio informe. Diez años más tarde, el último de reinado del emperador Kangxi, el jesuita volvió de nuevo a Jingdezhen, y escribió otra carta a su superior con un nuevo informe. En ambas misivas d'Entrecolles aportó con todo lujo de detalles abundante información sobre la producción de porcelana en aquella localidad, un importante contenido que nunca fue registrado en cambio en los documentos históricos chinos. En cualquier caso, y gracias a su discreción, no despertó las sospechas de la población local, ya que los chinos pensaban que todo lo que hacía entraba dentro de la normalidad. Debido a la exhaustividad de su informe y a su sello personal, en general se han aceptado como buenas las cifras aportadas por el jesuita, aunque hay quien opina que son un poco exageradas. En cualquier caso, como sus datos provienen de su encuesta personal, muchos de los pasajes contenidos en las cartas se han citado literalmente"

De estas palabras se deriva que François-Xavier d'Entrecolles no escribió sus cartas relativas a la producción de Jingdezhen como una especie de actividad complementaria mientras ejercía de misionero en aquel lugar, sino que en realidad se dedicó conscientemente a la recopilación de información útil acerca de la industria cerámica china.

En el libro de Nadler también se citan otros pasajes de los informes de d'Entrecolles:

"Jingdezhen está localizada en una llanura rodeada de altas montañas. Las que se encuentran al

este, sobre las que se recorta la ciudad, forman una especie de teatro semicircular, y las montañas que atraviesan la planicie dan lugar a dos ríos que se cruzan allí, uno pequeño y otro más grande que forma un buen puerto de casi tres millas en un área donde se apaciguan las aguas. A veces se ven en dicho puerto hasta tres filas de barcos, atracados uno detrás del otro, un espectáculo que puede contemplarse cuando se llega a Jingdezhen a través de las gargantas montañosas. Las llamas retorcidas y el humo que asciende hacia el cielo también contribuyen a esa visión por su extensión, profundidad y forma. Si se arriba a la ciudad de noche, podría pensarse que toda la ciudad está ardiendo, o que se trata de un enorme horno con muchos agujeros de ventilación […] En el río hay numerosos barcos, que llevan petuntse [baidunzi] y caolín. Ambas materias primas se decantan para eliminar las impurezas, que se van acumulando a medida que pasa el tiempo […] Para la cocción, se introducen las vasijas dentro de cuencos-contenedor, y estos a su vez se colocan amontonados en el interior del horno. Todos esos cuencos de los más de tres mil hornos de Jingdezhen sólo pueden emplearse dos o tres veces; a menudo se desintegran con la cocción, o bien quedan reducidos a escombros"

Según Nadler, las condiciones existentes en Jingdezhen cuando el padre d'Entrecolles la visitó en 1712 habían mejorado respecto a las décadas precedentes. Durante la dinastía Ming se recurría a la conscripción de soldados para el trabajo en Jingdsezhen, lo que provocó frecuentes disturbios y revueltas y la muerte de numerosos trabajadores; con los Qing a los artesanos se les proporcionaba un salario, aunque éste era muy bajo y los empleados se lamentaban a menudo.

Antiguos documentos chinos relativos a la historia de los alfares de Jingdezhen como los *Registros de cerámica* de Tang Ying, las *Discusiones sobre cerámica* de Zhu Yan o los *Registros de cerámica de Jingdezhen* de Lan Pu han sido traducidos al inglés. Utilizando estos y otros materiales de origen europeo, Scheurleer afirma en su obra ya citada más arriba que en 1683 el emperador Kangxi restauró Jingdezhen y sus hornos y nombró supervisor general a Zang Yingxuan, que había impulsado la recolección del impuesto sobre la tierra en el distrito de Fuliang; con ese dinero se pudo adquirir las materias primas y pagar los salarios de los trabajadores. A partir de ese año, y bajo el mandato de Zang –que incluso inventó algunos nuevos esmaltes–, los alfares imperiales recuperaron su plena actividad y vivieron una nueva era de prosperidad.

Zang Yingxuan mejoró las condiciones de los artesanos alfareros y reclutó nuevos trabajadores, gracias a lo cual se produjo una exquisita porcelana blanca de esmalte muy puro; también cambió el sistema de empleo de los escultores de Fuliang y el área de Poyang.

Los millares de artesanos que allí trabajaban lo hacían en un entorno más favorable, y quizás también estuvieran más satisfechos con sus salarios, aunque el padre d'Entrecolles creía sin embargo que eran estipendios muy bajos, incluidos los de los pintores, cuyos motivos fitomorfos y zoomorfos y paisajes son verdaderamente admirables. Desgraciadamente, los *Registros de cerámica de Jingdezhen* no nos ofrecen detalles acerca de dichos salarios, y tan solo hacen referencia al modo de pago. Los trabajadores que elaboraban el cuerpo de las vasijas recibían su salario en el cuarto y décimo mes, y una pequeña cantidad a final de año, mientras los artesanos especializados y los supervisores cobraban la paga en la fiesta del bote del dragón (quinto mes), el séptimo mes, el décimo mes y la víspera de Año Nuevo. Según las costumbres tradicionales del área de Jiujiang, en el norte de Jiangxi, el primer y tercer mes de cada año se debía liquidar todo el dinero de las compras realizadas en el mercado.

Durante el reinado de Kangxi, el sistema colaborativo de división de trabajo basado en la producción en cadena se desarrolló ulteriormente. Según los registros de d'Entrecolles, las fábricas de producción cerámica de Jingdezhen alcanzaron entonces el mayor grado de compartimentalización, con numerosas oficinas de competencias diversas encargadas de la decoración, el entallado, la taracea, el grabado de inscripciones, la pintura, etc. También aparecieron artesanos muy especializados, dedicados por ejemplo a la pintura de paisajes o de pájaros y otros animales. El jesuita francés afirma que las representaciones de personajes eran las más difíciles de hacer, y que este sistema de trabajo implicaba que las pinturas raras veces poseían personalidad propia.

D'Entrecolles describe en su carta de 1712 el proceso de aprendizaje de los pintores:

"Estos pintores de porcelana son igual de pobres que los demás artesanos, lo cual no resulta sorprendente ya que sus habilidades no estarían a la altura de un cualquier aprendiz europeo. El proceder de estos pintores, y de todos los pintores en China, no sigue ningún principio, y sólo consiste en una rutina a la que se añade una limitada imaginación. No conocen ninguna de las hermosas leyes que rigen este arte, aunque hay que admitir que pintan ciertas flores, animales y paisajes con resultados admirables [...] El trabajo de pintura en cualquier oficina se divide entre un gran número de artesanos: uno hace sólo el primer círculo de color que se aprecia cerca del borde de las porcelanas; otro traza flores que un tercero pinta; éste hace ríos y montañas, y aquel pinta aves y otros animales. Las figuras humanas son normalmente las más maltratadas"

En estas líneas, el misionero francés nos describe el trabajo en la línea de producción de los artesanos alfareros de Jingdezhen, a lo que añade que "me han dicho que cada pieza pasa por las manos de setenta trabajadores, lo cual no tengo motivos para dudar". Esa misma idea es la que refiere Song Yingxing en su libro sobre técnica y agricultura, en el que también afirma que en Jingdezhen cada vasija "pasa por setenta y dos pares de manos".

D'Entrecolles también relata a su superior cómo los mandarines le han solicitado nuevos y originales diseños para sus porcelanas, que puedan presentar a su emperador como algo único, pero que en cambio los conversos chinos le piden que no se los suministre, ya que las autoridades no entienden cuando se les dice que algo no resulta práctico, "y recurren fácilmente a los bastonazos antes de renunciar a un diseño que promete grandes ventajas". De estas palabras deducimos que el Gobierno Qing de la época concedía una gran importancia al comercio de cerámica con Europa, y esperaba satisfacer en la medida de lo posible la demanda de los mercados de aquel continente.

Los productos ya acabados se tenían que transportar desde Jingdezhen hasta Pekín. En 1736, el supervisor general Tang Ying describió la situación: en el octavo mes de cada año se cargaban las mercancías en barcos de fondo plano con destino a la capital, con una media de 16-17.000 piezas de primera clase y otras 6-7.000 de la mejor calidad; las porcelanas de primera clase elaboradas en los talleres privados se reservaban para las casas reales europeas y de otras regiones.

En el ya mencionado libro *China to Order: Focusing on the XIXth Century and Surveying Polychrome Export Porcelain Produced during the Qing Dynasty*, Daniel Nadler afirma:

> *"Durante las siguientes centurias (siglos XVI a XIX), aparte de la evolución natural, Jingdezhen mantuvo las mismas condiciones. A mediados del siglo XIX, durante la Rebelión Taiping, sus hornos resultaron de nuevo gravemente dañados […], aunque volvieron a recuperarse y seguirían produciendo porcelana hasta el derrocamiento de los Qing"*

En los siglos XVIII y XIX fueron muy pocos los europeos que visitaron personalmente Jingdezhen, si bien gracias a un reducido número de misioneros y mercaderes quedó registrada la situación de los hornos por lo que respecta a su producción y a la comercialización de sus piezas. Se trata de documentos de gran importancia que vienen a complementar la información aportada por las fuentes chinas, y que al mismo tiempo nos muestran cómo Jingdezhen se había convertido con los Qing en una célebre y cosmopolita ciudad que atrajo la atención de los europeos.

2.3. Reforma de las factorías imperiales

Ya hemos hablado más arriba de los cambios en los alfares imperiales con respecto a la dinastía Ming. Dichas transformaciones introducidas por los Qing contribuyeron a estimular e impulsar el desarrollo de la industria de la porcelana de Jingdezhen.

Aunque durante el reinado del emperador Jiajing de los Ming ya había comenzado la reforma de los hornos oficiales ésta no fue exhaustiva, y algunos de esos cambios fueron meramente simbólicos. Fue con los Qing cuando por fin se abandonó el sistema de explotación feudal y reclutamiento forzado de los Ming y se optó por un método de empleo basado en la retribución salarial. Según el segundo volumen de los *Registros de cerámica de Jingdezhen*, en los alfares imperiales de la época el empleo se repartía de la siguiente manera:

"Una persona era el responsable general; dos personas se ocupaban de los archivos; una persona escogía a los encargados de cada horno; una persona ejercía de asistente; siete personas llevaban el mando en otros tantos departamentos, mientras los restantes hacían turnos de diez días; una persona se encargaba de realizar los objetos de jade; una persona se ocupaba de escribir los mensajes; una persona se encargaba de pintar; un artesano se encargaba de dar forma redondeada a la parte superior de las porcelanas; un artesano se encargaba de labrar la parte superior de las porcelanas; una persona se ocupaba de la pintura azul qinghua; una persona se ocupaba de decorar completamente las piezas; una persona se encargaba de vigilar el depósito de vasijas crudas; una persona se ocupaba de escoger materiales; una persona se ocupaba de asuntos transitorios; una persona se encargaba de comprar lo necesario; una persona se encargaba de vigilar la puerta. Todos estos trabajadores comían según su turno de trabajo, y los demás también eran remunerados por las autoridades de Jiujiang"

Este tipo de régimen organizativo contribuyó a dar estímulo y autoconciencia a los artesanos, e hizo que fuera posible una cierta competencia entre los alfares oficiales y los hornos comunes, mejorando a la vez el sistema productivo de ambos.

Si bien en la etapa final de la dinastía Ming ya se había introducido el sistema mixto de colaboración entre alfares oficiales y comunes, presentaba grandes diferencias con respecto al de la dinastía Qing. En términos generales, los hornos imperiales de los Ming solían ocuparse de su propia producción, y sólo cuando la "cuota variable" era demasiado abundante, el plazo de entrega demasiado apretado o la dificultad de elaboración demasiado alta recurrían entonces a su distribución entre los hornos comunes para que completaran la realización y cocción de las piezas. También había ocasiones en las que el cuerpo de las vasijas se realizaba en los alfares oficiales y luego –debido a la dificultad en la cocción– se pasaban a los hornos comunes para su acabado. Se trataba de un sistema obligatorio, y aunque era compensado económicamente y no era un trabajo completamente servil como anteriormente, los hornos comunes no eran suficientemente remunerados y no podían hacer frente a todos los costes de producción, por lo que salían perdiendo en la colaboración. Además, ello creaba una situación de hastío y rutina entre los trabajadores que influyó de manera muy negativa en el futuro comercial de las piezas producidas. Esta relación antagónica entre ambos sistemas de alfares provocó la resistencia pasiva por parte de los hornos comunes, que boicotearon la producción desempeñando su trabajo por debajo de los estándares requeridos (plano 11-7).

Durante la dinastía Qing ese sistema mixto de producción entre alfares oficiales y comunes cambió radicalmente. Ya no era tan rígido e imperativo como en época Ming, sino de carácter voluntario y en unos términos más equitativos, como queda reflejado en los textos de la época. En *Discusiones sobre cerámica*, por ejemplo, se dice que "cada vez que se abre un horno hay que contratar a los artesanos y preparar los materiales, y es el departamento correspondiente el que se encarga de abonar el salario según los precios del mercado". De esta manera, se les ofrecía a los hornos comunes un incentivo económico. Otra clara diferencia

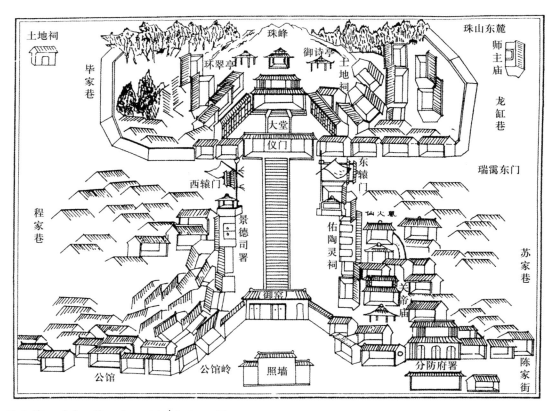

11-7 Plano de los alfares imperiales de época Qing

entre los alfares imperiales de la dinastía Ming y los de época Qing, ya mencionada más arriba, es que en este último caso casi todos los ejemplares de porcelana eran completados en los hornos comunes. Por supuesto, ese sistema mixto de producción no implicaba que todos los hornos comunes pudieran trabajar para los alfares oficiales, ya que sólo aquellos capaces de garantizar una calidad elevada eran considerados aptos para semejante colaboración. En el cuarto volumen de los *Registros de cerámica de Jingdezhen* se comenta este asunto de manera detallada: los hornos oficiales sólo confiaban el acabado de las piezas a aquellos hornos comunes capaces de elaborar una porcelana *qinghua* de alta calidad; si por algún motivo relacionado con el proceso de cocción salían piezas deterioradas, los alfares comunes debían compensar por las pérdidas económicas. Semejante presión hizo que dichos hornos cuidaran de manera particular la calidad de sus productos para mantener su reputación, tratando siempre de alcanzar la excelencia mediante una renovación y una mejora constantes. Como la mayor parte de los productos de los alfares imperiales eran completados mediante este sistema de colaboración, es muy posible que ciertos modelos encargados por estos acabaran poniéndose de moda en los hornos comunes, ya que una parte de su producción era de carácter tributario y otra estaba destinada al comercio, y esta última bien podía seguir los estándares marcados por los alfares oficiales. De este modo, el estilo de los productos salidos de los hornos comunes se aproximó cada vez más al de los alfares oficiales, y ambos entraron en competencia por los mercados.

Por otro lado, a comienzos de la dinastía Qing se modificó asimismo el sistema de designación de las autoridades destinadas a la supervisión de los hornos, que ya no eran eunucos de palacio como durante la dinastía Ming sino funcionarios con una particular inclinación hacia las artes cerámicas e incluso interesados en su estudio. Así, ya no se repitieron en Jingdezhen episodios de violencia y revueltas populares contra la tiranía de los eunucos como los producidos en Poyang; los nuevos superintendentes, por el contrario, contribuyeron al éxito de la industria cerámica en aquellos hornos jugando un papel muy importante a la hora de impulsar su desarrollo, hasta el punto de que los alfares oficiales fueron tomando sucesivamente los nombres de dichos funcionarios ("hornos de Zang", "hornos de Lang", "hornos de Nian", hornos de Tang"...).

Durante la era Kangxi, la variedad más célebre salida de los "hornos de Zang" era la de esmalte de color único. En el quinto volumen de los *Registros de cerámica de Jingdezhen* se citan algunos de los colores de mayor calidad, como el verde "piel de serpiente" y el amarillo "anguila", y otros como el morado o el rojo, realizados en los "hornos de Tang";

de ellos, los que tenían motas amarillas eran los mejores. Los "hornos de Lang" también fueron importantes, y destacaron especialmente en la imitación de las porcelanas de cuerpo traslúcido de época Ming o las *qinghua* del reinado de Xuande; aparte de ello, sus piezas de esmalte rojo ("rojo de Lang") también resultan muy características. Durante el reinado de Yongzheng ejerció como supervisor Nian Xiyao, y según los *Registros de cerámica de Jingdezhen* las porcelanas salidas de esos hornos eran de exquisita factura; algunas imitaban los antiguos modelos (sobre todo los de los alfares de Ru), y otras eran nuevas creaciones. En las *Conversaciones sobre cerámica en el jardín de bambú*, por su parte, se habla de una porcelana color azul pálido elaborada durante el reinado de Yongzheng que era incluso superior a la de color rojo. Es cierto lo de las imitaciones de los productos de Ru, pero las piezas de azul pálido ya se elaboraban con éxito desde el reinado de Kangxi, por lo que se trataba de dos esmaltes diferentes. Los "hornos de Nian" destacaron también por su porcelana color azul pálido. Los "hornos de Tang", por su parte, fueron representativos del desarrollo de la industria cerámica durante el reinado de Qianlong. Tomaron su nombre del superintendente Tang Ying, ya citado más arriba, que ejerció su cargo en Jingdezhen durante más de dos décadas. En el apartado relativo a ese período del quinto volumen de los *Registros de cerámica de Jingdezhen* se dice que Tang Ying era un hábil supervisor que dominaba todos los aspectos de la elaboración, y que por tanto las porcelanas salidas de sus hornos eran de exquisita factura. Las imitaciones eran muy fieles al modelo y resistían la comparación con él, pero también había nuevas creaciones de pasta blanca y fina y color morado, verde, plateado, corvino, con decoración blanca o dorada sobre fondo negro, etc. Llegados a esta etapa se consiguió recoger y aprovechar todos los logros obtenidos en el pasado, lo cual tuvo su reflejo tanto en las técnicas de elaboración como en los diseños estilísticos o en los métodos decorativos. Todos estos superintendentes designados en la primera mitad de la dinastía Qing, especialmente interesados en las artes cerámicas y de una gran capacidad organizativa, contribuyeron en una buena medida a impulsar el desarrollo de la industria alfarera de Jingdezhen (imágenes II-8, II-9 y II-10).

2.4. Exportación de la porcelana de los alfares comunes

La tendencia secularizadora y mercantilista de la sociedad china a lo largo de los últimos siglos es por una parte el resultado inherente e inexorable de su propia evolución, pero también vino favorecida por el desarrollo de la economía mundial y de los mercados comerciales de ultramar. Desde los siglos XV y XVI, y gracias a los grandes descubrimien-

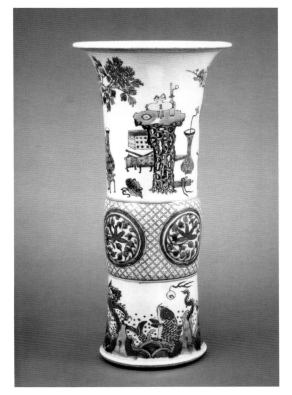

8 | 10
———
9

11-8 Jarrón cilíndrico de tipo gu de porcelana *qinghua* y cinco colores con decoración de jardín de estudio Dinastía Qing (reinado de Kangxi) Altura: 41'6 cm. Museo de la Ciudad Prohibida (Beijing)
11-9 Tazón de colores esmaltados sobre fondo amarillo con decoración de peonías Dinastía Qing (reinado de Kangxi) Altura: 5'4 cm.; diámetro boca: 10'8 cm.; diámetro apoyo: 4'4 cm. Museo de la Ciudad Prohibida (Beijing)
11-10 Jarrón grande de porcelana *qinghua* de cinco colores con paneles decorativos (aves y flores) sobre fondo de brocado Dinastía Qing (reinado de Kangxi) Altura: 71'5 cm. Museo de Arte de Filadelfia

tos geográficos llevados a término por los europeos, el intercambio de productos cerámicos entre China y Europa se incrementó de forma exponencial. Con los Qing –especialmente durante la segunda mitad del siglo XVII y todo el siglo XVIII–, la exportación de porcelana china se extendió aún más por todos los rincones del mundo, sobre todo por Europa, y no sólo de productos de uso cotidiano apreciados por las masas populares sino también de objetos de mayor calidad convertidos en símbolo de estatus social entre las clases más acomodadas. En la primera etapa de la dinastía Qing la demanda de porcelana china por parte de los países de ultramar era extraordinariamente alta, y se distribuía principalmente bien mediante presentes ofrecidos por el Gobierno Qing a las legaciones extranjeras

11-11 Bandeja grande de porcelana *qinghua* con borde marrón y decoración de paisaje Dinastía Qing (reinado de Kangxi) Altura: 8'4 cm.; diámetro boca: 54 cm.: diámetro apoyo: 3'3 cm. Compañía de antigüedades occidentales

o bien a través del comercio privado. En términos generales, los primeros salían de los alfares oficiales, mientras los ejemplares exportados de manera privada provenían mayoritariamente de los hornos comunes.

Durante las primeras décadas de la dinastía Qing no sólo se mantuvieron los mercados japoneses y europeos, sino que también se añadieron otros como los de la Rusia zarista, que comenzaron a encargar a los hornos chinos todo tipo de porcelanas. Los países americanos y africanos también adquirieron ejemplares chinos a través de diferentes medios, y regiones del sudeste asiático como Malasia, Borneo, Sumatra y Java se convirtieron asimismo en importantes mercados de exportación. En ocasiones estas porcelanas se encargaban directamente en Jingdezhen, aunque otras veces se adquirían sólo las vasijas esmaltadas en blanco que luego eran elaboradas y completadas en Guangdong u otras ciudades de la costa y exportadas desde esos mismos puertos (imagen 11-11).

En este capítulo dedicado a la exportación de porcelana durante la dinastía Qing nos centraremos principalmente en la expansión de los mercados europeos. En la primera mitad del siglo XVIII se permitió a numerosos países de aquel continente establecer estructuras comerciales en Cantón. La primera en obtener ese privilegio fue la Compañía británica de las Indias Orientales (1715), a la que siguieron sucesivamente las de Francia (1728), Holanda (1729), Dinamarca (1731) y Suecia (1732). Todo ello resultó muy beneficioso para el comercio exterior de los productos chinos, y gracias a ese desarrollo en el quincuagésimo noveno año del reinado de Kangxi (1720) los comerciantes de Cantón formaron una asociación comercial, cuya octava cláusula establecía que las porcelanas –y sobre todo las de mayor calidad– no podían comerciarse por cuenta propia, y que había que entregar a la asociación un treinta por ciento de la tarifa total de venta, con independencia de si se producían ganancias o pérdidas. Dicha organización estaba controlada por las autoridades manchúes, por lo que resulta evidente que se trataba de un gravamen fiscal de tipo feudal impuesto por el Gobierno local. En realidad, los Qing ya habían comenzado tempranamente a aprovecharse de las ventajas económicas proporcionadas por el comercio exterior de porcelana. Ya en 1716 las transacciones comerciales de porcelana realizadas en China por el navío mercante británico *Sultana* fueron llevadas a término a través de la intermediación de las autoridades del Gobierno Qing. Todo ello demuestra el importante papel cumplido por la exportación de cerámica en el contexto del comercio de ultramar de China. En este período hubo varios navíos extranjeros que obtuvieron permiso para atracar y comerciar directamente en Cantón, lo que hasta entonces había sido un privilegio provisional. La Compañía neerlandesa de las Indias Orientales, por ejemplo, pudo enviar dos barcos anuales a dicho puerto a partir de 1712, lo que contribuyó a otorgar una cierta frecuencia a la exportación directa de porcelana china a Europa. Con el desarrollo de ese comercio, además, surgieron muchos distribuidores e intermediarios a los que se confiaban los encargos de porcelana china. En una guía de Londres de 1774 se dice que había al menos 52 casas o compañías de ese tipo en la capital inglesa.

Gran parte de la abundante porcelana de exportación era producida en Jingdezhen, y una considerable proporción era creada bajo contrato según los requerimientos específicos de los mercados exteriores, especialmente aquellas porcelanas destinadas a los países europeos (imagen 11-12).

En las imágenes 11-13 y 11-14 pueden apreciarse dos piezas de porcelana *qinghua* conservadas en el Museo Victoria y Alberto de Londres. En el primer plato aparece una típica representación de una dama y un niño jugando, con una decoración compartimentada en torno a ella. Aunque lo que figura en los diversos paneles son tradicionales escenas

11-12 Bandejas de porcelana *qinghua* con decoración de flores Dinastía Qing (reinado de Kangxi)   Altura: 2'8 cm.; diámetro boca: 24'2 cm.; diámetro apoyo: 13'6 cm.   Compañía de antigüedades occidentales

11-13 Bandeja de porcelana *qinghua* con representación de dama y niño jugando y decoración compartimentada Dinastía Qing (reinado de Kangxi)   Museo Victoria y Alberto de Londres

11-14 Bandeja de porcelana *qinghua* con personajes y decoración compartimentada Dinastía Qing (reinado de Kangxi)
Museo Victoria y Alberto de Londres

chinas de labores agrícolas, todos ellos están separados por imágenes de tulipanes muy apreciadas en Europa, lo que inmediatamente identifica dicho ejemplar como porcelana de exportación destinada a aquellos países. Del mismo modo, en el centro de la segunda bandeja aparecen representados tres personajes europeos tocando instrumentos musicales, rodeados por paneles en los que se muestran característicos paisajes de estilo chino.

En el segundo volumen de los *Registros de cerámica de Jingdezhen* se dice que las vasijas de exportación se vendían exclusivamente a los extranjeros, y que eran los comerciantes del este de Guangdong los que comerciaban con ellos, adaptando cada año su producción a las diferentes variedades, formas y motivos decorativos exigidos por los mercados de ultramar (imágenes 11-15, 11-16 y 11-17).

A partir de la etapa intermedia de la dinastía Qing, los mayores cambios producidos en el comercio internacional fueron la irrupción de Estados Unidos y el inicio de la producción industrial de cerámica en los países europeos. En el mapa 11-18 vemos cómo, si comparamos

15 | 17
16 |

11-15 Bandeja grande de porcelana *qinghua* con decoración floral Dinastía Qing (reinado de Kangxi) Altura: 3'7 cm.; diámetro boca: 33 cm.; diámetro apoyo: 18 cm. Compañía de antigüedades occidentales

11-16 Vaso octagonal de porcelana *qinghua* con apoyo alto y decoración de paisaje y aves Dinastía Qing (reinado de Kangxi) Altura: 11'2 cm.; diámetro boca: 8 cm.; diámetro apoyo: 5 cm. Compañía de antigüedades occidentales

11-17 Jarrón de porcelana *qinghua* con decoración compartimentada (damas y flores) Dinastía Qing (reinado de Kangxi) Museo Victoria y Alberto

la distribución comercial internacional de época Qing con la existente durante la anterior dinastía, además de los centros de producción japoneses de Arita y Satsuma se han unido entre otros los ingleses de Staffordshire, Liverpool y Londres, aunque había muchos más. Lo que nos está diciendo este mapa es que en los mercados mundiales ya no sólo se comerciaba con porcelanas de origen chino, sino que los competidores eran cada vez más numerosos. Aunque la aparición en escena de Estados Unidos era muy reciente, su presencia ya era

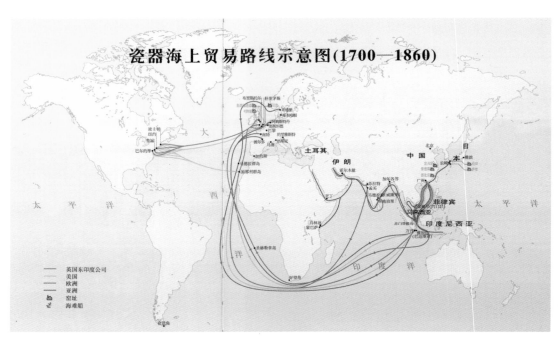

11-18 Itinerarios marítimos del comercio de porcelana en época Qing

poderosa; primero importó porcelanas de Gran Bretaña, y a partir de finales del XVIII lo haría directamente desde la propia China. Gracias a la entrada en juego de este gran mercado, el comercio de porcelana de China siguió prosperando hasta finales del siglo XIX.

2.5. Productos de porcelana

Tras el período de transición del emperador Shunzhi a comienzos de la dinastía, la autoridad central se impuso y consolidó con Kangxi, a la vez que se recuperaban y desarrollaban la sociedad y la economía, creando poco a poco un cuadro de prosperidad general. Por lo que respecta a la política interior, además de seguir aplicando mano dura para reafirmar su dominio despótico los Qing también establecieron una serie de leyes de reforma agraria de carácter más conciliatorio que beneficiaron a los campesinos, y también eliminaron el sistema de censo artesanal instituido con los Yuan y vigente durante toda la dinastía Ming, reduciendo así considerablemente la explotación y las restricciones que pesaban sobre ese sector productivo.

La provincia de Jiangxi se encontraba en una región que ofreció una fuerte oposición a la nueva dinastía Manchú, y la coyuntura bélica se prolongó hasta comienzos de la era Kangxi. La población de aquella zona tuvo que soportar el abuso y devastación infligidos por el ejército de los Qing, y la industria cerámica de Jingdezhen se vio consecuentemente afectada; la Revuelta de los tres feudatarios vino a provocar una ulterior devastación. En el décimo noveno año del reinado de Kangxi el secretario del Tesoro Xu Tingbi envió a Jingdezhen a Zang Yingxuan para supervisar la producción imperial, y a partir de entonces se revirtió la tendencia y los hornos oficiales comenzaron a elabora porcelana a pleno ritmo.

A comienzos de la dinastía Qing, y debido la oposición a la autoridad manchú mantenida en las áreas costeras de Guangdong, Fujian y Zhejiang, los emperadores Shunzhi y Kangxi –este último durante su etapa inicial– promulgaron severas leyes de prohibición del comercio marítimo. Dicha prohibición sería finalmente levantada en el vigésimo tercer año del reinado de Kangxi (1684) para aquellos barcos de ciertas dimensiones de comerciantes procedentes de toda esa franja costera y la región de Jiangnan, lo que contribuyó a normalizar el intercambio comercial con el exterior, incluidas las porcelanas.

El considerable incremento del comercio de ultramar de porcelana y la enorme producción de objetos de uso diario para los mercados nacionales hizo que los alfares oficiales y comunes de Jingdezhen vivieran un período de actividad sin precedentes, llevando a su industria cerámica a un momento de gran prosperidad. Ambos sistemas de hornos se estimularon entre sí, lo que contribuyó a un rápido avance de las técnicas y a la continua introducción de innovaciones tipológicas. La inimitable porcelana *qinghua* de aquella época, la vivaz porcelana de cinco colores, las elaboradas imitaciones de variedades antiguas o las espléndidas porcelanas de "familia rosa" o esmaltadas pusieron las bases de lo que sería el período de esplendor de producción de porcelana de los reinados de Yongzheng y Qianlong.

La pasta de la porcelana de esta época era muy fina, pura y resistente, con una mayor proporción de caolín respecto a la anterior dinastía en su mezcla y una menor cantidad de óxido de calcio en el esmalte. La cuidadosa elección de las materias primas, una elaboración más minuciosa y la cocción a alta temperatura dieron lugar a una porcelana cuya dureza ya alcanzaba los estándares contemporáneos. La delicadeza y calidad de la pasta hizo que los colores bajo y sobre esmalte y los esmaltes de color sobresalieran por su brillo y su belleza incomparable.

Pasamos ahora a describir separadamente las distintas variedades cerámicas del reinado de Kangxi:

2.5.1. Porcelana de exportación

La porcelana destinada a la exportación realizada durante la dinastía Ming gozó con los Qing de un nuevo desarrollo, con una variedad morfológica y una abundancia nunca antes vistas. Entre las formas más frecuentes se cuentan los jarrones alargados de boca acampanada tipo *gu* (imagen 11-19), las ollas redondeadas o hexagonales, las jarras para ablución con vertedera en forma de cabeza de dragón, los jarrones cilíndricos, las teteras, los kendi (porcelanas de cuerpo bulboso, cuello alto y vertedera desarrollada sin asa), las escudillas, las cajas, los platos soperos, los tazones con orejas, etc. También abundaban las grandes bandejas planas con boca en forma de flor o los diversos tipos de tazones. Esta clase de porcelana de exportación a menudo era muy estilizada, con remates de tapadera de excepcional altura. En cuanto a las tipologías cerámicas, había porcelana *qinghua* (imagen 11-20), de cinco colores, de esmalte dorado, de esmalte azul cobalto oscuro con incrustaciones doradas, de esmalte marrón con paneles decorativos (imagen 11-21), de esmalte azul con paneles decorativos... Las porcelanas de la "familia rosa" (también conocidas como de "color extranjero") con filigranas doradas también presentan paneles. Otra variedad imitaba el estilo de las porcelanas de "color extranjero" japonesas, y entre las formas hay bandejas planas con boca quebrada y vasos *gu* de cuerpo alargado y boca acampanada, vasijas para libación (*zun*) y ollas de gran tamaño, todas decoradas con taraceas doradas y pigmento azul (*qinghua*), de cinco colores o de color rojo (imágenes 11-22, 11-23, 11-24 y 11-25). Entre ellas, las ollas, los kendi, las teteras con asa, las urnas en forma de margarita, los tazones octagonales y las bandejas grandes, con bordes decorados o con boca perpendicular, heredaron las características estilísticas de la etapa final de la dinastía Ming.

2.5.2. Esmalte de colores

El esmalte de colores de la era Kangxi presenta numerosas variedades nuevas, entre las que destacan las siguientes: (1) El "rojo Lang". Este nombre hace referencia, como ya vimos más arriba, a los hornos homónimos bautizados así por el apellido del superintendente encargado de la supervisión de los alfares de Jiangxi durante el reinado de Kangxi, Lang Tingji. Los hornos de Lang realizaban imitaciones de alta calidad de las porcelanas de esmalte rojo de los reinados de Xuande y Chenghua de la dinastía precedente, y en especial las de color rojo rubí de Xuande. Esta variedad se caracterizaba por su color oscuro y brillante, de una tonalidad escarlata como la sangre coagulada de toro, por lo que también se conoce como "rojo sangre de toro". Las piezas presentan craqueladuras tanto en el interior como en el exterior, y el esmalte es transparente y bastante fluido; como éste se derrama hacia la parte inferior, se forman líneas blancas circulares en el exterior de la boca. A los dibujos formados entre ambos colores se les da el nombre de "juncos de estera". La muesca en espiral del asiento inferior de las piezas de la era Kangxi hace que el esmalte no

11-19 Jarrón tipo gu de porcelana *qinghua* con decoración de animal auspicioso Dinastía Qing (reinado de Kangxi)   Altura: 50 cm.

11-20 **Tetera de porcelana *qinghua* con apliques plateados y decoración fitomorfa** Dinastía Qing (reinado de Kangxi)

11-21 **Vasija tipo tan con tapadera y doble asa de porcelana *qinghua* con esmalte marrón** Dinastía Qing (reinado de Kangxi)

22 | 24
23 | 25

11-22 Bandeja de porcelana *qinghua* con decoración de búcaro de flores en color rojo Dinastía Qing (reinado de Kangxi)

11-23 Bandeja octagonal de porcelana *qinghua* con color rojo y añadidos dorados con decoración floral Dinastía Qing (reinado de Kangxi)

11-24 Bandeja de porcelana *qinghua* con decoración de color rojo Dinastía Qing (reinado de Kangxi)

11-25 Bandeja circular de porcelana *qinghua* con decoración floral en color rojo Dinastía Qing (reinado de Kangxi)

las pueda cubrir en su totalidad. Todas ellas presentan un color crema, como el del agua de arroz o más parecido al verde manzana, y también hay algunas que conservan el rojo (imagen 11-26). (2) El "rojo frijol". Era una variedad de reputación equivalente a la del "rojo Lang". Debido a su suavidad y elegancia y a las motas verdes de su superficie también se lo conoce como "flor de melocotón", "rojo begonia", "sonrojo de mujer hermosa" o "rostro de muñeca". En origen esas manchas verdes sobre la superficie uniforme color rojo eran un defecto de cocción, pero luego se convirtieron en un toque distintivo muy apreciado. El proceso de cocción era muy difícil, por lo que no son frecuentes las vasijas de grandes dimensiones. Debido precisamente a esa dificultad, se han conservado escasos ejemplares hasta nuestros días, de gran valor, por lo que a principios del siglo XX surgieron numerosas imitaciones (imágenes 11-27 y 11-28). (3) El "rojo brillante". Es el tercer tipo de esmalte rojo de la era Kangxi, junto con el "rojo Lang" y el "rojo frijol". No es tan transparente como aquel ni tan suave y elegante como este último, sino de una tonalidad más opaca y oscura. El color es muy uniforme, y el esmalte asemeja la piel de naranja. En cuanto a las variedades tipológicas, hay jarrones, tazones, bandejas, etc. Una parte de los ejemplares no presenta inscripciones, mientras algunas vasijas *qinghua* llevan en la parte inferior un cartucho doble redondo con las leyendas "Hecho en la era Kangxi de Qing" o "Hecho en la era Xuande de Ming" en escritura regular de seis caracteres repartidos en dos líneas; estas últimas son claramente objetos sacrificiales salidos de los hornos oficiales. El esmalte opaco y oscuro a modo de piel de naranja y las inscripciones sobre el fondo blanco de las piezas son características que las diferencian netamente de los ejemplares de "rojo Lang". (4) El "azul cobalto". Es un esmalte que ya había comenzado a desarrollarse desde la dinastía Yuan, y cuyo pigmento tenía el cobalto como principal agente colorante, con una

11-26 Jarrón de esmalte rojo de los hornos de Lang
Dinastía Qing (reinado de Kangxi) Altura: 20'2 cm.; diámetro boca: 6 cm. Museo de la Ciudad Prohibida (Beijing)

11-27 Tazón tipo taibai de "rojo frijol" Dinastía Qing (reinado de Kangxi) Altura: 8'7 cm.; diámetro boca: 3'5 cm. Museo de Historia de China (Beijing)

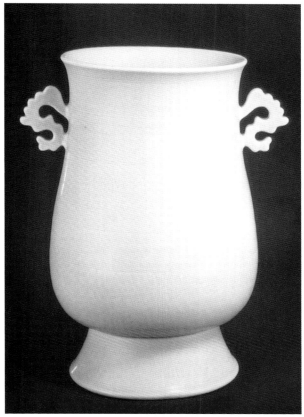

11-28 Jarrón en forma de hoja de sauce de "rojo frijol" Dinastía Qing (reinado de Kangxi) Altura: 15'3 cm.; diámetro boca: 3'4 cm. Museo de Shanghai

11-29 Vasija tipo *zun* de esmalte azul pálido con oreja en forma de chi Dinastía Qing (reinado de Kangxi) Altura: 22'4 cm.; diámetro boca: 11'8 cm. Museo de la Ciudad Prohibida (Beijing)

proporción aproximada del 2%. Como en el caso del "rojo brillante", era un esmalte semejante a la piel de naranja con una tonalidad oscura y opaca repartida uniformemente por la superficie. Las piezas estaban destinadas principalmente a ceremonias sacrificiales, por lo que también se conoce este tipo con el nombre de "azul sacrificial". Abundan las bandejas, los tazones y los jarrones. Durante este período la mayoría eran elaboradas en los alfares oficiales, y una parte de los ejemplares presenta la inscripción "Hecho en la era Kangxi de Qing" en escritura regular de seis caracteres repartidos en dos líneas, aunque también hay piezas oficiales que no la llevan.

Además de los tipos descritos más arriba, también se elaboraron otros esmaltes de color durante el reinado de Kangxi, como el azul celeste (imagen 11-29), el "azul con salpicaduras", el verde, el amarillo (imagen 11-30), el blanco, el verde oscuro, el morado con toques dorados... En resumidas cuentas, en este período los esmaltes de color eran extremadamente ricos y variados.

2.5.3. Porcelana *qinghua*

Además de esas piezas con esmalte de color, durante la era Kangxi los ejemplares de porcelana *qinghua* también resultan muy representativos. Según una obra coetánea sobre estándares cerámicos, la porcelana *qinghua* de los reinados de Yongzheng y Qianlong no podía compararse a la de los "hornos de Tang" de la era Kangxi, que era la de mejor calidad de toda la dinastía Qing aunque a su vez resultaba inferior a la de los Ming. El punto fuerte de los alfares oficiales del reinado de Kangxi eran las piezas de esmalte de color, ya que aparte de las bandejas decoradas había muy

11-30 Tetera de esmalte amarillo con asa y verte- dera en forma de cabeza de fénix Dinastía Qing (reinado de Kangxi) Altura: 13'3 cm. Museo de la Ciudad Prohibida (Beijing)

pocos ejemplares de gran tamaño. Los principales productores de porcelana *qinghua* durante ese período eran, por tanto, los hornos comunes (imagen 11-31).

Gracias al desarrollo producido desde la era Wanli de la dinastía Ming, durante la era Kangxi se usaba en términos generales el pigmento cobalto de la provincia de Zhejiang para elaborar le porcelana *qinghua* clásica del período. Como se pasó del método de

11-31 Bandeja de porcelana *qinghua* con decoración fitomorfa Dinastía Qing (reinado de Kangxi)

limpieza en húmedo al método de calcinación, la tonalidad del pigmento resultaba muy brillante y presentaba matices de verde esmeralda oscuro (imagen 11-32). En la etapa final de la dinastía Ming comenzó a emplearse el patrón decorativo de las marcas de agua impresas, que se popularizó en las porcelanas *qinghua* de la era Kangxi. Además, puesto que los artesanos alfareros ya dominaban el uso de las diversas tonalidades del pigmento de cobalto, se valían deliberadamente de ello para conseguir gradaciones y efectos cromáticos desiguales; un mismo pigmento podía crear así diferentes sensaciones según fuera más o menos oscuro o claro, algo que incluso podía producirse en una misma pincelada. El nombre de "porcelana *qinghua* de cinco colores" de la era Kangxi también hace referencia a dichas propiedades.

Por lo que se refiere a las principales variedades de la porcelana *qinghua* de los alfares oficiales del reinado de Kangxi, hay tipologías de pequeño tamaño como bandejas, tazones o teteras, con motivos decorativos que incluyen sobre todo dragones, fénix, pinos, bambúes, ciruelos y flores. Las vasijas de mayores dimensiones como los vasos para libación tipo *zun* con cola de fénix o representación de Guanyin, los jarrones en forma de mortero, etc. son en general productos salidos de los hornos comunes, con una gran variedad de motivos ornamentales. Además de los tradicionales ("Cuatro concubinas y dieciséis hijos", "Niños jugando", los "ocho inmortales", los "ocho símbolos auspiciosos", las historias del *Clásico de la piedad filial*...), también hay escenas sacadas de la compilación sobre labores en el campo y el trabajo de la seda (*Guía ilustrada de la labranza y el tejido*), animales monstruosos y todo tipo de historias inspiradas en célebres obras de la literatura o el drama teatral, como el *Romance de los Tres Reinos*, *A orillas del agua*, *La investidura de los dioses*, *Historia del ala oeste* o *Viaje al Oeste*. Aparte de ello, aparecen asimismo representaciones que reflejan el estilo de los eruditos y mandarines, como "Los siete sabios del bosque de bambú", "La libación de los ocho inmortales", "Zhang Xu escribe borracho" o *Reunión en el parque del oeste* (imágenes 11-33, 11-34 y 11-35).

Muchos de los ejemplares de porcelana *qinghua* de la era Kangxi, y en especial aquellos salidos de los hornos comunes, carecen de inscripciones, lo cual es consecuencia de la prohibición impuesta a los hornos del distrito de Fuliang por el superintendente Zhang Qizhong en el décimo sexto año de la era Kangxi de añadir ese tipo de decoración a sus porcelanas. Una buena parte de las existentes eran falsos históricos que hacían referencia a reinados de la dinastía precedente como los de Xuande, Chenghua, Jiajing y Wanli, y en especial a los dos primeros.

11-32 Olla grande de porcelana *qinghua* con decoración de nubes lobuladas sobre hombros Dinastía Qing (reinado de Kangxi) Altura: 81 cm.

11-33 Olla con tapadera de cerámica de cinco colores con escenas de la *Historia del ala oeste* Dinastía Qing (reinado de Kangxi) Altura: 21'7 cm. Museo de la Ciudad Prohibida (Beijing)

11-34 Vasija tipo gu de porcelana *qinghua* con decoración de figuras humanas en cinco colores Inicios de la dinastía Qing Altura: 53'6 cm. Museo de la Fundación Chang de Taipei

La porcelana *qinghua* de esa época no sólo se exportó en grandes cantidades a ultramar, sino que también tuvo resonancia en los diversos contextos culturales en los que se distribuyó. En la imagen 11-36 se puede apreciar un jarrón florero cuyas elaboradas asas laterales guardan una estrecha relación con los objetos de vidrio de Murano o con cierto tipo de porcelanas de origen islámico. El tipo de tazón hondo que aparece en la

11-35 Tazón de porcelana *qinghua* **con escena del «Romance de los Tres Reinos» de los hornos de Jingdezhen** Dinastía Qing (reinado de Kangxi) Museo de Arte de Berkeley

imagen 11-37 se llamaba "tazón para enfriar vasijas de vidrio": primero se vertía agua fría en su interior, y luego se introducía el vaso de vidrio con agua muy caliente hasta que ésta adquiría la temperatura justa para ser bebida; los ocho salientes almenados del borde superior del tazón servían para fijar la base y el cuerpo de la copa de vidrio. Esta tipología de "tazón Monteith" fue muy popular a finales del siglo XVII y durante todo el siglo XVIII, y en Europa podía realizarse con cerámica, plata, hojalata, vidrio, etc. Aunque la apariencia formal de dicho tazón es de aire completamente europeo, su decoración es en cambio de estilo inequívocamente chino. Los ocho paneles dispuestos a lo largo de toda la superficie de la pared externa de la vasija presentan una serie de motivos decorativos (flores y animales auspiciosos como dragones, fénix, *qilin*...) en color azul sobre fondo blanco; en el interior aparece una representación de "cien tesoros". En la imagen 11-38, por su parte, se ve un jarrón alargado de boca ancha cuya forma suele atribuirse a los vasos holandeses de mayólica. En términos generales, este tipo de jarrón tenía cuatro variedades estándar, tres de las cuales medían 10,2, 17,8 y 25,4 centímetros y a menudo eran usadas como recipiente para el chocolate líquido, mientras el ejemplar de la imagen es el más grande de todos ellos y muy probablemente tenía solamente una función decorativa y de ostentación. Su decoración *qinghua* parece derivar del arte del brocado (lazada, satín, punto de cadeneta...). En esta clase de porcelana *qinghua* característica de la época no sólo encontramos los rasgos peculiares de la era Kangxi sino también una amalgama de estilos y la influencia mutua de las artes chinas y europeas, desplegadas en una gran variedad tipológica.

Los países occidentales tenían en muy alta estima esta porcelana *qinghua* de la era Kangxi. En su libro *China Export Porcelain: Chine de Commande*, el estudioso alemán D.F. Lunsingh Scheurleer afirma que durante el reinado de dicho emperador el arte de la elaboración de la porcelana *qinghua* alcanzó su cumbre. Desde el punto de vista artístico, se trata de la porcelana más exquisita jamás producida, de refinada factura, esmalte muy fino y en ocasiones una decoración *qinghua* bastante leve. El misionero jesuita francés Louis Le Comte asevera por su parte en *Un jésuite à Pékin. Nouveaux mémoires sur l'état présent de la Chine, 1687-1692* que la gran cantidad de porcelana *qinghua* en Holanda es prueba de su exportación a gran escala. Incluso los ejemplares más corrientes eran también muy preciados. Los motivos antropomorfos y zoomorfos y los paisajes con árboles, plantas y flores se distribuyen uniformemente por la superficie decorada, con una gran minuciosidad descriptiva.

36 | 38
37 |

11-36 Jarrón florero con asas de porcelana *qinghua*
Dinastía Qing (reinado de Kangxi)   Altura: 22'3 cm.   Museo
Peabody Essex de Massachusetts

11-37 "Tazón Monteith" para enfriar vasos con borde almenado   Dinastía Qing (reinado de Kangxi)   Altura: 15'5 cm.; diámetro boca: 33 cm.   Museo Peabody Essex de Massachusetts

11-38 Jarrón de boca grande con tapadera   Dinastía Qing (reinado de Kangxi)   Altura: 34'3 cm.; diámetro boca: 12'1 cm. Museo Peabody Essex de Massachusetts

2.5.4. Porcelana de cinco colores

Durante el reinado de Kangxi la variedad cerámica más célebre fue la porcelana de cinco colores, desarrollada a partir de la *qinghua* de colores contrastantes. Ya durante los reina-

11-39 Olla con tapadera de cerámica de cinco colores con dragón y fénix
Dinastía Qing (reinado de Kangxi)

dos de Jiajing y Wanli de la dinastía Ming había evolucionado bastante, y en especial la porcelana de cinco colores combinada en la misma pieza con la *qinghua* bajo esmalte ocupó entonces un lugar preponderante. Con Kangxi los ejemplares de cinco colores son principalmente de porcelana blanca con colores sobre esmalte, mientras apenas se usaba la decoración *qinghua*. El brillo de sus colores, la exquisitez de las pinturas y su gran variedad tipológica la convertían en un temible competidor frente a la variedad *qinghua* de la misma época (imagen 11-39).

En *Discusiones sobre cerámica de Yin Liuzhai* se dice que la porcelana de cinco colores y la *qinghua* se elaboraron de manera especial durante el reinado de Kangxi. Sin embargo, en las fuentes escritas de la primera etapa de la dinastía Qing no existen registros destacables referentes a la porcelana de cinco colores de los alfares oficiales, y entre los ejemplares conservados hasta la actualidad la mayor parte de aquellos provenientes de dichos alfares son de pequeñas dimensiones como bandejas o tazones y presentan patrones decorativos bastante rígidos; los de mayor tamaño con diseños vivaces y coloridos, en cambio, son generalmente atribuibles a los hornos comunes.

Un gran logro de la porcelana de cinco colores de la era Kangxi fue la invención de las variedades de azul y negro sobre esmalte. La tonalidad azul podía alcanzar tras la cocción un grado de oscuridad aún mayor que el del pigmento *qinghua*, mientras el negro posee un lustre de laca, lo que otorgaba a los diseños decorativos de la porcelana de cinco colores un efecto más pictórico (imagen 11-40). Ese color negro podía emplearse para delinear los contornos de las figuras, pues poseía un grado de contraste aún mayor que el azul *qinghua*, y además se podía obtener a partir del verde. Los pintores de Jingdezhen de la época empezaron a utilizar el nuevo verde oscuro transparente (llamado por los locales "verde agua", "verde amargo" o "gran verde"), a la vez que recurrían al amarillo, el azul, el morado berenjena, el rojo óxido, el marrón, el negro, etc., a veces empleando también la técnica de la taracea dorada. Este tipo de cerámica decorada recibió en China el nombre de "porcelana de cinco colores" o "porcelana de colores fuertes", y su decoración difundió elementos clásicos de la tradición china. Llegada a Europa, dicha tipología tomó el apelativo de porcelana de la "familia verde", un nombre acuñado por el historiador francés del arte Albert Jacquemart en 1862 para destacar el predominio de ese color sobre el resto de los empleados para su ornamentación.

Las aseveraciones realizadas en la obra sobre estándares cerámicos citada más arriba acerca de la exquisitez de los métodos pictóricos durante la era Kangxi, con sus escenas agrícolas y de elaboración de la seda y sus representaciones de dragones, fénix o flores de riguroso dibujo, se ajustan mucho a la realidad. Las variedades tipológicas más frecuentes de porcelana de cinco colores de la era Kangxi son utensilios

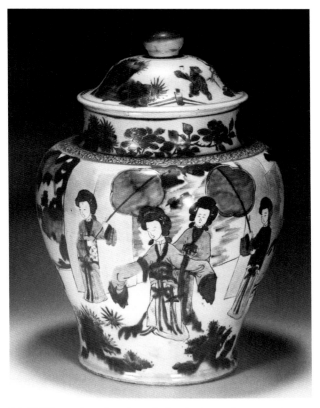

11-40 Olla con tapadera de cerámica de cinco colores con decoración de personajes Dinastía Qing (reinado de Kangxi) Museo de la Capital (Beijing)

domésticos como los vasos, los tazones, las cajas, las ollas, las vasijas para libación (*zun*) con decoración de cola de fénix, los jarrones en forma de mortero y las bandejas grandes. Como los patrones decorativos no estaban sujetos a las constricciones impuestas por los alfares oficiales, presentan una gran diversidad de motivos: aparte de las flores, las urracas en los ciruelos, las vestimentas antiguas o los retratos de hermosas mujeres, también hay historias con personajes sacadas de las óperas tradicionales o de la literatura, entre las que destacan las representaciones de guerreros armados a caballo por su valor y popularidad (imágenes 11-41 y 11-42). Ese tipo de figuras pintadas recibió la influencia del célebre artista de finales de la dinastía Ming, Chen Liaolian, con un estilo de trazos enérgicos y sucintos en el que el rojo o el negro son empleados para perfilar los rasgos faciales o delinear los pliegues de la ropa, aplicando después brillantes colores en las zonas internas para dar a los personajes una sensación de solidez y diafanidad. Posteriormente, y por oposición a las piezas de la "familia rosa" populares durante el reinado de Yongzheng –con pinturas de apariencia más blanda y diluida–, este género será conocido también con el nombre de

11-41 Bandeja de cerámica de cinco colores con escena de *A orillas del agua* **Inscripción con tres sinogramas en la parte baja** Dinastía Qing (reinado de Kangxi) Museo Victoria y Alberto de Londres

11-42 Bandeja de cerámica de cinco colores con escena de *A orillas del agua* Dinastía Qing (reinado de Kangxi) Diámetro boca: 38 cm. Museo de la Ciudad Prohibida (Beijing)

porcelana de "colores fuertes" o porcelana de "colores antiguos". Se trata de ejemplares de superficie clara y brillante, con líneas muy vigorosas, resistentes al fuego, con una capa de esmalte muy bien adherida de colores inalterables, que mantienen durante largo tiempo su lozanía (imágenes 11-43 y 11-44). En el Museo de Arte de Berkeley se exhibe una jarra de porcelana de cinco colores de carácter auspicioso datada en la era Kangxi. Se trata de una exquisita obra de arte –probablemente un regalo de buen augurio– en la que aparecen dos sinogramas con el significado de "ilimitado", en referencia a la frase "larga e ilimitada vida", complementados con numerosos símbolos tradicionales relacionados con la longevidad (imagen 11-45).

En el Museo Victoria y Alberto de Londres, por otro lado, se puede ver un refinado tazón de cinco colores de la era Kangxi (imagen 11-46) sobre cuyo fondo blanco puro aparecen representados en esmalte verde transparente y de otros colores algunos patos mandarines y aves canoras revoloteando entre los juncos de un estanque de lotos, un ejemplo del grado de madurez técnica y de meticulosidad alcanzado por los pintores y artesanos alfareros de Jingdezhen. Los motivos decorativos no cubren toda la superficie de la pared externa sino que dejan una buena parte del fondo blanco a la vista, reforzando la sensación de quietud. El estanque con patos mandarines es una escena muy popular en la porcelana china en la que la combinación de patos y flores de loto posee un determinado significado auspicioso,

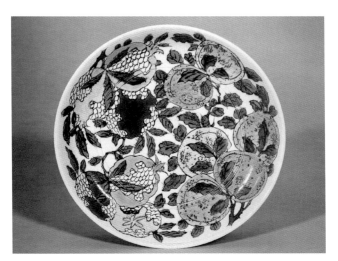

11-43 Escudilla de cerámica de tres colores con decoración de frutos
Dinastía Qing (reinado de Kangxi)   Museo de Arte Idemitsu de Tokio

11-44 Tazón de cerámica de tres colores con decoración incisa de dragón y flores   Dinastía Qing (reinado de Kangxi)   Museo de la Capital (Beijing)

11-45 Jarra de cerámica de cinco colores con sinogramas auspiciosos de longevidad   Dinastía Qing (reinado de Kangxi)   Museo de Arte de Berkeley

11-46 Tazón de cerámica de cinco colores con decoración de patos mandarines de los hornos de Jingdezhen   Dinastía Qing (reinado de Kangxi)   Altura: 8′5 cm.; diámetro boca: 17′2 cm.   Museo Victoria y Alberto de Londres

ya que los caracteres relativos a "loto" son homófonos de los correspondientes a "armonía" y "continuidad", y el conjunto simboliza una duradera armonía y felicidad conyugal.

2.5.5. Porcelana de tres colores

Ya existían muestras exquisitas de porcelana de tres colores durante el reinado de Zheng-de en la dinastía Ming, pero con la era Kangxi esta tipología se desarrolló ulteriormente; además del amarillo, el verde y el violeta, se añadió el característico azul de la época. Al mismo tiempo, aumentó la variedad de métodos de aplicación de los colores. Uno de ellos consistía en pintar directamente sobre el cuerpo blanco de la vasija ya bizcochada, después cubrir todo con una capa de blanco níveo y cocer de nuevo a baja temperatura; era el sistema empleado para la elaboración de las bandejas para fruta de tres colores conservadas en abundante número. Otro método distinto era aplicar el color sobre el esmalte blanco y luego añadir más color, como por ejemplo verde, morado o blanco sobre amarillo, amarillo o morado sobre verde, etc. Hay también un tipo de porcelanas de tres colores con pigmento negro, piezas poco frecuentes de exquisita factura.

Muchas de las piezas de porcelana de tres colores de los alfares oficiales tienen el fondo blanco o amarillo o están pintadas con manchas "piel de tigre", y llevan inscripciones. Los ejemplares de los hornos comunes sin inscripción son muy numerosos, y se dividen entre los de paredes gruesas y finas; algunos otros imitan las inscripciones o los sellos. Hay una gran variedad tipológica, con grandes diferencias entre las piezas grandes y las más pequeñas. Entre las primeras hay vasijas para libación tipo *zun* con cola de fénix, jarrones en forma de mortero, ollas de gran tamaño y figuras antropomorfas: las vasijas *zun* y los jarrones podían incluso superar el metro de altura. En cuanto a las piezas de menores dimensiones, hay vasos y receptáculos para líquido tipo *yu*, entre otros. Una variedad muy frecuente eran los vasos de tres colores con decoración de hojas de loto y un tallo hueco por el que se podía sorber el líquido.

Esta porcelana de tres colores también era muy popular entre la cerámica de exportación. En las Colecciones Estatales de Arte de Dresde y en el Museo Peabody Essex de Massachusetts, por ejemplo, hay no pocas muestras de dicho género importadas a Europa en aquellos años. La tetera de la imagen II-47 se conserva en el Peabody Essex; su cuerpo, su asa, su boca y su tapadera parecen haber sido hechos con cañas de bambú. Era una tipología morfológica bastante popular entre las piezas cerámicas de Yixing, y es muy probable que fuera realizada siguiendo esos modelos.

La porcelana hecha en el reinado de Kangxi era simple y sobria. Aunque la pasta era fina y compacta, la influencia de las últimas décadas de la dinastía Ming hizo que en la primera etapa de los Qing todavía no se hubieran podido sacudir la costumbre de elaborar cuerpos gruesos y pesados, lo que resulta evidente durante el reinado de Kangxi, mientras que durante la fase intermedia y final de la dinastía las paredes se irán estrechando progresivamente.

Resulta muy difícil cuantificar el número de porcelanas comunes o de tipo estándar elaboradas durante esta época. En cuanto a las vasijas de grandes dimensiones hechas a mano, como los *zun*, los vasos alargados

11-47 Tetera de cerámica de tres colores con cuerpo en forma de cañas de bambú Dinastía Qing (reinado de Kangxi) Altura: 12 cm. Museo Peabody Essex de Massachusetts

de boca acampanada (*gu*) o las peceras, presentan variadas formas y unos criterios estandarizados que las hacen superiores a las de finales de la dinastía Ming. Se elaboraron numerosas variedades nuevas de porcelana *qinghua* y de cinco o tres colores. En los hornos comunes destacaban especialmente las piezas de *qinghua*. Las ollas con tapadera en forma de casco militar, las vasijas tipo *gu*, los incensarios o los receptáculos para pinceles que ya habían aparecido durante el reinado de Shunzhi se hicieron ahora populares. La porcelana de exportación de la era Kangxi, con sus novedosas formas y propuestas, ocupa un importante lugar en la historia del comercio internacional y del intercambio cultural durante la dinastía Qing, y sus piezas pueden verse hoy en día en numerosos países occidentales.

Por lo que se refiere a los métodos decorativos utilizados en las porcelanas de este período, destacan la pintura, la impresión, la incisión, la superposición, la perforación y el esculpido (imagen 11-48). El contenido de las pinturas de las porcelanas *qinghua* y de cinco colores es muy rico y variado, con numerosos motivos ornamentales que abarcan muy diversos aspectos de la vida social de la época.

El estilo decorativo de la primera etapa del emperador Kangxi aún conserva resabios de la pintura de la era Shunzhi, con su combinación de crudo atrevimiento y exquisitez, que se

11-48 Figuras de damas de porcelana con pintura sobre esmalte y añadidos dorados Dinastía Qing (reinado de Kangxi) Museo Victoria y Alberto de Londres

manifestarán plenamente durante la fase intermedia y final de su reinado. Aunque el cuerpo de las vasijas de los hornos comunes es grueso, su elaboración es muy cuidadosa y el contenido decorativo muy variado, con personajes, jardines, *qilin* (monstruos híbridos de la mitología china), bananos, etc. En la etapa intermedia, debido a la influencia de artistas de finales de los Ming y principios de los Qing como Dong Qichang, Chen Hongshou o Liu Panyuan, el significado se hace más profundo y las composiciones adquieren mayor vuelo, desplegando en numerosos casos escenas completas. En cuanto a los motivos, aparte de los personajes y paisajes comunes, hay otros que reflejan los gustos y tendencias de los refinados hombres de letras, como "Los tres amigos del invierno" (el pino, el bambú y el ciruelo), "El sonido del otoño", "Wang Xizhi

contemplando los gansos" o "Mi Fu venerando la roca", y también historias apreciadas por el pueblo llano y sacadas de obras de teatro o de la literatura, como la *Historia del ala oeste*, el *Romance de los Tres Reinos*, la biografía del general Yue Fei de la dinastía Song o la leyenda Tang de los "Tres héroes del viento y el polvo". A partir de la dinastía Yuan, las estampas xilográficas de los libros serán una importante fuente de inspiración de los artesanos de Jingdezhen, y la tendencia alcanzará su momento álgido con el reinado de Kangxi. A la hora de pintar sobre porcelana, los artistas de dichos alfares interpretaban las escenas de las xilografías, los libros de papel y los rollos de seda para adaptarlos a su propio medio. Así, en la imagen 11-49 aparecen dos jarras en forma de mortero de la era Kangxi en cuya superficie se despliega una sucesión de imágenes que describen el célebre relato de la *Historia del ala oeste*. Se trata de vasijas en forma cilíndrica de gran tamaño y cuello alargado, divididas en cuatro niveles, cada uno de los cuales contiene varios paneles cuadrangulares con una escena determinada por un total de 24 personajes. La pieza es el resultado del proceso previo de selección de cada una de las diversas representaciones y de su materialización sobre la superficie esmaltada del jarrón, con su valiosa información visual. Este modo de representación de escenas y personajes sacados de obras populares, que atrajo poderosamente la atención de los clientes locales y también de los compradores

11-49 Jarrones grandes en forma de mortero de porcelana qinghua con escenas de la *Historia del ala oeste* de los hornos de Jingdezhen Dinastía Qing (reinado de Kangxi) Altura: 75 cm.; diámetro boca: 22'4 cm. Museo Victoria y Alberto de Londres

europeos, comenzará a decaer tras el reinado del emperador Kangxi, y a partir de entonces sólo podrá verse en contadas ocasiones.

Por otro lado, en el trigésimo año del reinado de Kangxi se amplió el sistema imperial de examen y se impulsó la difusión de la cultura china, y comenzaron a aparecer en las porcelanas poemas y canciones acompañando escenas alusivas a los examinandos muy representativas de la sociedad de la época. También surgieron entonces numerosas representaciones de guerreros a caballo y escenas de caza con arco de personajes coetáneos, un fenómeno que guarda estrecha relación con las enseñanzas heredadas de los Ming y con el afán propagandístico de los valores tradicionales manchúes ligados al caballo y la caza característico del emperador Kangxi, que promovió la cultura y las artes marciales con el fin de no olvidar las raíces nómadas y guerreras de la dinastía Qing. Las escenas relativas a las labores agrícolas y el trabajo de la seda, en cambio, reflejan en cierta medida el desarrollo de la sociedad y la próspera vida de la población en tiempos de paz (imagen 11-50).

Las piezas salidas de los hornos comunes, especialmente aquellas con ciertos símbolos o inscripciones palaciegas, no sufrieron las limitaciones propias de los productos de los alfares oficiales y desplegaron en cambio pinceladas más sueltas y vivaces, con un estilo característico de su época. Para acomodarse a la demanda de los mercados del exterior, los hornos comunes concedían gran importancia a la selección de los pigmentos y al proceso de elaboración de sus porcelanas de exportación. El nivel técnico de los artesanos era muy elevado; aparte de las escenas tradicionales, dichas porcelanas también presentan motivos decorativos de estilo japonés o personajes, paisajes o flores que siguen los patrones impuestos por los mercaderes portugueses, holandeses o franceses y que llaman poderosamente la atención.

La arcilla empleada entonces era muy fina y limpia, blanca como la harina de arroz, lo que junto a la minuciosa división del trabajo y la cocción a temperaturas adecuadas hizo que el cuerpo de las porcelanas de la era Kangxi se caracterizara por una finura, una solidez y un lustro muy superiores a los de las piezas realizadas en época Ming o en cualquier otra dinastía precedente. Algunas vasijas de factura tosca de los hornos comunes de la fase inicial del reinado de Kangxi presentan una pasta basta y suelta con impurezas; la parte inferior de un pequeño número de piezas con la base arenosa y sin esmalte y de piezas gruesas deja al descubierto la pasta y presenta marcas rojas de fuego, también de color ocre, aunque no tan intensas como en época Ming, una característica que pervivirá hasta la era Qianlong.

11-50 Bandeja de cinco colores con escenas sacadas de la *Guía ilustrada de la labranza y el tejido* Dinastía Qing (reinado de Kangxi) Museo Victoria y Alberto de Londres

Los ejemplares de gran tamaño y aquellos elaborados sin torno poseen paredes bastante gruesas, y fueron hechos mediante el procedimiento de ensamblaje de piezas, aunque están realizados con un gran cuidado y las juntas encajan de manera muy suave y uniforme, no como en las piezas de época Ming en las que resultan evidentes a simple vista. La composición del esmalte es muy pura, y su superficie se fija bien al cuerpo de la vasija. Ya se trate de esmalte blanco, rosado o verde esmeralda, todos ellos transmiten la dureza semejante al jade de la pasta sobre la que están aplicados, y dan sensación de brillo y adherencia.

Una parte de las vasijas finas de los hornos comunes presentan a veces ese tipo de marcas conocidas en Japón como "señales de gusano" que habíamos visto en las piezas de los reinados de Tianqi y Chongzhen de finales de la dinastía Ming, debidas a la contracción y desprendimiento de la capa de esmalte por una adherencia deficiente. Son particularmente frecuentes en los incensarios, las jarras cilíndricas, los jarrones florero, las vasijas de cuello alargado en forma de vesícula, los maceteros, los recipientes para pinceles, las bandejas o los tazones de comienzos de la era Kangxi, y por ello en las bocas de numerosas piezas de finales de la dinastía Ming e inicios de los Qing aparece una capa no uniforme de esmalte de color amarillo marronáceo. En el fondo de los apoyos circulares se aprecian señales indistintas de cuchillo. Dichos apoyos circulares eran bastante frecuentes en la etapa inicial. En la juntura entre el interior del apoyo y la parte inferior se aprecia una línea curva u oblicua, aunque después con la evolución se pasó gradualmente de los apoyos altos a otros circulares de profundidad más moderada. La mayoría de los jarrones de forma rectangular presentan apoyos cuadrangulares con arenisca; en las zonas cóncavas del interior rectangular hay esmalte. Excepto en las cerámicas de tres colores, son frecuentes las marcas de arpillera en la parte inferior de los apoyos.

Capítulo 3   Cerámica de Jingdezhen de la etapa intermedia de los Qing

3.1. Auge de los alfares imperiales y comunes

A lo largo de la historia de China las sucesivas dinastías reinantes se hicieron con el poder a hierro y fuego, pero no podían gobernar el país por la fuerza sino que debían establecer un sistema de gobierno basado en las instituciones, las leyes y el ceremonial en el que se concedía gran importancia a la educación, y construir además un código ético común a toda la sociedad con un referente ideal. Al mismo tiempo que consolidaban los principios de la política estatal basada en el respeto al confucianismo una vez llegados al poder, los Qing también asumieron el ideal confuciano del "dominio de la virtud" y el "dominio del ritual", concediendo gran importancia a la educación basada en el ceremonial tradicional y abogando con fuerza por una administración de raigambre cultural. Ello significaba por una parte desarrollar en la medida de lo posible la educación oficial estableciendo escuelas por todo el país, buscando y recolectando antiguas obras, editando libros, restaurando el patrimonio cultural y promoviendo conscientemente un regreso a la educación tradicional; por otro lado, y con el fin de consolidar su gobierno autocrático de carácter feudal, supuso también la instauración de la censura e inquisición literaria, evitando la aparición de cualquier manifestación escrita que pudiera socavar la autoridad del Estado. Durante ese largo período de más de un siglo de reinado de los emperadores Kangxi, Yongzheng y Qianlong no fueron pocos los casos de prisión o ejecución de autores no gratos a las autoridades, más frecuentes sobre todo en tiempos de Qianlong. A pesar de que el poder central hizo todo lo posible por atraer lisonjeramente a los literatos o suprimirlos de manera violenta, estos siguieron manifestando su descontento hacia las medidas restrictivas del Gobierno y continuaron cultivando el estudio de los antiguos, para mantener el fermento cultural y la dignidad de su oficio y resistir así a la presión y los embates de las autoridades. Eran muchos los que pensaban que la causa de la caída de los Ming radicaba en la oposición a la cultura tradicional, y por lo tanto en esta época se percibe una clara tendencia al restablecimiento de la tradición, una predisposición que se alineará con la coyuntura del momento para crear una profunda y duradera oleada de recuperación de la cultura antigua durante la dinastía Qing.

Dicha oleada hizo que surgiera en el ámbito artístico y literario una escuela de crítica textual cuyo objetivo era revivir el pensamiento tradicional. Por lo que respecta a los usos y costumbres de la sociedad de la época, esta tendencia impulsó la moda de la recolección de reliquias culturales. A los ojos de los coetáneos, un antiguo objeto de bronce, un sello, un jarrón de porcelana, una vieja lastra de entintar, un instrumento musical o una antigua pintura constituían el testimonio de una época pretérita y podían inspirar la veneración de la cultura tradicional. En los círculos de literatos era costumbre invitar a los amigos cuando alguien conseguía una nueva pieza de anticuario para que todos pudiesen admirarla y elucubrar acerca de su datación y autoría, apreciar sus profundos valores estéticos e intercambiar sus conocimientos al respecto. Además, se trataba de una afición no exclusiva de los hombres de letras sino también compartida por los mercaderes y comerciantes –que no sólo aprovechaban para entrar en los círculos intelectuales y hacer amistades entre sus célebres miembros sino que también coleccionaban piezas antiguas en grandes cantidades, que luego exhibían como muestra de su gusto refinado y su mundanidad– e incluso por el pueblo llano: fue así como surgió y prosperó el mercado del anticuariado y el de imitación de las antigüedades (imágenes 11-51 y 11-52).

La reproducción de esas porcelanas antiguas tuvo su auge sobre todo en los alfares oficiales, y fue también en ellos donde se obtuvieron los mejores resultados. En cuanto a

11-51 Vasija tipo *zun* de esmalte verde en forma de cesta de peces   Dinastía Qing (reinado de Yongzheng)   Altura: 36 cm.; diámetro boca: 20'5 cm.   Museo de la Ciudad Prohibida (Beijing)

11-52 Cántaro aplanado de esmalte verde con dos orejas y decoración impresa de lotos   Dinastía Qing (reinado de Yongzheng) Altura: 29'6 cm.; diámetro boca: 4'6 cm.   Museo Nacional del Palacio de Taipei

los hornos comunes, también surgieron en esta época talleres especializados en la imitación de cerámicas antiguas de diversas categorías; según las fuentes, la "antigua cerámica imperial" que imitaba las piezas de época Song era muy difícil de distinguir de la auténtica. Entonces había numerosos talleres que copiaban las piezas salidas de célebres hornos de la dinastía Song, como los de Longquan, Ding, Ru, Ge o los oficiales, tal y como queda escrito en los «Registros de cerámica de Jingdezhen» por lo que respecta a los años finales del reinado de Qianlong. En este pasaje aparece reflejada la situación general de los hornos comunes de imitación durante la etapa intermedia de la dinastía Qing, y también de la primera fase, como cuando afirma que anteriormente había artesanos en Jingdezhen especializados en realizar imitaciones de Longquan, de Ge o de los alfares oficiales, pero que ahora eran producidas conjuntamente con otras tipologías, como la de esmalte craquelado. De ello se desprende que la producción de porcelana antigua de imitación de los hornos comunes durante las primeras décadas de la dinastía casi fue superior a la del período sucesivo. El motivo se debe probablemente al hecho de que, aunque este tipo de cerámicas tenían un mercado garantizado, al tratarse de piezas que imitaban los productos salidos de los alfares oficiales durante las sucesivas dinastías y destinados a la corte imperial (vasijas, ceremoniales, sacrificiales, decorativas...) en su mayoría carecían de utilidad como objetos domésticos de uso cotidiano, y por lo tanto su difusión era limitada; una vez transcurrido un cierto tiempo y alcanzado cierto grado de saturación, la producción tendió a reducirse de manera natural.

Los hornos de Jingdezhen de época Qing no sólo imitaban los diferentes productos de calidad de los principales alfares de la dinastía Song, como los de Ru, Ge, Jun, Ding, Longquan, Jian, Hutian o Jizhou, sino también los de los hornos oficiales de la dinastía Ming. Las vasijas "rojo Lang" de la era Kangxi, por ejemplo, se crearon a partir de las piezas de esmalte rojo brillante de los Ming. Los hornos de Jingdezhen de la época destacaron por su producción de todo tipo de ejemplares de los distintos alfares conocidos, lo que dio como resultado la creación de una gran cantidad de nuevos productos y esmaltes, y en ese proceso Jingdezhen alcanzó una riqueza y variedad sin precedentes en la histórica de la cerámica china. Así, por lo que respecta a los cuatro colores básicos de esmalte (rojo, verde/azul, amarillo y negro), podemos distinguir entre el rojo brillante, el rojo sangre, el carmesí, el rojo gallo, el rubí, el bermellón, el escarlata, el rojo coral, el colorete, el carmín, el rosado, el rojo frijol ("flor de melocotón", "rojo begonia", "sonrojo de mujer hermosa" o "rostro de muñeca"), el berenjena pálido, el violeta Jun, el violeta "piel de berenjena", el morado uva, el rosa morado, el rojo "piel de ratón", el rojo caqui, el rojo burdeos, el rojo anaranjado, el rojo alumbre, etc.; el verde pálido, el verde guisante, el verde ciruela, el verde pera, el verde cangrejo, el verde gamba, el verde fieltro, el verde melón, el verde Ge, el verde frutal, el verde pavo real, el verde esmeralda, el verde loro, el verde quimbombó, el verde pino, el verde uva, el verde "Lago del oeste"; el azul cobalto, el azul "piedra preciosa", el azul caviar, el azul "caparazón de tortuga", etc.; el amarillo ganso, el amarillo pálido, el amarillo "cera de abeja", el amarillo "colmillo de elefante", el amarillo marronáceo, el amarillo sésamo, el "polvo de té" (marrón verdoso), el rapé, el amarillo lechuga, el amarillo "piel de anguila", el amarillo "sayo de monje", etc.; el negro carbón, el negro "bronce antiguo", el marrón oscuro, el marrón "óxido de hierro", etc. (imágenes 11-53 y 11-54).

En aquella época los alfares oficiales superaban a los comunes en la elaboración de estos diferentes esmaltes de colores, ya que desde comienzos de la dinastía Qing los superintendentes de los hornos imperiales eran funcionarios interesados en el estudio de la cerámica y en el desarrollo de dichos aspectos, entre los cuales hubo algunos que obtuvieron significativos avances e impulsaron hasta cierto punto el progreso de la industria alfarera de Jingdezhen; además, los alfares oficiales no tenían en cuenta el mercado ni reparaban en gastos o en tiempos a la hora de producir sus piezas, por lo que podían solicitar los mejores maestros alfareros y utilizar las materias primas de mejor calidad para elaborar esos diferentes esmaltes consiguiendo de ese modo excelentes resultados. El más destacado de todos esos supervisores de los hornos oficiales de Jingdezhen fue sin duda el ya mencionado Tang Ying, que tomó cargo de los alfares en el sexto año del reinado

11-53 Cántaro de esmalte verde pálido con parte superior en forma de "gorro de monje" Dinastía Qing (reinado de Yongzheng) Altura: 19 cm.; diámetro boca: 14'5 cm. Museo de Historia de china (Beijing)

11-54 Jarrón florero de esmalte rojo brillante Dinastía Qing (reinado de Yongzheng) Altura: 25'1 cm.; diámetro boca: 5'7 cm. Museo de la Ciudad Prohibida (Beijing)

de Yongzheng y estuvo a su mando durante más de dos décadas. Tang no sólo se ocupó de sus funciones administrativas, sino que también recogió y plasmó sus experiencias en sendas obras manuscritas, publicadas en el sexto y octavo año del reinado del emperador Qianlong, que constituyen un importante material para el estudio de las artes cerámicas en China durante la dinastía Qing. Durante su largo mandato, los alfares oficiales de Jingdezhen tomaron el nombre de "hornos de Tang", cuyos logros fueron considerables en el contexto de la producción alfarera de los Qing, aun cuando no pueden explicarse sin el apoyo y colaboración de los hornos comunes, tal y como se afirma en su libro *Registros de cerámica*; en otra de sus obras, Tang Ying también dice que las vasijas de porcelana ya elaboradas se entregaban a los hornos comunes para su cocción.

Gracias al apoyo y la ayuda de los hornos comunes, la producción de los alfares oficiales de Jingdezhen durante los reinados de Yongzheng y Qianlong alcanzó uno de sus niveles más elevados, con piezas muy elaboradas de gran calidad artística, transformadas de meros utensilios de uso diario en verdaderas obras artísticas objeto de deleite estético. Sin embargo, al pasar de ser artículos de uso cotidiano a convertirse en objetos suntuosos la decoración se fue haciendo cada vez más artificiosa y sobreelaborada, una tendencia estética que acabó llevando a estas creaciones cerámicas de Jingdezhen a un callejón sin salida.

Por lo que se refiere a los hornos comunes, su producción fue perdiendo paulatinamente aquel vigor y atrevimiento de antaño, así como su propia personalidad y creatividad, con ejemplares cada vez más semejantes a los de los alfares oficiales. Aunque desde el punto de vista de la técnica se experimentó un claro refinamiento, se perdió aquel espíritu creativo vanguardista y aquella capacidad de adaptación que caracterizaban los productos de finales de la dinastía Ming y del reinado de Kangxi.

Si bien la era Yongzheng y la era Qianlong son consideradas actualmente por los especialistas como un período de esplendor de los hornos oficiales y comunes, ya comenzaron a aparecer entonces competidores de Jingdezhen en la escena internacional. Aquel enorme mercado de ultramar, destino de las exportaciones a gran escala de porcelana durante las décadas finales de la dinastía Ming y la primera etapa de los Qing, ya no era ahora territorio exclusivo de dichos hornos, que tenían que hacer frente a la competencia de hornos japoneses como los de Imari con sus imitaciones de alta calidad, a la irrupción de la porcelana de colores de Guangdong (*guangcai*) y a los mismos fabricantes europeos, muchos de los cuales comenzaron a adquirir en Jingdezhen sólo vasijas blancas que luego terminaban de elaborar y decorar en sus propios países. Todo ello hizo que la producción de porcelana de exportación de los hornos comunes de Jingdezhen se redujera, aunque el primer factor quizá fuera el más determinante: desde la etapa intermedia de la dinastía Qing, los comerciantes de las localidades costeras de la provincia de Guangdong compraron en dichos alfares grandes cantidades de porcelana blanca, que se llevaban a sus lugares de origen para pintar y decorar y que una vez completado el proceso vendían directamente en ultramar. Dichas piezas se convirtieron en el más importante artículo de exportación del período. En *Conversaciones sobre cerámica en el jardín de bambú*, el autor coetáneo Liu Zifen afirma:

"Nada más comenzar los primeros intercambios marítimos, los occidentales que llegaban a China se dirigían en primer lugar a Aomen [Macao] y luego desde allí accedían a Guangzhou [Cantón]. Durante la dinastía Qing había muchos comerciantes y el intercambio era muy frecuente, porque los europeos apreciaban enormemente las porcelanas chinas. Los mercaderes locales se proveían según las necesidades: obtenían las piezas blancas en Jingdezhen y luego las enviaban a Guangzhou, donde empleaban a artesanos que imitaran los diseños occidentales añadiendo después los colores deseados. Los ejemplares así completados eran cocidos seguidamente en los hornos de la ribera meridional del Río de las Perlas, y finalmente se vendían a los comerciantes occidentales"

Se trata de la porcelana conocida habitualmente como *guangcai*. Un viajero norteamericano visitó en 1769 (trigésimo cuarto año del reinado de Qianlong) un taller de pintura de *guangcai* en la orilla meridional del Río de las Perlas y describió cómo "en una larga estancia hay alrededor de doscientas personas ocupadas pintando diseños sobre las piezas de porcelana y añadiendo todo tipo de decoración; los hay ancianos y también infantes de seis o siete años" Ese tipo de taller solía albergar algo más de un centenar de trabajadores. Gracias a dicho desarrollo, la porcelana *guangcai* vino a sustituir una parte de la producción de porcelana pintada sobre esmalte de Jingdezhen, aunque por lo que respecta a la porcelana *qinghua* estos últimos alfares siguieron liderando el mercado, con una enorme cantidad de piezas destinadas a la exportación.

3.2. Reforma del sistema de descarte de productos en los alfares imperiales

Debido al carácter sagrado de las piezas cerámicas salidas de los hornos oficiales, durante la etapa inicial e intermedia de la dinastía Ming aquellos ejemplares que no pasaban la estricta criba eran machacados y sus fragmentos enterrados. A partir del reinado de Longqing y Wanli se abolió este sistema y las vasijas descartadas fueron guardadas en depósitos, aunque parece que entonces todavía no existía una idea concreta sobre qué hacer con ellos ulteriormente. Con la dinastía Qing la coyuntura volvió a cambiar. Según se desprende de los estudios llevados a cabo por Quan Kuishan, antes de la llegada de Tang Ying a Jingdezhen en calidad de superintendente de los alfares imperiales las piezas descartadas permanecían dentro de los talleres, y tanto los funcionarios como los operarios podían disponer de ellas a voluntad; algunas eran rotas y otras desaparecieron, una situación muy similar a la de los reinados de Longqing y Wanli. Durante buena parte del mandato de Tang Ying, del séptimo año del reinado de Yongzheng al séptimo de Qianlong, se llevó a término una tasación anual y registro de las piezas descartadas, que después eran almacenadas junto con las piezas escogidas en almacenes propios para ser finalmente vendidas en Beijing con un precio diverso o empleadas como regalo o recompensa. A partir del séptimo año del reinado de Qianlong, y por orden de un edicto imperial, los ejemplares descartados ya no se enviaron a la capital sino que fueron vendidos en el área de Jingdezhen; por petición expresa de Tang Ying, sólo las piezas descartadas de color amarillo podían ser remitidas a Beijing, donde eran usadas en los palacios imperiales o bien empleadas como presente.

Podría parecer que estos cambios en el sistema obedecieron a las propuestas personales del superintendente Tang, aunque en realidad respondían a una tendencia social más generalizada y fueron fruto del proceso de mercantilización de la época, que erosionó el carácter sacro de los productos salidos de los hornos oficiales. A partir de los reinados de Longqing y Wanli en la dinastía Ming comenzaron a desarrollarse con fuerza los primeros brotes de capitalismo en China, y el comercio exterior de cerámica también alcanzó nuevas cotas. Los objetos realizados en los alfares oficiales ya no eran exclusivamente objetos sagrados destinados al ceremonial o los sacrificios, sino que también podían convertirse en productos de mercado. Este fenómeno se acentuará durante la dinastía Qing; si a finales de la dinastía Ming esas piezas descartadas por los hornos oficiales –incluso aquellas que estaban aún intactas– no podían comercializarse, con los Qing esta situación cambió completamente, y los ejemplares que no habían superado la criba comenzaron a entrar en el mercado, convirtiéndose en artículos comerciales. Vemos así cómo la sociedad china se hizo progresivamente más pragmática y mercantilista.

3.3. Porcelana del reinado de Yongzheng

Aunque el reinado de Yongzheng sólo duró trece años, el arte de elaboración de porcelana alcanzó durante ese período un nuevo nivel. Los hornos oficiales de Jingdezhen estuvieron bajo la supervisión de funcionarios capaces y reunieron a los mejores artesanos, siguiendo las órdenes impuestas por el emperador, gran amante de la porcelana; algunas de las variedades tipológicas o los patrones decorativos de las piezas salidas de esos hornos debían incluso ser aprobados por la corte o bien eran propuestos directamente por ella previamente a su elaboración. Bajo la guía y vigilancia directa del propio emperador, se creó una nueva variedad destilada a partir de la porcelana de cinco colores y la de colores sobre esmalte, cuya producción se popularizaría luego tanto en los hornos oficiales como en los comunes: la porcelana de color rosado. Tras la porcelana de cinco colores, dicha variedad fue otro importante logro de los alfares de Jingdezhen en la categoría de las cerámicas pintadas sobre esmalte. Si bien fue durante este período cuando alcanzó su esplendor, durante el reinado del emperador Kangxi ya se habían echado las bases para su desarrollo e incluso se había exportado a ultramar; durante las labores de rescate del pecio *Götheborg* de la Compañía sueca de las Indias Orientales se descubrieron dos hermosos ejemplares chinos de porcelana de color rosado de la era Kangxi (imágenes 11-55 y 11-56).

Dado que la elaboración del cuerpo de estas porcelanas de color rosado guarda una estrecha relación con la de las porcelanas de esmalte de colores, si queremos analizar

11-55 Aguamanil de porcelana de color rosado con decoración de ave Dinastía Qing (reinado de Kangxi)

11-56 Bandeja de porcelana de color rosado con decoración floral compartimentada Dinastía Qing (reinado de Kangxi)

el desarrollo de aquella tenemos por fuerza que comenzar hablando de esta última tipología durante el reinado de Kangxi. Este emperador apreciaba particularmente la pintura occidental, y solicitó expresamente la presencia de algunos artistas europeos que acompañaban a menudo al monarca y trabajaban para él con el fin de satisfacer sus inquietudes estéticas. Durante este período llegaron a la corte imperial numerosas obras de arte europeas a través de las embajadas oficiales de los distintos países o de las misiones religiosas, y de entre todas las mercancías foráneas Kangxi se vio especialmente atraído por las hermosas y elegantes piezas de esmalte pintado; a sus ojos, esa especialidad artística europea se adaptaba más a las exigencias decorativas y suntuarias de la corte imperial que las porcelanas de cinco colores o de colores contrastantes populares en la época, por lo que contrató el servicio en palacio de dos artistas occidentales, los italianos Matteo Ripa y Giuseppe Castiglione, con el fin de intentar trasladar a la porcelana el método decorativo de los colores esmaltados europeos sobre cobre.

En marzo de 1716 el padre Matteo Ripa escribió en una misiva:

"Su Majestad está fascinado con nuestros colores esmaltados europeos. Ha hecho todo lo posible por introducirlos en la corte, y ha creado en palacio un taller dedicado exclusivamente a su estudio y producción. En él hay cierto número de piezas de cobre laqueado y ornamentado de gran tamaño adquiridas en Europa, y pigmentos usados para la decoración de las porcelanas chinas. Nos ha ordenado a mí y al padre Castiglione que pintemos, pero creemos que trabajar de la mañana a la noche en aquel taller lleno de gente del interior de palacio es una tarea ardua e insoportable. No obstante, como es muy difícil eludir las órdenes imperiales, no tenemos más remedio que acatar su mandato. Dado que ninguno de los dos ha estudiado este arte, hemos resuelto no aprenderlo. Nuestras pinturas son terribles, así que cuando el emperador las ve nos dice 'Basta', y de este modo nos podemos liberar de este trabajo de esclavos"

Aunque en esta carta se aprecia cierto tono irónico, gracias a ella nos podemos hacer una idea de cómo se sirvió el emperador Kangxi en un primer momento de la técnica de los colores esmaltados europeos para su uso en la porcelana china.

El más popular de los colores de los esmaltes pintados era el rosado, la tonalidad base de las decoraciones europeas que sin embargo no estaba presente en la porcelana china de cinco colores. Se trata de un pigmento mineral obtenido por reducción del cloruro áurico en solución acuosa con cloruro de estaño, descubierto en 1650 por el alquimista alemán Andreas Cassius y que por ello se conoce también con el nombre de "púrpura de Cassius". Se empezó a utilizar en Europa desde el siglo XVII, y después se introdujo en China, primero empleado en los bronces esmaltados y a partir del reinado de Kangxi trasladado a las porcelanas.

Debido a esa tonalidad rosada, la porcelana realizada sobre la base de esos esmaltes pintados recibió en Europa el nombre de "familia rosa". Su brillante cromatismo, que la asemeja al arco iris, hizo que pronto viniera a sustituir a la porcelana de cinco colores y fuera muy apreciada por el emperador. Los artesanos chinos no estaban muy satisfechos con la frita rosada importada de Europa que debían moler para su uso, así que no tardaron en añadir a la composición otros muchos esmaltes de ese color.

Esos primeros pigmentos rosados se emplearon en los talleres del palacio imperial de Beijing para uso de la corte, y decoraban todo tipo de tazones y vasos de pequeñas dimensiones. Los artesanos pintaban con ello peonías y diversas clases de flores, con una gran delicadeza y elegancia y un estilo muy peculiar. El sombreado de las flores les otorga un efecto tridimensional; los pétalos son de color rosado, las hojas de un verde suave y el fondo de amarillo brillante. En algunos tazones y vasos se añade una decoración azul sobre esmalte muy lúcida, mientras en otros aparecen flores de loto, que surgen de las aguas azul oscuro sobre fondo rosado. Esta nueva variedad imperial de porcelana –en cuya base aparece la inscripción "Hecho en los talleres imperiales durante la era Kangxi"– constituye un soplo de aire fresco en el panorama cerámico de la época (imagen 11-57).

Desde el vigésimo séptimo año del reinado de Kangxi hasta el quincuagésimo noveno año de Qianlong, los pigmentos empleados para la realización de dichas porcelanas de color rosado –incluidos el rojo, el amarillo, el blanco, el rosa, el azul, el morado, el verde y el negro– eran importados del exterior. En cuanto a los motivos decorativos, como ya hemos dicho los más importantes eran las flores. Como en su realización participaron artistas occidentales, estas piezas recibieron en mayor o menor medida la influencia del exuberante estilo barroco popular en aquel entonces en toda Europa, que se adaptaba perfectamente a las demandas de lujo y ostentación de la casa imperial (imagen 11-58).

La afición del emperador Yongzheng por esta tipología cerámica superó incluso a la de su predecesor Kangxi, interviniendo a menudo personalmente en el diseño y modificación de las pinturas. Gracias a la colaboración entre los artesanos de la oficina imperial de pintura y los artistas foráneos, las piezas de esta época fueron más allá de los motivos florales a los que se había circunscrito la decoración en tiempos del emperador Kangxi, alcanzando efectos cada vez más similares a los del estilo meticuloso y colorido de la pintura china, e incluso aún más ricos y de mayor relieve y volumen debido a esa influencia del arte

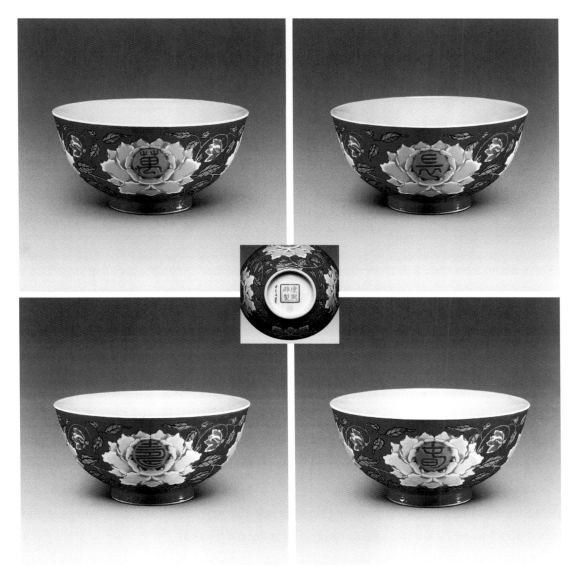

11-57 Tazón de colores esmaltados sobre fondo azul con decoración de peonías de los hornos de Jingdezhen Dinastía Qing (etapa final del reinado de Kangxi) Altura: 7'6 cm.; diámetro boca: 14'5 cm. Museo Británico de Londres

occidental. Los colores únicos de antaño ya no podían satisfacer los nuevos requisitos de diversidad cromática y ornamentación cambiante, y las materias primas importadas de Occidente tampoco eran capaces de reflejar plenamente el mundo pictórico tradicional de China, por lo que los artesanos de palacio comenzaron a producir su propia porcelana de esmalte de colores. Gracias a su constante esfuerzo y dedicación, dichos artesanos fueron capaces de crear dieciocho pigmentos, el doble de los que habían sido importados del extranjero hasta entonces. La porcelana de esmalte de colores de la era Yongzheng seguía los gustos personales del emperador, y era el resultado de la colaboración entre

11-58 Tazón de colores esmaltados sobre fondo morado con decoración floral compartimentada Dinastía Qing (reinado de Kangxi) Altura: 7 cm.; diámetro: 14'8 cm.; diámetro apoyo: 5'7 cm. Museo de la Ciudad Prohibida (Beijing)

los maestros chinos de la oficina de pintura y los artistas europeos, por lo que recibió la influencia tanto de la pintura china tradicional como del arte occidental, aunque su técnica compositiva obedecía más a la tradicional combinación de imágenes, poemas, caligrafía y sellos haciéndose eco entre sí característica de la pintura china. Ese añadido de sellos impresos de relieve en positivo y negativo en los extremos de los poemas o en los espacios vacíos de las pinturas otorga a estas últimas un carácter aún más académico y literario. Dicho estilo se transmitirá a las pinturas de las porcelanas de color rosado, haciendo que a partir de la etapa intermedia de la dinastía Qing los lazos entre la decoración de las porcelanas de Jingdezhen y la pintura coetánea se estrechen ulteriormente y consiguiendo una mayor integración entre ambas (imágenes 11-59, 11-60 y 11-61).

Las porcelanas de esmalte pintado eran espléndidos objetos artísticos dotados de un gran realismo, pero el alto coste de los pigmentos utilizados impedía su popularización a gran escala, y sólo se difundió en el reducido ámbito de la corte imperial. Lo que hicieron entonces los artesanos de Jingdezhen fue añadir disolventes y pigmento blanco níveo a los colores tradicionales de la porcelana de cinco colores para rebajar la intensidad de la tonalidad base y la temperatura de cocción, obteniendo así unos colores menos oscuros y más suaves y elegantes; al mismo tiempo, emplearon el arsénico del pigmento de las porcelanas de esmalte pintado para obtener un "blanco vítreo" y crear una nueva tipología: la porcelana de color rosado.

La porcelana de color rosado o "color suave" es una nueva variedad derivada de la de esmalte pintado, consistente en añadir al pigmento polvo de plomo y blanco vítreo para

59 | 60
61 |

11-59 Tazón de colores esmaltados con decoración de "cien flores" Dinastía Qing (reinado de Yongzheng) Altura: 5'5 cm.; diámetro: 10'1 cm.; diámetro apoyo: 3'9 cm. Museo de la Ciudad Prohibida (Beijing)

11-60 Jarrón de colores esmaltados sobre fondo color crema y añadidos dorados con decoración floral Dinastía Qing (reinado de Qianlong) Altura: 20'5 cm.; diámetro: 5'1 cm.; diámetro apoyo: 5'7 cm. Museo de la Ciudad Prohibida (Beijing)

11-61 Jarrón con orejas circulares en forma de trompa de elefante de colores esmaltados sobre fondo de brocado y añadidos dorados con decoración floral Dinastía Qing (reinado de Qianlong) Altura: 14'1 cm.; diámetro: 5'5 cm.; diámetro apoyo: 6'1 cm. Museo de la Ciudad Prohibida (Beijing)

rebajar la intensidad del color base y emplear un método de tintura en sucesivos planos con el fin de conseguir una tonalidad suave y de notable voluminosidad. En esta tipología cerámica aparecen una serie de colores secundarios, como el amarillo pastel, el púrpura, el verde pino, el esmeralda rosáceo, etc., que contienen en su composición ese "blanco vítreo" y se caracterizan por su opacidad, su fuerte textura y un cierto grosor. Otra peculiaridad de esta porcelana de color rosado es que en zonas de abundantes matices como los pliegues de la ropa o los pétalos de las flores se emplea como base el blanco vítreo y luego se aplican sobre él otros colores muy brillantes, consiguiendo así efectos contrastantes de profundidad y volumen semejantes a los de la porcelana de esmalte pintado. La porcelana de color rosado se obtiene introduciendo ese elemento propio de la porcelana de esmalte pintado en la de cinco colores, por lo que comparada con esta última presenta una mayor variedad cromática con numerosos matices de intensidad; además, debido a su composición, la tonalidad es más suave y carece de ese "fuego interno" propio de las piezas de cinco colores. Por otro lado, el recurso al método de tintado y superposición de colores otorga a las pinturas una mayor riqueza de matices y contrastes lumínicos, lo que les da a su vez mayor realismo y fuerza expresiva. Por supuesto, ello también es consecuencia de su desarrollo a partir de los esmaltes pintados.

Tras un primer período de crecimiento durante el reinado de Kangxi, la porcelana de color rosado alcanzó rápidamente su madurez y entró en su etapa de esplendor, un fenómeno que está estrechamente ligado al elevado nivel técnico de los artesanos pintores, a la excelente gestión del superintendente Tang Ying y a la propia intervención de la corte imperial. En sus trece años de reinado el emperador Yongzheng vivió recluido y apenas salió de sus aposentos, pero se tomó un particular interés en la porcelana destinada a la corte y le dedicó su especial atención, lo que hizo que se tuviera muy en cuenta la calidad de la producción para alcanzar los altos estándares de palacio.

Los resplandecientes ejemplares de porcelana de color rosado de la era Yongzheng fueron los más hermosos de la historia de la cerámica china, sin rivales ni antes ni después de aquel breve período. No sólo la calidad era excelente, sino que también se produjo en cantidad abundante tanto en los alfares oficiales como en los hornos comunes para satisfacer la gran demanda de la corte y del pueblo llano. La combinación en su decoración de poesía, caligrafía, pintura y sellos refleja además los refinados gustos de los artistas y de sus clientes.

En la imagen 11-62 se muestra un tazón de porcelana rosada en cuyas paredes se han empleado colores opacos para representar algunas hermosas amapolas en tonalidades blancas, rosas y rojas. Este nuevo pigmento opaco se asemeja al barniz de los esmaltes pintados, ya que la composición de silicatos alcalinos acrecienta enormemente la variedad cromática disponible. Aunque como en el caso de la porcelana de cinco colores también se empleaba el color negro para delimitar los contornos, al tratarse ahora de un pigmento importado que podía mezclarse con aceite los artistas trazaban líneas mucho más finas y sutiles para reflejar la suavidad de los pétalos y los pormenores de las hojas; comparada con aquella tipología, su fuerza expresiva era mucho más rica y sutil.

Durante la era Qianlong la porcelana de color rosado presenta características aún más destacadas. El pigmento relativo podía utilizarse ahora no sólo para pintar sobre las porcelanas sino también para decorar las imitaciones realizadas en madera, bronce, orfebrería o imaginería. Además,

11-62 Tazón de porcelana rosada con decoración de amapolas de los hornos de Jingdezhen Dinastía Qing (reinado de Yongzheng) Museo de la Ciudad Prohibida (Beijing)

en este período también surgieron otras variedades derivadas de dicha tipología, como la porcelana *qinghua* de color rosado, la porcelana esgrafiada de color rosado o la porcelana de color rosado con paneles. La porcelana esgrafiada de color rosado se obtenía mediante la aplicación de una segunda capa de color, sobre la cual se realizaba una serie de incisiones curvas a modo de madreselva trepadora, lo que reforzaba la sensación de volumen y consistencia y le daba un aire marcadamente rococó. En los archivos de palacio este método ornamental era conocido como "poner la guinda al pastel", y los artesanos de Jingdezhen le dieron el nombre de "mondado". En cuanto a la porcelana de color rosado con paneles o "ventanas", su elaboración consistía en abrir paneles circulares, romboidales o en forma de abanico sobre los dos o cuatro lados de la pieza y utilizar la técnica de la pintura de color rosado para decorar su superficie interior, representando cumbres montañosas, cabañas rurales, flores y animales varios (aves, insectos, peces...), historias con personajes, etc. En algunos de los patrones decorativos las historias se desarrollan a lo largo de varias escenas continuas. Las porcelanas de color rosado del reinado de Qianlong combinan las técnicas pictóricas occidentales y el estilo tradicional chino en representaciones frescas y luminosas de nítidos contrastes de profundidad.

Como la fuerza expresiva de este tipo de porcelana era mayor que la de cinco colores, desde su aparición gozó de un mayor favor y un aprecio generalizado, y no sólo destacó entre la producción de los alfares oficiales sino que también se elaboró a gran escala en los talleres de los hornos comunes, sustituyendo en buena medida la porcelana de cinco colores. En aquel período la producción salida de los hornos oficiales era hermosa y refinada, y la de los hornos comunes más natural y atrevida. En ambos casos los motivos decorativos

11-63 Jarrón globular ("esfera celeste") de porcelana rosada con decoración de "ocho melocotones" Dinastía Qing (reinado de Yongzheng) Altura: 50'6 cm.; diámetro boca: 11'9 cm.; diámetro base: 17'7 cm. Museo de la Ciudad Prohibida (Beijing)

11-64 Jarrón en forma de mortero de porcelana rosada con decoración de flores de loto Dinastía Qing (reinado de Yongzheng) Altura: 27'6 cm.; diámetro boca: 8'3 cm.; diámetro base: 11'5 cm. Museo de la Ciudad Prohibida (Beijing)

más frecuentes eran los personajes y las flores, y entre éstas la amapola silvestre. La peonía, por su parte, altera su aspecto precedente en forma de doble protuberancia y se representa ahora abierta y en forma redondeada. Los caballeros y damas hermosas son pintados de manera fina y detallada, con el fondo de cada panel representado minuciosamente. En líneas generales, y comparadas con las creaciones de los alfares oficiales, las piezas salidas de los hornos comunes son poco innovadoras, y en el caso específico de las porcelanas de color rosado siguen paso a paso la tendencia marcada por aquellas y carecen de un estilo peculiar o una personalidad propia (imágenes 11-63 y 11-64).

Las porcelanas de los alfares oficiales de la era Yongzheng eran principalmente de color rosado; las porcelanas *qinghua*, en cambio, se producían en escaso volumen. Sin embargo, en el caso de los hornos comunes esta última tipología seguía siendo una de las más importantes. Si bien la porcelana de color rosado era muy bella y poseía una gran fuerza expresiva, el coste de elaboración era muy alto, y el proceso de decorado era largo y laborioso, por lo que era apropiada para cierto tipo de piezas decorativas de factura exquisita; como su producción también resultaba onerosa para objetos de uso diario, sólo era rentable si se destinaba a clientes de alto poder adquisitivo. En el mercado más amplio de las clases medias y bajas tenían en cambio más salida los ejemplares de porcelana *qinghua*, que requerían una inversión menor, se producían a gran escala y poseían también una notable capacidad expresiva. Por ello cabe afirmar que la mejor porcelana de color rosado de la era Yongzheng era elaborada especialmente en los alfares oficiales, mientras que la porcelana *qinghua* de mayor calidad de ese mismo período se realizaba en los hornos comunes. Las piezas de porcelana *qinghua* de los hornos oficiales era bastante monocroma, y sus patrones decorativos muy rígidos, mientras que en los hornos comunes se elaboraban unas piezas de gran variedad formal, con motivos ornamentales vivaces y diversos; había tazones, bandejas, platos, vasos, ollas, jarrones, vasijas para libación (*zun*), cuencos, urnas, incensarios, candeleros, lastras para entintar, recipientes para guardar pinceles... La materia prima empleada para la pintura era aproximadamente la misma que durante el reinado precedente, el pigmento de cobalto nacional procedente de la provincia de Zhejiang ya utilizado desde finales de la dinastía Ming, y seguían usándose el color azul oscuro, el azul claro, el verde esmeralda, etc. Por lo que se refiere a las variedades decorativas, pueden distinguirse tres tipos distintos. El primero continuaba el estilo de *qinghua* de la era Kangxi, y recibió además la influencia de la porcelana de color rosado y de la pintura occidental. Era más refinado que su precedente, con más preocupación por los matices de intensidad y luminosidad y un hábil uso de las líneas de contorno y las manchas de color para crear efectos de relieve y profundidad. En cuanto a los motivos decorativos más frecuentes, hay historias con personajes, flores, paisajes, etc. En este tipo de vasijas el azul *qinghua* presenta matices verdosos, la tonalidad es brillante y estable, las formas sólidas y los cuerpos gruesos y pesados; la superficie esmaltada es hermosa y compacta, lisa y con un fondo de arenisca; en los hombros y apoyos hay a menudo ornamentación de líneas oscuras. La mayor parte de los personajes representados son fruto de una gran destreza artística y una profunda concepción estética. En general no hay inscripciones. La segunda variedad decorativa es la *qinghua* de perfiles suaves, influida tanto por el arte de la xilografía como por la pintura china de línea clara, que primaba los perfiles de contorno sobre las manchas de color. En ella predominan los fénix y nubes, los dragones y nubes y todo tipo de flores. A menudo la parte inferior de las piezas está esmaltada de blanco, de color óxido o de rojo, o no tiene esmalte y presenta trazas de arenilla; el asiento de los jarrones es hueco y profundo y también tiene arenilla, una peculiaridad de la época. Por último, hay una tercera variedad que imita los ejemplares de porcelana *qinghua* de la dinastía Ming, especialmente los del reinado de Xuande con sus pigmentos de cobalto importados; la tonalidad es de un azul oscuro con un efecto de halo. En ciertas zonas el artista traza con pincel algunos puntos negros, con el fin de imitar las manchas de óxido fortuitas características de las piezas de la era Xuande, pero al tratarse de una intervención artificial los puntos flotan sobre la superficie sin amalgamarse y no presentan aquella apariencia natural de su modelo.

Aparte de la porcelana *qinghua* y de color rosado, durante el reinado de Yongzheng también se encuentra la porcelana de cinco colores tan popular durante la era Kangxi. Ahora la mayor parte de esa producción es sustituida por la emergente porcelana de color rosado, especialmente por lo que respecta a los alfares oficiales, y es escasa la producción de dicha tipología; en los hornos comunes, sin embargo, todavía ocupan un lugar significativo. Si bien la porcelana de cinco colores de dichos hornos producida durante la era Yongzheng no es tan rica ni posee la calidad de la realizada en el período anterior, posee sus propias particularidades gracias a la influencia de la porcelana de color rosado: la tonalidad se hace más suave y elegante, los patrones decorativos se dispersan y simplifican y las pinceladas pierden vigor y ganan en delicadeza.

Por otro lado, la producción de porcelana de exportación contribuye a la diversificación de los tipos y estilos de decoración cerámica de Jingdezhen. Además de la porcelana de color rosado, una nueva tipología derivada de modelos europeos, surgen otras porcelanas que recurren por entero a los pigmentos de las cerámicas europeas para sus pinturas sobre esmalte, conocidos en dichos hornos como "colores extranjeros". En general los colores en Jingdezhen se obtenían tradicionalmente usando el agua como aglutinante, y no se podían mezclar los diversos pigmentos entre sí, por lo que la mayoría de las tonalidades que aparecen en la porcelana de cinco colores de Kangxi son primarios, muy brillantes pero sin matices. Los "colores extranjeros" eran muy distintos, pues recurrían al aceite en lugar del agua para aglutinar los pigmentos, y estos podían combinarse entre sí, de modo que no sólo la variedad cromática era mucho mayor sino que además se conseguían ricos contrastes de intensidad y luminosidad. A partir sobre todo de la dinastía Qing los europeos viajaron hasta Jingdezhen y Cantón para encargar las porcelanas heráldicas, que requerían el uso del color rojo y su combinación con el negro, un problema que fue solucionado con el empleo de esos "colores extranjeros". En las piezas de porcelana de cinco colores de Kangxi sólo se empleaba el rojo aluminio, pero entre esos colores importados había una gran variedad de tonalidades: rojo claro, rojo oscuro, rojo cochinilla, rojo rosado, magenta, etc. Además, en las porcelanas de Kangxi el negro tenía que aplicarse sobre una superficie de verde para que se adhiriera bien al cuerpo de la vasija, lo cual resultaba muy laborioso, mientras que el color negro importado podía cocerse directamente en el horno. En la imagen 11-65 se puede ver una bandeja en la que aparecen dos soldados escoceses con *kilt* para cuya representación se usaron precisamente los "colores extranjeros" y el dorado, lo que permitió una combinación discrecional de los colores; así, se utilizaron conjuntamente el rojo

11-65 Bandeja de porcelana de colores y añadidos dorados con representación de dos soldados escoceses Dinastía Qing (reinado de Qianlong) Diámetro boca: 23 cm. Museo Victoria y Alberto de Londres

y el negro, y este último se empleó también para realzar los contrastes de profundidad y luminosidad.

En torno al año 1700 apareció el color plata sobre esmalte; el nuevo óxido plateado añadió una peculiar tonalidad muy diferente al resto, que se usó principalmente en los escudos heráldicos. Aparte de ello, también se utilizó el oro líquido con base de goma, que los artesanos de Jingdezhen conocían con el nombre de "oro extranjero" y que al igual que la pintura de base oleosa podía untarse, diluirse y mezclarse. El pigmento empleado tradicionalmente en Jingdezhen era oro sólido pulverizado, de elevado coste y escaso brillo; el "oro extranjero", en cambio, era más económico y mucho más reluciente. En su minuciosa descripción de los colores empleados en los hornos, el padre jesuita François-Xavier d'Entrecolles afirma que "hay finalmente un tipo de porcelana con representación de paisajes en la que se combinan casi todos los colores, reforzados por el brillo del dorado. Es de gran hermosura si uno puede permitirse las más caras". Por supuesto, las elaboradas piezas salidas de los alfares oficiales todavía usaban oro real por su alto porcentaje y su tonalidad serena, alejada de los brillos ostentosos del "oro extranjero". En cualquier caso, el contacto con la cultura occidental y el desarrollo del comercio cerámico hicieron que los métodos decorativos de la industria alfarera tendieran hacia la diversificación y la aparición continua de nuevos productos innovadores.

Aparte de las importantes variedades tipológicas descritas más arriba, la industria cerámica de Jingdezhen de la era Yongzheng también destacó por la elaboración de todo tipo de esmaltes de alta temperatura y de decoración pintada sobre esmalte (imagen 11-66).

Vamos a pasar ahora a detallar las características de la elaboración, decoración y esmaltado de las piezas cerámicas producidas en los hornos de Jingdezhen durante este período. Durante el reinado de Yongzheng se sustituyó el estilo vigoroso de Yongzheng se sustituyó el estilo vigoroso

11-66 Tazón de esmalte amarillo marronáceo con decoración inc
tía Qing (reinado de Yongzheng) Museo de Arte de Berkeley

y rudo de la era Kangxi por otro de una estética más delicada y seductora; si las vasijas elaboradas en este periodo eran piezas ampulosas de belleza viril, las de Yongzheng se caracterizan ahora por una mayor elegancia y sofisticación, un trabajo minucioso y una belleza más femenina. La mayor parte de los cuerpos eran de paredes finas, y en el caso de las piezas de grandes dimensiones también eran a menudo de una apariencia armoniosa y poco pesada, con formas proporcionadas. En cuanto a las variedades morfológicas, además de las nuevas creaciones también había numerosos ejemplares que imitaban los antiguos modelos o que tomaban formas de la naturaleza poco frecuentes en la dinastía anterior, como el crisantemo, el loto, el melón, la granada, el mimbre o los pétalos de margarita, entre otros.

Por lo que respecta a los patrones decorativos, se sigue el estilo delicado y elegante de la era Kangxi, aunque las pinceladas son más finas y suaves y las composiciones más dispersas, sencillas y claras. Los motivos más variados son los florales, y entre ellos abundan las peonías, las flores de melocotón, los crisantemos o las margaritas y escenas otoñales como los trabajos en el campo o la caída de las hojas. La decoración se extendía por las paredes internas y externas de las piezas sin solución de continuidad, y por eso tomaba el nombre de "flores que atraviesan paredes" o "dragón que atraviesa paredes". Las flores y aves de la época recibieron la influencia de la pintura sin contornos negros del célebre artista coetáneo Yun Shouping; el paisaje, por su parte, seguía los preceptos de los "cuatro Wang" (Wang Shimin, Wang Jian, Wang Hui y Wang Yuanqi), aunque los colores eran más claros y suaves que durante la era Kangxi, y la pincelada más refinada. Los guerreros

11-67 Bandeja de porcelana de colores y añadidos dorados con escena de madre y dos niños Dinastía Qing (reinado de Yongzheng/Qianlong) Diámetro boca: 20 cm. Museo Victoria y Alberto de Londres

a caballo o los personajes sacados de las escenas de *Historia del ala oeste* seguían siendo muy populares. Por otro lado, se empezaron a poner de moda los retratos de hermosas mujeres. En la imagen 11-67 podemos ver una bandeja realizada mediante la aplicación de "colores extranjeros" y dorados en cuyo fondo rosado se recorta un panel en forma de ocho pétalos lobulados en el que aparece una dama ataviada con elegantes ropajes típicos de la etnia Han con todo tipo de ornamentos bordados. La mujer aparece sentada con un abanico en la mano, rodeada de objetos de porcelana y bronce –de uno de los cuales asoma un abanico redondeado y varios volúmenes de libros–, mientras en la mesilla para quemar incienso de la parte posterior aparecen una serie de instrumentos de caligrafía y pequeñas ofrendas. Hay además dos niños a su lado derecho, uno de los cuales le está ofreciendo un pastel de cumpleaños en forma de melocotón. Se trata de una entrañable escena doméstica de gran elegancia, que da a entender de manera muy sutil el talante que debía mantener una dama de alta alcurnia residente en palacio. Los niños de la escena indican que se trata de una madre, mientras los objetos que la circundan simbolizan su alta formación y nivel educativo. Este tipo de motivos decorativos de las bandejas de porcelana son muy similares a las representaciones ideales de hermosas mujeres típicas de la pintura china tradicional, como las que aparecen en la serie de retratos conocida como *Las doce bellezas*; el cuerpo estilizado y elegante de esas figuras guarda relación con el modelo de mujer delicada y frágil en boga durante esa época. Por otra parte, sigue estilándose ahora la costumbre de la era Kangxi de inscribir el nombre del autor en las porcelanas. Las imitaciones de los patrones decorativos de las porcelanas *qinghua* del reinado de Xuande y de colores contrastantes de Chenghua en época Ming tienen su propia personalidad; las manchas artificiales de las líneas de decoración *qinghua* simulan los efectos del "azul solimán", y los motivos ornamentales de las porcelanas de colores contrastantes imitan completamente los modelos de la era Chenghua, hasta el punto de que a menudo resulta muy difícil distinguirlos (imágenes ii-68, ii-69 y ii-70).

Durante el reinado de Yongzheng se selecciona una arcilla muy refinada y se imponen unas medidas muy estrictas a la hora de triturarla, limpiar la pasta y elaborar los cuerpos de las vasijas, además de mantener unas temperaturas de cocción adecuadas, lo que da como resultado unas piezas de pasta blanca fina y lúcida, de cuerpo uniforme y paredes delgadas que resisten la comparación con los esmaltes blancos de los reinados de Yongle y Chenghua de la dinastía Ming. Examinadas a través de rayos X, presentan un brillo regular, algunas con matices verde claro (las de época Ming son rojos) y cuerpo fino; la parte inferior sin esmalte y con arenilla también es suave y reluciente. El esmalte es asimismo brillante y suave, con una superficie limpia y pulida. Algunos ejemplares presentan decoración de "piel de naranja", con la intención de lograr efectos semejantes a los de la porcelana *qinghua* de Xuande; otros tienen una gruesa superficie de esmalte, como una espesa capa de niebla, la mayoría de color blanco puro. Los esmaltes de las vasijas *qinghua* pueden ser gruesos o finos, blancos o blancos verdosos. El frecuente esmalte blanco de matices verdosos es bastante fino en la parte inferior y los ángulos internos del apoyo de las piezas, y no posee esa calidad vítrea.

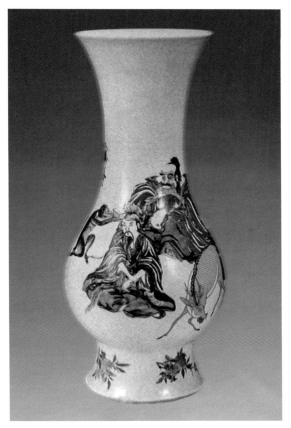

68 | 69
70

11-68 Vasija tipo *zun* de porcelana rosada en forma de pipa con decoración de personajes Dinastía Qing (reinado de Yongzheng) Museo de la Ciudad Prohibida (Beijing)

11-69 Jarra de panza globular y cuello alargado de porcelana rosada con decoración de flores y mariposas Dinastía Qing (reinado de Yongzheng) Museo de la Ciudad Prohibida (Beijing)

11-70 Vasija de panza globular y vertedera semicircular en forma de *yi* Dinastía Qing (reinado de Qianlong) Altura: 23'9 cm.; diámetro boca: 11'4 cm. Museo de Historia de China (Beijing)

3.4. Porcelana del reinado de Qianlong

La era Qianlong constituye la fase final y el momento cumbre en el desarrollo histórico de la sociedad feudal china, un período de prosperidad durante el cual se conjura temporalmente el peligro de crisis. Por lo que respecta a los alfares oficiales de Jingdezhen, ello se concreta en una sobreelaboración de las piezas y una suntuosidad de la ornamentación; la técnica artística es de una maestría casi sobrenatural que deja maravillado al espectador. En realidad, los requisitos que llevaron a esos resultados no implicaban necesariamente una búsqueda de la belleza, ya que respondían al gusto por el lujo y al afán de ostentación del emperador y de las clases acomodadas, algo que a medio plazo acabaría llevando a las artes cerámicas de Jingdezhen a un callejón sin salida, al plantar la semilla de lo que después sería la decadencia de la industria alfarera de esta área. Por supuesto, en aquellos momentos todavía no se vislumbraba dicho peligro y sólo se alcanzaba a ver un panorama próspero y deslumbrante, por lo que ese período representa para una buena parte de los anticuarios y coleccionistas de cerámica antigua el momento cumbre del desarrollo de las artes cerámicas de Jingdezhen.

Para satisfacer los gustos y modas impuestos por el emperador y las clases más pudientes, los alfares oficiales de Jingdezhen no reparaban en tiempos ni en costes a la hora de elaborar todo tipo de productos nuevos y extravagantes, a la vez que se esforzaban por perfeccionar sus técnicas decorativas con el fin de ofrecer una ornamentación cada vez más recargada y suntuosa, unos imperativos estéticos que influyeron también en algunas de las piezas más refinadas salidas de los hornos comunes.

En este período los hornos comunes producen tanto objetos refinados como vasijas más toscas; la mayor parte de los clientes de las piezas de mejor factura eran los miembros de las clases más elevadas y los terratenientes, cuyos gustos refinados y elegantes prevalecían entonces. Existía una mayor variedad tipológica que durante el reinado precedente: se difunden profusamente los jarrones de cuerpo globular y cuello recto o en forma de calabaza y las vasijas tipo *zun* con cabeza de toro, y no se repara en gastos a la hora de introducir innovaciones como los jarrones con cuerpo interior giratorio, con cuello giratorio o con cuerpo perforado. Numerosos tipos de porcelana nuevos con formas sacadas del mundo vegetal o animal se añaden asimismo a los ya existentes en la era Yongzheng; tales motivos incluyen nueces, semillas o raíces de loto, sagitarias de hojas largas, jujubas, castañas, castañas de agua, cangrejos, conchas marinas, etc., de una elevada calidad formal y realismo. Hay asimismo todo tipo de imitaciones en porcelana de obras de arte, como las copias de los objetos laqueados o los de madera, bronce, bambú, jade... Dichas imitaciones no sólo perseguían el máximo parecido desde el punto de vista formal, sino que a menudo conseguían también un gran realismo por lo que se refiere a los colores o la textura.

Aparte de las variedades arriba descritas, había además todo tipo de utensilios para la escritura, cuya variedad y calidad superó todo lo realizado anteriormente. Los receptáculos para pinceles, las piezas para apoyar los lingotes de tinta, los mangos de pincel, los pisapapeles, los tinteros para sello o los cofres para libros, entre otros, presentan formas nuevas y extrañas, con un magnífico acabado. Otros objetos de diversa utilidad como los rascadores, los ganchos con cabeza de dragón o piezas en forma de banana que antaño se realizaban en jade labrado ahora también son producidos en porcelana de color rosado. Las petacas o tabaqueras se hicieron populares durante el reinado de Yongzheng, pero con Qianlong además de utilizar el jade o el esmalte también se realizaban con gran destreza en porcelana *qinghua* o de color rosado. Conforme pasaba el tiempo iban surgiendo de manera ininterrumpida nuevas y originales variedades de carácter decorativo. Los jarrones dobles de pequeño tamaño experimentaron un singular desarrollo, lo que determinó entonces la aparición de formas derivadas de jarrones triples, cuádruples, quíntuples e incluso de nueve jarrones unidos entre sí. Hay también placas de pared en forma de calabaza con los ocho elementos auspiciosos y varios tipos de placas-biombo de porcelana *qinghua* de color rosado. La mayor parte de estas porcelanas destinadas a los altos dignatarios y terratenientes se adaptaba a los gustos y preferencias de la clase gobernante; para ello, los artesanos de los hornos asimilaron paulatinamente el estilo característico de los alfares oficiales, estudiando sus métodos decorativos y abandonando poco a poco su propia creatividad e idiosincrasia (imágenes 11-71 y 11-72).

Una buena parte de los productos de mejor calidad de los hornos oficiales eran de índole decorativa o imitaciones de antiguos modelos, mientras que en el caso de los hornos comunes abundaban sobre todo las porcelanas de uso cotidiano, cuyos clientes pertenecían a la más amplia base de la pirámide social. La producción de estos últimos alfares era muy abundante, y se difundió por todo el país; en estas piezas de factura más tosca todavía se puede apreciar esa soltura y simplicidad que caracterizaban su peculiar estilo, aunque durante ese período no aparecieron nuevas tipologías sino que se siguieron elaborando aquellas ya presentes a finales de la dinastía Ming.

Las variedades más importantes de este período son:

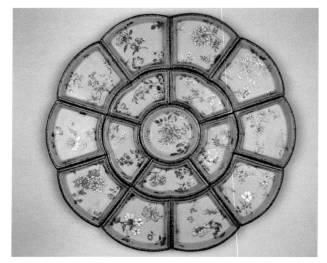

11-71 Jarrones de pared en forma de calabaza de porcelana rosada sobre fondo morado con decoración floral compartimentada Dinastía Qing (reinado de Qianlong) Altura: 22'3 cm.; diámetro boca: 6 cm. Museo de la Ciudad Prohibida (Beijing)

11-72 Bandeja segmentada de porcelana rosada sobre fondo amarillo con decoración esgrafiada de flores Dinastía Qing (reinado de Qianlong) Diámetro de la base: 34'5 cm. Museo de la Ciudad Prohibida (Beijing)

1. Porcelana *qinghua*

La porcelana *qinghua* de la era Qianlong siguió siendo una de las producciones más destacadas de los hornos de Jingdezhen. Sus piezas eran de un azul estándar, de tonalidad estable, sólidas y recias. No obstante, se aprecia una cierta evolución regular en el color desde la etapa inicial hasta la fase final; el de la primera etapa mantiene la inconsistencia propia de las vasijas del reinado de Yongzheng, con el característico halo en torno a las figuras, un fenómeno presente durante ese período de transición entre las dos dinastías, mientras que posteriormente adquiere una tonalidad brillante y estable, con una decoración muy limpia. Durante la etapa intermedia del reinado de Qianlong también hay otro tipo de *qinghua*, azul con matices negros, con una decoración por planos algo más confusa, aunque con una tonalidad igualmente solemne y una factura exquisita; hay piezas con esmalte de superficie verdiblanca o bastante blanca, aunque abundan las verdes. La porcelana *qinghua* de la fase final presenta un color gris verdoso, y destaca sobre todo la realizada en los hornos comunes, que recibirá la influencia de la de color rosado; su decoración está hecha de manera minuciosa, buscando los contrastes de luminosidad. En general, se trata de ornamentaciones que siguen un patrón muy definido y que combinan las técnicas europeas con el estilo tradicional chino, de colores brillantes y matices de luz y sombra que otorgan una fuerte voluminosidad a los motivos representados (imagen 11-73).

11-73 Jarrón florero de porcelana *qinghua* Dinastía Qing (reinado de Qianlong) Museo de Arte de Berkeley

11-74 Jarrón en forma de calabaza de porcelana *qinghua* con decoración fitomorfa Dinastía Qing (reinado de Qianlong) Altura: 59'6 cm.; diámetro boca: 10'4 cm. Museo de cerámica de Jingdezhen (Jiangxi)

Las piezas con inscripción de pabellón y las *qinghua* de gran tamaño salidas de los hornos comunes se asemejan *grosso modo* a las de los alfares oficiales, aunque dichas inscripciones no son tan regulares. Una parte de esas porcelanas *qinghua* de los hornos comunes son muy parecidas a las de la era Yongzheng; es el caso de las bandejas de imitación de Xuande con decoración de lotos y ramajes, cuya parte inferior está esmaltada o bien presenta granos de arenilla como la mayoría de las piezas de gran tamaño (imagen 11-74).

Durante el reinado de Qianlong todavía están de moda las imitaciones de las porcelanas *qinghua* de la primera etapa de la dinastía Ming. El incensario de la imagen 11-75 está compuesto de dos partes; el aroma sale de una franja perforada en la zona superior y de los pequeños agujeros practicados en la agarradera en forma de bulbo. En el interior de la pieza hay minúsculos restos de paja seca y hollín, lo que significa que dicho incensario sí fue utilizado en su momento. En la parte inferior hay flores enroscadas desplegadas en franjas paralelas, mientras en la parte superior también se puede ver una ornamentación

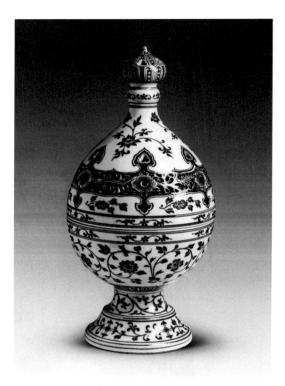

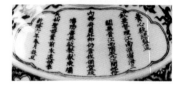

11-75 Incensario de porcelana *qinghua* con decoración de ramajes y flores de los hornos de Jingdezhen   Dinastía Qing (reinado de Qianlong)   Altura: 39 cm.; diámetro medio: 19 cm.   Museo Victoria y Alberto de Londres

11-76 Candeleros de porcelana *qinghua* con inscripción relativa al superintendente Tang Ying de los hornos de Jingdezhen   Dinastía Qing (sexto año del reinado de Qianlong, 1741)   Altura: 65'5 cm.; diámetro apoyo: 23 cm.   Museo Victoria y Alberto de Londres

floral. Desde el punto de vista formal y decorativo esta pieza reproduce completamente los ejemplares realizados desde comienzos del siglo XV, ya que durante la era Qianlong estaban muy en boga las imitaciones de las vasijas de la primera etapa de la dinastía Ming. La inscripción del incensario, escrita horizontalmente cerca del apoyo, no sigue los estándares ni el estilo propios de la dinastía Qing; en ella aparece un nombre propio ("Hecho por Jin Dingsheng") que quizás aluda al artesano pintor o al particular al que se encargó la pieza, por lo que ésta no fue realizada para la casa imperial. En la imagen 11-76 aparecen, en cambio, dos candeleros realizados en 1741 en los hornos imperiales de Jingdezhen bajo el control del superintendente Tang Ying y destinados como ofrenda al templo de la diosa de la fertilidad en Dongba, al noreste de Beijing. Ambas piezas constan de tres partes e imitan en su forma los objetos metálicos; el patrón ornamental y la decoración en azul *qinghua* también heredan la tradición de comienzos de la dinastía Ming.

2. Porcelana de color rosado

Durante la era Qianlong tanto los hornos comunes como los alfares oficiales produjeron esta tipología cerámica, que experimentó un cierto desarrollo. Además de las piezas de decoración rosada sobre fondo blanco o de color, también hay otras con decoración *qinghua* bajo esmalte. Dicha tipología recibió la influencia de los literatos de la época, y a menudo aparecen inscritos poemas de autores célebres y todo tipo de sellos de metal o piedra. Los paisajes son bastante escasos, mientras que abundan en cambio los motivos florales, antropomorfos o zoomorfos.

Se puede distinguir entre la porcelana de color rosado de factura refinada y otra más tosca; las de peor calidad son conocidas en general con el nombre de "rosada burda". Los hornos comunes produjeron una gran cantidad de jarrones, ollas, bandejas, tazones, vasos, platos y utensilios para escribir de factura tosca, y las piezas de gran

11-77 Jarrón de cuerpo central giratorio de colores esmaltados con añadidos dorados y decoración horadada de los hornos de Jing-dezhen Dinastía Qing (reinado de Qianlong) Altura: 20 cm. Museo Victoria y Alberto de Londres

tamaño también son muy abundantes. En cuanto a las piezas de calidad superior, la mayoría son de carácter decorativo, aunque también hay otras para comida destinadas a las clases altas y los terratenientes, como bandejas o tazones esgrafiados o con paneles decorativos de fondo de color, llamados "mixtos". También estaba de moda entonces usar el color rosado para realizar decoraciones sobre esmalte azul celeste, rojo brillante, azul pálido o azul turquesa.

Las porcelanas decorativas de la era Qianlong tienden a ser delicadas y sobreelaboradas, y hay numerosas variedades de porcelanas de color rosado y de esmalte pintado. En la imagen 11-77, por ejemplo, aparece un jarrón con cuerpo interior giratorio y decoración de esmalte pintado, dorados y aperturas en superficie. Se trata de una vasija compuesta de cuatro piezas diferentes (jarrón florero grande, cuello, jarrón pequeño y base) encajadas de manera muy hábil, que dan como resultado un conjunto de dos niveles con cuerpo rotatorio interior (el jarrón florero pequeño). Ambos jarrones utilizan en sus paredes exteriores el esmalte de colores y los dorados; en la boca del más grande aparecen hojas de palma estilizadas, sobre el cuello y el apoyo circular hay peonías, en los hombros se ven flores sobre un fondo amarillo en forma lobulada y en la panza hay flores enroscadas sobre fondo azul. A través de los orificios rectangulares a modo de trigramas taoístas abiertos sobre dicha panza se vislumbra parcialmente la decoración de la jarra interior. Esta ornamentación sobre fondo rojo, amarillo o azul de las distintas partes de las piezas es muy característica del reinado de Qianlong.

3. Porcelana *qinghua* de esmalte rojo

Esta tipología cerámica de la era Qianlong presenta unos colores muy estables, con grandes contrastes de intensidad que se complementan entre sí, una gran armonía cromática y un mayor realismo en la representación de hojas, flores y aves. Los hornos comunes produjeron una gran cantidad: son muy frecuentes los jarrones de cuerpo globular y cuello alargado y rectilíneo con decoración de nubes y dragones, las jarras con decoración de tres frutos, los jarrones con ciervos y pinos, murciélagos y nubes o los ocho inmortales, las ollas, las bandejas, los tazones, las cajas, etc.

También aparecen entonces nuevas variedades, como las porcelanas *qinghua* de esmalte rojo con base color verde guisante o azul celeste, una tipología elaborada tanto en los hornos comunes como en los oficiales, de formas diversas y gran riqueza temática. Los más frecuentes son los jarrones de gran tamaño, y abundan los que presentan paneles abiertos en la superficie: los de fondo verde guisante tienen en su mayoría escenas de ciervos y pinos; los de fondo azul celeste presentan grullas y pinos. En cuanto al esmalte azul, hay claro y oscuro; el claro se asemeja al azul celeste, mientras aquel con la superficie más turbia es conocido como "azul ladrillo". Algunos apoyos tienen esmalte marrón oscuro, con claras señales de haber sido cortados a cuchillo.

Los incensarios de esmalte verde guisante con decoración protuberante de lotos y ramajes y tres apoyos en forma de pezón son muy frecuentes en esta época. La inscripción, desplegada en sentido vertical en el interior del largo cartucho sostenido por la decoración floral, está datada en el quincuagésimo séptimo año del reinado de Qianlong (1785) y alude a su condición de dádiva realizada por el emperador.

Además de ello, también son abundantes durante este período las vasijas de porcelana color carmín púrpura, que se elaboraban usando dicho color para cubrir los intersticios de las decoraciones florales en azul *qinghua*, creando así patrones ornamentales de gran hermosura. También había casos en los que se empleaba solamente el púrpura. La mayoría de las piezas de esta tipología son tazones y bandejas salidas de los hornos comunes.

4. Porcelana de color dorado

La porcelana de color dorado es una variedad de cerámica decorada sobre esmalte surgida por influencia de la cultura japonesa, cuya popularidad se extendió aún más durante el reinado de Qianlong. Consistía en emplear el color dorado para representar paisajes, personajes, animales o flores, o para realizar inscripciones o poemas, o bien para trazar líneas de contorno o pintar la boca y el apoyo de las vasijas, entre otros usos. Las variedades son innumerables: hay retratos budistas, ruedas del dharma, vasijas *zun* en forma de Guanyin, jarras de panza baja y cuello alargado y rectilíneo, jarrones de "armonía entre cielo y tierra" (compuestos de dos piezas que encajan entre sí a modo de puzzle), jarras pequeñas, cajas pequeñas, escupideras, bandejas exquisitamente labradas, tazones, vasijas perforadas, efigies, etc., de un amarillo atractivo y resplandeciente y una tonalidad que supera con creces en lustre la de las piezas del mismo tipo de finales de la dinastía Qing. Las producciones de esta clase del reinado de Qianlong no reparan en gastos a la hora de cubrir con dorados las piezas de porcelana, reflejando así el clásico gusto por el lujo y la suntuosidad característico de la época (imagen 11-78).

Las porcelanas más refinadas de este período son de aspecto ordenado y digno, tanto las de mayor tamaño como aquellas más pequeñas, aunque no superan en vigor a las de la era Kangxi ni en belleza a las de Yongzheng. Hay numerosas piezas de apariencia novedosa y extravagante, de un estilo exuberante que no escatima en recursos. Son especialmente abundantes los utensilios de escritura y los juguetes, de factura muy diestra y delicada e innumerables variedades, en todas las cuales se despliega una gran habilidad técnica y una extraordinaria fuerza expresiva no obstante su complejidad y minuciosidad. En cuanto a las piezas decorativas, son frecuentes los jarrones de cuerpo globular y cuello alargado o rectilíneo con o sin boca acampanada, las jarras en forma de calabaza, las jarras de pared, las petacas, los incensarios, los vasos de cuerpo alargado, boca acampanada y apoyo circular (*gu*), etc. Los objetos de uso diario de este período también se van haciendo cada vez más ricos y elaborados, y entre los

11-78 Jarrón de porcelana rosada sobre esmalte azul con decoración compartimentada de "Los tres portadores de fortuna, longevidad y descendencia" Dinastía Qing (reinado de Qianlong) Altura: 38'2 cm.; diámetro boca: 11 cm.; diámetro apoyo: 12'5 cm. Museo de la Ciudad Prohibida (Beijing)

más representativos se cuentan las bandejas de piezas ensambladas de distintos colores y todo tipo de vajillas para comida (bandejas, tazones...), que en Jingdezhen se conocían con el nombre de "objetos de mesa". La forma es similar a la de los normales tazones o bandejas; su peculiaridad consiste en su diseño a modo de juego o surtido de piezas cuya decoración es aplicada de manera integral para crear un conjunto armonioso que responde a un planteamiento de conjunto. Este tipo de objetos, llamados "mixtos" o "variados", combinaban distintos colores dentro de un diseño y una forma únicos; a menudo, uno solo de estos juegos de piezas podía emplear como fondo más de diez distintas tonalidades: rojo, amarillo, verde, púrpura o azul, esmalte verde pórfido o azul turquesa y añadidos dorados... En algunos utensilios de comida (bandejas, tazones, vasos, platos, cucharas...) muy populares en la época se añaden ramas quebradas a los esgrafiados; las dimensiones son variables y las formas muy peculiares. Llegados al reinado del emperador Xianfeng las diferencias entre las piezas de calidad superior y las de factura más tosca se hacen más evidentes; en aquellas las inscripciones son muy claras, mientras que en las segundas no sólo están realizadas de manera muy apresurada sino que en muchos casos se utilizan sinogramas simplificados o demediados. Los utensilios de comida como bandejas o tazones de estilo antiguo podían tener inscripciones ordenadas y diáfanas, pero en su mayoría eran de grafía cursiva y con caracteres simplificados. Por otro lado, también están las representaciones de perdices y crisantemos con esmalte verde acebo, azul *qinghua* y verde acebo con color rosado. Hay numerosos ejemplares de gran tamaño, como los jarrones de suelo, que a menudo superaban el metro de altura; en Jingdezhen se conocían con el nombre de vasijas "de quinientos", "de ochocientos", "de mil" e incluso "de diez mil", según los tradicionales métodos de cálculo empleados por los artesanos de la zona para evaluar las dimensiones de sus piezas. Aparte de éstas, también se producían urnas, peceras, grandes bandejas, etc. En general, los ejemplares salidos de los alfares oficiales presentan en su base una inscripción incisa o en color azul *qinghua*, mientras en el caso de las vasijas de los hornos comunes se aprecian restos de arenilla (imagen II-79).

Por lo que respecta a los patrones decorativos, los ejemplares realizados durante el reinado del emperador Qianlong presentan una gran riqueza y variedad de motivos; aparte de los tradicionales, abundan aquellos de buen augurio alusivos a la fortuna favorable, la riqueza material o la longevidad, como "Las granadas de cien semillas" (felicidad y descendencia), las escenas con numerosos niños jugando, "Los cinco murciélagos de la longevidad", "Los tres portadores de fortuna, longevidad y descendencia" (la fruta Mano de Buda, el melocotón y la granada), "Los cinco niños contendiendo por el premio", "Los cinco niños superan los exámenes oficiales", "La auspiciosa llegada de la primavera", "Los augurios de paz", los "ocho símbolos" auspiciosos del budismo, "La celebración de los ocho inmortales", los augurios de felicidad constante, etc. Este tipo de decoración se hará muy común conforme avancen los años, difundiéndose con fuerza hasta el final de la dinastía. La ornamentación de carácter laudatorio y propagandístico, por otro lado, también tendrá sus numerosas manifestaciones, como las de "Vida próspera y trabajo en paz", "El Río Amarillo está límpido y el mar en calma", "Cantos y bailes para celebrar la paz", "El pueblo goza de buena salud y los campos dan sus frutos", "Feliz cumpleaños", "Augurios de buena fortuna", "El pescador, el leñador, el campesino y el erudito" (los modos tradicionales de vida del pueblo chino)..., que serán muy

11-79 Jarrón de porcelana rosada con cuello giratorio y decoración horadada Dinastía Qing (reinado de Qianlong) Altura: 41'5 cm.; diámetro boca: 19'5 cm. Museo de la Ciudad Prohibida (Beijing)

empleadas durante el reinado de Qianlong. Desde la dinastía Ming la porcelana realizada en los alfares de Jingdezhen guardaba una estrecha relación con las artes pictóricas del período, y debido a la progresiva sobreelaboración de las cerámicas dicha influencia aún será más fuerte con los Qing; de este modo, las pinturas de paisajes deberán mucho a las obras de Zong Donghao o Zhang Zongcang, así como las representaciones de niños jugando o de pájaros y aves seguirán el estilo de Jin Tingbiao y Jiang Tingxi, respectivamente. En cuanto a las técnicas artísticas, se elaboraron imitaciones de porcelanas de los más célebres hornos del país, objetos que copiaban los realizados en jade, metal, laca, marfil, madera, mimbre, vidrio, etc., lo que hizo que se alcanzaran niveles de calidad nunca antes vistos por lo que se refiere al manejo de la materia prima, la elaboración de los esmaltes o el dominio de las técnicas de cocción.

Durante la era Qianlong los hornos comunes pusieron un especial énfasis en la calidad y refinamiento de sus porcelanas, especialmente en los productos de alta gama.

Sin un exhaustivo proceso de purificación de la pasta, hasta obtener un grado óptimo de blancura, no era posible conseguir aquellas obras de arte de extrema finura y formas complejas y extravagantes. Esa impecable factura y ese grosor adecuado de las paredes deben mucho a la elevada pureza de la arcilla con que fueron trabajadas las piezas.

La superficie esmaltada de las porcelanas *qinghua* seguía teniendo esa tonalidad blanquecina, aunque no era uniforme. El esmalte era sólido y voluminoso, suave y limpio, con una superficie blanca ligeramente grumosa. Las piezas de color rosado de factura refinada poseen esmalte sólido y lustroso como el jade, de un brillo impecable; las de apariencia más tosca tienen un esmalte de color verde suave. Algunas de las piezas presentan pequeñas arrugas, y otras con minúsculos puntos negros en la superficie son llamadas "alforfón". En los apoyos de muchos de los ejemplares se pueden apreciar pequeñas muescas circulares testigo del trabajo a cuchillo. Aunque los restos de arenilla son brillantes, no están tan pulidos como en las piezas de la era Yongzheng. Los apoyos son más anchos y gruesos que en la precedente dinastía, redondeados y a veces pintados de amarillo dorado o de esmalte negro.

Durante este período las piezas salidas de los hornos de Jingdezhen siguen ocupando un lugar preponderante en la exportación de porcelanas a ultramar. Las excavaciones submarinas realizadas en el ya mencionado pecio *Götheborg* dan una idea de la inmensa cantidad de ejemplares exportados desde dichos hornos a toda Europa. El *Götheborg* era una de las naves de transporte de más capacidad de las enviadas por la Compañía sueca de las Indias Orientales durante el siglo XVIII. Fue botada en el año 1738, y al año siguiente (enero 1739 a junio 1740) realizó su travesía inaugural hasta el puerto chino de Cantón, repitiendo viaje entre febrero de 1741 y julio de 1742. En mayo de 1743 salió de nuevo, y en septiembre de 1745 tras su viaje de regreso a Suecia encalló en un arrecife a menos de un kilómetro del puerto de Gotemburgo. La tripulación no sufrió daños y se pudo salvar una buena parte del cargamento, mientras el resto fue hundiéndose poco a poco en el fondo del mar, dando por concluida así la vida de este navío. Entre las numerosas mercancías transportadas había una gran cantidad de porcelanas de Jingdezhen; las piezas de las imágenes 11-80, 11-81, 11-82 y 11-83 fueron exportadas a Suecia en ese momento, mientras la escupidera con asa y decoración *qinghua* de peonías de la imagen 11-84 –quizás empleada por mascadores de tabaco– se recuperó de entre los restos del pecio *Geldermalsen* de la Compañía sueca de las Indias Orientales.

Según las estimaciones de las fuentes documentales, durante el quinquenio trans-

80 | 81
82

11-80 **Escudilla para sopa de porcelana *qinghua* con escena agrícola** Dinastía Qing (reinado de Qianlong)

11-81 **Bandeja de porcelana *qinghua* con decoración de flores y pelea de gallos** Dinastía Qing (reinado de Qianlong)

11-82 **Bandeja de porcelana *qinghua* con decoración de rocas, flores y aves** Dinastía Qing (reinado de Qianlong)

currido entre el décimo quinto y el vigésimo año del reinado de Qianlong (1750-1755) se exportaron alrededor de 11 millones de piezas (conjuntos) de porcelana china desde el puerto de Cantón hasta Suecia. Entre 1766 y 1786, por otro lado, la Compañía sueca de las Indias Orientales transportó más de 11 millones de ejemplares a dicho país. A ojos de los europeos de la época, la porcelana china constituía un símbolo de estatus y prestigio, cuyo empleo era motivo de orgullo y ostentación. Tan sólo el dinero sacado por la salida a subasta de ciertas de las piezas rescatadas del pecio *Götheborg* compensa por todo el capital

11-83 Sopera octagonal de porcelana *qinghua* con decoración de paisaje y edificios Dinastía Qing (reinado de Qianlong)

11-84 Escupidera con asa de porcelana *qinghua* con decoración de peonías Dinastía Qing (reinado de Qianlong) Altura: 8'5 cm.; diámetro boca: 12'5 cm.; diámetro apoyo: 8'3 cm. Compañía de antigüedades occidentales

invertido en él, lo que da una idea de los elevados precios que podían llegar a alcanzar en los mercados europeos.

Sin embargo, en esta época los productos salidos de los hornos de Jingdezhen ya estaban comenzando a hacer frente a numerosos competidores. Algunos países europeos ya habían empezado a imitar sus piezas, con una calidad considerable. En la imagen 11-85 se aprecia una escudilla de porcelana *qinghua* con decoración de flores y aves que es en realidad una imitación de los modelos chinos realizada por la factoría sueca Rörstrand en torno al año 1750. Si no pudiera identificarse a ciencia cierta su procedencia, podría confundirse por sus casi idénticas cualidades con cualquiera de las piezas producidas en Jingdezhen.

No sólo dichos hornos tuvieron que enfrentarse a la rivalidad de los productores extranjeros, sino que también surgieron duros competidores dentro de la propia China, especialmente la porcelana *guangcai*. Aunque las piezas de esta tipología no eran completadas en los talleres de Jingdezhen, las vasijas sin decorar sí eran encargadas allí, por lo que en este libro aparecen incluidas en el capítulo dedicado a la producción de estos alfares. Se trata de una nueva variedad de porcelana –aparecida durante el reinado de Yongzheng y producida a gran escala con Qianlong y Jiaqing– cuya finalidad era facilitar la elaboración y transporte al exterior, y que fue el principal producto de exportación durante ese período. Como eran piezas cocidas en los hornos de Jingdezhen que más tarde se enviaban a Guangzhou (Cantón) para su decoración definitiva, tras la cual se exportaban directamente desde aquel puerto, tomaron el nombre de porcelana *guang zhou cai ci* o (abreviadamente) *guangcai* ("porcelana de colores de Guangzhou").

5. Porcelana *guangcai*

Durante la era Kangxi la porcelana de exportación, tanto la *qinghua* como la de cinco colores, se producía en Jingdezhen, y seguidamente se transportaba hasta Guangzhou para su venta, un fenómeno que se mantuvo en términos generales durante el reinado de Yongzheng. En 1728 apareció la porcelana de color rosado tan apreciada por los europeos, una tipología elaborada en primer lugar en los talleres oficiales de palacio de Beijing y que después comenzaría a producirse en los alfares imperiales de Jingdezhen, para ser imitada finalmente por los hornos comunes de dicha localidad.

En 1729 la Compañía británica de las Indias Orientales obtuvo permiso para establecer la primera factoría en

11-85 **Escudilla de porcelana *qinghua* con decoración de pájaro y flores**   1750 (reinado de Qianlong) Altura: 4 cm.; diámetro boca: 22 cm.; diámetro apoyo: 12 cm. Museo de la Ciudad de Gotemburgo

Cantón. El emperador Qianlong subió al trono en 1736 y gobernó el país durante sesenta años; a comienzos de su reinado, y muy probablemente entre 1740 y 1750, la porcelana de color rosado hizo su aparición en Guangzhou.

En las obras occidentales de referencia existen no pocas alusiones y descripciones de esta porcelana *guangcai*. En uno de los pasajes de su libro sobre la cerámica china de exportación, William R. Sargent afirma:

"Antes de comienzos del siglo XVIII la porcelana de exportación se esmaltaba en Jingdezhen; cada año, las casas comerciales europeas establecidas en Cantón enviaban a Jingdezhen sus muestras, modelos y esbozos detallados. Sin embargo, como resultaba difícil evitar que esos patrones culturalmente ajenos fueran malinterpretados o ejecutados de manera equivocada por los artesanos de Jingdezhen, a partir de mediados de siglo se abandonó este procedimiento oneroso en tiempo y energías y se comenzaron a enviar las piezas de porcelana blanca a Cantón, en cuyos talleres se pintaban sobre esmalte; de este modo, los mercaderes europeos podían controlar personalmente en los almacenes y tiendas el proceso de decoración de los ejemplares según sus propias exigencias. John Richardson Latimer, originario del condado de Newport en Delaware (EE. UU.), viajó cinco veces hasta China como supervisor general, y en una carta datada el día 19 de octubre de 1815 y dirigida a su madre describió este sencillo proceso: 'Hace unos días fui a visitar el almacén y el taller de pintura de la persona que elabora porcelanas para mí. No es un hombre extremadamente rico, pero su lugar de trabajo me dejó admirado. Cuando entré en la primera estancia, vi a un hombre envolviendo porcelanas mientras otros preparaban las cajas, y también

había algunos trabajadores que cubrían las piezas con papel. La segunda estancia era el taller de pintura, en el que había empleados hombres y niños, juntos unos a otros como si se tratara de una escuela. Hace falta una gran concentración y paciencia para usar ese pincel tan minúsculo con el que hacer los dorados y pintar con toda clase de colores… Una vez secos se colocaban las piezas en una especie de horno para su cocción, y allí iban calentándose lentamente hasta alcanzar elevadas temperaturas, y después se trasladaban a otro horno más tibio para dejarlas enfriar hasta poderlas sacar a temperatura ambiente"

Daniel Nadler también refiere en su libro ya citado cómo en un principio el comercio internacional se llevaba a cabo en Cantón. Los intermediarios de las asociaciones gremiales locales recibían los particulares encargos de los mercaderes extranjeros, y después se los pasaban a los hornos de Jingdezhen para su realización; una vez completadas las piezas según los requisitos del cliente, eran enviadas a Cantón y entregadas a los comerciantes extranjeros. Sin embargo, resulta evidente que el contacto entre ambos lugares no era muy fluido, por lo que con frecuencia se cometían errores. Entre 1740 y 1750 se estableció en esta última ciudad un horno de mufla, en el que eran cocidas a una temperatura aproximada de 850 grados las piezas transportadas desde Jingdezhen y coloreadas en Cantón; de este modo, los mercaderes extranjeros que quisieran añadir cualquier tipo de patrón o motivo decorativo o algún acrónimo en alfabeto latino podían hacerlo directamente allí antes de abandonar el puerto. Con el tiempo surgieron diseños cada vez más complicados. El cuerpo de las piezas se realizaba en Jingdezhen, y la ornamentación podía completarse allí mismo o en Cantón; a veces el diseño principal podía llevarse a cabo en aquella, mientras los añadidos o retoques se dejaban para esta última, y en otras ocasiones toda la pintura sobre esmalte se ejecutaba en los hornos de mufla situados junto al Río de las Perlas.

En un informe de finales del siglo XVIII se lee:

"Nuestra curiosidad nos impulsa a visitar cada día a los mercaderes de Cantón. Frecuentamos sobre todo los talleres de brocado y de porcelana […] En Jingdezhen hay muchos de esos talleres y hornos cerámicos. En primer lugar los pintores añaden colores al cuerpo de la vasija, y después la cubren con barniz. Si se desea trasladar a las porcelanas los diseños traídos de Europa hay que enviarlos a Jingdezhen, y al año siguiente pueden obtenerse esas piezas decoradas con tales motivos. Aquellos que no desean esperar tanto tiempo pueden adquirir las porcelanas blancas ya esmaltadas y después buscar en Cantón los artesanos que las decoren, tras lo cual son cocidas allí mismo"

A juzgar por lo anteriormente descrito, los mercaderes extranjeros no podían adquirir directamente en los mercados chinos todo tipo de porcelana local de exportación ya pronta para su venta; primero debían encargarla, y eran después los artesanos chinos los que elaboraban las piezas según los requisitos de sus clientes de ultramar, por más extravagantes que fueran las formas o sus patrones decorativos. El encargo más temprano de porcelana *qinghua* fue realizado por comerciantes portugueses a comienzos del siglo XV; desde entonces, China estableció sus oficinas especializadas para tratar con los mercaderes de ultramar, tramitar sus encargos y trasladarlos a los hornos de Jingdezhen para su realización.

Durante la época de mayor demanda de porcelana china por parte de los holandeses, los "diecisiete caballeros" del directorio que presidía la Compañía neerlandesa de las Indias Orientales enviaron a China todo tipo de objetos como muestra para que los artesanos alfareros locales los imitaran, no sólo aquellos populares entonces entre los europeos como las cerámicas esmaltadas o las piezas de orfebrería o peltre sino también objetos de madera especialmente realizados para la ocasión. En el siglo XVIII los holandeses enviaron asimismo a China para su reproducción en porcelana piezas talladas y diseños del famoso artista de la época Cornelis Pronk.

Nadler también añade que los artesanos chinos seguían unos métodos de producción muy inteligentes para obtener los máximos beneficios, ya que en los años 40 del siglo XVIII la elaboración final de esmalte pintado (la porcelana de color rosado) se trasladó de Jingdezhen, en el interior del país, al importante puerto de Cantón para satisfacer de la mejor manera la demanda de sus clientes europeos.

La porcelana *qinghua* de los siglos XVIII y XIX se conocía en Europa con el nombre de "rojo de Nankín" –por el puerto fluvial del que era exportada en grandes cantidades–, y era una producción especialmente destinada a los mercados occidentales que sólo podía realizarse en los alfares de Jingdezhen, ya que en Cantón no era posible cocer porcelana de pintura bajo esmalte. Había, sin embargo, ciertas piezas de porcelana *qinghua* de colores contrastantes cuya decoración en azul era primero llevada a cabo en Jingdezhen y que después eran pintadas sobre esmalte en Cantón. Con el fin de sacar mayor provecho económico, los europeos enviaban a menudo las piezas de porcelana blanca chinas a sus respectivos países para su decoración, y ocasionalmente también llevaban los ejemplares realizados en Europa para ser pintados en Cantón.

De lo arriba dicho se desprende que el cuerpo de las vasijas de porcelana *guancai* era realizado en los alfares de Jingdezhen y en ocasiones incluso en los talleres europeos, antes de su decoración en Cantón. Los pigmentos principales eran el rojo, el amarillo, el verde, el púrpura, el morado pálido, etc. Los más utilizados eran este último y el dorado, tonalidades que se adaptaban bien a los gustos europeos. La porcelana *guangcai* del reinado de Yongzheng se caracterizaba por sus tonos claros y su refinada factura, mientras que en otros períodos solía destacar por su brillo. Los motivos decorativos eran representados siguiendo el estilo minucioso de las pinturas al óleo occidentales, de gran efecto voluminoso; el contenido se movía entre Oriente y Occidente, con figuraciones tradicionales chinas de flores y aves, caballeros y damas, etc. y también con paisajes y personajes representativos de la vida y las costumbres europeas, e incluso emblemas regios, nobiliarios, provinciales, ciudadanos o familiares, insignias conmemorativas o logotipos, generalmente sobre bandejas de gran tamaño. Había tipologías morfológicas que respondían enteramente a modelos occidentales (imágenes 11-86, 11-87 y 11-88).

La porcelana *guangcai* se exportó a gran escala a mediados del siglo XVIII. Los

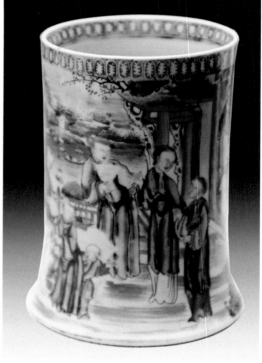

86 | 88
87 |

11-86 Cafetera de porcelana *guangcai* con escena doméstica de familia de mandarines Dinastía Qing (reinado de Qianlong)
11-87 Cafetera de porcelana *guangcai* con escena doméstica de familia de mandarines (detalle) Dinastía Qing (reinado de Qianlong)
11-88 Taza sin asa de porcelana *guangcai* con escena doméstica de familia de mandarines Dinastía Qing (reinado de Jiaqing)

británicos se convirtieron en los principales clientes en Cantón, y por eso las piezas se elaboraron siguiendo modelos formales y decorativos propios de aquel país. A finales del siglo XVIII y comienzos del XIX, en cambio, los artesanos de porcelana de exportación tuvieron especialmente en cuenta los gustos del mercado norteamericano. Comparadas con las piezas encargadas por los holandeses, estas últimas tenían unos colores más brillantes. Hoy en día hay numerosos palacios europeos que presentan entre sus objetos decorativos tazones de grandes dimensiones con representación de frutas de la pasión usados como floreros. Las porcelanas *guangcai* de Jingdezhen de este período con escenas sacadas de obras teatrales o literarias como la «Historia del ala oeste» o el «Romance de los Tres Reinos», o con personajes vestidos con ropajes típicos Qing, son obras maestras de aquel período.

En la imagen II-89 aparece una tetera de porcelana de la "familia rosa" con añadidos dorados y emblema, de cuerpo redondeado, con tapadera de asidera en forma de perla y asa circular; en la extremidad de la vertedera hay un aplique plateado. El escudo de armas de la familia Von Utfall, integrante de la nobleza sueca, ocupa prácticamente los dos lados de la vasija, flanqueado por ramajes de color azul; sobre la tapadera hay ramajes azules y un patrón decorativo en color negro y dorado. Esta tetera fue encargada por Peter Jeansson von Utfall (1711-45) o por su hermano Jacob Jeansson von Utfall (1715-91). De 1733 a 1743 Peter realizó cuatro viajes como capitán de navío; en el primero de ellos llegó hasta la India, y en los tres restantes (1736-1743) viajó a Guangdong, en cuya capital fallecería y sería enterrado. Jacob sirvió en la Compañía sueca de las Indias Orientales de 1736 a 1745, dos veces como asistente y dos como sobrecargo, tras lo cual se asentó al este de Gotemburgo donde ejercería como uno de los directores de la compañía. Tal vez dicha tetera es una porcelana *guangcai* adquirida en Cantón.

En la imagen II-90 vemos un tazón grande de porcelana de la "familia rosa" con añadidos dorados y decoración floral. Las paredes son curvadas y retroceden hacia la base, y en el borde azul de la boca hay decoración de dorados. En la pared externa hay representada una rosa roja con florecillas azules y amarillas y hojas verdes y la inscripción lateral "Anna". Se trata de un regalo comprado en Guangdong por Gabriel Gadd para su mujer Anna. Gadd realizó entre 1799 y 1801 dos viajes a Guangdong al mando de navíos de la Compañía sueca de las Indias Orientales.

Todas estas piezas muestran cómo gracias a su ventajosa posición geográfica numerosos ejemplares de porcelana de colores fueron pintados en Cantón y exportados direc-

11-89 Tetera de porcelana rosada y añadidos dorados con deco-ración heráldica Dinastía Qing (reinado de Qianlong) Altura: 11; longitud total: 7 cm.; diámetro apoyo: 5'8 cm. Museo de la Ciudad de Gotemburgo

11-90 Tazón grande de porcelana rosada y añadidos dorados con decoración floral Dinastía Qing (reinado de Qianlong) Altura: 12 cm.; diámetro boca: 29 cm.; diámetro apoyo: 14'5 cm. Museo de la Ciudad de Gotemburgo

tamente desde su puerto, un importante enclave comercial de tránsito para numerosos extranjeros. Queda así patente, en resumidas cuentas, que llegados al reinado del empera-dor Qianlong los hornos de Jingdezhen no eran ya los únicos en cubrir la demanda de los mercados internacionales sino que había otros numerosos potenciales competidores que aparecieron entonces y que fueron creciendo paulatinamente.

Capítulo 4 Cerámica de Jingdezhen de la etapa final de los Qing

4.1. Decadencia de la industria alfarera de Jingdezhen

El siglo XVIII constituye un importante punto de inflexión en la Historia de la Humanidad. En Gran Bretaña comenzó la Revolución Industrial, Francia estaba inmersa en la Ilustra-ción y Estados Unidos llevó a término su guerra de independencia y emergió como nuevo país. Todos estos acontecimientos conmovieron y transformaron el mundo, que empezó entonces a pasar de una sociedad agraria a otra industrializada. En ese período China vivió bajo los sucesivos reinados de Kangxi, Yongzheng y Qianlong, y mientras en Occidente se estaban dando los primeros brotes de capitalismo aquí el país todavía se encontraba atra-pado en un feudalismo tardío. El período de dominio de los tres emperadores conocido como *Kangyongqian* fue en apariencia una etapa próspera y serena, pero en realidad lleva-ba el germen de su decadencia y estaba marcando ya el camino hacia el ocaso de la dinas-tía. Si ya se empiezan a vislumbrar las primeras señales a finales del reinado de Qianlong, a partir del sucesivo reinado de Jiaqing el declive será cada día más evidente.

En los últimos años de su reinado, el emperador Qianlong dejó en herencia a Jiaqing y Daoguang una complicada situación, con un régimen corrupto, una población en continuo aumento y una crisis financiera cada vez más agravada. Con el fin de reducir el gasto público, estos emperadores tuvieron que poner coto a la inclinación por los objetos de lujo característica de sus predecesores, y por ello a partir del reinado de Jiaqing ya no se designó un superintendente especial para los alfares imperiales de Jingdezhen sino que se encargó la tarea a supervisores locales. En cualquier caso, aunque los hornos oficiales de dicha localidad ya se encaminaban hacia la decadencia, los hornos comunes seguían disfrutando de un amplio mercado de ultramar para sus productos. En el vigésimo año del reinado de Daoguang (1840) estalló la Primera Guerra del Opio, a partir de la cual la sociedad china comenzó su etapa histórica de semicolonialismo. Con la desaparición de la antigua economía feudal basada en un modelo de autosuficiencia y la progresiva apertura al exterior fue decayendo el poder de los Qing y se fueron agotando los recursos nacionales. Durante el reinado del emperador Xianfeng se produjo la Rebelión Taiping (1851-1864), que conmovió profundamente los cimientos del régimen manchú. Las grandes potencias extranjeras forzaron al Gobierno de los Qing a firmar una serie de tratados desiguales arrogándose numerosos privilegios. En ese clima de tensión interna y agresión del exterior, la dinastía fue cayendo progresivamente en una espiral descendente y el poder del país se fue debilitando hasta el extremo. La situación de la industria alfarera de Jingdezhen también fue empeorando paulatinamente, pasando del esplendor del siglo anterior a la más absoluta decadencia, e incluso los hornos comunes sufrieron las consecuencias y tampoco pudieron evitar su declive.

Tratándose como en el caso de los Ming en el siglo XVII del final de una dinastía, ¿cómo es que en aquella ocasión los hornos comunes de Jingdezhen no sólo no se vieron perjudicados por las turbulencias políticas de la época sino que incluso aprovecharon la ausencia de los alfares oficiales para desarrollarse y prosperar? Además de la propia decadencia del país, el declive de los hornos comunes de Jingdezhen en la etapa final de los Qing responde a una serie de importantes motivos entre los que vamos a señalar los tres principales:

1. Constricciones impuestas por el sistema agrario

Mientras el mundo occidental se estaba encaminando con gran rapidez hacia una sociedad industrializa de corte moderno, la sociedad china todavía se encontraba dominada por el tradicional sistema agrario. A pesar de que ya a finales de la dinastía Ming el país había visto surgir los primeros brotes de capitalismo, con los Qing y debido al reforzamiento de la autocracia de carácter centralizado ese primer amago finalmente no pudo desarrollarse con fuerza. Por lo que se refiere a Jingdezhen, las asociaciones comerciales de la industria alfarera son por una parte el resultado de aquel capitalismo incipiente, ya que en sus comienzos tales asociaciones ensancharon los estrechos márgenes de los talleres artesanos familiares y permitieron una mayor difusión de los conocimientos técnicos propios del oficio, lo cual contribuyó a la acumulación de capital en la industria y al incremento en el número de trabajadores asalariados. Sin embargo, debido a sus resabios tradicionalistas, dicho sistema lastraría más adelante el desarrollo de la industria cerámica de Jingdezhen. En primer lugar, cada uno de los gremios de dicha industria era autónomo y endogámico, ya que primaban en ellos los lazos sanguíneos y territoriales a la hora de surtirse de nuevos trabajadores, y en algunos casos la transmisión de conocimientos incluso se realizaba dentro de los límites de la propia familia, con lo cual resultaba muy difícil desarrollar las técnicas tradicionales y algunas acababan perdiéndose; es lo que ocurrió, por ejemplo, con las transmitidas desde época Yuan por la familia Wei, que se interrumpieron con el reinado de Jiaqing, o con la variedad de rojo brillante, cuya producción en tiempos modernos quedó en manos de una sola familia y finalmente desapareció. Además, constreñidos por las limitaciones impuestas por los reglamentos gremiales los artesanos se estancaron y no se produjo un avance significativo. Como la producción de utensilios de uso cotidiano se llevaba a cabo en condiciones muy básicas, los objetos resultantes también eran bastante sencillos y no sufrieron ninguna alteración, adaptándose al gusto de las clases humildes; a finales de la dinastía Qing el uso de la impresión acortó los tiempos y aumentó la productividad, aunque los artesanos especializados en pintura vieron amenazadas sus fuentes de ingresos y se opusieron con violencia. Tales limitaciones hicieron que fuera muy complicado introducir innovaciones en los hornos comunes de Jingdezhen.

2. Contracción de los mercados

A finales de la dinastía Ming, y a pesar de la inestabilidad interna, los alfares comunes de Jingdezhen gozaron de un amplio mercado tanto interior como de ultramar para sus productos cerámicos, mientras que en las últimas décadas de la dinastía Qing dichos hornos se enfrentaron en cambio a una progresiva contracción de los mercados tanto dentro como fuera del país. A partir del siglo XVIII países europeos como Italia,

Francia, Alemania, Gran Bretaña o Austria comenzaron a imitar con éxito las porcelanas chinas; la industria cerámica japonesa, por su parte, llevaba casi dos siglos de experiencia y se había desarrollado considerablemente. Todo ello influyó de manera decisiva en la exportación de las porcelanas de los hornos comunes de Jingdezhen. Por otro lado, tras la Primera Guerra del Opio a mediados del siglo XIX los países extranjeros obtuvieron el privilegio de introducir sus mercancías con un único gravamen del 5%, y fueron exentos del *lijin* (impuesto de tránsito interno) que sí que tenían que pagar en cambio los productos nacionales, unas condiciones aberrantes que contribuyeron al incremento desmesurado de las importaciones. Llegados a ese extremo las porcelanas realizadas en Jingdezhen ya habían perdido una buena parte de la cuota de mercado internacional, aunque por lo que respecta al mercado interno gozaban todavía de un gran renombre y de casi mil años de evolución técnica y artística, por lo que era difícil que otros centros de producción les pudieran hacer sombra; ahora, sin embargo, la introducción masiva de ejemplares producidos en el extranjero –y especialmente japoneses– hizo que también se viera amenazada en el ámbito nacional. Es por ese motivo que la industria cerámica de Jingdezhen comenzó su decadencia, y de los doscientos o trescientos hornos comunes contabilizados en tiempos de los emperadores Yongzheng y Qianlong se pasó ahora a algo más de un centenar, reduciéndose asimismo drásticamente el número de operarios empleados en ellos.

3. Caída de la extracción en el yacimiento del monte Gaolin

El agotamiento de la industria de extracción de caolín en el monte Gaolin durante la etapa final de la dinastía Qing también fue una importante causa de la decadencia de la industria alfarera de Jingdezhen. En su investigación sobre la arcilla de caolín, el profesor Liu Xinyuan afirma que a partir del quincuagésimo noveno año del reinado de Qianlong no se registra en los documentos históricos una gran cantidad de materia prima extraída del monte Gaolin, y que aunque existen minas y acumulación de materiales en época contemporánea en el área en torno a la montaña la situación no puede compararse a la de finales de la dinastía Ming y comienzos de los Qing. Según queda patente en el cuarto volumen de los «Anales de Nankang» publicado durante el reinado del emperador Tongzhi, en el décimo noveno año del reinado de Daoguang (1839) la arcilla blanca del monte Lu, al noroeste de Jingdezhen, ya había sustituido el caolín del monte Gaolin en todo tipo de porcelanas elaboradas en los alfares de dicha área.

Ese caolín de Xingzi –por el nombre del distrito de que provenía– se encontraba a unos doscientos kilómetros de Jingdezhen, y tenía que ser transportado por agua a través del lago Poyang y a lo largo del río Chang hasta esta localidad, una distancia más de cuatro veces superior a la recorrida desde el monte Macang o el Gaolin; además, había que remontar el Chang a contracorriente, con las imaginables demoras en los plazos de entrega. El caolín de Xingzi adolecía de una baja tasa de extracción y debía ser transportado a larga distancia, con lo cual su precio era varias veces mayor que el de las arcillas extraídas en los montes Macang y Gaolin durante la dinastía Ming y principios de la dinastía Qing, y en consecuencia el capital necesario para la producción de porcelana era ahora mucho más elevado respecto a aquel período precedente. Además, como durante el proceso de lavado de la arcilla los restos diseminados obstruían los canales de irrigación perjudicando los campos y repercutiendo en los ingresos por los relativos impuestos, hasta el rigésimo año del reinado de Daoguang, las autoridades tuvieron que clausurar las minas en diversas ocasiones.

En resumidas cuentas, la industria cerámica de Jingdezhen de esta época se tuvo que enfrentar por una parte a las turbulencias sociales y políticas y la contracción de los mercados, y por otra al agotamiento de los recursos, lo que hizo que su producción sufriera un fuerte declive y la vida de los artesanos se viera afectada negativamente como consecuencia.

4.2. Porcelana de los reinados de Jiaqing, Daoguang y Xianfeng

Tras la muerte del emperador Qianlong subió al trono su sucesor Jiaqing, y en 1820 le llegó el turno a Daoguang, al cual sucedería su cuarto hijo Xianfeng en 1851. Estos tres emperadores tuvieron que hacer frente a una grave situación interna, y durante sus respectivos reinados la industria alfarera de Jingdezhen comenzó su ininterrumpida caída.

El fallecimiento de Qianlong fue la señal de la decadencia de los alfares imperiales de Beijing y Jingdezhen. Se desmontaron los talleres de porcelana que había en el interior de palacio, y se despidió a numerosas autoridades de los hornos oficiales de Jingdezhen por su corrupción. A diferencia de sus predecesores, el nuevo emperador Jiaqing no mostró ningún interés por la industria cerámica.

En los años 20 del siglo XIX el Río Amarillo se desbordó provocando una enorme inundación en toda la zona que anegó innumerables localidades y campos de cultivo. Asimismo, se interrumpió el tránsito a lo largo del Gran Canal de Hangzhou a Beijing, y en 1825 el transporte de grano a la capital tuvo que hacerse por primera vez por vía marítima.

El Gobierno de los Qing bajo el reinado de Jiaqing se mostró incapaz de dragar y habilitar ese gran cauce de comunicación interna, y cientos de miles de personas que dependían de él para el transporte de las mercancías perdieron su fuente de ingresos económicos.

El emperador Daoguang se opuso con firmeza a la introducción del opio en el país, lo que finalmente llevó al estallido de la Primera Guerra del Opio durante su reinado. En los diez años de mandato de su sucesor Xianfeng (1851-1861) se vivió un estado de turbulencia interna todavía mayor: a los pocos meses de subir al trono estalló la Rebelión Taiping, que se extendió por diversas provincias del centro del país y que el Gobierno de los Qing no tuvo fuerzas para frenar. Al mismo tiempo, se produjeron fricciones con el Reino Unido. En 1856 las autoridades del puerto de Cantón abordaron el *Arrow*, una nave sospechosa de piratería y contrabando, lo que sirvió como excusa a los británicos para atacar de nuevo dando comienzo a la Segunda Guerra del Opio, durante la cual las tropas británicas y francesas ocuparían por dos años la ciudad.

En 1853 los rebeldes de Taiping impusieron un tributo a los alfares de Jingdezhen, lo que tuvo una gran repercusión en su producción. En 1856 Li Hongzhang recuperó la ciudad al mando del ejército Qing, y posteriormente se reconstruyeron los hornos de toda el área, en especial los alfares imperiales. Un encargo de la casa imperial durante el reinado de Tongzhi se remonta al año 1864, lo cual probablemente quiere decir que en aquel momento dichos alfares imperiales habían retomado ya su funcionamiento. Según dejó escrito a finales de siglo Stephen W. Bushell, médico de la legación británica en Pekín y aficionado a la porcelana china, los hornos oficiales habrían sido reconstruidos en cambio en 1866. Aunque los estudiosos no se ponen de acuerdo en cuanto a la fecha exacta de recuperación de los alfares imperiales de Jingdezhen, sabemos al menos que la producción de porcelana de dicha área se vio interrumpida durante una década. Los artesanos de Cantón que pintaban y completaban las piezas de porcelana blanca que les llegaban de aquel lugar tuvieron que cerrar en consecuencia los hornos de baja temperatura en los que cocían sus ejemplares de pintura sobre esmalte.

Esta interrupción de la producción cerámica supone un punto de inflexión por lo que respecta a la decoración de la porcelana china de exportación. Los patrones ornamentales que aparecían en las piezas elaboradas con anterioridad a la Rebelión Taiping serán en cambio muy infrecuentes en los ejemplares realizados en Jingdezhen y pintados en Cantón tras la recuperación. Si bien en ocasiones los artesanos pintores de Cantón se inspiraron en modelos precedentes, hubo numerosos patrones ornamentales de nuevo cuño que sustituyeron los antiguos.

Bajo estas circunstancias, y por lo que se refiere a las variedades de porcelana, los hornos de Jingdezhen no produjeron otras nuevas tipologías que no hubieran aparecido ya en la anterior dinastía. Las principales, que ahora pasaremos a describir, fueron la porcelana *qinghua*, la *qinghua* de esmalte rojo, la porcelana de la "familia rosa" y la de cinco colores.

1. Porcelana *qinghua*

El estilo y modos de expresión de la porcelana *qinghua* de este período no presentan grandes cambios en comparación a la del reinado de Qianlong. La tonalidad de las piezas de la era Jiaqing es su mayor parte bastante estable, aunque en algunas de ellas se aprecia una cierta nebulosidad. La distribución de planos de la decoración es algo confusa, y el azul flota levemente sobre la superficie esmaltada. La porcelana *qinghua* de la primera etapa de la era Daoguang es parecida a la del reinado precedente, con un azul poco brillante pero elegante y atractivo y una tonalidad bastante estable sin manchas ni halos; en la etapa final hay piezas que presentan una tonalidad no suficientemente intensa, con cierta sensación nebulosa debido a la poca firmeza del cuerpo que provoca una escasa adherencia de la capa de esmalte. La porcelana *qinghua* de la era Xianfeng es similar a la de Jiaqing. Los ejemplares más refinados del reinado de Daoguang poseen una tonalidad brillante, y los de factura tosca tienen un color gris oscuro o azul claro, de aspecto poco estable y esmalte no muy suave y uniforme. Durante la etapa final de Xianfeng la tonalidad es más clara, y algo nebulosa, con matices rojo claro y rosa o marrón oscuro mate.

2. Porcelana *qinghua* de esmalte rojo

Las piezas de los hornos comunes de la era Jiaqing de esta tipología presentan un esmalte fino de color gris apagado, y el rojo no es tan brillante como en los ejemplares de la era Qianlong. La pintura azul *qinghua* tiene halo. Durante el reinado de Daoguang abundan los tazones con decoración de fénix, con una superficie esmaltada poco lisa y algo grumosa, de tonalidad pálida y no uniforme. Las piezas de la era Xianfeng son bastante voluminosas y gruesas, con una tonalidad generalmente clara hasta el punto de parecer casi ausente y un esmalte grumoso.

3. Porcelana de cinco colores

Desde el reinado de Qianlong son escasas las piezas de porcelana de cinco colores salidas de los hornos comunes, aunque hay algunas imitaciones de modelos de la era Kangxi, igualmente hermosas y delicadas (imagen 11-91).

4. Porcelana de la "familia rosa"

Las piezas de porcelana color rosado de los reinados de Jiaqing, Daoguang y Xianfeng son la variedad más importante de porcelana de alta calidad producida en los alfares comunes, del mismo modo que la porcelana *qinghua* es la principal variedad de factura tosca de dichos hornos. Antes del reinado de Jiaqing son frecuentes los jarrones, ollas, vasos o tazones con decoración profusa que cubre todo el fondo, una ornamentación conocida con el nombre de "brocado de diez mil flores". Son bastante escasas las piezas de color rosado sobre fondo blanco, ya que en general ese fondo es de otro color, y las pinturas son bastante estereotipadas. Aunque la producción de estas porcelanas de la "familia rosa" es bastante abundante, su variedad se reduce considerablemente. Durante la era Daoguang la tonalidad es bastante clara. Algunas de las piezas de mayor calidad llevan una inscripción relativa a un pabellón de palacio, como las ollas del "pabellón Shende", las vasijas en forma de linterna china, los tazones con tapadera, las vasijas en forma de petaca, los maceteros o las peceras del "pabellón Jingsi", y también

11-91 Jarrón de cerámica de cinco colores de Jingdezhen
Dinastía Qing (reinado de Daoguang)   Museo de Berkeley

hay ollas con decoración de mariposas o de la "familia rosa" de boca pequeña y decoración de flores de las cuatro estaciones con inscripción datada en el vigésimo séptimo año del reinado de Daoguang. Durante el reinado del emperador Xianfeng decaen tanto el número como la calidad de las porcelanas producidas en los hornos oficiales, aunque los alfares comunes siguen elaborando numerosas piezas de porcelana de la "familia rosa" de uso diario, sobre todo utensilios para comer o beber como teteras, bandejas o tazones. Las porcelanas de esmalte color verde acebo y decoración de color rosado realizadas a gran escala antes del reinado de Jiaqing son ahora bastante escasas. Durante este período todavía son frecuentes las ollas redondeadas con decoración de melones y mariposas, así como las bandejas y tazones. Las taraceas doradas de la etapa inicial de dicho reinado resultan muy destacables, con un cierto número de piezas de esmalte color rojo brillante, azul brillante, marrón, amarillo, verde melón o verde guisante. En aquel momento se

11-92 **Jarrón con orejas de porcelana rosada con decoración de dragón, fénix y peonías** Dinastía Qing (reinado de Jiaqing) Altura: 25'5 cm.; diámetro: 9 cm.; diámetro base: 9'4 cm. Museo de la Ciudad Prohibida (Beijing)

11-93 **Tazón grande de porcelana rosada sobre fondo blanco con decoración de "cien flores"** Dinastía Qing (reinado de Jiaqing) Altura: 9 cm.; diámetro boca: 23 cm.; diámetro apoyo: 10 cm. Museo de la Ciudad Prohibida (Beijing)

hacen muy populares las petacas entre los estratos más ilustrados, y abundan todo tipo de formas y colores.

Otras variedades de pintura sobre esmalte, como la de tres colores, la de pintura verde sobre fondo amarillo, la de pintura púrpura sobre fondo verde, la de azul brillante o color bermellón con motivos dorados, etc. se siguen elaborando entonces, aunque la factura de las piezas es cada vez más tosca y la decoración más burda. Las piezas de porcelana de esmalte azul brillante o bermellón con motivos dorados de la era Daoguang, sin embargo, son bastante refinadas (imágenes 11-92 y 11-93).

Las porcelanas de los hornos comunes de Jingdezhen del reinado de Jiaqing heredan *grosso modo* los modelos de la era Qianlong y no presentan grandes innovaciones, con formas, patrones ornamentales y colores casi idénticas a las de las correspondientes piezas de este período, aunque en términos generales y desde el punto de vista de las técnicas artísticas resultan inferiores a éstas, lo que resulta en una factura menos armoniosa y proporcionada. Durante el reinado de Daoguang las porcelanas carecen de refinamiento, y sus formas son bastante toscas, con un estilo que se aproxima mucho al de la era Xianfeng. La elaboración de las piezas en este último período es muy parecida a la de la era Daoguang, con una progresiva degradación estilística; ello resulta evidente, por ejemplo, en los jarrones de cuerpo globular cuyo cuello alargado se hace más corto y ancho, y que en algunos casos ya toman las formas características de las piezas en boga a finales de la dinastía. En este período se ponen de moda en los hornos comunes los juegos de porcelana de uso diario, como las bandejas compuestas de cinco, siete o nueve pequeñas piezas, los tazones o bandejas de número variable y formas diversas o los juegos de cajas de piel, laca o madera que los acompañaban. La mayor parte de las piezas salidas de los hornos comunes no poseen inscripciones, aunque hay también ejemplares con inscripciones en estilo cursivo. Los utensilios para comer son muy variados: bandejas, tazones, vasos, platos, ollas, sartenes, cucharas y cucharones… Las paredes pueden ser más o menos gruesas, y también hay diferencias en la factura de las piezas, más refinadas o burdas. Muchas de los ejemplares de mejor factura presentan un añadido plateado, y entre ellos destacan aquellos con decoración pintada. Las piezas con decoración esgrafiada a modo de brocado y las de esmalte verde oscuro se hacen más populares que durante la era Qianlong, y ejercerán una fuerte influencia en la producción de los hornos comunes de la fase final de la dinastía.

Las decoraciones de la era Jiaqing siguen en gran medida los modelos estilísticos del reinado de Qianlong, con un uso combinado del realismo y de una pincelada más libre y suelta, aunque en general prevalece un estilo contenido y una composición bastante rígida y estereotipada. Se continúan empleando métodos decorativos como la incisión, la impresión, el raspado, la perforación o el añadido, aunque el resultado no es tan acabado y exquisito como antaño. En las porcelanas de los hornos comunes de la era Daoguang aparecen a menudo flores, hierbas, insectos y mariposas o bien frutos y verduras, mientras la decoración conocida como "flores que atraviesan paredes" (motivos que se extienden por ambos lados de la vasija sin solución de continuidad) de moda durante el reinado de Yongzheng sigue siendo popular con Daoguang, aunque el contenido sufre una cierta alteración: antes abundaban los bambúes, las flores de melocotón y los dragones y fénix; ahora, en cambio, predominan las calabazas y los racimos de vid. Las representaciones antropomórficas reciben la influencia estilística de los artistas de la época, y aparecen principalmente caballeros y damas y niños jugando. Entre los ejemplares con figuras de personajes, los más característicos son los conocidos con el nombre de *wushuangpu*, por la colección homónima de estampas impresas (*Libro de los héroes sin par*) publicada a comienzos de la dinastía Qing en la que se inspira, con retratos de cuarenta héroes y heroínas de la historia de China desde la dinastía Han hasta los Song. Normalmente se seleccionan dos o cuatro personajes dispuestos simétricamente sobre la parte principal de la vasija, a la derecha de cada uno de los cuales aparece escrito su nombre y una breve biografía. Los diseños de carácter auspicioso o propiciatorio, por otra parte, ocupan un importante lugar en la producción de este período.

El cuerpo de las porcelanas salidas de los hornos comunes del reinado de Jiaqing es muy similar al de las de la era Qianlong, con formas muy regulares, y especialmente las piezas redondeadas se confunden a menudo con éstas. Durante el reinado de Daoguang hay ejemplares más o menos finos; los más gruesos suelen estar hechos a mano, con un espesor irregular y un aspecto bastante burdo, mientras que los de paredes finas son en general torneados, de pasta fina y blanca. Las bandejas y tazones de paredes finas de los alfares comunes tienen paredes muy finas y sueltas, que no emiten un sonido muy sólido al percutir sobre ellas. Los cuerpos de las piezas cerámicas durante el reinado de Xianfeng son parecidos a los de las de la era Daoguang, y en la fase final se hacen toscos y pesados. El borde de las bocas de las piezas hechas a mano es bastante grueso, mientras sus panzas son más finas y poco firmes; la textura de las piezas elaboradas a torno no es fina ni compacta.

El esmalte de las porcelanas de la primera etapa de la era Jiaqing conserva el lustre del de las del reinado de Qianlong, aunque se aprecian diferencias entre ambos períodos por lo que respecta a las piezas de menor tamaño, con una capa muy fina de matices verdes poco brillante y con frecuentes grumos, llamado por ello "esmalte ondulado", un fenómeno que será aún más evidente durante los reinados de Daoguang y Tongzhi. En la etapa inicial el color es blanco, y va adquiriendo matices verdosos hacia la última fase.

Durante el reinado de Jiaqing se hacen cada vez más frecuentes las porcelanas de los hornos comunes con inscripción de trazos apresurados, e incluso con sinogramas simplificados o demediados. Son extremadamente populares entonces los ejemplares con la inscripción alusiva al pabellón Shende en el antiguo Palacio de Verano mencionada más arriba. En cuanto al nivel artístico, se trata de piezas de factura exquisita. Las inscripciones de la era Tongzhi van abandonando la caligrafía de sellos para adoptar el uso de la regular, con un movimiento de pincel similar al de la inscripción relativa al "pabellón Tuisi" producida durante los reinados de Daoguang y Xianfeng. Hay también ciertas piezas de imitación cuyas inscripciones poco fluidas no poseen el vigor y la belleza de los originales.

El pabellón Shende era el lugar de lectura del emperador Daoguang, y más tarde se convirtió en la oficina en la que se ocupaba de los asuntos de gobierno, y por lo tanto las porcelanas de este período con la inscripción roja "Hecho en el Pabellón Shende" eran piezas destinadas a uso imperial. Según los archivos de época Qing, las porcelanas con dicha inscripción eran piezas salidas de los alfares oficiales. Se trata de ejemplares de refinada factura, hasta el punto de ser las obras de mayor nivel artístico de la época. Aparte de paisajes, personajes o niños jugando, también eran muy numerosas en estas vasijas las composiciones florales. En su guía sobre antigüedades, Zhao Ruzhen dice que el emperador Daoguang llevaba una vida muy austera, y que ya desde el comienzo de su reinado redujo drásticamente el presupuesto de palacio destinado a objetos suntuosos, incluidas las porcelanas, que eran bastante simples; sólo abundaban en sus aposentos las piezas con decoración de plantas e insectos, y no había otras tipologías ni ejemplares de gran calidad. Durante la era Daoguang estaban muy en boga los utensilios para té, y aparecieron en gran cantidad todo tipo de tazones, teteras, bandejas, soportes, etc., aunque de todos los ejemplares de esta clase con inscripción alusiva al pabellón Shende conservados en la Ciudad Prohibida sólo pueden verse actualmente los tazones, y la mayoría son de la "familia rosada". Ello probablemente sea debido a que el pabellón Shende se encontraba dentro del antiguo Palacio de Verano, que fue destruido por los ejércitos británicos y franceses en 1860, por lo que la mayor parte de de los objetos empleados allí se perdieron tras su abandono; en el palacio quedaron sólo una pequeña cantidad de restos. Como los tazones eran de factura particularmente elaborada, no fueron sólo muy apreciados por el propio Daoguang sino también por sus sucesores Xianfeng, Tongzhi, Guangxu y Xuantong. Con posterioridad fueron muy imitados, y aparecieron repetidamente copias con la inscripción "Hecho en el Pabellón Shende". La grafía de las inscripciones de las imitaciones de la era Guangxu, la mayoría de color rojo con matices negruzcos, es poco vigorosa. La tonalidad de las decoraciones se asemeja a la de los reinados de Daoguang y Xianfeng, aunque las pinceladas son suaves y delicadas, con un estilo intermitente y una distribución asimétrica de los motivos en la que aparecen espacios vacíos (imagen 11-94).

Normalmente las piezas salidas de los hornos oficiales de la era Daoguang llevan la inscripción en azul *qinghua* "Hecho en el reinado del emperador Daoguang de Qing" de seis caracteres de grafía de sello repartidos en tres líneas, aunque también hay inscripciones en bermellón o dorado. Las piezas de esmalte Jun o de color "polvo de té" presentan también inscripciones de seis sinogramas, mientras que las piezas de porcelana de la "familia rosada" llevan en cambio una inscripción de cuatro caracteres ("Hecho en el reinado del emperador

94	96
95	

11-94 Tazón con tapadera de porcelana rosada con decoración de hongos y narcisos Dinastía Qing (reinado de Daoguang) Altura: 8'2 cm.; diámetro boca: 10'7 cm.; diámetro apoyo: 4'6 cm. Museo de la Ciudad Prohibida (Beijing)

11-95 Tazón con tapadera de porcelana rosada con decoración de ramajes y ciruelos Dinastía Qing (reinado de Daoguang) Altura: 10 cm.; diámetro boca: 11'5 cm.; diámetro apoyo: 4'7 cm. Museo de la Ciudad Prohibida (Beijing)

11-96 Tazón de porcelana rosada y *qinghua* con decoración de bambúes y narcisos Dinastía Qing (reinado de Daoguang) Altura: 6'7 cm.; diámetro boca: 14'2 cm.; diámetro apoyo: 14'3 cm. Museo de la Ciudad Prohibida (Beijing)

Daoguang") de grafía de sello en color dorado sobre fondo rojo. Las piezas elaboradas durante dicho reinado con inscripciones alusivas a otros lugares de palacio como el "pabellón Tuisi" o "la morada del barranco del bambú" –y por tanto realizados para uso exclusivo de la casa imperial– son en su mayoría obras de gran exquisitez (imágenes 11-95 y 11-96).

En el undécimo año de reinado del emperador Xianfeng el país se encontraba en una situación muy precaria, con un Gobierno corrupto, una economía en crisis y un pueblo en condiciones de vida miserables. La Rebelión Taiping, que tenía como objetivo derrocar la dinastía reinante, vivió durante dicho reinado sus momentos de mayor plenitud, haciendo tambalear la autoridad de los Qing y amenazando gravemente su propia supervivencia. El Gobierno central tuvo que acaparar todos los recursos económicos y militares para hacer frente a la insurrección, lo que evidentemente repercutió en la producción de porcelana destinada a uso y disfrute de la casa imperial. Durante los primeros años del reinado de Xianfeng todavía se elaboró un número limitado de porcelana de uso imperial y piezas sacrificiales, pero la producción se interrumpió a partir del quinto año. A eso se añade el hecho de que el área de Jiangnan, al sur del curso inferior del río Yangtsé, se encontraba en la zona de colisión entre el ejército de los Qing y los rebeldes del Reino Celestial de la Gran Paz, lo que repercutió directamente en el desarrollo de la industria alfarera de Jingdezhen, cuya producción se desplomó de la misma manera que lo hizo su nivel artístico. Los hornos comunes no fueron una excepción.

Entre el tercer y el cuarto año del reinado de Xianfeng, los alfares imperiales de Jingdezhen recuperaron las variedades tradicionales, como las imitaciones de Jun, los jarrones cuadrangulares de imitación de esmalte oficial con dos orejas tubulares, las jarras cuadrangulares de imitación de esmalte Ge con decoración de ocho trigramas taoístas, las jarras con esmalte azul pálido y orejas en forma de cabeza de elefante, los jarrones *qinghua* en forma de pera con boca acampanada y decoración a base de líneas horizontales o de pinos, bambúes y ciruelos, los jarrones en forma de pera con boca acampanada de esmalte rojo brillante, etc. Además de un número limitado de piezas hechas a mano, se elaboraron cuarenta y dos tipos de vasijas a torno. La cantidad de piezas de cada tipología es variable, desde un máximo de doscientas y pico a un mínimo de doce; en total se produjeron algo más de dos mil cien ejemplares. La producción de porcelanas durante el reinado de Xianfeng fue muy limitada, y el número piezas conservadas en la Ciudad Prohibida es mucho menor respecto a otros períodos. Esa restringida producción fue además ulteriormente diezmada tras el saqueo y destrucción del antiguo Palacio de Verano por las tropas inglesas y francesas, y muchas otras piezas se diseminaron entre la población, por lo que los ejemplares conservados hasta la actualidad son extremadamente raros.

Las porcelanas de la era Xianfeng y las de Daoguang tienen muchos puntos en común, y en ambos casos la factura de las piezas tiende a ser bastante burda. La pasta es fina y lúcida –de un estilo semejante también al del reinado de Jiaqing–, tosca y suelta, de cuerpo generalmente más grueso y pesado que anteriormente. El esmalte es blanco, de espesor irregular; el de capa más fina presenta una tonalidad más pálida y una superficie no lo bastante brillante ni suave, con minúsculos hoyuelos que dan un efecto de "piel de naranja",

11-97 Tazón de porcelana rosada sobre fondo amarillo y decoración esgrafiada con paneles ("antigüedades") Dinastía Qing (reinado de Xianfeng) Altura: 7 cm.; diámetro boca: 17'5 cm.; diámetro apoyo: 6'5 cm. Museo de la Ciudad Prohibida (Beijing)

11-98 Tazón de porcelana rosada con representación de los "dieciocho *luohan*" Dinastía Qing (reinado de Xianfeng) Altura: 7 cm.; diámetro boca: 17'3 cm.; diámetro apoyo: 6'4 cm. Museo de la Ciudad Prohibida (Beijing)

mientras que el de capa gruesa se parece mucho al "esmalte ondulado" con grumos de la era Daoguang. Todas estas características están presentes tanto en la producción del reinado de Daoguang como en la de Xianfeng, y acabaron convirtiéndose en fenómenos muy difundidos en la fase final de la dinastía Qing. La mayor parte de las inscripciones datadas de las vasijas salidas de los alfares oficiales y comunes de la era Xianfeng están hechas en azul *qinghua* o en rojo, la grafía es principalmente regular y no aparece inscrita dentro de un cartucho. Los seis caracteres repartidos en dos líneas de las inscripciones ("Hecho en el reinado de Xianfeng de Qing") son muy regulares; la grafía de sello es mucho menos frecuente. La mayoría de las piezas salidas de los hornos comunes no llevan ningún tipo de inscripción (imágenes 11-97 y 11-98).

4.3. Declive de Jingdezhen tras el reinado de Tongzhi

Llegados a la última fase de la dinastía Qing, a mediados del siglo XIX, China había tenido que hacer frente ya a dos Guerras del Opio, tras las que se vio obligada a firmar una serie de tratados desiguales con las potencias imperialistas (el Tratado de Nankín, el Tratado de Tianjin y la Primera Convención de Pekín) en virtud de los cuales estas últimas pudieron comerciar con China a través de sus principales puertos (Cantón, Fuzhou, Amoy, Ningbo, Shanghai...) en condiciones muy ventajosas, introduciendo sus propios productos en cantidades masivas en el mercado nacional. Ello degeneró eventualmente en un control directo por parte de los invasores extranjeros y una merma de la autoridad central de los Qing, y a partir de entonces la sociedad china se vio abocada a un estado semifeudal y semicolonial mientras la industria artesanal popular embocaba la senda del declive.

A los hornos comunes de Jingdezhen también les resultó difícil evitar esta coyuntura crítica. Como ya hemos afirmado anteriormente, durante los reinados de Daoguang y Xianfeng dichos alfares tuvieron que hacer frente a la contracción de los mercados del exterior aunque todavía producían una gran cantidad de porcelanas de uso cotidiano destinadas al consumo interno, mientras que desde el reinado del emperador Tongzhi no pudieron siquiera mantener ese mercado nacional en recesión. Las causas son:

1. La competencia de las porcelanas foráneas

Llegados a este período Europa ya había aprendido a elaborar objetos de porcelana, y no tardó en introducir la producción mecanizada, por lo que no sólo no necesitaba ya viajar hasta China para adquirir porcelana sino que incluso convirtió a este país en un gran mercado para sus propios productos, aprovechándose de su fuerza militar y de los privilegios conseguidos mediante los tratados desiguales para inundarlo de artículos europeos y asestando así un duro golpe a la economía nacional. Aparte del impuesto de importación aplicado en las aduanas, estos artículos llegados a China sólo tenían que pagar una tasa del 2,5% que sustituía todos los demás gravámenes y peajes de tránsito locales existentes en el interior del país, como el ya mencionado *lijin*. De este modo, los productos foráneos –incluidos también los japoneses y norteamericanos– pudieron circular sin trabas por todo el país, alcanzando cada rincón sin necesidad de pagar ulteriores tasas. Las potencias extranjeras también obligaron al Gobierno Qing a aceptar que sus mercaderes pudieran vender libremente sus productos amparándose en sus prerrogativas, evitando así cualquier otro impuesto o tasa particular; ello facilitó el tránsito interno de esos artículos foráneos, y las aduanas chinas perdieron esa función de protección de la producción agrícola y artesanal nacionales que habían cumplido hasta entonces, lo que repercutió en el desarrollo la industria china. Las consecuencias sufridas por la industria cerámica de Jingdezhen, en cualquier caso, no fueron tan desastrosas como en otros sectores de la economía del país, ya que la abundancia de materia prima para la alfarería y el bajo coste de la mano de obra otorgaron a aquella una mayor capacidad de resistencia, y al menos hasta la Primera guerra sino-japonesa de 1894-1895 sus pérdidas no fueron muy graves. Tras la guerra y la firma del Tratado de Shimonoseki, las potencias imperialistas obtuvieron el permiso para abrir factorías en territorio chino aprovechándose de sus recursos naturales y de los bajos costos laborales y estableciendo firmas comerciales de corte capitalista, lo que dio el golpe de gracia a la industria china de la porcelana. La porcelana producida en esas fábricas mecanizadas controladas por las potencias extranjeras ofrecía unos precios muy competitivos y estaba además libre de trabas tributarias. Sus artículos cerámicos entraron en masa en todos los lugares ocupando el mercado interno, y entablaron una fiera competencia con las porcelanas de Jingdezhen. En su libro *Registro de la industria cerámica de Jingdezhen*, Xiang Zhuo afirma:

> *"En los últimos tiempos la sociedad se ha ido abriendo y está fascinada por los objetos llegados de fuera. Hay muchos lugares donde pueden adquirirse estos productos, como Beijing, Tianjin, Shanghai, Wuhan y algunos otros puertos comerciales. Por ejemplo, casi todos los utensilios de comida, las tazas de té u otras vasijas empleadas en las teterías son de proveniencia extranjera, e incluso en los lugares más remotos los dueños de pequeños locales utilizan también productos importados, por lo que puede verse cómo dichos productos se han popularizado entre nosotros convirtiéndose en comunes utensilios de uso diario"*

La porcelana industrial producida por los extranjeros era realizada de modo mecánico, con unos costos muy bajos y una elevada rentabilidad, y se valían de los recursos y la mano de obra locales para elaborar piezas con las que la porcelana nacional no podía competir. Ésta es una de las principales razones por las que la industria alfarera de Jingdezhen de aquel período se vio en dificultades.

2. Un sistema tributario de porcelanas no equitativo

Otra de las causas que contribuyeron a la decadencia de la industria cerámica de Jingdezhen fue la relajación del sistema tributario. Al mismo tiempo que ejercía su presión mediante la introducción forzada de sus mercancías y sus capitales, el capitalismo llegado del exterior impulsó en China un sistema político y económico que convirtió el Gobierno de los Qing en una autoridad semifeudal sometida a los designios del capital extranjero. Este Gobierno pusilánime fue concediendo a los productos extranjeros una serie de privilegios que se difundieron por todo el país inundando sus mercados y desplazando los artículos locales, a la vez que contribuía a desintegrar la unidad comercial del país haciendo que dichos artículos nacionales tuvieran que someterse a los sucesivos impuestos de tránsito. Por supuesto, semejante miscelánea de gravámenes exorbitados guarda una estrecha relación con la tormentosa situación de crisis interna y externa en la que se vio atrapado el régimen semifeudal de la época, una coyuntura de la que tampoco pudo escapar la industria alfarera de Jingdezhen. En el libro arriba mencionado se describe la presión fiscal a la que fueron sometidas sus porcelanas. Nada más salir de la localidad de origen, las mercancías eran ya gravadas, y también en los límites del distrito y a través de toda la provincia. Eso por lo que respecta a Jiangxi; si después se transportaban a provincias como Hunan o Sichuan también se debían ir abonando los respectivos impuestos locales, que variaban según las ciudades (alrededor del 10% y hasta el 12%). Además, en cada lugar había que esperar medio día o incluso un día entero, y no se podía acelerar el proceso. El traslado de las porcelanas a través del país no resultaba fácil, y las sucesivas tasas casi acababan doblando el costo inicial del producto.

3. **Las miserables condiciones de trabajo y el ínfimo sueldo de los artesanos**

Bajo la doble acometida del imperialismo y el feudalismo, la industria cerámica de Jingdezhen recibió una fuerte presión. La vida de los artesanos alfareros era de una extrema miseria, con una larga jornada laboral, unas condiciones de trabajo execrables y un salario de hambre. Por lo que se refiere al horario laboral, según los testimonios escritos "de primavera a otoño comenzaba a las seis de la mañana y se prolongaba hasta las cinco de la tarde, y por la noche hasta las diez. De otoño a primavera iniciaba a las siete de la mañana y duraba hasta las seis de la tarde, y por la noche hasta las once. Entre primavera y otoño era posible reposar después del mediodía, pero sólo los que elaboraban y pintaban las vasijas; aquellos que trabajaban en los hornos no tenían descanso ni por el día ni por la noche mientras no fueran sustituidos por otro turno. Con el Año Nuevo había descanso, y también durante el Festival del bote del dragón, el Festival de los fantasmas hambrientos, y el Festival del medio otoño, pero fuera de estas ocasiones no había días libres". La jornada de trabajo se prolongaba pues durante más de diez horas, y no existía descanso dominical. Las condiciones de trabajo también eran extremas: en los talleres de pintura "se hacinaban varias decenas de artesanos, iluminados por lámparas de keroseno con pantallas de hojalata. La respiración de los trabajadores y el humo negro de las lámparas llenaban la habitación de un aire denso y oscuro hasta hacer casi indistinguibles las figuras, lo cual no sólo dañaba los ojos sino también los pulmones". En otro lugar se dice que "los artesanos alfareros pasaban mucho tiempo en contacto con el plomo, como en el caso de los que usaban los pinceles, soplaban o bruñían los colores. No importa si era rosado o 'color extranjer': todos tenían plomo en su composición. No se manejaba con el debido cuidado, y era fácil que acabara absorbido por los órganos internos y envenenara la sangre. Así, día tras días, los trabajadores estaban cada vez más macilentos y débiles, hasta enfermar. Por este motivo, los alfareros de Jingdezhen fallecían antes de llegar a viejos". Aparte de esas execrables condiciones de trabajo, la mayoría de los trabajadores estaban mal alimentados, con lo cual contraían fácilmente numerosas enfermedades. Los que se ocupaban de avivar el fuego en los hornos eran los que sufrían las condiciones más penosas, sobre todo a partir del segundo día, durante la cocción de las piezas, cuando no podían descansar un solo minuto para poder controlar atentamente el proceso; si les vencía el cansancio y se dormían, las porcelanas podían verse afectadas en su calidad. Además, estos trabajadores estaban sometidos con frecuencia a altas temperaturas –no mucho después de apagado el fuego debían entrar en el horno–, por lo que se trataba de un oficio extremadamente duro en el que era corriente contraer tuberculosis pulmonar y que por ello poca gente estaba dispuesta a aprender.

Bajo esas terribles circunstancias, la creatividad de los alfareros allí empleados sufrió enormes limitaciones, e incluso muchos de los artesanos de los hornos comunes de Jing-dezhen rebajaron los estándares de trabajo. La ya citada obra sobre estándares cerámicos de época Qing comparaba con cierta nostalgia la situación coetánea con el glorioso pasado, mostrando de manera concreta cómo había embocado la industria alfarera de Jingdezhen la senda del declive. Según su autor, las porcelanas de entonces no podían compararse con las del pasado por una serie de complejos motivos, como la calidad de la arcilla utilizada antaño, la delicadeza de su elaboración, la lucidez y suavidad de su superficie esmaltada, el brillo de sus colores, su profundo regusto antiguo, la viveza y elegancia de sus representa-ciones pintadas o el extremo cuidado en la cocción, y resumía en una frase su opinión sobre la producción coetánea: "Elaboración deficiente y calidad defectuosa".

4.4. Porcelana de los reinados de Tongzhi, Guangxu y Xuantong

Debido por una parte al caos y la interrupción de la producción provocados por la Rebelión Taiping y por otra al estado semicolonial de la sociedad china, durante la última etapa de la dinastía Qing la industria artesanal popular entró en progresivo declive. En cuanto a los alfares imperiales, su producción se redujo aún más respecto al período anterior, además de sufrir también un retroceso en su calidad artística. Podemos hacernos una idea de la situación de la producción de porcelana de la época gracias al memorial elaborado por el entonces gobernador de la provincia de Jiangxi, Liu Kunyi, en el que se afirma que "en ese período [reinado de Tongzhi] los alfares oficiales quedaron destruidos por los disturbios, y los artesanos no sabían adónde ir; los trabajadores actuales han aprendido nuevas técnicas, y las antiguas en su mayoría se han perdido".

En estas circunstancias, los alfares de Jingdezhen no se asemejaban a aquellos que durante la etapa intermedia de la dinastía Qing producían grandes cantidades de objetos de lujo y piezas decorativas. Ahora los hornos oficiales se ocupaban de elaborar en su mayor parte un cierto número de ejemplares destinados a todo tipo de banquetes y celebraciones de la corte imperial, y los hornos comunes producían principalmente utensilios de uso cotidiano.

Debido a ese declive en el nivel técnico, los cuerpos de las piezas elaboradas ahora se hacen más gruesos y pesados que durante el reinado de Xianfeng, con una pasta más suelta de color blanco rosado o con matices grisáceos y un esmalte de calidad más burda que anteriormente. Las decoraciones pintadas poseen un profundo contenido, un estilo que caracterizará la ornamentación de las piezas producidas durante los reinados de Tongzhi, Guangxu y Xuantong. Las piezas salidas de los hornos oficiales y los artículos de seda de ese mismo período llevan los caracteres auspiciosos 福 ("fortuna"), 禄 ("prosperidad"), 寿 ("longevidad") y 喜 ("felicidad") como principal motivo decorativo.

En el séptimo año de reinado de Tongzhi el gobernador de Jiangxi envió a palacio 120 remesas de porcelana, por un total de 7.294 piezas, como objetos ceremoniales para el matrimonio del emperador. La gran mayoría eran vasijas de esmalte amarillo y decoración rosada, y entre el contenido hay numerosos motivos de buen augurio, como la inscripción "Larga vida sin fin", las flores de la longevidad, el doble sinograma 喜 en color dorado, las "cien mariposas", el sinograma 喜 de color rojo, el sinograma 寿, la inscripción "Larga vida y larga fortuna", el sinograma 喜 en color dorado sobre fondo rojo, etc. Según los inventarios de palacio, esas piezas se clasificaban en diez grupos, y cada unidad en veinticuatro tipos, hasta alcanzar un total de 672 unidades. Entre ellas había sobre todo utensilios para comer y beber, como tazones, bandejas y platos de todos los tamaños, tazones soperos, tazones para vino de arroz o vasos para libación; hay una colección de 148 piezas que constituye un conjunto clásico de ejemplares de estilo chino de finales de la dinastía Qing salidos de los hornos oficiales. Al mismo tiempo, hay entre los juegos cerámicos tazones con tapadera, tazas de té, polveras, cajas de cosméticos, maceteros... Estos conjuntos de utensilios de comida compuestos de elementos de diversa forma son generalmente clasificados como "ajuar de matrimonio imperial", y el número total no es muy elevado; algunos de ellos acabaron diseminados entre la población común.

En el noveno año del reinado de Tongzhi los alfares imperiales produjeron exclusivamente para el Pabellón de la Armonía del Estado (el lugar donde la emperatriz Cixi solía tomar sus comidas mientras estuvo alojada en el Palacio de la Elegancia Acumulada) cien grandes peceras y alrededor de diez mil utensilios domésticos, todos con la inscripción "Hecho en el Pabellón de la Armonía del Estado". La extrema delicadeza del cuerpo, el esmalte y la decoración de las piezas las asemejan a los famosos ejemplares de la era Daoguang con la inscripción "Hecho en el Pabellón Shende". Además de las mencionadas peceras, también hay vasijas en forma de linterna china, todo tipo de maceteros, etc., muchos de ellos con decoración floral de color rosado sobre fondo amarillo o verde oscuro; también hay piezas con nubes y dragones en azul *qinghua* y bambúes, orquídeas, ciruelos y crisantemos o flores de color negro. Algunos de los ejemplares más grandes presentan decoración en cinco colores más color rosado o de color rosado sobre esmalte azul. Las piezas de esmalte amarillo con flores de las cuatro estaciones incisas y las de decoración floral de color negro tienen un cuerpo bastante grueso y pesado. Son numerosas las imitaciones de estas piezas con inscripción "Hecho en el Pabellón de la Armonía del Estado" de porcelana de la "familia rosada" realizadas durante la República de China (imagen 11-99).

Además de los objetos destinados al matrimonio y demás ceremonias de la corte imperial y esa pequeña cantidad de objetos de carácter decorativo, las porcelanas salidas de los hornos oficiales de Jingdezhen durante el reinado de Tongzhi también incluyen un reducido número de obras de gran calidad artística. Las piezas producidas en los hornos comunes, en cambio, son abundantes pero en su mayor parte de un nivel técnico bastante precario.

11-99 Macetero de boca en forma de flor de porcelana rosada sobre fondo amarillo con decoración de paisaje, melocotoneros y murciélagos en pigmento azul Dinastía Qing (reinado de Tongzhi) Altura: 20 cm.; diámetro boca: 31 cm.; diámetro base: 19 cm. Museo de la Ciudad Prohibida (Beijing)

Aun así, a comienzos de los años 20 del siglo XIX surgieron en los alfares comunes una serie de ejemplares de exquisita factura en imitación de las obras antiguas y otras piezas de porcelana artística, aunque no eran la producción prevaleciente.

Seguidamente pasamos a presentar las principales variedades de este período:

1. Porcelana *qinghua*

Las porcelanas *qinghua* de los reinados de Tongzhi y Guangxu poseen tonalidades características de la etapa final de los Qing, y un color muy fresco y vivaz; algunas de ellas presentan matices marrón oscuro o púrpura brillante. Como la tonalidad en aquel período es bastante inestable, algunos de los diseños no son suficientemente nítidos, con líneas de contorno borrosas y pincelada rígida y mediocre. A pesar de ello, no son escasas tampoco las piezas de delicada factura, de hábil trazo y exquisita expresividad, con un gran cuidado en los colores y una clara diferenciación entre zonas de mayor o menor intensidad; tanto los paisajes como los personajes representados resultan así de una notable vivacidad. Durante el reinado de Guangxu son muchas las imitaciones de porcelanas *qinghua* de la era Kangxi, de factura tosca e inscripciones sumarias. También hay piezas de porcelana *qinghua* con un tipo de esmalte blanco pastoso, con decoración azul *qinghua* de tonalidad bastante inestable. La tonalidad de las piezas de porcelana *qinghua* de los hornos comunes de la era Xuantong supera en lucidez a las de Tongzhi y Guangxu, como en el caso de los tazones con decoración de pinos, bambúes y ciruelos o de bestias fantásticas. En cuanto a las variedades morfológicas, hay jarrones de cuerpo globular, cuello corto o largo y boca acampanada, ollas con tapadera, tazones de gran tamaño, vasos, bandejas, etc.

2. Porcelana de esmalte color rojo

Dado que no se dominaba del todo el uso del pigmento rojo cobrizo, muchas de las piezas de porcelana de esmalte rojo de la era Tongzhi presentan una tonalidad bastante pálida, y ya apenas se recurre a la decoración sobre grandes superficies. La tonalidad de los ejemplares de esta tipología realizados durante el reinado de Guangxu difiere: algunos son de un tono morado oscuro, y otros son en cambio mucho más claras. Son numerosas las muestras de porcelana de esmalte rojo y porcelana *qinghua* de esmalte rojo de los hornos comunes; además de los jarrones de gran tamaño y las vasijas tipo *zun*, también hay abundantes ejemplares de petacas.

3. Porcelana de cinco colores

Debido a la demanda del mercado de antigüedades, los hornos comunes produjeron un tipo de porcelana de cinco colores que imitaba la de la era Kangxi, aunque la tonalidad

11-100 Jarrón florero de porcelana de cinco colores con paisaje de los hornos de Jingdezhen Dinastía Qing (reinado de Guangxu) Altura: 47 cm.; diámetro parte superior: 12'2 cm.; diámetro parte inferior: 12 cm. Rijksmuseum de Ámsterdam

de las piezas más grandes es demasiado oscura, la capa es muy densa y le falta brillo, además de presentar una decoración bastante burda. En términos comparativos, las imitaciones de la era Guangxu eran de mayor calidad que las de Tongzhi. Las copias de porcelana de cinco colores de la era Kangxi podían ser de fondo blanco con pintura de colores o azul *qinghua*. El rojo, el amarillo y el verde de las de fondo blanco y cinco colores eran bastante brillantes; la superficie de color rojo es bastante seca, a veces fina y otras veces más espesa y oscura. Las imitaciones de las piezas de Kangxi de cinco colores con decoración *qinghua* son de un azul bastante brillante, con escasa gradación cromática y una distribución muy simple. Los jarrones, ollas, bandejas, tazones, etc. de porcelana *qinghua* y de cinco colores de imitación presentan en su mayor parte un cuerpo y esmalte bastante sueltos y un color azul pálido e inestable; algunas de ellas copian también las inscripciones relativas al reinado de Kangxi o de diversos emperadores de la dinastía Ming, aunque los caracteres están escritos de manera muy apresurada y esquemática. En las piezas de inferior calidad de los hornos comunes la imitación es de pobre ejecución, por lo que resultan fáciles de reconocer. También las hay de factura más delicada, como el jarrón florero de porcelana de cinco colores de imitación de la era Kangxi elaborado durante el reinado de Guangxu que aparece en la imagen 11-100. La parte inferior del cuerpo de la vasija, de gran altura, retrocede ligeramente, la boca es completamente rectilínea y sobresale respecto al cuello. El esmalte presenta matices amarillentos, y está decorado con el método de los cinco colores. Sobre su amplia superficie se extiende sin solución de continuidad un extenso paisaje en el que se pueden ver pinos, bambúes, cascadas, un puente, un pabellón con un grupo de personajes celebrando un banquete...; sobre las aguas del río navega un barco en el que también se distinguen algunas figuras. En el cuello de la vasija hay otro paisaje de estilo semejante, y sobre los hombros aparecen cuatro pequeños paneles en forma de nube lobulada en cuyo interior hay pintados crisantemos y flores de ciruelo. Entre los hombros y el cuerpo principal se extiende una estrecha banda con más motivos de nube lobulada entrelazados, y en la parte inferior hay una decoración de líneas verticales paralelas de color verde.

Aunque estas porcelanas de cinco colores se esfuerzan por imitar los modelos de la era Kangxi con su exquisita decoración, lo cierto es que son muy diferentes a estos, y resulta fácil distinguirlas de los originales, ya que las pinturas son bastante rígidas y poco vigorosas, y además carecen de creatividad. En cualquier caso, y como pieza perteneciente a la etapa final de la dinastía, hay que reconocer el valor artístico de dicho jarrón, ya que su ornamentación no sólo se limita a imitar modelos anteriores sino que posee sus propias características.

4. Porcelana de la "familia rosa"

La porcelana de color rosado de la era Tongzhi destaca entre todas las variedades de colores de finales de la dinastía Qing. Tras las guerras del opio, los artesanos chinos se dieron cuenta de que la porcelana *qinghua* elaborada en los hornos de Jingdezhen ya no podía competir con la que se producía de manera industrial en los talleres europeos, por lo que concentraron sus esfuerzos en realizar porcelanas con decoración pintada sobre esmalte, entre las que sobresalió por su popularidad la porcelana de color rosado. El pigmento tenía un alto contenido rosa, y se aplicaba una capa bastante espesa, con frecuencia sobre fondo amarillo; también se utilizaba para los motivos un tipo de azurita brillante. Como ahora ya no se añade blanco vítreo, el color rosado ya no luce como antes y presenta matices oscuros. Entre la producción de porcelana de color rosado de los alfares oficiales también hay piezas con pintura en bajorrelieve, y muchas de ellas usan abundantemente el azul. En cuanto a los motivos decorativos más frecuentes, hay escenas de "cien niños", niños jugando, murciélagos de la longevidad, dobles caracteres 喜 ("felicidad"), "cien mariposas", urracas y ciruelos, *kui* (monstruos legendarios de una sola pata) y fénix, flores y ramajes, cartuchos con la inscripción "Larga vida sin fin", etc. Las principales variedades tipológicas son las jarras rectangulares con orejas cilíndricas, los jarrones de cuerpo globular y cuello corto acampanado o cuello rectilíneo, los tazones, las teteras, los utensilios para comer y beber, las ollas... La porcelana color rosado de la etapa final de los Qing posee un estilo diferenciado respecto a la producción del período inicial de la dinastía, con fuertes contrastes y gradaciones cromáticas, aunque al no añadir ese esmalte vítreo de color blanco la superficie se presenta oscura y sin brillo. El uso frecuente de decoración pintada sobre un fondo de color resulta característico de la porcelana de la era Tongzhi: o se pinta en verde azulado o rosado sobre fondo amarillo claro o bien se

11-101 Macetero rectangular de porcelana rosada sobre fondo amarillo con decoración de lotos Dinastía Qing (reinado de Tongzhi)   Altura: 19 cm.; diámetro boca: 29 x 28 cm.; diámetro apoyo: 26 x 26 cm.

101	103
102	104

11-102 Bandeja para comida de porcelana rosada (pieza de lote) Dinastía Qing (reinado de Tongzhi)   Museo de Arte de Berkeley

11-103 Tazón para comida de porcelana rosada (pieza de lote) Dinastía Qing (reinado de Tongzhi)   Museo de Arte de Berkeley

11-104 Bandeja para comida de porcelana rosada Dinastía Qing (reinado de Tongzhi)   Longitud: 37'2 cm.; anchura: 29'2 cm.

decora con motivos de color rojo sobre fondo verde claro o morado claro (imagen 11-101). En este período sigue exportándose un buen número de piezas de porcelana de la "familia rosa". En el Museo de Arte de Berkeley se exhiben dos ejemplares del reinado de Tongzhi (imágenes 11-102 y 11-103). Como se querían rebajar los costes y aumentar la productividad, las porcelanas de color rosado de esta época presentan una decoración muy compleja pero poco meticulosa en los detalles. La bandeja para comer de gran tamaño con decoración de rosas de la imagen 11-104, por ejemplo, es una obra de los hornos comunes exportada a Estados Unidos que posee rasgos característicos de una producción a gran escala; su rico y profuso uso de los colores resulta de un gran impacto visual.

La tonalidad de las porcelanas de color rosado de los hornos comunes de la era Guangxu es bastante clara y poco brillante, aunque se trata de piezas de buena factura con un alto nivel artístico. Los utensilios de comida con inscripción propiciatoria son creaciones nuevas de esta época. Las vasijas de mayor tamaño más populares son los jarrones de cuerpo globular con cuello corto acampanado o rectilíneo, las vasijas tipo *zun* con dragones y fénix y las jarras en forma de mortero. En la etapa final del reinado de Guangxu se usan con frecuencia pigmentos con bajo contenido en rosa, lo que da como resultado capas de color muy finas de tonalidad clara y suave. La decoración floral recibe la influencia de artistas de época Qing como Yun Shouping o Xu Gu, con una pincelada delicada y una clara separación en planos. La capa de color de las porcelanas de la era Guangxu es más fina respecto a la del reinado de Tongzhi, con una tonalidad bastante pálido y una cuidada base de color, como es el caso de los jarrones en forma globular con cuello rectilíneo y decoración de "cien mariposas", los jarrones de cuerpo globular con cuello corto y boca acampanada con decoración de nubes y murciélagos, los vasos en forma de hoja de loto con tubo para sorber, etc. Hay también un tipo de porcelana de color rosado sobre base de color conocida con el nombre de "porcelana de ajuar matrimonial", en su mayor parte de base amarilla y decoración floral, con un cartucho con la inscripción auspiciosa "Larga vida sin fin", de tonalidad oscura. Las porcelanas de color rosado de la era Guangxu con inscripción alusiva a la oficina de pintura de la emperatriz regente Cixi son de un elevado nivel técnico; son frecuentes las piezas con decoración en colores oscuros de capa gruesa de flores y aves sobre fondo turquesa, azurita o malva claro, con una fuerte integración entre pasta y esmalte. Las variedades más frecuentes son los maceteros, las ollas, los tazones con tapadera, los jarrones, las vasijas para libación tipo *zun*, etc. Junto a la boca de las piezas aparece la mencionada inscripción alusiva a la oficina de pintura (tres caracteres dispuestos horizontalmente), y a su lado hay un sello en rojo alusivo a un pabellón del antiguo Palacio de Verano donde residió la emperatriz Cixi; hay también otra inscripción propiciatoria en rojo en el apoyo de la vasija (imagen 11-105). Durante la República de China se realizaron numerosas imitaciones de dichas piezas, con un color poco uniforme y una decoración bastante tosca. En la era Guangxu también se copiaron las vasijas tipo *zun* de porcelana color rosado con decoración de "cien ciervos" o los jarrones de cuerpo globular y cuello rectilíneo con decoración de "nueve melocotones", de tonalidades oscuras, sin sensación de profundidad y de factura tosca, con paredes y

11-105 Macetero rectangular de porcelana rosada sobre fondo amarillo con decoración de aves y flores Dinastía Qing (reinado de Daoguang) Altura: 15 cm.; diámetro boca: 17'5 x 13 cm.; diámetro apoyo: 14 x 10 cm. Museo de la Ciudad Prohibida (Beijing)

esmalte gruesos y sueltos, muy inferiores a sus modelos originales de la era Qianlong. Las porcelanas de color rosado de la fase final del reinado de Guangxu tienen una fina capa de color de tonalidad clara, y fueron conocidos posteriormente con el nombre de *guangcai* ("porcelana de color de la era Guangxu").

Durante este período los hornos producen en abundancia las imitaciones de las porcelanas de la "familia rosada", las de colores contrastantes, las de color carmín púrpura y las *qinghua*. Hay principalmente jarrones, vasijas tipo *zun*, ollas, urnas, teteras y escudillas. Las frecuentes copias de los jarrones rectangulares de porcelana de color rosado de la era Qianlong suelen llevar una intrincada decoración, o bien caballeros y damas, niños jugando, diosas con niño y demás personajes. Los motivos derivan de las xilografías de estilo popular de la dinastía Qing, y muchos de ellos van acompañados de una inscripción alusiva al emperador Qianlong o a Kangxi. Todas estas piezas se caracterizan en general por una factura artística bastante deficiente.

5. Porcelana de color negro

A partir del reinado de Jiaqing, comenzó a popularizarse en los hornos comunes de Jingdezhen la porcelana de color negro. Se trata de una porcelana de exportación encomendada por los clientes occidentales a los alfares de Jingdezhen, y que recibió la influencia de los grabados europeos de la época. Predomina el color negro, y en una parte de las piezas se añade el rojo, de tonalidad clara y elegante, con una fuerte sensación de volumen. La porcelana de color negro se remonta a la era Kangxi, y se popularizó durante los reinados de Yongzheng y Qianlong. A partir de 1730 dicha tipología comenzó a ponerse de moda en Europa, donde las piezas de color negro puro sin duda servirían como objetos funerarios. La mayoría de las porcelanas con decoración de color negro tuvieron un gran éxito en aquel momento, con sus representaciones de fábulas y leyendas. Este tipo de porcelanas posee su propio atractivo, al combinar el negro con el dorado o el marrón oscuro, o bien al recurrir a hermosos motivos incisos, contornos de color rojo brillante o remolinos dorados para crear fuertes contrastes cromáticos. También hay exquisitas porcelanas decoradas en marrón oscuro que imitan las láminas impresas realizadas en Europa. En ocasiones la decoración marginal de las porcelanas de color negro es de estilo completamente chino, aunque los contenidos son occidentales; otras veces ocurre exactamente lo contrario. En la etapa inicial este tipo de decoración de color negro se empleaba principalmente sobre las porcelanas encargadas por los europeos, que seguían sus indicaciones y muestras.

En la imagen 11-106 se puede ver una porcelana con la representación de Flora, la diosa de las flores, los jardines y la primavera, y Céfiro, el dios del viento del oeste. Flora aparece tumbada junto al estanque, observando su reflejo sobre las aguas; Céfiro, a su lado, le va a colocar sobre su cabeza una corona de flores, en una escena que celebra la llegada de la primavera. En esta bandeja se utiliza el negro para representar unas figuras tomadas de las xilografías, aunque también se añaden toques de rojo en los personajes y los detalles secundarios, lo que otorga a la pintura una mayor riqueza cromática y sensación volumétrica. Este tipo de manifestación pictórica de estilo occidental ejercerá una notable influencia sobre la producción cerámica de los hornos comunes de Jingdezhen a partir del reinado de Jiaqing, y se difundirá también por el mercado interior. Con ese fin, dicho estilo foráneo se combinará también con rasgos característicos de la pintura de artistas nacionales para crear un nuevo producto híbrido de tonalidades claras y suaves, pincelada

HISTORIA DE LA CERÁMICA CHINA

11-106 Bandeja de porcelana negra con representación mitológica Dinastía Qing (reinado de Qianlong) Diámetro boca: 22'5 cm. Museo Peabody Essex de Massachusetts

minuciosa y profundo significado, con paisajes y personajes de fuerte idiosincrasia. En cuanto a las variedades tipológicas, hay jarrones cuadrangulares, maceteros, teteras, escudillas, tazones con tapadera, etc.

6. Porcelana de color carmesí claro

Durante el reinado de Qianlong apareció una porcelana de exportación que combinaba el rojo y verde claros con el color negro. En la imagen 11-107 aparece uno de esos ejemplares en los que se recurre a esos contrastes de intensidad del negro y el rojo, a los que se añaden toques de azul y verde, para conseguir una obra refinada y original.

11-107 Porcelana de color carmesí claro con escena de pescador Dinastía Qing (reinado de Qianlong) Diámetro boca: 22'9 cm. Museo Peabody Essex de Massachusetts

Durante la última etapa de la dinastía Qing y con la República de China numerosos artesanos de Jingdezhen utilizan este estilo decorativo para trasladar las artes pictóricas y caligráficas chinas a la superficie de las porcelanas, amalgamando en ellas la decoración cerámica y la pintura tradicional y creando una nueva tipología ornamental que será conocida posteriormente con el nombre de "porcelana de color carmesí claro". Este tipo de decoración se vale originalmente de los métodos de la pintura clásica, perfilando los contornos con tinta y dándole después algo de textura a las superficies para crear paisajes en los que predominan el ocre claro y el índigo como principales pigmentos. Se trata de un estilo que se remonta a la dinastía Yuan y tiene su máximo representante en la figura de Huang Gongwang, uno de los "cuatro maestros" de aquella época. La porcelana de color carmesí claro se elaboraba a partir de la porcelana negra de exportación, y consistía en realizar sobre el esmalte de dicho color dibujos de variable intensidad que luego se coloreaban con carmesí claro, azul pálido, púrpura y diversas tonalidades de verde, tras lo cual se cocía la pieza a baja temperatura (650-700 grados) obteniendo así una decoración muy característica. Dado que se empleaban los llamados "colores extranjeros" (negro, rojo, verde...), diversos del rosado, que podían combinarse directamente con el aceite de trementina para ajustar las composiciones, el proceso resultaba más flexible y conveniente. Además, el método tradicional de elaboración de la porcelana de la "familia rosa" era técnicamente complejo y requería de una meticulosa división del trabajo. Los artesanos alfareros de los hornos de Jingdezhen carecían de una elevada formación artística, por lo que una buena parte de ellos sólo podía ejecutar un oficio determinado: los que sabían dibujar no eran capaces de aplicar después los colores; los que pintaban paisajes se dedicaban exclusivamente a su especialidad y no podían representar aves, peces o insectos; los que realizaban figuras humanas se limitaban a ello, e incluso necesitaban la ayuda de otros especialistas para perfilar los detalles de las vestimentas, o llevar a cabo las inscripciones, por lo que el resultado final resultaba bastante artificioso y carecía de personalidad propia. Los artesanos encargados de elaborar las porcelanas de color carmesí claro a finales de la dinastía Qing, sin embargo, tenían una buena formación cultural y artística, y eran capaces de acometer todo tipo de diseños, fueran estos paisajes, personajes o flores y aves. Como además se empleaban los "colores extranjeros", la plasmación del patrón decorativo –desde su primer bosquejo y perfilado hasta la coloración– resultaba sencilla y práctica, y podía ser completada en su totalidad por una sola persona, que podía dar rienda suelta a su propio estilo y personalidad. Cabe afirmar pues que la utilización de esos "colores extranjeros" supuso un importante punto de inflexión en el desarrollo de las artes alfareras de Jingdezhen, ya que permitió el surgimiento de unas manifestaciones artísticas con características más personales e idiosincrásicas.

7. Porcelana de color dorado

La porcelana de color dorado es una variedad de porcelana pintada aparecida en la última etapa de la dinastía Ming que recibió una fuerte influencia de la cultura japonesa y europea. Se desarrolló hasta finales de la dinastía Qing, convirtiéndose en una tipología tradicional de los alfares de Jingdezhen. Se caracteriza por un color dorado muy puro con reflejos carmesí, y normalmente se aplicaba en las porcelanas salidas de los alfares oficiales; las piezas de los hornos comunes, de formas irregulares e inscripciones de factura apresurada, empleaban con frecuencia un color dorado de menor pureza, de una tonalidad brillante que se acerca mucho a los dorados contemporáneos. El dorado también se usaba con frecuencia en las porcelanas de cinco colores, de colores contrastantes o de esmalte azul, tal que jarrones de cuerpo globular, cuello corto o largo y boca acampanada, jarras rectangulares con orejas en forma de elefante o tubulares, tazones, bandejas, etc. En las porcelanas de esmalte azul y color dorado aparecen a menudo dragones y fénix, nubes y dragones, motivos decorativos circulares de tamaño y distribución irregular (*piqiuhua*), motivos de estilo antiguo...

En términos generales, y a excepción de las importantes variedades arriba descritas, las porcelanas de Jingdezhen de la etapa final de la dinastía Qing poseen características muy marcadas de su propia época en lo que se refiere tanto a la escala de producción como a las variedades tipológicas o los métodos decorativos.

En cuanto a la elaboración de las piezas en los alfares oficiales, tanto las realizadas a mano como aquellas hechas a torno heredan en buena medida las formas tradicionales, aproximándose a sus modelos de épocas precedentes en lo que respecta a los estándares, los colores o la decoración. Al mismo tiempo, gracias al estímulo de la emperatriz Cixi, también se produjeron en Jingdezhen variedades nunca vistas con anterioridad, como los "ajuares de matrimonio", los objetos decorativos con la inscripción alusiva al pabellón Tihe o las porcelanas de uso cotidiano. También hay una serie de jarrones, vasijas de libación tipo *zun*, urnas o cajas que a pesar de su regularidad son de factura bastante burda. La mayor parte de las bandejas y tazones mantienen la morfología de épocas pasadas, aunque hay también novedades como los tazones con decoración a modo de brocado sobre fondo rojo y paneles con dragones y fénix. Las escupideras, los ceniceros y otras piezas de esta clase son muy frecuentes entonces. Desde el reinado de Xianfeng y hasta el final de la dinastía, prácticamente todas las porcelanas –exceptuando una pequeña parte de ejemplares de exquisita factura– irán adquiriendo una apariencia más tosca respecto a períodos precedentes, muy lejos de la delicadeza y finura de piezas como las de los reinados de Yongzheng o Qianlong. Las formas también son diversas: se reduce el número de los jarrones o vasijas *zun* de carácter decorativo, y se producen en su mayoría utensilios domésticos para la vida diaria. Las variedades más frecuentes de jarrón de esa época son los de cuerpo globular, cuello corto o alargado y boca acampanada, los rectangulares con orejas en forma de elefante o tubulares, los cuadrangulares sin cuello tipo *cong*, los de boca rectilínea y panza aplanada, los de boca en forma de cabeza de ajo o los de forma de granada; también abundan las vasijas *zun* con forma de linterna china, las cajas redondas y las bandejas de apoyo alto. Los hornos comunes, por su parte, elaboran jarrones de paredes curvilíneas que retroceden hacia la base o de orejas en forma de león, ollas a modo de melón o con tapadera en forma de gorro militar, ollas para gachas o para alimento de aves, incensarios, peceras, maceteros, sartenes, cajas o juegos de cajas de diverso tamaño y funcionalidad, escupideras de cuerpo globular y boca en forma de bandeja, teteras, tinteros para sello, contenedores para limpiar o guardar pinceles, sombrereros, tazas de té, ollas para hojas de té, recipientes termorreguladores, tazas para alcohol sin asas, bandejas, platos, tazones con tapadera, cucharas soperas, tabaqueras, reposacabezas, taburetes en forma de tambor o paneles de pared, y representaciones de las "tres estrellas" (los dioses de la longevidad, la prosperidad y la buena fortuna), los "ocho inmortales" o Guanyin, entre otros. Durante el reinado de los tres últimos emperadores (Tongzhi, Guangxu y Xuantong) se popularizan los jarrones en forma de vesícula, las ollas para hojas de té, los sombrereros, las teteras, las tazas de té y los juegos de bandejas y tazas. Las jarras en forma de vesícula (de cuerpo bajo y cuello alargado y rectilíneo) pueden ser de distintos tamaños, según las unidades de medida empleadas en Jingdezhen (de "ciento cincuenta", "trescientos", "quinientos" e incluso "mil"). A partir del reinado de Guanxu se empezaron a poner de moda las imitaciones de todo tipo de porcelanas de los reinados de Kangxi, Yongzheng y Qianlong, incluidas las *qinghua*, de cinco colores, de color rosado y las de esmalte de color único, aunque no existe una gran semejanza entre dichas copias y los originales. Abundan los maceteros, los utensilios de comida (bandejas, tazones...), etc. A partir de la etapa intermedia de los Qing son frecuentes los jarrones con doble oreja, y seguirán siendo populares en este período final; las orejas pueden tener forma de *kui* (monstruo de una sola pata), fénix, *panchi* (animal legendario en forma de dragón) o león, entre otros. También hay en este período numerosas imitaciones de porcelanas decorativas de la era Qianlong, como los jarrones de porcelana de la "familia rosa" de cuerpo globular y cuello rectilíneo con decoración de "nueve melocotones" o las vasijas *zun* con cabeza de ciervo. Aunque se trata de piezas con una elaboración muy cuidada y un alto nivel cualitativo, debido a las limitaciones del momento no pueden evitar caer en algunos de los vicios propios de la producción cerámica de entonces; comparadas con las originales, su calidad en términos generales resulta inferior, con un cuerpo más grueso y pesado, una factura bastante tosca, una pincelada apresurada y una composición pictórica bastante rígida e insípida (imágenes 11-108 y 11-109).

En cuanto a la decoración, además del recurso a los tradicionales dragones y fénix, grullas y nubes u "ocho tesoros", lo más destacado es el frecuente uso de los motivos de carácter auspicioso, como las imágenes o inscripciones alusivas a la longevidad o la felicidad, las escenas de Año Nuevo o de cosecha, las representaciones de niños aprendiendo, los augurios de feliz año, próspera descendencia o buenos resultados en los exámenes imperiales o los augurios de vida eterna para el país, entre otros. También hay novedades tal que hortensias, glicinias y monarcas colilargos. La pintura puede ser más o menos fina y detallada o tosca y sumaria, y el estilo decorativo sigue patrones establecidos, entre los que abundan las nubes y fénix, los dragones y fénix, los *kui* y fénix, los dragones marinos, las nubes y grullas, los ocho trigramas taoístas, los "ocho tesoros", los "nueve leones", las nubes y murciélagos, los "cinco murciélagos", los augurios de Año Nuevo, las "tres estrellas" (los dioses de la longevidad, la prosperidad y la buena fortuna), "Los ocho inmortales celebrando un banquete", los augurios de descendencia o de buenos resultados en los exámenes imperiales, los niños jugando, las "veinticuatro historias de piedad filial", los paisajes con personajes, las representaciones de pinos, bambúes y ciruelos, los sinogramas alusivos a la longevidad (con o sin

11-108 Jarrón rectangular de porcelana rosada sobre fondo verde con lotos enroscados y paneles con decoración de aves, flores y "antigüedades" Dinastía Qing (reinado de Xianfeng) Altura: 29 cm.; diámetro boca: 8'9 cm.; diámetro apoyo: 8'7 cm. Museo de la Ciudad Prohibida (Beijing)

11-109 Jarrón de pie grande con orejas en forma de cabeza de elefante de porcelana rosada y añadidos amarillos con representación alegórica de las "cinco relaciones cardinales" de la ética confuciana Altura: 130 cm.; diámetro boca: 36'8 cm.; diámetro base: 39 cm. Museo de la Ciudad Prohibida (Beijing)

ramajes), las inscripciones con cuatro caracteres augurantes de "fortuna" (福), "prosperidad" (禄), "longevidad" (寿) y "felicidad" (喜), los ramajes, las flores de ciruelo, las flores de loto, los crisantemos, las begonias, los melones y mariposas, las flores y mariposas, las flores y aves, los patos mandarines y lotos, los hongos, las flores de cuatro estaciones, las vides, las "tres hojas", los "nueve melocotones", las "cien verduras", los augurios de longevidad, los motivos antiguos, etc. En este período también aparecen alegorías de las "cinco relaciones cardinales" de la ética confuciana (entre emperador y súbdito, padre e hijo, marido y mujer, hermanos y amigos) o representaciones como "Sima Guang rompiendo la cuba de agua", "Las máximas del maestro Zhu acerca de cómo manejar un hogar" o "El mono cabalga el caballo" (imágenes 11-110 y 11-111). Los sinogramas de "felicidad" estuvieron muy en boga durante el reinado de los emperadores Xianfeng, Tongzhi y Guangxu, aunque los dobles caracteres de azul *qinghua* varían de estilo según los diferentes períodos. Durante la era Xianfeng la caligrafía es bastante meticulosa, con unos trazos muy finos; con Tongzhi ya no es tan regular, y los trazos se hacen más anchos; y durante el reinado de Guangxu la grafía es todavía menos ordenada, se ensanchan los trazos y se hacen más borrosos los caracteres. Aparte de seguir algunos de los patrones tradicionales, la decoración de este período también se inspira en otras fuentes. Gracias a la difusión de la crítica textual, surgió en el mundo artístico de este período una escuela de pintura que intentó trasladar la epigrafía a las obras pictóricas, una corriente que influyó en la producción coetánea de los hornos comunes de Jingdezhen, y por tanto en ese momento se ponen de moda por ejemplo los jarrones florero con representación de campanas, calderos *ding* y otros objetos antiguos.

La pintura ornamental de las piezas de los alfares oficiales de este período es en su mayor parte de estilo clásico, con diseños muy ortodoxos, mientras que en el caso de los ejemplares de los hornos comunes predomina la pintura de estilo más libre. Durante la etapa final del reinado de Tongzhi y la era Guangxu

11-110 **Bandeja en forma de hoja de porcelana rosada sobre fondo azul y añadidos dorados con decoración de murciélagos como símbolo de longevidad** Dinastía Qing (reinado de Daoguang) Altura: 4 cm.; diámetro boca: 23 x 12 cm.; diámetro apoyo: 12 x 6 cm. Museo de la Ciudad Prohibida (Beijing)

1118

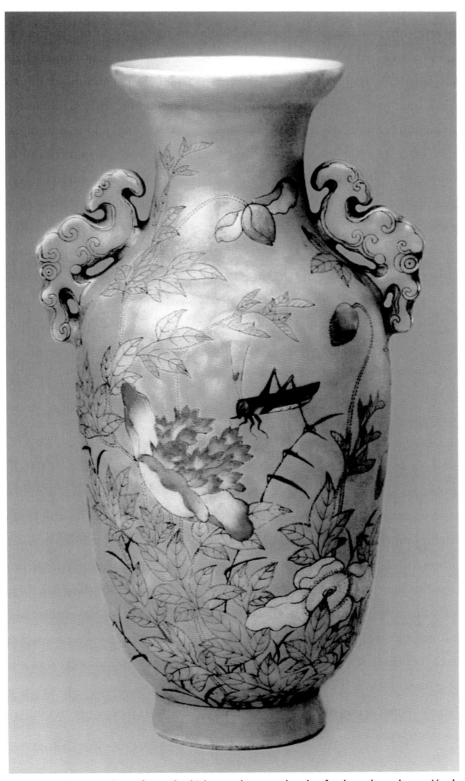

11-111 Jarrón con orejas en forma de *chi* de porcelana rosada sobre fondo azul con decoración de flores e insectos Dinastía Qing (reinado de Daoguang) Altura: 22'2 cm.; diámetro boca: 7'4 cm.; diámetro apoyo: 5'5 cm. Museo de la Ciudad Prohibida (Beijing)

se populariza el estilo de pintura libre de colores suaves, aunque las composiciones derivan de las creaciones de célebres artistas de las dinastías Ming y Qing como Shen Shitian, Tang Liuru, Bada Shanren (Zhu Da) o Xinluo Shanren (Hua Yan). Además, los pintores de la escuela de Shanghai también ejercieron una gran influencia sobre la decoración de la porcelana de color rosado de Jingdezhen. Se trataba de artistas de baja extracción social, que vivieron durante un largo período en aquella ciudad y que se alejaron del tradicional estilo pictórico frío y erudito de las clases acomodadas, con unos contenidos expresivos de carácter más popular y mundano, y por tanto más cercanos a los gustos del hombre común; entre ellos destacan los conocidos como "cuatro Ren", Ren Xiong (Ren Weichang), Ren Xun, Ren Yu y Ren Yi (Ren Bonian). El patriarca de la saga, Ren Xiong, fue uno de los fundadores de dicha escuela. Heredó las tradiciones artísticas de su paisano Chen Hongshou, pero no se vio constreñido por ellas y creó un estilo muy personal. Su hermano Ren Xun poseía un estilo similar aprendido del maestro Chen, combinando las pinceladas finas y detallistas con otras más libres e impresionistas.

La porcelana pintada de Jingdezhen se desarrolló directamente desde la *qinghua* de época Yuan hasta finales de la dinastía Qing, adquiriendo una gran madurez –en especial la porcelana de la "familia rosa"– y alcanzando un alto grado de elaboración y diversidad. La ornamentación de las porcelanas pintadas de Jingdezhen resulta inseparable de las artes pictóricas coetáneas; especialmente a finales de la dinastía Qing, y gracias a una supervisión más laxa por parte de los alfares oficiales, los hornos comunes se vieron libres para recurrir a muchos de aquellos métodos decorativos y motivos ornamentales que antes tenían vetados. Entre los artesanos de dichos hornos comunes surgieron algunos que tenían como modelos los pintores eruditos, y que además de decorar piezas de porcelana también realizaron pinturas tradicionales chinas y aprendieron caligrafía, poesía y grabado de sellos. Este grupo se distinguió por su talento del resto de artesanos corrientes, fueron considerados como verdaderos artistas cerámicos y se convirtieron en personajes famosos de su época. Por ello, es su decoración la que más se aproxima a la pintura de su tiempo de todas las de los diferentes períodos históricos que la precedieron.

La pasta y el esmalte de la porcelana de Jingdezhen de esta época presentan una serie de características peculiares. En primer lugar, la pasta de las piezas de los alfares oficiales se parece por blancura y fineza a la de la era Xianfeng, mientras que la de los hornos comunes es en cambio más gruesa y burda, aunque hay también muestras más ligeras y finas. Al golpearlas, esas piezas emiten un sonido nítido y metálico. Son todos rasgos comunes a todas las porcelanas de la etapa final de la dinastía Qing. Los ejemplares salidos de los hornos oficiales presentan la inscripción alusiva al pabellón Tihe, con una superficie barnizada fina y lustrosa que le otorga un efecto semejante al de los esmaltes. Las piezas más comunes tienen una pasta menos compacta y una capa de esmalte muy fina y blanca; las de esmalte más grueso revelan un cuerpo aún más suelto y blando, y la superficie esmaltada presenta un grado de transparencia y de firmeza bastante bajo. Muchas de las piezas salidas de los hornos comunes durante el reinado del emperador Guangxu son de factura tosca. Las que imitan a los ejemplares de la era Kangxi pueden ser de paredes gruesas o más finas, aunque comparadas con éstas tienen un cuerpo más sutil y ligero, y no suficiente dureza. Las porcelanas de los hornos comunes de la era Xuantong son en su mayoría de paredes finas, y emiten al ser golpeadas un sonido metálico, con características similares a las porcelanas de la época contemporánea. Los ejemplares de los hornos comunes de este período presentan una tonalidad blanca con matices azulados, aunque hay una parte de la producción con un esmalte de color blanco puro, que también se asemeja a las piezas contemporáneas (imagen 11-112).

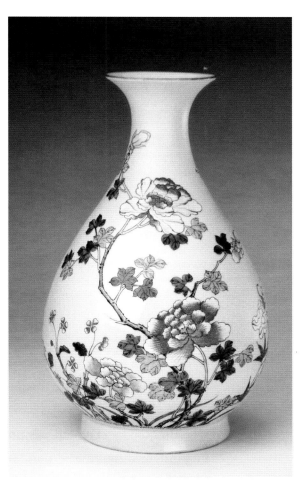

11-112 **Jarra de panza abultada y boca acampanada de porcelana rosada con decoración de flores y mariposas** Dinastía Qing (reinado de Xuantong) Altura: 30 cm.; diámetro boca: 8'7 cm.; diámetro apoyo: 12 cm. Museo de la Ciudad Prohibida (Beijing)

La mayor parte de los ejemplares realizados en los alfares oficiales durante los reinados de Tongzhi, Guangxu y Xuantong llevan la inscripción "Hecho en la dinastía Qing" sin cartucho. Hay también dos inscripciones realizadas mediante grafía de sello ("Pabellón Tihe") y escritura regular (alusiva al gabinete de pintura de la emperatriz regente Cixi ya mencionado más arriba). La mayoría de las piezas salidas de los hornos comunes con Tongzhi y Guangxi, sin embargo, no presentan inscripciones con datación; entre las que sí las hay, además de aquellas con escritura regular también existen otras con sellos de color rojo mate muy irregulares con caracteres en positivo o negativo. En cuanto a las piezas inscritas de los hornos oficiales de la era Xuantong, las hay en azul *qinghua*, en rojo, negro o

11-113 Sopera de porcelana rosada con alusiones a la fortuna, la prosperidad y la longevidad Qing (reinado de Xuantong) Altura: 16'5 cm.; longitud: 19 cm.; anchura: 16'7 cm.; altura bandeja apoyo: 2'6 cm.; longitud bandeja apoyo: 19'7 cm.; anchura bandeja apoyo: 16'5 cm. Compañía de antigüedades occidentales

11-114 Bandeja cuadrangular con ángulos achatados de porcelana rosada con alusiones a la fortuna, la prosperidad y la longevidad República de China Altura: 3'5 cm.; diámetro boca: 21 x 21 cm.; diámetro apoyo: 15 cm. Compañía de antigüedades occidentales

colores brillantes; las inscripciones en azul *qinghua* son de grafía regular, con seis caracteres hermosos y ordenados de tonalidad muy vivaz repartidos en dos líneas y sin cartucho en torno a ellas. En general, las piezas de los hornos comunes no llevan inscripción.

Aunque la cantidad de porcelana de exportación producida en los hornos de Jingdezhen durante este período iba en descenso, una parte de las piezas de estilo y métodos decorativos típicamente chinos sí fue bien aceptada entre los europeos. La sopera de porcelana de la "familia rosa" con alusiones a la fortuna, la prosperidad y la longevidad de la imagen 11-113 fue realizada durante la era Xuantong. Presenta una decoración compleja, de colores muy vistosos y motivos tradicionales de carácter auspicioso como el sinograma 寿 ("longevidad"), monedas, ciervos (homófono de "prosperidad"), murciélagos (homófono de "fortuna"), mariposas, etc. Sobre la superficie de la tapadera aparece una espada envainada, y en el centro de la fuente hay un jarrón florero, mientras a lo largo del borde de la boca se despliega una sucesión de rombos y en el extremo superior se lee el lema *Fortiter et celeriter*. En 1910 James Keiller y Alice Lyon viajaron a China y encargaron en Cantón un juego de piezas de la "familia rosa" entre las que se incluía esta sopera, probablemente para celebrar su matrimonio. Es posible que la propia pareja realizara el diseño general de la pieza para exhibir su propio interés en las artes y en la paz. En la imagen 11-114, por su parte, se muestra una bandeja de porcelana de color rosado cuadrangular y con ángulos achatados con motivos de carácter auspicioso. En la zona central de la pieza aparece también una decoración tradicional a base de sinogramas 寿, monedas, ciervos, murciélagos o mariposas; a lo largo del borde se despliega una ornamentación a modo de brocado. Este tipo de piezas fueron elaboradas en su integridad según formas de estilo europeo, aunque todo el contenido decorativo y los modos de expresión son en cambio típicamente chinos, lo que significa que este tipo de patrones ornamentales de buen augurio eran bien recibidos entre los europeos. Si bien en esta época ya se fabricaba en Occidente con procedimientos mecánicos una gran cantidad de porcelanas de uso diario, cierto número de piezas de profundo contenido y apreciable valor artístico todavía encontraban allí un nicho de mercado.

4.5. División del trabajo

Debido a los movimientos internos en el seno de la sociedad feudal de China, a mediados de la dinastía Ming ya surgieron en el país los primeros conatos de capitalismo. En la industria sedera, la de la cerámica, la de extracción de materia prima o la de fundición de metales, entre otras, aparecieron factorías de grandes y pequeñas dimensiones que contrataban mano de obra asalariada y en las que existían unas relaciones de producción de incipiente capitalismo, que se desarrollaron a partir de los pequeños talleres de carácter feudal y que se desprendieron ya de los viejos métodos de producción para centrarse en la elaboración de artículos comerciales. Esta evolución fue el colofón natural de las leyes de desarrollo de la sociedad feudal de China.

En lo referido a la industria artesanal de la alfarería de Jingdezhen, a partir de finales de la dinastía Ming y debido al auge en la demanda por parte de los mercados internos y del exterior tuvo que desarrollar una organización de trabajo que se ajustara a las nuevas condiciones de trabajo a gran escala para poder satisfacer esa creciente expansión de la demanda, y por ello desde esa época en Jingdezhen los métodos capitalistas evolucionaron rápidamente creando no sólo un sistema de carácter local sino también un conjunto de técnicas especializadas propias de la industria alfarera. Estas técnicas incidieron directamente en la producción de los artesanos ceramistas, bajo la severa supervisión de los alfares imperiales –que no reparaban en gastos o en tiempo– y siempre en un constante afán por el avance y la mejora. Su compleja secuencia productiva y su estricta división del trabajo no sólo determinaron un particular modelo económico y laboral y una cierta estructura social, sino que también establecieron sobre esas bases un peculiar modo de producción y una consiguiente separación industrial del trabajo.

La característica principal de ese desarrollo de las técnicas alfareras de Jingdezhen durante las últimas centurias es precisamente esa estricta y minuciosa división especializada del trabajo, que fue evolucionando y tomando forma progresivamente a partir de aquellos primeros brotes de capitalismo de mediados de la dinastía Ming. La sabiduría popular china ha conectado siempre los orígenes de la agricultura con los de la alfarería, lo que significa que ambas actividades han estado desde antiguo ligadas estrechamente entre sí. Antes de la dinastía Yuan, la industria cerámica de Jingdezhen aún no había conseguido independizarse de la agricultura como industria artesanal autónoma, y los hornos comunes todavía formaban parte de los hogares de economía campesina de pequeña escala como actividad complementaria, diseminados por un área rural de alrededor de cien kilómetros a la redonda, mientras la ciudad de Jingdezhen se reservaba la función de centro de distribución y salida de las porcelanas elaboradas en su hinterland. Los pequeños talleres y hornos todavía no habían emprendido la senda de la especialización económica urbana, y no se concentraban en el centro de la ciudad.

Según los estudios llevados a cabo a partir del año 1949 en el antiguo sitio arqueológico de los alfares de Jingdezhen, por todo el territorio hacia el norte (Wuyuan y Qimen) y el sur (Leping y Poyang) hay restos de hornos de porcelana anteriores a la dinastía Song, lo que significa que entonces todavía se encontraban en un estadio de economía minifundista, y la producción cerámica dependía de la agricultura como industria artesanal subsidiaria. A partir de la dinastía Yuan se inició por fin el período de transición hacia la economía de carácter urbano y la especialización económica.

Con los Ming, y especialmente a partir de la etapa final de la dinastía, la industria alfarera de Jingdezhen cobró un nuevo auge. Con el fin de garantizar una abundante producción y una elevada calidad en la industria alfarera, los diversos oficios relativos a la elaboración y cocción de las piezas y los aprovisionadores de las distintas materias primas tenían que colaborar estrechamente entre sí, requiriendo una concentración cada vez mayor de todos ellos. El abastecimiento de esas materias primas empleadas en la producción de las porcelanas se amplió del sureste al norte del distrito de Fuliang, e incluso a Qimen en el vecino distrito de Huizhou. Además, el emperador reinante en aquel período estableció en el monte Zhu unos alfares imperiales, y a mediados de la dinastía Ming se puso en práctica el sistema de colaboración entre dichos alfares y los hornos comunes. Para que estos últimos pudieran trabajar de la mejor manera posible en beneficio de aquellos y fueran más cómodamente supervisados, el Gobierno feudal de la época concentró deliberadamente los hornos diseminados por la periferia en el centro de Jingdezhen. De este modo, a partir de la dinastía Ming, la ciudad se fue convirtiendo en un importante centro de aglomeración artesanal y comercial de la industria cerámica.

El monte Zhu, lugar de asentamiento de los alfares oficiales encargados del abastecimiento de las porcelanas de uso imperial, presentaba una topografía bastante elevada, y podían evitarse así las inundaciones. Con ese mismo objetivo, los hornos comunes también se establecieron en un lugar bastante alto a espaldas de dicho monte, abriendo en ese entorno diversos talleres de elaboración y cocción de porcelana. El área de los hornos se extiende alrededor de dos kilómetros desde Dongjiawu por el monte Wulong, el actual Hospital número I y el templo de Baiyun, hasta el monte Leigong en la parte posterior de la antigua iglesia católica, y toma el nombre de "tres montañas y cuatro fortalezas". A finales de la dinastía Ming los talleres y hornos alfareros continuaron desarrollándose, como en el caso de Xuejiawu o Yaowangmiao en la ladera meridional del monte Wulong, o Qingfengling por el lado este del monte Zhu. Los famosos hornos de porcelana de Xiaonan de ese mismo período se encontraban en Qingfengling.

Desde el acceso oriental de los alfares imperiales y siguiendo hacia el norte había una serie de hornos comunes distribuidos por Longgangnong, Dengjialing, Sanjiajing, Xujiajie y el monte Wulong, que constituían la zona más próspera de la época. A menos de un kilómetro de Banbianjie y Xujiajie se hallaba también Lishidu, que era el punto de descarga de la piedra de porcelana de Qimen durante la dinastía Ming y también el embarcadero de salida de la producción de Jingdezhen. Xiaogangzui se localizaba en el borde meridional de la ciudad, a unos dos kilómetros y medio del yacimiento arqueológico de los antiguos hornos de porcelana de Hutian, con los que estaba relacionado.

Los hornos comunes se fueron concentrando en la ciudad, haciendo de Jingdezhen no sólo una importante base de distribución y venta de objetos cerámicos sino también el centro nacional de producción alfarera, dando lugar a la aparición de una larga serie de industrias especializadas e interdependientes con un alto grado de división del trabajo, para todos los estadios del proceso de elaboración y decoración de las piezas, además de otras industrias subsidiarias ocupadas de procurar las materias primas necesarias (arcilla, leña, pigmentos...). Incluso en el seno de cada una de esas industrias existía una minuciosa división laboral. Se trata de una especialización que únicamente pudo ser posible gracias a ese tránsito de la artesanía doméstica a la industria centralizada, porque sólo ésta permitía la concentración de capital y la contratación de trabajadores asalariados integrados

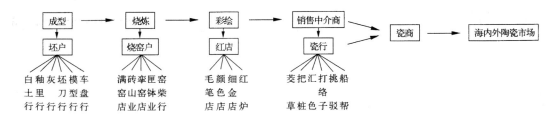

11-115 Organigrama de la producción en cadena de los hornos comunes de Jingdezhen

en este sistema de colaboración entre las diversas fases de la producción. Del mismo modo, el trabajo de recolección y limpieza de las materias primas de los alrededores de Jingdezhen comenzó a liberarse de su primitivo estado de autonomía y autosuficiencia, multiplicándose las áreas e industrias especializadas mientras se iba acentuando también su carácter puramente comercial. Gracias al desarrollo experimentado desde mediados de la dinastía Ming hasta la fase final de los Qing, en este último período los alfares de Jingdezhen habían ya perfeccionado su sistema colaborativo de producción y de división del trabajo.

Tras todos esos siglos de evolución, Jingdezhen logró crear una estructura industrial que desde el punto de vista de su rigor y meticulosidad puede considerarse como única. En el ya citado libro *Registro de la industria cerámica de Jingdezhen* se afirma:

"Para moldear las piezas se necesita una arcilla muy fina y limpia, y al cocerlas hace falta dominar bien el fuego; también para aplicar los colores hay que poseer una elevada técnica. Las cerámicas se elaboran así en colaboración, con una minuciosa división del trabajo; cada fase del proceso tiene sus propias responsabilidades, que hay que desempeñar lo mejor posible, y no pueden inmiscuirse en los asuntos ajenos. Una vez terminada la faena correspondiente, las piezas pasan a la siguiente fase, y ya no hay que preocuparse por ellas. Los artesanos trabajan de manera muy diligente, y todos llevan a cabo su cometido por un objetivo común: obtener unas buenas vasijas de porcelana"

Esta pormenorizada división del trabajo hizo que las técnicas de los artesanos se hicieran cada vez más especializadas, y que estos pudieran pasar años o incluso toda su vida desempeñando un único oficio, lo cual en cierto sentido contribuyó al constante perfeccionamiento y ayudó también a elevar tanto el nivel cuantitativo de la producción como el nivel cualitativo y técnico de las piezas realizadas. Dicha línea de trabajo en cooperación y producción en serie fue el resultado de aquellos primeros brotes de incipiente capitalismo a los que hicimos mención más arriba.

Aunque llegados a la dinastía Qing esa división del trabajo de la industria cerámica de Jingdezhen era ya muy pormenorizada, en términos generales se puede dividir –según se afirma en la obra antes aludida– en tres grandes ramas: los talleres donde se modelaban las piezas, los llamados "talleres rojos" (obradores de menor tamaño, llamados así por el color del fuego) y los hornos alfareros. Los trabajadores procedían de lugares como Nanchang, Poyang, Duchang y Fuzhou (Jiangxi) o Qimen y Wuyuan (Anhui), y se agrupaban en clanes familiares de apellido común que transmitían sus conocimientos de generación en generación. El arte de la alfarería en Jingdezhen no era algo casual sino fruto de una larga tradición. Por lo que respecta a la elaboración del cuerpo de las vasijas, se podía hacer a mano o a torno, y dentro de cada uno de esos dos grupos había once subdivisiones, según el tamaño o la tipología morfológica; también las había en lo referente a los talleres y hornos de cocción. Además, cada uno de esos oficios solía estar monopolizado por artesanos provenientes de un determinado lugar. Así, por ejemplo, los patrones de los hornos de cocción de Jingdezhen procedían en su mayor parte del distrito de Duchang, al oeste de la ciudad, y predominaban asimismo entre ellos los pertenecientes a las familias de apellido Feng, Yu, Jiang y Cao. Los que se ocupaban de la cocción de las piezas hechas a mano también eran en su mayoría de aquella localidad. Según el *Registro de la industria cerámica de Jingdezhen*, "los que llenaban los hornos a comienzos de la era Kangxi procedían de Leping, después tomaron como discípulos artesanos de Poyang y finalmente los nativos de Duchang asumieron dicha ocupación, que prosperó con ellos". Desde la dinastía Yuan y Ming "la construcción de los hornos de ladrillo estaba en manos del clan de los Wei", pero más tarde los trabajadores provenientes de Duchang aprendieron también este oficio. Los trabajadores nativos del distrito de Duchang eran pues los más numerosos de Jingdezhen, y aquellos que tenían una mayor influencia. Los de Fuzhou (al suroeste de la ciudad) y Fengcheng (al oeste de Fuzhou), por su parte, se ocupaban de las piezas hechas a torno, y los habitantes de Xinjian en Nanchang llevaban a cabo otro tipo de tareas complementarias o trabajos más pesados. Los pintores y escultores también eran generalmente nativos de Fengcheng.

Además de estas industrias importantes, ya hemos dicho que había también numerosos oficios auxiliares, como la extracción y transporte de materias primas (arcilla, esmalte, pigmentos, ceniza, madera); el elaborado de los cuencos-sostén, de grandes o pequeñas dimensiones; la producción de herramientas; el empaquetado y envío de las mercancías, en el que existían hasta nueve subdivisiones; la venta de porcelanas, etc. Esta colaboración entre las industrias principales y las complementarias –cada una con sus respectivas asociaciones gremiales– creó un organismo muy denso y complejo, haciendo que Jingdezhen se convirtiera en una ciudad que integraba todas las fases del proceso artesanal, desde su producción hasta su distribución y venta, en un sistema ramificado que iba englobando cada una de ellas en la anterior, tal y como queda registrado en los *Registros de cerámica de Jingdezhen* de Lan Pu (ver organigrama 11-115).

4.6. Organización industrial

4.6.1. Sinopsis

Esta estricta división del trabajo de la industria cerámica en los hornos comunes de Jingdezhen requería de un sistema organizativo que aglutinara y controlara semejante colectivo. Durante el proceso de producción y venta de las piezas cerámicas existía una compleja interacción entre los diversos oficios, y también una relación de antagonismo y competencia entre las distintas familias y las localidades de procedencia. El sistema era el que venía a coordinar dicho proceso, supervisando la competencia y solucionando los conflictos para que cada trabajador mantuviera el orden predeterminado. En el seno de la industria alfarera de Jingdezhen cada oficio poseía una serie de normas que no habían aparecido repentinamente sino que habían ido creándose durante todo este proceso para solucionar los distintos problemas a los que se tenían que ir enfrentando los artesanos, y sobre dichas normas se había construido cada grupo con intereses compartidos, como en el caso de las asociaciones gremiales con sus pabellones de encuentro y oficinas. Estas formas de aglutinamiento social eran extremadamente importantes para los artesanos, porque les ofrecían apoyo y les otorgaban una identidad.

En el contexto de los numerosos oficios asociados a la industria alfarera de los hornos comunes de Jingdezhen, existían numerosos gremios y facciones restringidos a los límites del propio oficio y amalgamados por lazos territoriales y sanguíneos, que no sólo ocupaban un importante lugar en la industria cerámica de esta ciudad sino también en la vida política y económica toda su área, una zona que era el centro de la producción cerámica nacional. Desde aquellos primeros brotes de capitalismo surgidos a mediados de la dinastía Ming, las porcelanas de Jingdezhen comenzaron a venderse a gran escala tanto dentro como fuera de las fronteras y a difundirse por todo el mundo. Además, ese dinamismo atrajo otros muchos trabajadores arruinados o en condiciones desesperadas de diferentes áreas de la provincia de Jiangxi, lo que contribuyó a aumentar de forma continuada la producción cerámica. Al mismo tiempo, los comerciantes foráneos también se concentraron allí en gran número atraídos por las perspectivas de negocio, y por ello en Jingdezhen no sólo se sentía la huella local sino también la influencia de los trabajadores y mercaderes llegados de fuera. Los hombres de letras de la dinastía Qing dejaron en sus artículos y notas algunas referencias al respecto, destacando el gran bullicio de las calles de la ciudad, adonde llegaban gentes de todos los orígenes dedicados a los más variados ámbitos de la industria cerámica, cuyos productos se vendían tanto en China como en el exterior. Era la ciudad con más dinero de toda la provincia, pues las familias más ricas se concentraban allí contribuyendo a la prosperidad de sus habitantes. Resulta evidente que durante esa época la difusión de los productos de Jingdezhen y su capacidad de atracción migratoria constituían un fenómeno poco frecuente en el resto de China.

Como capital de la cerámica célebre en todo el mundo, la principal característica de Jingdezhen era el gran flujo de población foránea que llegaba a la ciudad y que incluso superaba a la población local. En sus *Registros de cerámica de Jingdezhen*, Lan Pu afirma que a unos diez kilómetros al sur de la ciudad había una gran localidad llamada Taoyang de alrededor de siete kilómetros de extensión con abundante población, en la que la industria alfarera representaba la parte más importante de la economía y los nativos constituían menos de un tercio de los habitantes. Es decir, más de dos tercios de los comerciantes procedían de los distritos y comarcas de los alrededores de Jingdezhen, y especialmente de Duchang y Poyang, aunque también había muchos llegados de Leping, Yugan, Wuyuan, Fuzhou o Nanchang, y otros provenientes de provincias como Anhui, Jiangsu, Fujian, Guangdong, Hubei o Hunan. En un poema de Zheng Tinggui dedicado a la cerámica se dice que era un lugar muy congestionado con gentes llegadas de otros lugares como Duchang o Poyang, que trabajaban día y noche en la alfarería.

Esa abundancia de comerciantes y artesanos foráneos propició las condiciones sociales para la creación de numerosos gremios y asociaciones de todo tipo. Con el fin de preservar sus propios intereses y mantener el contacto con sus paisanos, todos estos forasteros buscaron la protección de dichas organizaciones gremiales, cuyas actividades y reuniones se celebraban en las respectivas sedes y academias. En Jingdezhen tales asociaciones eran creadas según el lugar de origen y los lazos de sangre de sus miembros, y como ya hemos referido más arriba diferentes localidades o clanes familiares monopolizaban determinados oficios. Un recién llegado a la ciudad, desamparado en un entorno extraño, buscaba la protección de la asociación de trabajadores nativos de su propia tierra, entrando a formar parte de ella para asegurarse un oficio; una vez dentro como miembro de pleno derecho, podía obtener la ayuda y auxilio de sus paisanos y colegas. El mantenimiento de esos fuertes lazos territoriales constituía una costumbre ancestral de ayuda mutua de los estratos más bajos de la sociedad china, que se manifiesta de manera evidente en las asociaciones gremiales de la industria cerámica.

4.6.2. Diferentes sedes gremiales territoriales de Jingdezhen

Durante las dinastías Ming y Qing, las sedes gremiales eran el lugar de reunión de las asociaciones correspondientes, y también desprendían un fuerte aroma local según la procedencia de sus miembros. Para preservar los intereses de su propio oficio, los artesanos manuales de ambas dinastías establecieron este tipo de sedes por todo el país. Todos esos trabajadores foráneos llegados a Jingdezhen para elaborar piezas de cerámica o trabajar en otros ámbitos de la industria alfarera comenzaron a fundar también sus sedes gremiales en la ciudad a partir de la etapa final de la dinastía Ming, recintos que se convirtieron en lugar de celebración de las principales actividades de estas diferentes asociaciones. Las sedes establecidas en Jingdezhen tenían un estricto carácter territorial, por lo que se limitaban a albergar a miembros de la misma aldea o localidad. Existía una evidente finalidad económica, ya que la mayoría fueron construidas por comerciantes llegados a la ciudad para hacer negocio, por lo que cumplían asimismo una función comercial. Además, cada sede tenía su propia academia o institución de enseñanza, en la que los hijos e hijas de sus miembros podían recibir una educación. Por otro lado, dado que como ya hemos visto los diferentes oficios de la industria alfarera estaban controlados por determinados clanes territoriales o familiares, cuyos miembros eran a la vez paisanos y colegas de profesión, las sedes se convirtieron consecuentemente en lugar de organización de actividades y tareas relacionadas con dichos oficios. Estos centros de reunión surgieron sobre todo durante la dinastía Qing. En el vigésimo año del reinado de Jiaqing (1815) ya existían las sedes de Huizhou, Nanchang, Suhu, Raozhou, Duchang y Linjiang y la academia de Jingyang, y el número fue en aumento conforme pasaron los años. Antes de la creación de la República Popular de China en 1949 todavía había en Jingdezhen 27 sedes, un elevado número que tiene mucho que ver con la prosperidad de la producción cerámica de dicha localidad. A comienzos de la dinastía Qing el desarrollo de la industria alfarera hizo que aumentara continuamente la población, aunque ya desde la dinastía Yuan había decenas de miles de personas que frecuentaban la ciudad, por lo que se ganó el sobrenombre de "embarcadero de dieciocho provincias". La evolución de la industria cerámica trajo consigo un fuerte auge comercial y una gran prosperidad urbana, y contribuyó a la gran expansión económica de Jingdezhen, atrayendo mercaderes y mano de obra de todo el país y dando lugar a una gran capital cosmopolita. El intercambio de experiencias y técnicas entre los trabajadores de un mismo oficio, la protección de sus intereses, la transmisión de los conocimientos a las siguientes generaciones e incluso la adquisición de contactos y amistades requerían de una asociación. Aunque entonces las cerámicas de Jingdezhen alcanzaban los cuatro rincones del mundo, la mayoría de comerciantes extranjeros no viajaba directamente hasta allí, sino que se hacían llegar las mercancías a través de intermediarios hasta puertos comerciales importantes como Guangzhou (Cantón) y Hong Kong o los de Fujian o Taiwán. Todos estos lugares tenían personal establecido permanentemente en Jingdezhen para comprar y transportar las porcelanas, y por tanto cada una de las asociaciones y organizaciones gremiales se adaptaron en consecuencia.

Bajo estas circunstancias, y desde el punto de vista administrativo, se pueden distinguir tres tipos de sedes gremiales: las que representaban a una entidad gubernamental superior a los distritos, y que englobaba a estos, como las sedes de Ji'an (distritos de Jishui, Taihe, Yongfeng, Ninggang, Yongxin, Suichuan, Wan'an, Anfu, Lianhua y Ji'an), Nanchang (Nanchang, Xinjian, Fengcheng, Jinxian, Jing'an, Fengxin, Wuning y Xiushui), Raozhou (siete distritos) o Huizhou (seis distritos), entre otras; aquellas que representaban a un único distrito, como las de Fengcheng, Ningbo, Wuyuan, Qimen, Fengxin, Hukou, Roncheng, Fuliang, etc., y que podían incluso ser más de una si los miembros llegados de la respectiva demarcación eran muy numerosos, como en el caso de Duchang que disponía de una vieja sede de época Ming y otra más reciente; y las que representaban a una región adyacente, como las de Suzhou o Huzhou, o a una provincia, tal que la sede de Fujian (el "palacio de la diosa Matsu"), la academia de Hubei, la sede de Shanxi o la sede de Hunan (imágenes 11-116 y 11-117).

4.6.3. La compleja organización de las asociaciones gremiales

En este "embarcadero de dieciocho provincias" en que se había convertido Jingdezhen, los artesanos provenientes de todos los rincones de Jiangxi y los comerciantes llegados de las diferentes provincias del país se establecieron en una sociedad de acogida a la que llevaron sus propios hábitos y modos de vida, y en la que se fue creando una babel de

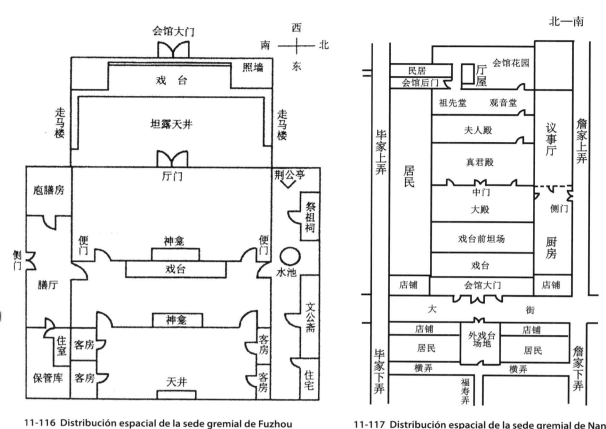

西
南 ← ↑ → 北
东

会馆大门

照墙

戏 台

坦露天井

走马楼

走马楼

荆公亭

厅门

庖膳房

祭祖祠

便门

神龛

便门

水池

侧门

膳厅

戏台

文公斋

神龛

住室

客房

客房

保管库

客房

天井

客房

住宅

11-116 Distribución espacial de la sede gremial de Fuzhou

北—南

民居

会馆后门

厅屋

会馆花园

祖先堂

观音堂

毕家上弄

居民

夫人殿

真君殿

中门

大殿

戏台前坦场

戏台

店铺

会馆大门

店铺

议事厅

詹家上弄

侧门

厨房

大   街

毕家下弄

店铺

居民

外戏台场地

店铺

居民

詹家下弄

横弄

横弄

福寿弄

11-117 Distribución espacial de la sede gremial de Nanchang

lenguas y dialectos con los que resultaba difícil comunicarse entre sí. Estos recién llegados necesitaban una asociación aglutinante tanto desde el punto de vista de los contactos
personales como de los profesionales, algo que estas organizaciones gremiales basadas
en los lazos territoriales, sanguíneos y laborales hicieron posible. Hay quien opina que
esos lazos territoriales eran aún más estrechos y desarrollados que los de sangre, aunque
menos que los lazos profesionales, y que entre ellos no existía una correspondencia
estricta ni un orden de precedencia, sino que más bien se solapaban permeándose entre
sí en una relación de interdependencia. La industria alfarera de Jingdezhen dio origen
a este tipo de relaciones en el seno de las asociaciones gremiales que giraban en torno a
ella. Muchos de los colegas de oficio eran también familiares o paisanos, y por lo tanto
un buen número de profesiones estaban a menudo monopolizadas por una determinada
localidad de procedencia o clan familiar.

La historia de los alfares cerámicos de Jingdezhen es muy larga; las técnicas se fueron
perfeccionando y la división del trabajo se hizo cada vez más minuciosa y variada, y ello

condujo a largo plazo a la proliferación de asociaciones de tipo gremial. Sólo observando el último siglo y pico de desarrollo, podemos comprobar cómo la industria alfarera y todo lo que la rodeaba dio origen a innumerables organizaciones profesionales de todo tipo y condición. Cada categoría tenía numerosas subdivisiones, comenzando por los oficios (comerciantes, maestros artesanos y operarios) y el lugar de proveniencia (Huizhou, Duchang y el resto), que además se encontraban estrechamente imbricadas entre sí. La sede gremial, como ya hemos dicho, era el lugar donde residían las instituciones y se celebraban las actividades.

4.6.4. Asociaciones de comerciantes

Las asociaciones de comerciantes de Jingdezhen se ocupaban principalmente del transporte y venta de las porcelanas, dos tareas interdependientes que convivían en el seno de la misma organización. A finales de la dinastía Ming y comienzos de los Qing se estableció en la sede gremial de Suhu la oficina de las ocho asociaciones de comerciantes (Ningbo, Shaoxing, Guandong, Echeng, Guangdong, Tongcheng y Suhu). Durante la República de China (1912-1949) había un total de 26 asociaciones de comerciantes llegados de fuera de Jingdezhen, y entre ellos había siete que representaban distritos o aldeas de la provincia de Hubei, que debido a su abundancia de capital gozaban de un estatus equiparable al de las asociaciones de nivel provincial. Estas 26 asociaciones eran las de Chuanhu, Henan, Guandong, Tongcheng, Liangkou, Guangdong, Suhu, Ningshao, Nanchang, Neihe, Gunan, Kangshan, Yangzhou, Guoshan, Jindou, Fengxi, Xiaogang, Tongqing, Tongxin, Makou, Huangma, Sanyi, Liangzi, Tianjin, Hunan y Jiujiang, y formaban parte de aquel tercer grupo "mixto" que no tenía que ver con Huizhou ni con Duchang. Colaboraban entre ellas, aunque también tenían sus querellas internas. Aparte de éstas, el número siguió aumentando. Todas estas asociaciones se ocupaban de la distribución y venta de las porcelanas y también servían de nexo de unión entre Jingdezhen y el mundo exterior.

4.6.5. Asociaciones de maestros artesanos

La división del trabajo en la industria cerámica de Jingdezhen era muy especializada, y por lo tanto los oficios derivados eran numerosos. Según la clasificación tradicional existían 8 oficios y 36 subcategorías, entre las que destacaban por su importancia las dedicadas a la elaboración y cocción de las piezas, la producción de objetos auxiliares, la reparación, o el embalaje y transporte. Su influencia tenía que ver con el número de personas que ejercían tales profesiones, y sus ingresos dependían de sus habilidades técnicas o su esfuerzo físico. Algunos de ellos ejercían un gran poder y podían frecuentar los prostíbulos sin pagar, o abrir garitos de apuestas para generar ingresos. Estas asociaciones gremiales tenían unas reglas internas muy estrictas: sus miembros no podían entrar en contacto con personas ajenas a su propia agrupación, especialmente por lo que se refiere al intercambio de conocimientos técnicos, y en algunas incluso se podían transmitir estos a hijos y nietos pero no a yernos o nietas; sin el permiso del patrón no se podía reclutar nuevo personal, ni podían introducirse innovaciones. Cada uno de estos oficios se iba pasando de generación en generación, y en algunos casos específicos –como por ejemplo los fabricantes de ciertos instrumentos de corte– incluso se heredaban los clientes, que no podían encargar las mercancías a ninguna otra asociación; los fabricantes podían en cambio traspasar sus clientes o deshacerse de ellos. Por ello se solía decir en Jingdezhen que "si quieres hacer cerámica, primero tienes que entrar en un gremio". Para desempeñar cualquier oficio en aquella industria había que formar parte de la asociación correspondiente, si se querían evitar los problemas; de otro modo, no se podía encontrar a nadie con quien colaborar y resultaba del todo imposible ejercer la profesión en Jingdezhen.

La clasificación en 8 oficios y 36 subcategorías de los hornos comunes ya mencionada era una división tradicional y esquemática; en realidad, según mi propio trabajo de campo llevado a cabo durante un largo período de tiempo ese número era aún mayor, pues había por ejemplo algunas tareas relacionadas con el esmaltado que no estaban incluidas en él, así como tampoco otras once subcategorías relativas a las piezas elaboradas a mano, o las que tenían que ver con la venta, la extracción y abastecimiento de materias primas o los utensilios de pintura. Todas ellas tenían sus respectivas asociaciones gremiales de artesanos manuales, como las relativas al combustible de los hornos durante el reinado del emperador Jiaqing. Más tarde, y según las necesidades de cada oficio surgirán los respectivos gremios, como en el caso de las tareas relacionadas con la elaboración a mano de piezas cerámicas, repartidas en siete subcategorías, divididas a su vez en aquellas que representaban a la fuerza de trabajo y las que se ocupaban del capital.

4.6.6. Asociaciones de operarios

Las asociaciones de operarios se organizaban *grosso modo* según la clasificación de oficios descrita más arriba, aunque la división no era exactamente idéntica y había numerosas y variadas tareas asociadas a la elaboración de las vasijas, la fabricación de cuencos-soporte para la cocción o la propia cocción. Para luchar por sus intereses y beneficios, los trabajadores establecían sus asociaciones específicas, como aquella dedicada al "inmortal del fuego y el viento" –un alfarero de la dinastía Ming llamado Tong Bin que saltó a las llamas para salvar a sus colegas y se convirtió en un personaje legendario de Jingdezhen– de los que manejaban los hornos cerámicos, que se reunía periódicamente. Es también el caso de las dieciocho asociaciones de los operarios encargados de decorar las pequeñas piezas, organizadas según sus lugares de proveniencia (Nanchang, Nankang, Raozhou, Jiujiang y Fuzhou). Cada agrupación tenía un cierto número de patrones o dirigentes encargados de supervisar sus actividades. Todos los años, del primer al décimo octavo día del cuarto mes del calendario lunar, los miembros de las asociaciones se reunían por turno cada día para celebrar un banquete, de la primera a la última asociación. El número de miembros de cada una de ellas era variable, aunque la mayoría tenían más de diez y englobaban a un tercio del total de trabajadores de ese determinado oficio. Los que trabajaban en los talleres que imitaban las piezas de Ding color rosado estaban a su vez organizados en cinco asociaciones según su especialidad, cada una con su propio apelativo, y también colaboraban entre ellas bajo un nombre común. Dichas asociaciones, cuyos dirigentes habían sido trabajadores en un principio, obtenían ingresos por el alquiler de inmuebles. Como ya hemos dicho más arriba, la elaboración de las piezas hechas a mano estaba controlada por una asociación "mixta" integrada por todos aquellos que no procedían de Huizhou ni Duchang, en la que predominaban aquellos trabajadores originarios de Fuzhou, y por eso esas cinco asociaciones se establecieron en la sede gremial de esta última localidad. Los fabricantes de cucharas soperas, por su parte, también instituyeron una asociación para preservar sus intereses, y los patrones también disponían de la suya propia. En términos generales, cada industria y cada oficio tenían sus respectivas asociaciones de patrones y trabajadores.

Aunque las asociaciones eran muy numerosas, la mayoría estaban integradas dentro de las tres grandes agrupaciones ya mencionadas (la de Duchang, la de Huizhou y la "mixta"), las más importantes desde el punto de vista económico, que tenían bajo control los diferentes gremios industriales y comerciales de Jingdezhen.

La secular tradición alfarera de los hornos de Jingdezhen, el establecimiento en esa área de los alfares oficiales durante las dinastías Ming y Qing, el aumento de la demanda interna y el florecimiento del comercio exterior hicieron que esta ciudad se convirtiera en el centro más importante de manufactura cerámica. Por ello merece la pena estudiar no sólo los ejemplares elaborados allí sino también todo aquello relativo a la organización productiva, como por ejemplo los medios de transporte o las correspondientes estructuras culturales. Sin embargo, debido a su complejidad y a las limitaciones de espacio, sólo hemos podido presentar el asunto de manera muy somera.

Capítulo 5   Hornos alfareros del resto de China

Si bien Jingdezhen era el principal centro alfarero de la época, hubo también otros lugares de producción cerámica que no dejaron de evolucionar durante la dinastía Qing. Según estimaciones, durante el reinado de Qianlong en la segunda mitad del siglo XVIII había en todo el territorio chino más de cuarenta áreas de producción cerámica, distribuidas por las actuales provincias de Hebei, Shandong, Henan, Shanxi, Shaanxi, Sichuan, Jiangsu, Anhui, Fujian, Jiangxi, Hunan y Guangdong. Entre ellas, destacan por su celebridad nombres como los de Ci y Tangshan (Hebei), Boshan y Linqing (Shandong), Pinding (Shaanxi), Qimen (Anhui), Liling (Hunan), Dehua (Fujian), Guangzhou, Shiwan y Chaozhou (Guangdong), Yixing (Jiangsu) o Rongchang (Sichuan), entre otros. En cuanto a las producciones de cada uno de dichos sistemas alfareros, resultan especialmente características la porcelana blanca y *qinghua* de Dehua, la *qinghua* de Shaanxi, la de esmalte negro de Boshan, la de pintura bajo esmalte de Liling, la *guancai* de Guangdong, la cerámica de arcilla morada de Yixing, las piezas de imitación de Jun de Shiwan, la cerámica con decoración incisa de Sichuan, etc.

Seguidamente pasaremos a describir algunos de los centros de producción cerámica más representativos de aquel momento.

5.1. Hornos de Yixing (Jiangsu)

Los hornos de Yixing experimentaron con los Qing un gran desarrollo sobre la base de lo alcanzado durante la dinastía anterior. Según los anales publicados en el reinado del emperador Jiaqing, Yixing ya se había convertido antes de la era Qianlong en una próspera localidad de "diez mil hornos". La industria alfarera se convirtió así en el pilar económico de dicha ciudad, que era conocida como la "capital de la cerámica". Entre su producción destacan por su rápido crecimiento la variedad de cerámica de arcilla morada, las imitaciones de Jun y la cerámica de uso cotidiano.

A partir del reinado de Wanli en la dinastía Ming, la cerámica de arcilla morada experimentó una etapa de gran auge, y con la dinastía Qing dicha variedad ya no será un exclusivo objeto de deleite de las clases ilustradas sino que gracias a su progresiva evolución empezará a ser apreciada por el propio emperador y a convertirse en parte de los tributos destinados a la casa real, tal y como ha quedado registrado en las oficinas de asuntos internos de los Qing y en los archivos del reinado de Qianlong. En el Museo de la Ciudad Prohibida todavía se conserva una olla para hojas de té de arcilla morada con la inscripción relativa a dicho emperador, que formaba parte de un juego de piezas de té que solía llevar éste cuando salía de su residencia y que incluía un brasero, una tetera y una olla además de la caja de mimbre dentro de la que se transportaban. En dicho museo hay más de un juego de piezas de té de estas características, y con toda probabilidad se trataba de objetos tributarios realizado en Yixing.

Las variedades de cerámica de arcilla morada de época Qing eran aún más abundantes y diversas. Además de piezas de té como tazas o teteras, también había vasijas *zun* decoradas, cajas con decoración de crisantemos, bandejas incensario, vasos de decoración variada, etc. También se empleaban las técnicas correspondientes para elaborar piezas con formas vegetales, entre las que destacan por su representatividad aquellas a modo de castaña de agua, narciso, sagitaria de hojas largas, cacahuete o loto invertido, entre otros. Aparte de ello, también hay otros ejemplares que imitan todo tipo de objetos de bronce.

La tonalidad de las llamadas cerámicas de "arcilla morada" podía variar bastante; además de los principales colores (bermellón y morado), también hay piezas de color blanco, negro, amarillo, verde pera, ocre semilla de pino...

Durante los reinados de Kangxi, Yongzheng y Qianlong había en Yixing numerosos artesanos dedicados a la elaboración de este tipo de cerámica. El renombrado maestro Chen Mingyuan (también conocido como He Feng o Hu Yin) realizó gran número de piezas de té y objetos decorativo de formas diversas; sus ejemplares con formas vegetales son extremadamente vivaces y de gran realismo. Hoy en día una buena parte de las abundantes muestras de arcilla morada con formas naturales conservadas son imitaciones de los originales realizados por Chen. Otros artesanos famosos de los reinados de Yongzheng y Qianlong fueron Chen Hanwen, Yang Jichu o Zhang Huairen.

Con respecto a esta variedad de cerámica de arcilla morada de Yixing, la historiografía precedente ha solido resaltar su importante papel en el contexto de la producción alfarera china, pero apenas ha tenido en cuenta todo lo relativo a su exportación o influencia en el extranjero. En los estudios llevados a cabo por los europeos acerca de la cerámica de exportación realizada en China desde el siglo XVII al XIX sólo figuran los centros alfareros de Jingdezhen, Yixing y Dehua, lo cual quiere decir que fueron estos tres los lugares de producción cerámica chinos que mayor número de piezas colocaron en los mercados occidentales y que más profunda impresión dejaron en el imaginario de aquellos países. En los registros de Batavia (Yakarta) de la Compañía neerlandesa de las Indias Orientales se alude en una entrada de 1679 a "siete teteras de porcelana roja de Zhangzhou", y en 1768 a "320 teteras de porcelana roja de Aomen [Macao] con decoración pintada de personajes"; ese mismo año, el *Ternate* transportó 1.635 teteras hasta Ámsterdam. Todas esas teteras eran tal vez ejemplares de cerámica de arcilla morada procedentes de los hornos de Yixing, aunque en Holanda eran conocidas como "teteras de las Indias Orientales" por haber sido importadas por dicha compañía neerlandesa a partir del siglo XVII indirectamente desde su sede en Java. Esta tipología guarda bastante semejanza con los búcaros o recipientes de arcilla colorada empleados en España o Hispanoamérica como floreros o para contener agua perfumada. Cuando los europeos comenzaron a adoptar la costumbre de beber té, sobre todo a partir de mediados del siglo XVII, la demanda de teteras realizadas en China fue creciendo paulatinamente, y gracias a ese aumento de los encargos realizados por los clientes occidentales éstas se convertirían más adelante en una de las tipologías cerámicas de exportación más importantes.

A mediados del siglo XVII los europeos empezaron a importar cerámica de arcilla morada de Yixing, lo que provocó una fiera competencia entre estos productos y los realizados en Europa a la vez que contribuyó a impulsar la revolución de la industria alfarera europea. En las últimas décadas de siglo y principios del XVIII la fábrica de Ary de Milde en Delft (1675), los hermanos Elers en Staffordshire (1690) y Johann Friedrich Böttger en Meissen (1710) consiguieron imitar con éxito las cerámicas originales de Yixing.

Las piezas de arcilla morada de Yixing ocupan un importante lugar en la colección de objetos de la reina María II de Inglaterra, una parte de la cual se conserva en el palacio de Huis Honselaarsdijk cerca de La Haya, propiedad de su marido el príncipe Guillermo II de Orange. En 1698 el marino mercante inglés Thomas Bowrey visitó el palacio holandés y describió los aposentos de la difunta reina, "repletos de porcelanas chinas"; incluso el manto de la propia reina estaba decorado con hermosos ornamentos chinos de color rojo que dejaron maravillado al visitante.

Desde tiempos remotos los diferentes materiales y métodos de elaboración de las cerámicas chinas han despertado el interés de los occidentales. El explorador y naturalista

sueco Pehr Osbeck se preguntaba en el siglo XVIII: "¿Sabemos cómo se producen las cerámicas de color marrón o rojo? ¿Acaso no podemos encontrar la forma de ir a China para ver con nuestros propios ojos cuál es su método de elaboración?".

El zoólogo y orientalista norteamericano Edward S. Morse visitó Japón en 1877 interesándose por la arqueología, la arquitectura y las artes niponas. En 1880 se estableció en Salem (Massachusetts), y en 1914 fue nombrado director del Museo Peabody de arqueología y antropología, antecedente del actual Museo Peabody Essex. Durante su estancia en Japón, adquirió una tetera

11-118 Tetera de arcilla morada de los hornos de Yixing Dinastía Qing (reinado de Jiaqing) Altura: 15'9 cm.; anchura: 11'2 cm. Museo Peabody Essex de Massachusetts

de arcilla morada de Yixing (imagen 11-118), una pieza con sucesivas pátinas que prueban su frecuente uso a lo largo del tiempo. Uno de sus pies tiene forma de medio loto con semillas en su interior claramente visibles. La tapadera está hecha a modo de hongo invertido, y la agarradera superior (ya desaparecida) tenía forma de tallo. El asa asemeja una castaña de agua, un murciélago o los cuernos de un búfalo. La boca de la tetera tiene forma de raíz de loto, y en torno a ella y en la parte superior de la pieza hay semillas de sandía, nueces, receptáculos de loto, cacahuetes y otros pequeños ornamentos. En mandarín las castañas de agua son homófonas de "ingenio" o "inteligencia"; además, asemejan murciélagos, que a su vez suenan igual que el sinograma relativo a "felicidad". Los chinos captaban inmediatamente los numerosos significados simbólicos de la tetera, mientras que para los occidentales resultaba más difícil reconocerlos a no ser que estuvieran familiarizados con su cultura, y en su mayoría se limitaban a apreciar su realismo híbrido y las habilidades artísticas de los artesanos que la elaboraron. Sobre la superficie de la panza aparece inscrito el poema "El agua [de Jingxi] sabe como la de las Tres Gargantas, el té [de Poyang] supera en aroma al de Lu'an". Hay estudiosos occidentales que opinan que podría tratarse de una inscripción del renombrado alfarero Shao Erquan. El mandarín y estudioso Chen Mansheng (Chen Hongshou, 1768-1822) fue enviado en 1816 al distrito de Liyang cerca de Yixing. Chen era un gran amante de las teteras de cerámica, y encargó a una serie de célebres artesanos de la época –entre los que se encontraba Shao Erquan– el desarrollo y mejora de la industria alfarera. Shao era uno de los pocos alfareros de formación académica que

119 | 120
   | 121

11-119 Tetera de arcilla morada con apliques de orfebrería de los hornos de Yixing Dinastía Qing (reinado de Kangxi) Altura: 10 cm.; anchura: 18 cm. Museo Peabody Essex de Massachusetts

11-120 Tetera de arcilla morada elaborada en Holanda 1680-1700 (reinado de Kangxi) Altura: 10'5 cm.; anchura: 13 cm. Museo Peabody Essex de Massachusetts

11-121 Tetera de arcilla morada en forma de fénix elaborada en Alemania 1710 (reinado de Kangxi) altura: 11'2 cm.; anchura: 15'2 cm. Museo Peabody Essex de Massachusetts

destacaba tanto en la caligrafía como en el arte de la incisión, y debido a su renombre sus obras fueron muy imitadas con posterioridad. Ello hace que no se pueda determinar con total seguridad la autoría de dicha tetera.

En ambos lados de la tetera de arcilla morada de la imagen 11-119 aparece una rama de ciruelo en flor. En la parte superior de la tapadera hay un dragón enroscado. Al tratarse de un objeto exportado a Europa, para darle un aspecto más suntuoso se le añadieron una serie de apliques de orfebrería labrada en la vertedera, el asa y la agarradera, enlazados por una cadena.

La fama de las teteras de arcilla morada de Yixing hizo que la imitación de estas piezas en los talleres no se limitara a los siglos XVII y XVIII sino que se extendiera hasta mediados del siglo XIX. En realidad, el atractivo artístico de los objetos cerámicos de Yixing ejerció una profunda influencia en artistas alfareros de todo el mundo, lo queda bien reflejado en sus imitaciones.

En la imagen 11-120 se puede ver una copia de las teteras de arcilla morada de Yixing realizada en los talleres de Ary de Milde en Delft, los primeros que consiguieron imitar estos productos en Europa. Aquí también hay una cadena dorada que une el asa con la tapadera, sobre las cuales aparecen asimismo apliques con perlas.

La tetera de arcilla morada en forma de fénix de la imagen 11-121 es una imitación realizada en los talleres alemanes de Meissen por el alquimista Johann Friedrich Böttger, que aproximadamente en 1710 comenzó a copiar los modelos chinos de dicha morfología, primero las teteras de arcilla morada y más tarde las porcelanas. Johann Joachim Kändler describió en un informe de trabajo de 1734 cómo se elaboraban estas piezas de arcilla morada en forma de fénix con boca grande en las fábricas de Meissen. La decoración de la tapadera de estos ejemplares asemeja un sol naciente sobre el mar; la cola del fénix se dobla hacia abajo conformando el asa. Este tipo de vasijas contenedor podrían haber servido como recipientes para alcohol o simplemente como objeto decorativo para deleite y contemplación.

Gracias a lo visto más arriba podemos comprobar la influencia que ejercieron en ultramar no sólo los objetos cerámicos de Jingdezhen sino también los de otros lugares de producción alfarera de la costa. Las piezas elaboradas en Yixing también tuvieron gran repercusión en el extranjero. En mi opinión, todo ello probablemente tuvo mucho que ver con la difusión y popularidad de la moda del té en Europa.

5.2. Hornos de Shiwan (Guangdong)

Con el progresivo desarrollo económico y social experimentado durante la etapa intermedia y la final de la dinastía Qing se hicieron cada vez más altas las exigencias decorativas de las construcciones (incluidos los templos ancestrales y los santuarios budistas o taoístas), y ello repercutió en el gran avance de los hornos cerámicos de Shiwan en la provincia de Guangdong. En un primer momento la producción a gran escala de tejas y otros elementos arquitectónicos crearon una gran variedad de motivos y una complejidad artística. A mediados de la dinastía Qing aparecieron fábricas especializadas en la elaboración de este tipo de objetos cerámicos, como las de Wen Rubi, Wu Qiyu, Quan Yucheng, Meiyu, Yingyu o Junyu, entre otras.

Antes de la dinastía Ming, la principal producción de los hornos de Shiwan eran utensilios domésticos comunes de uso diario como las cazuelas, los tazones, las bandejas, las ollas las urnas, las escudillas con arenilla, los maceteros, etc., que se vendían sobre todo en la propia provincia de Guangdong o en lugares como Guangxi, Fujian o Shanghai. Durante el reinado del emperador Zhengde de la dinastía Ming se crearon en Shiwan los célebres alfares de Nanfeng, que sustituyeron a los antiguos hornos y que posibilitaron un ahorro de combustible y un mayor control de la temperatura interior, contribuyendo a aumentar enormemente la producción. Ello dio paso a una serie de innovaciones técnicas que llevaron al abandono del esmalte verde como principal tonalidad monocroma y a la adopción de los esmaltes multicolores. Durante la dinastía Qing la industria alfarera de Shiwan alcanzó su momento de mayor apogeo; con los reinados de Qianlong y Jiaqing la ciudad, cuya próspera economía giraba en torno a la producción cerámica y el comercio, se convirtió en una de las pocas localidades importantes del distrito de Nanhai, al nivel de Foshan y la propia Cantón, y ese florecimiento económico y comercial propició el rápido desarrollo de la industria alfarera de la zona. Según los documentos de la época, en su momento de mayor auge Shiwan albergaba un total de 107 hornos, en los que trabajaban alrededor de 60.000 operarios de ambos sexos; además, de las seis o siete mil familias que habitaban el lugar, más de la mitad se dedicaban a la alfarería. De los ocho oficios registrados durante la dinastía Ming se pasó a los veintiocho de finales de los Qing y comienzos de la República de China. Había casi mil firmas familiares, y más de mil talleres grandes o pequeños, con una cifra de trabajadores ocupados directa o indirectamente en la industria que como hemos dicho no bajaba de los sesenta mil. Las variedades tipológicas salidas de los alfares de Shiwan eran numerosas y diversas, en un amplísimo registro que englobaba casi cualquier faceta de la vida diaria. En la región del delta del Río de las Perlas cualquier producto cerámico –ya se tratara de utensilios de uso diario, vasijas para comer y beber, objetos decorativos o elementos de carácter arquitectónico– guardaba relación con los hornos de Shiwan. Su industria alfarera alcanzó entonces un gran desarrollo, aumentando tanto el número de empleados en ella como la cantidad y variedad de las piezas allí producidas, lo que dio lugar a la aparición de todo tipo de asociaciones de carácter gremial que ejercían como órganos autónomos de supervisión para evitar las intromisiones externas. Entre las principales se encontraban las de los fabricantes de teteras, bandejas de gran tamaño, urnas, antigüedades o maceteros. Se estima que a finales de la dinastía Qing había un total de veintiséis.

Una de las principales características de los artesanos de los hornos de Shiwan era su habilidad para imitar productos de cualquier otro alfar, incluidos los de Longquan, Ge, Cizhou, Jizhou o Jian o la porcelana tricolor de época Tang. Las más famosas eran las imitaciones de las porcelanas de Jun, cuya producción se puede dividir en cuatro etapas históricas: la primera, desde mediados de la dinastía Ming hasta comienzos de la dinastía Qing, fue una fase inicial en la que se imitaron sobre todo vasijas antiguas de uso doméstico (aguamaniles, jarrones, cántaros, bandejas, recipientes tipo *zun*, braseros trípodes...), y en la que se emplearon principalmente el esmalte azul y el rojo, que se convirtieron en variedades tradicionales de los hornos de Shiwan; la etapa entre mediados y finales de la dinastía Qing, por su parte, fue aquella de mayor apogeo, en la que no sólo se siguieron produciendo los utensilios de uso doméstico sino que también aparecieron piezas de esmalte color morado ("morado uva", "morado rosa" o "morado piel de berenjena") o rojo rosáceo. Aparte de ello, las figurillas esculpidas (antropomorfas, zoomorfas o fitomorfas) se hicieron asimismo muy populares.

Al imitar las piezas de Jun los hornos de Shiwan no sólo se limitaban a copiar mecánicamente sus modelos sino que también introducían ciertas innovaciones, por eso existen claras diferencias entre estos y los ejemplares *guangjun* (imitaciones de Jun producidas en Guangdong). Las piezas originales eran más sobrias y naturales, mientras que las copias hechas ahora en Shiwan son más variadas. Se puede hacer una distinción general entre los utensilios de uso doméstico y las figurillas. Los primeros incluyen imitaciones de jarrones florero, jarrones tipo *cong* (rectangulares y con boca circular), jarras en forma de oliva o de cabeza de ajo, jarrones de cuerpo globular con cuello alargado y boca acampanada, jarras con doble oreja, recipientes para flores, jarrones de pared, jarras en forma de vesícula, jarrones de cuello largo, en forma de melón o de doble pez, etc. Los taburetes pueden ser en forma de tambor, cuadrangulares, hexagonales, octagonales... En cuanto a las figurillas, hay monjes budistas y taoístas y también representaciones de todos los estratos de la vida social, caracterizados por su vivacidad y su expresividad, con ropajes de pliegues naturales de gran vigor, entre los que asoman el rostro y las manos (imagen 11-122).

11-122 Retrato del artista Mi Fu Dinastía Qing Altura: 16'6 cm. Museo provincial de Guangdong

El color de los esmaltes de las imitaciones de Shiwan es muy variado, y entre las tonalidades destacan el azul, el rosa púrpura, el negro o el verde esmeralda. Estas piezas se caracterizan por el grosor de su cuerpo, con una pasta gris oscura y un esmalte espeso y brillante. Se trata de rasgos muy parecidos a los de los ejemplares originales de Jun, lo que da cuenta del nivel artístico y técnico alcanzado por estos artesanos imitadores. No obstante, como ya hemos avanzado, dichos artesanos no se limitaban a copiar mecánicamente, sino que aplicaban también elementos creativos e innovadores; el esmalte de colores cambiantes de los hornos de Jun, por ejemplo, tenía una sola capa, mientras que en las imitaciones de Shiwan había una capa inferior y otra superficial. El esmalte era en general de color óxido, cuya función consistía en cubrir los pequeños agujeritos de la superficie del cuerpo de la vasija y reducir la tasa de absorción de la capa superior para que durante la cocción ambos estratos se permearan entre sí y alcanzaran una tonalidad más oscura, consiguiendo así una superficie esmaltada más suave y lúcida y un mejor resultado final.

Entre estas imitaciones de los esmaltes de Jun, la más célebre es la variedad conocida con el nombre de "cortina de lluvia", consistente en salpicar la superficie azul con pequeñas gotas de una tonalidad azul pálido, creando efectos cromáticos cambiantes de gran hermosura, como si sobre el límpido cielo azul se desplegara una fina cortina de lluvia.

A partir de la etapa intermedia de la dinastía Ming la industria alfarera de Shiwan se desarrolló con gran rapidez, convirtiéndose en el principal pilar económico de aquella región, y exportándose en grandes cantidades. En el contexto de las exportaciones de cerámica desde el puerto de Cantón durante las dinastías Ming y Qing, las piezas salidas de los hornos de Shiwan ocuparon el segundo puesto a nivel nacional sólo por detrás de los ejemplares producidos en Jingdezhen.

5.3. Hornos de Dehua (Fujian)

5.3.1. Porcelana blanca (*blanc de Chine*)

Los hornos de Dehua en Fujian se desarrollaron durante la dinastía Qing a partir de la base de los existentes en la dinastía precedente, aumentando en cantidad y abandonando el énfasis en los objetos de culto budista y las porcelanas labradas. Aunque las piezas de porcelana de carácter ritual como las representaciones de *luohan* (los *arhat* o discípulos de Buda del arte budista) o Guanyin seguían elaborándose a gran escala, aumentó por otra parte el número de utensilios domésticos de uso diario como vasos, jarras, teteras, tazones, aguamaniles, etc.

Comparada con la porcelana blanca de época Ming, aquella elaborada durante la dinastía Qing presenta una clara diferencia, y es que el esmalte blanco no tiene reflejos rojizos y por tanto es llamado "blanco manteca de cerdo". La capa de esmalte de las piezas hechas ahora posee matices ligeramente verdosos, quizás por el aumento del contenido en óxido férrico o tal vez porque los artesanos no dominaban la técnica de la atmósfera reductora.

La porcelana de Dehua comenzó a exportarse al sudeste asiático y Europa a finales de la dinastía Ming, y la cantidad aumentó considerablemente a comienzos de la era Qing. Aunque por entonces todas las porcelanas de exportación pasaban por el puerto de Cantón, la producción de los hornos de Dehua ya había conseguido hacerse un nombre en los mercados europeos, por lo que estos no dejaron de recibir encargos.

Las figurillas cerámicas de los alfares de Dehua son muy famosas, y su técnica se desarrolló hasta la dinastía Qing, cuando se comenzaron a producir piezas de exportación para el mercado occidental, incluidas representaciones de comerciantes y familias o de la Virgen María. Otra parte de la producción destinada al consumo interno como los utensilios de carácter práctico (teteras, bandejas grandes y planas o incensarios) también pueden encontrarse en colecciones tempranas de Europa u otros lugares. Además, la fábrica de Meissen en Alemania, la inglesa de Chelsea o algunas otras repartidas por el continente también realizaron imitaciones de esas porcelanas, lo que demuestra la excelente acogida de que gozaban en todos estos países.

En la imagen 11-123 podemos ver una copa para libación muy común entre la producción de porcelana de los hornos de Dehua, que solía variar de formas y era exportada a Europa, donde se exhibía como valiosa antigüedad, a veces con el añadido de apliques decorativos de orfebrería. En este caso se aprecian ciruelos o magnolias en bajorrelieve, con ramas que conforman el apoyo inferior de la copa, una ornamentación clásica de este tipo de vasijas. No hay ninguna clase de inscripción identificatoria, aunque es posible que estos apliques suplementarios fueran añadidos en Francia en la segunda mitad del siglo XVIII.

Existen unas cuantas referencias a estas copas de Dehua en el arte europeo. El artista francés Jacques André Joseph Aved pintó una sobre un estante de su *Retrato de Madame Brion tomando el té* de 1750, y en una naturaleza muerta del pintor holandés Leonard Knijff de finales del XVII y principios del XVIII también aparece un ejemplar similar, aunque sin apliques. En la parte dedicada a la porcelana de las Colecciones Estatales de Arte de Dresde se conservan diez de estas copas, algunas de ellas con señas de apliques de

11-123 Taza con asa de esmalte blanco de los hornos de Dehua Dinastía Qing (reinado de Kangi/Yongzheng) Altura: 16'8 cm.; diámetro boca: 9'8 x 7'8 cm. Museo Peabody Essex de Massachusetts

11-124 Candeleros de esmalte blanco con apliques dorados de los hornos de Dehua Dinastía Qing (reinado de Kangxi/Qianlong) Altura: 39'8 cm. Museo Peabody Essex de Massachusetts

orfebrería. El carguero inglés *Dashwood* llevó a Europa 2.335 vasos de color blanco, 540 tazas de té del mismo color y 940 vasos con decoración de magnolia, todos ellos probablemente procedentes de los alfares de Dehua. En el inventario de bienes de Augusto II el Fuerte (elector de Sajonia) hecho en 1721 aparecen 43 de estas copas, y tres años después también se registran entre las posesiones de Felipe II de Orleáns piezas de los alfares de Dehua, Meissen y Saint-Cloud.

En la imagen 11-124 aparecen dos piezas hechas a partir de copas de Dehua con el añadido de apliques, a modo de candelabros a la francesa. El cuerpo central está construido mediante la contraposición boca a boca y pie con pie de cuatro pequeñas copas; el apoyo triangular inferior, por su parte, también utiliza componentes de porcelana de Dehua, cada uno con tres *qilin* (monstruo híbrido de la mitología china) como remate. En lo más alto de los candelabros aparecen sendos jinetes sobre leones, cada uno de ellos con un silbato a sus espaldas. No obstante, todos los añadidos y apliques, incluidos los apoyacandelas y la base, están hechos en Europa.

La tetera con forma de granada de la imagen 11-125 está realizada en Dehua, y fue exportada a finales del siglo XVII o principios del siglo XVIII. El ejemplar está hecho mediante dos moldes acoplados entre sí en el centro, y las hojas y ramas de té estás fijadas con clavos sobre la superficie; las ramas comienzan desde el asa y se extienden por el cuerpo y la tapadera de la tetera, y después enlazan con las de la parte inferior de la boca. Este tipo de porcelana de Dehua fue exportado a Europa, donde algunos clientes

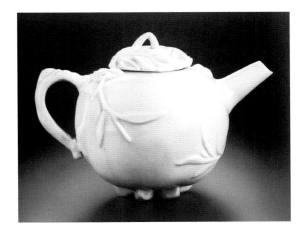

125
127 | 126

11-125 Tetera de porcelana blanca de los hornos de Dehua Dinastía Qing (reinado de Kangxi) Altura: 9'5 cm.; anchura: 13'3 cm. Museo Peabody Essex de Massachusetts

11-126 Representación de Virgen y niño en porcelana blanca de los hornos de Dehua Dinastía Qing (reinado de Kangxi) Altura: 33'6 cm. Museo Peabody Essex de Massachusetts

11-127 Escena de "familia holandesa" en porcelana blanca de los hornos de Dehua Dinastía Qing (reinado de Kangxi) Altura: 15 cm.; anchura: 16 cm. Museo Peabody Essex de Massachusetts

la coleccionaron como valioso objeto de anticuariado, y también fue imitada en algunas fábricas de porcelanas del continente. A muchas de estas piezas se les añadió una decoración de orfebrería. En el inventario de porcelana de Dresde de 1721 arriba mencionado, con piezas que luego se depositarían en el palacio japonés y el Johanneum, aparecen cinco de estas teteras (números 5 a 9), una de ellas con una cadena de cobre y otra con apliques de ese mismo metal.

Además de exportar a Europa porcelanas blancas de uso diario, los hornos de Dehua también exportaron un gran número de figurillas. Dichos alfares siempre habían destacado por su excelente producción de figuras esculpidas, y a sus artesanos no les resultó difícil pasar de realizar representaciones tradicionales de *luohan* y Guanyin a otro tipo de imágenes exportables a Europa, e incluso en ocasiones se llegaron a realizar figuras de carácter sincrético que aunaban las formas tradicionales chinas con los dogmas religiosos occidentales. Numerosos seguidores de Buda rezaban a la diosa Guanyin para tener un hijo; cuando se representaba a ambos juntos en el arte chino, como en el caso de la imagen II-126, Guanyin era entonces concebida como aquella que entregaba y protegía a ese niño. Muchos mercaderes y coleccionistas europeos adquirieron este tipo de imágenes por afán de novedad, y otros lo hicieron por su semejanza con las representaciones de la Virgen María. Para adaptarse a esa demanda de los mercados occidentales, los artesanos y comerciantes de Dehua alteraron ligeramente la apariencia original de sus imágenes de Guanyin y el niño para hacerla más acordes a los dogmas cristianos, añadiendo una cruz al cuello de la diosa y modificando la posición de la mano de la criatura sentada en su brazo.

Además de estos ejemplares de carácter religioso, entre las figuras de porcelana de Dehua exportadas a Europa también hubo no pocas imágenes de la vida doméstica, como la de la imagen II-127, con la representación de varios miembros de la misma familia. Aunque los europeos creían que este tipo de representación colectiva era muy complicado de realizar, en realidad para los artesanos alfareros chinos no revestía una gran dificultad, y ya en época Han, unos dos mil años atrás, existen buenos ejemplos de este tipo de escenas. Normalmente los artesanos empleaban para ello la técnica de la unión por presión de dos moldes, tal como hicieron también en este ejemplo de "familia holandesa". Los sombreros de los dos personajes masculinos, por ejemplo, fueron realizados por separado. Tanto los dos infantes como la pareja de adultos, con sus elegantes y elaborados atavíos, constituyen la viva imagen de una familia ideal. Los dos niños se elaboraron también de manera independiente. Existen dos modelos de esta "familia holandesa", que se diferencian exclusivamente por los objetos que aparecen sobre la mesa central; en este caso hay un tazón con comida, mientras que en el otro modelo se ve un tablero de ajedrez y un recipiente lleno de piezas para jugar. En el inventario de mercancías de 1701 del carguero inglés *Dashwood* había numerosos ejemplares de este tipo de representación familiar. Aunque en la lista aparecen con el nombre de "familia holandesa", Christiaan J.A. Jörg opina que se trataba en realidad de la representación de una familia occidental genérica; si aquel apelativo se hizo tan extendido fue porque los holandeses adquirían a menudo grandes cantidades de porcelana, que luego distribuían desde Batavia (Yakarta) a todos los mercados europeos. A pesar de que no se han hallado todavía documentos escritos que lo testifiquen de manera directa, esta teoría podría dar respuesta a algunas de las cuestiones todavía irresueltas en torno al origen de este tipo de "familias holandesas".

Observando estas figurillas cerámicas podemos comprobar de qué manera la cultura china llegó a influir en los europeos de la época. En la imagen 11-128, por ejemplo, el adulto de la izquierda está tocando la *pipa* (instrumento chino tradicional de cuerda pulsada similar al laúd); a su lado, un niño sujeta una flauta en la mano derecha y un pañuelo en la otra. En China los hombres de una cierta educación debían ser diestros en la música, los juegos de mesa, la caligrafía y la pintura. Gracias a este tipo de representaciones los europeos podían entrar en contacto con los instrumentos tradicionales chinos, o bien eran ellos mismos los que a veces encargaban porcelanas con tales representaciones a los hornos de Dehua para alardear de su amor por la cultura y el arte.

En la imagen 11-129, por su parte, aparece una figura de porcelana de Dehua con la imagen de un "holandés" –como se le conoce desde hace ya mucho tiempo– de estilo

11-128 Figura de músico tocando la pipa en porcelana blanca de los hornos de Dehua Dinastía Qing (reinado de Kangxi) Altura: 15'3 cm.; anchura: 9 cm. Museo Peabody Essex de Massachusetts

11-129 Figura de porcelana de "holandés" con mono de los hornos de Dehua Dinastía Qing (reinado de Kangxi) Altura: 33'6 cm.; anchura: 12'2 cm. Museo Peabody Essex de Massachusetts

claramente occidental. Se trata de un personaje sentado sobre un típico taburete labrado con la tradicional ornamentación china de flores y aves. Atraído por el olor de la banana que el hombre sujeta con la mano izquierda, un pequeño mono trepa por su pierna derecha. La parte posterior de la imagen no está esmaltada. El relieve del pedestal indica que fue realizado con una fina lámina de piedra. Para elaborar la figura de este personaje se utilizaron dos moldes; sus cabellos rizados también son una parte añadida, como lo son el mono, la cabeza y el sombrero. Entre las mercancías transportadas por el *Dashwood* había porcelanas con representación de "familia holandesa", "jinete holandés" o simplemente "holandés", un género del que forma parte la pieza de esta imagen.

Durante la era de los grandes descubrimientos geográficos y los albores del comercio de ultramar, los monos se hicieron muy populares en Europa, adonde eran llevados para ser vendidos como animal de compañía, convirtiéndose así en emblema de las travesías oceánicas y los lugares remotos. Entre el siglo XVII y comienzos del siglo XVIII, el mono apareció con frecuencia en la pintura europea de género y en la decoración de interiores como símbolo de la riqueza y apertura de mentes de los señores de la casa, lo que da fe del deseado lugar que ocupaban los países asiáticos más remotos en el imaginario colectivo europeo de la época.

5.3.2. Porcelana *qinghua*

Los hornos de Dehua aún producían grandes cantidades de porcelana *qinghua* durante la dinastía Qing. Tras la ocupación de Formosa por parte de los holandeses en la última etapa de la dinastía Ming, los comerciantes de aquel país utilizaron la isla como base para adquirir un gran número de piezas de porcelana en los distintos puertos de la provincia de Fujian y distribuirlos después por todo el mundo. La porcelana *qinghua* se convirtió en aquel período en la variedad cerámica más exportada, y la de Dehua –localizada en el interior de Fujian– resultaba cómoda de adquirir desde Taiwán. Hay autores que opinan que cuando la porcelana *qinghua* se convirtió en la principal cerámica de exportación la tradicional porcelana blanca de Dehua ya había perdido la calidad de antaño, tal y como afirma Guo Baicang, erudito y poeta de época Qing, en su libro acerca de los productos de la provincia de Fujian al comparar dicha porcelana blanca producida antes del reinado de Shunzhi, de exquisita calidad, con la más tosca y de menor calidad realizada con posterioridad. El poeta y ensayista del siglo XVII Zhou Lianggong, por su parte, también alaba en su obra «Breves bocetos de Fujian» las cualidades de la exquisita porcelana blanca de

Dehua de antaño. Sin embargo, en las fuentes escritas en inglés que he podido consultar he descubierto que si bien la porcelana blanca de la dinastía Qing no era tan buena como la de época Ming, los holandeses y otros europeos siguieron adquiriendo en Dehua principalmente piezas de dicha tipología, y no las de porcelana *qinghua*, por lo que puede deducirse de esto que los principales mercados a los que iba destinada la producción de esta última variedad en dichos hornos eran los asiáticos y africanos.

La razón de esa difusión de la porcelana *qinghua* de Dehua en esas regiones de ultramar hay que buscarla en diversos factores: en primer lugar, en la ya mencionada decadencia de su porcelana blanca; en segundo lugar, en su afán por adaptarse a la demanda de dichos mercados; y finalmente, en la situación de frecuente conflicto bélico en que se encontraba la provincia de Jiangxi a finales de la dinastía Ming, que hizo que la exportación de cerámica de aquella zona se viera afectada e impelió a un cierto número de artesanos de Jingdezhen y otros hornos con un gran dominio de la técnica de elaboración de la porcelana *qinghua* a buscar mejores condiciones vitales y laborales en la provincia de Fujian, donde prosiguieron con la producción de esa variedad, contribuyendo así a mejorar el nivel en alfares como los de Dehua. De este modo, dichos hornos comenzaron a producir su porcelana *qinghua* de exportación, que tenía como modelo y referencia la de los hornos de Jingdezhen, sirviéndose para su salida a ultramar de las ventajas geográficas que le ofrecían los cercanos puertos de la provincia.

A principios de la dinastía Qing, durante los reinados de Shunzhi y Kangxi, estos diversos factores internos y externos propulsaron la producción a gran escala de porcelana *qinghua*, que se convirtió en una de las principales variedades cerámicas de Dehua. Hasta la fecha se han encontrado un total de 177 emplazamientos de antiguos hornos de porcelana *qinghua* de época Qing en el distrito de Dehua, el mayor número en toda la historia, y entre ellos había más de 70 dedicados principalmente a la producción de porcelana de exportación. Casi todos los hornos de época Qing descubiertos elaboraban porcelana *qinghua*, en una cantidad y escala sin precedentes hasta entonces. Es importante resaltar aquí que la porcelana *qinghua* de Dehua no sólo ejerció su influencia en la producción de hornos situados a lo largo de la cuenca del río Jin como los de Yongchun o Anxi –cuyas piezas eran prácticamente idénticas a aquellas–, sino que impulsó hasta cierto punto la elaboración de dicha variedad en toda la provincia de Fujian gracias a la movilidad geográfica de los artesanos que trabajaban allá. Se ha descubierto una gran cantidad de piezas de porcelana *qinghua* de Dehua de época Qing en yacimientos urbanos y otro tipo de emplazamientos antiguos de Fujian y Taiwán, e incluso en el litoral de las Islas Pescadores en el estrecho entre ambas, y también es abundante el número de piezas conservado entre la población. Sin embargo, el hecho de que en el resto de China continental los descubrimientos hayan sido más bien escasos –a la par que los informes arqueológicos relativos publicados hasta la fecha–, lleva a sospechar que una parte muy importante de la producción de porcelana *qinghua* de Dehua estuvo destinada a satisfacer la demanda regional o de las áreas vecinas.

5.3.2.1. Cronología de la producción de porcelana *qinghua* y distribución de los yacimientos

Por lo que se refiere a la producción de porcelana *qinghua* en los hornos de Dehua, puede distinguirse entre una etapa inicial, otra de florecimiento, una de pleno esplendor y una última de decadencia. La primera fase comprende desde mediados de la dinastía Ming hasta el reinado de Shunzhi a comienzos de la dinastía Qing, y es un período de prueba. Los principales hornos se localizaban en Xunzhong, Sanban y Gekeng (junto al distrito de Youxi), y los yacimientos más representativos son los de Dongtou (Xunzhong), Qudougong (Longxun), Xiacangwei, Shifang, Shuangxikou y Sutian (Gekeng). No se han hallado muchos restos pertenecientes a esta fase inicial, quizás porque la producción era limitada. La siguiente etapa se sitúa en los reinados de los primeros emperadores de la dinastía Qing, durante las restricciones del comercio marítimo vigentes entre Kangxi y Qianlong. La fuerte inmigración y consiguiente abundancia de talento y el flujo de capitales hacia la zona contribuyeron al desarrollo de la industria cerámica en Dehua. Gracias a los estudios genealógicos sabemos que casi todas las familias de la ciudad y de las poblaciones de alrededor estaban dedicadas a la alfarería a tiempo parcial, empleándose en ella cuando las labores agrícolas les dejaban tiempo libre. En los registros históricos locales encontramos poemas de alabanza a la industria de porcelana de funcionarios y *literati*. En esta segunda etapa los principales hornos se distribuyen por Xunzhong, Sanban y Shangyong, y destacan los de Shipaige, Housuo y Dongtou (Xunzhong), Xin y Mailing (Sanban), Houliaoan (Shangyong) o Niutoumeishan (Yangmei). La fase de esplendor de la porcelana *qinghua* de los hornos de Dehua corresponde a la etapa intermedia y final de la dinastía Qing, aproximadamente desde el reinado de Jiaqing hasta el de Daoguang. En este período la producción de *qinghua* ocupa un lugar preeminente, y los hornos se extienden por la mayoría de localidades de todo el distrito. La cantidad es muy abundante, la calidad elevada y los patrones decorativos ricos y variados. Se trata del período del que se han conservado más muestras, muy similares a aquellas elaboradas en los alfares de

Jingdezhen durante esa misma época. La etapa final de decadencia se extiende desde finales de la dinastía Qing hasta la República de China. Las piezas presentan una tonalidad más pálida, y la decoración carece de profundidad de composición. La factura es bastante tosca, y comienzan a aparecer porcelanas impresas con azul *qinghua* o con esmaltes de otros colores. Los hornos se distribuyen principalmente por el este del distrito, y los más representativos son los de Qian'ou, Chalin'an, Dongtou y Lingdou (Xunzhong) y Shangliao (Sanban).

5.3.2.2. Modos de producción

Los hornos de producción de porcelana *qinghua* de Dehua descubiertos hasta hoy se distribuyen por un área no demasiado extensa de varios cientos de metros cuadrados, lo que demuestra que la mayor parte de ellos tenían una escala limitada, acorde con un modo de producción individual o agrupada en talleres de pequeñas dimensiones. Todavía en la década de los 50 del siglo XX se seguían compaginando las labores agrícolas con la elaboración de porcelana a escala familiar en lugares como la aldea de Baomei de Xunzhong, en el distrito de Dehua. No obstante, como los hornos de esa zona eran de estructura ascendente bastante compleja, se requería un considerable capital para construirlos y prepararlos, por lo que surgió un peculiar sistema de "elaboración individual y cocción conjunta". Cada familia se constituía en una especie de taller en el que se realizaba el cuerpo de las piezas en número abundante, y luego unían fuerzas entre sí para cocerlas en los hornos comunes, un método que según se cree se remonta a tiempos antiguos. En realidad se trata de un sistema de producción que también existía en Jingdezhen, con familias especializadas en la elaboración y hornos especializados en la cocción; la diferencia es que Jingdezhen tenía que hacer frente a un mercado mucho más amplio y en consecuencia la producción aún era más especializada, por lo que con los Ming y los Qing ya no se daba allí aquel fenómeno de compatibilización entre las tareas agrícolas y las artes cerámicas que sí se había verificado en cambio hasta la dinastía Yuan, cuando los campesinos eran asimismo artesanos alfareros.

5.3.2.3. Técnicas de cocción

Los hornos de porcelana *qinghua* de Dehua eran principalmente de tipo "dragón" (alargados) y de tipo "gradual". Los "hornos dragón" se construían sobre la ladera de una colina, con una cierta inclinación, lo que les daba una apariencia semejante a un largo dragón de fuego ascendiendo la montaña, de ahí su nombre. Se caracterizaban por un rápido ascenso y descenso de las temperaturas, lo que ayudaba a mantener la atmósfera reductora y disminuía los tiempos de cocción. Los hornos llamados "graduales" se desarrollaron a partir de los hornos "dragón" de cámaras separadas de Fujian de las dinastías Song y Yuan, y en su apariencia externa ya no guardan parecido a estos, pues se trata más bien de una serie de hornos de tipo "bollo" (circulares y abovedados) unidos entre sí.

Todos los hornos de porcelana *qinghua* de Dehua empleaban para la cocción un cuenco-contenedor por pieza, con una técnica bastante depurada. Por otro lado, las porcelanas se solían colocar en estos hornos boca contra boca, especialmente en el caso de los platos pequeños y los vasos, por lo que este tipo de vasijas no presenta esmalte en los bordes de las bocas, y al tacto resultan bastante ásperos. En cuanto a los instrumentos de cocción para sujetar las piezas, se empleaban sobre todo los de tipo circular. En estos hornos de Dehua no se usaron como era frecuente en otros alfares de la provincia de Fujian los instrumentos de cocción de arenilla fina, que podían ahorrar espacio y aumentar la capacidad interna de los hornos pero que dejaban en cambio una marca circular en la parte inferior de las vasijas. Las que se realizaban de esa manera eran las célebres porcelanas *qinghua* con apoyo de arenilla.

5.3.2.4. Decoración y tipologías morfológicas

La porcelana *qinghua* realizada en Dehua durante la dinastía Qing es el resultado de la combinación entre la propia evolución histórica y la influencia ejercida por la porcelana *qinghua* de los hornos comunes de Jingdezhen y la de otros alfares de diferentes distritos de Fujian producida durante la dinastía anterior. Desde el punto de vista de las formas, hay sobre todo utensilios de uso práctico como tazones, bandejas, vasos o platos, y también hay otros de carácter decorativo tal que jarrones, vasijas tipo *zun*, braseros o jarrones florero de cuerpo alargado y boca acampanada tipo *gu*. Es frecuente la decoración de tipo antropomorfo, zoomorfo o fitomorfo, y también los paisajes y poemas, con un contenido muy variado. Los artesanos poseían un estilo artístico libre y desenvuelto, muy enraizado en la porcelana popular. En cuanto a la tonalidad de la ornamentación, abunda sobre todo el azul grisáceo y también hay azul oscuro, con una superficie bastante borrosa y la frecuente aparición de manchas de color negro. La mayor parte de las inscripciones son de doble sinograma alusivo al taller de producción de la pieza, aunque hay asimismo inscripciones de un único sinograma, palabras de carácter auspicioso, marcas, inscripciones con datación, sellos... Los artesanos de Dehua se valieron de su dominio técnico y su larga experiencia a la hora de elaborar porcelanas con un alto grado de blancura en su pasta y su esmalte para hacer resaltar de manera especial sus decoraciones en azul *qinghua*. Las variedades de porcelana *qinghua* de Dehua eran muy numerosas y destacan por su gran utilidad práctica. Abundan tazones, platos, bandejas, jarrones, incensarios, etc.; son en cambio bastante escasas las figurillas esculpidas.

La porcelana *qinghua* de Dehua recibió la influencia de los hornos de Jingdezhen tanto en la manera de pintar como en los motivos ornamentales, aunque comparada con la producción de estos últimos las decoraciones pintadas de Dehua resultan más rígidas y encorsetadas, con un mayor esquematismo (imágenes 11-130, 11-131 y 11-132), si bien hay asimismo ejemplares con representaciones bastante vivaces, como en el caso de la bandeja de la imagen 11-133. Hay también tazones y bandejas con paneles floreados que presentan ciertas características propias de la porcelana kraak de época Ming, aunque con un estilo más esquemático y simplificado. Este tipo de representaciones resultaban más fáciles de ejecutar, y suponían además un cierto ahorro de horas de trabajo respecto a aquellas más complejas, por lo que podían ajustarse mejor a un eventual incremento de la demanda (imágenes 11-134 y 11-135).

5.3.2.5. Comercio de ultramar

Los hornos de Dehua se encontraban cerca de algunos de los más importantes puertos comerciales del litoral suroriental de China, como Fuzhou, Quanzhou, Zhangzhou o Xiamen (Amoy), por los que habían comenzado a exportarse grandes cantidades de objetos cerámicos ya desde las dinastías Song y Yuan, y por lo tanto existía una larga tradición de venta al exterior de una buena parte de las mercancías de Dehua. En el vigésimo tercer año del reinado de Kangxi (1684) se eliminó por fin la prohibición del comercio marítimo, lo que impulsó el rápido desarrollo de la producción de porcelana *qinghua* en Dehua y su exportación a gran escala.

En cierta manera, la producción de esta tipología cerámica en los hornos de Dehua durante la dinastía Qing estaba destinada principalmente a satisfacer la demanda de los mercados de ultramar. Si analizamos la distribución geográfica de los distintos hornos, vemos cómo la gran mayoría de ellos se concentraban en ambas orillas de los ríos que atravesaban la provincia; los alfares de Shangyong, por ejemplo, se extendían a lo largo de las dos riberas del Dazhang y de sus tributarios. Semejante localización permitía al conjunto de hornos de Dehua transportar sus cerámicas por vía fluvial hasta los puertos de Anping y Fuzhou y desde allí sacarlas a mar abierto para su exportación en ultramar. Las porcelanas *qinghua* de Dehua se vendieron sobre todo en Asia y África, y no tanto en Europa. En los últimos años se han desenterrado en lugares como Tanzania o Siria grandes cantidades

130 | 131
132 | 133

11-130 Bandeja de porcelana *qinghua* **con escena de despedida de los hornos de Dehua** Dinastía Qing Diámetro boca: 23 cm. Colección privada

11-131 Bandeja de porcelana *qinghua* **con escena de "Visita a amigos con instrumento" de los hornos de Dehua** Dinastía Qing Diámetro boca: 26 cm. Colección privada

11-132 Bandeja de porcelana *qinghua* **con decoración de faisán dorado de los hornos de Dehua** Dinastía Qing Diámetro boca: 27 cm. Colección privada

11-133 Bandeja de porcelana *qinghua* **con escena de "Ceremonia matutina del té"** Dinastía Qing Altura: 4'5 cm.; diámetro boca: 20'9 cm.; diámetro apoyo: 12'1 cm. Museo de cerámica de Dehua (Fujian)

de esta variedad cerámica, y también se han descubierto muestras en países como Filipinas, Vietnam, Camboya, Tailandia, Singapur, Indonesia, India o Sri Lanka. De ello quizás podría conjeturarse que, dado que la porcelana *qinghua* de Dehua era inferior en calidad y renombre a la de los hornos de Jingdezhen, se habría exportado principalmente a aquellos mercados que no podían permitirse adquirir los productos de estos últimos.

11-134 Bandeja de porcelana *qinghua* de tipo kraak con decoración floral compartimentada de los hornos de Dehua Dinastía Qing Museo de cerámica de Dehua (Fujian)

11-135 Tazón grande de porcelana *qinghua* con decoración floral compartimentada de los hornos de Dehua Dinastía Qing Altura: 16'6 cm.; diámetro boca: 39'4 cm.; diámetro apoyo: 14'9 cm. Museo de cerámica de Dehua (Fujian)

11-136 Bandeja de porcelana *qinghua* con panorámica del puerto de Xiamen (Amoy) Dinastía Qing (reinado de Kangxi) Diámetro boca: 48 cm. Museo Peabody Essex de Massachusetts

134	135
136	

En Europa son escasas las muestras de porcelana *qinghua* de Dehua exportada hasta allí en época Qing, mientras que su porcelana de color blanco (*blanc de Chine*) siguió vendiéndose sin interrupción por todos aquellos países, y especialmente en Holanda. Dehua se encontraba muy próxima a Xiamen, a la que ya habían llegado los portugueses en 1544. En 1644 los holandeses expulsaron a aquellos y crearon en la isla su propio establecimiento comercial, y después llegarían también los británicos. Por ello ya desde la dinastía Ming Xiamen había sido para Occidente un importante puerto comercial de productos cerámicos. En las fuentes históricas gráficas y escritas puede comprobarse cómo el sistema de hornos de Dehua constituía para los europeos uno de los tres principales centros chinos de producción alfarera en época Ming, algo que seguramente tiene que ver con la importancia del puerto de Xiamen en aquel período. En el Museo Peabody Essex se exhibe una bandeja de porcelana *qinghua* en cuyo centro aparece representado dicho puerto, quizás un encargo realizado por algún comerciante holandés a los artesanos de Dehua o Jingdezhen; en la parte superior del paisaje se distingue la leyenda *Deslad Eijmoeij*, sin duda una corrupción fonética de las palabras holandesas empleadas para designar a la "Ciudad de Amoy" (imagen 11-136).

¿Por qué los europeos que viajaron hasta Dehua durante la dinastía Qing compraron porcelana blanca y no *qinghua*? En mi opinión, la razón principal radica en la propia tradición, ya que durante la dinastía precedente la principal variedad exportada a Europa desde Dehua había sido aquella. A ojos de los europeos, la mejor porcelana blanca de China se elaboraba en Dehua, mientras que la mejor porcelana *qinghua* se hacía en cambio en Jingdezhen. Ello quiere decir que por una parte la porcelana *qinghua* de Dehua todavía no se producía a gran escala durante la dinastía Ming, y que posteriormente su calidad tampoco llegó a ser comparable a la de la producida en Jingdezhen. En segundo lugar, tras limitar el Gobierno de los Qing el intercambio comercial con ultramar al puerto de Cantón y cerrar al tráfico exterior el puerto de Xiamen, entre otros, a los europeos ya no les resultaba tan fácil como antes importar cerámica desde los puertos más cercanos a Dehua.

5.4. Hornos de Chenlu en Tongchuan (Shaanxi)

Los hornos de Chenlu en Tongchuan (Shaanxi) se desarrollaron a partir de los antiguos alfares de Yaozhou, distribuidos durante las dinastías Tang y Song a lo largo de las terrazas de las orillas norte y sur del río Qi –los conocidos como "talleres de los diez *li* [aproximadamente cinco kilómetros]"–, en torno a la localidad de Huangbao perteneciente a ese mismo término municipal de Tongchuan; también se extendían por Shangdian, Chenlu y Yuhua, en una sucesión que cubría unos cincuenta kilómetros. Más tarde, debido a los disturbios provocados por la caótica sucesión dinástica, todos los distintos hornos fueron interrumpiendo su actividad, excepto los de Chenlu que siguieron elaborando cerámica ininterrumpidamente hasta la dinastía Qing, convirtiéndose poco a poco en el principal centro productor de esa zona en sustitución de los hornos de Yaozhou en Huangbao. Gracias a esa historia de ocho siglos de existencia, los alfares de Chenlu fueron así durante las dinastías Ming y Qing los de mayor escala productiva no sólo de la provincia de Shaanxi sino de todo el noroeste de China. Durante la República de China en la primera mitad del siglo XX, muchas de las porcelanas *qinghua* producidas allí llevaban la inscripción toponímica "montaña de Lu", "montaña de Lu del distrito de Tongguan [antiguo nombre de Tongchuan]", "montaña de Lu del mismo distrito", etc.

Los hornos de Chenlu se centraban en torno a la localidad homónima, limitados por Beibaozi al norte, Nanbaozi al sur, Xibaozi al oeste y Yongxingbao al este y con una extensión aproximada de tres kilómetros de este a oeste y dos kilómetros de norte a sur. En este conglomerado se distinguen los hornos de Shangjie, Beibaozi, Nanbaozi, Shuiquantou, Pozi, Wanli, Songjiaya, Xibaozi, Zuitou o Yongxing.

En 2003 llevé a cabo un estudio en la localidad de Chenlu durante el cual entrevisté a una serie de viejos artesanos, que aún recordaban las tradiciones y estructura organizativa de los hornos de aquella área durante la República de China (1912-1949) y que me mostraron algunas de las piezas cerámicas que habían realizado sus padres o antepasados. Si bien sus recuerdos tenían que ver con una etapa relativamente reciente de la historia de China, debido a la lentitud con que se transforma la sociedad agrícola tradicional muchos de esos elementos caracterizadores podrían hacerse remontar hasta la dinastía Qing e incluso la dinastía Ming. Con la ayuda de los documentos históricos, voy a hacer a continuación una breve introducción a distintos aspectos de la industria alfarera de Chenlu, relativos al entorno medioambiental y las fuentes de materias primas, los modos tradicionales de producción, los objetos cerámicos y las formas y patrones decorativos.

5.4.1. Entorno medioambiental y materias primas

La localidad de Chenlu administra un total de once aldeas, con más de dos mil familias y más de diez mil habitantes. El área se sitúa en la zona de Guanzhong (llanura central) de la provincia de Shaanxi, en una garganta de la meseta de loess (Meseta de Huangtu) que cubre el curso medio del Río Amarillo sobre la cual –desde su punto más bajo hasta la cumbre de las colinas– se fue estableciendo la población. Entre estos centros habitacionales todavía había espacio para los talleres de elaboración cerámica y los hornos de cocción, todos sin excepción excavados en forma de caverna. Hay estudiosos que opinan que los antiguos habitantes de la zona se inspiraron en los hornos excavados en el loess para realizar sus propios hogares, abrigados en invierno y frescos en verano, y de hecho la palabra para "cueva" y "horno" es la misma en mandarín; de ser cierto, ambas realidades convivirían en armónica simbiosis en este lugar. La diferencia estriba en que las chimeneas de los hornos de cocción son anchas y altas, mientras que las salidas de humos de lo alto de las viviendas particulares son más estrechas y cortas. Viendo la abundancia de chimeneas del paisaje se comprende la densidad de los alfares cerámicos (imagen 11-137). En el área de Chenlu se usan en todas partes los cuencos-contenedor desechados tras la cocción para levantar las paredes de los patios o corrales, un hábito que en un principio surgió como

11-137 Yacimiento de hornos cerámicos en Chenlu (Shaanxi)

11-138 Paredes levantadas con cuencos-contenedor desechados en Chenlu (Shaanxi)

11-139 Río Fan en Chenlu (Shaanxi) antes de su desecación

11-140 Estratos apilados de fragmentos cerámicos en los hornos de Chenlu (Shaanxi)

modo de aprovechar tales desechos pero que con el tiempo se convertiría de manera natural en una característica constructiva peculiar de la zona (imagen 11-138).

La tradición de elaboración cerámica de Chenlu guarda una estrecha relación con la geografía y las condiciones naturales de dicha área, pues ésta abunda tanto en arcilla como en carbón. Normalmente los centros alfareros se han situado siempre en lugares con montañas y cursos de agua, y en el fondo del valle donde se encuentra Chenlu corre un río llamado Fan. Cuando fui en 2003 a visitar la zona, el río ya se había secado, y sus aguas apenas cubrían mis pies (imagen 11-139). Según los lugareños, hace algunas décadas el curso del Fan era bastante profundo, y en él todavía se reflejaban el cielo y las nubes. La arcilla, el combustible y el agua conformaban pues la base idónea para la producción de cerámica.

Los arqueólogos han descubierto en Chenlu yacimientos con "una profunda acumulación de estratos culturales, que en su zona central alcanzaban una altura de 10 a 30 metros, como montañas de cerámica reposando en aquel lugar" (imagen 11-140). Además, gracias al análisis estratigráfico de dichos yacimientos y a un estudio integral y comparativo de sus restos se ha llegado a la conclusión de que desde la etapa final de la dinastía Yuan el nivel cualitativo y la escala productiva de los hornos de Chenlu alcanzó y superó los correspondientes estándares de los alfares de Yaozhou en Huangbao, y que conforme fueron desarrollándose acabaron convirtiéndose en los herederos y sustitutos de estos último y en la mayor base de producción de porcelana de la provincia de Shaanxi y todo el noroeste de China.

5.4.2. División del trabajo y organización industrial

Se pueden distinguir tres tipos de hornos en Chenlu: uno especializado en la elaboración de tazones (conocidos localmente como "hornos de tazones"), otro dedicado a la producción de urnas, escudillas y ollas de gran tamaño (conocidos como "hornos *weng*" por las urnas en forma de jarra del mismo nombre) y un último tipo en el que se realizaba una miscelánea de vasijas de diversas funcionalidades (teteras, jarrones florero, vasijas *zun*, cuencos...), llamados "hornos negros". Estos últimos eran los que entrañaban una mayor dificultad en la elaboración, con unas exigencias técnicas bastante elevadas. Estas tres diferentes líneas de producción no se interferían entre sí –los locales hablaban de "tres oficios autónomos"–, y cada uno de ellos transmitía internamente sus conocimientos de generación en generación.

El monopolio de las técnicas de producción por parte de un determinado clan familiar limitaba su desarrollo y libre competencia, a la vez que mantenía en un nivel estable tanto la escala productiva del lugar como los mercados de recepción de las mercancías. Una característica fundamental de la civilización agrícola china es precisamente la de mantener su esencia básicamente inalterada a lo largo de casi un milenio. Desde el punto de vista de la división del trabajo, al tratarse de porcelanas comunes de factura tosca no existía aquel complejo proceso de 36 subcategorías –con artesanos especializados en cada una de ellas– que hemos visto en Jingdezhen. En Chenlu cada alfarero podía desempeñar diferentes tareas, cuyas correspondientes técnicas acababa dominando, del amasado de la arcilla a la decoración, pintura o esmaltado de las piezas.

Además de esos "tres oficios autónomos" mencionados más arriba, había otros trabajos complementarios que servían de soporte a la industria alfarera. Aquellos llegados a los talleres de Chenlu de los distritos limítrofes, por ejemplo, sólo podían dedicarse a una serie de tareas pesadas como trabajadores auxiliares, y por supuesto les estaban estrictamente vetados los trabajos más técnicos, una manera de controlar el propio oficio y garantizar que sus técnicas particulares no se difundieran fuera de ese ámbito cerrado. Debido a ese monopolio eran generalmente los nativos de Chenlu los que se ocupaban de ese tipo de tareas, mientras a los forasteros les eran encomendados otro tipo de trabajos complementarios; los primeros se consideraban a sí mismos "maestros", mientras que los segundos eran simples "operarios".

Todos los trabajos implicados en la producción cerámica, desde la extracción de la arcilla hasta la cocción pasando por la limpieza, la elaboración del cuerpo de las vasijas o la decoración se llevaban a cabo en talleres familiares autónomos. En los casos en que la escala resultara particularmente pequeña y el capital invertido insuficiente, varias familias colaboraban entre sí a lo largo de todo el proceso o en alguna de sus partes, como la extracción o la cocción. En términos generales los hornos y talleres locales estaban en manos de clanes familiares, cuyos miembros se ocupaban de los trabajos más técnicos dejando las labores auxiliares a los llegados de fuera.

En 2003 entrevisté a un artesano octogenario apellidado Ren, que me dijo que durante la República de China había más de veinte miembros de su familia trabajando en la alfarería, y que en aquella época constituían el segundo clan familiar más grande de su aldea. Ello significa que los talleres familiares de entonces eran bastante reducidos. En aquel lugar la industria cerámica era a la vez industria principal y auxiliar de la agricultura, ya que hasta la primera mitad del siglo XX los habitantes de Chenlu compatibilizaban ambas actividades. Cada hogar tenía su propio taller y también su propio terreno de cultivo, y se ocupaban alternativamente de las dos tareas según las necesidades y el período del año. La suya era una agricultura de subsistencia, no destinada al mercado sino a sostener a los miembros de la familia; otros gastos suplementarios eran sufragados mediante el dinero proveniente de la cerámica. Se trata de una vieja tradición que seguramente se remontaría a los modos de vida y de producción de los habitantes de Chenlu durante las dinastías Jin y Yuan.

Según los hábitos tradicionales previos a la República de China, los adolescentes del distrito de Chenlu comenzarían a trabajar con sus padres en los hornos en torno a los doce o trece años. Con el tiempo iban asimilando las prácticas de su oficio de manera natural sin la necesidad de un aprendizaje especializado, por lo que prácticamente no existía en Chenlu el concepto de maestro y aprendiz. Los habitantes de Chenlu estaban muy apegados a su tierra y apenas abandonaban la aldea, y la mayoría de ellos pasaba allí el resto de sus vidas trabajando en la industria cerámica.

5.4.3. Industrias auxiliares y circulación de las mercancías

Aparte de la principal industria alfarera, en Chenlu había también otras muchas industrias complementarias al servicio de aquella, encargadas de la elaboración de instrumentos, la reparación, el transporte o la venta, entre otras actividades, de las que se ocupaban en su mayor parte campesinos y artesanos llegados de los alrededores del distrito de Chenlu. Era el caso, por ejemplo, de los comerciantes e intermediarios llegados del distrito de Fuping durante los tiempos muertos de la agricultura; o de los porteadores venidos de las áreas vecinas y congregados en Chenlu esperando que las porcelanas estuvieran listas para su transporte en apretados fardos a lomos de mulos por los estrechos caminos montañosos; o de los canteros y herreros de Shanxi, que también acudían allí en gran número a la búsqueda de clientes para reparar los tornos de piedra, afilar los cuchillos o renovar las palas para el carbón. Por lo tanto, además de los alfareros había en aquella época en el distrito de Chenlu toda una serie de artesanos (picapedreros, albañiles, herreros...) llegados allí de otros lugares para colaborar en la industria cerámica.

Los llamados "operarios" o los porteadores ofrecían su fuerza de trabajo, mientras los comerciantes e intermediarios vivían de sus conocimientos del mercado y de sus contactos con el mundo exterior, y los canteros o albañiles eran buscados en cambio por sus habilidades técnicas. Hay dos aspectos que merecen la pena ser resaltados aquí: en primer lugar, estos grupos de trabajadores que llegaban a Chenlu para desempeñar sus respectivas actividades auxiliares procedían de determinados lugares de origen, y por lo tanto sus oficios estaban monopolizados por dichas localidades o por ciertos clanes familiares; y en segundo lugar, durante las temporadas de siembra o cosecha esos trabajadores se dedicaban a las faenas agrícolas, que nunca abandonaban por completo, y sólo cuando éstas se lo permitían acudían a Chenlu para llevar a cabo sus labores complementarias en la industria alfarera, por lo que su colaboración con ésta era de carácter fuertemente estacional. Por otro lado, y desde el punto de vista de las tradiciones populares, seguía existiendo en aquella área un fuerte arraigo religioso, y por ello cada año en distintas fechas se celebraban diversas ceremonias sacrificiales en honor de los dioses de la alfarería.

141

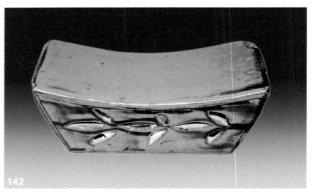

142

143

11-141 Caja con tapadera (porcelana decorativa) de los hornos de Chenlu Dinastía Qing

11-142 Reposacabezas (porcelana de uso diario) de los hornos de Chenlu Dinastía Qing

11-143 Tazón para comida de los hornos de Chenlu Dinastía Qing

5.4.4. Variedades tipológicas y patrones decorativos

Las variedades tipológicas realizadas en los hornos de Chenlu incluyen utensilios de comida como tazones, bandejas, vasos, platos o cacerolas cubiertas; recipientes como ollas, jarros, urnas, cuencos, etc.; objetos decorativos tal que jarrones, vasijas tipo *zun*, sombreros rectangulares o cilíndricos...; además de reposacabezas, lámparas de aceite, lucernas para mina y otros utensilios de uso cotidiano de la época ya desaparecidos, así como objetos de ofrenda, figurillas de porcelana o juguetes (imágenes 11-141, 11-142 y 11-143).

Por lo que respecta a los esmaltes, los hay de color verde, amarillo cúrcuma, negro, marrón, "polvo de té" (marrón verdoso), verde y blanco, amarillo bergamota, blanco con decoración *qinghua*, blanco con decoración negra, con decoración color óxido, de color rojo y verde, etc. En cuanto a los métodos decorativos, el principal es la pintura, de la que había azul *qinghua* o color óxido y también una pequeña cantidad de *qinghua* con colores añadidos o motivos incisos, impresos, raspados, rasgados, labrados, superpuestos o perforados.

El motivo decorativo más importante es el floral, y también hay un pequeño número de representaciones de personajes y de paisajes. El estilo pictórico es *grosso modo* el libre e impresionista de carácter popular, y también hay ejemplos de estilo tradicional más realista, aunque en general resulta bastante sencillo y esquemático. La razón es en primer lugar que se trata de objetos comunes de empleo diario cuyos usuarios normalmente pertenecientes a las clases populares valoraban sobre todo los productos de hermosa apariencia pero económicos, por lo que hacía falta ahorrar en mano de obra y tiempo para reducir los gastos de producción; además, y al contrario que en Jingdezhen con su estricta especialización, la división de trabajo en Chenlu no era demasiado capilar y un trabajador podía desempeñar varios oficios, motivo por el cual las técnicas de elaboración y decoración de las porcelanas no experimentaron un continuo progreso como en aquellos hornos, con sus finas y exquisitas piezas. Por supuesto, cada uno de estos dos sistemas de alfares tenía que hacer frente a diferentes mercados, y en el caso de Jingdezhen también proveía de porcelanas los palacios imperiales, que no reparaban en gastos ni en tiempos a la hora de elaborar los más delicados ejemplares. En realidad la porcelana común de Jingdezhen era similar a la de Chenlu, lo que demuestra que el desarrollo de las artes cerámicas responde a diferentes factores; uno de los más importantes en el proceso de creación del estilo era sin duda las determinadas exigencias del mercado.

En su artículo *Nuevos descubrimientos arqueológicos en los yacimientos de los hornos de porcelana de Chenlu en Tongchuan (Shaanxi)*, Xue Dongxing y Zuo Zhenxi afirman:

"Las grandes cantidades de muestras materiales obtenidas en las excavaciones de los yacimientos de Chenlu y los estudios preliminares han aportado nuevos, importantes y rigurosos datos útiles para determinar con precisión la datación de las piezas cerámicas del norte de China durante este período. Entre los restos hallados se ha encontrado una gran cantidad de vasijas de decoración negra sobre fondo blanco, con un arco temporal que comprende desde la dinastía Yuan hasta los Ming y los Qing. En cuanto a las tipologías, hay tazones, bandejas, escudillas, vasos con apoyo alto, ollas, jarrones, etc., y en el caso de las escudillas y las ollas el número es bastante elevado. Por lo que se refiere a los motivos decorativos, los hay de carácter antropomorfo, zoomorfo y fitomorfo y también inscripciones auspiciosas tipo 'Abundante riqueza y descendencia', 'Larga vida, riquezas y honores', 'Longevidad', etc. La ornamentación es de estilo suelto y libre con características formales peculiares y resulta muy diferente de la blanca y negra de hornos como los de Cizhou, lo que contradice la antigua percepción errónea que consideraba estas piezas como salidas de dichos hornos, al mismo tiempo que confirma la pertenencia al ámbito de Chenlu de ciertos productos de esmalte amarillo y de doble color conservados a día de hoy y de dudosa proveniencia hasta la fecha. El gran número de piezas de porcelana qinghua de finales de la dinastía Qing y la República

de China hallados en los alfares de Chenlu ha resuelto ciertas cuestiones relativas al lugar de
producción y desarrollo de esta tipología cerámica en el norte de China"

Es decir, numerosas piezas de porcelana de base blanca y decoración negra realizadas desde la dinastía Yuan en los hornos de Chenlu y descubiertas por los arqueólogos fueron atribuidas durante mucho tiempo a los alfares de Cizhou, incluidos algunos ejemplares de esmalte amarillo o de doble color cuyo lugar de producción se desconocía. Más importante aún, el hallazgo de gran cantidad de muestras de porcelana *qinghua* de la última etapa de la dinastía Qing y la República de China ha confirmado la importancia de los hornos de Chenlu por lo que se refiere a la producción de dicha tipología cerámica en el norte de China.

5.4.5. Porcelana *qinghua*

Según el profesor Du Wen, los hornos de Chenlu comenzaron a producir porcelana *qinghua* a finales de la dinastía Qing, gracias a las técnicas de elaboración originarias de Jingdezhen. Según la *Gaceta del distrito de Tongguan* de tiempos de la República de China, "en el vigésimo séptimo año del reinado de Guangxu el distrito [en el que se encontraban los hornos de Hedongpo] sufrió una gran hambruna. Un tal Pan Minbiao llegado de Jiangxi invirtió dinero para aliviar a la población, y entre todos reunieron lo suficiente para establecer los hornos alfareros [...] Un año más tarde un oriundo de la zona llamado Zhao Zhiqing fue a Jingdezhen para contratar algunos artesanos [...]". Según la gaceta, las porcelanas eran algo inferiores a las de Jingdezhen, aunque había bastantes de cierta calidad, sobre todo vajillas de comida. Sin embargo, poco más tarde los operarios se dispersaron a otros lugares y se fueron quedando sin fondos, hasta interrumpir la producción. Basándose en este testimonio escrito, Du cree que en los hornos de Hedongpo había artesanos alfareros de Jingdezhen elaborando porcelana. Por otro lado, el jarrón de porcelana *qinghua*, esmalte de doble color y decoración negra con cuatro orejas y boca en forma de bandeja e inscripción datada en el tercer año del reinado de Guangxu realizado en los hornos de Chenlu y conservado en el museo de los hornos de Yaozhou demuestra que aparte de los mencionados alfares de Hedongpo también Chenlu producía porcelana *qinghua* a finales del siglo XIX.

Durante mis trabajos de campo en la localidad de Chenlu la porcelana *qinghua* de factura local me dejó una profunda impresión. Aunque ya no podía verse entonces cómo se producía esta tipología cerámica, los ejemplares que los ancianos alfareros aún conservaban en sus hogares –realizados por sus padres y antepasados e incluso por ellos mismos en su juventud, en la etapa final de la dinastía Qing y durante la República de China– eran de una gran riqueza y vivacidad, lo que viene a confirmar las conjeturas del profesor Du (imágenes II-144, II-145 y II-146).

En su artículo sobre la porcelana *qinghua* de la meseta de Weibei –situada en el centro de la provincia de Shaanxi– en este período, Du Wen afirma que se trataba de una producción de gran diversidad tipológica: había utensilios de uso cotidiano (grandes contenedores de grano y aceite, tazones, bandejas, juegos de cajas, cajas en forma de pagoda, etc.), instrumentos de escritura (recipientes para pinceles, tinteros, tazas para aguar la tinta...), vasijas decorativas que tenían al mismo tiempo un carácter práctico (jarrones florero, ollas con tapa...), etc. Las funciones de las porcelanas cubrían numerosos aspectos de la vida del pueblo llano. Los tazones y bandejas eran la variedad de utensilio común más frecuente, y entre la porcelana producida en la zona de Weibei hay numerosos tipos de vasijas, como los tazones con boca acampanada o las bandejas de forma circular. Los apoyos de los tazones suelen ser bastante altos, para facilitar el agarre; estos tazones de gran tamaño y amplia asidera son conocidos en Shaanxi con el nombre de "tazones antiguos", y su gran número es reflejo de los usos y costumbres en la comida y bebida de los habitantes de aquella provincia (imágenes II-147 y II-148).

En cuanto a la ornamentación de las piezas, a pesar de que la porcelana *qinghua* de Weibei tomó prestados patrones decorativos de la producción cerámica de Jingdezhen, según Du Wen se valió aún más de artes tradicionales como el papel recortado, las telas recamadas o las marcas de agua para plasmar diseños de gusto popular, con motivos florales de las cuatro estaciones como las peonías, los crisantemos o las flores de ciruelo o melocotón y otros como plantas herbáceas, jardines con flores y árboles, paisajes con pabellones y cobertizos... En cuanto a las representaciones antropomorfas y zoomorfas, abundan los niños, los caballos, los leones, las urracas sobre ciruelos o los peces entre flores de loto. Los artesanos empleaban un estilo sencillo y crudo para plasmar su anhelo de una hermosa vida, con pinceladas sueltas y espontáneas y diseños esquemáticos que reflejan el ideal de belleza sencillo y sin pretensiones de los habitantes del norte del país. Las porcelanas *qinghua* de Weibei de finales de la dinastía Qing y la República de China poseen una fuerte impronta popular y rural, con un estilo de pintura somero y expresivo, de formas exageradas. Aunque se trata de piezas de factura tosca, conservan en su decoración pintada esa característica elegancia desprovista de sofisticación de las artes populares de Weibei, e

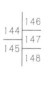

11-144 Jarrón florero Producción cerámica tradicional de los hornos de Chenlu   Dinastía Qing

11-145 Vasija cerámica de porcelana *qinghua* **de varias piezas** Producción cerámica tradicional de los hornos de Chenlu   Dinastía Qing

11-146 Olla Producción cerámica tradicional de los hornos de Chenlu   Dinastía Qing

11-147 Tazón de porcelana *qinghua* Producción cerámica tradicional de los hornos de Chenlu   Dinastía Qing

11-148 Tazón de porcelana *qinghua* Producción cerámica tradicional de los hornos de Chenlu   Dinastía Qing

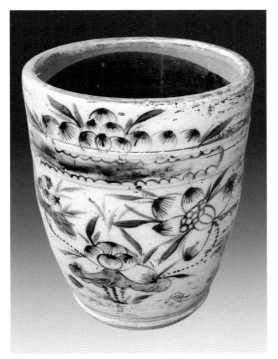

11-149 **Urna** **Producción cerámica tradicional de los hornos de Chenlu** Dinastía Qing

11-150 **Urna de porcelana** *qinghua* Producción cerámica tradicional de los hornos de Chenlu Dinastía Qing

incluso son obras representativas de las artes de la provincia de Shaanxi. Las muestras de porcelana *qinghua* de los hornos de Chenlu también presentan rasgos estilísticos muy similares, como las del resto de la meseta de Weibei, por lo que muy probablemente se influyeron entre sí (imágenes 11-149, 11-150 y 11-151).

Si bien como ya hemos dicho la porcelana *qinghua* de Chenlu tuvo como importante referencia los modelos elaborados en Jingdezhen, las diferencias en las materias primas, los mercados de venta y el entorno cultural de dos provincias tan alejadas como Shaanxi y Jiangxi dieron como resultado estilos muy diversos. En primer lugar, la

11-151 **Olla** **Producción cerámica tradicional de los hornos de Chenlu** Dinastía Qing

porcelana *qinghua* de Jingdezhen se pintaba directamente sobre el cuerpo de la vasija, y después se cubría con una capa de esmalte transparente y se cocía, mientras que la variante de Chenlu, con un color muy oscuro y una apariencia más burda, era primero recubierta con una capa de engobe blanco sobre la que posteriormente se aplicaba la decoración azul *qinghua*, por lo que las tonalidades no eran tan limpias y nítidas como aquellas. En segundo lugar, el mercado cuya demanda tenían que satisfacer los alfares de Jingdezhen era enorme, y englobaba todas las clases sociales del interior del país – incluidos los estratos más altos de la sociedad y la propia casa imperial– además de los mercados de ultramar, por lo que sus métodos y patrones decorativos eran muy elaborados y enormemente variados, con una minuciosa división del trabajo en la que cada estadio del proceso productivo disponía de sus propios maestros especializados, que no se dedicaban a ninguna otra labor; en Chenlu, por el contrario, un artesano podía ocuparse en algunos casos de diversos trabajos, de la elaboración a la decoración o cocción de las piezas, y por eso las técnicas alfareras no eran aquí tan evolucionadas y sofisticadas como en Jingdezhen, y la producción estaba destinada en su mayor parte a los humildes habitantes de las localidades más próximas a los hornos, lo que explica que se trate de piezas de gran tamaño y factura tosca con una decoración muy simple en la que aparecen paisajes y personajes pero que sobre todo abunda en flores, aves y otro tipo de animales. En tercer y último lugar, Chenlu se encuentra en el noroeste del país, y además de la influencia de la remota Jingdezhen también recibió la de alfares más próximos como los de Cizhou, todo lo cual se sumó a la propia creatividad de los artesanos originarios de la zona. Los motivos florales, en especial, poseen una gran personalidad, y resulta evidente al comprobar la influencia de los bordados locales, con densas líneas extendidas por toda la superficie de los pétalos que recuerdan las puntadas dejadas por las bordadoras, lo cual contribuye a su riqueza y variedad. En cuanto a los motivos, abundan las flores de loto y son también frecuentes las representaciones de alfalfa, habitual en la dieta de los lugareños, llevadas a cabo con pocas pinceladas en un estilo suelto y sencillo de gran naturalidad.

5.5. Otros hornos

Si bien como hemos visto el centro más importante de producción cerámica durante la dinastía Qing fue sin duda Jingdezhen, hubo otros muchos hornos alfareros repartidos por todo el país que también siguieron elaborando piezas durante esta época. Algunos de ellos destinaron esencialmente su producción a satisfacer la demanda interna, mientras otros elaboraban sus objetos cerámicos para su venta en el mercado exterior. Una parte importante de las piezas realizadas en los ya mencionados hornos de Shiwan, o de la porcelana blanca de Dehua, tenía este último destino.

A comienzos de la dinastía Qing, el Gobierno manchú lanzó una serie de medidas autárquicas entre las que figuraba el bloqueo del comercio marítimo, prohibiendo a los comerciantes extranjeros que llevaran a cabo sus actividades en Jiangsu, Zhejiang y Fujian y dejando Cantón como único puerto abierto al intercambio comercial con el exterior. A mediados del reinado del emperador Kangxi el Gobierno designó una serie de "puertos abiertos" (Cantón, Zangzhou, Ningbo y Yuntaishan en la actual Lianyungang), pero en el cuadragésimo año del reinado de Qianlong (1775) se volvieron a cerrar los tres últimos y Cantón quedó de nuevo como único puerto para el comercio con el exterior, monopolizando todos los intercambios llevados a cabo durante aquel período. Como ya vimos más arriba, para facilitar el finalizado de las piezas y su transporte apareció en Cantón una nueva variedad de cerámica pintada: la porcelana *guangcai* (abreviatura de "porcelana de colores de Guangzhou"). Se trataba de una variedad que se hizo famosa en el mundo por su decoración de brillantes colores, cuyas formas y patrones ornamentales se adaptaban a la demanda de los clientes occidentales y a los modos de vida de estos, por lo que poseían una fuerte impronta cultural europea. Aun así, los contenidos también presentaban muchos rasgos característicos de la idiosincrasia china, con representaciones florales y paisajísticas, vistas de jardines de gran realismo o personajes con atavíos tradicionales de la época, que fueron muy apreciados y admirados por los europeos. Estas piezas de porcelana *guangcai* se contarán entre las más importantes cerámicas chinas de exportación durante la dinastía Qing, y especialmente a partir de la última etapa serán numerosos los ejemplares de porcelana color blanco adquiridos en Jingdezhen y luego decorados en Cantón para su venta en ultramar (imágenes II-152, II-153, II-154, II-155 y II-156).

Además de aquellos lugares de producción ya mencionados, hubo otros alfares que si bien perdieron el vigor y el empuje anteriores a la dinastía Ming no dejaron por ello de elaborar cerámica. Longquan, por ejemplo, es uno de los hornos alfareros chinos con una historia más larga. Según la opinión tradicional de la historiografía cerámica, a partir de la etapa intermedia y final de la dinastía Ming las grandes revueltas de campesinos y artesanos y la enorme presión fiscal a la que se vieron sometidos por parte de los despiadados gobernantes feudales llevaron a la ruina a los artesanos, que tuvieron que cambiar de oficio o

152	153
154	155

11-152 Jarrón globular ("esfera celeste") de porcelana *guangcai* con doble oreja y escenas con damas Dinastía Qing (reinado de Guangxu)

11-153 Vasija tipo zun de porcelana *guangcai* con doble oreja y decoración compartimentada con personajes Dinastía Qing (reinado de Guangxu)

11-154 Bandeja de porcelana *guangcai* con escena de damas y niños Dinastía Qing (reinado de Guangxu)

11-155 Taza de encargo para vino de porcelana *guangcai* Dinastía Qing (reinado de Guangxu)

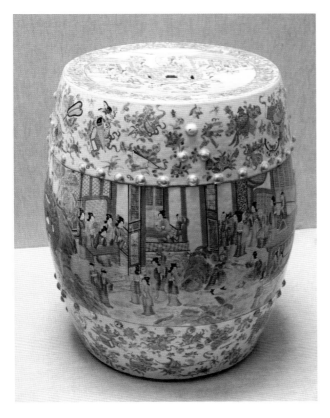

11-156 Taburete de porcelana *guangcai* con escena de damas y niños Dinastía Qing (reinado de Guangxu)

emigrar a otros lugares, lo que repercutió en la cantidad y la calidad de los productos y provocó el hundimiento progresivo de la industria alfarera local. Sin embargo, de acuerdo con los *Anales de Longquan* de 1994, "en el séptimo mes del décimo cuarto año del reinado de Chongzhen [1641] se enviaron desde Fuzhou 27.000 piezas de porcelana a Japón, y en el décimo mes de ese mismo año 97 naves grandes y pequeñas llevaron 30.000 ejemplares de porcelana de Longquan hasta el puerto nipón de Nagasaki". Chongzhen fue el último emperador de los Ming, por lo que resulta evidente que todavía en los últimos años de esa dinastía los hornos de Longquan seguían exportando a gran escala y mantenían su fuerte influencia. Los restos arqueológicos muestran que a finales de la dinastía Ming y comienzos de los Qing aún existían en el área de Longquan unos 160 hornos. Durante la dinastía Qing todavía siguieron funcionando allí más de 70 alfares, por lo que parece claro que Longquan no cesó de elaborar cerámica y mantuvo su producción en un cierto nivel. En su artículo sobre *Celadón del sistema de alfares de Longquan de época Qing* publicado en 1982 en la *Revista del Museo de la Ciudad Prohibida*, Ye Peilan describe seis piezas de porcelana verde de Longquan de época Qing con inscripción datada conservadas en dicho museo, con una cronología que se extiende a lo largo de toda la dinastía. Gracias al estudio y análisis de tales ejemplares, la autora afirma en otro artículo dedicado a su datación que su existencia demuestra que –debido a la recuperación y desarrollo de la industria cerámica en la etapa inicial de la dinastía Qing– las vasijas de celadón del reinado de Kangxi eran de una calidad bastante buena, de un esmalte color verde oscuro con matices anaranjados bien adherido a la superficie del cuerpo y un estándar de elaboración equiparable al de la etapa inicial e intermedia de la dinastía Ming. El celadón de Longquan del reinado de Shunzhi a comienzos de los Qing es también parecido al de finales de la dinastía Ming, con vasijas de cuerpo grueso y pesado y una superficie craquelada brillante y vidriosa. A partir del reinado de Qianlong se va reduciendo la escala de producción, y las piezas pierden el esplendor de los celadones de Longquan de época Yuan y Ming tanto en su pasta y esmalte como en sus formas y patrones decorativos; se producirán entonces principalmente utensilios comunes y objetos de carácter religioso destinados a templos, de una calidad bastante deficiente. El análisis de las piezas datadas en los reinados de Tongzhi y Guangxu confirma que la última etapa de la dinastía Qing constituyó la fecha terminal de los hornos de Longquan. Respecto a dicha cuestión, espero que los estudios posteriores vayan corroborando esta perspectiva.

Capítulo 6   Cerámica de exportación de la dinastía Qing

6.1. Apertura del puerto de Cantón

Debido a la fuerte resistencia ofrecida por las áreas costeras chinas a la nueva dinastía durante sus primeras décadas de vida, el Gobierno manchú impuso una serie de severas medidas para restringir el tráfico comercial de entrada y salida. Esa política de bloqueo y autarquía repercutió en gran manera en el desarrollo de un comercio de carácter tributario que durante las dinastías Yuan y Ming había sido guiado por el Estado. Sin embargo, la demanda de productos chinos por parte de los países de ultramar no cesó, y al no poder hacer frente a ella mediante los cauces oficiales no quedó más remedio que satisfacerla a través de medios ilícitos como el contrabando. En el octavo mes del vigésimo segundo año del reinado de Kangxi (1683) Taiwán entró a formar parte del territorio chino, completando así la unificación del país, y un año más tarde dicho emperador puso fin de manera completa a las restricciones en el intercambio marítimo, lo que puso las bases de un nuevo florecimiento comercial.

A finales de la dinastía Ming Europa comenzó a importar porcelana china en grandes cantidades, un flujo que alcanzó un gran auge a finales del siglo XVII. Entre los mercados mundiales más importantes se contaban Filipinas, Vietnam, Tailandia, Malasia,

Indonesia, Portugal, España, Holanda y Gran Bretaña. Según los registros de la sede de Batavia (Yakarta) de la Compañía neerlandesa de las Indias Orientales, la cantidad de porcelana china enviada desde allí a los países europeos sobrepasó los tres millones de piezas. La producción local se iba adaptando siempre a los requisitos impuestos por los comerciantes extranjeros que realizaban los encargos, y en algunos casos se necesitaban modelos o muestras para cumplir con la demanda. Este tipo de comercio a medida de los clientes fue la principal vía a través de la cual penetraron en China las influencias foráneas y a la vez salió al exterior la cultura china. Llegados al siglo XVIII y con el gradual incremento de la demanda por parte de los países occidentales, la cantidad de porcelanas chinas exportadas alcanzó cifras sin precedentes. En el caso del puerto de Cantón, por ejemplo, en 1792 se exportaron 1.492 *dan* (unidad de peso equivalente a 50 kilos) a Estados Unidos, 180 a Francia y unos 400 a Gran Bretaña. Según datos no completos, en vísperas de la Primera Guerra del Opio (cuarta década del siglo XIX) China exportaba alrededor de cinco mil piezas de porcelana anuales.

Según los documentos mencionados, durante la dinastía Qing Cantón se convirtió en el mayor puerto chino de exportación cerámica. En el Museo Peabody Essex de la pequeña localidad de Salem cercana a Boston se conservan una serie de porcelanas chinas de los siglos XVIII y XIX, y también algunos paisajes decimonónicos de artistas europeos y norteamericanos en los que se refleja el intenso tráfico comercial entre China y los países occidentales en importantes puertos de la época como Cantón, Macao o Hong Kong, gracias a lo cual podemos comprobar que durante todo aquel período –antes y después de las Guerras del Opio– se seguía exportando una gran cantidad de cerámica china. En la imagen 11-157 aparece una acuarela donada por un anónimo con una vista completa del cosmopolita puerto de Cantón en todo su esplendor, datada en torno al año 1800, gracias a la cual podemos hacernos una idea clara y directa de cómo era la ciudad en aquella época (imágenes 11-158 y 11-159). Se aprecia en ella el importante número de navíos chinos de transporte surcando las aguas del Río de las Perlas, y también pueden verse los muelles del puerto y los edificios del frente marítimo de inconfundible estilo europeo con las banderas de distintos países ondeando al viento, en fuerte contraste con las construcciones tradicionales chinas de su entorno. Todos los barcos que se distinguen en la imagen son de pequeñas dimensiones y construcción local, no hay ninguno más grande de estilo europeo, ya que según las estrictas leyes del Gobierno Qing los navíos extranjeros no podían entrar en el puerto de Cantón. Otro de los paisajes del museo (imagen 11-160)

157 | 158
| 159

11-157 Acuarela con panorámica del puerto y la ciudad de Cantón Alrededor de 1800 (reinado de Jiaqing) Museo Peabody Essex de Massachusetts

11-158 Acuarela con panorámica del puerto y la ciudad de Cantón (detalle 1) Alrededor de 1800 (reinado de Jiaqing) Museo Peabody Essex de Massachusetts

11-159 Acuarela con panorámica del puerto y la ciudad de Cantón (detalle 2) Alrededor de 1800 (reinado de Jiaqing) Museo Peabody Essex de Massachusetts

11-160 Óleo con panorámica del fondeadero de Whampoa (Huangpu) Alrededor de 1850 (reinado de Daoguang) Museo Peabody Essex de Massachusetts

es un óleo de alrededor del año 1850 con el título *Whampoa*, realizado como regalo para un tal Lewis A. Lapham. Se trata de Huangpu (la actual Pazhou), una pequeña isla fluvial conocida con aquel nombre por los occidentales y localizada a 70 millas inglesas al norte de Macao y 10 millas al sur de Cantón. En la mayor parte de los casos, las naves llegadas de Occidente con destino al puerto de Cantón para comerciar con los productos cerámicos chinos sólo podían detenerse en este lugar. Los marineros permanecían a bordo, mientras el capitán, el sobrecargo y los comerciantes bajaban a tierra para negociar con los nativos, una situación que se prolongó hasta el estallido de la Primera Guerra del Opio en 1839. El paisaje está realizado desde la opuesta isla de Dane (Changzhou), y en su primer término aparece una pequeña elevación sobre la que se extendía un cementerio con numerosas tumbas de marineros extranjeros llegados a China con los navíos mercantes y fallecidos en aquel lugar. De su abundante cifra se desprende que el comercio con Occidente había sido muy boyante en aquellos años.

En estos dos cuadros arriba descritos queda reflejado cuál era el método empleado por los occidentales llegados hasta China para entablar intercambios comerciales con los locales. Primero anclaban sus naves mercantes en algún tipo de islote como el de Huangpu cercano al puerto de Cantón, y mientras los marineros permanecían a bordo o en la isla para descansar el capitán y los comerciantes se dirigían a la ciudad para llevar a cabo sus negocios. Una vez concluido el trato y realizado el encargo, llevaban las mercancías en pequeños barcos chinos hasta aquel mismo lugar donde habían anclado su nave para emprender seguidamente el camino de regreso.

Según el diario de uno de los capitanes de la Compañía sueca de las Indias Orientales, cuando el navío mercante europeo entraba en aguas chinas un piloto local subía a bordo para ayudar a conducir el barco hasta uno de los escarpados accesos al Río de las Perlas, conocido por los portugueses como "Boca do Tigre" (Humen), donde las autoridades chinas inspeccionaban los documentos de permiso. Tras navegar por las aguas del intrincado delta, la nave alcanzaba finalmente su destino en la isla de Huangpu a diez millas de Cantón, acompañada por los vítores de la tripulación. Como los barcos eran muy grandes y de gran calado, tenían que esperar anclados en el viejo puerto de aquella isla durante toda su estancia en China, que no podía sobrepasar los seis meses de duración. Los juncos o sampanes chinos, en cambio, eran pequeñas embarcaciones que podían funcionar de intermediarios transportando las mercancías entre Huangpu y Cantón.

Respecto a los occidentales que viajaban a Cantón para comerciar con la cerámica china, Daniel Nadler afirma en su ya citado libro *China to Order* que los marineros y comerciantes extranjeros estaban estrictamente circunscritos a su barco y al lugar en el que realizaban los intercambios (las firmas occidentales con sede en Cantón), respectivamente, y que debían concluir todos los tratos antes de la fecha de expiración y de la llegada de los monzones el primer mes del año; los que precisaban pasar todo el invierno en China debían trasladarse a Macao y establecerse allí. El Gobierno Qing prohibía estrictamente a las mujeres extranjeras poner pie en Cantón, e incluso si la mujer del capitán era descubierta allí tenía que abandonar inmediatamente la ciudad y regresar a Macao.

A pesar de que el intercambio comercial en el puerto de Cantón se relajó un poco durante el siglo XIX, siguió siendo bastante riguroso. A continuación detallamos el minucioso sistema legal que controlaba el comercio en Cantón en aquel período:

(1) Los barcos de guerra tenían estrictamente prohibido el acceso al delta del Río de las Perlas.

(2) Las mujeres no podían entrar en Cantón, y tampoco podían introducirse en las sedes comerciales de la ciudad armas de fuego, arpones o cualquier otro tipo de armamento

(3) Todos los marineros y comerciantes a bordo tenían que registrarse en las oficinas gubernamentales instaladas en Macao, donde recibirían un permiso o insignia que debían colgar de su cintura y mostrar en cualquier momento en que les fuera solicitado. Si no

actuaba directamente el comerciante, los marineros no podían tratar con extranjeros. Si los comerciantes participaban en actividades de contrabando serían castigados en consecuencia.

(4) Sólo podía haber un máximo de ocho empleados trabajando en las sedes comerciales extranjeras; por ejemplo, dos estibadores, cuatro operadores marítimos, un responsable de las mercancías y un comerciante.

(5) A los extranjeros no les estaba permitido recorrer el río con sus naves. En días festivos podían pasearse en grupo por los jardines o templos, pero su número no podía exceder las diez personas, y debían ir acompañados de un intérprete. No podían pasar la noche fuera ni salir de juerga por la ciudad después del ocaso, y si eran sorprendidos haciéndolo no les sería permitido salir de nuevo el siguiente día de fiesta.

(6) Los extranjeros no podían realizar peticiones; si deseaban algo, tenían que hacerlo a través de los comerciantes locales.

(7) Los comerciantes locales no debían entrar en deuda con los extranjeros. La ciudad de Cantón prohibía estrictamente el ingreso de bienes de contrabando.

(8) Los barcos mercantes no podían vagar sin rumbo por el río y debían dirigirse directamente a Huangpu. No podían recorrer el Río de las Perlas para vender a los nativos mercancías susceptibles de pago de impuesto, ya que ello constituía contrabando y suponía defraudar la Hacienda de su majestad imperial.

Si bien dicho sistema podría resultar bastante complejo y frustrante, se fue abriendo camino de manera tambaleante e incluso reportó pingües beneficios. Por lo que se refiere a las cantidades, las hojas de té y la seda superaron con creces las porcelanas como mercancía china de exportación.

Gracias a la documentación extranjera sabemos que a comienzos de la dinastía Qing a los extranjeros no les estaba permitido entrar en la ciudad de Cantón; aunque en 1799 se abrió a los forasteros, se trataba más bien de una autorización más aparente que real, ya que estos sólo podían establecerse entre las murallas y el río, o en ocasiones en los islotes del delta. Según la historiadora Dorothy Schurman Hawes

"Había en cantón dos calles en las que se establecieron las sedes comerciales extranjeras, China Street y Hog Lane. En una de ellas se hacinaban las tiendas donde se vendían las sedas y los objetos de anticuariado, y en la otra abundaban las tabernas donde los nativos aguardaban la llegada de los marineros para emborracharles y aprovecharse de ellos. Era una calle extremadamente ruidosa en la que a menudo se producían encontronazos entre los extranjeros, los comerciantes

chinos y las autoridades locales. Frente a la calle de los anticuarios había numerosos edificios de hermosas fachadas propiedad de los comerciantes chinos, un lugar impecablemente limpio en el que se llevaban a término las transacciones comerciales y donde con frecuencia se reunían los ricos mercaderes y los dueños de los edificios para discutir sobre las viejas o nuevas regulaciones y para negociar las cláusulas de los contratos. También era en esos lugares donde se resolvían cuestiones ligadas a los problemas de carácter financiero"

6.2. Compañías comerciales de exportación de Cantón

Durante un largo período de tiempo bajo la dinastía Qing, Cantón se mantuvo como único puerto chino con permiso para comerciar con el exterior, y con el fin de facilitar los intercambios con los distintos países se establecieron en aquella ciudad una serie de firmas comerciales de las que dependía la producción cerámica china para ser distribuida por numerosos países de todo el mundo. Las fuentes escritas chinas ofrecen escasa información acerca de estas compañías comerciales, así que he tenido que apoyarme en los documentos de origen extranjero, en la decoración de las propias porcelanas e incluso en paisajes como los descritos más arriba para mi análisis de la situación.

En su libro, Nadler cuenta cómo el gobernador de la provincia de Guangdong ejercía su control directo sobre la ciudad de Cantón, y que por debajo de él había toda una larga serie de funcionarios provinciales. Las firmas comerciales eran las intermediarias entre los chinos y los extranjeros, y también servían de mediadoras entre dichos mercaderes extranjeros y el Gobierno Qing, con funciones tanto comerciales como diplomáticas y políticas. En principio había sólo ocho, un número que luego se amplió hasta trece, y estaban encargadas de todo lo que tuviera que ver con los intercambios comerciales con el exterior. Los comerciantes locales que trabajaban en tales compañías eran los únicos autorizados por el Gobierno para llevar a cabo transacciones de ese tipo con los llamados "bárbaros" –un término empleado a menudo por los gobernantes manchúes que refleja su arrogancia y la osificación del sistema–, y eran los responsables últimos de aquellos a los que representaban.

El sistema de firmas comerciales tenía obviamente como principal cometido la recaudación de impuestos para las arcas imperiales, aunque los particulares que entraron a formar parte de ellas también llenaron sus bolsillos. Durante el siglo XVIII los mercaderes de las distintas compañías invirtieron grandes sumas de dinero para obtener los privilegios del monopolio comercial, así que aprovechaban cualquier oportunidad para extorsionar a

11-161 Papel pintado de estilo chino con panorámica de Cantón y su puerto Museo Peabody Essex de Massachusetts

los "bárbaros" con todo tipo de tasas que gravaban desde el anclaje hasta la descarga de las mercancías. Los intermediarios se ocupaban de poner en contacto las compañías extranjeras con las gabarras de descarga, pues aparte de los salarios también se ocupaban del manejo y desplazamiento de las mercancías. Los intérpretes tenían también una gran importancia, ya que eran muy pocos los chinos que sabían más de unas cuantas frases en *pidgin*, y por lo tanto sus funciones incluían el abastecimiento de los sampanes y de los culíes para las tareas de carga y descarga. Además del sueldo, también tenían sus propias tiendas.

En el paisaje que aparece representado en la imagen 11-161 se pueden apreciar las numerosas construcciones de estilo europeo que albergaban las sedes comerciales de los distintos países. Gracias a los diarios de los capitanes de la Compañía sueca de las Indias orientales sabemos que se alzaban una junto a otra a lo largo de las transitadas orillas del Río de las Perlas en una larga cadena de estructuras en las que tenían lugar los negocios. El capitán, el sobrecargo y algunos de sus ayudantes también se alojaban allí, y las mercancías ya adquiridas esperaban asimismo en sus dependencias a ser transportadas hasta las naves.

Los tradicionales juncos o sampanes chinos eran los encargados de transportar los artículos y pasajeros entre las naves mercantes atracadas en la isla de Huangpu y las compañías de la ciudad, y viceversa. A menudo se contrataban agentes externos para realizar estos trabajos, y también era posible que dos compañías colaboraran con sus propios intermediarios, uno desde la sede en Cantón y otro en Huangpu, para supervisar las mercancías y proveer los suministros. También había un intérprete que participaba en las negociaciones con las autoridades imperiales encargadas de supervisar las transacciones comerciales.

Samuel Shaw ejerció de sobrecargo en la primera nave mercante norteamericana que entró en aguas chinas en 1784 y también fue cónsul de su país en Cantón, dejando escrita en sus diarios una descripción personal de ese tráfico comercial internacional centrado en dicho puerto:

"Las compañías comerciales se extienden sobre menos de un cuarto de milla a lo largo de las orillas del Río de las Perlas. El muelle está separado por una valla, en la cual se abren las escaleras y puertas que conducen a cada una de las compañías y por las que todos los comerciantes son recibidos y despedidos. Los confines dentro de los que se mueven los europeos son extremadamente limitados, pues sólo hay unas pocas calles en los suburbios ocupadas por mercaderes por las que se les permite deambular; tras una docena de años viviendo allí, no han podido ver más de lo que ya vieron en su primer mes de estancia"

En su informe de 1773 sobre sus viajes a las "grandes Indias", el explorador sueco Carl Gustav Ekeberg afirmaba acerca de este propósito que "las compañías de los europeos se encuentran en los suburbios surorientales de la ciudad, a lo largo de una amplia calle de unos diez metros de anchura junto al río".

En aquel entonces era poco el trato habido entre los chinos y los europeos. Para aquellos, los occidentales eran "demonios extranjeros" con los que debían mantener cierta distancia. Aunque los holandeses de rojas barbas fueron respetados por su fiabilidad y sentido común, eran estrictamente vigilados como todos los demás europeos: no se les permitía acompañarse de mujer e hijos, ni llevar artillería, armas de fuego o municiones, ni desplazarse en palanquín; sólo podían, bajo la supervisión de los intérpretes, pasear por las inmediaciones de su lugar de residencia tres veces al mes, y nunca en grupos de más de diez personas. Una vez zarpadas sus naves, debían además abandonar Cantón para asentarse en Macao, aunque desde 1776 se les permitió residir en las afueras de la ciudad. En un primer momento las sedes comerciales debían establecerse en viviendas alquiladas bajo estrictas reglas, y a partir de 1749 las compañías europeas pudieron alquilar sus propias residencias. Como ya hemos dicho, había ocho firmas al inicio que más tarde se convirtieron en trece. En 1822 un gran incendio destruyó los edificios, que fueron reconstruidos seguidamente siguiendo el mismo estilo arquitectónico, aunque en 1855 volvieron a ser pasto de las llamas. Cada sede comercial estaba flanqueada a ambos lados por depósitos y tenía una planta baja y un primer piso (en ocasiones dos), con muros de ladrillos y cubiertos de tejas; en el interior, los distintos espacios estaban divididos por paredes de madera recubiertas de una fina capa de papel blanco chino. Las sedes –cada una con su colorida bandera nacional ondeando al viento– estaban rodeadas por una valla de separación y se abrían al río mediante una escalinata que descendía hasta su orilla. Cada una de estas sedes tenía su propio apelativo: la holandesa, por ejemplo, se llamaba "Justicia", y la británica "Paz". Los empleados nativos de estas compañías respondían ante el emperador, y debían garantizar el correcto comportamiento de los comerciantes extranjeros, el personal chino y las empresas navieras.

Otro modo de estudiar la situación de las oficinas comerciales extranjeras en Cantón es mediante los tazones de porcelana. Este tipo de vasijas con una representación continua de las edificaciones de Cantón en las que residían los europeos –cuya más temprana muestra se remonta a 1765 y estaba destinada al mercado danés– se empezó a difundir en torno a 1780, y gozó de enorme popularidad hasta finales del siglo XVIII. Los altos precios de la porcelana de colores que figuran en los registros de la Compañía neerlandesa de las Indias Orientales sugieren que estas tazas con imágenes de las sedes comerciales apenas se vendían a los particulares, ya que se trataba de piezas de gran valor que solían adquirirse como regalos. El inventario de las mercancías del buque mercante norteamericano *Empress of China* muestra que ya en 1785 Estados Unidos importaba esta tipología cerámica.

Por lo que se refiere a la arquitectura de dichas oficinas, en su narrativa de la primera embajada británica a China (1793), el ayuda de cámara de Lord Macartney, Aeneas Anderson, afirma que "había junto al río una fila de este tipo de sedes comerciales, cada una con sus particularidades. La diferencia más conspicua era la bandera, o los emblemas propios de cada nación, que cada día se exhibían a plena luz en el lugar más destacado". Esta información de primera mano se complementa con las representaciones de los edificios de las diferentes sedes comerciales y de la topografía del terreno desplegadas en estos tazones de porcelana, gracias a cuyos detalles y alteraciones podemos saber cuándo y dónde se asentaron en Cantón los diversos países con representación comercial.

En los primeros tazones de este tipo las imágenes plasmadas son todas idénticas, con personajes europeos que contemplan el paisaje desde sus terrazas o que entran o salen de las oficinas, o bien que pasean sus perros por la calle frente a los edificios, o que conversan con comerciantes chinos. Entre los numerosos sampanes con las mercancías traídas de las naves del puerto de Huangpu, atracados uno junto a otro en el muelle, pueden incluso apreciarse las estacas de madera con los amarres. Si bien tales representaciones son un poco idealizadas, podían dar a los europeos que contemplaban los tazones en sus casas una idea aproximada de lo que era la vida de los comerciantes en un lugar remoto como aquel durante su estancia de varios meses.

Seguidamente vamos a repasar las imágenes de algunos de estos tazones:

En la imagen II-162 se aprecian unas cuantas de las sedes comerciales existentes en Cantón: Suecia, Gran Bretaña y Holanda, de la que también se puede ver la fortaleza (aunque más cerca de lo que se encontraba en la realidad). En el lado opuesto aparecen las oficinas de Dinamarca y Francia con sus respectivas banderas, que en el caso de Francia es aquella anterior a la proclamación de la República Francesa. No hay rastro en cambio de la bandera imperial de Austria que sí suele estar en cambio en este tipo de tazones, lo que quiere decir que dicho ejemplar habría sido realizado antes de la primera aparición de este país en China, en 1779. A partir de 1780 aproximadamente las vistas se representarán de manera continua por todo el cuerpo del tazón. En el caso del ejemplar que nos ocupa, hay un pequeño espacio con la imagen de una mujer china, dos niños y una vaca y otro en el que se ve una pareja de esposos con un niño. En la parte inferior hay crisantemos y hojas.

El tazón de la imagen II-163 despliega en su pared externa toda una representación continua de las trece sedes comerciales, lo que quiere decir que fue elaborado con posterioridad al anterior, ya que la construcción de dichas oficinas ya estaba completada. Comenzando de izquierda a derecha, se aprecian aquí las sedes de Austria (conocida como "imperial"), Francia, Suecia, Gran Bretaña (con un largo corredor que se extiende hasta la orilla del río) y Holanda, cada una con su propia bandera. Sobre la bandera amarilla del imperio austriaco aparece el águila de doble cabeza con las letras MT en el pecho, probablemente las iniciales de la emperatriz María Teresa (1717-1780). Hay también tres pequeños barcos, dos con bandera británica y uno con bandera holandesa, amarrados frente a sus respectivas sedes.

En la imagen II-164 tenemos un tazón con dos representaciones parecidas. En ambas pinturas se adopta un esquema ovalado, y se emplean paneles circulares sobre fondo dorado con paisajes a modo de separación entre ambos. En el lado visible aparecen a

11-162 Tazón con representación de sedes comerciales europeas en Cantón Dinastía Qing (reinado de Qianlong) Altura: 5'8 cm.; diámetro boca: 40'5 cm. Museo Peabody Essex de Massachusetts

11-163 Tazón con representación de sedes comerciales europeas en Cantón Dinastía Qing (reinado de Qianlong) Altura: 15'5 cm.; diámetro boca: 36'7 cm. Museo Peabody Essex de Massachusetts

11-164 Tazón con escenas de comercio en Cantón Dinastía Qing (reinado de Qianlong) Diámetro boca: 35'5 cm. Museo Peabody Essex de Massachusetts

11-165 Tazón con representación de sedes comerciales europeas en Cantón Dinastía Qing (reinado de Qianlong) Altura: 14'8 cm.; diámetro boca: 36'5 cm. Museo Peabody Essex de Massachusetts)

11-166 Tazón con representación de sedes comerciales europeas en Cantón Dinastía Qing (reinado de Qianlong) Altura: 16 cm.; diámetro boca: 45 cm. Museo Peabody Essex de Massachusetts

162	165
163	166
164	

la izquierda dos occidentales en un edificio de estilo europeo dispuestos a recibir una pequeña barca con tripulación china; en el lado opuesto, un occidental está de pie en el pórtico de una suntuosa villa europea supervisando las labores de carga de mercancías de un sampán pequeño a otro más grande. Probablemente en este caso no se haga referencia a las propias sedes comerciales de la calle principal, ya que éstas no se alzaban directamente sobre el mar y el paisaje que las circunda no se parece al de las representaciones clásicas del centro urbano de Cantón, por lo que quizás sean imágenes relativas a la isla de Huangpu aguas abajo, o bien se trate de otras edificaciones situadas en primera fila de aquella calle. Sin embargo, como en ninguno de estos dos lugares se han hallado restos de construcciones de semejante opulencia, quizás en realidad lo que se representó sobre este tazón fuera sólo un paisaje imaginario de elaborada majestuosidad que no se correspondía con la realidad de la época.

En el tazón de la imagen 11-165 se despliegan de izquierda a derecha (de oeste a este según su disposición geográfica) las sedes comerciales de Austria, Suecia, Gran Bretaña y Holanda con sus respectivas banderas ondeantes; en el otro lado no visible se encuentran representadas las oficinas de Dinamarca y Francia. Las vallas que separan cada edificación tienen aberturas sin puerta, por lo que se puede acceder libremente hasta la orilla del río. En un grabado del año 1779 aparece una representación similar, mientras que en otro publicado en 1789 ya se pueden apreciar ciertos cambios, como los nuevos arcos de la galería de los edificios de Gran Bretaña y Dinamarca, que les daban un aire decoroso que alteraba su aspecto original. Dicha renovación ocurrió aproximadamente en 1785, lo que puede ayudar a datar con mayor precisión este ejemplar de tazón.

Hay otras dos piezas conocidas con una versión diferente, en las que aparece una decoración a modo de greca en el fondo del tazón y también se puede ver la bandera norteamericana; en un caso reemplaza a la de Gran Bretaña, y en el otro se coloca entre las de este último país y Holanda. Si la segunda pieza se data aproximadamente en 1789, entonces significa que se realizaron diversas versiones de este tazón durante el mismo período, después de que la bandera norteamericana se izase en Cantón por primera vez.

En la imagen 11-166 vemos una taza en la que ya aparece representada la bandera norteamericana, lo que quiere decir que la vasija se elaboró después de 1784, fecha de la firma del Tratado de París que puso fin a la guerra de independencia. Las banderas de Dinamarca, España, Francia, Estados Unidos, Suecia, Gran Bretaña y Holanda ondean frente a sus respectivas sedes comerciales. Las tazas de color negro con la bandera de Estados Unidos conservadas en la mansión de Temple Newsam en Leeds demuestran que en 1789 aquella ya ondeaba en Cantón. En cuanto a Francia, la bandera blanca (con o sin flores de lis) ayuda a datar la taza antes de 1794, cuando la República Francesa adoptó la enseña tricolor, o durante el breve período de la restauración borbónica en que se volvió a retomar (1815-1830). En su informe de viaje (1793), el ya mencionado Aeneas Anderson afirma que "los países que tienen compañía comercial con sede en Cantón son Gran Bretaña, Holanda, Francia, Suecia, Dinamarca, Portugal, España y Estados Unidos. No obstante, por lo que respecta tanto a las dimensiones de sus oficinas como al número de naves en posesión, es Gran Bretaña la que prácticamente monopoliza todo el comercio con China".

Gracias a los cuadros, los tazones decorados encargados en China y las propias descripciones de los europeos que viajaron hasta Cantón, somos testigos de la gran prosperidad del puerto de Cantón durante la dinastía Qing, y podemos conocer mejor cómo se llevaban a cabo las transacciones comerciales de cerámica en dicha ciudad entre los intermediarios chinos y los comerciantes occidentales.

En cuanto a las pinturas que reflejan la situación comercial del puerto de Cantón, además de estos tazones arriba mencionados también tenemos los papeles pintados a mano en acuarela opaca expuestos en el Museo Peabody Essex de Massachusetts (imagen 11-167). Estos papeles pintados decoraron las paredes del salón de mujeres del castillo de Strathallan en el centro de Escocia durante unos 175 años, y en ellos se despliegan las sedes comerciales y las factorías extranjeras de Cantón, en una visión de conjunto que nos muestra la ciudad en toda su extensión a finales del siglo XVIII. Las imágenes de las factorías de Cantón también solían reproducirse como parte de la decoración de cuadros, objetos de orfebrería o laqueados, porcelanas y abanicos.

Durante este siglo, el papel pintado chino era uno de los métodos decorativos de interior más preciados y en boga de los países occidentales como parte de ese estilo *chinoiserie* que recorrió Europa en esa misma época, diferente al papel pintado xilografiado para paredes utilizado allí. En el caso del papel chino, cada pieza estaba realizada a mano por maestros artesanos que trabajaban en Cantón, que era el único puerto chino de la época a través del cual se podía comerciar con el exterior. Como el papel pintado era elaborado exclusivamente para su exportación a Occidente, su programa iconográfico incluía flores y aves y personajes con atavíos típicamente chinos o naturalezas muertas con utensilios para el té, prendas de seda o vasijas de porcelana, y por supuesto las salas cuyas paredes decoraban también exhibían numerosos objetos suntuosos procedentes de Oriente, como cortinajes de seda u objetos laqueados, que dotaban el espacio de una atmósfera muy exótica a la vez que confortable. Las hojas de té también eran productos frecuentemente importados de China y transportados desde Guangzhou; juntamente a los servicios de té de porcelana se empleaban para disfrutar de ese elegante ambiente repleto de chinerías.

El papel pintado del castillo escocés forma parte sin duda de un encargo particular realizado con toda probabilidad a finales del siglo XIX por el octavo vizconde Strathallan

James Drummond, un personaje de gran influencia en el contexto del intercambio comercial entre Gran Bretaña y China. Drummond trabajó intermitentemente en este país entre 1787 y 1807, por lo que seguramente todas esas escenas representadas en los papeles pintados de su mansión le resultarían muy familiares. En 1818 él y su esposa instalaron el papel pintado en uno de los salones de su nueva residencia en Escocia. Son en total 18 rollos de papel de 4 metros de altura por 1,3 metros de anchura, con una amplitud total de 24 metros. Para su fabricación se empleó una lámina de papel de morera, suave y fina, adherida a otra más gruesa hecha con morera y fibra de bambú para darle más firmeza y resistencia. Antes de comenzar a pintar, los artistas recurrieron a la tinta negra y el lápiz de grafito para delinear los contornos, y luego emplearon las acuarelas para pintar ese gran paisaje corrido con escenas enlazadas sin solución de continuidad, con unos colores vívidos y fáciles de usar muy apreciados en aquella época. Algunas partes del panorama, en especial las fachadas de las salas de reunión de los gremios, están tratadas de un modo todavía más rico y detallado. Para adaptar los paneles a la volumetría específica del salón de mujeres del castillo, en el que había dos puertas y una chimenea, se tuvieron que recortar algunos trozos del conjunto a la hora de su instalación. Por lo que se refiere al paisaje representado, está plasmado en varios niveles. En aquel más bajo aparece la ciudad de Cantón en su calidad de importante centro global de intercambios comerciales durante ese período, en todo su estrépito y esplendor, y a lo largo de sus cinco paneles pueden verse las "trece compañías", una serie de edificios de estilo europeo en los que residían y hacían negocios los comerciantes occidentales, frente a cada uno de los cuales ondean las respectivas banderas nacionales. De izquierda a derecha se ordenan de la siguiente manera: Dinamarca, España, Francia, Suecia, Gran Bretaña y Holanda. Frente a la puerta de entrada de la sede francesa hay dos occidentales de pie, y por todo el Río de las Perlas se ven innumerables embarcaciones, mientras en el extremo derecho de la escena surca las aguas un típico sampán.

En la parte superior del panorama se despliega una semblanza de la vida cotidiana de la gran urbe: tenderos y vendedores ambulantes en busca de clientes, alfareros cociendo ladrillos de cerámica, campesinos cultivando sus tierras o una pareja de artistas callejeros ofreciendo su número de variedades. También aparecen numerosos hitos locales, como pagodas o mercados abiertos intramuros.

Durante los siglos XVIII y XIX este tipo de papeles pintados fueron muy populares en Europa y Estados Unidos. Aquellos comerciantes extranjeros que tenían la oportunidad

11-167 Papel pintado de estilo chino con panorámica del puerto y la ciudad de Cantón (detalles) Museo Peabody Essex de Massachusetts (originariamente en el castillo escocés de Strathallan)

de viajar hasta Cantón podían encargarlos allí, y luego transportarlos hasta Occidente para su venta o su uso personal. Junto a ellos también había abundantes piezas de porcelana o seda, mobiliario u objetos laqueados o de orfebrería que hacían juego con dichos papeles pintados chinos, y de los que hoy existe amplia muestra en el Museo Peabody Essex y en el Museo de Bellas Artes de Boston (imagen 11-168). El ejemplar proveniente del castillo escocés del que estamos tratando es muy amplio, con escenas de gran tamaño y un contenido muy rico que no desmerecen en comparación con la célebre pintura panorámica de época Song *El festival Qingming junto al río*. En él podemos ver numerosas instituciones de los diferentes países con intereses comerciales en Cantón, así como todo

11-168 Objetos de lujo importados de China Museo Peabody Essex de Massachusetts

tipo de talleres artesanales gestionados por mercaderes extranjeros, pequeñas tiendas, autoridades gubernamentales de patrulla, grupos de viandantes jugando por las calles, y también un gran número de embarcaciones dedicadas al transporte, la pesca o el ocio. Se trata de una pintura de carácter histórico de gran importancia, pues refleja con gran detalle la condición de gran urbe cosmopolita y prestigioso emporio comercial de la ciudad de Cantón.

6.3. Islas de los alrededores de Cantón relacionadas con el comercio cerámico

Como ya hemos explicado más arriba, durante esta época los occidentales llegados a China para comerciar con los productos cerámicos sólo podían visitar Cantón y tenían prohibido adentrarse en el continente. En realidad, sus grandes naves mercantes ni siquiera podían entrar en la ciudad sino que debían atracar en una estación intermedia, ya fuera Macao, Humen, Huangpu o Hong Kong. En mi trabajo de investigación me he dedicado primero a observar los panoramas pintados conservados en diferentes museos que daban testimonio gráfico de toda aquella área geográfica, y seguidamente me he ocupado de las fuentes documentales, todo lo cual me ha ayudado a profundizar en mi conocimiento sobre la situación. Debido a las limitaciones de espacio, voy a hacer sólo una somera descripción de esas escenas relativas a dichos lugares, para examinar la coyuntura del comercio de la cerámica entre China y Occidente durante la dinastía Qing desde diferentes perspectivas.

En la imagen 11-169, por ejemplo, se muestra un paisaje al óleo del puerto de Macao datado en el siglo XIX. En el año 1557, los portugueses establecieron en la península de Macao, junto a la desembocadura del Río de las Perlas, una colonia permanente, con la condición de que todos los años abonaran al Gobierno chino una cantidad fija y que prometieran obediencia a las autoridades locales. Desde Macao resulta fácil acceder a Cantón, y así la colonia se convirtió para Portugal en un importante trampolín de entrada a este boyante puerto. Poco a poco los portugueses fueron construyendo una ciudad de fuerte aire europeo, supervisada por un alto funcionario representante del Gobierno

11-169 Óleo con panorámica del puerto de Macao en el siglo XIX Museo Peabody Essex

central enviado por el emperador desde Beijing. A pesar del paulatino declive de las actividades comerciales de Portugal, Macao siempre siguió conservando su importancia estratégica y económica, y a finales del siglo XVIII y comienzos del siglo XIX –tras más de dos siglos de existencia– se convirtió en la base de todos aquellos países que pretendían comerciar en Cantón. En la imagen en cuestión, tomada desde el sur de la península, podemos apreciar cómo se presentaba Macao en el siglo XIX, una ciudad portuaria de frenética actividad llena de espléndidos edificios e iglesias barrocas. En la playa en forma de luna creciente y la bahía del lado izquierdo del puerto se ven cinco naves comerciales llegadas de Europa y Norteamérica, y en lo alto de la montaña que figura en el extremo derecho aparece un grupo de construcciones encaladas que formaban parte de la catedral católica. Según las fuentes conservadas, en Macao había numerosos edificios de estilo europeo, incluidos bastiones y fortalezas, iglesias, conventos y una sede del senado local, y en ella los europeos se sentían como en su propia casa. En torno a la ciudad corría un bajo murete y una amplia explanada a lo largo de la Praia Grande que protegían los importantes edificios de la fachada marítima del oleaje y las crecidas.

Cantón se situaba junto al Río de las Perlas y constituía un excelente puerto natural

11-170 Acuarela con panorámica del estrecho de Humen ("Boca do Tigre") a comienzos del siglo XIX Museo Peabody Essex de Massachusetts

que a la vez servía como conexión con tierra firme. Según los testimonios escritos, en octubre y noviembre llegaban numerosas naves comerciales al Mar Meridional de China, y desde allí emprendían rumbo a Cantón, que se encuentra a alrededor de 66 millas de distancia de Macao. Los capitanes debían primero dirigirse a ésta, y buscar allí un piloto local que les guiara hasta Humen, donde tenían que abonar a las autoridades aduaneras dos clases de impuestos: una tarifa de tonelaje o de atraque y un "presente" para el emperador, algo parecido al pago de un tributo. Seguidamente navegaban desde Humen hasta la isla de Huangpu, donde anclaban sus barcos hasta llenar las bodegas de mercancías para la vuelta. El sobrecargo era uno de los pocos a los que les estaba permitido utilizar una pequeña embarcación para desplazarse desde el punto de atraque hasta sus oficinas en Cantón. Los negocios y transacciones debían quedar cerrados antes del primer mes del año, ya que necesitaban aprovecharse de los vientos favorables para emprender el camino de retorno.

La acuarela de la imagen 11-170 muestra una vista de Humen a comienzos del siglo XIX. El estrecho de Humen en el delta del Río de las Perlas se encontraba a unas 40 millas al norte de Macao, y era el lugar de atraque obligado para todas las naves que desde allí se dirigieran a Cantón, un último tramo fluvial bastante angosto. Como ya dijimos, los portugueses llamaban este lugar "Boca do Tigre" (también conocido como "Bocca tigris" o "Bogue"), una traducción literal de Humen, nombre debido a las colinas de arenisca roja de uno de los islotes que asemejaban la cabeza de un tigre. Más tarde los chinos emplazarían numerosas baterías de artillería en toda la zona para defenderse de las agresiones imperialistas.

En otro óleo titulado *Cementerio de extranjeros en Whampoa* (imagen 11-171) aparece reflejado el camposanto de la isla de Huangpu en el que yacían los restos de numerosos extranjeros llegados a China para hacer negocio. El tamaño del cementerio sugiere que en aquel período eran muchos los comerciantes foráneos concentrados en aquellos parajes, donde llegaban a vivir por largos períodos de tiempo. Ya hemos destacado más arriba la importancia de este lugar, pero mi intención es darlo a conocer con mayor profundidad a través de estas diferentes ilustraciones.

11-171 Óleo con representación del cementerio de extranjeros de Whampoa (Huangpu) Alrededor de 1850 (reinado de Daoguang) Museo Peabody Essex de Massachusetts

Los extranjeros conocían ese lugar con el nombre de "fondeadero de Whampoa". Se encontraba a medio camino, entre el estrecho de Humen al sureste y el puerto de Cantón al noroeste. Sus aguas comenzaban allí a perder profundidad, por lo que las naves europeas de gran calado no podían continuar navegando hacia el interior y no tenían más remedio que atracar allí durante unos tres meses, vender sus mercancías y finalmente cargar los artículos chinos adquiridos en Cantón. En el fondeadero de Whampoa confluía un gran número de naves de diferentes formas y tamaños, y sus largos mástiles otorgaban al paisaje la apariencia de un vasto bosque de árboles cimbreantes.

En el ya mencionado libro de Daniel Nadler *China to Order: Focusing on the XIXth Century and Surveying Polychrome Export Porcelain Produced during the Qing Dynasty* encontramos la descripción de alguien que vio aquel lugar con sus propios ojos:

"A las ocho de la tarde avistamos las costas chinas. El piloto local era un hombre anciano que había venido para acompañarnos. Una hora y cuarto más tarde llegamos al puerto de Macao. Al día siguiente alcanzamos Whampoa y atracamos en el lado de barlovento de la isla, en un lugar muy concurrido donde también habían fondeado seis naves británicas, seis holandesas, una danesa, tres suecas y una francesa. Nada más atracar se nos aproximaron dos embarcaciones chinas, y se dispusieron a cada lado de nuestra nave. En ellas venían funcionarios aduaneros, ya que todas las mercancías importadas o exportadas deben pagar una tasa […] También había

una serie de prohibiciones, como la de introducir opio en China o la de sacar moneda china fuera del país; tampoco se podía descargar ninguna mercancía a tierra firme sin el consentimiento de los funcionarios locales, y no nos estaba permitido hacerlo hasta que la autoridad provincial hubiera inscrito nuestro barco en el registro. Una vez dicha autoridad salía de su embarcación, un subordinado disparaba doce salvas en su honor a modo de ceremonioso recibimiento, y entonces aquella calculaba la eslora y la manga del barco, como modo para determinar la tasa de atraque y el tributo imperial a pagar"

En el fondeadero de Whampoa no sólo se emprendían negocios o faenas relacionadas con la nave; los marineros que llevaban años sin regresar a sus hogares también necesitaban disfrutar de sus momentos de asueto. Además de las grandes naves occidentales, en los alrededores de la isla se congregaban también barcos del sudeste asiático y la India, pequeñas embarcaciones filipinas, barcos de pasajeros, barcos de pequeño calado para penetrar tierra adentro, patrullas oficiales, transbordadores, barcos-barbería, juncos comunes, chalupas de las islas del sur del río con pitonisos o barcos con troupes de comediantes o músicos. En una descripción de la isla de Huangpu de los años 30 del siglo XIX se dice que "semeja una ciudad flotando sobre las aguas, una ciudad en la que todo está en continuo movimiento, con todo tipo de ruidosos sonidos. Sus habitantes viven en medio del río y derivan placer de ello".

Aparte de las pinturas con paisajes de Macao, Humen o Huangpu, hay también en el Museo Peabody Essex de Massachusetts dos óleos realizados en torno a los años 1850 y 1860 con vistas del puerto de Hong Kong. El segundo de ellos (imagen 11-172) va acompañado de una cartela en la cual se puede leer: "La ciudad de Hong Kong se extendía a los pies de la Cumbre Victoria [Peak], que ahora ha quedado oculta detrás de los numerosos rascacielos que se alzan sobre ella". Tras la Primera Guerra del Opio, los puertos de Hong Kong, Shanghai y otras ciudades del litoral chino se abrieron al mundo. En virtud del sucesivo Tratado de Nankín la isla de Hong Kong se convirtió en 1843 en una colonia del Imperio Británico, que permaneció bajo su soberanía hasta el año 1997. En esta imagen podemos ver numerosos navíos mercantes, e incluso se distinguen aquellos grandes buques occidentales que no aparecían en las representaciones del puerto de Cantón analizadas más arriba.

Tras la apertura de los puertos chinos gracias al tratado posterior a la Guerra del Opio, un pequeño grupo de artistas locales comenzaron a aprender las técnicas occidentales de la pintura al óleo para satisfacer la creciente demanda de paisajes chinos por parte de

11-172 Óleo con panorámica del puerto de Hong Kong Alrededor de 1860 (reinado de Xianfeng) Museo Peabody Essex de Massachusetts

los comerciantes u oficiales navales occidentales, y entre esos cuadros los más apreciados eran aquellos que mostraban imágenes de las naves y de las vistas portuarias que podían admirarse desde cubierta. Quizás en ocasiones se pintara en primer lugar el panorama del puerto deseado y después se añadiesen sobre las aguas de la bahía una serie de naves de características específicas según los requerimientos de los clientes. Este tipo de paisajes al óleo nos dan una imagen más vívida de puertos como los de Hong Kong y constituyen una valiosa fuente de información histórica. Gracias a ellos y a registros y diarios como los ya mencionados vemos más claro cómo durante un período bastante largo de tiempo las naves mercantes extranjeras no podían entrar en Cantón y tenían que detenerse primero en Macao, proseguir hasta Humen para abonar los impuestos aduaneros y finalmente atracar en el fondeadero de Huangpu a la espera de cargar las mercancías chinas. La función específica del puerto de Hong Kong, por su parte, no está todavía del todo clara, aunque por lo que se desprende de las representaciones pictóricas tal vez se tratara de otro puerto comercial, una alternativa a Macao como trampolín de entrada a la ciudad de Cantón y los mercados chinos.

6.4. Producción y comercio de la porcelana de exportación

Durante el período inicial e intermedio de la dinastía Qing, China gozó de la mano de los emperadores Kangxi, Yongzheng y Qianlong de un período de paz y orden social y de prosperidad comercial dentro y fuera de las fronteras sin precedentes en su historia. Como centro mundial de la producción cerámica, el país vivió un segundo momento de apogeo de la exportación de porcelana tras el experimentado durante la etapa intermedia y final de la dinastía Ming, tanto en lo que respecta a la cantidad como a la calidad de sus productos. Incluso puede afirmarse que en el período de casi dos siglos que se extendió desde el comienzo del reinado de Kangxi hasta la víspera de la Primera Guerra del Opio la porcelana china de exportación llegó a superar en cantidad y variedad la producida durante el período intermedio y final de los Ming. La demanda, por otra parte, se fue centrando más en los mercados europeos, y desde finales del siglo XVIII y comienzos del XIX Estados Unidos también se convirtió en un importante cliente y receptor. Japón, que había sido un gran importador de porcelana china durante las últimas décadas de la dinastía Ming, devino ahora en cambio en importante competidor de China en los mercados occidentales, ya que los artesanos nipones no sólo aprendieron las técnicas chinas de elaboración de porcelana sino que produjeron en gran escala piezas de estilo chino para su exportación a Europa. De ello se desprende que en aquel momento ese tipo de producción cerámica gozaba de una enorme demanda en los mercados europeos y norteamericanos.

Bajo estas circunstancias, los hornos alfareros de Jingdezhen y de las áreas costeras de las provincias de Fujian y Guangdong produjeron grandes cantidades de porcelana de exportación gracias al impulso de la primera. Además de la porcelana *qinghua* de Dehua, como hemos visto también se elaboraba masivamente en la zona de Guangzhou porcelana de colores sobre esmalte (*guangcai*). Como la mayor parte de la producción estaba orientada a su exportación directa –en especial a Europa y Estados Unidos– y apenas se vendía en el mercado interno, los estudiosos de la historia de la cerámica china prácticamente no le han dedicado ninguna atención; nuestro conocimiento de la situación de la producción de porcelana de exportación en las áreas costeras, en particular, es bastante deficiente. Sin embargo, son cada vez más los materiales relativos a dicha producción en Jingdezhen e incluso en la zona costera descubiertos en los últimos tiempos, y son muy numerosas las muestras de porcelana de exportación de las dinastías Ming y Qing conservadas actualmente en diversos museos occidentales, como el Museo Británico y el Museo Victoria y Alberto de Londres, el Museo Guimet de París, las Colecciones Estatales de Arte de Dresde, el Museo de Bellas Artes de Boston, el Museo Peabody Essex de Salem (Massachusetts), etc. En dichas instituciones no sólo se custodian piezas cerámicas sino también numerosos óleos o acuarelas en los que se refleja la producción y comercio de cerámica china en los puertos comerciales de la época, como los ya citados con vistas de Cantón, Macao o Hong Kong.

Pasamos ahora a describir algunos de los cuadros realizados por artistas europeos y norteamericanos y conservados en el Museo Peabody Essex con escenas que recrean el panorama de producción cerámica en el área costera de las provincias de Fujian o Guangdong tal y como lo pudieron contemplar los comerciantes occidentales en la época. Espero que tales escenas nos ayuden a comprender mejor cómo trabajaban y vivían en aquel período los artesanos alfareros chinos de aquella precisa zona del sur del país.

En la imagen II-173 aparece un óleo de alrededor de 1820 en el que se representa unos alfareros cociendo cerámica, aunque en la cartela explicativa no se especifica el lugar preciso. En mi opinión, se trata de una escena que podría localizarse en el área costera de Fujian o Guangdong, ya que los hornos cerámicos de Jingdezhen no eran de tipo "dragón" (alargados) como estos sino de forma oval. Los hornos "dragón", en cambio, abundaban en los centros de producción de la costa, y especialmente en los de la provincia de Fujian. Además, durante esta época los comerciantes europeos no se adentraban tanto en el interior del país hasta el área de Jingdezhen, y se limitaban a comerciar con los objetos de porcelana de estos hornos a través del puerto meridional de Cantón, en muchos casos productos brutos acabados en Guangdong (*guangcai*).

La acuarela de la imagen II-174, datada en torno a 1820, muestra un taller chino de porcelana especializado en la producción de tazones y bandejas con dos espacios separados: uno para modelar las piezas y otro para repasarlas en seco. El torno de la imagen es diferente al que se empleaba tradicionalmente en Jingdezhen, ya que no se coloca a ras de suelo. Este

11-173 Óleo con representación de alfares del área costera
Alrededor de 1820 (reinado de Jiaqing) Museo Peabody Essex de Massachusetts

11-174 Acuarela con representación de taller chino de porcelana Alrededor de 1820 (reinado de Jiaqing) Museo Peabody Essex de Massachusetts

tipo de taller distribuido longitudinalmente estaba organizado siguiendo una línea de producción que englobaba todas las diferentes fases del proceso, del modelado en crudo a la decoración pintada pasando por el retoque en seco o el esmaltado, según un orden fijo de trabajo muy racional gracias al cual se ahorraba tiempo y espacio. Sin embargo, en esta imagen no se sigue este método, ya que como ya hemos visto ambos espacios están separados físicamente. Aunque en el cuadro no se especifica el lugar exacto en el que fue realizada tal escena, al igual que en el caso anterior deduzco que debía de tratarse de un taller situado en la costa meridional.

En otras dos acuarelas de las mismas fechas también aparecen escenas similares. En una de ellas se ve a unos cuantos artesanos alfareros en un taller empleando moldes para elaborar jarrones, cuencos y braseros de porcelana y otras vasijas de diferentes formas, además de figurillas cerámicas. Junto a todo ello también hay matrices para impresión secándose al sol (imagen 11-175). La otra escena representa el interior de un espacioso taller en el que hay numerosos operarios embalando las piezas de porcelana y una gran balanza para pesar a medio término; en el fondo aparecen dos personajes conversando, uno con ropajes occidentales y otro con aspecto de encargado o supervisor local (imagen 11-176). Los trabajadores en primer plano están guardando cuidadosamente en cajas de madera los ejemplares cerámicos ya acabados; uno de ellos se encuentra en cuclillas frente a una caja abierta llena de porcelanas, rellenando los huecos entre ellas con serrín, ceniza u otros productos para evitar así que choquen entre ellas y se puedan dañar. Se trata de un

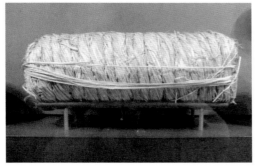

175 | 177
176 |

11-175 **Acuarela con representación de taller chino
de porcelana** Alrededor de 1820 (reinado de Jiaqing)
Museo Peabody Essex de Massachusetts

11-176 **Acuarela con escena de embalaje de piezas en
el interior de un taller chino de porcelana** Alrededor
de 1820 (reinado de Jiaqing) Museo Peabody Essex de
Massachusetts

11-177 **Método tradicional de embalaje de las piezas
de porcelana de los talleres de Jingdezhen** Museo
Peabody Essex de Massachusetts

método de embalaje muy diferente al seguido en Jingdezhen, donde primero se envolvían
bien las piezas con varias capas de paja para luego entrelazarlas con finas cintas de bambú
dándoles a menudo una forma cilíndrica; de este modo, aunque se lanzaran rodando por
la pasarela del barco hasta el muelle las cerámicas no sufrían ninguna rotura (imagen 11-
177). Vemos así que no sólo los modos de elaboración de las porcelanas divergían según los
distintos lugares, sino que también había diferencias a la hora de embalar y transportar
las piezas.

Jingdezhen era el sistema de hornos de porcelana de exportación más grande de China
durante la dinastía Qing, y también el centro mundial de producción, pero paradójicamente
son muy escasas las representaciones pictóricas realizadas por occidentales de la ciudad o

de sus talleres alfareros, y en su mayor parte se trata de ilustraciones que acompañan obras realizadas por autores chinos –como el libro sobre técnica y agricultura de Song Yingxing de época Ming o el de cerámica del supervisor general Tang Ying de época Qing–, mientras que en cambio son abundantes las vistas de los puertos de Cantón, Macao o Hong Kong o las escenas que muestran la producción alfarera en otros lugares de la costa china. Ello implica que los comerciantes europeos y norteamericanos de la época no llegaron tan lejos tierra adentro para adquirir directamente la cerámica de Jingdezhen, sino que lo hicieron a través de agentes o compañías intermediarias. Según los archivos gremiales del distrito de Fuliang, en el año 1936, en vísperas de la guerra contra el invasor japonés, había allí más de 130 firmas –generalmente con licencia oficial– dedicadas a la porcelana cuya función era precisamente ocuparse de todas las tareas intermedias, desde la recogida hasta la entrega, por lo que cobraban una comisión del 3% sobre el precio de la mercancía. Cada una de estas firmas trabajaba en coordinación con las empresas dedicadas a la selección, el embalaje y el transporte de las piezas de porcelana. En 1928 Jingdezhen tenía 140 casas ocupadas de la selección, con más de mil trabajadores; otras 140 dedicadas al embalaje, con más de 2.000 operarios; y 145 dedicadas al transporte, con más de 2.000 personas. Aparte de dichas firmas, también había en Jingdezhen unos espacios alquilados o comprados por los mercaderes extranjeros con empleados locales encargados de la adquisición de porcelanas, con el fin de reducir al máximo los costos de las comisiones. Todo ello hace referencia a los métodos comerciales llevados a cabo en esa área durante la República de China (1912-1949) según las fuentes coetáneas, aunque en mi opinión tal organización sería en muchos aspectos similar a la existente durante la dinastía Qing. Es decir, los comerciantes extranjeros no necesitaban acudir en persona a Jingdezhen, ya que gracias a la intervención y las operaciones de los mencionados agentes y firmas intermediarias les resultaba muy fácil adquirir las piezas de dichos hornos en Cantón.

¿Cómo se transportaban esas porcelanas de Jingdezhen hasta el sur de China? La principal vía de salida de su producción alfarera era en aquellos tiempos la fluvial y marítima, ya que la ciudad disponía de una desarrollada industria de transporte naval de propiedad particular. Aunque no tenemos muchos datos al respecto, sí que sabemos que en 1939 había en Jingdezhen más de veinte compañías navieras y diez atracaderos, entre los que destacaban por su tamaño los de Poyang y Yujiang con más de 800 barcos cada uno, y también los de Yugan y Fuliang con más de 400 cada uno; otros más pequeños eran los de Guangchang, Fuzhou, Qimen, Wuyuan, Duchang o Hujou, con más de 100 cada uno. Según estas cifras, en plena República de China Jingdezhen disponía de más de tres mil embarcaciones de transporte privadas. A finales de la dinastía Qing y comienzos de la República de China la complicada situación política interna y la intrusión de las compañías de transporte extranjeras debieron de tener una fuerte repercusión en la industria local, por lo que es probable que en el período de esplendor de la porcelana de exportación de Jingdezhen durante la dinastía Qing la cifra sería aún mayor.

A veces la Historia se desvela a sí misma gracias a los documentos relativos de las respectivas épocas, y otras veces son los hechos o testimonios posteriores los que nos ayudan a reconstruir episodios pasados. En el caso que nos ocupa, opino que gracias a los registros históricos referentes a la industria cerámica de Jingdezhen durante la República de China podemos hacernos una idea de cómo habría sido la situación allí en época Qing. Y ello, en primer lugar, debido a que el grado de evolución entre dos etapas históricas tan próximas cronológicamente no pudo haber sido muy grande; y en segundo lugar, porque durante la primera mitad del siglo XX la industria alfarera de Jingdezhen se encontraba todavía en un estadio artesanal, y su organización social conservaba casi intactas la peculiaridades heredadas de la época precedente y características de la civilización agrícola preindustrial. Dicha civilización destaca por su lento devenir, sobre todo en lo que se refiere a los estratos más bajos de la sociedad y a la industria de tipo artesanal, y sus rasgos definitorios se mantienen y prolongan durante centurias. Por ello, cuando no existe otro recurso debido al vacío documental, resulta importante tener en cuenta los datos históricos referidos a la República de China para rellenar de modo tentativo aquellas lagunas relativas al período inmediatamente precedente.

Durante la etapa intermedia de la dinastía Qing China llevaba ya acumulados varios milenios de historia y se había convertido en una gran potencia del Extremo Oriente, con un Producto Interior Bruto que representaba un tercio del total mundial. Esto fue así gracias a la ininterrumpida exportación a los cuatro rincones del mundo de todo tipo de productos artesanales chinos, entre los que destacan la porcelana, los objetos laqueados, la orfebrería, el mobiliario, la seda y las hojas de té. Como las porcelanas eran pesadas y no resentían la humedad podían utilizarse como lastre durante los transportes de cualquier clase de mercancía, y por ello se convirtieron en uno de los productos exportados a mayor escala. Todos estos productos supusieron para China una gran fuente de ingresos, lo que explica porqué en torno al año 1700 el PIB del país equivalía *grosso modo* al de todo el continente europeo, y también el hecho de que entre ese año y 1820 la tasa media de crecimiento económico anual de China cuadruplicara la europea.

6.5. Modos de llegada y encargo de porcelana china de los mercaderes europeos

A partir del reinado de Wanli durante la dinastía Ming, los europeos no dejaron de viajar hasta China para encargar piezas de porcelana, aunque sus métodos de encargo han sido escasamente tenidos en cuenta hasta ahora en los estudios sobre la historia de la cerámica china. No obstante, resulta muy importante detenerse a analizar este particular asunto, ya que nos ayudará a comprender mejor cómo interactuó la porcelana china en el contexto del comercio mundial y cómo se introdujo en los distintos mercados internacionales.

En 1769 el viajero norteamericano William Hickey visitó Cantón y dejó escrito que había allí más de un centenar de comercios dedicadas a la venta de porcelana a los europeos llegados a China. En sus relatos Hickey describió numerosas tiendas y factorías locales: "En una larga galería encontramos más de cien personas trabajando en la definición de los diferentes ornamentos de cada pieza, algunos de ellos realizados por ancianos de muy avanzada edad y otros por niños de sólo seis o siete años". Los ejemplares más exquisitos eran limitados en número, y quien primero llegaba se los llevaba; los de factura más común, en cambio, abundaban y podían ser adquiridos en cualquier momento.

Para adquirir utensilios de comida y otras piezas de gran tamaño había que concluir un contrato o realizar un encargo determinado, y para ello hacía falta llegar a un acuerdo con los intermediarios locales según el cual estos debían entregar en un cierto plazo una determinada cantidad de vasijas. Además, se estipulaba también que cada pieza debía ajustarse a los estándares, a las formas requeridas y a los patrones decorativos indicados por el cliente. Para evitar errores, a menudo se hacían traer las vasijas blancas de Jingdezhen para que fueran acabadas en las factorías de Cantón, donde el comerciante podía controlar mejor el proceso final.

Los intermediarios chinos sustituían a los comerciantes extranjeros a la hora de realizar en Jingdezhen el encargo de las piezas requeridas, y decidían el precio final. El pedido figuraba en una etiqueta, y cumplido el plazo de entrega el intermediario debía cerciorarse de que la cantidad de los ejemplares y sus características formales respondieran a lo estipulado por el cliente. Las piezas dañadas debían ser reemplazadas por otras nuevas, aunque los comerciantes esperaban de los intermediarios que realizaran siempre la entrega en las debidas condiciones y según contrato, ya que si por ejemplo la calidad de las piezas de tal remesa era peor de lo acordada al capitán no le quedaba más remedio que aceptarla igualmente o arriesgarse a perder la temporada favorable de vientos y tener que demorar su viaje de regreso hasta el año siguiente.

Satisfacer inmediatamente el pedido realizado por los comerciantes a menudo resultaba muy complicado, puesto que como ya hemos visto en Jingdezhen la división del trabajo era muy minuciosa, y cada tipología cerámica podía ser realizada por un taller diferente: éste se ocupaba de elaborar vasos, aquel de los platos… En ocasiones, debido a la urgencia de cierto pedido se enviaba una buena parte directamente a Europa, mientras el resto del lote aún por acabar se transportaba a Cantón. Las autoridades chinas prohibieron varias veces el uso de barcazas planas para llevar esas porcelanas desde Jingdezhen a Cantón, y parece evidente que esas remesas de porcelanas que no cumplían los plazos no podían alcanzar un buen precio de mercado.

A veces la producción cerámica podía verse afectada por grandes aguaceros o inundaciones, y podían pasar meses sin apenas días despejados en los que las piezas crudas no acababan de secarse. En algunos casos se cuidaba más la producción de las vasijas comunes, ya que los supervisores solían calcular las tasas según la cantidad bruta y los impuestos derivados de aquellas eran mayores que los que se sacaban de las piezas de mayor calidad, menos abundantes y pesadas.

Estos documentos históricos no sólo nos describen cómo procedían entonces los comerciantes europeos a la hora de encargar porcelana en China, sino que nos muestran por otra parte una economía mercantil bastante desarrollada en la que el sistema de imposiciones fiscales al comercio exterior ya había recibido la atención de las autoridades locales. Dichas autoridades oficiales no sólo se preocupaban de recaudar las tasas, sino que también se esforzaron por proteger los beneficios de los productores de cerámica. También hemos visto cómo dicha tasación no se realizaba en función del número de piezas o de su calidad sino del peso total, un sistema que si bien podía resultar poco equitativo era probablemente el más sencillo de llevar a término.

Durante el siglo XVII si la Compañía neerlandesa de las Indias Orientas deseaba realizar un encargo de porcelana en Jingdezhen enviaba a los talleres una serie de modelos de madera junto a su pedido. A veces las piezas entregadas no se ajustaban a los requisitos del cliente, y entonces eran devueltas a Cantón, como muestra de que eran rechazadas. Por otra parte, si en la decoración aparecían dragones u otros "animales monstruosos" los ejemplares también eran devueltos, ya que los europeos no entendían o no aceptaban del todo su significado simbólico. Además, los modelos enviados a China debían ser restituidos a los clientes en Holanda, para que estos pudieran comprobar fácilmente si las piezas de porcelana respondían o no a los estándares estipulados.

En términos generales los artesanos alfareros chinos se esforzaban por satisfacer los requerimientos de sus clientes, aunque a veces también podían rechazar algún pedido. En 1775, por ejemplo, se negaron a elaborar un juego de utensilios de mesa que debían estar recubiertos de color amarillo en su interior y de ramos de flores de esmalte de colores y círculos dorados en su parte exterior, ya que temían que dichos colores no pudieran aplicarse correctamente.

En ocasiones también había quien se quejaba de la calidad de las porcelanas adquiridas. En 1767 un memorando de la Compañía neerlandesa de las Indias Orientas exigía a la parte contratante encargada de realizar la entrega que garantizase la calidad de las piezas, ya que se había descubierto que "las decoraciones de color rojo palidecen incluso en condiciones de sequedad, lo cual significa que después de su aplicación las piezas no fueron cocidas correctamente y por lo tanto no tienen lustre, al contrario de lo que ocurriría si hubieran sido bien cocidas. En el futuro, habrá que poner atención a este respecto".

Además de dicha compañía holandesa, también había numerosos particulares que realizaban sus encargos de porcelana, y probablemente habría sido así en el caso de una gran cantidad de piezas con escudos de armas o emblemas familiares. En Londres había firmas chinas que ofrecían esos servicios a sus clientes particulares, y las porcelanas encargadas poseían decoraciones muy particulares. En circunstancias normales, se tardaba unos dos años en producir y entregar la mercancía.

La *Antología de porcelana china de exportación* refiere:

"Los occidentales usaban la plata para saldar sus cuentas con los chinos, como las monedas o lingotes de plata españoles o mexicanos. A la hora del pago los comerciantes chinos hacían el cálculo del precio total y después empleaban una diminuta báscula para pesar la plata, que siempre llevaban guardada en una pequeña caja pintada al óleo y colgada de sus cinturas. En cuanto al oro, los chinos utilizaban el tael [alrededor de 40 gramos] como referencia, y cada tael de oro equivalía a 2,5-3,4 florines. En numerosos libros de cuentas aparecía también a menudo el real español, equivalente a 2,35-2,6 florines"

De este testimonio se desprende que en el contexto del intercambio comercial de porcelana durante la dinastía Qing los occidentales pagaban las cuentas a los comerciantes chinos principalmente con moneda de plata, y en ciertas ocasiones se empleaba también el oro. Los precios de la época eran muy elevados; un juego de vajilla para comer adquiridos en 1767 en Jingdezhen por la Compañía neerlandesa de las Indias Orientales costó 250 taeles de plata, si bien desconocemos el número total de piezas. Según otras fuentes, otro juego de utensilios de mesa de porcelana *qinghua* de 29 piezas costaba algo más de 82 taeles de plata, con un precio medio por cada ejemplar de casi tres taeles.

6.6. Estilos chinos de la porcelana de exportación

Hay dos estilos de porcelana china de exportación durante la dinastía Qing: uno que todavía conserva un estilo decorativo claramente chino al haber sido producida en un lugar de producción imbuido en la cultura local, a pesar de estar realizada siguiendo los diseños o necesidades occidentales, y otro que tanto en sus formas como en su ornamentación se adapta a los gustos foráneos, con un estilo marcadamente europeo. Tanto en Jingdezhen como en los centros alfareros de la costa, la cantidad, calidad y diversidad de su producción alcanzaron entonces cotas sin precedentes. Las variedades tipológicas más importantes de la época eran la porcelana *qinghua*, la *qinghua* de colores contrastantes, la de cinco colores, la de tres colores, la de la "familia rosa", la dorada y la negra.

Desde el siglo XVI hasta mediados del siglo XIX los occidentales se mostraron muy receptivos hacia la cultura china. No sólo la ornamentación de las porcelanas tenía una fuerte impronta china; numerosas piezas decorativas muy en boga entonces presentaban formas típicamente chinas. A medida que se fueron desarrollando los intercambios comerciales entre China y Occidente, fueron llegando hasta los países europeos productos de la cultura material y espiritual del Lejano Oriente, incluida la doctrina confuciana, que ejercieron una influencia inestimable en el surgimiento y desarrollo del movimiento ilustrado. Uno de los principales representantes de la Ilustración, el francés Voltaire, tenía en alta estima el pensamiento de Confucio, que según él "facilitó las armas ideológicas para luchar contra la jerarquía feudal, la monarquía absoluta y el dominio del clero", y muchos de los ilustrados alababan "el idealismo y el romanticismo de la tradición intelectual china". En un mundo en el que la comunicación intercultural no era tan fluida como ahora, con grandes diferencias lingüísticas, la transmisión del pensamiento no sólo se realizaba a través de la palabra, sino también sirviéndose de las imágenes como soporte material. La cultura material y la cultura espiritual de China coexistieron hasta cierto punto en la porcelana *qinghua* y en las otras variedades de porcelana pintada, que se convirtieron en símbolo y medio de transmisión de ambas. Los motivos decorativos con conceptos representativos del pensamiento confuciano, en particular, recibieron una gran aceptación por parte de los europeos.

China siempre ha valorado la utilidad práctica de las artes en el seno de la sociedad, además de su función pedagógica y culturizante. La cerámica constituye un producto de carácter técnico para uso diario, pero puede ser a su vez un objeto artístico de delectación. El reinado del emperador Kangxi de la dinastía Qing se basaba en el ejercicio del poder por medio de la virtud, una reducción de las tasas y corveas, el estímulo de la agricultura, la búsqueda de la armonía, el interés en los asuntos públicos y los preceptos básicos confucianos de lealtad, piedad filial, benevolencia y decoro. Con el fin de mantener la autoridad y la paz de su gobierno durante un largo período, Kangxi hizo mucho hincapié en el estudio y asimilación de la cultura clásica china con el pensamiento confuciano como modelo para alcanzar el gobierno de la virtud y el adoctrinamiento ritual. La literatura, el teatro, las xilografías y otros medios de expresión artística se convirtieron en soportes y transmisores del pensamiento básico confuciano, lo que influyó de manera natural en el desarrollo de los contenidos decorativos de los productos cerámicos.

En la porcelana *qinghua* y de cinco colores de la época aparecen numerosas escenas de contenido simbólico con alusiones a la lealtad y el patriotismo de los personajes, y también hay imágenes alusivas al amor o al matrimonio sacadas de clásicos como *Historia del ala oeste*. La aparición de la variedad de porcelana de cinco colores característica del reinado de Kangxi –desarrollada sobre la base de la porcelana de cinco colores de la dinastía Ming– aportó una nueva forma de representación de tales escenas. Se trataba de una variante de mayor diversidad cromática, y al absorber los modos de expresión de las xilografías coetáneas también resultaba más exquisita que su precedente. Los personajes retratados en dichas xilografías derivaban en su mayor parte de las historias de las obras teatrales coetáneas, y su composición y formas expresivas podían manifestarse mediante una escena corrida que desplegara todos los detalles de la historia; o podían configurar la escena tal y como iban apareciendo los personajes de manera desordenada sobre el escenario; o se dividían en dos o más niveles en sentido vertical, como si se tratara de una construcción en la que se desarrollaran simultáneamente diferentes escenas en contextos diversos; o bien combinaban algunos de los métodos apenas mencionados. A los ojos de un espectador occidental, todos estos contenidos y formas expresivas no sólo poseían un evidente exotismo y color étnico, sino también un profundo significado cultural, todo

11-178 Grandes ollas de porcelana *qinghua*   Finales de la dinastía Ming/inicios de los Qing   Colecciones Estatales de Arte de Dresde

lo cual hizo que las piezas que se acompañaban de tales imágenes obtuvieran un gran recibimiento en Europa.

El palacio Zwinger forma parte de las Colecciones Estatales de Arte de Dresde y alberga la mayor muestra de cerámica de toda Alemania, con sus 20.000 piezas procedentes de Asia y Europa entre las que destaca un abundante número de porcelanas chinas, en su mayoría de época Qing. Nada más entrar podemos contemplar unas cuantas ollas de porcelana *qinghua* de gran tamaño, sobre las que hay representadas una serie de historias con personajes en paneles abiertos de estilo realista. Aunque el contenido y los métodos expresivos son puramente chinos, al verlos se comprende inmediatamente que dichas piezas fueron elaboradas para su exportación, porque en China raramente podemos encontrar ejemplares de porcelana *qinghua* de factura exquisita y a la vez con semejantes dimensiones (imagen 11-178). Además de esa variedad cerámica, en la colección de Dresde abundan sobre todo las porcelanas pintadas y en especial las de cinco colores, en su mayoría con escenas de personajes (muchos de ellos guerreros armados a caballo). Las escenas están sacadas principalmente de clásicos del género del *Romance de los Tres Reinos* o *A orillas del agua*. Hay bandejas, jarrones, ollas, etc. Este tipo de porcelanas de estilo chino son en su mayor parte de carácter decorativo, y se distinguen dos tipos: uno es el de los jarrones u ollas de gran tamaño, aislados o en grupo, que solían colocarse en el salón principal u otras dependencias interiores (imagen 11-179), y el otro corresponde a los juegos de bandejas, jarrones u ollas de pequeñas dimensiones, empleados principalmente como decoración de pared, numerosos y repartidos por toda la superficie del muro (imagen 11-180).

Aparte de ello, las porcelanas de tres colores de Jingdezhen tan populares durante el reinado de Kangxi también fueron muy bien recibidas en Europa. Como se afirma en la obra coetánea ya citada sobre estándares cerámicos, la porcelana de tres colores amarilla, morada y verde gozaba entre los europeos de gran reputación. En el Museo Peabody Essex de Massachusetts se exhiben no pocas muestras de porcelana de tres colores para exportación de la era Kangxi, incluidas algunas figurillas de extrema delicadeza (imagen 11-181). También hay en Dresde numerosas bandejas y figurillas de dicha tipología, junto a una cierta cantidad de ejemplares de porcelana de la "familia rosa", de bellas imágenes con historias sacadas de las óperas tradicionales o escenas inspiradas en la vida cotidiana (imagen 11-182); este último tipo de porcelana, no obstante, pertenece en su mayor parte al

11-179 **Porcelana decorativa de cerámica de cinco colores con imágenes de guerreros a caballo** Colecciones Estatales de Arte de Dresde

11-180 **Porcelana decorativa de cerámica de cinco colores con imágenes de guerreros a caballo** Colecciones Estatales de Arte de Dresde

11-181 Figurillas de cerámica de tres colores Dinastía Qing Museo Peabody Essex de Massachusetts

11-182 Bandeja de porcelana rosada Dinastía Qing Museo Peabody Essex de Massachusetts

11-183 Sopera de porcelana de Meissen Finales del siglo XVIII Museo Peabody Essex de Massachusetts

11-184 Cabeza de vaca de porcelana rosada Dinastía Qing Museo Peabody Essex de Massachusetts

| 181 | 183 |
| 182 | 184 |

período de reinado del emperador Yongzheng, ya que a partir del reinado de su sucesor Qianlong se harán bastante escasas. En mi opinión, esto podría deberse al hecho de que en 1710 los alemanes ya producían porcelana en los talleres de Meissen siguiendo las técnicas de elaboración de sus modelos chinos, y que desde 1738 crearon su propio estilo cerámico, por lo cual a partir de esa fecha fueron disminuyendo las importaciones de productos originales (imagen 11-183). En cuanto a las porcelanas de exportación con características chinas, además de las grandes cantidades de todo tipo de piezas de carácter decorativo también había numerosas figurillas de exquisita factura de porcelana de tres o cinco colores y de la "familia rosa" (imagen II-184).

Las grandes ollas de porcelana *qinghua* de casi un metro de altura con tapadera y patrón decorativo típicamente chino ya mencionadas más arriba forman parte de un juego de 151 vasijas –entre las que se encontrarían 16 de estas enormes piezas– que Augusto II el Fuerte de Sajonia habría intercambiado con Federico Guillermo I de Prusia en 1717 por un entero regimiento de dragones (soldados de caballería completamente equipados), y que por ello fueron conocidas con el nombre de "porcelana de los dragones". Aunque el trueque se realizó a comienzos del siglo XVIII, el estilo de las porcelanas pertenece a la etapa final de la dinastía Ming un siglo antes, y las piezas habrían llegado a manos de la casa real de Prusia gracias a una donación de la Compañía británica de las Indias Orientales a la madre de Federico Guillermo (mirar imagen II-178). Intercambiar 600 jinetes completamente equipados –si bien parece que el trato no incluía los caballos– por 151 piezas cerámicas da una idea del valor de la porcelana china en Europa en aquella época.

Gracias al análisis anterior hemos visto cómo la mayor parte de las porcelanas de estilo chino exportadas a Europa eran de carácter decorativo y muy elevada calidad. El coste de esas piezas era muy alto, y sólo las casas reales o las clases más pudientes podían permitírselas, razón por la que se han conservado hasta nosotros. En cuanto a la decoración, estaba sacada principalmente de las historias de las obras teatrales y de la vida social. Lo que reflejan estos ejemplares de porcelana son los valores y los modos de vida del pueblo chino, aquello que más atraía a los europeos de la época, por lo que podemos afirmar que se trataba tanto de obras de arte y piezas suntuarias como de soportes de transmisión de la cultura china en el mundo.

6.7. Estilos japoneses de la porcelana de exportación

Durante los reinados de Kangxi, Yongzheng y Qianlong también se exportaron a Europa porcelanas japonesas de estilo Imari, surgido por primera vez en la localidad de Arita de la prefectura de Saga, una zona de la isla meridional de Kyushu englobada en lo que era entonces una antigua provincia conocida con el nombre de Hizen y que incluía también la contigua prefectura de Nagasaki. Entonces se seguía el modelo de las porcelanas de Jingdezhen, importadas masivamente en Japón, y las técnicas de cocción llevadas hasta allí por los artesanos de la península coreana. Como la porcelana de Arita se exportaba

185|188
186|187

11-185 Bandeja grande de porcelana *qinghua* **tipo fuyode con decoración central de búcaro de flores elaborada en los hornos de Arita (Japón)** Entre 1670 y 1690 (reinado de Kangxi)

11-186 Jarrón de cerámica de cinco colores con decoración de ramajes y flores elaborado en los hornos de Arita (Japón) Entre 1660 y 1680 (reinado de Kangxi)

11-187 Olla con ocho cantos de cerámica de cinco colores con decoración de peonías y ailantos elaborada en los hornos de Arita (Japón) Entre 1690 y 1710 (reinado de Kangxi)

11-188 Bandeja grande de cerámica de cinco colores con decoración central de búcaro de flores realizado en los hornos de Arita (Japón) Entre 1720 y 1740 (reinado de Kangxi/Qianlong)

desde el puerto de Imari, poco a poco fue conociéndose con el nombre de esta última localidad. A mediados del siglo XVII, contemporáneamente a la introducción de las técnicas chinas, la porcelana de Imari experimentó una renovación. A partir de 1659 los artesanos japoneses aprovecharon la situación caótica de China como consecuencia de la sucesión dinástica para –gracias a la colaboración de la Compañía neerlandesa de las Indias Orientales– dar paso a una nueva y fructífera etapa de exportación a Europa de la llamada "porcelana de Imari".

En un comienzo los hornos de Arita se dedicaron principalmente a imitar el estilo "kraak" de porcelana *qinghua*, conocido en Japón con el nombre de *fuyode*. La bandeja de Arita de la imagen 11-185 es muy similar a las bandejas de porcelana china de la época, hasta el punto de que resulta difícil distinguirlas. La porcelana de cinco colores, por otra parte, era llamada en China "porcelana de color rojo y verde" y en Japón "rojo de Nankín". Como ya hemos dicho, la porcelana de Arita experimentó una gran transformación a partir de las técnicas introducidas desde China. Los estrictos requisitos impuestos por la Compañía neerlandesa de las Indias Orientales hicieron que las técnicas de producción avanzaran de manera notable, lo que dio como resultado una porcelana de elevada calidad que no sólo resistía la comparación con los productos de Jingdezhen sino que además creó sobre esa base una variedad (la "porcelana de Imari" de cinco colores) de estilo y personalidad propios (imágenes 11-186 y 11-187). En la imagen 11-188 aparece una bandeja decorada en su parte central con un jarrón de peonías, crisantemos y otras flores, mientras a lo largo del borde circular se despliega por su parte un patrón decorativo de estilo claramente japonés. Estos ejemplares de porcelana *qinghua* y pintada, encargados por la compañía holandesa y exportados en grandes cantidades, fueron muy admirados por la nobleza y las clases altas europeas.

Llegados al reinado de Kangxi la porcelana de Imari ya gozaba en Europa de un mercado estable, aunque tras la recuperación de los hornos de Jingdezhen los comerciantes europeos también encargaron allí ese tipo de porcelana. La porcelana de estilo Imari elaborada en China incluía la *qinghua*, la *qinghua* de colores contrastantes y la de cinco colores, y debido a su mayor calidad técnica y exquisitez respecto a su modelo japonés –gracias a sus siglos de experiencia acumulada– y a unos precios mucho más competitivos fue rápidamente apreciada en Occidente. ¿Cuándo se empezó a producir "porcelana de Imari" en los hornos de Jingdezhen? En la *Antología de porcelana china de exportación* se dice que ya a comienzos del siglo XVIII se estaba elaborando esa tipología cerámica en dichos hornos, lo que es corroborado por las vajillas con simbología heráldica. Cuando falleció el primer barón Somers de Evesham en 1716 tenía en su posesión una de estas piezas, y por lo tanto puede deducirse que ya se producían antes de esa fecha. El político británico James Craggs el Joven también poseía a su muerte en 1721 uno de estos ejemplares. Hay otra pieza más en la que aparece el escudo de armas del gobernador del fuerte San Jorge en Madrás, Thomas Pitt. Pitt se mantuvo en su puesto hasta 1709, y se cree que dicha porcelana tuvo que ser adquirida antes de que abandonara la India, lo que quiere decir que el primer ejemplar de "porcelana de Imari" de factura china había salido de los hornos de Jingdezhen no mucho después del año 1700. En las Colecciones Estatales de Arte de Dresde también hay algunos ejemplares de este tipo, que ya aparecen listados en el inventario real de 1721.

Las cerámicas chinas de estilo Imari son porcelanas *qinghua* con color rojo óxido y dorado sobre esmalte de cuerpo más blanco, más fino y más frágil que las japonesas. El círculo que aparece bajo el apoyo no está esmaltado o es de color marrón, y a diferencia de los modelos nipones no se aprecian señales de los instrumentos de cocción. Sin embargo, a veces resulta muy difícil distinguir las piezas chinas de las japonesas, especialmente cuando aquellas imitan los tradicionales motivos decorativos nipones con crisantemos o presentan algún otro elemento característico de la ornamentación típica de Japón. Aun así, se puede decir que la decoración de las porcelanas japonesas posee un estilo más viril, mientras que el de los ejemplares realizados en China es más artístico y delicado. Además, analizados pormenorizadamente, también pueden descubrirse pequeñas diferencias en los modos de elaboración de ambas.

En el caso de la bandeja de Jingdezhen de la imagen 11-189, imita el patrón decorativo y los colores de los modelos japoneses y refleja los criterios estéticos de la porcelana de este país, pero el contenido formal es de estilo chino. Hay un juego de palabras con los caracteres alusivos a "cangrejo" y "armonía", casi homónimos, que hace referencia a los resultados en los exámenes imperiales y al augurio de riquezas y honores. Dos cangrejos entre peonías constituyen una alegoría de la prosperidad económica, como también lo es un cangrejo que agarra con sus pinzas una moneda de cobre. La peonía es la reina de las flores en China, el más amado de los motivos fitomorfos de la iconografía china y un símbolo de fortuna y bienestar, augurante de un sustancioso emolumento o de una elevada posición social. Por ello la representación de las peonías refuerza el significado del cangrejo y el dinero: una vez superados los exámenes imperiales le esperaba al candidato una vida de privilegios y riquezas.

11-189 Bandeja de porcelana *qinghua* y colores contrastantes con decoración de cangrejos y peonías de los hornos de Jingdezhen Dinastía Qing (reinado de Yongzheng/Qianlong) Diámetro boca: 23 cm. Museo Peabody Essex de Massachusetts

11-190 Bandeja para comida de porcelana *qinghua* y colores contrastantes con decoración de crisantemos de los hornos de Jingdezhen Dinastía Qing (reinado de Kangxi) Museo Peabody Essex de Massachusetts

11-191 Bandeja grande de porcelana *qinghua* y colores contrastantes con decoración de flores de ciruelo de los hornos de Jingdezhen Dinastía Qing (reinado de Yongzheng) Diámetro boca: 31'5 cm. Museo Peabody Essex de Massachusetts

En la imagen 11-190 aparecen dos bandejas con un crisantemo en el centro que constituyen un ejemplo clásico de porcelana china de estilo Imari, inspirada en los diseños y colores de su modelo japonés. Ambas llevan incisa en la parte inferior la referencia "N:i46/+", alusiva al ya mencionado *Inventarium über das Palais zu Alt-Dresden* del año 1721, que incluye alrededor de 24.000 piezas de porcelana, más de diez mil de las cuales se conservan a día de hoy en la *Porzellansammlung* de las Colecciones Estatales de Arte de la ciudad alemana. Aunque se trata de una marca poco precisa era muy frecuente, y se conoce con el nombre de "marca del Johanneum" por el lugar donde serían depositadas las cerámicas posteriormente.

La imagen de la bandeja de la imagen 11-191, con sus flores de ciruelo, sus bambúes y su ave se despliega de derecha a izquierda como si fuese un rollo de pintura. Se trata de un método muy popular en las artes japonesas que, apenas iniciado el siglo XVIII, será también empleado por los artesanos chinos para conseguir un nicho en los mercados europeos abiertos en aquella época. El elector de Sajonia y rey de Polonia Augusto II el Fuerte coleccionó este tipo de bandejas, y al menos desde 1760 fueron imitadas asimismo en las fábricas de porcelana de Meissen. En la parte inferior de los bordes de la vasija de la imagen hay ramas en azul *qinghua* y flores frescas de rojo óxido. El ave asemeja una urraca, aunque los colores no se corresponden con esa especie, quizás para indicar que la urraca representada aquí es distinta a las tradicionales. En China este animal es símbolo auspicioso de felicidad, y en este caso unido al ciruelo y al bambú –que representan a los dos prometidos– es claro augurio de una dichosa vida en pareja.

Estas porcelanas de estilo Imari realizadas en China y apenas descritas pertenecen al Museo Peabody Essex de Massachusetts. En la ya aludida «Antología de porcelana china de exportación» se afirma que fueron elaboradas en Jingdezhen, pero nunca se han encontrado en esa zona piezas similares, lo cual probablemente se deba al hecho de que se trataba de piezas destinadas exclusivamente a la exportación.

6.8. Estilos del sureste asiático (colores rojo y verde) de la porcelana de exportación

La porcelana china de exportación de la dinastía Qing no se difundió sólo por Europa sino que también alcanzó Japón, los países del sureste asiático e incluso África, mercados tradicionales de la cerámica de China. Debido a esta diversidad de los mercados también se diversificaron los estilos. En el capítulo dedicado a la dinastía Ming ya hemos hablado de la cerámica de colores rojo y verde de los hornos de Zhangzhou y de Jingdezhen. En aquel entonces, los europeos no prestaban mucha atención a esta tipología, y en su mayor parte importaban porcelana *qinghua* o –en menor medida– *qinghua* de cinco colores, por lo que la cerámica de colores rojo y verde se exportaba sobre todo a Japón y el sudeste asiático. Con los Qing los alfares de Jingdezhen alcanzaron su apogeo, con técnicas más avanzadas y mayor variedad tipológica, e incluso los clientes de Zhangzhou comenzaron a adquirir sus porcelanas allá. Bajo la influencia de los hornos de Cizhou, Jingdezhen empezó a producir porcelana de colores rojo y verde desde la dinastía Yuan, y lo siguió haciendo durante las dos dinastías posteriores. Es difícil encontrar allí piezas enteras de aquella tipología de época Yuan, aunque en lugares como Jining, Chifeng, Beijing, Nanjing o Hong Kong e incluso en Filipinas sí se han hallado este tipo de cerámicas. En la academia de estudios artísticos de los hornos comunes de Jingdezhen se conservan algunos fragmentos de porcelanas de colores rojo y verde con lotos y crisantemos de época Yuan, con un estilo pictórico parecido al de la porcelana *qinghua* coetánea. La porcelana de color rojo y verde de los hornos de Zhangzhou de época Ming también presenta algunos puntos en común, y es posible que hubiera sido influenciada por aquella. Al igual que los hornos de Zhangzhou, los de Jingdezhen también exportaron porcelana de esta tipología a Japón y el sudeste asiático a finales de la dinastía Ming. No se han encontrado muchas muestras de esta época en estos últimos alfares, y sólo se conserva uno en la academia de estudios artísticos de los hornos comunes. En Japón la porcelana de colores rojo y verde de Zhangzhou era conocida como "rojo de Wuzhou", y la de Jingdezhen era llamada "rojo de Nankín". Durante la dinastía Qing los hornos de Jingdezhen siguieron exportando este tipo de cerámica a aquellos mercados. Las muestras provenientes de los alfares de Zhangzhou halladas en ultramar no son en cambio muy numerosas, lo que quizás signifique como ya hemos avanzado que sus clientes comenzaron a realizar sus pedidos en Jingdezhen.

Ya sea de época Yuan, Ming o Qing, dicha tipología cerámica es muy poco frecuente en China, por lo que es probable que en su mayor parte estuviera destinada a la exportación. Si bien durante la dinastía Qing los europeos comenzaron a interesarse por la porcelana china de colores y adquirieron numerosas piezas de porcelana de cinco colores, de tres colores, de la "familia rosa" e incluso de nuevas variedades, no fueron muchos los encargos de porcelana de colores rojo y verde. En 2011 el Museo Groninger de Holanda organizó una exposición sobre porcelanas de la "familia verde", dedicada principalmente a los ejemplares de cinco colores y de color rojo y verde. El nombre de "familia verde" se debe al hecho de que en las porcelanas de cinco colores dicha tonalidad destaca por su viveza. En dicha exposición había piezas de porcelana de Jingdezhen de color rojo y verde exportadas a los países del sudeste asiático. En los años 50 y 60 del siglo XVII los emperadores Shunzhi y Kangxi prohibieron severamente la entrada y salida de los puertos marítimos chinos. El clan familiar de Zheng Changgong (Koxinga) se opuso a los Qing y luchó por el reestablecimiento de la dinastía Ming, controlando los mares del este de China y monopolizando el comercio marítimo; tras la muerte de Koxinga en 1662, su hijo concentró sus fuerzas en Formosa, aunque llegó a invadir Fujian en 1676. Quizás la complicada situación política hizo que se interrumpiera la producción en los hornos de Shantou, y que algunos de sus clientes se desviaran a los alfares de Jingdezhen, aunque la cuestión todavía sigue siendo muy debatida. La porcelana de color rojo y verde de estos últimos era de tonalidades brillantes pero más contenida, de una mayor elegancia y discreción que las ostentosas piezas de los hornos de Shantou.

A continuación vamos a analizar algunas de las excelentes muestras de porcelana de Jingdezhen que sustituyeron en los mercados del sudeste asiático las piezas de exportación de los hornos de Shantou.

La tetera de la imagen 11-192 presenta una boca circular, y la tapadera tiene un asa semicircular de color rojo oscuro; sobre el borde de la boca y a ambos extremos del asa se alzan dos lengüetas extravertidas con decoración fitomorfa. Se trata de una pieza de forma compacta y resistente al uso. Hay una pequeña vertedera sobre los hombros de la vasija. El patrón decorativo es tradicional, con un entramado de ramajes y flores. En la tapadera hay un diseño en forma de castaña de agua y numerosas flores frescas. Este tipo de vasijas se solían usar en el mundo rural chino para servir vino de arroz o té, aunque la morfología de esta pieza no es autóctona, por lo que parece evidente que se trata de un ejemplar hecho por los artesanos chinos para su exportación.

La pieza de la imagen 11-193 es un recipiente para agua de tipo kendi (*junchi*), conocido también con otros diversos nombres, usado por los bonzos itinerantes o los mahometanos para sus abluciones. En China se comenzó a producir este tipo de vasijas en la dinastía Tang, destinadas sobre todo a la exportación, y fue muy utilizado por todo el sudeste asiático. Los hornos de Jingdezhen y de la costa china produjeron los *junchi* para satisfacer dicha demanda principalmente exterior, y por ello son poco frecuentes dentro del país. En el ejemplar de la imagen hay decoración de hierbas enroscadas y flores, incluidas dos grandes peonías. En los hombros, el cuello, la boca y los labios se aprecia una hermosa ornamentación de ramajes.

En la imagen 11-194 vemos una olla con tapadera de forma redondeada y agarradera circular y apoyo también circular. La decoración es la típica de las piezas de porcelana de color rojo y verde: hojas verdes, cuatro grandes peonías de color rojo, cuatro pequeñas peonías de color rojo y otras tantas también pequeñas de color amarillo. Este tipo de ollas contenedor empleadas para almacenar comida u otros productos empezaron a hacerse populares a partir del reinado de Kangxi, y continuaron produciéndose durante todo el siglo XVIII y

11-192 Tetera de porcelana de colores rojo y verde de los hornos de Jingdezhen Dinastía Qing (reinado de Kangxi) Altura: 21'5 cm.; diámetro máximo: 21 cm.; diámetro base: 13 cm. Museo de Groningen

XIX con gran difusión. Con toda probabilidad se trataba de una de las tipologías cerámicas destinadas a los mercados del sudeste asiático, ya que en Europa estaba de moda en cambio la porcelana kraak con ornamentación distribuida en compartimentos geométricos.

La mayor parte de este tipo de piezas arriba descritas procede de Indonesia, y son ejemplares llevados de vuelta a casa por funcionarios de la Compañía neerlandesa de las Indias Orientales tras su jubilación, algunos de los cuales se conservan ahora en colecciones como la del Museo de cerámica Princessehof de Leeuwarden o el Museo Groninger. Estos ejemplares exportados al sudeste asiático no tienen un registro de procedencia, y por lo tanto resulta muy difícil determinar si fueron elaborados en Jingdezhen, aunque en mi

11-193 Vasija tipo kendi de cerámica de colores rojo y verde de los hornos de Jingdezhen Dinastía Qing (reinado de Kangxi) Altura: 19 cm.; diámetro boca: 6'5 cm.; diámetro apoyo: 7'3 cm. Museo de cerámica Princessehof de Leeuwarden

11-194 Olla con tapadera de cerámica de colores rojo y verde de los hornos de Jingdezhen Dinastía Qing (reinado de Kangxi) Altura total: 14 cm.; diámetro máximo: 11'5 cm.; diámetro apoyo: 7 cm. Museo de Groningen

opinión hay una gran probabilidad de que así sea. Las peonías de las vasijas de las imágenes 11-192 y 11-193, por ejemplo, son muy frecuentes en la ornamentación de las porcelanas de cinco colores de Jingdezhen, y además el estilo decorativo es claramente diferente al de los productos de los hornos de Zhangzhou, más elegante y refinado.

6.9. Estilos europeos de la porcelana de exportación

Las porcelanas exportadas a Europa durante la dinastía Qing, ya fueran de carácter decorativo o de uso diario, presentan generalmente una decoración de estilo chino, aunque en el caso de los utensilios prácticos las formas eran más bien europeas, ya que debían adaptarse a los criterios estéticos y utilitarios de los occidentales. ¿Cómo encargaban entonces a los comerciantes chinos esas porcelanas de estilo europeo? Ya en 1635, en un pedido realizado por la Compañía neerlandesa de las Indias Orientales, se emplearon modelos realizados en madera, vidrio o cerámica como referencia, como jarras de cerveza, candelabros, saleros o recipientes para mostaza. Posteriormente se seguirá empleando este mismo método, enviando muestras hechas de cerámica, vidrio, plata, latón o madera y añadiendo bocetos dibujados con los requerimientos específicos (imagen 11-195). Según los cálculos habrían sido miles los dibujos de este tipo llevados a Cantón para realizar los encargos,

11-195 Boceto a carboncillo sobre papel (12 x 17 cm.) de la Compañía neerlandesa de las Indias Orientales para encargo de tetera en China (1786)
Archivo Nacional de La Haya

pero desgraciadamente se han conservado muy pocos, ya que las muestras más antiguas solían ser destruidas tras su uso.

A mediados del siglo XVII los comerciantes europeos usaban Batavia (Yakarta), Pattani en la península de Malaca, Surat (ciudad portuaria al oeste de la India) u otros centros comerciales para comprar las porcelanas que los mercaderes chinos llevaban hasta esos lugares, aunque no tardaron en dirigirse directamente a Cantón. Las compañías comerciales de Gran Bretaña, Francia, Holanda y otros países centralizaron allí sus operaciones para la adquisición de porcelanas de uso diario como diversos tipos de bandejas, platos, tazones, vasos, jarrones, teteras, cafeteras, etc. Algunos juegos de vajillas de diferentes piezas combinadas se hicieron muy populares en Europa y tuvieron un profundo impacto.

A comienzos del siglo XVIII uno de esos juegos podía llegar a las ochenta piezas, e incluso superar las 600, todas ellas con una decoración similar. El conjunto de vasijas de la imagen 11-196 forma parte de un juego de porcelanas de uso diario elaboradas en Jingdezhen y exportadas a Estados Unidos en el siglo XIX, exhibido ahora en el Museo Peabody Essex.

Además de los utensilios para comida, las teteras y cafeteras también ocupan un importante lugar en el grueso de las porcelanas chinas de exportación. A finales del siglo XVII tanto el té como el café eran dos bebidas muy populares en Europa, que los caballeros de la época gustaban de saborear en vasijas de porcelana hechas en China. Por ello en el siglo XVIII los mercaderes extranjeros llevaron a Europa una gran cantidad de porcelanas chinas, que reportaron pingües beneficios a las compañías comerciales. En 1751, por ejemplo, sólo la Compañía neerlandesa de las Indias Orientales transportó hasta Holanda unas 495.000 piezas, entre las que había alrededor de 200.000 de vasijas para té, café o chocolate. A la hora de degustar el té los europeos empleaban tazas tradicionales chinas sin asas, acompañadas de pequeños platos, aunque a finales del siglo XVIII aparecieron ya modelos con asas. En términos generales, las piezas tenían un diámetro de 6 a 7,5 centímetros y una altura de entre 3 a 3,5 centímetros; en cuanto a las tazas de café sin asas, eran bastante grandes, con un diámetro y una altura medios de 8,5 y 4,5 centímetros respectivamente, y

11-196 Juego de porcelanas de uso diario de los hornos de Jingdezhen exportado a Estados Unidos   Dinastía Qing
Museo Peabody Essex de Massachusetts

en ocasiones el cuerpo estaba barnizado de color marrón. Entre 1735 y 1740 se empezaron a poner de moda las imitaciones de las tazas alemanas para chocolate cilíndricas y alargadas con asas. Las tazas de apoyo alto de estilo europeo, por su parte, eran más grandes que las de café, y a menudo disponían de dos asas. A partir de 1725 los comerciantes también encargarán numerosos y variados juegos de piezas de té, café y chocolate con decoración complementaria y accesorios, de número fijo.

En la imagen 11-197 se puede apreciar una cafetera realizada en torno a 1740-1750 con la representación de un jardín en varios colores sobre esmalte, en la que aparece una valla rodeada de flores y plantas e incluso una roca de la longevidad sobre la que se yergue un faisán dorado; en una de las ramas reposa un pavo real. La vertedera de arco inverso termina en pico de ave, y la tapadera redondeada está unida al asa por una cadena plateada de estilo europeo. Esta cafetera forma parte de un gran juego de vajillas –todas decoradas de manera similar– de porcelana conservado en los Museos Reales de Arte e Historia de Bruselas, entre cuyas piezas de diferentes tamaños también hay otras muchas cafeteras,

11-197 Cafetera Dinastía Qing (reinado de Qianlong) Altura: 27 cm. Museos Reales de Arte e Historia de Bruselas

11-198 Bacía de barbero Dinastía Qing (reinado de Kangxi) Altura: 5'1 cm.; diámetro boca: 26'3 x 22'4 cm. Museos Reales de Arte e Historia de Bruselas

teteras, tazones con tapadera, bandejas, platos, salseras, recipientes para mantequilla, etc.

Además de las teteras y otras vajillas, otros numerosos utensilios de uso cotidiano también siguen modelos europeos, aunque las formas cambiaban según las sucesivas modas del siglo XVIII. Estas porcelanas incluyen jarras de cerveza, recipientes para mantequilla, bandejas para fruta, orinales, escupideras..., que llegaban regularmente a todos los rincones de Europa. La vasija de la imagen II-198 es una bacía de barbero exportada a Europa a comienzos del siglo XVIII, con diseños en azul *qinghua* y cinco colores en cuyo centro aparece una dama con abanico sobre un pedestal (izquierda) y un europeo sentado vestido de bufón o arlequín; en torno a ellos, tres paneles de forma ovalada con dos mujeres danzantes en cada uno de ellos. En las paredes exteriores hay motivos florales y ramajes en azul, rojo óxido y verde, y en la parte inferior hay una decoración de artemisas. Las porcelanas de finales del XVII y comienzos del XVIII, ya sean de formas chinas o europeas, exhiben a menudo una ornamentación de estilo chino con flores, aves, animales exóticos, etc.

A finales de la dinastía Ming y comienzos de los Qing las porcelanas de uso diario encargadas en China por los europeos presentaban morfologías típicamente europeas pero ornamentaciones de estilo chino, si bien paulatinamente los occidentales fueron introduciendo sus requisitos en los pedidos. En 1680, por ejemplo, algunos comerciantes de Batavia adquirieron unos cuantos juegos de bandejas y platos, entre los que había un pequeño número de piezas con decoración heráldica; dicha tipología tuvo un éxito sin precedentes y se difundió rápidamente por Europa. A partir de entonces,

los comerciantes comenzaron a probar de modo tentativo otros diferentes diseños ornamentales de corte europeo, que fueron muy bien acogidos. Con la llegada del siglo XVIII aparecieron en gran número todo tipo de porcelanas con los más variados patrones decorativos de estilo occidental, una de las características más notables del intercambio cultural entre Oriente y Occidente. La sopera de la imagen 11-199, por ejemplo, tiene dos asas simétricamente dispuestas, y es un tipo de vasija llegado de Francia y que allí era conocido con el nombre de *écuelle*, usado

11-199 Sopera de los hornos de Jingdezhen Dinastía Qing (reinado de Qianlong) Altura: 10'2 cm.; diámetro: 19'5 cm.; diámetro total con asas: 27'7 cm. Museo Peabody Essex de Massachusetts

tanto por hombres como por mujeres para el desayuno. Felipe II de Orleáns poseía una sopera de plata de forma parecida realizada a finales del XVII, que todavía se conserva.

La decoración de este tipo de "porcelana de encargo" se realizaba normalmente siguiendo los grabados o diseños proporcionados por los clientes, añadiendo monedas, emblemas u otros motivos presentes en las porcelanas europeas que podían servir de modelo a imitar. En términos generales, los pintores chinos eran capaces de reproducir de forma muy precisa los grabados o bocetos aportados por sus clientes europeos; para ello, primero agujereaban el diseño siguiendo sus contornos, y luego aplicaban ese diseño sobre la superficie de la porcelana restregando carbonilla por encima para obtener a través de los pequeños orificios un esbozo aproximado de la imagen, que finalmente era retocada en sus detalles. En la primera mitad del siglo XVIII la gran mayoría de las porcelanas de encargo eran de tipo *qinghua* y estaban hechas en los hornos de Jingdezhen; más adelante, comenzaron a encargarse también porcelanas de color sobre esmalte, de cinco colores y de la "familia rosa".

En la imagen 11-200 aparece una bandeja de porcelana *qinghua* con la escena del bautismo de Cristo. Aunque durante la dinastía Ming ya habían aparecido en las porcelanas chinas exportadas a Portugal elementos o símbolos del cristianismo, esta bandeja es uno de los más tempranos ejemplos de representaciones pictóricas extraídas de los Evangelios. Resulta evidente que el estilo artístico deriva de los grabados europeos, y en este caso los artistas chinos imitarían dichos grabados o las ilustraciones de los libros religiosos. Este tipo de imágenes no tenían mercado en China, y por tanto forman parte del repertorio iconográfico

11-200 Bandeja para comida de porcelana *qinghua* con escena de bautismo de Cristo de los hornos de Jingdezhen Dinastía Qing (reinado de Kangxi/Yongzheng) Diámetro boca: 50'8 cm. Museo Victoria y Alberto de Londres

11-201 Bandeja para comida de porcelana *qinghua* con escena de Aquiles sumergido por su madre Tetis en las aguas del río Estigia de los hornos de Jingdezhen Dinastía Qing Museo Victoria y Alberto de Londres

propio de las porcelanas de encargo para exportación. Además, durante la dinastía Qing la porcelana *qinghua* ya no era predominante en Jingdezhen, por lo que resulta muy raro ver piezas de este tipo con apliques o taraceas dorados, puesto que se consideraba que vasijas corrientes como aquellas no debían ir acompañadas de semejante decoración opulenta. Lo cierto es que desde la aparición y popularización de las porcelanas de colores, la porcelana *qinghua* ya no reportaba grandes beneficios, y por lo tanto ya no se solían añadir ese tipo de ornamentos dorados. Para los europeos, en cambio, la porcelana *qinghua* tenía un origen remoto y exótico y era particularmente valiosa, por lo que merecía ser decorada de ese modo, de ahí que en Occidente se conserven numerosos ejemplares de dicha tipología con taraceas doradas entre los que se incluye la bandeja de la imagen. Dicha pieza posee un profundo aire europeo, con varias gradaciones de azul *qinghua* que le dan una gran sensación de volumen y profundidad, muy diferente al estilo pictórico de las tradicionales porcelanas *qinghua* realizadas en China.

Llegados a los años 20 del siglo XVII, durante el reinado del emperador Yongzheng, los pintores chinos empezarán a usar el color negro para imitar las líneas oscuras de incisión de los grabados. Es el caso, por ejemplo, de la representación de la bandeja de la imagen 11-201, que copia un óleo del artista francés Nicolas Vleughels según el grabado que de él hizo su paisano Edme Jeaurat. En la escena aparece el héroe troyano Aquiles de niño mientras es sumergido por su madre Tetis en las aguas del Estigia –río del inframundo– para hacerlo invulnerable, rodeados de otros personajes mitológicos (Hefesto, una victoria alada...). En la parte opuesta no visible hay un escudo de armas perteneciente a la familia French del condado escocés de Berwick. Probablemente la bandeja, conservada en el Museo Británico, fue realizada en Jingdezhen en torno a 1740 por encargo de Robert French, último hacendado de Frenchlands.

Ambas vasijas son un buen ejemplo del elevado nivel técnico y la capacidad de imitación y reproducción de los artesanos de Jingdezhen de aquella época. En un primer momento este tipo de porcelanas sólo se producían en dichos hornos, pero debido a las estrictas exigencias en materia de elaboración y decorado, el creciente número de encargos y las dificultades de comunicación entre los clientes y los artesanos, la parte final del proceso de fabricación se trasladó a Cantón; allí los experimentados artistas locales, bajo la estrecha supervisión de los clientes europeos, reproducían sobre las piezas cocidas enviadas desde Jingdezhen los diseños decorativos exigidos por estos, reduciendo así en buena manera los peligros del transporte de las piezas ya acabadas y acelerando a su vez los tiempos de entrega. Entre 1740 y 1745 este modelo de trabajo se convertiría en el procedimiento estándar de encargo de porcelanas. No obstante, como en Cantón sólo había hornos de baja temperatura, sólo se podía aplicar decoración de colores sobre esmalte, por lo que las porcelanas de tipo *qinghua* seguían realizándose en Jingdezhen. Es precisamente por ese motivo que a partir de mediados del siglo XVIII la mayoría de los encargos afectarán a la porcelana de colores, y los pedidos de porcelana *qinghua* serán poco habituales.

Dado que los encargos de porcelana requerían plazos muy largos y una mayor inversión de capital y fuerza de trabajo, dichos productos no se encontraban entre las principales mercancías de las grandes compañías comerciales. Tales compañías no tenían tiempo ni ocasión de comprobar exhaustivamente la decoración de cada una de las piezas, por lo que no resulta extraño que las porcelanas chinas de exportación, incluidas aquellas con tipologías morfológicas típicamente europeas, incluyesen en su mayoría motivos ornamentales de estilo chino como flores, aves, personajes y paisajes, el tipo de piezas de aire oriental con el que los europeos estaban más familiarizados. Un gran porcentaje de las porcelanas de encargo formaban parte de las transacciones privadas, una parte de ellas destinadas a la venta en el país de origen para obtener beneficios y otra reservada para uso particular de los comerciantes o marineros como recuerdo o regalo. Por ello en general las

11-202 Sopera de cerámica de cinco colores con escena de dama con parasol Dinastía Qing (reinado de Qianlong) Altura: 22 cm.; diámetro boca: 35 cm. Museo Peabody Essex de Massachusetts

porcelanas de encargo no eran un artículo corriente de comercio para las compañías y sólo algunas de ellas, como la Compañía neerlandesa de las Indias Orientales, realizaban este tipo de operaciones para introducir avances en su propia industria de porcelana, como en el caso de la célebre "porcelana de Pronck". Con el fin de satisfacer la demanda interna de porcelana de lujo, la compañía holandesa contrató al pintor de Ámsterdam Cornelis Pronk para que diseñara una serie de vajillas, servicios de té, objetos ornamentales de chimenea, soportes para jarrones y demás artículos. Por los registros de la compañía sabemos que Pronck diseñó cinco tipos distintos de patrones decorativos de aire chino, cada uno de los cuales poseía características adaptadas a las necesidades de cada utensilio, cuatro de los cuales todavía se conservan en el Rijksmuseum de Ámsterdam. Esos cuatro tipos son: (1) Parasol o dama con parasol; (2) Doctor; (3) Imagen de nombre desconocido, que podría ser "Lavatorio"; (4) Pérgola de jardín con personajes. En la imagen 11-202 aparece una sopera de porcelana con una escena de dama con parasol, derivada de una acuarela de Pronck de 1734, actualmente conservada en el Rijksmuseum. En 1736 la Compañía neerlandesa de las Indias Orientales recibió este diseño en Batavia (Yakarta), y lo expidió a China y Japón. Según los registros, primero fue trasladado a una pieza de porcelana *qinghua*, después pasó a otra de estilo Imari y finalmente a una vasija de porcelana de la "familia rosa". Se trata de un motivo decorativo con muchas variantes que siguió empleándose en esos dos países durante treinta o cuarenta años, aunque no se ha encontrado una sola muestra de este tipo en territorio chino, probablemente por tratarse de una porcelana de exportación.

En la imagen 11-203 podemos ver una bandeja de porcelana elaborada en torno al año 1740 con una escena de pabellón con personajes (el cuarto tipo) tomada de un

11-203 Bandeja con escena de pabellón con personajes Dinastía Qing (reinado de Qianlong) Diámetro boca: 50'5 cm. Museos Reales de Arte e Historia de Bruselas

diseño de Cornelis Pronck. El diseño estaba terminado en 1737 y fue enviado a China en 1739. En el centro de la bandeja aparece una pérgola en el centro del jardín, que presenta una vegetación muy cuidada. Pronck realizó su diseño tomando como modelo un pabellón chino de una hacienda en Bosch en Hoven, cerca de la ciudad de Haarlem. Esta clase de representación –una dama con sirviente y niños (generalmente de sexo masculino)– tuvo muy buena acogida, y fue empleada con frecuencia en China, ya que aludía a la vida desahogada de las clases pudientes y a sus anhelos de descendencia y bienestar. Esta bandeja, de un tamaño inusitado (medio metro de diámetro) que la hace extremadamente rara entre las piezas conservadas hasta la actualidad, forma parte de un lote de vajillas decorado con azul *qinghua* y colores sobre esmalte que llegó a Holanda en 1740. Como se trataba de una clase de porcelanas de elevado coste por su particular diseño y complicadas de manejar y transportar, la Compañía neerlandesa de las Indias Orientales dejó de encargarlas en China a partir del año siguiente.

La clase de porcelana de encargo más abundante era la que iba decorada con un escudo de armas o emblema familiar. En un principio Jingdezhen sólo producía porcelanas *qinghua* con este motivo ornamental, pero a partir de la primera mitad del siglo XVIII empezaron a surgir los ejemplares de porcelana de la "familia rosada". Como esas vajillas o servicios de té con insignias de color negro o rosado resultaban muy llamativas, fueron sustituyendo progresivamente las porcelanas *qinghua*. Este tipo de decoración se hizo rápidamente popular en Europa, y se siguió elaborando hasta finales del siglo XVIII.

La "porcelana blasonada" encargada en China por las casas reales y la aristocracia de Europa se caracteriza por su iconografía claramente occidental y sus escudos familiares con taraceas doradas, y es de una refinada factura y gran lustre. Se trata de las porcelanas de elevada calidad más representativas de la época. En la colección de porcelanas de Dresde se exhiben bandejas de porcelana de colores con el escudo real de Augusto II el Fuerte, un monarca muy aficionado a la cerámica china que a comienzos del siglo XVIII envió a Cantón una misión comercial para realizar el encargo, llevado a cabo por maestros locales. En el centro de las bandejas aparece el emblema familiar, rodeado en los bordes por numerosos motivos decorativos de impronta china, incluidas mariposas, flores de loto y peonías, de formas diferentes y no repetitivas y de contenido también variado.

Este tipo de artículos con escudo familiar son de una gran diversidad; en una primera etapa eran de porcelana *qinghua* y de cinco colores, y más tarde vinieron a añadirse las de color rosado y negro. En la imagen 11-204 hay una bandeja con decoración azul *qinghua* y cinco colores; en el centro se muestra el escudo de la ciudad de Utrecht, cuyo nombre aparece escrito en la cartela inferior con la W inicial de los antiguos mapas, y en torno a él se despliega una decoración de pétalos de loto, paisajes típicos chinos con personajes, jarrones, etc.

La bandeja de la imagen 11-205 es un ejemplar de color rosado sobre esmalte de Limoges con los escudos familiares de De la Bistrate, Proli (en el centro) y Boone. A cada lado del diseño central hay un galgo apoyado a dos patas.

En la imagen 11-206 también se ve una bandeja de porcelana de la "familia rosa", con decoraciones de flores y hierbas ensortijadas en negro sobre fondo blanco. En el centro hay dos escudos familiares de origen desconocido, mientras la decoración del borde es del estilo de la célebre porcelana Du Paquier de Viena.

En todas las "porcelanas blasonadas" predomina el color rosado; en realidad, dicha tonalidad se desarrolló en cierto sentido bajo la influencia de los colores sobre barniz europeos. Durante el reinado del emperador Yongzheng, estimulados por la perspectiva de grandes beneficios económicos y el ejemplo de los hornos oficiales, los alfareros de Jingdezhen introdujeron dichos colores –llevándolos a su propio terreno con el uso del

11-204 Bandeja de porcelana *qinghua* **y cinco colores**
Dinastía Qing (reinado de Kangxi)   Diámetro boca: 25 cm.
Museos Reales de Arte e Historia de Bruselas

11-205 Bandeja de porcelana rosada con decoración heráldica Dinastía Qing (reinado de Qianlong)   Diámetro boca: 23 cm. Museos Reales de Arte e Historia de Bruselas

11-206 Bandeja de porcelana rosada con decoración heráldica Dinastía Qing (reinado de Yongzheng) Diámetro boca: 22'8 cm. Museos Reales de Arte e Historia de Bruselas

11-207 Bandeja de porcelana negra Dinastía Qing (reinado de Yongzheng) Diámetro boca: 22 cm. Museos Reales de Arte e Historia de Bruselas

rosado–, y las técnicas pictóricas occidentales, cuya influencia llevó a la creación de las porcelanas de color negro y rojo óxido.

La imagen 11-207 presenta una bandeja con decoración en negro, dorado y rojo óxido en la que se representa a una pareja de esposos de rasgos occidentales en el interior de una mansión, con su hijo y su sirviente; en torno a ella y a lo largo del borde de la vasija aparecen hojas y ardillas. Quizás debido a la influencia de los encargos europeos de porcelana, a partir de 1725 la técnica de decoración en color oscuro –caracterizada por el

11-208 Bandeja de porcelana de cinco colores Dinastía Qing (reinado de Kangxi/Yongzheng)   Diámetro boca: 21′6 cm. Museos Reales de Arte e Historia de Bruselas

11-209 Bandeja de porcelana de color dorado Dinastía Qing (reinado de Yongzheng)   Diámetro boca: 27′5 cm. Museos Reales de Arte e Historia de Bruselas

trazado de líneas de contorno de tonalidad gris negruzca– comenzó a emplearse en China, lo cual les permitía a los artesanos locales imitar los grabados europeos.

En la imagen 11-208 se reproduce una escena con un solo personaje en diversos colores (rojo óxido, dorado, negro, verde, morado y amarillo) sobre esmalte.

Aparte de la mencionada tipología con escudos de armas o emblemas familiares, la porcelana de encargo incluía también piezas con numerosas y variadas escenas extraídas de la Biblia, la mayoría inspiradas en historias del *Nuevo Testamento*.

La imagen 11-209 muestra otra bandeja con decoración en rojo óxido y dorado en la que se reproduce la escena del bautismo de Cristo en el Jordán, en torno a la cual hay un ave y cuatro putti; los dos de la parte inferior sostienen una cartela con la leyenda "Mat. 3-16". Se trata de una escena extraída del evangelio de San Mateo e inspirada en algún grabado o ilustración occidental, aunque los artistas chinos también añadieron en la izquierda de la imagen algunas rocas y flores, mientras que en las decoraciones más tempranas de porcelana *qinghua* aparece a menudo en ese mismo lugar un cinamomo o árbol del paraíso. De las posibles vasijas de uso doméstico con esta particular temática sólo se han conservado hasta nosotros bandejas con un diámetro medio de 22 centímetros, así que este ejemplar concreto (27,5 centímetros) resulta bastante infrecuente. En los registros de la Compañía neerlandesa de las Indias Orientales este tipo de bandejas de grandes dimensiones son llamadas "bandejas de doble porción".

11-210 Bandeja de porcelana negra y dorada con escena de crucifixión de Cristo Dinastía Qing (reinado de Qianlong) Diámetro boca: 22'5 cm. Museos Reales de Arte e Historia de Bruselas

11-211 Bandeja de porcelana negra y dorada con escena de carácter romántico Dinastía Qing (reinado de Yongzheng) Diámetro boca: 22'7 cm. Museos Reales de Arte e Historia de Bruselas

En la imagen 11-210 se muestra una bandeja en colores negro y dorado con la representación de la crucifixión de Cristo; en primer término hay cuatro soldados romanos jugando a los dados, y más allá se ve a María, San Juan y otros espectadores del drama, mientras a lo largo del borde de la vasija se despliega una decoración muy similar a la de la porcelana Du Paquier de Viena. Este tipo de bandejas iba a menudo en lotes de cuatro, con las respectivas escenas de la natividad, la crucifixión, la resurrección y la ascensión a los cielos; una quinta escena, mucho menos frecuente, era el descendimiento de la cruz. Aparte de ello, hay también otras piezas auxiliares que emplean la misma decoración en el centro aunque diversa en el borde, en su mayoría con motivos en color negro y en algunos casos a color.

Además de las bandejas, también había servicios de té con una ornamentación similar. Este tipo de decoración mantuvo su popularidad durante un largo período de tiempo: en 1778, la Compañía neerlandesa de las Indias Orientales envió a China un plato de porcelana con la crucifixión de Cristo como muestra para un encargo, y en 1779 unos comerciantes holandeses se llevaron a su país 22 juegos de té, seguramente destinados a la región meridional donde se practicaba el catolicismo; se sabe asimismo que otros comerciantes adquirieron en Cantón porcelanas de ese mismo estilo para sus clientes austriacos.

Aparte de ello, había también porcelana de encargo con motivos de carácter amoroso o romántico, en su mayoría destinada a esponsales o como recuerdo de aniversario matrimonial (imagen 11-211).

Estas porcelanas de encargo para exportación no sólo presentan unos contenidos temáticos foráneos, sino que también poseen una clara huella occidental en sus métodos decorativos. Por un lado son en su mayoría piezas coloreadas sobre esmalte, y por otro recurren muy a menudo al dorado, el negro o el rojo óxido, y sobre todo al rosado. Aunque hasta cierto punto estas bandejas de porcelana tienen también características chinas, resulta evidente en ellas la influencia de la pintura europea que dio lugar a nuevas manifestaciones artísticas. El objeto de representación de estas piezas no es el pueblo chino sino los modos de vida y las creencias religiosas de los europeos, lo que indica que fueron creadas específicamente para este mercado, al que eran destinadas una vez completada la elaboración. No permanecían mucho tiempo en tierra china, por lo que durante mucho tiempo y hasta fechas recientes se ha solido descuidar el estudio de dicho tipo de porcelana de exportación en las monografías dedicadas a la historia de la cerámica china.

A partir de la etapa intermedia de la dinastía Qing, los daneses, suecos, holandeses, británicos y franceses adquirieron porcelana china de colores en grandes cantidades, y para satisfacer esa demanda de los comerciantes extranjeros las piezas blancas de Jingdezhen fueron enviadas a gran escala hasta Cantón para su decoración y exportación. Eso ayudó a que se evitaran las roturas accidentales durante el proceso de traslado y el consiguiente desperdicio de piezas, y se redujeran por otro lado los tiempos de exportación (imágenes II-212 y II-213).

En dicho período los talleres dedicados a la decoración de este tipo de porcelanas experimentaron un fuerte florecimiento en Jingdezhen, y fue constante el trasiego de comerciantes de todos los rincones llegados hasta allá para realizar encargos de porcelanas de colores o de la "familia rosa", por lo que las artes chinas de la porcelana se occidentalizaron hasta cierto punto. En sus *Discusiones sobre cerámica*, Zhu Yan afirma que "en la actualidad, hay un 40 por ciento de porcelanas de 'color extranjero', un 30 por ciento con motivos tomados del vivo, un 20 por ciento que imita los patrones antiguos y un 10 por ciento con motivos derivados de los brocados". El "color extranjero" era la porcelana de colores para exportación, cuya demanda se incrementó de forma exponencial durante esta época, lo que significa por una parte que dicha porcelana de exportación de los hornos de Jingdezhen ocupaba un elevado porcentaje del total de la producción, y por otra que esa tipología cerámica alcanzó un alto grado de occidentalización. Los responsables de este proceso proporcionaban a los artesanos chinos los bocetos de pinturas de estilo europeo y se llevaban en cambio de vuelta a sus países las porcelanas pintadas, convirtiéndose de

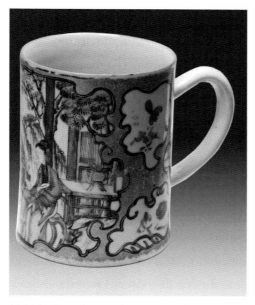

11-212 **Taza de porcelana** *guangcai* **con escena doméstica de familia de mandarines** Dinastía Qing (reinado de Qianlong)

11-213 **Sopera grande de porcelana** *guangcai* **con escenas de personajes** Dinastía Qing (reinado de Daoguang)

manera inconsciente en difusores del arte occidental en Oriente a la vez que receptores de un arte cerámico chino fuertemente europeizado.

Por lo que se refiere a los artesanos alfareros chinos de la época, la imitación de los contenidos temáticos de raigambre occidental no era una labor demasiado fácil, ya que las connotaciones culturales que subyacían en ellos eran completamente diferentes. Los artistas chinos eran capaces de realizar una perfecta copia formal de los modelos aportados como muestra, y a este respecto eruditos de la época como el padre jesuita Jean-Baptiste Du Halde señalaba que los cantoneses eran muy hábiles y podían copiar de manera muy fiel las pinturas europeas; no obstante, siempre era posible descubrir ciertos elementos incongruentes, cuya presencia resultaba más evidente en el caso de las obras llevadas a cabo por aquellos operarios con un nivel técnico más bajo. Según el ya mencionado Samuel Shaw, que en 1784 ejerció de sobrecargo en la nave mercante norteamericana *Empress of China* y entre 1785 y 1790 fue cónsul de su país en Cantón, los numerosos artistas chinos destacaban por su destreza a la hora de imitar las pinturas europeas, si bien carecían en cambio de originalidad. Al comparar a los artistas europeos con los chinos las diferencias entre ambos resultaban sorprendentes; los primeros sabían cómo sacar el mayor partido a sus representaciones plásticas de una manera atractiva con los rasgos estilísticos propios del siglo XVIII, mientras que en términos generales las imitaciones de los artistas chinos carecían de ese vigor. Al mismo tiempo, los artesanos locales desconocían por completo el significado de los emblemas heráldicos, y en ocasiones cometían errores de ortografía a la hora de reproducir los nombres en alfabeto latino, del que tampoco tenían noción alguna. A pesar de todo, durante este período las porcelanas de estilo europeo elaboradas por los artistas chinos fueron muy bien acogidas en los países occidentales.

6.10. Influencia de la porcelana Qing en la cultura europea y norteamericana

Gracias a las hermosas decoraciones de las cerámicas chinas los europeos no sólo entraron en contacto con las técnicas artísticas de las porcelanas de estilo *qinghua*, de cinco colores, de tres colores o de la "familia rosa" sino que también pudieron conocer de manera indirecta a través de sus representaciones los exóticos modos de vida del pueblo chino y el entorno natural de aquel país. Hasta mediados del siglo XIX China había sido para los europeos un país altamente civilizado regido por el ritual, del que tenían una visión muy idealizada. Los misioneros europeos llegados a China, especialmente desde principios del siglo XVIII, fueron muy respetados. El emperador Kangxi sentía una gran admiración por la cultura y la ciencia occidentales, y deseaba mantener con aquellos países unas profundas y duraderas relaciones, que se fueron estrechando paulatinamente. Por otra parte, el movimiento ilustrado fue ganando importancia durante ese siglo, y la cultura y las artes europeas entraron en una fase de aprendizaje y asimilación de elementos foráneos. La poderosa civilización china, con su acumulación milenaria de estratos culturales, ejercía una gran fascinación, a lo que se añadía la gran distancia que separaba ambos territorios en los extremos de Eurasia, que hacía que los europeos –que colocaban la cultura china al mismo nivel que la suya propia– se sintieran fuertemente atraídos hacia aquel remoto país. Escritores y filósofos que nunca habían puesto pie en China dedicaban elogiosas palabras para describir aquel imaginado "paraíso terrenal". A la vez, comenzó a introducirse en Europa la tradición del té y la cultura que lo acompañaba, con la importación continua y masiva año tras año de piezas de diferentes formas y colores, lo cual provocó en Europa una fiebre por la porcelana china. Esta oleada de hermosas cerámicas llegadas de China vino acompañada de amplias y profundas connotaciones culturales y artísticas, todo ello en una atmósfera refinada y elegante. Muchas casas reales y numerosos miembros de la nobleza palaciega se convirtieron en fervientes coleccionistas de porcelana china. Luis XIV construyó en su palacio de Versalles el conocido como "Trianón de porcelana", luego sustituido por el Gran Trianón, y el Salón de Diana también estaba recubierto de placas cerámicas; Luis XV, por su parte, quiso sustituir todos los utensilios de uso doméstico en orfebrería por otros nuevos hechos de porcelana china. Dichos productos se convirtieron en los objetos de lujo más en boga en los hogares de la aristocracia de la época, en lo que fue el momento culminante de esa "fiebre china" en Europa, y siguieron constituyendo un elemento de distinción durante las décadas posteriores. Ese componente completamente nuevo y desconocido de la cultura y las artes orientales abrió los ojos y amplió los horizontes de los europeos.

La porcelana *qinghua* elaborada en China entró a formar parte de la vida cotidiana de los europeos. En numerosas pinturas al óleo de la época pueden verse ejemplares de esta tipología, y se aprecia la influencia que ejerció en Occidente. En el Museo de Bellas Artes de Boston se exhiben diversos de esos óleos: uno se titula *La taza azul*, y en él aparece una doncella junto a una mesa con algunas piezas de porcelana *qinghua*, mientras sostiene en alto contra la luz una pequeña taza casi translúcida en una pose serena y hermosa (imagen 11-214); en otro se ven dos mujeres conversando junto a una mesa en la que reposa una olla *qinghua* hecha en China (imagen 11-215); otro óleo muestra una jovencita leyendo un libro frente a la cual hay una alacena con una olla y una tetera de porcelana *qinghua* (imagen 11-216); en otro más hay varias niñas jugando, una de las cuales se apoya sobre un enorme jarrón *qinghua* más alto que ella sobre el que se despliega una pintura paisajística. Este último cuadro está flanqueado en una sala del museo por dos grandes jarrones florero con paisaje muy similares a los representados en la tela (imagen 11-217). Todos los objetos expuestos en dicha sala tienen que ver con la influencia ejercida en Europa y Estados Unidos por la porcelana china desde el siglo XVI hasta el XIX; además de este óleo y de las porcelanas, también hay no pocos muebles de origen chino. De ello se desprende que tal influencia era omnipresente, y que se hacía notar tanto en la vida material (porcelanas, hojas de té, productos de seda, mobiliario, objetos de orfebrería...) como en el ámbito espiritual (ideas, valores, criterios estéticos...) de los europeos y norteamericanos.

De este modo, la cultura y los modos de vida de los chinos se convirtieron en fuente de inspiración de los artistas occidentales de la época, y a menudo estos representaron en sus obras escenas ambientadas en aquel país. Entre estos numerosos artistas destaca el pintor francés François Boucher. En la exposición de pintura de 1742, Boucher mostró sus pequeños óleos, entre los que merece mencionarse *Fiesta del emperador chino*, *Mercado chino*, *Danza china*, *Patio chino* o *Pesca china*. Sus obras poseen un fuerte sabor exótico;

11-214 **Óleo con escena de doncella con piezas de porcelana** *qinghua* Museo de Bellas Artes de Boston

11-215 **Óleo con escena doméstica con olla** *qinghua* Museo de Bellas Artes de Boston

11-216 **Óleo con personaje femenino leyendo frente a alacena con tetera y olla** *qinghua* Museo de Bellas Artes de Boston

aunque se trata de personajes de rasgos orientales, sus extravagantes ropajes y sus amaneradas poses provocan desconcierto: se ven embajadores chinos de luengas barbas y coletas aún más largas, soldados de brillante calva con dagas cortas o guerreros mongoles con estrambóticos gorros de piel de forma piramidal. En realidad, lo que estaban representando dichos artistas era una China imaginaria, empleando sus refinadas técnicas para introducir pequeñas alteraciones en los escenarios occidentales y plasmar así un Oriente fabulado.

Estos artistas europeos también reflejaron su concepto de la cultura china en la cerámica. La *Porzellansammlung* de las Colecciones Estatales de Arte de Dresde conserva no sólo una gran cantidad de porcelanas chinas sino también numerosos ejemplares de porcelana de Meissen de diversas épocas. La fábrica de porcelana de Meissen se fundó en

11-217 Óleo con escena de niñas jugando y jarrón *qinghua* colgado entre dos jarrones de imitación de porcelana qinghua realizados en Japón y exportados a Europa Museo de Bellas Artes de Boston

1710, y en 1720 logró elaborar porcelana de colores sobre esmalte. Entre esa fecha y mediados de siglo la factoría se dedicó principalmente a imitar las porcelanas de origen chino, tanto en el estilo decorativo como en sus contenidos, a menudo alusivos a la vida cotidiana de aquel país. A ojos de los europeos de la época, los chinos vivían en una especie de paraíso terrenal, y según esa concepción idílica los artistas reflejaron sobre las porcelanas la vida en esa "arcadia feliz". En sus representaciones los chinos visten hermosos ropajes de seda y llevan una vida de molicie en espléndidos palacios, entre jardines paradisíacos llenos de perfumadas flores y aves voladoras. Para plasmar esa idílica existencia, los pintores empleaban brillantes colores, como el rojo, el dorado, el amarillo o el azul (imágenes 11-218, 11-219 y 11-220).

En realidad, esa vida representada en las obras de esos artistas europeos no tenía necesariamente que reflejar la auténtica realidad. En aquel período en el que las comunicaciones y los medios de transporte aún no estaban suficientemente desarrollados, lo que se plasmaba en esos cuadros y esas porcelanas era la vida fantaseada y anhelada por los europeos de esa época, y fueron esas fantasías y anhelos los que contribuyeron

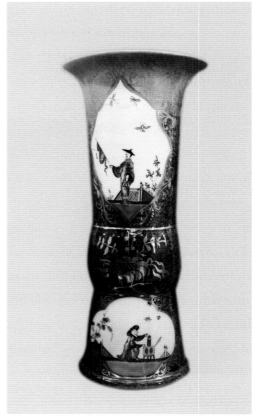

218 | 219
220 |

**11-218 Jarrón de porcelana de Meissen con escena idílica
de personajes chinos** Museo de Bellas Artes de Boston

**11-219 Jarrón de porcelana de Meissen con escena idílica
de personajes chinos** Museo de Bellas Artes de Boston

**11-220 Jarrón de porcelana de Meissen con escena idílica
de personajes chinos** Museo de Bellas Artes de Boston

a cambiar la sociedad, impulsando su amor por las artes chinas y propiciando un mayor acercamiento a la vida material y espiritual del pueblo chino. De ese modo, y bajo la influencia de la cultura y las artes chinas, el arte europeo de la época se fue sacudiendo esa grandiosidad y solemnidad propias del neoclasicismo para abrazar un estilo pictórico más refinado y delicado. Sus patrones decorativos usaban a menudo conchas, remolinos, plantas acuáticas, guirnaldas o ramos y estaban influidos por el concepto chino de armonía entre el hombre y su entorno, creando un estilo muy imbuido de amor y respeto hacia la naturaleza. En el diseño paisajístico, por su parte, se desecharon los parámetros de geometría y equilibrio que habían gobernado hasta entonces el arte neoclásico; se creía, en cambio, que el jardín era la forma más natural y familiar, y por lo tanto se recurría a elementos orgánicos y asimétricos para decorarlo.

Desde finales del siglo XVI comenzó esa fiebre china que llegó a su punto álgido durante el siglo XVIII, y que se prolongó hasta comienzos del siglo XIX. Este período es la etapa de mayor influencia de la cultura china en Europa, y buena parte ella se debe al comercio de cerámica china. Al mismo tiempo, los gustos artísticos europeos también ejercieron una influencia en la cultura china a través de dicho comercio, lo que provocó que durante la dinastía Qing las artes decorativas de la cerámica china se caracterizaran por una mayor sobreelaboración y rimbombancia. Todo ello constituye, en resumidas cuentas, una prueba más de que la cultura y las artes de los diferentes países del mundo se influenciaron mutuamente a lo largo de la Historia, tomando cada uno elementos de los demás a la vez que cedía los suyos propios.

Sin embargo, existen ciertos aspectos específicamente culturales que no pueden asimilarse plenamente. Si bien los artistas europeos admiraron las artes chinas –incluidas las artes cerámicas– y dedicaron gran esfuerzo a su estudio y aprendizaje, debido a las divergencias en las tradiciones culturales y los criterios estéticos aquellas obras de arte ante las que se extasiaban los miembros de la nobleza en los palacios europeos no eran las auténticas obras concebidas por una mente china, ya que a los artesanos occidentales les resultaba imposible penetrar la verdadera esencia de la belleza según los cánones chinos. A la hora de coleccionar y disponer las porcelanas, los europeos lo hacían atendiendo a sus propios gustos artísticos, en los que predominaba la belleza sensorial derivada principalmente del órgano visual; la belleza implícita y moral dimanada del contenido inherente era algo que los europeos no podían experimentar. Sin embargo, ello no les impidió extraer de ella nuevos elementos y estilos artísticos que contribuyeron a la formación del popular arte rococó.

6.11. Difusión en Europa de las técnicas chinas de elaboración de porcelana

A partir del siglo XV los europeos acudieron a China a comprar grandes cantidades de porcelanas, y éstas se convirtieron en uno de los productos más importantes en el contexto del intercambio comercial entre este país y Europa. Durante el período de tránsito entre la dinastía Ming y la Qing, a mediados del siglo XVII, China entró en una situación caótica que dificultó la producción alfarera, provocó el bloqueo comercial e hizo por tanto que disminuyeran las exportaciones; además, el recorrido era muy largo y hacían falta grandes inversiones para afrontar los gastos del viaje y el alto precio de las piezas cerámicas. Por ello, y para satisfacer la creciente demanda de los mercados, a partir de esas fechas los holandeses comenzaron a elaborar sus propios productos, con el fin de romper con el monopolio que la porcelana china detentaba en los países europeos. Los primeros hornos en producir imitaciones de la porcelana *qinghua* de China fueron los de Delft, aunque en realidad no se trataba de porcelana auténtica sino de un tipo de cerámica esmaltada cocida a baja temperatura. Su etapa de máximo esplendor se extiende desde 1660 hasta 1730. Bajo el estímulo de la porcelana *qinghua* llegada a Holanda desde China a comienzos del siglo XVII, los artesanos alfareros de Delft encontraron la inspiración para realizar vasijas como las ollas para líquido de boca grande, con una factura de evidente estilo chino aunque con sus propios y particulares rasgos. Se trata de una tipología que refleja el dominio en la técnica de la decoración con azul cobalto. Entre 1660 y 1710 salieron de los hornos de Delft algunas de las piezas más hermosas, con una decoración que seguía el modelo de la popular porcelana *qinghua* de finales de la dinastía Ming: patrones ornamentales frecuentes en la cerámica china a base de paneles con escenas de ciervos trotando entre los bosques y criaturas celestiales en paisajes montañosos, o representaciones de edificios y pabellones. Durante ese período la Compañía neerlandesa de las Indias Orientales importó a Europa grandes cantidades de dicha tipología. Las imitaciones de porcelana *qinghua* de China hechas en los talleres de Delft se realizaban aplicando dos capas de esmalte sobre la superficie de barniz estannífero opaco, lo que daba a las piezas una apariencia similar a las originales chinas. Los hornos de Delft, que impulsaron a su vez la aparición de otros centros de producción de porcelanas de imitación de *qinghua* en Holanda, elaborarán más tarde porcelana de cinco colores, con predominio de las imitaciones de las piezas de los alfares de Shantou aunque con el añadido de elementos de la propia cultura para adaptarlas a los modos de vida europeos.

En términos estrictos, lo que se producía en los alfares de Delt no era porcelana sino cerámica, por lo que no podía satisfacer la demanda de porcelana china de las capas más altas de la sociedad europea. Durante el siglo XVIII –en plena efervescencia de la "fiebre china"–, en especial, la importación de cerámica china alcanzó su punto culminante, y grandes cantidades de plata de numerosos países europeos acabaron fluyendo hacia aquel país a cambio de sus costosas piezas de porcelana, el "oro blanco". Con el fin de frenar esas importaciones masivas y sustituir la producción para seguir proveyendo de productos de estilo chino a los clientes europeos, diversos países comenzaron a establecer sus propios talleres de producción, apropiándose por las más variadas vías de las fórmulas secretas de elaboración de la porcelana china, un proceso de recolección de información en el que los misioneros llegados a China jugaron un destacado papel.

El ya mencionado jesuita François-Xavier d'Entrecolles, por ejemplo, vivió en Jingdezhen y fue testigo de todo el proceso de producción de piezas cerámicas en sus hornos, que luego describiría minuciosamente en su correspondencia. El misionero francés registró en sus cartas las distintas fases –hasta un total de setenta– por las que pasaba cada pieza durante su larga elaboración, e incluso envió a Francia algunas muestras de arcilla local (el caolín y el petuntse o *baidunzi*), que luego fueron analizadas por el físico francés Réaumur. En calidad de párroco de Jingdezhen entre cuya feligresía había también trabajadores de los hornos, el padre d'Entrecolles obtuvo un profundo conocimiento de las técnicas de producción cerámica, y por eso sus cartas –fechadas el 1 de septiembre de 1712 y el 25 de enero de 1722– constituyen un importante material de primera mano. A mediados del siglo XVIII el alquimista francés Guettard, apoyado en su búsqueda por los duques de Orleáns, descubriría en los alrededores de Alençon una arcilla similar al caolín.

Aunque fueron los franceses los primeros en aportar información acerca de los alfares de Jingdezhen, fue en Alemania donde antes se estableció la primera factoría de cerámica. Ya hemos mencionado más arriba a Augusto II el Fuerte, elector de Sajonia y rey de Polonia, y su afición por la porcelana china, en la que invirtió mucho dinero y esfuerzo. El monarca no sólo era un gran coleccionista, sino que también impulsó la producción en suelo alemán, y para ello encargó al alquimista Johann Friedrich Böttger la imitación de porcelana china. Tras una larga serie de ensayos, el 15 de enero de 1709 el joven Böttger obtuvo gracias a la combinación de siete diferentes minerales una porcelana blanca y transparente, por lo que dicha fecha puede ser considerada como el día de nacimiento de la porcelana europea, de la que el alquimista alemán sería el progenitor. El rey Augusto II confinó a Böttger en Dresde, desde donde dirigió la fábrica de porcelana de la cercana Meissen –fundada en gran secreto en 1710–, aunque la fórmula de la elaboración de la porcelana no tardaría en filtrarse fuera de Sajonia. Durante un largo período de tiempo, toda la industria de porcelana de Europa recibiría la influencia estilística de los ejemplares salidos de Meissen.

La factoría de Meissen logró producir porcelana de color sobre esmalte en 1720. Entre esa fecha y 1750 los talleres se dedicaron básicamente a la imitación de porcelana china, tanto en su estilo decorativo como en sus contenidos temáticos. En la imagen 11-221, por ejemplo, se muestra una tetera con personajes chinos enmarcados por una ornamentación de esmalte color rojo óxido y rosado con inclusiones doradas, una característica compartida por numerosas porcelanas de Meissen elaboradas entre los años 20 y 40 del siglo XVIII. Se trata de una pieza temprana. Tanto las formas como los colores sobre esmalte del grupo de personajes del panel central de ambos lados de la tetera siguen el diseño ideado por el pintor Johann Gregorius Höroldt, formado en el taller Du Paquier de Viena y después director de la factoría de Meissen. Ya antes de su llegada los talleres locales elaboraban porcelana decorada con colores, pero durante su estancia en los años veinte Höroldt inventó nuevos esmaltes, técnicas y decoraciones, incluidas estas escenas con personajes chinos. En los productos de estilo chino realizados en Europa, aquel país se representaba como un mundo de fábula de rasgos marcadamente exóticos, con personajes de elaboradas vestimentas abandonados al esparcimiento, una "China feliz" plasmada en las teteras que reflejaba la imagen idealizada que los europeos tenían de la vida en el Lejano Oriente. Son artículos muy representativos de ese período histórico, que pasaron de imitar los estilos pictóricos chinos a retratar los modos de vida supuestamente orientales. A partir de 1750, sin embargo, la fábrica de Meissen se sacudirá dicha influencia estilística para empezar a elaborar productos con características propias (imagen 11-222).

11-221 Tetera de porcelana rosada de Meissen con escenas idílicas de personajes chinos Entre 1723 y 1725 (reinado de Yongzheng) Altura: 10'8 cm.: anchura: 16'8 cm. Museo Victoria y Alberto de Londres

11-222 Pieza de porcelana de Meissen de estilo propio sin características chinas Museo de Bellas Artes de Boston

Con el fin de preservar el secreto de la elaboración de ese "oro blanco" y monopolizar su producción, muy pocas personas conocían la exacta fórmula; aparte del propio Böttger, parece que sólo el médico personal de Augusto II y uno de los responsables de la fábrica, Samuel Stölzel, estaban al tanto del "arcano", y cada fase del proceso mantenía su confidencialidad. A pesar de todos esos esfuerzos, en 1719 Stölzel se llevó consigo el secreto a Viena, desde donde pasaría después a Venecia y al resto de Europa, y a comienzos del siglo XIX ya habían aparecido factorías de porcelana en toda Europa.

Tras los primeros éxitos de Meissen en la elaboración de porcelana, Francia también se convirtió en una gran productora. En 1767, durante el reinado de Luis XV, se descubrió en Saint-Yrieix-la-Perche cerca de Limoges un yacimiento de arcilla blanca similar al caolín, lo que llevó al establecimiento en el área de numerosas fábricas que por un lado siguieron imitando la porcelana *qinghua* de China y por otro crearon un estilo peculiar típicamente francés.

La fábrica de porcelana de estilo autóctono más famosa de Francia es la de Sèvres. En un principio, sus patrones decorativos derivaban de las muestras chinas, combinados con el estilo rococó. La Manufactura de Sèvres fue fundada en 1740 con el apoyo de Luis

11-223 **Cafetera de porcelana con paredes horadadas de la fábrica de Sèvres** Elaborada en 1873 (reinado de Tongzhi) según un diseño de Regnier Museo Victoria y Alberto de Londres

11-224 **Bandeja de porcelana qinghua de estilo Delft realizada en los hornos de Jingdezhen**

XV y Madame de Pompadour, aunque no se trasladaría a dicha localidad hasta 1756; en 1759 se constituyó como real factoría. En su fase inicial elaboraba porcelana blanda de color colmillo de elefante, pero desde 1767 empleó arcilla de porcelana para realizar una variedad más dura. Aunque ya en 1777 la fábrica se había sacudido las influencias estilísticas de la porcelana china, en las morfologías de las piezas y en los contornos de los patrones decorativos *qinghua* todavía se advierten huellas propias de China. Las teteras de colores con taraceas doradas presentan todavía un estilo de profundo influjo chino, y otros aspectos como los modos de aplique de los dorados, los diseños pictóricos con grandes superficies blancas o las agarraderas en forma de cereza de las tapaderas contienen elementos artísticos de origen oriental. Dichas variedades no sólo asimilaron los métodos y técnicas de la porcelana de Jingdezhen sino también de otros alfares chinos, como en el caso de la cafetera con superficie decorada mediante perforación influida claramente por los hornos de Dehua (imagen 11-223).

En la segunda mitad del siglo XVII Gran Bretaña, bajo la influencia de la porcelana de imitación realizada en los hornos de Delft, comenzó a ensayar sus propias piezas en factorías cercanas a Bristol. Las piezas de cerámica esmaltada de Redcliffe Backs y Brislington, en particular, recurrían abundantemente a los patrones decorativos de las porcelanas de origen chino. El principal motivo por el que se imitaron allí las cerámicas esmaltadas *qinghua* de Delft es que las porcelanas chinas de lujo sólo podían ser disfrutadas por los miembros de las clases privilegiadas de la sociedad británica, y la variedad de estilo inglés de los ejemplares holandeses podía satisfacer en cambio la demanda de los estratos medios. Las técnicas de elaboración de dicha tipología cerámica llegaron sin problemas desde Delft, llevadas principalmente por los inmigrantes de dicha ciudad establecidos en el área de Bristol. En 1640 ya se empleaban allí tales técnicas, y seguidamente se establecieron centros de producción de cerámica esmaltada de ese estilo en Liverpool, Glasgow y Dublín, que cubrieron ampliamente la demanda de productos de uso diario de gran parte de la población. Una situación que se prolongaría hasta la aparición en la década de los setenta del siglo XVIII de la célebre loza color crema de Wedgwood.

La cerámica de Delft gozó de un gran renombre en toda Europa, y algunas de las piezas fueron llevadas hasta China para su imitación, probablemente mediante el comercio privado. En la imagen 11-224 aparece una bandeja con una señal desvaída de aplique dorado en su borde y una escena central en la que se ven diversos personajes ataviados a la europea paseando por un prado rodeado de árboles con algunas iglesias coronadas por cruces en el fondo. En este caso el artesano chino se equivocó al duplicar el fondo del paisaje también en primer plano, y además plasmó de un modo poco ortodoxo las aves volando en el cielo, aunque a pesar de todo la decoración reproduce de un modo relativamente fiel la ornamentación de las porcelanas de estilo holandés. En la parte baja figura el número de inventario de Dresde ("N=499"), lo que significa que esta pieza perteneció al más apasionado de los coleccionistas regios, Augusto II el Fuerte, elector de Sajonia, rey de Polonia y gran duque de Lituania.

La cerámica esmaltada inglesa de imitación era más gruesa y sólida que la original, con una superficie esmaltada cubierta de imperfecciones de color azul y rosado y una técnica pictórica no tan exquisita como la holandesa. Como ya hemos anticipado, la loza color crema de Wedgwood comenzará a popularizarse a finales del siglo XVIII, y relegará progresivamente la variedad inglesa de la cerámica esmaltada de Delft.

La fábrica de la familia Wedgwood en Staffordshire fue la primera en Gran Bretaña en recurrir a la mecanización para fabricar sus piezas cerámicas. Especialmente apreciada fue la mencionada loza de color crema, que gracias al patrocinio de la reina Carlota fue conocida como "cerámica de la reina". En 1759 Josiah Wedgwood estableció en el condado de Stafford, en el centro de Inglaterra, su propia factoría de cerámica, que se convertiría en la primera factoría europea de producción alfarera en cadena impulsando el innovador sistema de división integral del trabajo en el que cada uno de los responsables de las distintas fases del proceso debía ser un especialista en su materia, un concepto revolucionario para la época inspirado en la atenta lectura de los informes sobre la producción de porcelana de Jingdezhen enviados por el padre d'Entrecolles.

La fábrica londinense de cerámica de Vauxhall, establecida en 1751 en la ribera meridional del Támesis, produjo numerosos juegos de té, candelabros y otros objetos de uso doméstico en los que se aprecia una clara influencia de los objetos de orfebrería, las piezas de los hornos de Delft y la porcelana china. Otras famosas fábricas inglesas de cerámica fueron las de Chelsea (1743-45), Derby (mediados del siglo XVIII) o Liverpool (1756), que produjeron grandes cantidades de piezas de imitación de las porcelanas chinas. En 1768 la factoría de Plymouth fue la primera en realizar ejemplares de porcelana comercial de pasta dura, bastantes de los cuales exhibían motivos decorativos de estilo chino, en especial los de la cerámica de cinco colores de la era Kangxi.

Otra importante fábrica inglesa de imitación de porcelana china en este período fue la de Worcester. En la imagen 11-225 se pueden ver dos jarrones de pasta dura realizados en dichos hornos que imitan la forma de las antiguas vasijas *gu* de bronce con cuerpo alargado y boca acampanada. Las damas chinas de color azul *qinghua* representadas en ellos responden a la fantasiosa imagen que de aquel país tenían los europeos, mientras los ornamentos auxiliares que las acompañan a ambos lados son de estilo occidental. Este tipo de jarrones solían fabricarse en lotes de número variable; entre ellos, había grupos de tres de forma cilíndrica y con tapadera que solían colocarse como objeto decorativo encima de la chimenea.

A mediados del siglo XVIII las factorías europeas descubrieron el método para trasladar la decoración *qinghua* a la porcelana, y a partir de ese momento produjeron grandes cantidades de dicha tipología. Las numerosas fábricas localizadas en el condado de Stafford comenzaron muy pronto a imitar las piezas de porcelana china, a la vez que ideaban sus propios ejemplares; no obstante, y a pesar de la peculiaridad de sus tintes de oxidación bajo esmalte, su creatividad era bastante limitada y las piezas respondían en términos generales a los parámetros de los modelos originales. La mayor parte de la producción de cerámica de color de las factorías de Staffordshire era de porcelana *qinghua*, y los patrones imitaban fielmente los elementos chinos, como los populares sauces. Rose Kerr, ex curadora de la sección del Lejano Oriente del Museo Victoria y Alberto de Londres y especialista en porcelana china de exportación, afirma en su monografía sobre este asunto que el motivo de los sauces, en el que aparecen también personas paseando por

11-225 Jarrones de porcelana *qinghua* con representación de damas chinas realizados en la fábrica de Worcester (logotipo de luna creciente) Alrededor de 1770 (reinado de Qianlong) Altura: 20'1 cm. Museo Británico de Londres

un puente, hace referencia a una enrevesada historia de amor, cuyo carácter romántico fue exagerado por los especuladores como ingeniosa estrategia de venta, al afirmar que se trataba de una leyenda tradicional china de miles de años de antigüedad que había sido introducida desde Oriente.

En un artículo dedicado al motivo decorativo de los sauces en la porcelana de exportación, el estudioso Qiu Xinqian analiza con más detalle el asunto, afirmando que en realidad ese llamado "patrón del sauce" incluía también pabellones y edificios, jardines vallados, álamos primaverales, personajes caminando sobre pequeños puentes, embarcaciones flotando en el río, cabañas en islas solitarias o parejas de aves. En cuanto a la decoración auxiliar, hay dos niveles: el nivel interior está formado por una ornamentación a base de una densa cuadrícula con monedas de cobre, mientras el externo es todavía más compacto y consiste en una serie de peonías, grecas, monedas de formas exageradas entre cuadrículas y puntos redondos. Generalmente, el diseño principal concede particular importancia al ángulo inferior derecho, en el que aparecen dos o tres pabellones tradicionales chinos con tejas verdes y cornisas, que pueden entenderse como el acceso a la mansión del terrateniente; tras ella se alza un enorme naranjo con frutos redondos, y a los lados también hay otros árboles de difícil identificación (aunque se reconocen al menos los melocotoneros). Frente a la gran casa parte un sendero que se prolonga hasta el extremo inferior de la bandeja, y hay asimismo un jardín vallado en el centro. En el lado izquierdo de la vasija se aprecia un sauce llorón, y junto a él un puente de tres ojos que lleva hasta una estación de postas situada en la orilla opuesta, en el borde de la bandeja; sobre el puente hay tres personajes que sostienen en sus manos objetos alargados. En la parte superior izquierda se distingue una lejana isla con una cabaña de paja y algunos árboles. La zona en blanco representa el río, sobre el que navega una pequeña embarcación con dos cabinas y un hombre remando con fuerza. Una pareja de aves revolotea al unísono por el espacio vacío de la parte superior de la bandeja, siempre juntas en su vuelo.

Para promover las ventas de dicho "patrón del sauce", la factoría Spode del condado de Stafford –aquella para la que probablemente fue creado por primera vez– se inventó una conmovedora fábula de supuestos orígenes chinos. Según dicha leyenda, hubo hace mucho tiempo un adinerado mandarín que había construido una lujosa mansión junto a los naranjos de la ribera de un río, con un jardín vallado, y que también plantó sauces a lo largo de la orilla. El terrateniente tenía una hermosa hija llamada Koong-Se que estaba enamorada del humilde contable de su padre, Chang. Cuando el padre se enteró entró en cólera y despidió a Chang, y después encerró a su hija en la mansión y construyó una alta empalizada para separarlos, con la intención de casar a su hija con un poderoso duque. El día de la boda, que estaba fijada para el momento en que se desprendieran las flores del sauce, el contable se deslizó en el interior del edificio y huyó con su amada a través de un puente hasta una remota y desierta isla, donde vivieron felices durante años. Un día, sin embargo, el despechado duque supo de ese refugio y envió a sus soldados para atrapar a la pareja, haciendo ejecutar a Chang y preparándose para tomar a Koong-Se como esposa, pero ésta en su desesperación se quitó la vida. Los dioses, compadecidos por la suerte de los dos amantes, los convirtieron en una pareja de palomas –quizás una adición posterior, ya que las aves no aparecen en las primeras representaciones– que vuelan siempre juntas sin separarse jamás.

Esta hermosa fábula de amor apócrifa contiene por una parte elementos de la conocida historia de Romeo y Julieta, con la férrea oposición de las familias al amor de la pareja, y también de su equivalente chino, la romántica leyenda de Liang Shanbo y Zhu Yingtai, "los amantes mariposa", que después de combatir contra los prejuicios sociales acaban convertidos en mariposas volando libres por siempre jamás. Se difundió rápidamente por toda Gran Bretaña, e incluso hoy en día, más de dos siglos después, sigue siendo una fábula de amor "china" bien conocida en los hogares británicos que ha inspirado además óperas cómicas, películas y novelas. El "patrón del sauce", por su parte, se convirtió en la variedad de decoración cerámica más característica de las producidas en el país, fascinando a numerosas generaciones. Su alta rentabilidad y la gran recepción por parte de la sociedad británica hicieron que numerosas factorías importantes del país, de Wedgwood a Worcester pasando por Bristol, Derby o Caughley, entre otras, produjeran durante los siglos XVIII y XIX grandes cantidades de porcelana de estilo chino, con motivos decorativos que incluían en su mayor parte sauces, pabellones y paisajes y por lo tanto estrechamente relacionados con el "patrón del sauce".

En el Museo Peabody Essex de Massachusetts se conservan algunas muestras de este tipo de porcelana, y también he tenido la ocasión de contemplar otros ejemplares en casas de amigos británicos y norteamericanos. Uno de estos ejemplos, un juego de té con este tipo de decoración, había sido realizado claramente en época contemporánea de manera mecánica, mediante el uso de un papel para transferir el diseño a la cerámica, aunque en otro caso se trataba de una serie de bandejas de formas diferentes con decoración *qinghua* datadas en la segunda mitad del siglo XIX y quizás realizadas en Jingdezhen a juzgar por su factura (imágenes II-226, II-227 y II-228).

Todo ello demuestra que esta porcelana *qinghua* con "patrón del sauce" de estilo chino tuvo una gran acogida tanto en Europa como en Estados Unidos. En realidad, no se trata únicamente de dicho esquema decorativo, ya que en aquella época se creó en China toda una serie de porcelanas *qinghua* con decoración de pabellones y paisajes. Rose Kerr, por ejemplo, habla en su libro del citado "patrón del sauce", pero en sus ilustraciones lo que sin embargo aparece es una imagen de decoración con parasol chino (*firmiana platanifolia*), una ornamentación de pabellones y paisajes tradicional de la porcelana *qinghua* de Jingdezhen que no sólo fue exportada a Europa sino que también se produjo a gran escala para el mercado nacional hasta la década de los ochenta del siglo XX; la vajilla para comer con este tipo de patrón decorativo fue uno de los productos más destacados de los hornos comunes de porcelana de dichos hornos, y abunda entre las porcelanas de exportación destinadas a Europa, como en el caso de las numerosas vajillas *qinghua* con

226
227
228
229

11-226 Bandeja de porcelana *qinghua* con "patrón del sauce" Siglo XIX Museo Peabody Essex de Massachusetts

11-227 Ladrillo octagonal de porcelana *qinghua* con "patrón del sauce" Siglo XIX Museo Peabody Essex de Massachusetts

11-228 Ladrillo cuadrangular de porcelana *qinghua* con "patrón del sauce" Siglo XIX Museo Peabody Essex de Massachusetts

11-229 Sopera de porcelana *qinghua* con tapadera en forma de hoja de loto y escena de paisaje y edificios Dinastía Qing (reinado de Qianlong)

parasol chino halladas entre los restos del pecio sueco *Götheborg* (imágenes 11-229 y 11-230).

Kerr afirma en su libro que "las factorías británicas comenzaron a producir desde mediados del siglo XVIII la porcelana importada de China, y en ocasiones los clientes no eran capaces de distinguir la diferencia". El objetivo inicial, sin embargo, no era imitar esas piezas de origen chino sino crear sus propios productos para competir con las porcelanas chinas. Los hallazgos técnicos realizados durante la Revolución Industrial hicieron posible producir a gran escala las piezas de porcelana que antes sólo podían elaborarse de manera artesanal, y a comienzos del siglo XIX las factorías mecanizadas de Wedgwood o Worcester podían realizar ejemplares de gran calidad.

Lo que hemos visto, en resumidas cuentas, es el proceso de difusión por Europa de las técnicas chinas de elaboración de porcelana. China fue el país en el que apareció por primera vez la porcelana, y desde las dinastías Tang y Song sus secretos se fueron expandiendo por las regiones vecinas, hasta que por fin en el siglo XVIII llegó a Europa. Ese proceso de difusión por el resto del mundo de las técnicas chinas de la porcelana forma parte indisociable del conjunto de la historia de la cerámica china.

11-230 Tetera de porcelana *qinghua* con escena de paisaje y edificios
Dinastía Qing (reinado de Qianlong)

6.12. Comercio cerámico a partir de la segunda mitad del siglo XVIII

Europa fue desde finales de la dinastía Ming el principal mercado de la porcelana china de exportación, si bien a partir de la segunda mitad del siglo XVIII empezaron a producirse cambios en el comercio internacional. Gracias al impulso de la Revolución Industrial, las fábricas europeas (Meissen en Alemania, Sèvres en Francia o las diversas factorías del Reino Unido, entre otras) comenzaron a producir sus propias piezas de porcelana, y el monopolio milenario detentado por China empezó a resquebrajarse. Con el fin de apoyar sus incipientes industrias, los diferentes países establecieron fuertes medidas proteccionistas, reduciendo hasta el límite con sus fuertes tarifas aduaneras la competencia de las porcelanas llegas del exterior; Gran Bretaña, por ejemplo, fijó en 1800 un impuesto del 150%, lo que redujo considerablemente –aunque no eliminó del todo– las entradas de porcelana china en aquel país. Además, a partir de 1791 la Compañía británica de las Indias Orientales dejó de importar este producto desde Asia.

En 1784 los norteamericanos empezaron a comerciar por primera vez con Cantón, lo que sirvió para expandir el mercado internacional de la porcelana china de exportación, mermado por la competencia de las nuevas factorías europeas. Estados Unidos se acababa de independizar de Gran Bretaña, y en aquellos momentos de fervor patriótico no quería importar mercancías de su antigua metrópoli, por lo que Cantón se convirtió en el lugar de aprovisionamiento de las porcelanas que todavía no era capaz de producir por sí mismo. Al desarrollo del intercambio comercial entre ese país y China a través del puerto de Cantón contribuyó además la situación política en Europa, inmersa en las guerras napoleónicas.

Según los registros, entre 1790 y 1791 catorce naves mercantes norteamericanas fondearon en la isla de Huangpu, junto a la ciudad de Cantón. A partir de la estación 1795-1796 cada año llegaron a aquel puerto un mínimo de diez barcos procedentes de Estados Unidos, con una media de 15 a 20 y un pico de alrededor de 40 en 1808-1809. Las leyes de embargo adoptadas por el congreso estadounidense en 1807 afectaron a las importaciones, pero en cualquier caso desde 1790 hasta 1812 –fecha del inicio de la guerra con Gran Bretaña– el número de naves comerciales norteamericanas llegadas al puerto de Cantón no dejó de crecer, con un total de más de cuatrocientas embarcaciones para ese período. Entre 1815 y 1816 –finalizado ya el conflicto bélico– se contabilizaron treinta naves en Cantón, aunque sería entre 1818 y 1819 cuando el comercio entre estos dos países alcanzaría su clímax, con 42 barcos registrados. Entre 1815 y 1839 llegarían cada año más de treinta o cuarenta naves, con picos de 43 durante las temporadas de 1836 y 1838. A finales de los años 30 del siglo XIX el número se redujo, y en 1840-1841 sólo se registraron 28 barcos norteamericanos en Cantón. En un período de más de cincuenta años se produjo un intenso intercambio comercial entre la costa este norteamericana y Cantón, con un total de alrededor de 1.260 naves mercantes atracadas en el fondeadero de Whampoa. Tanto desde el punto de vista del número de barcos como del tonelaje, la actividad comercial norteamericana en aquel puerto chino sólo fue inferior a la de Gran Bretaña.

Tras su independencia, Estados Unidos no sólo envió sus naves al puerto de Cantón sino que también estableció relaciones comerciales con otros lugares de las Indias Orientales como Bombay, Calcuta o Batavia (Yakarta) y otros numerosos puertos del sudeste asiático.

Los principales tipos de cerámica china de exportación durante aquel período fueron: (1) Porcelana con inscripciones en inglés para el mercado norteamericano; (2) Porcelana con bailarinas siamesas y otros motivos decorativos destinadas a Tailandia; (3) Porcelana especial realizada para los emigrantes chinos establecidos en Malasia, Singapur o Indonesia; (4) Al menos dos tipos de porcelana de gran acogida en el mercado persa; (5) Porcelana elaborada especialmente para los mercados de Turquía y Oriente Próximo (hasta la Edad Media, como no había en China operarios capaces de reproducir la escritura arábiga, se reclutó a artesanos musulmanes para que hicieran el trabajo en Cantón); (6)

Porcelana de colores sobre esmalte, de vivas tonalidades muy apreciadas en el mercado indio; (7) Porcelana del gusto portugués que los comerciantes lusos adquirieron durante largo tiempo a través del puerto de Macao; (8) Porcelana comprada en China a gran escala por portugueses y brasileños, de gran atractivo artístico. Según mi opinión, no es posible determinar con seguridad si los intercambios comerciales entre Estados Unidos, el sudeste asiático y Oriente Próximo incluían el transporte de porcelana china de exportación.

Durante este período las características estilísticas de la decoración de la porcelana china experimentaron fuertes cambios, ya que en 1853 los rebeldes de Taiping ocuparon los alfares de Jingdezhen e impusieron un fuerte tributo, lo que tuvo una gran repercusión en su producción. En 1856 Li Hongzhang recuperó la ciudad al mando del ejército Qing, aunque la reconstrucción de los hornos de toda el área fue lenta y se dio prioridad a los alfares imperiales.

Además de la Rebelión Taiping y las Guerras del Opio a mediados del siglo XIX, después de las cuales las potencias occidentales ocuparon Pekín saqueando el antiguo Palacio de Verano, la nueva ocupación de la capital por parte de la Alianza de las Ocho Naciones durante la Rebelión de los bóxers en 1900 constituyó un importante factor en esos grandes cambios estilísticos, ya que hizo entrar en contacto a los extranjeros con la porcelana clásica china, incluidas aquellas piezas de exquisita factura elaboradas por los alfares oficiales, lo que suscitó nuevas exigencias. Tal demanda requería no sólo la imitación de los ejemplares de alta calidad de las sucesivas dinastías sino también la creación de nuevas tipologías que entraron en competencia con las piezas clásicas con datación. En este período aparecieron numerosas copias de porcelanas *qinghua* y de cinco colores de la era Kangxi, y también surgieron muchos ejemplares de vistosas decoraciones que eran la encarnación de nuevos estilos artísticos. Además, los comerciantes chinos se dieron cuenta entonces de que la porcelana *qinghua* tradicional ya no podía competir con las nuevas porcelanas salidas de los talleres europeos, por lo que trataron de adoptar también aquellos complejos y llamativos patrones decorativos.

Como ya ocurría anteriormente, la mayor parte de estas porcelanas fueron producidas en los hornos y talleres de Jingdezhen y Cantón. La gran mayoría de las piezas de porcelana *qinghua* de colores contrastantes se encargaba en Jingdezhen, y también había ciertos patrones decorativos de colores que se llevaban a cabo allí mismo, como por ejemplo el llamado "patrón Fitzhugh" y el "patrón de las hojas de tabaco". En cuanto al primero, tomó el nombre de uno de los directores de la Compañía británica de las Indias Orientales,

Thomas Fitzhugh, miembro de una importante familia de comerciantes. Aunque no está muy claro el origen de dicho patrón ornamental, se trata de uno de los más importantes de comienzos del siglo XIX, y las piezas de porcelana en las que aparecía se exportaron principalmente a Estados Unidos, aunque también llegaron a Gran Bretaña y Portugal.

En la imagen 11-231 vemos una bandeja de porcelana *qinghua* con colores contrastantes sobre esmalte cuya datación se podría remontar al año 1800-1801, en la que aparece ese tipo de "patrón Fitzhugh". Su calidad es comparable a la de las piezas clásicas de porcelana de exportación de los reinados de Kangxi y Yongzheng.

La imagen 11-232 muestra una bandeja para comida de colores realizada en la primera mitad del siglo XIX, cuya decoración a base de hojas de tabaco atrajo mucho a los portugueses, británicos y norteamericanos. El esmalte de alta temperatura y las taraceas doradas hicieron de este "patrón de las hojas de tabaco" uno de los más populares de los utilizados en la porcelana de exportación. Aparte del azul cobalto *qinghua* hay otros colores sobre esmalte: azul turquesa, amarillo, marrón, verde amarillento, verde, rosa oscuro, negro y dorado. En los bordes posteriores de la bandeja hay ramajes azules y flores doradas. Debido a la contracción de los mercados europeos durante esa época, los comerciantes que encargaban porcelanas en Jingdezhen y Cantón provenían ahora en buena medida de Estados Unidos, los países árabes y la India. En la imagen 11-233 aparece una bandeja en cuyo centro se aprecia una rosa en la que se han empleado tonos rosas y verdes, mientras a lo largo del borde circular se suceden los diamantes y las estrellas doradas, un ejemplar destinado a los mercados de Turquía o el mundo árabe. La imagen 11-234 muestra una bandeja para comer de porcelana *qinghua* con colores y una frase de buen augurio en escritura arábiga en su centro: "Alí te está mirando. Año 1249 [de la Hégira=1833/34]", por lo que resulta evidente que fue realizado especialmente para el mundo islámico.

En la imagen 11-235 hay una bandeja en la que se utilizaron el azul *qinghua* y otros colores sobre esmalte (verde, rosa, negro y dorado) para reproducir una rosa como motivo decorativo principal. En Irán dicho patrón, el más popular en Oriente Próximo durante aquellos años, tomó el nombre de "flor y ruiseñor".

Todas las piezas descritas más arriba fueron encargadas en Jingdezhen. Se trata de ejemplares que no están completamente cubiertos de colores sobre esmalte sino que contienen una parte de decoración con azul *qinghua*, y que sólo podían elaborarse en aquellos hornos. Aparte de esta peculiar producción, los alfares de Jingdezhen también produjeron una serie de porcelanas de color sobre esmalte de complejos diseños, como las

11-231 Bandeja de porcelana *qinghua* **y colores contrastantes de los hornos de Jingdezhen** Dinastía Qing (reinado de Jiaqing) Diámetro boca: 24'3 cm

11-232 Bandeja para comida de cerámica de cinco colores con decoración de hojas de tabaco de los hornos de Jingdezhen Dinastía Qing (reinado de Jiaqing/Daoguang) Diámetro boca: 19'6 cm.

11-233 Bandeja grande y plana de los hornos de Jingdezhen Dinastía Qing (reinado de Qianlong/Daoguang) Diámetro boca: 32'4 cm.

11-234 Bandeja para comida de porcelana *qinghua* **con colores** Dinastía Qing (reinado de Daoguang) Diámetro boca: 24 cm.

representaciones de "cien mariposas", "cien niños", "repollo", "diez mil flores", etc., todos motivos populares en China y también frecuentes en la porcelana de exportación durante el siglo XIX y comienzos del XX.

La imagen 11-236 muestra una bandeja para dulces con una decoración de mariposas, el patrón conocido en Jingdezhen como "cien mariposas", de una gran creatividad y belleza y en el que se empleaba abundantemente el color dorado.

11-235 Bandeja para comida de porcelana de colores sobre esmalte Dinastía Qing (reinado de Daoguang/ Xianfeng) Diámetro boca: 27'4 cm.

11-236 Bandeja para dulces con decoración de "cien mariposas" de los hornos de Jingdezhen Dinastía Qing (reinado de Tongzhi/Guangxu)

11-237 Bandeja sopera hexagonal con decoración de repollo de los hornos de Jingdezhen Dinastía Qing (reinado de Tongzhi/Guangxu)

11-238 Bandeja para desayuno con decoración de "cien mil flores" de los hornos de Jingdezhen Dinastía Qing (reinado de Jiaqing/Guangxu) Diámetro boca: 24'3 cm.

La bandeja sopera de la imagen 11-237 presenta en su centro una serie de hojas de repollo de color verde brillante desplegadas radialmente, en cuyo centro se puede leer el sinograma 寿 ("longevidad"); también se ven algunas mariposas. Este tipo de "patrón del repollo" de atractivos colores mantuvo su popularidad hasta el siglo XX.

En la imagen 11-238 aparece una bandeja para desayuno con el "patrón de las diez mil flores" en diversos colores (con predominio del rosado) sobre fondo negro. Su exquisitez, detallismo y gradación cromática alcanzan aquí una belleza extrema. En la parte posterior de la bandeja hay una flor fresca y la datación en la era Qianlong, aunque en realidad fue realizada a finales del siglo XIX. Este tipo de decoración comenzó a elaborarse durante el reinado del emperador Qianlong y se popularizó en territorio chino, aunque durante el siglo XIX volvió a tomar fuerza y se difundió con fuerza entre las piezas de porcelana de exportación.

La mayoría de las piezas de porcelana de colores sobre esmalte arriba descritas fueron producidas en los alfares de Jing-dezhen y exportadas principalmente a Estados Unidos, y presentan una decoración tradicional muy característica de dichos

11-239 Bandeja de porcelana *guangcai* con personajes Dinastía Qing (reinado de Daoguang) Diámetro boca: 15'8 cm.

hornos. Pueden verse en este tipo de ejemplares la marca "China" o "Made in China", lo cual indica que se trata de porcelanas de exportación que no fueron elaboradas para el mercado interno.

Al mismo tiempo, en Cantón seguía produciéndose gran cantidad de porcelana de colores sobre esmalte. En el período de transición entre el siglo XVIII y XIX apareció en dichos talleres un nuevo estilo decorativo que en Occidente se conoció con el nombre de "patrón manchú", descrito por Daniel Nadler en su monografía ya citada como una representación en la que "una serie de personas visten fantasiosos ropajes de corte y representan ciertas escenas de la ópera de Pekín; aunque no se ha estudiado con detalle su origen, se trata de gente de etnia Han y no de manchúes". Esos personajes aparecen en armoniosa combinación con la decoración de los bordes de las vasijas. Es el caso, por ejemplo, de la bandeja de color rosado de la imagen 11-239 realizada entre 1820 y 1840, en la que llama poderosamente la atención la ornamentación verde a lo largo del borde de la pieza, de exquisita belleza. En el centro se representa una escena de aparente carácter festivo en el que una mujer sale a recibir a un anciano acompañado de un sirviente que saluda inclinando su torso hacia delante. La imagen 11-240 muestra por su parte un aguamanil de porcelana *guangcai* con reborde perpendicular realizado a mediados del siglo XIX. En el centro de la vasija aparece una bella dama sentada junto a un alféizar y rodeada de coloridas flores entre las que no podían faltar numerosas rosas, ya que los artesanos chinos sabían que sus clientes mediorientales y occidentales apreciaban mucho dicho motivo,

11-240 Aguamanil de porcelana *guangcai* **con decoración de personaje** Dinastía Qing (reinado de Jiaqing) Altura: 11'5 cm.; diámetro boca: 37'5 cm.

11-241 Bandeja de porcelana *guangcai* **con decoración de personajes** Dinastía Qing (reinado de Daoguang) Altura: 9'5 cm.; diámetro boca: 37'8 cm.

que apareció en los años cuarenta del siglo XIX. Los artesanos alfareros poseían una gran creatividad, introduciendo en sus cerámicas todo tipo de representaciones (historias con personajes y otros diferentes motivos) a los que luego rodeaban de variados ornamentos fitomorfos y florales, y de este modo aparecieron incontables variantes de dicha decoración de rosas. La imagen II-24I, por ejemplo, presenta una bandeja en forma romboidal realizado en 1840 en Cantón, con una escena palaciega de época Qing circundada por un borde con espléndida decoración de rosas.

De lo descrito más arriba se desprende que durante el período anterior y posterior a las Guerras del Opio el comercio chino de porcelana de exportación decayó respecto a la etapa anterior, debido tanto a la debilidad interna del país como al desarrollo y florecimiento de la industria cerámica de Europa y Japón, aunque todavía se mantuvieron los mercados de Estados Unidos, el sudeste asiático y Oriente Próximo. Asimismo, los alfares y talleres de Jingdezhen y Cantón recurrieron a nuevas estrategias comerciales para abrirse paso en los mercados internacionales, por una parte produciendo cerámicas decoradas con características propiamente chinas y por otra exprimiendo al máximo sus habilidades técnicas y su fantasía creadora con el fin de producir una serie de ornamentos cerámicos representativos de la efervescencia de la época.

6.13. Estudios sobre el comercio de la cerámica china en el mundo académico occidental

El comercio internacional de cerámica china es un asunto que merece la pena ser estudiado en profundidad. El tema todavía no ha recibido la suficiente atención por parte del mundo académico chino, pero sí que ha sido en cambio examinado con interés por los estudiosos y coleccionistas occidentales. En la Europa del siglo XVIII había una atracción creciente hacia la porcelana china; durante el período rococó, en especial, esa fiebre oriental alcanzo su clímax, para luego irse enfriando progresivamente a finales de siglo y en la primera mitad del siguiente. En 1860 los ejércitos de Gran Bretaña y Francia ocuparon Pekín y saquearon el antiguo Palacio de Verano, llevándose consigo grandes cantidades de obras de arte que acabaron desperdigadas en manos privadas o en los mercados del anticuariado de Europa y Estados Unidos, lo que despertó de nuevo el interés del mundo occidental por las piezas de porcelana china; un interés que no se dirigía esta vez hacia la porcelana china de exportación o las imitaciones, sino hacia aquella producida en China y destinada al consumo interno, y especialmente las porcelanas de la corte imperial.

Por aquellas mismas fechas comenzaban en Europa y Estados Unidos los estudios sobre porcelana china. En primer lugar se tradujeron a las lenguas europeas una serie libros sobre la materia, como fue el caso de la traducción parcial que Stanislas Julien hizo de los *Registros de cerámica de Jingdezhen* de Lan Pu, publicada en París en 1856; las *Discusiones sobre cerámica* de Zhu Yan también se hicieron populares en Europa, tras la traducción que Stephen W. Bushell hizo en 1910 de la obra con el título de *Description of Chinese Pottery and Porcelain. Being a translation of the T'ao Shuo*. La traducción y publicación de todos estos libros chinos tuvo una gran importancia y significado para el estudio de la porcelana china.

Los europeos comenzaron a escribir monografías sobre la cerámica china al mismo tiempo que las coleccionaban. El primer libro dedicado exclusivamente a este asunto en Europa fue el de los coleccionistas A. Jacquemart y E. Le Blant («Histoire artistique, industrielle et commerciale de la porcelaine», 1862). Jacquemart fue también el que acuñó los términos de "familia verde" y "familia rosa" para referirse a las dos variantes de porcelana decorada con predominancia de los respectivos colores, términos que todavía siguen en uso hoy día. En aquel entonces el conocimiento que los europeos tenían de la porcelana china y japonesa era muy escaso, y prácticamente no eran capaces de distinguir las diferencias entre una y otra, aunque se fueron llenando gradualmente las lagunas y fueron publicándose varias obras sobre colecciones privadas y públicas de porcelana china, como el catálogo de A.W. Franks de 1879 de la colección de porcelana oriental del Museo Británico, el de E. Grandidier sobre las porcelanas conservadas en el Museo Guimet y otras diversas obras. Aunque la importancia de cada una de estas obras es variable, todas ellas contribuyeron al conocimiento de la porcelana china.

El primer gran coleccionista holandés de porcelana china en la primera mitad del siglo XX fue Nanne Ottema, que mediante una adquisición sistemática acumuló una gran cantidad de piezas que testimoniaban el proceso de desarrollo de la cerámica china desde la Antigüedad hasta nuestros días. Su colección se custodia ahora en el Museo de cerámica Princessehof de Leeuwarden, del que Ottema fue fundador y primer director; además, publicó en 1943 un manual (*Chineesche Ceramiek*) en el que se describen los ejemplares conservados en él.

Al mismo tiempo, se fueron celebrando de manera ininterrumpida durante este período numerosas exposiciones sobre cerámica china. Quizás las más importantes de todas ellas para el mundo académico y del coleccionismo fueran las organizadas en Berlín (1929), Londres (1935-1936) y Nueva York (1941). Otras interesantes exposiciones exhibían piezas incluidas en la *Antología de porcelana china de exportación* y fueron organizadas por la Sociedad de cerámica oriental (OCS) de Londres, entre ellas *Enamelled Polychrome Porcelain of the Manchu Dynasty* (1951), *Chinese Blue and White Porcelain, 14th to 19th Centuries* (1953-1954), *The Arts of the Ming Dynasty* (1957), *The Arts of the Ch'ing [Qing] Dynasty* (1964) o *The Animal in Chinese Art* (1968). Además de las citadas, también destaca la importante exposición sobre porcelana *qinghua* celebrada en el Museo de Arte de Philadelphia en 1949 (*Ming Blue and White*) y la celebrada en 1968 también en Estados Unidos (*Chinese Art under the Mongols, the Yuan Dynasty* (1279-1368)). En 1965 tuvo lugar en el Museo de Arte Oriental de Colonia otra interesante exposición sobre porcelana china. La administración de museos de Holanda, por su parte, organizó en 1968 en Ámsterdam la exposición *Chinese Porseleinkast* con piezas de porcelana china de exportación.

A la vez que se celebraban todas estas exposiciones monográficas, también se iban publicando de manera continuada estudios relativos a la cerámica china. En la bibliografía más temprana sobre el tema hay casos en los que se diferencia entre la porcelana china de encargo exportada a los mercados occidentales y aquella destinada al consumo interno, como la ya citada obra de Jacquemart y Le Blant *Histoire artistique, industrielle et commerciale de la porcelaine*. Numerosos libros centrados en la cerámica china también han dedicado uno o varios capítulos a la porcelana de exportación/porcelana de encargo. La monografía de W. Giggs *Illustrations of Armorial China* publicada en 1887 describe los escudos de armas y emblemas familiares que decoraban cierto tipo de porcelanas chinas. Las obras de F.A. Crisp (*Armorial China*, 1907), S.W. Bushell (*Oriental Ceramic Art*, 1899 y *Chinese Art*, volúmenes I y II, 1904/1910) o R.L. Hobson (*Chinese Pottery and Porcelain*, 1915) son también muy importantes en el conjunto de la bibliografía sobre cerámica china, de la que Bushell fue durante aquella época una de las máximas eminencias.

En Gran Bretaña también ha habido no pocos autores que han escrito numerosos libros sobre cerámica china, contribuyendo a ampliar enormemente nuestros conocimientos sobre dicha materia; entre ellos destacan W.B. Honey, E.E. Bluett, A.D. Brankston y Soame Jenyns. La monografía de Ernst Zimmermann *Chinesisches Porzellan* publicada en 1923, por su parte, posee un gran valor como obra de referencia. Entre finales del siglo XIX y comienzos del XX todos estos libros ayudaron a profundizar en el conocimiento y comprensión de las artes y la cultura alfarera de China, proporcionando además un rico y abundante material documental para el estudio del comercio exterior de productos cerámicos chinos. Todo ello me ha ayudado durante el proceso de investigación y escritura de mi libro para situarme en una perspectiva globalizadora desde la cual entender mejor la evolución histórica de la cerámica china.

Capítulo 7   Conclusiones

7.1. Sinopsis

Si durante la dinastía Yuan se produjo un proceso de transición de unas artes cerámicas de estética elegante y arcaizante a otras de carácter más popular, con las dinastías Ming y Qing ese sustrato popular ocupará un lugar predominante, ejerciendo incluso una significativa influencia en los gustos de la casa real y las clases más acomodadas. La cultura urbana evolucionará en especial durante la dinastía Qing sobre los fundamentos establecidos con la dinastía precedente, y las manifestaciones populares de carácter lúdico y festivo se desarrollarán ulteriormente gracias al florecimiento de la economía urbana. Por otra parte, las crecientes transacciones mercantiles entre China y Occidente harán que las artes y la cultura europeas vayan penetrando en el sur y sudeste de aquel país y que a su vez se desarrolle en los países europeos un nuevo estilo rococó caracterizado por su sobreelaboración y suntuosidad. En China un grupo de literatos vuelve su vista hacia los antiguos, promulgando el pensamiento "ortodoxo" en las artes, mientras que otro grupo de gente ilustrada sin estatus social fija en cambio su interés en el pueblo llano, dotando sus obras de un aire más popular con el uso abundante de colores primarios contrastantes en busca de la vivacidad y el colorido. Durante la dinastía Qing, en suma, la cultura urbana y popular se convierte en la línea predominante y recibe la influencia de los tiempos, con su brillantez cromática y sus ampulosas representaciones. Reflejar la vida mundana y desplegar sus funciones didácticas se convertirá en el objetivo de las artes cerámicas durante este último período.

7.2. Belleza viril y funciones moralizantes de las artes cerámicas de la etapa inicial de los Qing

Durante la etapa inicial de la dinastía Qing, y en especial con el reinado del emperador Kangxi, la sociedad feudal china todavía se encontraba en una fase de estabilidad ascendente, con un vasto territorio bajo su dominio y un pueblo que gozaba de una vida relativamente estable; esa plena confianza en sí mismos se manifestó en las artes cerámicas en la búsqueda de una belleza viril. Por supuesto, cada disciplina artística recibió la influencia de la corriente estética propia de aquella época, mientras por otra parte las reformas en el ámbito material también cumplieron un papel imposible de ignorar. El principal logro artístico de la industria alfarera china durante la etapa inicial de la dinastía Qing fue la renovación de la porcelana *qinghua* y la porcelana de cinco colores, dos tipologías que, si bien ya habían empezado a madurar durante la dinastía Ming, asumieron su forma específica y definitoria con el reinado del emperador Kangxi. La profundidad de campo de las representaciones pictóricas de la porcelana *qinghua*, con sus diferentes planos superpuestos, recibió el influjo de los métodos de claroscuro y sombreado occidentales y también de la pintura china tradicional con su uso de la tinta negra mezclada con agua en distintas gradaciones. Al comparar la porcelana *qinghua* de la dinastía Qing con su precedente de época Ming, por lo tanto, se perciben claramente las divergencias tanto desde el punto de vista estilístico como en los métodos de representación.

La porcelana de cinco colores de la era Kangxi constituye un momento cumbre en el desarrollo de la porcelana china de colores, y por lo tanto las piezas de dicha tipología se conocieron durante toda la dinastía Qing con el nombre de "porcelana de colores de Kangxi". Su elevada calidad tiene mucho que ver con la reforma de las materias primas, ya que durante el reinado de Kangxi se aumentó la proporción de caolín en la arcilla empleada para elaborar las porcelanas; a la vez, las mejoras introducidas en los hornos hicieron posible un aumento en la temperatura de cocción. Bajo estas circunstancias, la dureza y rigidez de las piezas alcanzó un grado nunca antes visto, y por eso todos los ejemplares elaborados entonces –cualquiera que fuera su forma o su tamaño– son de excelente calidad y factura. Al mismo tiempo, y por lo que se refiere a los pigmentos y tonalidades, también se llevaron a cabo modificaciones y se recurrió a diversos métodos y ensayos. Durante la dinastía Ming, por ejemplo, se solía emplear el mucílago (sustancia vegetal de base acuosa) como material auxiliar para los contornos, mientras que en la porcelana de cinco colores de la era Kangxi se utilizaba en cambio la almáciga (una resina obtenida de un árbol), dos materias primas de propiedades muy distintas que tenían por fuerza que dar como resultado dos manifestaciones artísticas diferentes. El mucílago es una sustancia más líquida que sobre una superficie esmaltada suave y no absorbente obliga al pincel a deslizarse con rapidez y precisión, ya que si se demora ligeramente puede dejar manchas de agua, por lo que resulta muy difícil realizar con él contornos nítidos y minuciosos y es más apto para estilos y motivos más sueltos e indefinidos. La almáciga, por el contrario, es una resina de cualidad más aceitosa que posee un cierto grado de viscosidad y adherencia, ideal para combinar armoniosamente con la asbolana de la porcelana de cinco colores, y también se podía utilizar en la porcelana *qinghua* de Jingdezhen impregnando primero el pincel en unas gotas de aceite de alcanfor y diluyéndolas en la mezcla; sólo hacía falta dominar su uso para poder emplear el pincel en trazos más rápidos o lentos, más finos o gruesos, con los que resultaba más fácil delinear perfiles de mayor precisión. Además, durante la dinastía Ming se empleaba principalmente en la porcelana de cinco colores el azul *qinghua* para los contornos, mientras que el negro de la asbolana todavía no había aparecido y tampoco había morado o verde jade antiguos, por lo que resultaba mucho menos rica desde el punto de vista cromático que su equivalente de la era Kangxi, y también menos lúcida y vivaz. Combinando dichas artes con los nuevos materiales y pigmentos, los artesanos utilizaban las xilografías y todo tipo de ilustraciones e imágenes bordadas como modelo y añadían su propia inspiración e interpretación para crear las porcelanas de cinco colores de la era Kangxi que tanto renombre alcanzaron en el mundo del arte durante toda la dinastía Qing (imagen 11-242).

La porcelana de la etapa inicial de la dinastía Qing posee una gran creatividad tanto desde el punto de vista artístico como por lo que se refiere a los métodos de moldeado

11-242 Vasija tipo zun de porcelana *qinghua* y cinco colores con decoración de faisán y peonías Dinastía Qing (reinado de Kangxi) Altura: 46 cm. Museo de la Ciudad Prohibida (Beijing)

o las técnicas de pintura, con una riqueza sin precedentes también en cuanto a los motivos y contenidos decorativos. Con el fin de consolidar su autoridad y garantizar un largo período de paz y estabilidad, los gobernantes de cada nueva era precisaban definir su línea ideológica oficial y ortodoxa. La corriente de pensamiento imperante en los círculos académicos de finales de la dinastía Ming y principios de los Qing instaba a aplicar las enseñanzas recibidas de manera pragmática; dicha corriente poseía sin embargo para las autoridades manchúes ciertos tintes sinocéntricos y de oposición a su régimen dictatorial. Por otro lado, la filosofía propugnada por las clases ilustradas de finales de la era Ming era de escasa utilidad práctica en los asuntos estatales, algo que pudieron constatar los guerreros manchúes durante las décadas que precedieron al derrocamiento de la dinastía anterior. Entre las opciones disponibles, el emperador Kangxi decidió adoptar el neoconfucianismo como su ideología dominante. La doctrina confuciana valoraba las relaciones interpersonales en su día a día, haciendo hincapié en el gobierno de la virtud y el adoctrinamiento ritual. El pensamiento tradicional chino siempre ha concedido gran importancia a la utilidad práctica de las artes en el seno de la sociedad, subrayando su función pedagógica y culturizante y estipulando que "por encima de la forma domina la razón, por debajo subyace el objeto, y sin objeto no puede haber razón"; la "razón" representa la cultura, contenida en el pensamiento, y el "objeto" es el continente sin el cual la razón no podría materializarse. En la porcelana de la época se manifiesta este tipo de contenido aleccionador y adoctrinante, como en el caso de las escenas sacadas de obras literarias como *Romance de los Tres Reinos*, *A orillas del agua*, la biografía del general Yue Fei de la dinastía Song o la historia de Wang Zhaojun cruzando la Gran Muralla durante la dinastía Han del este para desposarse con un monarca bárbaro, a menudo desplegadas por todo el cuerpo de las vasijas de porcelana de cinco colores o *qinghua*. Una gran parte de ellas son representaciones de carácter bélico y gran magnificencia, con guerreros a caballo en posturas desmesuradas, que recibieron una gran acogida no sólo en el mercado interno sino también en los mercados del exterior, y fueron además muy apreciadas por los pintores occidentales. Más adelante, artistas contemporáneos como Picasso, Gauguin o Klimt se sentirán atraídos hacia estas manifestaciones artísticas de gran vigor y fuerza expresiva.

En la imagen 11-243 aparece una bandeja con la representación de la historia del general Guo Ziyi de la dinastía Tang haciendo frente a sus enemigos. Guo consiguió recuperar las dos capitales Luoyang y Chang'an de manos de los rebeldes de An Shi, y más adelante

11-243 Bandeja de cerámica de cinco colores con representación de la historia del general Guo Ziyi haciendo frente a sus enemigos Dinastía Qing (reinado de Kangxi) Altura: 6'1 cm.; diámetro boca: 35'5 cm.; diámetro apoyo: 20'1 cm. Rijksmuseum de Ámsterdam

persuadió a los líderes uigures para atacar conjuntamente a los ejércitos tibetanos. El legendario general batalló toda su vida bajo las órdenes de los sucesivos emperadores, a quienes rindió extraordinarios servicios gracias a los cuales la dinastía pudo conservar la paz durante varias décadas, gozando por ello de un altísimo prestigio y renombre. La imagen 11-244, por su parte, muestra un jarrón de porcelana de cinco colores con una gran escena de batalla extraída del *Romance de los Tres Reinos* del escritor Luo Guanzhong de la dinastía Ming, en la que aparecen el señor de la guerra Liu Bei y sus generales Guan Yu y Zhang Fei. En concreto, la escena hace referencia a la batalla del paso de Jiameng contra Ma Chao. Los tres jinetes son Zhang Fei, Ma Chao y Liu Bei; Zhang Fei se exhibe en toda su fiereza y poder contra Ma Chao, que viste una armadura plateada, mientras Liu Bei les da órdenes a ambos para dar por terminado el combate y retirarse al campamento. Posteriormente, Liu Bei conseguirá convencer a Ma Chao para que deserte de su señor Zhang Lu y se pase a sus filas. Esta decoración cerámica se inspira en el modelo de las xilografías basadas en ese clásico de la literatura. El emperador Kangxi se valió hábilmente de este motivo ornamental con fines propagandísticos, dando a entender que lo mejor para aquellos rebeldes del sur del país que todavía luchaban durante su reinado por reestablecer

11-244 Jarrón de cerámica de cinco colores con una gran escena de batalla extraída del *Romance de los Tres Reinos* Dinastía Qing (reinado de Kangxi) Altura: 45 cm.; diámetro boca: 12 cm.; diámetro apoyo: 14 cm. Rijiksmuseum Ámsterdam

la soberanía de los Ming era colaborar con la nueva dinastía Qing y aceptarlos como legítimos soberanos.

El confucianismo promovía la lectura de libros clásicos y apoyaba a las clases educadas, por lo que en las porcelanas de cinco colores y *qinghua* de la era Kangxi es frecuente encontrar decoraciones con escenas que reflejan la vida y aficiones de los letrados, como "Wang Xizhi contemplando los gansos", "Su Dongpo y su amada lastra de entintar", "Tao Yuanming admirando los crisantemos", "Zhou Maoshu apreciando los lotos", "Los siete sabios del bosque de bambú", "Los tres amigos del invierno" (el pino, el bambú y el ciruelo), "El sonido del otoño" o "Mi Fu venerando la roca", entre otros.

A partir del trigésimo año de reinado de Kangxi, el emperador dio más impulso a los exámenes imperiales y expandió la cultura Han, y por ello en la porcelana de cinco colores y *qinghua* de aquella época aparecen diferentes escenas alusivas a los examinandos o motivos de buen augurio para los exámenes. El confuncianismo propugnaba el sistema patriarcal como modelo de relaciones humanas, y por eso los chinos concedían una gran importancia a la continuidad familiar y a la figura del heredero como transmisor de la línea paterna mediante una fecunda descendencia; todo ello se reflejó consecuente-

11-245 Olla de porcelana rosada con decoración de niños jugando Dinastía Qing (reinado de Qianlong) Altura: 15'3 cm.; diámetro boca: 8'2 cm.: diámetro base: 7'8 cm. Museo de la Ciudad Prohibida (Beijing)

mente en la ornamentación de las porcelanas de aquel período. Frecuentes motivos de la época son las "granadas de cien semillas" (símbolo de abundante prole), los "tres portadores de fortuna, longevidad y descendencia" (la fruta Mano de Buda, el melocotón y la granada) o todos aquellos patrones decorativos que auguraban una profusa descendencia o el éxito y la felicidad para hijos y nietos (imagen 11-245).

Los gobernantes manchúes establecieron el pensamiento confuciano como ideología dominante, y daban mucha importancia a la función propagandística y aleccionadora de las artes, por lo que de un lado restringieron la divulgación de las xilografías de impronta popular que tanto auge habían cobrado durante la dinastía Qing y de otra parte no escamotearon esfuerzos ni recursos materiales para impulsar la industria editorial oficial, valiéndose de las facilidades ofrecidas por la impresión a gran escala para publicar un buen número de obras de carácter palaciego. El contenido de dichas obras fue trasladado con frecuencia en aquella época a las porcelanas *qinghua* y de cinco colores.

Las imágenes que tuvieron mayor impacto y fueron más frecuentemente representadas en las piezas cerámicas fueron las extraídas de la *Guía ilustrada de la labranza y el tejido*, una colección de pinturas sobre las labores en el campo y el trabajo de la seda en sus diversos estadios realizada por el famoso pintor de corte Jiao Bingzhen. Dicha colección fue publicada en el año 1696, durante el reinado del emperador Kangxi a comienzos de la dinastía Qing, y en ella hay una introducción escrita de su propia mano y una serie de ilustraciones que muestran las más innovadoras técnicas agrícolas y de tejido. De esta manera, el emperador anunciaba a todos los funcionarios civiles y militares que la fortuna y prosperidad del país dependían de la agricultura. Las diferentes ediciones a bajo coste de dicha guía ilustrada se difundieron extensamente por todo el país, y sus ilustraciones fueron empleadas como modelo en diversas manifestaciones artísticas, especialmente para la decoración de las porcelanas destinadas al mercado interno. En ocasiones esas imágenes eran copiadas sin alterar ningún detalle, aunque lo más común era que se introdujeran algunos cambios para adaptarse al espacio disponible o que los artesanos dieran rienda a su creatividad para atraer a los potenciales clientes. En la imagen 11-246, por ejemplo, podemos ver una bandeja de porcelana de cinco colores en la que aparece una escena de cultivo del arroz. En el tercio inferior más próximo a nosotros hay cuatro campesinos plantando el cereal, y en el plano más alejado se distinguen otras dos figuras descansando bajo los árboles. Se trata de una escena que deriva de una de las xilografías de la obra de Jiao, pero en ésta sólo aparecen los campesinos trabajando el campo en primer término, mientras que las dos figuras sentadas bajo la sombra son un detalle añadido por el pintor de la porcelana.

La imagen 11-247, por su parte, muestra otra bandeja de porcelana de cinco colores con una escena de recolección de hojas de morera dentro de un jardín vallado. En el interior del jardín se ve una rocalla y dos árboles bajo los cuales hay un hombre adulto y dos niños y una olla grande; uno de los niños se ha descalzado (sus zapatillas están en tierra) y se ha encaramado a uno de las moreras. También aquí se trata de una representación inspirada en las xilografías de la obra de Jiao, empleada como modelo por el artista cerámico y que conserva los elementos principales de la ilustración original, incluida la minúscula marca dejada por el sello dorado.

El recipiente para pinceles de la imagen 11-248 muestra en su superficie un paisaje en cuyo centro aparece una pequeña morada dentro de la cual hay varias personas encargadas de alimentar a los gusanos de seda, una escena derivada asimismo de la *Guía ilustrada de la*

11-246 Bandeja de cerámica de cinco colores con escena de cultivo de arroz de la *Guía ilustrada de la labranza y el tejido* Dinastía Qing (reinado de Kangxi) Altura: 3'2 cm.; diámetro boca: 20 cm.; diámetro apoyo: 14 cm. Museo de Groningen

11-247 Bandeja de cerámica de cinco colores con escena recolección de hojas de morera de la *Guía ilustrada de la labranza y el tejido* Dinastía Qing (reinado de Kangxi) Altura: 4'4 cm.; diámetro boca: 27 cm.; diámetro apoyo: 15'7 cm. Rijksmuseum de Ámsterdam

11-248 Bandeja de cerámica de cinco colores con escena de alimentación de gusanos de seda de la *Guía ilustrada de la labranza y el tejido* Dinastía Qing (reinado de Kangxi) Altura: 11'5 cm.; diámetro boca: 18 cm.; diámetro apoyo: 17'7 cm. Museo Princessehof de Leeuwarden

labranza y el tejido.

Todos estos ejemplos nos ilustran acerca del papel dominante desempeñado por los gobernantes Qing en el ámbito de la cultura popular.

7.3. Grandes logros de las artes cerámicas durante la etapa intermedia de los Qing

La dinastía Qing constituye un período histórico de una gran difusión de los conocimientos y de importantes logros en el contexto de las artes cerámicas. Debido al florecimiento de los estudios textuales especializados y la fiebre por el coleccionismo de piezas en la sociedad de la época, durante los reinados de Yongzheng y Qianlong en el siglo XVIII los hornos oficiales y comunes de Jingdezhen –el centro de producción alfarera del país– dedicaron buena parte de sus esfuerzos a la imitación de ejemplares antiguos, una consecuencia de esa tendencia retro característica de la sociedad del momento. Por ellos hay estudiosos que opinan que, precisamente por esa moda arcaizante, desde el punto de vista de sus rasgos estéticos las artes cerámicas de la dinastía Qing corresponden a un canon de belleza elegante y arcaica. Es verdad que durante la dinastía Qing se produjo una importante oleada de imitaciones, que afectaban no sólo a las porcelanas de las diferentes dinastías sino también a otras muchas manifestaciones artísticas; como ya hemos visto en anteriores capítulos, ya desde las dinastías Tang y Song las artes cerámicas tradicionales se caracterizaban por una búsqueda de una belleza natural y sencilla, refinada y arcaica, y una parte de la porcelana de imitación de esmalte de color a alta temperatura de la etapa intermedia de la dinastía Qing corresponde a ese criterio estético. Sin embargo, opino que no se trata de la tendencia dominante de las artes alfareras de dicho período, durante el cual destacan en cambio las piezas brillantes e innovadoras de porcelana de cinco colores y los fastuosos y sobreelaborados ejemplares de porcelana de la "familia rosa". El desarrollo de estas dos tipologías cerámicas recibió sin duda el influjo del pensamiento artístico chino tradicional, pero lo que ambas reflejan es en cambio una belleza recargada, ornamental y suntuosa –belleza de marcado carácter popular encarnación de la cultura secular de la época, en resumidas cuentas– completamente distinta a la belleza clásica, compuesta y serena de antaño. El motivo es que los artesanos de Jingdezhen de este período no se vieron influidos sólo por esa ola de recuperación de lo antiguo de la que estaba imbuida toda la sociedad sino también por la cultura occidental y por la cultura popular y urbana que entonces se encontraba en pleno auge, y por lo tanto la cerámica de época Qing no se limitaba únicamente a producir a gran escala imitaciones de los modelos antiguos sino que también se esforzó en copiar las obras llegadas de occidente, como los objetos esmaltados o de orfebrería, las piezas de vidrio o las propias cerámicas, entre otros. De hecho, el proceso de imitación también constituía un proceso de aprendizaje y de creación, y gracias a dicho aprendizaje las artes cerámicas de la etapa intermedia de la dinastía Qing alcanzaron una fuerza expresiva nunca antes conseguida, a la vez que dieron lugar a numerosas piezas de nuevo cuño.

Lo que resulta importante subrayar aquí es que el aprendizaje de los modelos y técnicas occidentales enriquecieron enormemente los métodos expresivos de las artes cerámicas de época Qing. A partir de la etapa intermedia de la dinastía, los comerciantes europeos y norteamericanos fueron llegando ininterrumpidamente a China para realizar sus encargos de porcelana. Debido a las grandes diferencias existentes entre la cultura y los modos de vida de China y los países europeos, además de adquirir las piezas originales de Jingdezhen los comerciantes foráneos también demandaron a los artesanos locales que se adaptaran a los criterios estéticos, los gustos y los modos de vida de sus clientes occidentales para elaborar nuevas formas y crear nuevos motivos más acordes con los mercados de ultramar a los que iban destinados. Algunos de esos mercaderes de porcelana europeos eran asimismo artistas, que cambiaban sin cesar los diseños y muestras que luego encomendaban a los comerciantes de las compañías de Indias para su elaboración en Jingdezhen; la Compañía sueca de las Indias Orientales, por ejemplo, tenía sus propios diseñadores que trabajaban exclusivamente realizando los bocetos para los encargos de porcelana china, como en el caso del ya mencionado Cornelis Pronck. En la mayoría de las ocasiones se llevaban hasta Jingdezhen los objetos propios de orfebrería o esmalte o las cerámicas cuyas formas o patrones decorativos se deseaban imitar para que los artesanos locales los tomaran como modelo y llevaran a cabo los encargos. Dichas formas y patrones ejercieron una enorme influencia en la realización de los nuevos estilos artísticos y variedades tipológicas de las cerámicas de Jingdezhen, entre las que hay algunas que han seguido siendo empleadas directamente por los artistas de Jingdezhen sin interrupción hasta la actualidad en calidad de cerámica de exportación, como las cafeteras, las teteras, los servicios de vajilla, las bandejas planas de bordes anchos, las linternas de paredes muy finas, los paneles de porcelana decorada, etc. Como ya hemos dicho, esa influencia de las culturas foráneas no sólo se reflejó en las tipologías morfológicas sino también en los colores y los motivos decorativos. Diferentes países poseían diferentes tendencias estéticas, y a la hora de realizar sus encargos de porcelana en China había quien demandaba motivos (flores, personajes, paisajes, edificios...) de carácter más realista y voluminoso, otros que preferían porcelanas decoradas en estilo rococó, y otros que deseaban plasmar en las vasijas sus emblemas heráldicos a modo de elemento conmemorativo; esos motivos y patrones ornamentales de estilo occidental irán permeando paulatinamente las artes cerámicas tradicionales de Jingdezhen, influyendo y modificando de manera casi imperceptible el estilo de las piezas elaboradas en dichos hornos. Según queda señalado en los *Registros de cerámica de Jingdezhen*, los hornos comunes de la época imitaban tanto los "colores extranjeros" (rojo, verde, negro, dorado...) como los motivos decorativos occidentales (paisajes, personajes, flores, aves y otros animales...) en ejemplares destinados al consumo

11-249 Taza de colores esmaltados sobre fondo rojo con decoración de paneles (peonías) Altura: 4'2 cm.; diámetro boca: 6'3 cm.; diámetro base: 2'3 cm. Museo de la Ciudad Prohibida (Beijing)

interno y a los mercados de ultramar, aunque los hornos oficiales también imitaban y producían esas piezas con formas y ornamentaciones de estilo europeo, tal y como afirma Tang Ying, superintendente de los alfares imperiales de Jingdezhen durante los reinados de Yongzheng y Qianlong, en sus *Registros de cerámica* (imágenes 11-249 y 11-250).

En cuanto a esas nuevas variedades de porcelana de colores sobre esmalte, ya hemos hablado de ellas en el capítulo dedicado a la porcelana de exportación de época Qing. Aunque eran los artesanos locales de Jingdezhen o Guangzhou los que elaboraban esas piezas de porcelana de estilo occidental, los pigmentos procedían de Europa, de ahí que se conocieran con el nombre de "pigmentos extranjeros". "colores extranjeros" o "colores nuevos". Las ilustraciones de las obras literarias europeas cultas o populares de la época servían como modelo a los pintores chinos de porcelana para sus decoraciones, y con ese fin se enviaban a China numerosas muestras de muy diverso tipo e incluso enteros lotes de libros. Es el caso de la bandeja de la imagen 11-251, en cuyo centro aparece una de las aventuras de Don Quijote y Sancho Panza. Este tipo de porcelanas de estilo decorativo oc-

11-250 Jarrón de colores esmaltados sobre fondo azul y morado con decoración de mariposas y flores
Dinastía Qing (reinado de Qianlong)   Altura: 21'8 cm.; diámetro boca: 5'3 cm.; diámetro apoyo: 6'3 cm.   Museo de la Ciudad Prohibida (Beijing)

11-251 Bandeja de cerámica de cinco colores y añadidos dorados con escena de Don Quijote y Sancho Panza Dinastía Qing (reinado de Qianlong)
Diámetro boca: 22'3 cm. Museo Victoria y Alberto de Londres

cidental llenaban en aquella época los talleres de Jingdezhen y Guangzhou, tal y como reflejan fidedignamente Lan Pu y Tang Ying en sus respectivos registros de cerámica. Paradójicamente, casi no se han encontrado muestras de este tipo de producción en los centros donde fueron elaboradas, ya que prácticamente su totalidad fue exportada a Europa, por lo que en la *Historia de la cerámica china* editada por la Sociedad Cerámica China en 1982 –la monografía más acreditada de las últimas décadas– se ignora casi completamente esa porcelana de colores sobre esmalte para exportación, como también ocurre con otras obras dedicadas a este mismo tema.

Las artes cerámicas chinas de la época ejercieron su influencia en Europa de la misma manera que el influjo del rococó europeo se dejó sentir en China, especialmente en la casa real de los Qing. El emperador Qianlong no sólo solicitó los servicios de artistas europeos en sus dependencias palaciegas y en la construcción y decoración del antiguo Palacio de Verano, sino que también decidió crear un taller de esmaltado en el interior de palacio en el que pudieran colaborar los artistas y artesanos europeos y locales, que trabajaban allí codo con codo y se influían e inspiraban mutuamente; de hecho, muchas de las porcelanas salidas de los alfares imperiales de Jingdezhen estaban realizadas según los patrones y formas sugeridos por los maestros que laboraban en esa y otras oficinas de palacio. Fue precisamente esa influencia de los artistas europeos la que hizo que el estilo artístico cerámico pasara de la pureza, la discreta elegancia y el vigor de las piezas producidas con anterioridad al reinado del emperador Kangxi a la fastuosidad, delicadeza y sobreelaboración de los ejemplares elaborados posteriormente, creando así una nueva corriente estilística de carácter palaciego. Ese nuevo estilo se convirtió a partir de la etapa intermedia de la dinastía Qing en una tendencia social, que tendrá su influencia en la conformación y desarrollo de las artes cerámicas. La belleza simple y natural ya no será la línea estética predominante, siendo reemplazada por otro canon más opulento, colorido y ornamental que permanecerá vigente durante todo el resto de la dinastía e incluso en tiempos de la República de China.

La fase intermedia de la dinastía Qing constituye el epítome de las artes cerámicas de Jingdezhen. Durante ese período no sólo se produce una recuperación de la Antigüedad, con una gran cantidad de imitaciones de las piezas de pasadas dinastías, sino que también se crean numerosos ejemplares de esmalte de color a alta temperatura nunca antes vistos; se producen gran cantidad de imitaciones del natural que dan una gran diversidad a las tipologías morfológicas cerámicas; se estudian las artes afines para copiar objetos artísticos de todo tipo, abriendo las puertas al diálogo entre diversos materiales; se aprende de los modelos occidentales, creando exquisitas piezas de porcelana decoradas con color rosado, negro, dorado, rojo óxido, esmalte de color, etc. que introducen numerosas variedades cerámicas nuevas; y se toma también como referencia la cultura popular, asimilando en la ornamentación cerámica muchos de los motivos decorativos de carácter auspicioso del acervo común y enriqueciendo de este modo el lenguaje cerámico. Gracias a ese aprendizaje y apropiación de todos estos diferentes elementos, tanto las formas como los patrones decorativos y los colores de las piezas alcanzaron un nivel extraordinariamente elevado.

La amalgama de distintos factores constituye un tipo de belleza en sí, y ese epítome de las artes cerámicas de la etapa intermedia de los Qing es el resultado de dicho proceso de amalgama, en el que China y Occidente, lo clásico y lo moderno, lo sencillo y lo fastuoso, la elegancia arcaica y la vulgarización popular, lo matérico y lo intangible conviven en armonía, en un momento en el que las artes cerámicas de los alfares oficiales y comunes alcanzan el cúlmen de su desarrollo a la vez que se vislumbran los primeros brotes de la crisis que las llevará a su decadencia.

7.4. Difusión de los patrones decorativos de carácter auspicioso durante la etapa intermedia de los Qing

Durante este período se difunden en las cerámicas todo tipo de diseños y motivos de carácter auspicioso, derivados del acervo cultural de impronta popular transmitido de generación en generación y también de las distintas corrientes de pensamiento religioso. El emperador Kangxi concedió particular importancia al confucianismo, especialmente en la versión neoconfuciana del filósofo Zhu Xi de época Song. Debido al complejo y sangriento proceso de sucesión al trono a finales del reinado de su padre, para evitar cualquier sombra que pudiera provocar una crisis de legitimidad y afianzar su autoridad el nuevo emperador Yongzheng reforzó el carácter absolutista de su gobierno, promulgando leyes que mantuvieron las tres grandes corrientes de pensamiento (confucianismo, budismo y taoísmo) en un mismo plano de igualdad y haciendo especial hincapié en la armonía entre cielo y tierra mediante una rigurosa observancia de los signos augurales, una sensibilidad que permeará toda la dinastía. Todo ello hará que se difundan gradualmente esos motivos decorativos de carácter auspicioso y orígenes budistas o taoístas.

Los símbolos decorativos de tipo augural de la cultura popular china son elementos culturales tradicionales muy importantes y extremadamente difundidos. Como ya hemos visto, en la cultura tradicional china hubo siempre una corriente elegante y aristocrática y otra más vulgar, una corriente oficial y otra popular, una corriente ortodoxa y otra heterodoxa. Los símbolos auspiciosos pertenecen naturalmente a la cultura vulgar, popular y heterodoxa, y se caracterizan en primer lugar por tratarse de motivos que apelan siempre a la supervivencia y proliferación personal o de la comunidad, ya que reflejan las más íntimas aspiraciones del ser humano, y en segundo lugar por tener la fe y los usos religiosos como núcleo y soporte, dado que en calidad de símbolos radican en la cultura popular –conformada por esas mismas creencias– y son el producto de tales usos.

En cuanto a los métodos de uso más frecuentes de dichos motivos auspiciosos, el primero es el símbolo o metáfora, como el pez entre flores de loto, el león jugando con una bola de brocado o la mariposa revoloteando sobre el melón, que no son representaciones de la vida real o de sus atributos naturales sino que constituyen una metáfora de la unión entre el yin y el yang, el principio masculino y el femenino presentes en todas las cosas de la tierra; otras imágenes asociadas a frutos como el melón, la granada o los dátiles auguran una abundante y próspera descendencia. El segundo método recurre a las expresiones homofónicas para representar conceptos abstractos mediante animales u objetos más concretos, en las que por ejemplo un cordero sustituye el sol a la hora de augurar un buen comienzo de año; o un mono cabalgando simboliza la pronta obtención de un título nobiliario; o un ciervo y una grulla sustituyen el sintagma homófono "en todas partes" en la expresión que augura la llegada de la primavera; o un ciervo alude a los emolumentos que comporta un ascenso en la escala administrativa; o bien un pez hace referencia a la sobreabundancia en una expresión que augura la prosperidad perpetua. El modelo para estos motivos deriva de las xilografías comunes o de Año Nuevo, o de otros objetos artísticos de raigambre popular.

Como el pueblo chino persigue un estado de ánimo pleno y vigoroso, este tipo de patrones decorativos se caracteriza por una profusión ornamental, e incluso hay ejemplos en los que la decoración no permite ver el fondo de la pieza, como el célebre diseño coetáneo de las "diez mil flores". En cualquier caso, las más abundantes son aquellas piezas en las que hay un fuerte contraste de volúmenes y espacios vacíos, de congestión y dispersión. En este período el método más usado es el de los paneles realizados sobre la superficie de las vasijas, que consiste en abrir paneles o "ventanas" –conocidos en Jingdezhen con el nombre de "pabellones"– de diferentes contornos en el denso entramado ornamental, algunos en forma de pétalo y otros siguiendo los más variados diseños geométricos, dentro de cuyos bordes se representaba a menudo una pintura china de época. Dicho método expresivo tenía en realidad muchos puntos en común con la decoración de las porcelanas kraak exportadas a Europa a finales de la dinastía Ming y comienzos de los Qing, aunque los primeros en adoptar ese sistema de paneles decorados fueron los artistas de los países islámicos. El procedimiento se haría popular en Europa, y con el tiempo se convertiría en una metodología decorativa frecuente en la cerámica china.

7.5. Moda de imitación arcaizante durante la etapa final de los Qing

La gradual introducción de las plantas de té en la India por la Compañía británica de las Indias Orientales y la producción de seda en Francia y otros países hicieron que el comercio directo de estos dos productos entre China y Europa se redujera en gran medida. De igual manera, y por lo que respecta a la porcelana, la aparición de numerosas factorías cerámicas en diferentes países europeos y la fuerte promoción de que fueron objeto sus productos repercutieron en el comercio directo con China y fueron factores decisivos en la paulatina disminución de las exportaciones cerámicas desde este país.

Sin embargo, a finales del siglo XIX el péndulo volvió a oscilar del lado de las artes chinas. La construcción de las primeras líneas de ferrocarril por parte de las compañías occidentales llevó al descubrimiento de numerosos objetos de bronce y cerámicos de épocas pasadas, lo que despertó de nuevo el interés de los coleccionistas europeos y norteamericanos. Al mismo tiempo, los sucesivos tratados forzaron a China a abrir una serie de puertos nacionales al comercio internacional, y los occidentales tuvieron modo así de conocer más en profundidad las diferentes artes chinas, en especial las artes decorativas imperiales. Esta vez, sin embargo, no fijaron su interés en la porcelana de encargo realizada exclusivamente para su exportación a Occidente, sino en las piezas elaboradas para el mercado interno, y especialmente aquellos ejemplares producidos por los alfares oficiales y destinados a la corte imperial. Aunque los hornos de Jingdezhen se encaminaban a finales de la dinastía Qing hacia su decadencia, las porcelanas de imitación arcaizante gozaban entonces de un amplio mercado internacional.

La moda de las imitaciones arcaizantes de finales de la dinastía Qing no era exactamente igual que aquella que se había producido durante la etapa intermedia. Durante el siglo XVIII esa imitación de las antigüedades, de los productos foráneos, de las artes afines y de los objetos realizados en otros hornos alfareros de toda China dio como resultado una amalgama de características que conformó un nuevo estilo cerámico muy apreciado por los mercados europeos y norteamericanos. A partir de mediados del siglo XIX, en cambio, la creciente prosperidad de la industria cerámica europea y la contracción de los mercados internacionales, además de la fuerte crisis económica interna, repercutieron en la calidad y creatividad de la producción alfarera nacional, lo que hizo que las clases ilustradas de la época propugnaran una vuelta a las porcelanas de pasadas dinastías. En su obra ya citada sobre estándares cerámicos, Chen Liu afirma que "la industria china de la porcelana está decayendo progresivamente, aunque conserva su prestigio; las piezas más alabadas en el mundo son las antiguas. Los chinos no pueden construir grandes naves ni cañones para conquistar los mares, y sus industrias tampoco pueden competir con los países más avanzados en el mercado global, pero la milenaria producción cerámica le ha dado un gran renombre a China, hasta el punto de ser conocida en todo el mundo como 'el país de la porcelana'". En aquel momento había una extendida tendencia a escribir todo tipo de notas, comentarios o discusiones acerca de la porcelana. La invasión de las potencias extranjeras a partir de la segunda mitad de siglo hizo que desparecieran o se dispersaran gran cantidad de piezas antiguas de porcelana, algunas de las cuales se convirtieron en objeto comercial de considerable valor de venta en el mercado internacional. Los anticuarios aprovecharon esta fiebre para sacar beneficio, y se desató una competencia de imitaciones arcaizantes en la que resultaba difícil distinguir las piezas auténticas de las falsas y que encontró un amplio mercado, lo que a su vez estimuló la producción de nuevas copias. En cuanto a los tipos de imitaciones de modelos antiguos, había aquellos que imitaban las porcelanas *qinghua*, de cinco colores, de azul brillante, de verde "pavo real", de tres colores o de morado "piel de berenjena" de la era Kangxi y los que copiaban los jarrones, bandejas y vasijas de tipo *zun* de gran tamaño de porcelana *qinghua*, de la "familia rosa" o de colores contrastantes del reinado de Qianlong, con formas toscas y decoración poco refinada. Tras la Rebelión de los bóxers se imitaron sobre todo las piezas de grandes dimensiones, que se pusieron muy de moda como objetos decorativos y componentes de las dotes matrimoniales.

Las cerámicas de imitación arcaizante más apreciadas por los comerciantes acaudalados de los países occidentales eran las porcelanas *qinghua* con decoración clásica y las porcelanas de cinco colores con ornamentación de guerreros a caballo. En cuanto a los colores preferidos, a los comerciantes japoneses les gustaban las porcelanas de colores puros como el verde guisante o el "polvo de té" (marrón verdoso); los franceses preferían la porcelana de cinco colores; los británicos se decantaban por la porcelana *qinghua*; los norteamericanos, por la roja, la azul celeste y aquella con inscripciones; y los alemanes adquirían preferentemente jarrones y ollas de color verde.

Por supuesto, el dinamismo del mercado de este tipo de cerámica de imitación contribuyó a estimular su producción. Así, en las *Discusiones sobre cerámica de Yin Liuzhai* se afirma que la adquisición masiva de cerámicas por parte de los occidentales provocó la competencia en el seno de la industria alfarera y el consiguiente desarrollo de las artes. Durante el reinado del emperador Guangxu las porcelanas de imitación de los hornos comunes obtuvieron un gran éxito. Las piezas de porcelana esmaltada de colores que copiaban los modelos de las dinastías Ming y Qing estaban muy en boga, y entre ellas destacaban las de color carmín, de mejor calidad que aquellas elaboradas durante las eras Jiaqing y Daoguang, y las de azul pálido, muy valiosas. Por lo que se refiere a la decoración azul *qinghua* y la pintura, hay bastantes obras valiosas de imitación de las piezas salidas de los hornos de los reinados de Kangxi y Qianlong, aunque no se trataba de utensilios de uso diario sino de ejemplares destinados al mercado de anticuariado cuyos beneficios acababan principalmente en manos de los grandes comerciantes, por lo que no tuvieron una gran repercusión en el desarrollo de la industria cerámica ni de la economía nacional. Lo más destacable es que debido a esa necesidad de adaptación al mercado de anticuariado, se concedió capital importancia a la imitación fidedigna y apenas se encuentran destellos de creatividad o innovación.

A partir del reinado de Guangxu de finales de la dinastía Qing, la industria cerámica pasó del sistema artesanal propio de la dinastía Ming y la primera parte de la dinastía Qing a un sistema semimecanizado, y ello hizo que la porcelana producida durante el breve período de reinado de Xuantong (el último emperador) poseyera características nuevas y más propias de la edad contemporánea. Las piezas hechas de forma mecanizada eran más regulares y estandarizadas, la alta calidad de la pasta de porcelana y el grado de vitrificación del esmalte producían una superficie extremadamente brillante, y los moldes impresos sustituían en parte las pinturas realizadas manualmente. Sin embargo, debido a que el nivel de mecanización era todavía bastante bajo, se hacía muy difícil competir con las porcelanas extranjeras de uso cotidiano, y las piezas resultantes presentaban una factura tosca y una calidad decadente, si bien la popularización de las piezas de imitación y la producción de ejemplares de carácter artístico garantizaron que la cerámica de mayor calidad salida de los hornos de Jingdezhen todavía retuviera su cuota de mercado y no degenerara completamente. Es importante resaltar que la producción de porcelana artística había sido siempre acaparada por los alfares oficiales; los hornos comunes se habían encontrado con las diversas limitaciones impuestas desde arriba y también con las restricciones propias del sistema gremial, lo que hizo que una parte de las técnicas alfareras estuvieran rodeadas de un secretismo que no contribuyó a su desarrollo. A finales de la dinastía Ming y comienzos de los Qing, en cambio, debido a la dispersión de los artesanos especializados de los alfares oficiales y a la laxitud en las restricciones, ya pueden elaborarse aquellas piezas de imitación que antes los hornos comunes no se atrevían a llevar a cabo. A eso hay que añadir el estímulo que suponía la demanda de ejemplares de imitación arcaizante por parte del mercado, que difuminó las diferencias y estrictas barreras entre la porcelana de uso cotidiano y las piezas más exquisitas y refinadas y contribuyó a que se difundieran las técnicas de elaboración, impulsando la producción de porcelana artística en Jingdezhen durante la República de China. El grupo de pintores de porcelana conocido con el nombre de "Los ocho amigos de Zhushan" (una de las colinas de aquella localidad) es representativo de esa revitalización de la porcelana de carácter artístico en las últimas décadas de dominio manchú y durante el período republicano, aunque tal desarrollo no impidió sin embargo la inevitable decadencia de la industria alfarera de China durante el siglo XX.

7.6. Declive de la industria alfarera durante la etapa final de los Qing y la República de China

A partir de finales de la dinastía Qing y con la República de China la masiva introducción en el país de productos extranjeros realizados mecánicamente tuvo una enorme repercusión negativa en su industria artesanal tradicional, y la producción alfarera que antaño monopolizara los mercados internacionales tampoco pudo evitar el mismo fatal desenlace. Exceptuando aquellos que se dedicaban a la fabricación de las piezas de imitación descritas más arriba o de las porcelanas artísticas que gracias a la participación de pintores famosos como los mencionados "ocho amigos" todavía mantenían cierta vitalidad, la mayoría de los talleres cerámicos no tuvieron más remedio que interrumpir su producción al no poder competir con la porcelana industrial.

La industria cerámica de Guangzhou (Cantón), en la lejana costa meridional de China, también pasó de la prosperidad a la decadencia. Si bien alfares históricos como los de Shiwan, Raoping, Dabu o Chao'an poseían condiciones idóneas para la elaboración de la cerámica, todos ellos fueron declinando durante el período anterior y posterior a las guerras sino-japonesas. En el caso de Shiwan, por ejemplo, gran número de artesanos se vieron constreñidos a abandonar sus hogares para buscar trabajo en otros lugares, y el desempleo se hizo crónico. La porcelana *guangcai* tan célebre y apreciada en su momento se convirtió en un recuerdo del ayer. Incluso lugares como Yixing, considerada una de las capitales chinas de la cerámica, tuvieron que adaptar su modelo económico y reorientar su industria, enfrentándose a una complicada situación de pérdida de mano de obra y de abandono de las tradiciones artísticas. Otros importantes centros de producción alfarera del sur de China como Longquan (Zhejiang), Dehua (Fujian), Liling (Hunan) o Rongchang (Sichuan), entre otros, también perdieron su histórico lustre, entrando en recesión o interrumpiendo completamente su producción. La situación en los alfares del norte de China no era muy diferente; aunque durante algo más de un siglo habían seguido produciendo piezas cerámicas de carácter tradicional, en una situación cada vez más precaria, acabaron también en la ruina durante este período. En la provincia de Henan, por ejemplo, donde surgieron y se desarrollaron prestigiosas culturas milenarias como la de Yangshao u hornos históricos como los de Ru o Jun, sólo un puñado de centros alfareros de los condados de Mianchi, Lin'an, Yu o Xin'an siguieron produciendo porcelanas de factura tosca en sus relativamente grandes talleres artesanales. En Hebei, por su parte, cuna de la antigua y venerable cultura de Cishan y del celadón de las dinastías del Norte, los alfares de Cizhou con sus características formas tradicionales también decayeron inevitablemente, la calidad se vio perjudicada, la industria se estancó y las técnicas se perdieron casi en su totalidad. Las razones de ese pronunciado declive, que no sólo afectó a la producción de todos esos alfares repartidos por el país sino también a la propia Jingdezhen, antaño capital mundial de la porcelana, son:

(1) La industria y el comercio chinos de finales de la dinastía Qing y la República de China, incluida la producción de la porcelana, todavía no habían superado la fase artesanal de una sociedad eminentemente agraria. Tanto los modos de producción como los métodos

de desplazamiento eran propios de una civilización agrícola. Estructuras con fuerte apego local basadas en los lazos de sangre, los vínculos territoriales y las asociaciones gremiales seguían conformando entonces las relaciones sociales básicas entre los trabajadores cerámicos. Ello contrastaba con el fuerte desarrollo alcanzando en esa misma época en Occidente por el capitalismo de corte liberal, hasta el punto de que "la maquinaria inventada hoy en Gran Bretaña quitará el año que viene el empleo a millones de trabajadores chinos". La Europa de este período no sólo dominaba las técnicas de elaboración de la porcelana sino que ya se había encaminado por la senda de la mecanización y la modernidad. A los tradicionales modos de producción artesanales de pequeña escala todavía perpetuados en China se contraponía la producción industrializada a gran escala de tipo capitalista ya existente en Occidente; a la fuerza humana, animal o natural que impulsaba el trabajo artesanal en los talleres chinos, las fuentes de energía eléctrica o de otros tipos como fuerza motriz de la producción mecanizada en las fábricas occidentales; a la mula y el caballo como medios de transporte y carga, la cada vez más extensa red ferroviaria; a los viejos sampanes, los barcos a vapor... Bajo esta coyuntura histórica y social, y sometida al empuje y competencia de la porcelana industrializada proveniente de los países occidentales, resulta natural que a partir de la etapa intermedia de la dinastía Qing la producción local decayera rápidamente desde su privilegiada posición de antaño.

(2) Durante el reinado del emperador Tongzhi, que ascendió al trono con cinco años, su madre la emperatriz viuda Cixí asumió la regencia y manejó los hilos del gobierno entre bambalinas. Gracias a la acción conjunta de los ejércitos Qing y las potencias extranjeras, se pudo finalmente acabar en esos años con la Rebelión Taiping estallada más de una década antes bajo el reinado de Xianfeng. Las fuerzas invasoras controlaban directamente desde Pekín el gobierno feudal de los Qing, lo que hizo de China una sociedad semicolonial y contribuyó a la decadencia de la industria autóctona al verse inundada de productos provenientes del exterior, convirtiéndose en un enorme mercado para la manufactura occidental. Las potencias imperialistas se valieron de su fuerza militar y de una serie de tratados desiguales para intensificar el flujo de mercancías introducidas en China, perjudicando gravemente la economía nacional. Aparte del impuesto de importación aplicado en las aduanas (un 5% de tasas integradas), las mercancías occidentales llegadas a China sólo tenían que pagar una tasa del 2,5% que sustituía todos los demás gravámenes y peajes de tránsito locales existentes en el interior del país, como el *lijin*, algo que no ocurría en el caso de los artículos chinos en su propia nación. De este modo, los productos foráneos

podían circular sin trabas por todo el país, alcanzando cada rincón sin necesidad de pagar ulteriores tasas. También se obligó al Gobierno Qing a aceptar que los comerciantes chinos pudieran adquirir libremente artículos extranjeros, lo que sumado a lo anterior hizo que las mercancías foráneas tuvieran acceso libre y casi ilimitado al mercado interno. Las aduanas chinas prácticamente perdieron su función de protección y estímulo de la industria y el comercio nacionales. Esta situación poco ventajosa para su supervivencia y desarrollo no afectó a la industria de la porcelana de Jingdezhen de manera tan grave como lo hizo en el caso de otras industrias artesanales, ya que la abundancia de materia prima y los bajos costes de la fuerza laboral hicieron que durante un cierto tiempo la porcelana nacional pudiera resistir el envite de los artículos llegados del exterior, por lo que la coyuntura vivida en dichos hornos antes de la primera guerra sino-japonesa no fue demasiado extrema. Tras el Tratado de Shimonoseki que selló el fin de dicho conflicto bélico, sin embargo, a las potencias imperialistas les fue posible instalar factorías en territorio chino y aprovecharse así tanto de las materias primas disponibles como de la mano de obra barata, lo que hizo que la porcelana china perdiera su último recurso. La porcelana industrial realizada en dichas fábricas tenía unos precios muy bajos y no estaba sometida a los diversos impuestos de tránsito interno, con lo que podía circular libremente por todo el país y hacerse con el mercado local, lo cual supuso un enorme desafío para la cerámica nacional, incapaz de competir con aquella. Ello constituyó una de las importantes razones por las que la industria alfarera de China entró en crisis durante este período.

(3) Otro importante motivo que contribuyó a la decadencia de la industria cerámica china durante la etapa final de la dinastía Qing fue el desequilibrado sistema impositivo ya mencionado, con la consecuente devastación de las arcas públicas. A la vez que invadían con sus mercancías y capitales el territorio chino, las potencias imperialistas y capitalistas también dieron aire al gobierno feudal tanto desde el punto de vista político como económico, convirtiendo el régimen chino en un sistema burocrático de *compradores* (agentes comerciales contratados por las compañías extranjeras) al servicio de sus propios intereses que fue concediendo cada vez más privilegios a las mercancías foráneas o producidas en las factorías chinas de capital extranjero. Esas mercancías fueron inundando el mercado nacional y desplazando al mismo tiempo los productos locales, mientras las sucesivas tasas de tránsito que sí gravaban en cambio estos últimos hacían añicos el mercado único, una circunstancia de la que también resultó difícil escapar a los objetos cerámicos.

Los elevados costes de producción, la competencia de las porcelanas llegadas del exterior y el aumento de los impuestos correspondientes contribuyeron pues al colapso final de la industria alfarera china.

7.7. Reflexiones finales

Aunque lo que en este libro se describe es la historia de la cerámica china, parecería que he trazado aquí también la línea de desarrollo histórico de China como país desde la prehistoria hasta el siglo XX, con sus altos y bajos. China ha disfrutado de momentos grandiosos, pero también de otros de derrota y humillación como en la edad contemporánea. La historia de la cerámica constituye sólo una fracción de la Historia de China –de la que forman parte también otros aspectos como la política, la economía, la técnica, la cultura, las artes, la estética o el intercambio y diálogo con otras civilizaciones–, aunque extremadamente importante. El triunfo de la porcelana china durante sus momentos de mayor auge constituye la encarnación conjunta del "poder duro" y el "poder blando" de China, así como el fracaso de la industria a finales de la dinastía Qing y durante la República de China simboliza por su parte el ocaso de la industria nacional en el contexto del desarrollo mundial contemporáneo y la decadencia política y económica de China como país.

Por supuesto, la cultura cerámica de China no ha decaído del mismo modo que lo hizo su producción. Tras la creación de la República Popular China en 1949, la industria alfarera china comenzó a desarrollarse de nuevo, aunque las técnicas de elaboración artesanales propias de una fuerza y unos modos de producción obsoletos han sido abandonadas. Jingdezhen, antaño renombrada capital de la cerámica, ha suprimido numerosos talleres cerámicos artesanales, estableciendo en cambio diez grandes fábricas de porcelana de propiedad estatal. Y no sólo es así en el caso de Jingdezhen sino también de muchos otros centros tradicionales de producción cerámica, como por ejemplo Chenlu (Shaanxi), los mayores alfares tradicionales de todo el noroeste del país, entre cuyas once localidades se repartían antes de 1949 varios cientos de talleres cerámicos tradicionales que en la segunda mitad del siglo XX se transformaron en una única gran empresa estatal. Estas grandes fábricas cerámicas recurren a la moderna producción en cadena para producir piezas de uso diario de alta calidad y bajo precio que luego son distribuidas por todo el país para empleo de la gente común. La industria cerámica artesanal elaborada en China durante miles de años, en cambio, se encuentra casi al borde de la extinción, y sólo en algunos pocos centros de producción y con el fin de adquirir divisas extranjeras se sigue realizando una pequeña cantidad de cerámica artística, en su mayor parte imitaciones de carácter arcaizante.

Las medidas de reforma y apertura tomadas por el Gobierno chino en los años 80 del siglo pasado hicieron que la economía china comenzara a desarrollarse de manera vertiginosa, y las artes cerámicas tradicionales volvieron a recibir una mayor atención. En primer lugar se produjo la demanda de los mercados del exterior, y después –debido al rápido proceso de urbanización– se elevó el nivel de vida de los habitantes de las ciudades, lo que llevó también a la aparición de nuevas porcelanas artesanales decorativas o de uso cotidiano de gran categoría artística. Esa renovada demanda interna y externa hizo que numerosos centros de producción cerámica que llevaban ya un cierto tiempo inactivos volvieran a retomar la producción, incluidos algunos de los célebres hornos de época Song como los de Ru, Ding, Yaozhou o Jun, aunque en este caso no se trataba de piezas de uso diario sino de ejemplares más exquisitos de carácter decorativo o artístico.

Jingdezhen, en particular, que fuera durante mucho tiempo el centro mundial de producción de porcelana de uso cotidiano, se ha convertido ahora en el centro mundial de la porcelana artística, y en él se concentran artistas cerámicos llegados de toda China y el resto del mundo, incluidos también pintores y escultores que buscan emplear el material cerámico y las exquisitas técnicas artesanales locales para crear nuevos productos artísticos. En Jingdezhen no sólo hay abundante materia prima y una larga serie de servicios relacionados con la elaboración alfarera sino también un gran número de artesanos de depurada técnica que colaboran junto a artistas de éste y otros ámbitos impulsando el desarrollo de una nueva arte cerámica.

En Jingdezhen, Yixing, Longquan, Shiwan y otros centros tradicionales de producción alfarera existe el fermento ideal para el florecimiento de nuevo talento, maestros cerámicos cuyas obras son muy bien recibidas en el mercado. Una parte de ciudadanos chinos de cierta opulencia ha creado una demanda de obras artísticas contemporáneas, y siendo la cerámica una de las producciones más representativas y quintaesenciales de la cultura china resulta natural que se cuente entre los artículos de coleccionismo más requeridos; al mismo tiempo, el rápido proceso de urbanización y la consecución de gran número de infraestructuras urbanas también demanda una vasta cantidad de piezas cerámicas como elemento artístico y decorativo. Todo ello ha supuesto un nuevo motor para el desarrollo de las artes cerámicas tradicionales.

La artesanía cerámica tradicional de China ya no está orientada en estos nuevos tiempos a la creación de utensilios de uso cotidiano, sino que se ha convertido en una actividad de carácter artístico. Los artesanos son ahora artistas y maestros alfareros, o bien colaboran con estos como ayudantes. Se trata de una nueva realidad cultural cuyo registro, análisis y comprensión ya no queda dentro de las competencias de este libro y que constituiría por sí sola una nueva *Historia de las artes cerámicas contemporáneas de China*, un campo de estudio muy interesante al que quizá un día le dedique mis esfuerzos.

Debido a cuestiones de tiempo y a las naturales constricciones de espacio, y debido también a lo limitado de mis propias capacidades, al afrontar un asunto tan inmenso como es la historia de la cerámica china me he esforzado principalmente en aportar mi humilde contribución ofreciendo datos y opiniones, con la intención de estimular ulteriores y más profundos estudios y el deseo de ser corregida o complementada allí donde resultara necesario.

Epílogo y agradecimientos

Esta *Historia de la cerámica china* comenzó su recorrido en 1997, y su escritura se prolongó de manera intermitente durante dieciséis años hasta ser finalmente completada, un trabajo que mirando en retrospectiva no ha resultado nada fácil. Los tres primeros años dediqué todas mis energías a redactar y finalizar la primera versión; durante los siguientes ocho años centré mis esfuerzos en uno de los programas clave de investigación a nivel estatal centrado en la protección de la cultura inmaterial de las poblaciones del oeste de China, para lo cual realicé trabajos de campo sobre la cultura y las artes populares en las regiones centrales y septentrionales de la provincia de Shaanxi, que incluyeron también un estudio del centro de producción cerámica del área de Chenlu; más tarde me desplacé al noroeste de Guizhou para estudiar la cultura y las artes de las poblaciones de etnia Miao. Esta abundante experiencia de campo me sirvió para profundizar en el conocimiento de la cultura tradicional del país –incluidas aquellas manifestaciones propias de las minorías étnicas–, y un posterior escrutinio bibliográfico me aportó nuevas ideas y enfoques en lo relativo a la teoría y los métodos de la antropología del arte. Podría parecer que esa experiencia sobre el terreno y dicho bagaje teórico no guardarían en principio mucha relación con mis estudios de historia de la cerámica china, pero en realidad sí existe un nexo interno de unión entre ellos, ya que no sólo sirvieron para ampliar mis horizontes sino también para mejorar mi nivel de conocimientos sobre la historia de la cultura y de las artes de China, y me ayudaron a mantener una visión más holística de mi objeto de estudio durante el proceso de escritura y a analizar de una forma más ecuánime el intercambio cultural entre diversas clases sociales, pueblos y naciones. Sin esta perspectiva ni este conocimiento mi *Historia de la cerámica china* habría sido muy distinta, y en este sentido puede afirmarse que una monografía como ésta es el resultado de la cristalización del pensamiento de su autor en un determinado momento.

Terminado mi trabajo de investigación en el oeste de China en 2008, me dediqué a reescribir de nuevo esta *Historia de la cerámica china* durante los siguientes seis años, en los que tuve ocasión de viajar por diversos países de las costas del Océano Índico, el Golfo Pérsico, el Mar Rojo y el Mar Mediterráneo. Se trata de lugares por los que un día pasara la llamada "Ruta de la cerámica", cuya visita me ayudó a ganar unos ciertos conocimientos geoespaciales relativos al comercio exterior de cerámica desde la Antigüedad. También estuve en Estados Unidos, Japón y otros numerosos países de Asia, Europa y África, en cuyos famosos museos e instituciones ocupan un lugar preeminente gran número de piezas de porcelana china que me llenaron de un fuerte orgullo como ciudadana de aquel país. Muchos de los estudiosos de estos lugares han dedicado elogiosas palabras de tributo a los productos chinos exportados entre los siglos XVI y XIX, que incluyen no sólo piezas cerámicas sino también objetos de todo tipo. En el Museo de Bellas Artes de Boston pude admirar una exposición en la que se explicaba la influencia de la cultura china en Europa y Estados Unidos durante los siglos XVII, XVIII y XIX, destacando principalmente el papel jugado por la porcelana. En aquel entonces China no sólo exportaba porcelana a Europa y Estados Unidos sino también las más variadas mercancías, que constituían tanto un artículo material como el soporte de transmisión de la cultura y los modos de vida de aquel país. Durante el año que pasé en Estados Unidos como profesora invitada tuve asimismo la oportunidad de acceder a numerosos textos originales de autores europeos y norteamericanos relativos a la porcelana china de exportación, y su lectura me hizo entender mejor hasta qué punto la cultura cerámica china influyó en el resto del mundo.

Todo ello me animó a esforzarme por completar esta *Historia de la cerámica china*. Durante el proceso de escritura me he dado cuenta de que al hacer referencia a la antigua cultura china siempre citamos con orgullo las "cuatro grandes invenciones" (papel, pólvora, imprenta y brújula), pero a menudo pasamos por alto la porcelana, que fue sin lugar a dudas otro de los grandes inventos del pueblo chino y una de sus mayores contribuciones al resto del mundo. Sus refinadas técnicas se difundieron por numerosos países, ejerciendo una fuerte influencia en sus respectivas culturas y en sus modos de vida. La cerámica ha sido una de las mercancías de origen chino más exportadas a lo largo de la Historia, y fue gracias a ella que muchos países y pueblos tuvieron un primer conocimiento de China. Yo también he tenido la oportunidad al investigar sobre la cerámica china de conocer más en profundidad la cultura y las artes de mi país. Durante el arduo trabajo de estudio y redacción de mi libro deseaba que los lectores me acompañaran en mi camino a lo largo de la historia de la cerámica china, tuvieran un mejor conocimiento de la cultura china y se familiarizaran además con los conceptos filosóficos y estéticos del pueblo chino. Por supuesto, mi objetivo prioritario era descubrir de qué manera el desarrollo cultural de China y sus sucesivas transformaciones se manifestaron a través de la producción de cerámica y la evolución del comercio mundial.

No sé si habré logrado mi propósito. Cada autor posee al escribir su obra sus propios ideales y aspiraciones, además de una determinada visión acorde a su formación, y no puede liberarse de sus propios condicionamientos ni de su perfil académico. Mi pensamiento no es únicamente el fruto de mi sola biografía, sino que también en parte es heredado de anteriores generaciones de estudiosos y en parte se nutre de las ideas de mis colegas coetáneos y de la época en que me ha tocado vivir. Cada cual asimila y sintetiza todas estas aportaciones de manera personal, y lo refleja en su trabajo según su perspectiva. Por ello, me siento en la obligación de mostrar aquí mi agradecimiento a todos aquellos que de una forma u otra me han ayudado a conseguir cada uno de mis logros.

En primer lugar, quisiera dar las gracias a mi director de tesis doctoral, el profesor Tian Zibing. Si no me hubiera encomendado en su momento esta tarea de escritura, urgiéndome y animándome a proseguir con ella, no existiría hoy esta *Historia de la cerámica china*, por lo que de alguna manera este libro se puede considerar como un compromiso contraído con el profesor Tian y largamente postergado. Doy las gracias también a mi tutor Fei Xiaotong, que me orientó en mis estudios posteriores al doctorado. Su teoría de la "conciencia cultural" me ha acompañado y animado siempre en el estudio y reflexión sobre la cultura tradicional china, y bajo su guía he comprendido que el estudio del pasado tiene su punto de mira en el futuro, ya que el pasado constituye los fundamentos sobre los que se va construyendo ese porvenir. Si no fuera por esa mentalidad, mi *Historia de la cerámica china* no tendría ese sesgo metodológico propio de la antropología. El profesor Tian ya tiene una edad avanzada, y el profesor Fei falleció hace unos años; yo misma me he convertido en directora de doctorado, y muchos de mis doctorandos y estudiantes de postgrado ya están en puestos académicos de responsabilidad, pero mi profundo agradecimiento hacia mis venerados profesores no morirá jamás, puesto que sus enseñanzas seguirán estando presentes e influirán en cada paso que dé.

Desearía mostrar asimismo mi agradecimiento a tantos especialistas pasados o contemporáneos que han contribuido con su trabajo al estudio de la historia de la cerámica y de la cultura china. Sus informes arqueológicos, tesis de investigación y monografías han constituido la base sobre la que he podido escribir mi libro, al aportar abundantes y ricos materiales y documentos. Al mismo tiempo, recibí la ayuda de numerosos estudiosos del mundo de la cerámica. Con 90 años de edad, el profesor Geng Baochang del Museo de la Ciudad Prohibida se leyó en 2012 todo mi manuscrito durante las vacaciones de Año Nuevo, y además revisó y corrigió los pies de foto y realizó la caligrafía del título; como discípula suya, le expreso aquí mi máximo respeto. El profesor Cao Jianwen, del Instituto de cerámica de Jingdezhen, y la investigadora Feng Xiaoqi del Museo de la Ciudad Prohibida también se leyeron el manuscrito de mi libro, revisando en detalle las fuentes documentales. El profesor Zhou Sizhong del Instituto de cerámica de Jingdezhen, por su parte, me ayudó también a revisar el manuscrito desde las sociedades primitivas hasta la parte dedicada a la dinastía Yuan. Mi estudiante de postgrado Ye Rufei también me ayudó durante la escritura del libro a comprobar los materiales documentales, ordenó una parte de las fotografías y rastreó algunos de los materiales, además de acompañarme numerosas veces en tren desde Beijing hasta la sede de la editorial Qilu en Jinan para realizar ulteriores revisiones; mi alumna Wang Danwei revisó asimismo una parte de las fotografías. Agradezco a las dos su dedicado esfuerzo.

Aparte de ello, quiero expresar mi agradecimiento a mi familia: mi padre, mi marido y mi hijo, que siempre han apoyado mi trabajo y que se han hecho cargo de las tareas domésticas que deberían haberme correspondido para que pudiera dedicar todo mi esfuerzo a la investigación y escritura del libro. En especial, mi marido Zhu Legeng, que siempre ha sido mi más sólido apoyo en mi trabajo y el sostén económico de la familia. Mi hijo Zhu Yang fue el primer lector de mi libro, y con el ojo crítico propio de un joven estudiante en el extranjero me hizo numerosas sugerencias aprovechables.

Seguidamente, quisiera agradecer a Zhao Faguo y Song Ti de la editorial Qilu que vinieran personalmente a Beijing en 2007 para firmar el contrato de este libro. En aquel año ya había terminado la primera versión, y pensaba completar el trabajo en un tiempo relativamente breve introduciendo unas cuantas correcciones; quién me iba a decir que cuando me puse a ello esa primera versión ya tendría unos cuantos años, y que no sólo se producirían nuevos descubrimientos arqueológicos en ese intervalo sino que además mis conocimientos y teorías también se verían alterados, lo que hizo de la corrección una tarea mucho más lenta y difícil. Dicho proceso de revisión me llevó cinco o seis años, retrasando enormemente el momento de publicación del libro, y durante ese largo tiempo

中国陶瓷史
CERAMICS
HISTORY OF CHINA

fui aplazándolo una y otra vez mientras iba añadiendo nuevas correcciones. Zhao Faguo y Song Ti siguieron manteniendo el contacto en todos esos años y mostraron una gran paciencia hacia mi trabajo, tomando gran interés por el proceso de escritura, y cuando estuvo completado llevaron a cabo con sumo cuidado y precisión las tareas de edición, impresión y diseño de cubierta; por ello la consecución de este libro debe mucho a su paciencia, su indulgencia y su laborioso trabajo. Liu Qiang también dedicó un enorme esfuerzo a la edición de este libro, revisando detenidamente cada frase y cada palabra para garantizar así su calidad antes de la publicación.

El desarrollo histórico de la cerámica china es un complejo asunto. A la hora de abordar su estudio, y para presentar algunos de los artefactos descritos de una forma más gráfica y clara, me he valido pues de una serie de fotografías. Gran parte de ellas las tomé yo misma, y también hay imágenes procedentes de los archivos de la editorial. En este último caso me puse siempre en contacto con los autores antes de la publicación para obtener su permiso, aunque al tratarse de un asunto tan vasto no resultó posible con algunos de ellos, por lo que expreso aquí mis sinceras disculpas y espero que puedan entenderme. Con el fin de expresar mi respeto hacia los autores, he colocado la lista con la fuente de todas las imágenes empleadas en la parte final del libro, justo después del texto principal, y ahora me gustaría mostrar aquí mi más cordial agradecimiento hacia ellos y las correspondientes editoriales. También hay fotografías que he realizado durante mi visita a diversos grandes museos de todo el mundo, entre los que se encuentran el Museo Metropolitano de Nueva York, el Museo Peabody Essex de Massachusetts, el Museo de Bellas Artes de Boston, el Museo de Arte de Berkeley, el Museo Británico y el Museo Victoria y Alberto de Londres, el Museo Guimet de París, los Museos Reales de Arte e Historia de Bruselas, las Colecciones Estatales de Arte de Dresde, el Museo Boijmans Van Beuningen de Róterdam, el Museo de Groningen o el Museo Princessehof de Leeuwarden, entre otros. Debido a mi limitación de tiempo y a las dificultades para entrar en contacto con los respectivos países, no me ha resultado posible obtener su permiso explícito para usar dichas imágenes. Como señal de respeto he especificado en cada pie de fotografía el nombre del lugar de origen, y de nuevo aprovecho estas últimas líneas para expresar a todas estas instituciones museísticas mi más sincero agradecimiento.

Fang Lili

Finalizado en Beijing, a 10 de julio de 2013